中国科学院科学出版基金资助出版

《现代数学基础丛书》编委会

主　编: 杨　乐
副主编: 姜伯驹　李大潜　马志明
编　委: (以姓氏笔画为序)

　　　　王启华　王诗宬　冯克勤　朱熹平
　　　　严加安　张伟平　张继平　陈木法
　　　　陈志明　陈叔平　洪家兴　袁亚湘
　　　　葛力明　程崇庆

现代数学基础丛书·典藏版 72

有限典型群子空间轨道生成的格
（第二版）

万哲先　霍元极　著

科学出版社

北　京

内 容 简 介

本书介绍有限典型群在格论和组合计数公式上的应用,主要论述有限域上典型群作用下,由子空间轨道生成的格及这种格的几何性,并给出其特征多项式.全书用矩阵方法叙述及论证所得的结果.它不仅丰富了典型群和组合计数公式方面的内容而且对典型群在其他学科中的应用作了有益的尝试.

本书适合于高等院校数学系高年级学生、研究生和数学工作者使用.

图书在版编目(CIP)数据

有限典型群子空间轨道生成的格／万哲先,霍元极著. — 2 版 —北京:科学出版社,2003.3

(现代数学基础丛书·典藏版;72)

ISBN 978-7-03-011203-3

Ⅰ.①有… Ⅱ.①万… ②霍… Ⅲ.①有限群:典型群－子空间－生成－格 ②格－研究 Ⅳ.①O152 ②O153.1

中国版本图书馆CIP数据核字（2003）第 011140 号

责任编辑:刘嘉善　陈玉琢／责任校对:曹锐军
责任印制:徐晓晨／封面设计:王　浩

科学出版社 出版
北京东黄城根北街16号
邮政编码：100717
http://www.sciencep.com

北京东华虎彩印刷有限公司 印刷
科学出版社发行　各地新华书店经销
*

2003年1月第 一 版　开本：B5（720×1000）
2017年1月　印　刷　印张：21
字数：387 000
定价：128.00 元
(如有印装质量问题,我社负责调换)

序　言

我国典型群的研究，是华罗庚教授在20世纪40年代开创的，其特点是在几何背景的指导下，用矩阵方法研究典型群，此方法在典型群的结构和自同构的研究中很有成效。在20世纪中叶取得了丰硕的成果，受到国际同行们的重视，他们把以华罗庚为代表的典型群研究群体誉为典型群的"中国学派"。当时的研究成果多数汇集在《典型群》(华罗庚，万哲先著．1963，上海科技出版社)这部专著中。

后来，典型群的研究领域逐步扩大，万哲先与他的学生和合作者们对有限域上典型群几何学的理论和应用作了深入的研究，其应用所涉及的内容有：结合方案和区组设计、认证码、射影码和子空间轨道生成的格等。关于有限域上典型群几何学理论方面的成果汇集在《有限域上典型群的几何学》(Geometry of Classical Groups over Fields, 万哲先著，Studentlitteratur, Sweden/Chatwell-Bratt, United Kingdom, 1993)这部专著中。关于它对结合方案和区组设计的应用见《有限几何与不完全区组设计的一些研究》(万哲先，戴宗铎，冯绪宁，阳本傅著，1966，科学出版社)这部专著。另一些应用方面的成果散见近几年国内外有关的专业刊物。

本书讨论在有限域上的各种典型群作用下，由各个轨道或相同维数和秩的子空间生成的格。当然，在一般线性群、辛群和酉群作用下，上述两种类型的格是一致的；而在正交群或伪辛群的作用下就需对这两种类型的格分别进行讨论。在同类型的格中，首先研究不同格之间的包含关系；其次对给定的格中子空间的特性进行刻画；最后讨论所述格的几何性和计算它的特征多项式。为了使本书的内容在阐述上系统完整，便于读者阅读，我们在第一章中介绍了格、几何格和特征多项式的一些基础知识，而在第二章到第十章中，按典型群的通常顺序介绍了各种格的有关内容。全书是用矩阵方法进行讨论和推导的。我们认为这样处理比较具体直观，便于读者学习参考。

本书是我们和我们的合作者陈冬生，刘迎胜在这一领域中研究成果的系统介绍，其中大部分已在国内或国际的学术刊物上发表，也有一部分在国内或国际的一些学术会议上作过报告，受到同行们的关注。本书是在国家自然科学基金的资助下完成的，刘嘉善编审对本书的出版给予大力支持，在此一并致谢。

万哲先　霍元极
1995年8月

第二版前言

本书第一版出版后,作者对书中涉及的有关问题作了进一步的探讨. 给出了辛空间、酉空间、正交空间和伪辛空间中子空间包含关系的矩阵表述及必要条件,讨论了有限典型群作用下子空间轨道生成的格及同维数和秩的子空间生成格的几何性. 为使第二版所增加的内容与前面的 (第一版的内容) 衔接,减少不必要的重复,故对前面的内容作适当的调整和补充,使该书更具有系统性. 本书第一版出版后,发现了一些叙述上的不足和印刷上的错误,在第二版中作了更正. 本书第二版增加的内容,其中一部分已在国际刊物上发表,也有一部分在一些学术会议上作过报告,但大部分结果是在本书第二版中首次给出的,例如第六章的 §6.5, §6.6 和 §6.8; 第七章的 §7.7, §7.8, §7.10 和 §7.11; 第八章的 §8.6, §8.7 和 §8.9; 第九章的 §9.6, §9.7 和 §9.9; 第十章的 §10.6, §10.7, §10.9 和 §10.10. 本书第二版也是在国家自然科学基金和河北省自然科学基金资助下完成的,科学出版分社的责任编辑对本书出版给予大力帮助,在此一并致谢.

万哲先　霍元极

2002.4.5

目 录

序言
第二版前言

第一章 偏序集和格的一些知识 1
§1.1 偏序集 1
§1.2 局部有限偏序集上的 Möbius 函数 3
§1.3 局部有限偏序集上的 Möbius 反演公式 5
§1.4 Gauss 系数和 Gauss 多项式 7
§1.5 特征多项式 12
§1.6 格 14
§1.7 半模格 16
§1.8 几何格 18

第二章 子空间轨道生成的格 21
§2.1 子空间格 21
§2.2 格 $\mathcal{L}_O(A)$ 和格 $\mathcal{L}_R(A)$ 23
§2.3 子空间轨道生成的格 26
§2.4 一般线性群 $GL_n(\mathbb{F}_q)$ 作用下子空间轨道生成的格 27
§2.5 注记 31

第三章 辛群作用下子空间轨道生成的格 32
§3.1 辛群作用下子空间轨道生成的格 32
§3.2 若干引理 33
§3.3 各轨道生成的格之间的包含关系 35
§3.4 $\mathbb{F}_q^{2\nu}$ 中的子空间在 $\mathcal{L}_R(m, s; 2\nu)$ 中的条件 36
§3.5 辛空间中子空间包含关系的一个定理 37
§3.6 格 $\mathcal{L}_O(m, s; 2\nu)$ 和格 $\mathcal{L}_R(m, s; 2\nu)$ 的秩函数 38
§3.7 格 $\mathcal{L}_R(m, s; 2\nu)$ 的特征多项式 39
§3.8 格 $\mathcal{L}_O(m, s; 2\nu)$ 和格 $\mathcal{L}_R(m, s; 2\nu)$ 的几何性 41
§3.9 注记 43

第四章 酉群作用下子空间轨道生成的格 44
§4.1 酉群 $U_n(\mathbb{F}_{q^2})$ 作用下子空间轨道生成的格 44
§4.2 若干引理 45

§4.3　各轨道生成的格之间的包含关系 ················· 48
§4.4　$\mathbb{F}_{q^2}^n$ 中的子空间在 $\mathcal{L}_R(m, r; n)$ 中的条件 ··········· 52
§4.5　酉空间中子空间包含关系的一个定理 ·············· 53
§4.6　格 $\mathcal{L}_O(m, r; n)$ 和格 $\mathcal{L}_R(m, r; n)$ 的秩函数 ········ 53
§4.7　格 $\mathcal{L}_R(m, r; n)$ 的特征多项式 ················ 54
§4.8　格 $\mathcal{L}_O(m, r; n)$ 和格 $\mathcal{L}_R(m, r; n)$ 的几何性 ······· 55
§4.9　注记 ································· 58

第五章　奇特征的正交群作用下子空间轨道生成的格 ········ 59
§5.1　奇特征的正交群 $O_{2\nu+\delta, \Delta}(\mathbb{F}_q)$ 作用下子空间轨道生成的格 ··· 59
§5.2　若干引理 ······························· 61
§5.3　各轨道生成的格之间的包含关系 ················· 77
§5.4　$\mathbb{F}_q^{2\nu+\delta}$ 中的子空间在 $\mathcal{L}_R(m, 2s+\gamma, s, \Gamma; 2\nu+\delta, \Delta)$ 中的条件 ··· 89
§5.5　奇特征的正交空间中子空间包含关系的一个定理 ········ 91
§5.6　格 $\mathcal{L}_O(m, 2s+\gamma, s, \Gamma; 2\nu+\delta, \Delta)$ 和格 $\mathcal{L}_R(m, 2s+\gamma, s, \Gamma; 2\nu+\delta, \Delta)$
　　　的秩函数 ······························ 95
§5.7　格 $\mathcal{L}_R(m, 2s+\gamma, s, \Gamma; 2\nu+\delta, \Delta)$ 的特征多项式 ······· 97
§5.8　格 $\mathcal{L}_O(m, 2s+\gamma, s, \Gamma; 2\nu+\delta, \Delta)$ 和格 $\mathcal{L}_R(m, 2s+\gamma, s, \Gamma; 2\nu+\delta, \Delta)$
　　　的几何性 ······························ 98
§5.9　注记 ································ 105

第六章　偶特征的正交群作用下子空间轨道生成的格 ········ 106
§6.1　偶特征的正交群 $O_{2\nu+\delta}(\mathbb{F}_q)$ 作用下子空间轨道生成的格 ··· 106
§6.2　若干引理 ······························ 109
§6.3　格 $\mathcal{L}_R(m, 2s+\gamma, s, \Gamma; 2\nu+\delta), \Gamma \neq 1$ ··········· 126
§6.4　格 $\mathcal{L}_R(m, 2s+1, s, 1; 2\nu+1)$ ··················· 132
§6.5　偶特征的正交空间中子空间包含关系的一个定理 ······· 135
§6.6　格 $\mathcal{L}_O(m, 2s+\gamma, s, \Gamma; 2\nu+\delta)$ 和格 $\mathcal{L}_R(m, 2s+\gamma, s, \Gamma; 2\nu+\delta)$
　　　的秩函数 ····························· 150
§6.7　格 $\mathcal{L}_R(m, 2s+\gamma, s, \Gamma; 2\nu+\delta)$ 的特征多项式 ········ 158
§6.8　格 $\mathcal{L}_O(m, 2s+\gamma, s, \Gamma; 2\nu+\delta)$ 和格 $\mathcal{L}_R(m, 2s+\gamma, s, \Gamma; 2\nu+\delta)$
　　　的几何性 ····························· 159
§6.9　注记 ································ 168

第七章　伪辛群作用下子空间轨道生成的格 ············ 169
§7.1　伪辛群 $Ps_{2\nu+\delta}(\mathbb{F}_q)$ 作用下子空间轨道生成的格 ······ 169
§7.2　同构定理 ······························ 171
§7.3　若干引理 ($\delta = 1$ 的情形) ···················· 173

§7.4	格 $\mathcal{L}_R(m, 2s+\tau, s, \epsilon; 2\nu+1)$	178
§7.5	若干引理 ($\delta = 2$ 的情形)	184
§7.6	格 $\mathcal{L}_R(m, 2s+\tau, s, \epsilon; 2\nu+2)$	191
§7.7	伪辛空间中子空间包含关系的一个定理	194
§7.8	格 $\mathcal{L}_O(m, 2s+\tau, s, \epsilon; 2\nu+\delta)$ 和格 $\mathcal{L}_R(m, 2s+\tau, s, \epsilon; 2\nu+\delta)$ 的秩函数	200
§7.9	格 $\mathcal{L}_R(m, 2s+\tau, s; \epsilon; 2\nu+\delta)$ 的特征多项式	202
§7.10	格 $\mathcal{L}_O(m, 2s+\tau, s, \epsilon; 2\nu+\delta)$ 的几何性	206
§7.11	格 $\mathcal{L}_R(m, 2s+\tau, s, \epsilon; 2\nu+\delta)$ 的几何性	211
§7.12	注记	214

第八章 奇特征正交几何中由相同维数和秩的子空间生成的格 ... 215

§8.1	奇特征正交群 $O_{2\nu+\delta,\Delta}(\mathbb{F}_q)$ 作用下由相同维数和秩的子空间生成的格	215
§8.2	$(m, 2s+\tau)$ 子空间存在的条件	215
§8.3	若干引理	217
§8.4	格 $\mathcal{L}_R(m, 2s+\tau; 2\nu+\delta, \Delta)$ 之间的包含关系	227
§8.5	$\mathbb{F}_q^{2\nu+\delta}$ 中子空间在 $\mathcal{L}_R(m, 2s+\tau; 2\nu+\delta, \Delta)$ 中的条件	236
§8.6	奇特征正交空间中子空间包含关系的又一个定理	238
§8.7	格 $\mathcal{L}_O(m, 2s+\tau; 2\nu+\delta, \Delta)$ 和格 $\mathcal{L}_R(m, 2s+\tau; 2\nu+\delta, \Delta)$ 的秩函数	239
§8.8	格 $\mathcal{L}_R(m, 2s+\tau; 2\nu+\delta, \Delta)$ 的特征多项式	241
§8.9	格 $\mathcal{L}_O(m, 2s+\tau; 2\nu+\delta, \Delta)$ 和格 $\mathcal{L}_R(m, 2s+\tau; 2\nu+\delta, \Delta)$ 的几何性	242
§8.10	注记	247

第九章 偶特征正交几何中由相同维数和秩的子空间生成的格 ... 248

§9.1	偶特征正交群 $O_{2\nu+\delta}(\mathbb{F}_q)$ 作用下由相同维数和秩的子空间生成的格	248
§9.2	$(m, 2s+\tau)$ 子空间存在的条件	249
§9.3	若干引理	250
§9.4	格 $\mathcal{L}_R(m, 2s+\tau; 2\nu+\delta)$ 之间的包含关系	261
§9.5	$\mathbb{F}_q^{2\nu+\delta}$ 中子空间在 $\mathcal{L}_R(m, 2s+\tau; 2\nu+\delta)$ 中的条件	269
§9.6	偶特征正交空间中子空间包含关系的又一个定理	272
§9.7	格 $\mathcal{L}_O(m, 2s+\tau; 2\nu+\delta)$ 和格 $L_R(m, 2s+\tau; 2\nu+\delta)$ 的秩函数	275
§9.8	格 $\mathcal{L}_R(m, 2s+\tau; 2\nu+\delta)$ 的特征多项式	278
§9.9	格 $\mathcal{L}_O(m, 2s+\tau; 2\nu+\delta)$ 和格 $\mathcal{L}_R(m, 2s+\tau; 2\nu+\delta)$ 的几何性	279

§9.10　注记 · 285

第十章　伪辛几何中由相同维数和秩的子空间生成的格 · · · · · · · · · · · · · · 286

§10.1　伪辛群 $Ps_{2\nu+\delta}(\mathbb{F}_q)$ 作用下由相同维数和秩的子空间生成的格 · · · 286

§10.2　$(m, 2s+\gamma)$ 子空间存在的条件 · 286

§10.3　若干引理 · 288

§10.4　格 $\mathcal{L}_R(m, 2s+\gamma; 2\nu+\delta)$ 之间的包含关系 · 295

§10.5　$\mathbb{F}_q^{2\nu+\delta}$ 中的子空间在 $\mathcal{L}_R(m, 2s+\gamma; 2\nu+\delta)$ 中的条件 · · · · · · · · · · 301

§10.6　伪辛空间中子空间包含关系的又一个定理 · · · · · · · · · · · · · · · · · · · 303

§10.7　格 $\mathcal{L}_O(m, 2s+\gamma; 2\nu+\delta)$ 和格 $\mathcal{L}_R(m, 2s+\gamma; 2\nu+\delta)$ 的秩函数 · · · 304

§10.8　格 $\mathcal{L}_R(m, 2s+\gamma; 2\nu+\delta)$ 的特征多项式 · · · · · · · · · · · · · · · · · · · 305

§10.9　格 $\mathcal{L}_O(m, 2s+\gamma; 2\nu+\delta)$ 的几何性 · 307

§10.10　格 $\mathcal{L}_R(m, 2s+\gamma; 2\nu+\delta)$ 的几何性 · 310

§10.11　注记 · 312

参考文献 · 313

名词索引 · 315

第一章 偏序集和格的一些知识

在本章里,要介绍阅读本书所需要的有关偏序集和格的一些预备知识,特别是局部有限偏序集上的 Möbius 函数和 Möbius 反演公式,偏序集上的特征多项式,几何格等. 欲知偏序集及格的详细内容,可参见文献 [1] 和 [3].

§1.1 偏 序 集

定义 1.1 设 P 是一个非空集,$\geq$ 是定义在 P 上的一个二元关系. 如果下列三条公理 PO1—PO3 成立,P 就叫做一个**偏序集**,$\geq$ 叫做 P 上的**偏序**,简称**序**.

PO1 对于任意 $x \in P$, 都有 $x \geq x$.

PO2 对于任意 $x, y \in P$, 如果 $x \geq y$, 而且 $y \geq x$, 那么 $x = y$.

PO3 对于任意 $x, y, z \in P$, 如果 $x \geq y$, 而且 $y \geq z$, 那么 $x \geq z$.

除了上述三条公理外,下列公理 TO4 也成立,P 就叫做一个**全序集**或**链**,而 $\geq$ 叫做 P 上的**全序**.

TO4 对于任意 $x, y \in P$, $x \geq y$, $y \geq x$ 二者中至少有一个成立. □

设 P 是偏序集,$\geq$ 是 P 上的一个偏序. 偏序 $\geq$ 有时也记做 $\leq$,即如果 $x \geq y$, 也记 $y \leq x$. 如果 $x \geq y$(或 $x \leq y$) 而 $x \neq y$ 就记 $x > y$(或 $x < y$).

例 1.1 设 S 是一个集合,而 $\mathcal{P}(S)$ 是 S 的幂集,即 $\mathcal{P}(S)$ 是由 S 的所有子集组成的集合. 对于 $A, B \in \mathcal{P}(S)$, 如果 $A \supset B$, 就规定 $A \geq B$, 那么 $\mathcal{P}(S)$ 是偏序集.

当 S 是无限集时,令 $\mathcal{P}_f(S)$ 是由 S 的所有有限子集组成的集合. 对于 $A, B \in \mathcal{P}_f(S)$, 如果 $A \supset B$, 仍规定 $A \geq B$, 那么 $\mathcal{P}_f(S)$ 也是偏序集. □

例 1.2 设 $\mathbb{N}$ 是全体正整数组成的集合,$\geq$ 是通常的不小于关系,那么 $\mathbb{N}$ 是一个全序集. □

例 1.3 设 V 是域 F 上的一个向量空间,维数可以有限也可以无限. 令 $\mathcal{L}(V)$ 是 V 的所有子空间组成的集合. 对于 V 的子空间 U 和 W, 如果 $U \supset W$, 就规定 $U \geq W$, 那么 $\mathcal{L}(V)$ 是偏序集.

当 $\dim V = \infty$ 时,令 $\mathcal{L}_f(V)$ 是由 V 的所有有限维子空间组成的集合. 对于 $U, W \in \mathcal{L}_f(V)$, 如果 $U \supset W$, 仍规定 $U \geq W$, 那么 $\mathcal{L}_f(V)$ 也是偏序集. □

设 T 是偏序集 P 的一个子集,$m \in T$. 如果不存在 $x \in T$, 使得 $m < x(m > x)$, m 就叫做 T 的**极大元**(或**极小元**). 如果对所有的 $x \in T$, 都有 $m \geq x(m \leq x)$, m 就

叫 T 的 **最大元**(或 **最小元**). 显然, 当 P 有最大元 (或最小元) 时, 它必是 T 的唯一的极大元 (或极小元). 往往把 P 的唯一的最大元 (或最小元) 记作 1(或 0).

例如, 在例 1.1 中, S 和空集 ϕ 分别是 $\mathcal{P}(S)$ 的最大元和最小元. 当 S 是无限时, ϕ 仍是 $\mathcal{P}_f(S)$ 的最小元, 但 $\mathcal{P}_f(S)$ 无最大元, 也无极大元. 例 1.2 中, 1 是 $\mathbb{N}$ 的最小元, 但 $\mathbb{N}$ 没有的最大元, 也没有极大元. 例 1.3 中, V 和仅由零向量 0 组成的子空间 $\{0\}$ 分别是 $\mathcal{L}(V)$ 的最大元和最小元. 当 $\dim = \infty$ 时, $\{0\}$ 仍是 $\mathcal{L}_f(V)$ 的最小元, 但 $\mathcal{L}_f(V)$ 无最大元, 也无极大元.

设 T 是偏序集 P 的一个子集, $u \in P$. 如果对所有 $x \in T$ 都有 $u \geq x$(或 $u \leq x$), u 就叫做 T 的一个**上界**(或**下界**). 注意 T 的上界 (下界) 不一定属于 T. 如果 u 是 T 的一个上界, 而对于 T 的任一个上界 v, 都有 $v \geq u$, 那么 u 就叫做 T 的**上确界**. 同样可定义 T 的**下确界**. 根据 PO2, 如果 T 有上确界 (或下确界), 则它必是唯一的, 并把它记作 $\sup T$(或 $\inf T$). 同样, T 的上确界 (或下确界), 也不一定属于 T.

例如, 在例 1.2 中, 令 $T = \{1, 2, 3, 5, 6, 7, 8, 9, 10\}$, 那么 $\sup T = 10, \inf T = 1$.

设 P 是偏序集, $x, y \in P$, 而 $x \leq y$, 定义

$$[x, y] = \{z \in P | x \leq z \leq y\}.$$

并把 $[x, y]$ 叫做以 x 和 y 为端点的**区间**, 简称区间.

例如, 在例 1.1 中, 设 $S = \{1, 2, \cdots, 10\}$, $x = \{1, 2\}$, $y = \{1, 2, 3, 4\}$, 则 $[x, y] = \{\{1, 2\}, \{1, 2, 3\}, \{1, 2, 4\}, \{1, 2, 3, 4\}\}$.

设 P 是偏序集, $x, y \in P, x < y$. 如果不存在 $z \in P$, 使得 $x < z < y$, 就说 y 是 x 的一个**覆盖**, 记作 $x \lessdot y$.

例如, 在例 1.1 中, 仍设 $S = \{1, 2, \cdots, 10\}$, 那么 $\{1, 2, 3\} \lessdot \{1, 2, 3, 5\}$.

定义 1.2 设 P 是偏序集, P' 是 P 的一个非空子集. 显然, P' 对于 P 的偏序来说也是偏序集, 叫做 P 的**子偏序集**. □

设 P 是偏序集, $x, y \in P$, 而 $x \leq y$. 那么以 x 和 y 为端点的区间 $[x, y]$ 是 P 的子偏序集, 它以 x 为最小元, 以 y 为最大元.

一个链 (即全序集) 所含的元素个数有限时称为**有限链**, 否则称为**无限链**.

如果一个偏序集 P 的子偏序集 S 是一个链, 就称 S 是 P 中的**一个链**.

设 P 是偏序集, $x, y \in P$, 而 $x < y$. 如果存在 $x = x_0, x_1, \cdots, x_n = y$, 使得

$$x = x_0 < x_1 < x_2 < \cdots < x_n = y, \tag{1.1}$$

就把链 (1.1) 叫做以 x 为**起点**, y 为**终点**的**链**, 简称 x, y 链, 而 n 叫它的长. 如果 $x_i \lessdot x_{i+1}$, 链 (1.1) 就叫做 x, y **极大链**. 如果

$$x = x'_0 < x'_1 < x'_2 < \cdots < x'_m = y, \tag{1.2}$$

也是以 x 为起点, y 为终点的链, 而每个 $x_i (1 \leq i \leq n)$ 都在 (1.2) 中出现, (1.2) 就叫做 (1.1) 的**加细**. 假定以 x 为起点, y 为终点的链都可加细成极大链, 而以 x 为起点, y 为终点的极大链的长的最大值存在, 就把它记作 $d(x,y)$. 显然 $d(x,x) = 0$. 如果有以 x 为起点 y 为终点的链不能加细成极大链, 或以 x 为起点 y 为终点的诸极大链的长没有最大值, 就定义 $d(x,y) = \infty$. 如果以 x 为起点, y 为终点的链都可以加细成极大链, 而以 x 为起点, y 为终点的极大链的长都相等, 就令 $l(x,y) = d(x,y)$, 并把它叫做从 x 到 y 的**长**.

定义 1.3 偏序集 P 说成是满足 Jordan-Dedekind **条件**, 简称 **JD条件**, 如果对于任意 $a, b \in P$, 而 $a < b$, 以 a 为起点, b 为终点的所有极大链有相同的有限长. □

例如, 在例 1.1 中, 对于 $A, B \in \mathcal{P}_f(S)$, $A \subset B$, 所有 A, B 极大链的长是 $|B| - |A|$, 而在例 1.3 中, 对于 $U, W \in \mathcal{L}_f(V)$, $U \subset W$, 所有 U, W 极大链的长是 $\dim W - \dim U$. 所以偏序集 $\mathcal{P}_f(S)$ 和 $\mathcal{L}_f(V)$ 均满足 JD 条件.

定义 1.4 设 P 和 P' 都是偏序集, P 中的偏序记作 $\leq$, 而 P' 中的偏序记作 $\leq'$. 假定 $f: P \to P'$ 是个双射. 如果对于任意 $x, y \in P$, $x \leq y$ 当且仅当 $f(x) \leq f(y)$, 那么 f 就叫做 P 到 P' 的一个**同构映射**, 而 P 和 P' 称为**同构**, 记作 $P \simeq P'$. □

例如, 例 1.1 中, 设 $A, B, A', B' \in \mathcal{P}_f(S)$, $A \leq B$, $A' \leq B'$, 而 $|B| - |A| = |B'| - |A'|$, 那么区间 $[A,B]$ 和 $[A',B']$ 作为子偏序集同构. 在例 1.3 中, 设 $U, W, U', W' \in \mathcal{L}_f(V)$, $U \leq W$, $U' \leq W'$, 而 $\dim W - \dim U = \dim W' - \dim U'$. 那么区间 $[U,W]$ 和 $[U',W']$ 作为子偏序集同构, 而且它们又都和 $\mathcal{L}(W/U)$ 同构.

§1.2 局部有限偏序集上的 Möbius 函数

定义 1.5 设 P 是偏序集, 如果对任意 $x, y \in P$, 而 $x < y$, 区间 $[x,y]$ 都是有限集, 那么 P 就叫做**局部有限偏序集**. 如果 P 是有限集, P 就叫**有限偏序集**. □

易知, 有限偏序集是局部有限偏序集. 例如, 当 S 是有限集时, $\mathcal{P}(S)$ 是有限偏序集; 设 q 是素数幂, 而 V 是有限域 $\mathbb{F}_q$ 上的有限维向量空间时, $\mathcal{L}(V)$ 也是有限偏序集, 因此, 它们都是局部有限偏序集. 当 S 是无限时, 因为区间 $[\phi, S]$ 是无限集, 所以 $\mathcal{P}(S)$ 不是局部有限偏序集, 但 $\mathcal{P}_f(S)$ 是局部有限偏序集. 同样, 当 V 是 $\mathbb{F}_q$ 上的无限维向量空间时, $\mathcal{L}(V)$ 不是局部有限偏序集, 而 $\mathcal{L}_f(V)$ 是局部有限偏序集.

定义 1.6 设 P 是局部有限偏序集, R 是有单位元的交换环. 设 $\mu(x,y)$ 是定义在 P 上而在 R 中取值的二元函数. 假定 $\mu(x,y)$ 满足以下三个条件:

(i) 对于任意 $x \in P$, 总有 $\mu(x,x) = 1$;

(ii) 对于 $x, y \in P$, 如果 $x \not\leq y$, 则 $\mu(x,y) = 0$;

(iii) 对于 $x, y \in P$, 如果 $x < y$, 则 $\sum_{x \leq z \leq y} \mu(x, z) = 0$,

就把 $\mu(x, y)$ 叫做 P 上而在 R 中取值的 Möbius 函数.

命题 1.1 设 $\mu(x, y)$ 是局部有限偏序集 P 上而在 R 中取值的 Möbius 函数, 那么 $\mu(x, y)$ 也适合以下条件:

(iv) 对于 $x, y \in P$, 如果 $x < y$, 那么 $\sum_{x \leq z \leq y} \mu(z, y) = 0$.

反过来, 如果函数 $\mu(x, y)$ 满足 (i), (ii), (iv), 那么 $\mu(x, y)$ 也满足条件 (iii).

证明 设 $x, y \in P, x \leq y$. 因 P 局部有限, 所以, $[x, y]$ 是有限集. 设 $|[x, y]| = n$, 那么可将 $[x, y]$ 中的元素排成

$$x_1 = x, x_2, \cdots, x_n = y,$$

使得 $x_i < x_j$ 蕴涵 $i < j$. 定义

$$a_{ij} = \mu(x_i, x_j),\ 1 \leq i, j \leq n.$$

再定义

$$b_{ij} = \begin{cases} 1, & \text{如果 } x_i \leq x_j, \\ 0, & \text{如果 } x_i \not\leq x_j. \end{cases}$$

那么

$$A = (a_{ij})_{1 \leq i, j \leq n} \text{ 和 } B = (b_{ij})_{1 \leq i, j \leq n}$$

都是 R 上的 $n \times n$ 矩阵. 由于条件 (i), (ii), (iii), 我们有

$$AB = I,$$

其中 I 是 $n \times n$ 单位矩阵. 根据矩阵论, 我们也有

$$BA = I,$$

而这个式子就给出条件 (iv).

又因为从 $BA = I$ 可推出 $AB = I$, 所以本命题的第二个断言也成立. □

下面的引理是显然的.

引理 1.2 设 P 是局部有限偏序集. 对于 $x, y \in P$, 如果 $x < y$, 那么 $d(x, y) < \infty$. □

命题 1.3 局部有限偏序集上一定有 Möbius 函数, 而且是唯一的.

证明 设 P 是局部有限偏序集. 先证明 P 上一定有 Möbius 函数. 我们定义

$$\mu(x, x) = 1, \text{ 对任意 } x \in P,$$

$$\mu(x,y) = 0, \text{ 如果 } x, y \in P, \text{ 而 } x \not\leq y.$$

设 $x, y \in P$, 而 $x \leq y$. 对 $d(x, y)$ 作归纳来定义 $\mu(x, y)$. 当 $d(x, y) = 0$ 时, $x = y$, 上面已定义了 $\mu(x, x) = 1$. 设 $d(x, y) > 0$. 对 $z \in P$, 而 $x \leq z < y$, 显然有 $d(x, z) < d(x, y)$. 因此, $d(x, z)$ 已定义, 于是定义

$$\mu(x, y) = -\sum_{x \leq z < y} \mu(x, z).$$

根据 $\mu(x, y)$ 的定义方法, 它适合 (i), (ii), (iii). 因此 $\mu(x, y)$ 是 P 上的 Möbius 函数.

再设 $\mu'(x, y)$ 也是 P 上的一个 Möbius 函数. 由 (i), 对于任意 $x \in P$, 有 $\mu(x, x) = 1$. 因此

$$\mu'(x, x) = \mu(x, x) = 1, \text{ 对任意 } x \in P.$$

设 $x, y \in P$. 如果 $x \not\leq y$, 根据 (ii), 有 $\mu'(x, y) = 0$. 因此

$$\mu'(x, y) = \mu(x, y) = 0, \text{ 若 } x \not\leq y.$$

再设 $x \leq y$. 对 $d(x, y)$ 施行数学归纳法来证明 $\mu'(x, y) = \mu(x, y)$. 当 $d(x, y) = 0$ 时, $x = y$, 已证 $\mu'(x, x) = 1 = \mu(x, x)$. 设 $d(x, y) > 0$. 对于 $z \in P$, 而 $x \leq z < y$, 显然 $d(x, z) < d(x, y)$. 根据归纳假设, $\mu'(x, z) = \mu(x, z)$. 于是

$$\begin{aligned}
\mu'(x, y) &= -\sum_{x \leq z < y} \mu'(x, z) \quad \text{(因为} \mu'(x,y) \text{适合条件(iii))} \\
&= -\sum_{x \leq z < y} \mu(x, y) \quad \text{(根据归纳假设)} \\
&= \mu(x, y). \quad \text{(因为} \mu(x,y) \text{适合条件(iii))} \quad \square
\end{aligned}$$

例 1.1(续) 设 S 是一个集合. 再设 $x, y \in \mathcal{P}_f(S)$, 即 x, y 是 S 的有限子集, 定义

$$\mu(x, y) = \begin{cases} 0, & \text{如果 } x \not\leq y, \\ (-1)^{|y|-|x|}, & \text{如果 } x \leq y. \end{cases} \tag{1.3}$$

易证 $\mu(x, y)$ 就是 $\mathcal{P}_f(S)$ 上的 Möbius 函数. $\square$

§1.3 局部有限偏序集上的 Möbius 反演公式

命题 1.4 设 P 是有最小元 0 的局部有限偏序集, R 是有单位元的交换环. 再设 $\mu(x, y)$ 是 P 上而在 R 中取值的 Möbius 函数, $f(x)$ 定义在 P 上而在 R 中取

值的函数. 对于任意 $x \in P$, 令

$$g(x) = \sum_{y \leq x} f(y). \tag{1.4}$$

那么

$$f(x) = \sum_{y \leq x} g(y)\mu(y, x). \tag{1.5}$$

反之, 设 $g(x)$ 是定义在 P 上而在 R 中取值的函数. 对于任意 $x \in P$, 按 (1.5) 式来定义 $f(x)$, 则 (1.4) 式成立.

证明 因为 P 是有最小元 0 的局部有限偏序集, 所以区间 $[0, x]$ 是有限集. 于是 (1.4) 式中的和是有限和. 因此用 (1.4) 式来定义的 $g(x)$ 是合理的. 同样, (1.5) 式中的和也是有限和, 而

$$\sum_{y \leq x} g(y)\mu(y, x) = \sum_{y \leq x} \left(\sum_{z \leq y} f(z) \right) \mu(y, x) \quad (\text{将 (1.4) 代入})$$

$$= \sum_{z \leq x} f(z) \sum_{z \leq y \leq x} \mu(y, x) \quad (\text{交换求和次序})$$

$$= \sum_{z \leq x} f(z) \delta_{z, x} \quad (\text{根据条件 (iv)})$$

$$= f(x),$$

其中 $\delta_{z, x}$ 是 delta 函数.

反之,

$$\sum_{y \leq x} f(y) = \sum_{y \leq x} \left(\sum_{z \leq y} g(z)\mu(z, y) \right) \quad (\text{将 (1.5) 代入})$$

$$= \sum_{z \leq x} g(z) \sum_{z \leq y \leq x} \mu(z, y) \quad (\text{交换求和次序})$$

$$= \sum_{z \leq x} g(z) \delta_{z, x} \quad (\text{根据条件 (iii)})$$

$$= g(x). \qquad \square$$

(1.5) 式和 (1.4) 式分别称为 (1.4) 式和 (1.5) 式的 Möbius 反演公式.

平行地又有

命题 1.5 设 P 是有最大元 1 的局部有限偏序集, R 是有单位元的交换环. 再设 $\mu(x, y)$ 是 P 上而在 R 中取值的 Möbius 函数, $f(x)$ 是定义在 P 上而在 R 中取

值的函数. 对于任意 $x \in P$, 令

$$g(x) = \sum_{x \leq y} f(y). \tag{1.6}$$

那么

$$f(x) = \sum_{x \leq y} g(y) \mu(x, y). \tag{1.7}$$

反之, 设 $g(x)$ 是定义在 P 上而在 R 中取值的函数. 对于任意 $x \in P$, 按 (1.7) 式来定义 $f(x)$, 那么 (1.6) 式成立. □

§1.4 Gauss 系数和 Gauss 多项式

设 $\mathbb{F}_q$ 是 q 个元素的有限域, q 是一个素数幂, 而 n 是一个非负整数. 令

$$\mathbb{F}_q^n = \{(x_1, x_2, \cdots, x_n) | x_i \in \mathbb{F}_q, i = 1, 2, \cdots, n\},$$

并把 $\mathbb{F}_q^n$ 中元素 $(x_1, x_2, \cdots, x_n)$ 叫做 $\mathbb{F}_q$ 上的 n 维行向量. 规定 n 维行向量的加法和纯量乘法如下:

$$(x_1, x_2, \cdots, x_n) + (y_1, y_2, \cdots, y_n)$$
$$= (x_1 + y_1, x_2 + y_2, \cdots, x_n + y_n),$$
$$x(x_1, x_2, \cdots, x_n) = (xx_1, xx_2, \cdots, xx_n), x \in \mathbb{F}_q.$$

那么 $\mathbb{F}_q^n$ 是 $\mathbb{F}_q$ 上的 n 维向量空间, 称为 n **维行向量空间**.

命题 1.6 设 $\mathbb{F}_q$ 是 q 元有限域, q 是一个素数幂. 再设 n 和 m 都是非负整数, $\mathbb{F}_q^n$ 是 $\mathbb{F}_q$ 上的 n 维行向量空间. 那么 $\mathbb{F}_q^n$ 中 m 维子空间的个数恰好是

$$\frac{(q^n - 1)(q^{n-1} - 1) \cdots (q^{n-m-1} - 1)}{(q^m - 1)(q^{m-1} - 1) \cdots (q - 1)}. \tag{1.8}$$

证明 当 $m = 0$ 时, $\mathbb{F}_q^n$ 有唯一的一个 0 维子空间, 它有零向量 $0 = (0, 0, \cdots, 0)$ 组成. 这时约定 (1.8) 式等于 1. 于是该命题在 $m = 0$ 时成立.

现在设 $m > 0$. 当 $n < m$ 时, $\mathbb{F}_q^n$ 没有 m 维子空间, 即 $\mathbb{F}_q^n$ 的 m 维子空间的个数等于零. 另一方面

$$(1 - q^n)(1 - q^{n-1}) \cdots (1 - q^{n-(m-1)})$$
$$= (1 - q^n)(1 - q^{n-1}) \cdots (1 - q)(1 - q^0)(1 - q^{-1}) \cdots$$
$$(1 - q^{n-(m-1)}) = 0.$$

因此命题 1.6 在 $n<m$ 时也成立.

最后考察 $n \geq m>0$ 的情形. 设 V 是 $\mathbb{F}_q^n$ 的任一 m 维子空间, 而 $v_1, v_2, \cdots, v_m$ 是 V 的一个基. v_1 可以是 $\mathbb{F}_q^n$ 中任一非零向量, 而 $\mathbb{F}_q^n$ 一共有 q^n 个向量, 因此 v_1 一共有 q^n-1 种可能的选择. 当 v_1 选定后, v_2 可以是 $\mathbb{F}_q^n$ 中任一与 v_1 线性无关的向量, 而与 v_1 线性相关的向量一共有 q 个, 因此 v_2 一共有 q^n-q 种可能的选择. 如此继续下去, 当 $v_1, v_2, \cdots, v_{m-1}$ 选定后, v_m 可以是任一与 $v_1, v_2, \cdots, v_{m-1}$ 线性无关的向量. 由 $v_i(i=1,2,\cdots,m-1)$ 的选取可知 $v_1, v_2, \cdots, v_{m-1}$ 线性无关. 那么与 $v_1, v_2, \cdots, v_{m-1}$ 线性相关的向量一共有 q^{m-1} 个, 因此 v_m 共有 q^n-q^{m-1} 种可能的选择. 这样 $\{v_1, v_2, \cdots, v_m\}$ 一共有 $(q^n-1)(q^n-q)\cdots(q^n-q^{m-1})$ 种可能的选择. 但是一个确定的 m 维子空间可以有不同的基. 根据上面的推理可知, 一个 m 维子空间一共有 $(q^m-1)(q^m-q)\cdots(q^m-q^{m-1})$ 个不同的基, 因此 $\mathbb{F}_q^n$ 的 m 维子空间的个数等于

$$\frac{(q^n-1)(q^n-q)\cdots(q^n-q^{m-1})}{(q^m-1)(q^m-q)\cdots(q^m-q^{m-1})}$$
$$=\frac{(q^n-1)(q^{n-1}-1)\cdots(q^{n-(m-1)}-1)}{(q^m-1)(q^{m-1}-1)\cdots(q-1)}.\qquad\square$$

定义 1.7 设 m, n 是非负整数. 引进记号

$$\begin{bmatrix}n\\m\end{bmatrix}_q=\frac{(q^n-1)(q^{n-1}-1)\cdots(q^{n-(m-1)}-1)}{(q^m-1)(q^{m-1}-1)\cdots(q-1)},\text{ 如果 }m>0,$$

和

$$\begin{bmatrix}n\\0\end{bmatrix}_q=1.$$

并把它们称为 Gauss 系数. $\qquad\square$

命题 1.7 设 m 和 n 都是非负整数, 而 $q\neq 1$.

(i) $\begin{bmatrix}m\\m\end{bmatrix}_q=1$.

(ii) 如果 $0\leq n<m$, 那么 $\begin{bmatrix}n\\m\end{bmatrix}_q=0$.

(iii) 如果 $0\leq m\leq n$, 那么 $\begin{bmatrix}n\\m\end{bmatrix}_q=\begin{bmatrix}n\\n-m\end{bmatrix}_q$.

证明 (i) 由定义 1.7 立刻推出; (ii) 在命题 1.4 中已经证明. 现在来证明 (iii).

$$\begin{bmatrix} n \\ m \end{bmatrix}_q = \frac{(q^n-1)(q^{n-1}-1)\cdots(q^{n-(m-1)}-1)}{(q^m-1)(q^{m-1}-1)\cdots(q-1)}$$

$$= \frac{(q^n-1)(q^{n-1}-1)\cdots(q^{n-(m-1)}-1)}{(q^m-1)(q^{m-1}-1)\cdots(q-1)}$$

$$\times \frac{(q^{n-m}-1)\cdots(q-1)}{(q^{n-m}-1)\cdots(q-1)}$$

$$= \frac{(q^n-1)(q^{n-1}-1)\cdots(q^{m+1}-1)}{(q^{n-m}-1)(q^{n-m-1}-1)\cdots(q-1)} = \begin{bmatrix} n \\ n-m \end{bmatrix}_q. \qquad \square$$

命题 1.8 (q-Pascal 三角形) 设 $m \geq 1, q \neq 1$. 那么

$$\begin{bmatrix} x \\ m \end{bmatrix}_q = \begin{bmatrix} x-1 \\ m-1 \end{bmatrix}_q + q^m \begin{bmatrix} x-1 \\ m \end{bmatrix}_q. \tag{1.9}$$

证明 由定义 1.7 直接计算可知 (1.9) 式成立. 其详细步骤可参阅 [30, 32]. $\square$

命题 1.9(q-二项式定理) 设 y 是未定元, n 是非负整数, 而 $q \neq 1$, 那么

$$\prod_{i=0}^{n-1}(1+q^i y) = \sum_{m=0}^{n} q^{\binom{m}{2}} \begin{bmatrix} n \\ m \end{bmatrix}_q y^m. \tag{1.10}$$

证明 可对 n 作数学归纳法来证明, 其具体步骤可参阅 [30, 32]. $\square$

命题 1.9 中的 y 取 -1 时, 可得

推论 1.10 设 n 是非负整数, $q \neq 1$, 那么

$$\sum_{m=0}^{n}(-1)^m q^{\binom{m}{2}} \begin{bmatrix} n \\ m \end{bmatrix}_q = 0. \qquad \square$$

例 1.3(续) 设 V 是 $\mathbb{F}_q$ 上的向量空间. 再设 $X, Y \in \mathcal{L}_f(V)$, 即 X, Y 是 V 的有限维子空间, 定义

$$\mu(X,Y) = \begin{cases} 0, & \text{如果 } X \not\leq Y, \\ (-1)^r q^{\binom{r}{2}}, & \text{如果 } X \leq Y, \text{ 其中} \\ & r = \dim Y - \dim X. \end{cases} \tag{1.11}$$

$\square$

显然,$\mu(X, Y)$ 适合定义 1.6 中的条件 (i) 和 (ii).再来验证 $\mu(X,Y)$ 适合 (iii).假设 $X < Y$, 即 $X \leq Y$ 而 $X \neq Y$. 再假定 $\dim Y - \dim X = r$, 那么 $r > 0$, 而对于任意 $j, 0 \leq j \leq r$, 一共有 $\begin{bmatrix} r \\ j \end{bmatrix}_q$ 个子空间 Z 适合 $X \leq Z \leq Y$, 而 $\dim Z = \dim X + j$.

根据推论 1.10,

$$\sum_{X \leq Z \leq Y} \mu(X, Z) = 1 + \begin{bmatrix} r \\ 1 \end{bmatrix}_q (-1)^1 q^{\binom{1}{2}} + \begin{bmatrix} r \\ 2 \end{bmatrix}_q (-1)^2 q^{\binom{2}{2}} + \cdots$$
$$+ \begin{bmatrix} r \\ j \end{bmatrix}_q (-1)^j q^{\binom{j}{2}} + \cdots + \begin{bmatrix} r \\ r \end{bmatrix}_q (-1)^r q^{\binom{r}{2}} = 0.$$

因此 $\mu(X, Y)$ 就是 $\mathcal{L}_f(V)$ 上的 Möbius 函数.

特别, 当 $V = \mathbb{F}_q^n$ 时, 就得到 $\mathcal{L}(\mathbb{F}_q^n)$ 上的 Möbius 函数. □

推论 1.11 设对于非负整数 k, R 中都有一个元素 a_k 与之对应, 这就定义了非负整数集合 $\mathbb{N}_0 = \mathbb{N} \cup \{0\}$ 上的一个函数 a, 即

$$a : \mathbb{N}_0 \longrightarrow R$$
$$k \longmapsto a_k.$$

对于非负整数 n, 令

$$b_n = \sum_{k=0}^{n} \begin{bmatrix} n \\ k \end{bmatrix}_q a_k, \tag{1.12}$$

那么

$$a_n = \sum_{k=0}^{n} (-1)^{n-k} q^{\binom{n-k}{2}} \begin{bmatrix} n \\ k \end{bmatrix}_q b_k. \tag{1.13}$$

反之, 假设 b 是定义在 $\mathbb{N}_0$ 上而在 R 中取值的函数

$$b : \mathbb{N}_0 \longrightarrow R$$
$$k \longmapsto b_k.$$

对于任意非负整数 n, 按 (1.13) 式来定义 a_n, 那么 (1.12) 式成立.

证明 设 V 是 $\mathbb{F}_q$ 上的无限维向量空间. 对 V 的任一 n 维子空间 W, 规定 R 中的元素 a_n 与之对应. 这就定义了在 $\mathcal{L}_f(V)$ 上而在 R 中取值的函数.

$$a : \mathcal{L}_f(V) \longrightarrow R$$
$$W \longmapsto a(W) = a_{\dim W}.$$

对于任意 $W \in \mathcal{L}_f(V)$, 设 $\dim W = n$. 令 U 是 W 的子空间, 规定

$$b(W) = \sum_{U \leq W} a(U). \tag{1.14}$$

显然, 如果 $\dim W = \dim W'$, 则 $b(W) = b(W')$. 再令 $b_{\dim W} = b(W)$. 因 W 中 k 维子空间的个数是 $\begin{bmatrix} n \\ k \end{bmatrix}_q$, 所以 (1.14) 式即是 (1.12) 式. 根据命题 1.4, 从 (1.14) 式

推出
$$a(W) = \sum_{U \leq W} b(U)\mu(U, W). \tag{1.15}$$

根据定义 $a(W) = a_{\dim W}$, $b(U) = b_{\dim U}$. 当 $\dim W = n$, $\dim U = k$ 时, 根据 (1.11) 式有 $\mu(U, W) = (-1)^{n-k} q^{\binom{n-k}{2}}$, 所以从 (1.15) 式可推出 (1.13) 式.

反之, 按照
$$b : \mathcal{L}_f(V) \longrightarrow R$$
$$W \longmapsto b(W) = b_{\dim W}$$

来定义在 $\mathcal{L}_f(v)$ 上而在 R 中取值的函数 b. 对于任意 $W \in \mathcal{L}_f(V)$, 按照 (1.15) 式来定义 $a(W)$, 其中 U 是 W 的子空间. 当 $\dim W = \dim W'$ 时, 有 $a(W) = a(W')$. 令 $\dim W = n$, $\dim U = k$, $0 \leq k \leq n$. 那么 (1.15) 式即为 (1.13) 式. 再根据命题 1.4, 从 (1.15) 式可推出 (1.14) 式. 再从 (1.14) 式就可推出 (1.12). □

公式 (1.13) 及 (1.12) 分别称为公式 (1.12) 及 (1.13) 的 Gauss **反演公式**

命题 1.9 又有以下的等价形式.

命题 1.12 设 x 是未定元, 而 n 是非负整数. 那么

$$\prod_{i=0}^{n-1}(x - q^i) = \sum_{m=0}^{n}(-1)^{n-m} q^{\binom{n-m}{2}} \begin{bmatrix} n \\ m \end{bmatrix}_q x^m. \tag{1.16}$$

证明 将 $y = -1/x$ 代入 (1.10) 式, 再乘以 x^n, 即得 (1.16) 式. □

定义 1.8 设 q 是素数幂, n 是非负整数, 并且 x 是未定元, 多项式

$$g_n(x) = (x-1)(x-q) \cdots (x - q^{n-1}), \text{ 如果 } n \geq 1,$$

和

$$g_0(x) = 1$$

就叫做 Gauss **多项式**. □

由命题 1.12, 有

$$g_n(x) = \sum_{m=0}^{n}(-1)^{n-m} q^{\binom{n-m}{2}} \begin{bmatrix} n \\ m \end{bmatrix}_q x^m.$$

依 Gauss 反演公式可得

命题 1.13 设 q 是素数幂, n 是非负整数, 而 x 是未定元, 那么

$$x^n = \sum_{k=0}^{n} \begin{bmatrix} n \\ k \end{bmatrix}_q g_k(x). \qquad \square$$

§1.5 特征多项式

定义 1.9 设 P 是含有最小元 0 的偏序集,对于 $a \in P$,如果 $l(0, a)$ 存在,即 $0, a$ 链可加细成极大链,且所有 $0, a$ 极大链有相同的有限长 $l(0, a)$,就把它叫做 a 的 **秩**,记作 $r(a)$. 如果对任意 $x \in P$,都规定了秩 $r(x)$,就称 P 有**秩函数** $r : P \longrightarrow \mathbb{N}_0$. 其中 $\mathbb{N}_0$ 是全体非负整数组成的集合,有时简称 P 有秩函数 r. □

例如,在例 1.1 中,对于 $A \in \mathcal{P}_f(S)$,有 $r(A) = |A|$, 而在例 1.3 中,对于 $U \in \mathcal{L}_f(V)$,以 $\{0\}$ 为起点 U 为终点的极大链的长都等于 $\dim U$, 所以 $r(U) = \dim U$.

命题 1.14 设 P 是含有最小元 0 的偏序集,并假定对于任意 $a, b \in P$ 而 $a < b$, a, b 链均可加细成极大链. 如果 P 满足 JD 条件,那么 P 上存在秩函数 $r : P \to \mathbb{N}_0$, 并且

(i) $r(0) = 0$,

(ii) 如果 $a \lessdot b$, 那么 $r(b) = r(a) + 1$.

反之,如果存在 P 上而在 $\mathbb{N}_0$ 中取值的函数 r, 并且满足 (i), (ii),那么 P 满足 JD 条件,并且以 r 为 P 上的秩函数.

证明 假设 P 满足 JD 条件. 对于任意 $a \in P$, 因为 $0, a$ 链均可以加细成极大链,而它们的长都相等,所以 $l(0, a)$ 一定存在. 根据定义 1.9, $r(a) = l(0, a)$, 而 $r : P \to \mathbb{N}_0$ 就是 P 上的秩函数. 显然 (i) 成立. 设 $a \lessdot b$. 假定 $r(a) = n$ 而

$$0 \lessdot a_1 \lessdot a_2 \lessdot \cdots \lessdot a_n = a$$

是 $0, a$ 极大链,那么

$$0 \lessdot a_1 \lessdot a_2 \lessdot \cdots \lessdot a_n \lessdot b$$

就是 $0, b$ 极大链,而 $r(b) = n + 1 = r(a) + 1$, 即 (ii) 成立.

反之,设 $r : P \to \mathbb{N}$ 是满足 (i), (ii) 的函数. 设 $a, b \in P$ 而 $a < b$. 假定

$$a = a_0 \lessdot a_1 \lessdot a_2 \lessdot \cdots \lessdot a_n = b,$$
$$a = a'_0 \lessdot a'_1 \lessdot a'_2 \lessdot \cdots \lessdot a'_m \lessdot b$$

是两个 a, b 极大链. 根据 (ii),

$$r(b) = r(a_n) = r(a_{n-1}) + 1 = \cdots = r(a_0) + n = r(a) + n,$$
$$r(b) = r(a'_m) = r(a'_{m-1}) + 1 = \cdots = r(a'_0) + m = r(a) + m.$$

因此 $n = m$. 这证明了 P 满足 JD 条件. 把 P 的秩函数记作 r'. 对任意 $a \in P$, 设

$$0 \lessdot a_1 \lessdot a_2 \lessdot \cdots \lessdot a_n = a$$

是 0, a 极大链. 根据定义 1.9, $r'(a) = n$. 因 r 满足 (i) 和 (ii),
$$r(a) = r(a_n) = r(a_{n-1}) + 1 = \cdots = r(0) + n = n.$$
因此 $r = r'$, 即 r 是 P 的秩函数. □

推论 1.15 设 P 是含有最小元 0 的偏序集. 假定对于任意 $a, b \in P$ 而 $a < b$, a, b 链均可加细成极大链. 再假定 P 上存在秩函数 r. 那么对任意 $a, b \in P$ 而 $a < b$, $l(a, b) = r(b) - r(a)$. □

定义 1.10 设 P 是具有最小元 0 和最大元 1 的有限偏序集, 并且 P 上有秩函数 r, 那么多项式
$$\chi(P, x) = \sum_{a \in P} \mu(0, a) x^{r(1) - r(a)} \tag{1.17}$$
叫做 P 上的**特征多项式**. □

命题 1.16 设 S 是含 n 个元素的集合. $\mathcal{P}(S)$ 是集合 S 的幂集合. 对于 $A, B \in \mathcal{P}(S)$, 如果 $A \supset B$, 就规定 $A \geq B$. 那么对所规定的偏序关系 $\geq$, 有
$$\chi(\mathcal{P}(S), x) = (x - 1)^n.$$

证明 由例 1.1 知, $\mathcal{P}(S)$ 对于所规定的关系 $\geq$, 作成一个有限偏序集, 并且 ϕ, S 分别是 $\mathcal{P}(S)$ 的最小元和最大元. 所以
$$\chi(\mathcal{P}(S), x) = \sum_{A \in \mathcal{P}(S)} \mu(\phi, A) x^{r(S) - r(A)}.$$
对于 $A, A' \in \mathcal{P}(S)$, 如果 $|A| = |A'| = m$, $0 \leq m \leq n$, 那么
$$x^{r(S) - r(A)} = x^{|S| - |A|} = x^{n-m} = x^{|S| - |A'|} = x^{r(S) - r(A')}.$$
因为 S 所含 m 元子集的个数是 $\binom{n}{m}$. 而当 $|A| = m$ 时, $\mu(0, A) = (-1)^m$, 所以
$$\chi(\mathcal{P}(S), x) = \sum_{m=0}^{n} (-1)^m \binom{n}{m} x^{n-m} = (x - 1)^n. \quad \square$$

命题 1.17 设 V 是域 $\mathbb{F}_q$ 上的 n 维向量空间. 令 $\mathcal{L}(V)$ 是 V 中的所有子空间组成的集合. 对于 $U, W \in \mathcal{L}(V)$, 如果 $U \supset W$, 就规定 $U \geq W$. 那么对所规定的偏序关系 $\geq$, 有
$$\chi(\mathcal{L}(V), x) = \prod_{i=0}^{n-1} (x - q^i) = g_n(x).$$

证明 由例 1.3 知, $\mathcal{L}(V)$ 对于所规定的偏序关系 $\geq$, 作成一个偏序集, 并且 $\{0\}$ 和 V 分别是 $\mathcal{L}(V)$ 的最小元和最大元. 那么
$$\chi(\mathcal{L}(V), x) = \sum_{U \in \mathcal{L}(V)} \mu(\{0\}, U) x^{r(V) - r(U)}.$$

对于 $U, U' \in \mathcal{L}(V)$，如果 $\dim U = \dim U' = m$，$0 \leq m \leq n$，那么

$$x^{r(V)-r(U)} = x^{\dim V - \dim U} = x^{n-m} = x^{\dim V - \dim U'} = x^{r(V)-r(U')}.$$

因为 V 中 m 维子空间的个数是 $\begin{bmatrix} n \\ m \end{bmatrix}_q$，而当 $\dim U = m$ 时，$\mu(0, U) = (-1)^m q^{\binom{m}{2}}$，所以

$$\chi(\mathcal{L}(V), x) = \sum_{m=0}^{n} (-1)^m q^{\binom{m}{2}} \begin{bmatrix} n \\ m \end{bmatrix}_q x^{n-m}$$

$$= \sum_{k=0}^{n} (-1)^{n-k} q^{\binom{n-k}{2}} \begin{bmatrix} n \\ k \end{bmatrix}_q x^k.$$

再利用命题 1.12，可得

$$\chi(\mathcal{L}(V), x) = \prod_{i=0}^{n-1} (x - q^i) = g_n(x). \qquad \square$$

§1.6 格

定义 1.11 偏序集 L 称为**格**，如果 L 中任意两个元素都有上确界和下确界. 把 L 中元素 a 和 b 的上确界和下确界分别记为 $a \vee b$ 和 $a \wedge b$，即

$$a \vee b = \sup\{a, b\}, \quad a \wedge b = \inf\{a, b\}.$$

$a \vee b$ 读作 a 并 b，$a \wedge b$ 读作 a 交 b.

当格 L 含有限个元素时，就称它为**有限格**. $\qquad \square$

易知，例 1.1— 例 1.3 中的偏序集，对于所规定的偏序关系，均作成格. 当例 1.1 中的 S 是有限集时，$\mathcal{P}(S)$ 是有限格.

例 1.4 设 $\mathbb{F}_q$ 是 q 个元素的有限域，q 是素数幂. 再设 $\mathbb{F}_q^n$ 是 $\mathbb{F}_q$ 上的 n 维行向量空间. 那么 $\mathcal{L}(\mathbb{F}_q^n)$ 按例 1.3 所规定的偏序关系作成一个有限格，并且对于 $X, Y \in \mathcal{L}(\mathbb{F}_q^n)$，有

$$X \vee Y = \cap \{Z \subset \mathbb{F}_q^n | X \cup Y \subset Z\}, \quad X \wedge Y = X \cap Y. \qquad \square$$

由格的定义可知，$y \geq x$ 等价于 $x \wedge y = x$ 或 $x \vee y = y$.

如果 L 有极大元 (或极小元) 时，这个极大元 (或极小元) 就一定是最大元 (或最小元).

由归纳法易知，格 L 中任意有限个元素 $a_1, a_2, \cdots, a_n$ 的上确界 $\sup\{a_1, a_2, \cdots, a_n\}$ 一定存在记为 $a_1 \vee a_2 \vee \cdots \vee a_n$. 同样，$a_1, a_2, \cdots, a_n$ 的下确界 $\inf\{a_1, a_2, \cdots, a_n\}$

也存在，记为 $a_1 \wedge a_2 \wedge \cdots \wedge a_n$. 当 L 的子集 A(A 可以是无限子集) 的上确界 $\sup A$ 存在时，记为 $\sup A = \vee_{a \in A} a$.

容易看到，$\vee$ 和 $\wedge$ 是 L 的两个代数运算，并且对于 L 中的任意元素 a, b, c 来说，下列性质成立：

L1 $a \vee b = b \vee a$, $a \wedge b = b \wedge a$ (交换律);

L2 $(a \vee b) \vee c = a \vee (b \vee c)$, $(a \wedge b) \wedge c = a \wedge (b \wedge c)$ (结合律);

L3 $a \vee a = a$, $a \vee a = a$, (幂等律);

L4 $(a \vee b) \wedge a = a$, $(a \wedge b) \vee a = a$, (吸收律)

上述事实反过来也成立，即有

命题 1.18 设 L 是含有两个二元运算 $\vee, \wedge$ 的代数系统，并假定对这两个代数运算 L1—L4 成立. 如果规定

$$b \geq a \Leftrightarrow a \wedge b = a \text{ (或等价地 } a \vee b = b),$$

那么 L 作成一个格，并且

$$\sup\{a, b\} = a \vee b, \quad \inf\{a, b\} = a \wedge b.$$

证明 留给读者作为练习. □

根据命题 1.18, 有时把含有代数运算 $\vee, \wedge$ 而满足 L1—L4 的代数系统 L 叫做格，而 L1—L4 叫做格的公理.

在格的公理 L1—L4 中，$\vee$ 和 $\wedge$ 的地位具有对称性，所以在讨论格 L 的性质时，有下面的

推论 1.19(对偶原理) 在格 L 中，如果通过 $\vee$ 和 $\wedge$ 表述的一个命题 M 为真，那么把 M 中的 $\vee$ 和 $\wedge$ 互换后所得的命题 M' 也真. □

定义 1.12 设 L 是一格，S 是 L 的非空子集. 如果 S 对于 L 的 $\wedge$ 和 $\vee$ 是封闭的，就称 S 是 L 的 **子格**. □

例 1.5 设 L 是一个格，$a, b \in L, a < b$. 那么 L 中的区间 $[a, b]$ 是 L 的子格. □

定义 1.13 设 L 和 L' 是两个格，它们的运算分别是 $\vee, \wedge$ 和 $\vee', \wedge'$, 而 ϕ 是 L 到 L' 的双射. 如果

$$\phi(a \vee b) = \phi(a) \vee' \phi(b), \quad \phi(a \wedge b) = \phi(a) \wedge' \phi(b),$$

就称 ϕ 是 L 到 L' 的**格同构映射**. L 和 L' 是同构的，记为 $L \simeq L'$.

命题 1.20 格 L 到 L' 的双射 ϕ 是格同构映射当且仅当 ϕ 和 ϕ^{-1} 保序，即当且仅当，将 L 和 L' 视为偏序集时，ϕ 是从偏序集 L 到偏序集 L' 的同构.

证明 设 $\geq$ 和 $\geq'$ 分别是格 L 和 L' 的序，并且令

$$\phi: \quad L \longrightarrow L'$$
$$a \longmapsto a'$$

是 L 到 L' 的格同构映射，那么 ϕ^{-1} 也是 L' 到 L 的格同构映射．对于任意的 $a, b \in L$，如果 $a \leq b$，就有 $a \wedge b = a$，于是 $\phi(a) \wedge' \phi(b) = \phi(a)$，$\phi(a) \leq' \phi(b)$．同理可证：对于任意的 $a', b' \in L'$，如果 $a' \leq' b'$，那么 $\phi^{-1}(a') \leq \phi^{-1}(b')$．

反之，假设 ϕ 是 L 到 L' 的一个双射，而 ϕ 和 ϕ^{-1} 保序，那么 $a \geq b$ 当且仅当 $a' \geq' b'$．令 $d = a \vee b$，那么 $d \geq a, b$，从而 $d' \geq' a', b'$．假定 $e' \geq' a', b'$，就有 $\phi^{-1}(e') \geq \phi^{-1}(a'), \phi^{-1}(b')$，即 $e \geq a, b$，从而 $e \geq d$，于是 $e' \geq' d'$．因此 $d' = a' \vee' b'$，即 $\phi(a \vee b) = \phi(a) \vee' \phi(b)$．类似地可证 $\phi(a \wedge b) = \phi(a) \wedge' \phi(b)$． □

§1.7 半 模 格

定义 1.14 格 L 称为**半模格**，如果对所有的 $a, b \in L$，

$$a \wedge b \lessdot a \implies b \lessdot a \vee b. \tag{1.18}$$

格 L 称为**下半模格**，如果对所有的 $a, b \in L$，

$$b \lessdot a \vee b \implies a \wedge b \lessdot a. \quad □$$

例如，在例 1.1 中，S 是有限集时，$\mathcal{P}(S)$ 是半模格；而在 S 是无限集时，$\mathcal{P}_f(S)$ 也是半模格．事实上，对于 $A, B \in \mathcal{P}_f(S)$，$A \wedge B \lessdot A$，那么 $|A| - |A \wedge B| = 1$．令 $A \wedge B = \{a_1, a_2, \cdots, a_m\}$，$m$ 是非负整数，那么 $A = \{a_1, a_2, \cdots, a_m, a_{m+1}\}$，$B = \{a_1, a_2, \cdots, a_m, b_1, b_2, \cdots, b_l\}$，其中 l 是非负整数，并且对任意 $i (1 \leq i \leq m+1)$ 和 $j (1 \leq j \leq l)$ 都有 $a_i \neq b_j$．于是 $A \vee B = \{a_1, a_2, \cdots, a_m, a_{m+1}, b_1, b_2, \cdots, b_l\}$．因此，$B \lessdot A \vee B$．

命题 1.21 格 L 是半模格当且仅当对所有的 $a, b \in L$，

$$a \lessdot b \implies a \vee c \lessdot b \vee c \text{ 或 } a \vee c = b \vee c, \text{ 对任意 } c \in L. \tag{1.19}$$

证明 设 L 是半模格，a, b 和 c 是 L 中的任意元素．当 $a \lessdot b$ 时，有 $a \vee c \leq b \vee c$．如果 $a \vee c \neq b \vee c$，就有 $b \neq a \vee c$，从而 $b \wedge (a \vee c) < b$．再由 $a \lessdot b$ 得 $a \leq b \wedge (a \vee c)$．所以 $b \wedge (a \vee c) = a \lessdot b$．根据 (1.18) 式可得 $a \vee c \lessdot b \vee (a \vee c)$．但是 $b \vee (a \vee c) = b \vee c$，因此 $a \vee c \lessdot b \vee c$，即 (1.19) 成立．

反之，假设对于任意 $a, b \in L$，(1.19) 成立．设 $a \wedge b \lessdot a$．由 (1.19) 可得 $b = (a \wedge b) \vee b \lessdot a \vee b$ 或 $b = a \vee b$．但后者不成立，否则有 $a \leq b$，$a \wedge b = a$，这与 $a \wedge b \lessdot a$ 矛盾．所以只能是 $b \lessdot a \vee b$．因此 L 是半模格． □

推论 1.22 设 L 是含有极小元 0 的半模格，$p, a \in L$，并且 $0 \lessdot p$，$p \not\leq a$，那么 $a \lessdot a \vee p$． □

命题 1.23 设 L 是半模格，a, b 是 L 中的任意元素，并且 $a < b$．如果以 a 为起点，b 为终点的链均可加细成有限极大链，那么 L 满足 JD 条件．

证明 对于任意元素 $a, b \in L$, $a < b$, L 中的 a, b 链均可加细成有限极大链, 所以 a, b 极大链的长均有限. 我们用数学归纳法证明: $\forall a, b \in L$, 如果有一条 a, b 极大链的长是 n, 那么所有 a, b 极大链的长是 n.

当 $n=1$ 时, 有 $a = x_0 \lessdot x_1 = b$. 此时, a, b 极大链只有一个, 所以命题 1.23 成立. 假设 $t \leq n-1$ 时, 命题 1.23 成立, 即对于任意 $a, b \in L$, $a < b$, 如果有一条 a, b 极大链的长 t, 那么所有 a, b 极大链的长都等于 t. 今设

$$a = x_0 \lessdot x_1 \lessdot \cdots \lessdot x_n = b \tag{1.20}$$

是 L 中一条长度为 n 的 a, b 极大链, 而

$$a = y_0 \lessdot y_1 \lessdot \cdots \lessdot y_m = b \tag{1.21}$$

是 L 中任一条长度为 m 的 a, b 极大链, 我们来证明 $m = n$.

如果 $x_1 = y_1$, 那么极大链

$$x_1 \lessdot x_2 \lessdot \cdots \lessdot x_n = b \tag{1.22}$$

的长是 $n-1$. 由归纳假设, 可知

$$x_1 = y_1 \lessdot y_2 \lessdot \cdots \lessdot y_m = b$$

的长是 $n-1$. 所以 $m = n$. 如果 $x_1 \neq y_1$, 那么 $x_1 \wedge y_1 = a \lessdot x_1, y_1$. 根据 L 的半模性, 可得 $x_1 \lessdot x_1 \vee y_1$ 和 $y_1 \lessdot x_1 \vee y_1$. 因为以 x_1 为起点, b 为终点的极大链 (1.22) 的长是 $n-1$. 由归纳假设, 有极大链 $x_1 \lessdot x_1 \vee y_1 \lessdot \cdots \lessdot b$, 其长是 $n-1$. 从而极大链 $y_1 \lessdot x_1 \vee y_1 \lessdot \cdots \lessdot b$ 的长是 $n-1$. 再由归纳假设, 可得极大链 $y_1 \lessdot y_2 \lessdot \cdots \lessdot y_m = b$ 的长是 $n-1$. 因此 $m = n$. 由数学归纳法原理, 可知命题 1.23 成立. □

命题 1.24 设 L 是含有极小元 0 的格, 并且 L 中的所有 a, b 链均可加细成有限极大链. 那么 L 是半模格当且仅当 L 具有秩函数 r, 而且对任意 $x, y \in L$, 有

$$r(x \wedge y) + r(x \vee y) \leq r(x) + r(y). \tag{1.23}$$

证明 假设 L 是含有极小元 0 的半模格, 并且 L 中的 a, b 链均可加细成极大链. 由命题 1.23, L 满足 JD 条件. 再根据命题 1.14, L 具有秩函数 r. 设 $x, y \in L$, 而

$$x \wedge y = c_0 \lessdot c_1 \lessdot \cdots \lessdot c_t = x \tag{1.24}$$

是 L 中的一个 $x \wedge y, x$ 极大链, 那么

$$y = (x \wedge y) \vee y \leq c_1 \vee y \leq \cdots \leq c_t \vee y = x \vee y. \tag{1.25}$$

根据命题 1.21, (1.25) 中不同元素按原来的相对次序所构成的链是以 y 为起点, $x \vee y$ 为终点的极大链. 再根据推论 1.15, 这个极大链的长是 $r(x \vee y) - r(y)$, 它不会超过极大链 (1.24) 的长 (因为可能有某个 $i(1 \leq i \leq t-1)$ 使 $c_i \vee y = c_{i+1} \vee y$), 而 (1.24) 的长是 $r(x) - r(x \wedge y)$. 所以

$$r(x) - r(x \wedge y) \geq r(x \vee y) - r(y).$$

因此 (1.23) 成立.

反之, 假设 L 含有极小元 0, 并且具有秩函数 r, 且它满足 (1.23). 对于 $x, y \in L$, 如果 $x \wedge y <\cdot x$, 就有 $r(x) - r(x \wedge y) = 1$. 由 (1.23) 可得 $r(x \vee y) - r(y) \leq 1$, 从而 $y <\cdot x \vee y$ 或 $y = x \vee y$. 而 $y = x \vee y$ 等价于 $x \wedge y = x$, 它与 $x \wedge y <\cdot x$ 矛盾. 所以 $y <\cdot x \vee y$. 根据定义 1.14, L 是半模格. □

熟知, 在例 1.3 中, 当 $\dim V < \infty$ 时, $\mathcal{L}(V)$ 有秩函数 r, 使得 $r(x) = \dim x$, $x \in \mathcal{L}(V)$, 并且维数公式成立. 从而 (1.23) 式成立. 因此 $\mathcal{L}(V)$ 是半模格. 同样, 当 $\dim = \infty$ 时, $\mathcal{L}_f(V)$ 也是半模格.

§1.8 几 何 格

定义 1.15 在含有极小元 0 的格 L 中, 覆盖 0 的元称为 L 的**原子**. □

定义 1.16 含有极小元 0 的格 L 称为**原子格**, 如果对每个 $a \in L \backslash \{0\}$, a 都是 L 中一些原子的上确界, 即 $a = \sup\{p \in L : 0 <\cdot p \leq a\}$. □

例如, 在例 1.1 中, 取 S 是一个可数集. 对于 $x \in S$, $\{x\}$ 就是 $\mathcal{P}(S)$ 的原子. 任取 $X \in \mathcal{P}(S) \backslash \phi$, $X = \{x_1, x_2, \cdots\}$. 那么 $X = \sup\{\{x_1\}, \{x_2\}, \cdots\}$. 因此 $\mathcal{P}(S)$ 是原子格. 在例 1.3 中, V 中的 1 维子空间是 $\mathcal{L}(V)$ 的原子. 对于任意 $X \in \mathcal{L}(V) \backslash \{0\}$, 设 $v_1, v_2, \cdots$ 是 X 的一个基. 那么 $X = \sup\{Fv_1, Fv_2, \cdots\}$. 因此 $\mathcal{L}(V)$ 是原子格. 特别当 $F = \mathbb{F}_q$, $V = \mathbb{F}_q^n$ 时, $\mathcal{L}(\mathbb{F}_q^n)$ 是一个原子格.

命题 1.25 设 p 是原子格 L 的一个原子, 那么对于任意 $x, y \in L$ 而 $x \neq y$, 都有

(i) $p = x \vee y \Longrightarrow p = x$ 而 $y = 0$, 或 $p = y$ 而 $x = 0$.

(ii) $p \wedge x = 0$ 或 $p \wedge x = p$.

证明 (i) 由 $p = x \vee y$, 有 $0 \leq x \leq p$, 而 p 是原子, 所以 $p = x$ 或 $x = 0$. 当 $p = x$ 时, 从 $p = p \vee y$ 推出 $0 \leq y \leq p$, 但 $y \neq x = p$, 所以 $y = 0$. 而当 $x = 0$ 时, 有 $p = 0 \vee y = y$.

(ii) 对于任意 $x \in L$, 因为 $0 \leq p \wedge x \leq p$, 而 p 又是原子, 所以 $p \wedge x = 0$, 或 $p \wedge x = p$. □

定义 1.17 格 L 称为**几何格**, 如果 L 是没有无限链的半模原子格. □

显然，在例 1.1 中，当 $|S|=n$ 时，$\mathcal{P}(S)$ 不含无限链，而它又是半模格和原子格，所以 $\mathcal{P}(S)$ 是几何格. 同样，在例 1.3 中，当 $\dim V=n$ 时，$\mathcal{L}(V)$ 是几何格. 特别，$\mathcal{L}(\mathbb{F}_q^n)$ 是几何格.

命题 1.26 在几何格 L 中，对于任意 $x\in L\backslash\{0\}$，x 都是有限个原子的上确界.

证明 假设存在 $x\in L\backslash\{0\}$，而 x 不是有限个原子的上确界. 因为 L 是原子格，x 必是无限个原子所成集 A 的上确界，那么总存在 $p_i\in A$，$i=2,3,\cdots$，使得

$$p_i \not\leq p_1\vee p_2\vee\cdots\vee p_{i-1}.$$

考虑到 L 是含极小元 0 的半模格，根据推论 1.22，可得到无限链

$$0<\cdot p_1<\cdot p_1\vee p_2<\cdot\cdots<\cdot p_1\vee p_2\cdots\vee p_{i-1}$$

$$<\cdot p_1\vee p_2\vee\cdots\vee p_{i-1}\vee p_i<\cdot\cdots.$$

这与 L 不含无限链矛盾. □

命题 1.27 设 L 是一个格，其中所有的链均是有限的. L 是几何格当且仅当对所有的 $a,b\in L$，

$$a<\cdot b \iff 存在原子 p, 使得 p\not\leq a, b=a\vee p. \tag{1.26}$$

证明 假设 L 是几何格，$a,b\in L$. 我们来证 (1.26) 成立. 设 $a<\cdot b$. 当 $a=0$ 时，b 是一个原子，且 $b\not\leq a$，而 $b=a\vee b$. 当 $a\neq 0$ 时，由命题 1.26，a 和 b 是有限个原子的上确界. 那么存在互不相同的原子 $p_1,p_2,\cdots,p_l,p_{l+1}$ 使得 $a=p_1\vee p_2\vee\cdots\vee p_l$，$p_{l+1}\not\leq a$，并且 $a<a\vee p_{l+1}\leq b$. 再由 $a<\cdot b$ 可得 $b=a\vee p_{l+1}$. 反之，如果 L 中存在原子 $p\not\leq a$ 使得 $b=a\vee p$，由推论 1.22 可得 $a<\cdot b$. 因此 (1.26) 成立.

现在假设 (1.26) 成立. 因为 L 中的所有链是有限的，所以 $0,x$ 链都可加细成极大链

$$0=x_0<\cdot x_1<\cdot\cdots<\cdot x_t=x.$$

由 (1.26)，L 中存在原子 $p_i(i=1,2,\cdots,t)$，使得

$$x_1=p_1, x_j=x_{j-1}\vee p_j\ (j=2,3,\cdots,t).$$

从而

$$0<\cdot p_1<\cdot p_1\vee p_2<\cdot\cdots<\cdot p_1\vee p_2\vee\cdots\vee p_t=x,$$

即 x 是 L 中原子 $p_1,p_2,\cdots,p_t$ 的上确界. 因此 L 是原子格.

下面来证明 L 是半模格. 设 $a,b\in L$，$a\wedge b<\cdot a$. 我们只需证明 $b<\cdot a\vee b$.

由上面的证明可知，$a \wedge b$ 一定是 L 中有限个原子的上确界，即

$$a \wedge b = p_1 \vee p_2 \vee \cdots \vee p_m <\cdot a,$$

其中 $p_i(i = 1, 2, \cdots, m)$ 是 L 的原子. 根据 (1.26)，存在 L 的原子 p_{m+1}，使得 $p_{m+1} \not\leq a \wedge b$，而

$$a = p_1 \vee p_2 \vee \cdots \vee p_m \vee p_{m+1}.$$

设 b 是原子 $p_1', p_2', \cdots, p_n'$ 的上确界，即

$$b = p_1' \vee p_2' \vee \cdots \vee p_n'.$$

由 $p_1 \vee p_2 \vee \cdots \vee p_m = a \wedge b \leq b$，得

$$b = p_1 \vee p_2 \vee \cdots \vee p_m \vee p_1' \vee p_2' \vee \cdots \vee p_l'.$$

不妨设 $p_j' \neq p_i$, $i = 1, 2, \cdots, m$, $j = 1, 2, \cdots, l$，而 $l \leq n$. 于是

$$a \vee b = (p_1 \vee p_2 \vee \cdots \vee p_m \vee p_1' \vee p_2' \vee \cdots \vee p_l') \vee p_{m+1}$$
$$= b \vee p_{m+1}.$$

注意到 $p_{m+1} \not\leq a \wedge b$, $p_{m+1} \leq a$，所以 $p_{m+1} \not\leq b$. 再由 (1.26)，有 $b <\cdot a \vee b$.

根据假设，L 又不含无限链，因此 L 是几何格. □

命题 1.28 设 L 是含极小元 0 的格，L 是几何格当且仅当 L 满足以下条件：

G_1　$L \setminus \{0\}$ 中每个元素都是一些原子的上确界；

G_2　L 具有秩函数 r，而且对所有的 $x, y \in L$，都有 (1.23)

$$r(x \wedge y) + r(x \vee y) \leq r(x) + r(y);$$

G_3　L 不含无限链.

证明　假设 L 是几何格. 根据几何格的定义，G_1 和 G_3 成立. 设 $a, b \in L$，$a < b$. 根据 L 不含无限链，可知 a, b 链可加细成极大链. 再由 L 是半模格和命题 1.24，L 具有秩函数 r，且满足 (1.23)，即 G_2 成立.

反之，假设格 L 含有极小元 0，并且满足 G_1—G_3. 显然，L 是不含无限链的原子格. 下面只需证明 L 是半模格. 因为 L 中的链均是有限的，所以 L 中的任意 a, b 链可以加细成极大链. 根据 G_2 和命题 1.24，L 是半模格，因此 L 是几何格. □

当 L 是有限格时，命题 1.28 可写成

命题 1.29 设 L 是含有极小元 0 的有限格，L 是几何格当且仅当 L 满足：

G_1'　$L \setminus \{0\}$ 中的每个元素是有限个原子的并；

G_2　L 具有秩函数 r，而且对所有 $x, y \in L$，都有 (1.23)

$$r(x \wedge y) + r(x \vee y) \leq r(x) + r(y). \qquad \Box$$

第二章 子空间轨道生成的格

§2.1 子空间格

设 $\mathbb{F}_q$ 是 q 个元素的有限域，q 是一个素数幂. 令 $\mathbb{F}_q^n$ 是 $\mathbb{F}_q$ 上的 n 维行向量空间 (见 §1.4). 在 $\mathbb{F}_q^n$ 的所有子空间组成的集合 $\mathcal{L}(\mathbb{F}_q^n)$ 中，用包含关系来规定子空间的偏序 $\geq$，简称按包含关系规定 $\mathcal{L}(\mathbb{F}_q^n)$ 的偏序 $\geq$，那么 $\mathcal{L}(\mathbb{F}_q^n)$ 对于所规定的偏序 $\geq$ 作成一个偏序集，并把它记作 $\mathcal{L}_O(\mathbb{F}_q^n)$. 在偏序集 $\mathcal{L}_O(\mathbb{F}_q^n)$ 中，对于 $\mathbb{F}_q^n$ 的子空间 X 和 Y，由例 1.4 知，

$$X \vee Y = \cap \{Z \in \mathcal{L}(\mathbb{F}_q^n) | X \cup Y \subset Z\}, \quad X \wedge Y = X \cap Y.$$

因此 $\mathcal{L}_O(\mathbb{F}_q^n)$ 是一个格，0 是它的极小元，1 维子空间是它的原子，子空间的维数是它的秩函数. 不难验证，G_1' 和 G_2 在 $\mathcal{L}_O(\mathbb{F}_q^n)$ 中成立. 根据命题 1.29，它是几何格.

现在在集合 $\mathcal{L}(\mathbb{F}_q^n)$ 中，再按反包含关系来规定子空间的偏序 $\geq$，简称按反包含关系规定 $\mathcal{L}(\mathbb{F}_q^n)$ 的偏序，$\mathcal{L}(\mathbb{F}_q^n)$ 仍是偏序集，把它记作 $\mathcal{L}_R(\mathbb{F}_q^n)$. 因为 $\mathcal{L}_R(\mathbb{F}_q^n)$ 中的 $\sup\{X, Y\}$ 和 $\inf\{X, Y\}$ 正好分别是偏序集 $\mathcal{L}_O(\mathbb{F}_q^n)$ (按包含关系规定子空间的偏序) 中的 $\inf\{X, Y\}$ 和 $\sup\{X, Y\}$. 所以，在 $\mathcal{L}_R(\mathbb{F}_q^n)$ 中有

$$X \vee Y = X \cap Y, \quad X \wedge Y = \cap\{Z \in \mathcal{L}_R(\mathbb{F}_q) | X \cup Y \subset Z\}.$$

因此 $\mathcal{L}_R(\mathbb{F}_q^n)$ 也是一个格.

下面讨论格 $\mathcal{L}_O(\mathbb{F}_q^n)$ 和格 $\mathcal{L}_R(\mathbb{F}_q^n)$ 之间的关系.

在 $\mathbb{F}_q^n$ 中，把 n 维行向量 $x = (x_1, x_2, \cdots, x_n)$ 写成矩阵形式 $(x_1\, x_2\, \cdots\, x_n)$，仍记作 x. 设 P 是 $\mathbb{F}_q^n$ 的 m 维 ($1 \leq m \leq n$) 子空间，$v_1, v_2, \cdots, v_m$ 是 P 的一个基. $m \times n$ 矩阵

$$\begin{pmatrix} v_1 \\ v_2 \\ \vdots \\ v_m \end{pmatrix}$$

称为子空间 P 的一个**矩阵表示**. 显然，m 维子空间 P 的矩阵表示不唯一，并且 P 的两个矩阵表示之间相差左乘一个 m 阶可逆矩阵，即如果 P_1 和 P_2 是 m 维子

空间 P 的两个矩阵表示, 就有
$$P_1 = MP_2,$$
其中 M 是 m 阶可逆矩阵. 在不引起混淆时, 仍用同一字母 P 作为子空间 P 的矩阵表示.

我们记矩阵 A 的转置矩阵为 ${}^tA$. 于是 n 维列向量
$$\begin{pmatrix} x_1 \\ x_2 \\ \vdots \\ x_n \end{pmatrix}, x_i \in \mathbb{F}_q$$
是 n 维行向量 $x = (x_1, x_2, \cdots, x_n)$ 矩阵表示的转置, 记作 ${}^tx$. 设 P 是 $\mathbb{F}_q^n$ 的 m 维子空间, 我们规定:
$$P^\perp = \{x \in \mathbb{F}_q^n | v\, {}^tx = 0, \forall v \in P\},$$
其中 $v\,{}^tx$ 是 $1 \times n$ 矩阵 v 和 $n \times 1$ 矩阵 ${}^tx$ 的乘积. 令 $u \in P^\perp$, 那么 u 是齐次线性方程组
$$P\,{}^tX = 0 \tag{2.1}$$
的解, 这里 $X = (x_1, x_2, \cdots, x_n)$. 由齐次线性方程组解空间的定义, 可知 $P^\perp$ 是 (2.1) 的解空间. 再根据其解空间的理论, 可知 P 和 $P^\perp$ 有如下的关系:

命题2.1 (a) $\dim P^\perp = n - \dim P$.
(b) $P_1 \supset P_2, P_1 \neq P_2 \Longleftrightarrow P_1^\perp \subset P_2^\perp, P_1^\perp \neq P_2^\perp$. □

由命题 2.1 可得

命题 2.2 映射
$$\phi : \mathcal{L}_O(\mathbb{F}_q^n) \longrightarrow \mathcal{L}_R(\mathbb{F}_q^n)$$
$$P \longmapsto P^\perp$$
是一个同构映射, 即格 $\mathcal{L}_O(\mathbb{F}_q^n)$ 和格 $\mathcal{L}_R(\mathbb{F}_q^n)$ 的格同构. □

因为 $\mathcal{L}_O(\mathbb{F}_q^n)$ 是一个几何格, 以 $\{0\}$ 为最小元, $\mathbb{F}_q^n$ 是最大元. 而 1 维子空间是它的原子. 所以又有

推论 2.3 $\mathcal{L}_R(\mathbb{F}_q^n)$ 是一个几何格, 以 $\mathbb{F}_q^n$ 为最小元, $\{0\}$ 为最大元, 其 $n-1$ 维子空间是它的原子. □

由命题 2.2 和命题 1.17, 可得

命题 2.4 格 $\mathcal{L}_R(\mathbb{F}_q^n)$ 的特征多项式是
$$\chi(\mathcal{L}_R(\mathbb{F}_q^n), x) = \prod_{i=0}^{n-1}(x - q^i) = g_n(x),$$

其中 $g_n(x)$ 是 Gauss 多项式. □

§2.2 格 $\mathcal{L}_O(\mathcal{A})$ 和格 $\mathcal{L}_R(\mathcal{A})$

设 $\mathcal{A}$ 是 $\mathbb{F}_q^n$ 中若干个 m 维子空间 ($1 \leq m \leq n-1$) 组成的集合, 而 $\mathcal{L}(\mathcal{A})$ 是 $\mathcal{A}$ 中子空间的交组成的集合 ($\mathcal{A}$ 中的每个子空间是它本身的交, 即 $\mathcal{A} \subset \mathcal{L}(\mathcal{A})$). 约定 $\mathbb{F}_q^n$ 是 0 个 m 维子空间的交, 即 $\mathbb{F}_q^n \in \mathcal{L}(\mathcal{A})$. 我们称 $\mathcal{L}(\mathcal{A})$ 为由 $\mathcal{A}$ **生成的集合**. 如果按包含关系来规定 $\mathcal{L}(\mathcal{A})$ 的偏序 $\geq$, 即对于 $X, Y \in \mathcal{L}(\mathcal{A})$,

$$X \geq Y \iff X \supset Y.$$

那么 $\mathcal{L}(\mathcal{A})$ 是一个偏序集, 记作 $\mathcal{L}_O(\mathcal{A})$, $\cap_{X \in \mathcal{A}} X$ 和 $\mathbb{F}_q^n$ 分别是它的最小元和最大元. 如果按反包含关系来规定 $\mathcal{L}(\mathcal{A})$ 的偏序 $\geq$, 即对于 $X, Y \in \mathcal{L}(\mathcal{A})$

$$X \geq Y \iff Y \supset X$$

那么 $\mathcal{L}(\mathcal{A})$ 也是一个偏序集, 记作 $\mathcal{L}_R(\mathcal{A})$, $\mathbb{F}_q^n$ 是它的最小元, 而 $\cap_{X \in \mathcal{A}} X$ 是它的最大元. 因而有

定理 2.5 $\mathcal{L}_O(\mathcal{A})(\mathcal{L}_R(\mathcal{A}))$ 是一个有限格, 并且 $\cap_{X \in \mathcal{A}} X$ 和 $\mathbb{F}_q^n$ 分别是 $\mathcal{L}_O(\mathcal{A})(\mathcal{L}_R(\mathcal{A}))$ 的最小 (大) 元和最大 (小) 元.

证明 在按包含和反包含关系规定 $\mathcal{L}(\mathcal{A})$ 的偏序的两种情形, 证明的方法相同, 我们只对反包含的情形进行证明. 显然, $|\mathcal{L}(\mathcal{A})| < \infty$, 并且 $\cap_{X \in \mathcal{A}} X$ 和 $\mathbb{F}_q^n$ 分别是 $\mathcal{L}_R(\mathcal{A})$ 的最大元和最小元. 现在要证明它是格. 因为 $\mathcal{L}_R(\mathcal{A})$ 是偏序集, 所以只需证明: 在偏序集 $\mathcal{L}(\mathcal{A})$ 中对于交与并是封闭的. 任取 $A_1, A_2 \in \mathcal{L}_R(\mathcal{A})$. 由 A_1 和 A_2 均是 $\mathcal{A}$ 中 m 维子空间的交, 可知 $A_1 \vee A_2 = A_1 \cap A_2 \in \mathcal{L}_R(\mathcal{A})$. 由 $A_1 \cup A_2 \subset \mathbb{F}_q^n$, 而 $\mathbb{F}_q^n \in \mathcal{L}_R(\mathcal{A})$, 并且 $\mathcal{L}_R(\mathcal{A})$ 中包含 $A_1 \cup A_2$ 的子空间的交也包含 $A_1 \cup A_2$, 所以 $\mathcal{L}(\mathcal{A})$ 中有唯一包含 $A_1 \cup A_2$ 的最小子空间. 因此 $A_1 \wedge A_2 = \cap \{Z \in \mathcal{L}_R(\mathcal{A}) | A_1 \cup A_2 \subset Z\} \in \mathcal{L}_R(\mathcal{A})$. □

定义 2.1 按照包含或反包含关系规定集合 $\mathcal{L}(\mathcal{A})$ 的偏序, 所作成的格 $\mathcal{L}_O(\mathcal{A})$ 或 $\mathcal{L}_R(\mathcal{A})$, 称为按包含或反包含由 $\mathcal{A}$ **生成的格**, 简称由 $\mathcal{A}$ 生成的格.

由偏序集上秩函数的定义, 可得

定理 2.6 设 $\mathcal{A}$ 是由 $\mathbb{F}_q^n$ 中若干个 m 维子空间组成的集合 ($1 \leq m \leq n-1$), 而 $X \in \mathcal{L}(\mathcal{A}) \setminus \{\mathbb{F}_q^n\}$.

(i) 如果 $\mathcal{L}_O(\mathcal{A})$ 中的任一以 $\cap_{A \in \mathcal{A}} A$ 为起点而以 X 为终点的极大链

$$\cap_{A \in \mathcal{A}} A = X_0 <\cdot X_1 <\cdot \cdots <\cdot X_p = X$$

满足 $\dim X_{i+1} - \dim X_i = 1$, 其中 $i = 0, 1, \cdots, p-1$, 那么 $\mathcal{L}_O(\mathcal{A})$ 有秩函数 r, 使

得

$$r(X) = \begin{cases} \dim X - \dim(\cap_{A \in \mathcal{A}} A), & \text{如果 } X \in \mathcal{L}(\mathcal{A}), X \neq \mathbb{F}_q^n, \\ m + 1 - \dim(\cap_{A \in \mathcal{A}} A), & \text{如果 } X = \mathbb{F}_q^n. \end{cases}$$

(ii) 如果 $\mathcal{L}_R(\mathcal{A})$ 中的任一以 $\mathbb{F}_q^n$ 为起点而以 X 为终点的极大链

$$\mathbb{F}_q^n = X_0 <\cdot X_m <\cdot X_{m-1} <\cdot \cdots <\cdot X_p = X$$

满足 $\dim X_{i+1} - \dim X_i = 1$, 其中 $i = p, p+1, \cdots, m-1$, 那么 $\mathcal{L}_R(\mathcal{A})$ 有秩函数 r', 使得

$$r'(X) = \begin{cases} m + 1 - \dim X, & \text{如果 } X \in \mathcal{L}_R(\mathcal{A}), X \neq \mathbb{F}_q^n, \\ 0, & \text{如果 } X = \mathbb{F}_q^n. \end{cases}$$

$\square$

定理 2.7 设 $\mathcal{A}$ 是由若干个 $n-1$ 维子空间组成的集合, 那么格 $\mathcal{L}_R(\mathcal{A})$ 具有秩函数 r', 使得 $r'(X) = \text{codim} X, X \in \mathcal{L}_R(\mathcal{A})$.

证明 设 $U = U_1 \cap U_2 \cap \cdots \cap U_k \in \mathcal{L}_R(\mathcal{A})$, 这里 $U_i \in \mathcal{A}$, $i = 1, 2, \cdots, k$, 不妨设

$$U_i \not\supseteq U_1 \cap U_2 \cap \cdots \cap U_{i-1}, \quad i = 2, 3, \cdots, k.$$

因为 $\dim U_i = n - 1$,

$$U_i + (U_1 \cap U_2 \cap \cdots \cap U_{i-1}) = \mathbb{F}_q^n.$$

根据维数公式,

$$\dim(U_1 \cap U_2 \cap \cdots \cap U_{i-1} \cap U_i)$$
$$= \dim U_i + \dim(U_1 \cap U_2 \cap \cdots \cap U_{i-1}) - \dim \mathbb{F}_q^n$$
$$= \dim(U_1 \cap U_2 \cap \cdots \cap U_{i-1}) - 1.$$

因此

$$\mathbb{F}_q^n <\cdot U_1 <\cdot (U_1 \cap U_2) <\cdot \cdots <\cdot (U_1 \cap U_2 \cap \cdots \cap U_{k-1})$$
$$<\cdot U(= (U_1 \cap U_2 \cap \cdots \cap U_k)).$$

是 $\mathcal{L}_R(\mathcal{A})$ 中的极大链, 其长为 k, 而 $\text{codim} U = k$.

再设

$$\mathbb{F}_q^n <\cdot V_1 <\cdot V_2 <\cdot \cdots <\cdot V_l = U$$

是偏序集 $\mathcal{L}_R(\mathcal{A})$ 中的任一极大链. 显然, $V_1 \in \mathcal{A}$. 设 $V_1 = U_1 \in \mathcal{A}$. 再设 $V_2 = U_{21} \cap \cdots \cap U_{2j}$, $U_{2i} \in \mathcal{A}$, $i = 1, \cdots, j$. 那么 $V_2 = U_1 \cap U_{21} \cap \cdots \cap U_{2j}$, 删去多余的 U_{2i} 后, 可设 $U_{21} \not\supseteq U_1$, $U_{22} \not\supseteq U_1 \cap U_{21}, \cdots, U_{2j} \not\supseteq U_1 \cap U_{21} \cap \cdots \cap U_{2,j-1}$. 因为

$U_1 = V_1 \lessdot V_2 = U_1 \cap U_{21} \cap \cdots U_{2j}$, 所以 $j = 1$. 故可设 $V_2 = U_1 \cap U_2, U_1, U_2 \in \mathcal{A}$. 如此继续下去, 可设 $V_i = U_1 \cap U_2 \cap \cdots \cap U_i, i = 1, 2, \cdots, l$. 根据上一段的证明, $\mathrm{codim} U = l$. 因此 $k = l$.

这就证明了, 对于任意 $U \in \mathcal{L}(\mathcal{A})$, 可规定 $r(U) = \mathrm{codim} U$ 为秩函数. □

定理 2.8 设 $\mathcal{A}$ 是由若干个 $n-1$ 维子空间组成的集合, 那么 $\mathcal{L}_R(\mathcal{A})$ 是一个几何格, $\mathcal{A}$ 是它的原子集合.

证明 已知 $\mathbb{F}_q^n$ 是 $\mathcal{L}_R(\mathcal{A})$ 的最小元. 因为 $\mathcal{L}_R(\mathcal{A})$ 是有限格, 所以 $\mathcal{L}_R(\mathcal{A})$ 不含无限链. 因为 $\mathcal{L}_R(\mathcal{A}) \backslash \{\mathbb{F}_q^n\}$ 中的元均是 $\mathcal{A}$ 中 m 维子空间的交, 即 $\forall X \in \mathcal{L}_R(\mathcal{A}) \backslash \{\mathbb{F}_q^n\}$, 有

$$X = \cap_{i=1}^k X_i = \vee_{i=1}^k X_i,$$

其中 $X_i \in \mathcal{A}$. 所以 $\mathcal{L}_R(\mathcal{A})$ 是原子格, 而 $\mathcal{A}$ 是它的原子集合. 现在只需证明 $\mathcal{L}_R(\mathcal{A})$ 是半模格.

由定理 2.7, $\mathcal{L}_R(\mathcal{A})$ 有秩函数 r, 使得 $r(X) = \mathrm{codim} X, \forall X \in \mathcal{L}_R(\mathcal{A})$. 设 $A, B \in \mathcal{L}_R(\mathcal{A})$, 那么 $A \vee B = A \cap B \in \mathcal{L}_R(\mathcal{A})$. 令 $\langle A, B \rangle$ 是 $\mathbb{F}_q^n$ 中由 A, B 张成的子空间, 那么有维数公式

$$\dim \langle A, B \rangle + \dim(A \cap B) = \dim A + \dim B.$$

因为 $A \wedge B \supset A, B$, 所以 $A \wedge B \supset \langle A, B \rangle$. 因此

$$r(A \wedge B) + r(A \vee B) = \mathrm{codim}(A \wedge B) + \mathrm{codim}(A \vee B)$$
$$\leq \mathrm{codim} \langle A, B \rangle + \mathrm{codim}(A \cap B)$$
$$= \mathrm{codim} A + \mathrm{codim} B = r(A) + r(B).$$

由命题 1.24, 可知 $\mathcal{L}_R(\mathcal{A})$ 是半模格. □

当然, 在 $\mathcal{A}$ 是若干个 $n-1$ 维子空间组成的集合时, $\mathcal{L}_O(\mathcal{A})$ 是一个有限格, 但有时不是几何格.

例 2.1 设 x_1, x_2, x_3 是 3 维行向量空间 $\mathbb{F}_q^3$ 的一个基, 而 $U_1 = \mathbb{F}_q x_1 + \mathbb{F}_q x_3$, $U_2 = \mathbb{F}_q x_2 + \mathbb{F}_q x_3$, $U_3 = \mathbb{F}_q x_2 + \mathbb{F}_q(x_1 + x_3)$, $U_4 = \mathbb{F}_q x_1 + \mathbb{F}_q(x_2 + x_3)$ 是 $\mathbb{F}_q^3$ 的 2 维子空间. 令 $\mathcal{A} = \{U_1, U_2, U_3, U_4\}$, 那么 $\mathcal{L}(\mathcal{A}) = \{U_1, U_2, U_3, U_4, \mathbb{F}_q x_1, \mathbb{F}_q x_2, \mathbb{F}_q x_3$, $\mathbb{F}_q(x_1 + x_3), \mathbb{F}_q(x_2 + x_3), \mathbb{F}_q(x_1 + x_2 + x_3), \{0\}, \mathbb{F}_q^3\}$. 我们按包含关系来规定 $\mathcal{L}(\mathcal{A})$ 的序. 显然, 它是一个格, 记作 $\mathcal{L}_O(\mathcal{A})$. $\mathbb{F}_q x_1, \mathbb{F}_q x_2, \mathbb{F}_q x_3, \mathbb{F}_q(x_1 + x_3), \mathbb{F}_q(x_2 + x_3)$ 和 $\mathbb{F}_q(x_1 + x_2 + x_3)$ 是它的原子, 而 $\{0\}$ 和 $\mathbb{F}_q^n$ 分别是它的最小元和最大元. 因为 $\mathcal{L}_O(\mathcal{A})$ 不含 $\mathbb{F}^3$ 的 2 维子空间 $\mathbb{F}_q x_1 + \mathbb{F}_q x_2$, 所以在 $\mathcal{L}_O(\mathcal{A})$ 中有 $\mathbb{F}_q x_1 \vee \mathbb{F}_q x_2 = \mathbb{F}_q^3$. 于是

$$\dim \mathbb{F}_q x_1 + \dim \mathbb{F}_q x_2 < \dim(\mathbb{F}_q x_1 \vee \mathbb{F}_q x_2) + \dim(\mathbb{F}_q x_1 \wedge \mathbb{F}_q x_2).$$

但对于 $X \in \mathcal{L}_O(\mathcal{A})$, 有 $r(X) = \dim X$. 因此

$$r(\mathbb{F}_q x_1 \vee \mathbb{F}_q x_2) + r(\mathbb{F}_q x_1 \wedge \mathbb{F}_q x_2) > r(\mathbb{F}_q x_1) + r(\mathbb{F}_q x_2).$$

由命题 1.29, 可知 $\mathcal{L}_O(\mathcal{A})$ 不是几何格. □

§2.3 子空间轨道生成的格

设 G_n 是 $\mathbb{F}_q$ 上的 n 级典型群之一, 即 $G_n = GL_n(\mathbb{F}_q), Sp_{2\nu}(\mathbb{F}_q)$ (其中 $n = 2\nu$ 是偶数),$U_n(\mathbb{F}_q)$(其中 q 是平方元),$O_{2\nu+\delta}(\mathbb{F}_q)$ (其中 $n = 2\nu + \delta$, $\delta = 0, 1$ 或 2), $Ps_{2\nu+\delta}(\mathbb{F}_q)$(其中 $n = 2\nu + \delta$, $\delta = 1, 2$, 而 q 是偶数)(详见文献 [29]). 规定 G_n 在 $\mathbb{F}_q^n$ 上的作用如下:

$$\mathbb{F}_q^n \times G_n \longrightarrow \mathbb{F}_q^n$$
$$((x_1, x_2, \cdots, x_n), T) \longmapsto (x_1, x_2, \cdots, x_n)T.$$

这个作用导出了 G_n 在 $\mathbb{F}_q^n$ 的子空间集合上的作用, 即如果 P 是 $\mathbb{F}_q^n$ 的一个 m 维子空间, 那么通过 $T \in G_n$ 可把 P 变成 m 维子空间 PT. 于是 $\mathbb{F}_q^n$ 的子空间集合在 G_n 的作用下, 划分成一些轨道. 显然, $\{\{0\}\}$ 和 $\{\mathbb{F}^n\}$ 是两个轨道, 这是平凡的情形. 设 $\mathcal{M}$ 是 G_n 作用下的任一个非平凡的轨道, 那么 $\mathcal{M}$ 是 $\mathbb{F}_q^n$ 中有限个 m 维 $(0 < m < n)$ 子空间所成的集合. 将 $\mathcal{M}$ 取作 §2.2 中的 $\mathcal{A}$, 就有

定义 2.2 设 $\mathcal{M}$ 是在给定的一个典型群 G_n 作用下的一个子空间轨道. 由 $\mathcal{M}$ 生成的集合记为 $\mathcal{L}(\mathcal{M})$, 即 $\mathcal{L}(\mathcal{M})$ 是 $\mathcal{M}$ 中子空间交组成的集合, $\mathbb{F}_q^n$ 是 $\mathcal{M}$ 中零个子空间集的交. 如果按子空间的包含 (反包含) 关系来规定它的偏序, 所得的格记为 $\mathcal{L}_O(\mathcal{M})(\mathcal{L}_R(\mathcal{M}))$. 格 $\mathcal{L}_O(\mathcal{M})$ 或 $\mathcal{L}_R(\mathcal{M})$ 称为由**轨道** $\mathcal{M}$ **生成的格**. □

由定理 2.5 易知

定理 2.9 $\mathcal{L}_O(\mathcal{M})(\mathcal{L}_R(\mathcal{M}))$ 是有限格, 并且 $\cap_{X \in \mathcal{M}} X$ 和 $\mathbb{F}_q^n$ 分别是 $\mathcal{L}_O(\mathcal{M})$ $(\mathcal{L}_R(\mathcal{M}))$ 的最小 (大) 元和最大 (小) 元. □

仿照定理 2.8 可证

定理 2.10 格 $\mathcal{L}_R(\mathcal{M})$ 是有限原子格, $\mathcal{M}$ 是它的原子集.

□

$\mathcal{L}_O(\mathcal{M})$ 和 $\mathcal{L}_R(\mathcal{M})$ 是本书讨论的对象. 除了它们的几何性外, 其他的性质基本相同. 所以, 除了几何性外, 只对 $\mathcal{L}_R(\mathcal{M})$ 进行讨论. 因此, 本书中, 我们要讨论

(1) 对于给定的 G_n, 由各个轨道 $\mathcal{M}$ 生成的格 $\mathcal{L}_R(\mathcal{M})$ 之间的包含关系;

(2) 对给定格 $\mathcal{L}_R(\mathcal{M})$ 中子空间的刻画, 即 $\mathbb{F}_q^n$ 的一个子空间在 $\mathcal{L}_R(\mathcal{M})$ 中的条件;

(3) 各个格 $L_R(\mathcal{M})$ 的特征多项式;

(4) 如果按包含或反包含关系来规定集合 $\mathcal{L}(\mathcal{M})$ 的偏序, 何时 $\mathcal{L}_O(\mathcal{M})$ 和 $\mathcal{L}_R(\mathcal{M})$ 作成几何格.

§2.4 一般线性群 $GL_n(\mathbb{F}_q)$ 作用下子空间轨道生成的格

我们先以 $G_n = GL_n(\mathbb{F}_q)$ 作为例子来讨论上节末提出的四个问题. 熟知, $\mathbb{F}_q^n$ 中所有 m 维 $(0 \le m \le n)$ 子空间组成 $GL_n(\mathbb{F}_q)$ 作用下的轨道, 记作 $\mathcal{M}(m,n)$. 由 $\mathcal{M}(m, n)$ 生成的集合记为 $\mathcal{L}(m, n)$, 即 $\mathcal{L}(m, n)$ 是 $\mathcal{M}(m, n)$ 中子空间交组成的集合, $\mathbb{F}_q^n$ 是 $\mathcal{M}(m, n)$ 中零个子空间集的交. 如果按子空间的包含 (反包含) 关系来规定 $\mathcal{L}(m, n)$ 的偏序, 记为 $\mathcal{L}_O(m,n)(\mathcal{L}_R(m,n))$. 那么由定理 2.9 知 $\mathcal{L}_O(m, n)(\mathcal{L}_R(m, n))$ 是有限格, 并且 $\cap_{X \in \mathcal{M}(m,n)} X$ 和 $\mathbb{F}_q^n$ 分别是 $\mathcal{L}_O(m, n)(\mathcal{L}_R(m, n))$ 的最大 (小) 元和最小 (大) 元. 由定理 2.10 知 $\mathcal{L}_R(m, n)$ 是原子格, $\mathcal{M}(m, n)$ 是它的原子集.

定义 2.3 格 $\mathcal{L}_O(m, n)$ 和 $\mathcal{L}_R(m, n)$ 分别称为一般线性群 $GL_n(\mathbb{F}_q)$ 作用下由**子空间轨道 $\mathcal{M}(m, n)$ 生成的格**.

先讨论格 $\mathcal{L}_R(m, n)$ 之间的包含关系.

定理 2.11 设 $n > m \ge 0$, 那么

$$\mathcal{L}_R(m, n) \supset \mathcal{L}_R(m_1, n) \tag{2.2}$$

的充分必要条件是 $m \ge m_1 \ge 0$.

证明 充分性. 当 $n = 1$ 时, (2.2) 自然成立. 下面设 $n \ge 2$. 我们先证明

$$\mathcal{L}_R(m, n) \supset \mathcal{L}_R(m - 1, n). \tag{2.3}$$

为此, 只需证明

$$\mathcal{M}(m-1, n) \subset \mathcal{L}_R(m, n). \tag{2.4}$$

设 $P \in \mathcal{M}(m-1, n)$, P 就是 $m-1$ 维子空间. 取 $v_1, v_2, \cdots, v_{m-1}, v_m, \cdots, v_n$ 是 $\mathbb{F}_q^n$ 的一个基, 其中 $v_1, v_2, \cdots, v_{m-1}$ 是 P 的一个基. 因为 $m < n$, 所以 $\mathbb{F}_q^n$ 中有两个不同的 m 维子空间

$$\begin{pmatrix} P \\ v_m \end{pmatrix} \text{ 和 } \begin{pmatrix} P \\ v_{m+1} \end{pmatrix}$$

使得

$$P = \begin{pmatrix} P \\ v_m \end{pmatrix} \cap \begin{pmatrix} P \\ v_{m+1} \end{pmatrix} \in \mathcal{L}_R(m, n).$$

因此 (2.4) 成立.

下面来证明 (2.2). 当 $m = m_1$ 时，(2.2) 自然成立. 下设 $m > m_1$, 由 (2.3) 可得

$$\mathcal{L}_R(m, n) \supset \mathcal{L}_R(m-1, n) \supset \cdots \supset \mathcal{L}_R(m_1, n).$$

因而 (2.2) 成立.

必要性. 由 $\mathcal{M}(m_1, n) \subset \mathcal{L}_R(m_1, n) \subset \mathcal{L}_R(m, n)$, 可知 $\mathcal{L}_R(m, n)$ 中含有一个 m_1 维子空间 Q, 而 Q 是 $\mathcal{M}(m, n)$ 中 m 维子空间的交. 所以，在 $\mathcal{L}_R(m, n)$ 中存在 m 维子空间 P 使得 $P \supset Q$. 因此 $m \geq m_1 \geq 0$. □

推论 2.12 设 $n > m \geq 0$, 那么

$$\{0\} \in \mathcal{L}_R(m, n).$$

因此 $\mathcal{L}_R(m, n)$ 的极大元是 $\cap_{X \in \mathcal{M}(m,n)} X = \{0\}$. □

现在给出 $\mathbb{F}_q^n$ 中一个子空间是 $\mathcal{L}_R(m, n)$ 中元素的条件.

定理 2.13 设 $n > m \geq 0$, 那么 $\mathcal{L}_R(m, n)$ 由 $\mathbb{F}_q^n$ 和 $\mathbb{F}_q^n$ 中维数 $\leq m$ 的全体子空间组成.

证明 根据格 $\mathcal{L}_R(m, n)$ 的定义，$\mathbb{F}_q^n \in \mathcal{L}_R(m, n)$. 因为 $\mathcal{L}_R(m, n)$ 中每个子空间是有限个 m 维子空间的交. 所以，$\mathcal{L}_R(m, n)$ 中每个不等于 $\mathbb{F}_q^n$ 的子空间的维数 $\leq m$. 反之，假设 P 是 $\mathbb{F}_q^n$ 的 k 维子空间，$0 \leq k \leq m$. 那么 $P \in \mathcal{M}(k, n) \subset \mathcal{L}_R(k, n)$. 从定理 2.11, $\mathcal{L}_R(k, n) \subset \mathcal{L}_R(m, n)$. 所以 $P \in \mathcal{L}_R(m, n)$. □

推论 2.14 设 $n \geq 1$, 那么

$$\mathcal{L}_R(n-1, n) = \mathcal{L}(n, \mathbb{F}_q).$$
□

定理 2.15 设 $1 \leq m \leq n-1$. 对于任意 $X \in \mathcal{L}_O(m, n)$ 定义

$$r(X) = \begin{cases} \dim X, & \text{如果 } X \neq \mathbb{F}_q^n, \\ m+1, & \text{如果 } X = \mathbb{F}_q^n. \end{cases} \tag{2.5}$$

则 $r: \mathcal{L}_O(m, n) \to \mathbb{N}$ 是格 $\mathcal{L}_O(m, n)$ 的秩函数.

证明 显然，函数 $r: \mathcal{L}_O(m, n) \to \mathbb{N}$ 满足命题 1.14 的 (i) 和 (ii). 由命题 1.14, r 是格 $\mathcal{L}_O(m, n)$ 的秩函数. □

定理 2.16 设 $1 \leq m \leq n-1$. 对于任意 $X \in \mathcal{L}_O(m, n)$ 定义

$$r'(X) = \begin{cases} m+1-\dim X, & \text{如果 } X \neq \mathbb{F}_q^n, \\ 0, & \text{如果 } X = \mathbb{F}_q^n. \end{cases} \tag{2.6}$$

则 $r': \mathcal{L}_R(m, n) \to \mathbb{N}$ 是格 $\mathcal{L}_R(m, n)$ 的秩函数.

证明 由定理 2.15 可推出本定理. □

现在给出格 $\mathcal{L}_R(m, n)$ 的特征多项式.

定理 2.17 设 $n > m \geq 0$, 那么

$$\chi(\mathcal{L}_R(m, n), t) = \sum_{k=m+1}^{n} N(k, n) g_k(t),$$

其中

$$N(k, n) = |\mathcal{M}(k, n)| = \begin{bmatrix} n \\ k \end{bmatrix}_q = \frac{\prod_{i=n-k+1}^{n}(q^i - 1)}{\prod_{i=1}^{k}(q^i - 1)} \quad (2.7)$$

是 $\mathbb{F}_q^n$ 中 k 维子空间的个数, 而 $g_k(x)$ 是 Gauss 多项式.

证明 为了书写简单, 记 $V = \mathbb{F}_q^n$, $\mathcal{L} = \mathcal{L}_R(m, n)$ 和 $\mathcal{L}_0 = \mathcal{L}_R(\mathbb{F}_q^n)$. 对于 $P \in \mathcal{L}$, 规定

$$\mathcal{L}^P = \{Q \in \mathcal{L} | Q \subset P\} = \{Q \in \mathcal{L} | Q \geq P\}$$

和

$$\mathcal{L}_0^P = \{Q \in \mathcal{L}_0 | Q \subset P\} = \{Q \in \mathcal{L}_0 | Q \geq P\}.$$

显然, $\mathcal{L}^V = \mathcal{L}$. 对于 $P \in \mathcal{L}$, $P \neq V$, 根据定理 2.13, 有 $\mathcal{L}^P = \mathcal{L}_0^P$. 任取 $P \in \mathcal{L}_0$, 由命题 2.4, 有 $\chi(\mathcal{L}_0^P, t) = g_{\dim P}(t)$. 注意到由定理 2.16 知, 由 (2.6) 定义的 r': $\mathcal{L}_R(m, n) \to \mathbb{N}$ 是 $\mathcal{L} = \mathcal{L}_R(m, n)$ 的秩函数, 即 $\mathcal{L}^V$ 上有秩函数 r', 而 $\mathcal{L}^V$ 是有最大元 $\{0\}$ 和最小元 $\mathbb{F}_q^n$ 的格, 所以

$$\chi(\mathcal{L}^V, t) = \sum_{P \in \mathcal{L}^V} \mu(V, P) t^{r'(0) - r'(P)}.$$

把 t 看做已知数, 把命题 1.5 中 (1.7) 式左边的 $f(x)$ 取为 $f(V) = \chi(\mathcal{L}^V, t)$, 而 (1.7) 式右边的 $g(y)$ 取为 $g(P) = t^{r'(0) - r'(P)} = t^{m+1 - r'(P)}$. 利用命题 1.5(Möbius 反演公式), 可得

$$t^{m+1} = g(V) = \sum_{P \in \mathcal{L}^V} \chi(\mathcal{L}^P, t) = \sum_{P \in \mathcal{L}} \chi(\mathcal{L}^P, t).$$

同样, 又有

$$t^{m+1} = \sum_{P \in \mathcal{L}_0} \chi(\mathcal{L}_0^P, t).$$

根据定理 2.13 可知 $\{P \in \mathcal{L}_0 | \dim P \leq m\} = \{P \in \mathcal{L} \setminus \{V\}\}$. 于是

$$\chi(\mathcal{L}, t) = \chi(\mathcal{L}^V, t) = t^{m+1} - \sum_{P \in \mathcal{L} \setminus \{V\}} \chi(\mathcal{L}^P, t)$$

$$= \sum_{P \in \mathcal{L}_0} \chi(\mathcal{L}_0^P, t) - \sum_{P \in \mathcal{L} \setminus \{V\}} \chi(\mathcal{L}^P, t)$$

$$= \sum_{\substack{P \in \mathcal{L}_0 \\ \dim P > m}} \chi(\mathcal{L}_0^P, t) + \sum_{\substack{P \in \mathcal{L}_0 \\ \dim P \leq m}} \chi(\mathcal{L}_0^P, t) - \sum_{P \in \mathcal{L} \setminus \{V\}} \chi(\mathcal{L}^P, t)$$

$$= \sum_{\substack{P \in \mathcal{L}_0 \\ \dim P > m}} \chi(\mathcal{L}_0^P, t) + \sum_{P \in \mathcal{L} \setminus \{V\}} \chi(\mathcal{L}^P, t) - \sum_{P \in \mathcal{L} \setminus \{V\}} \chi(\mathcal{L}^P, t)$$

$$= \sum_{\substack{P \in \mathcal{L}_0 \\ \dim P > m}} \chi(\mathcal{L}_0^P, t) = \sum_{k=m+1}^{n} N(k, n) g_k(t),$$

其中 $N(k, n)$ 的表示式由 (2.7) 给出 (具体算法见文献 [29] 或 [34]). □

现在讨论格 $\mathcal{L}_O(m, n)$ 和 $\mathcal{L}_R(m, n)$ 的几何性.

定理 2.18 设 $1 \leq m \leq n-1$, 那么 $\mathcal{L}_O(m, n)$ 是有限几何格.

证明 当 $m = n-1$ 时, $\mathcal{L}_O(n-1, n)$ 由 $\mathbb{F}_q^n$ 的所有子空间组成. 即 $\mathcal{L}_O(n-1, n) = \mathcal{L}_O(\mathbb{F}_q^n)$, 而 $\mathcal{L}_O(\mathbb{F}_q^n)$ 是有限几何格, 所以 $\mathcal{L}_O(n-1, n)$ 是有限几何格. 在下面, 对于 $1 \leq m \leq n-1$, 我们要给出 $\mathcal{L}_O(m, n)$ 是几何格的统一的证明. 由推论 2.12, $\{0\} \in \mathcal{L}_O(m, n)$. 于是 $\{0\}$ 是 $\mathcal{L}_O(m, n)$ 的极小元.

对于 $X \in \mathcal{L}_O(m, n)$, 按 (2.5) 式来定义 $r(x)$, 由定理 2.15 知 r 是格 $\mathcal{L}_O(m, n)$ 的秩函数.

对于任意 $U \in \mathcal{L}(m, n)$ 和 $U \neq \{0\}$, 设 $\dim U = k$ 和 $v_1, v_2, \cdots, v_k$ 是 U 的一个基, 那么 $\langle v_i \rangle$ 是原子, $i = 1, 2, \cdots, k$, 并且 $U = \langle v_1 \rangle \vee \cdots \vee \langle v_k \rangle$. 因而 G_1' 在 $\mathcal{L}_O(m, n)$ 中成立.

现在我们来证明在 $\mathcal{L}_O(m, n)$ 中 (1.23) 成立. 设 $U, W \in \mathcal{L}(m, n)$. 如果 $\dim \langle U, W \rangle \leq m$, 那么 $U \neq \mathbb{F}_q^n$, $V \neq \mathbb{F}_q^n$ 和 $U \vee W = \langle U, W \rangle$. 根据维数公式, (1.23) 必然成立. 如果 $\dim \langle U, W \rangle \geq m+1$, 那么 $U \vee W = \mathbb{F}_q^n$ 和 $r(U \vee W) = m+1 \leq \dim \langle U, W \rangle$. 当 U 和 W 中至少有一个是 $\mathbb{F}_q^n$, (1.23) 显然成立. 当 $U \neq \mathbb{F}_q^n$ 和 $V \neq \mathbb{F}_q^n$ 时, 设 $\dim U = m_1 \leq m$, $\dim W = m_2 \leq m$, 并且 $\dim(U \cap W) = d$. 由维数公式, $\dim \langle U, W \rangle = m_1 + m_2 - d$, 这就得到

$$r(U \vee W) + r(U \wedge W) = m + 1 + d \leq m_1 + m_2 = r(U) + r(W).$$

因而在 $\mathcal{L}_O(m, n)$ 中 (1.23) 也成立. 根据命题 1.29, $\mathcal{L}_O(m, n)$ 是几何格. □

定理 2.19 设 $1 \leq m \leq n-1$. 那么

(a) $\mathcal{L}_R(1, n)$ 和 $\mathcal{L}_R(n-1, n)$ 是有限几何格;

(b) 对于 $2 \leq m \leq n-2$, $\mathcal{L}_R(m, n)$ 是有限原子格, 但不是几何格.

证明 由定理 2.9, $\mathbb{F}_q^n$ 是唯一的极小元素, 而 m 维子空间是 $\mathcal{L}_R(m, n)$ ($1 \leq m \leq n-1$) 的原子. 于是 $\mathcal{L}_R(m, n)$ 是有限原子格.

对于 $X \in \mathcal{L}_R(m, n)$, 按 (2.6) 式来定义 $r'(x)$, 由定理 2.16 知 r' 是格 $\mathcal{L}_R(m, n)$ 的秩函数.

(a) 当 $m = 1$ 时，$\mathcal{L}_R(1, n)$ 由 $\{0\}$，$\mathbb{F}_q^n$ 和 $\mathbb{F}_q^n$ 的所有 1 维子空间组成. 显然，在 $\mathcal{L}_R(1, n)$ 中 G_2 成立. 因此 $\mathcal{L}_R(1, n)$ 是有限几何格.

当 $m = n - 1$ 时，作为定理 2.8 的特殊情形，$\mathcal{L}_R(n-1, n)$ 是有限几何格.

(b) 设 $v_1, v_2, \cdots, v_n$ 是 $\mathbb{F}_q^n$ 的一个基. 因为 $2 \leq m \leq n - 2$，所以可取 $U = \langle v_1, \cdots, v_m \rangle$，$W = \langle v_3, \cdots, v_{m+2} \rangle \in \mathcal{M}(m, n) \subset \mathcal{L}_R(m, n)$. 易知，$U \wedge W = \mathbb{F}_q^n$ 和 $r'(U \wedge W) = 0$. 如果 $m = 2$，则 $U \vee W = \{0\}$，如果 $m \geq 2$，则 $U \vee W = \langle v_3, \cdots, v_m \rangle$. 在这两种情形，都有 $\dim(U \vee W) = m - 2$ 和 $r'(U \vee W) = m + 1 - (m - 2) = 3$. 但 $r'(U) = r'(W) = m + 1 - m = 1$. 因此

$$r'(U \wedge W) + r'(U \vee W) \leq r'(U) + r'(W) \tag{2.8}$$

不成立. 也即，对于 U 和 W 来说 G_2 不成立. 由命题 1.29，对于 $2 \leq m \leq n - 2$，$\mathcal{L}_R(m, n)$ 不是几何格. □

§2.5 注　记

本章的编写中，参考了文献 [2, 12, 19] 和 [29]. 定理 2.11 的充分性，定理 2.13，定理 2.17，推论 2.12 和推论 2.14 都取自文献 [12]，而定理 2.15，定理 2.16，定理 2.18 和定理 2.19 取自文献 [19].

本章主要参考资料有：参考文献 [2, 12, 19] 和 [29].

第三章 辛群作用下子空间轨道生成的格

§3.1 辛群作用下子空间轨道生成的格

在本章中我们假定 $n = 2\nu$, 而 ν 是正整数. 设 $K_{2\nu}$ 是 $\mathbb{F}_q$ 上 2ν 级交错矩阵,
$$K_{2\nu} = \begin{pmatrix} 0 & I^{(\nu)} \\ -I^{(\nu)} & 0 \end{pmatrix}.$$

定义 3.1 $\mathbb{F}_q$ 上满足
$$TK\,{}^tT = K$$
的全体 2ν 级矩阵 T 对矩阵乘法作成一个群, 称为 $\mathbb{F}_q$ 上的 2ν 级 **辛群**, 记作 $Sp_{2\nu}(\mathbb{F}_q)$. □

2ν 维行向量空间 $\mathbb{F}_q^{2\nu}$ 与辛群在它上面的作用 (见 §2.3) 一起称为 $\mathbb{F}_q$ 上的 2ν **维辛空间**.

在 2ν 维辛空间 $\mathbb{F}_q^{2\nu}$ 中, 一个 m 维子空间 P 说成是 **关于 K 的 (m, s) 型子空间**, 简单说成 (m, s) 型的子空间, 如果矩阵 $PK\,{}^tP$ 的秩是 $2s$. 这时把 s 叫做 P 的 **指数**. 由文献 [29] 可知, (m, s) 型子空间存在, 当且仅当
$$2s \leq m \leq \nu + s. \tag{3.1}$$

我们用 $\mathcal{M}(m, s; 2\nu)$ 表示 $\mathbb{F}_q^{2\nu}$ 中全体 (m, s) 型子空间所成的集合. 易知 (见文献 [29] 中定理 3.7)$\mathcal{M}(m, s; 2\nu)$ 是 **辛群 $Sp_{2\nu}(\mathbb{F}_q)$ 作用下的一条轨道**.

定义 3.2 设 $\mathcal{M}(m, s; 2\nu)$ 是在辛群 $Sp_{2\nu}(\mathbb{F}_q)$ 作用下的一个子空间轨道. 由 $\mathcal{M}(m, s; 2\nu)$ 生成的集合记为 $\mathcal{L}(m, s; 2\nu)$, 即 $\mathcal{L}(m, s; 2\nu)$ 是 $\mathcal{M}(m, s; 2\nu)$ 中子空间交组成的集合, $\mathbb{F}_q^n$ 是 $\mathcal{M}(m, s; 2\nu)$ 中零个子空间集的交. 如果按子空间的包含 (反包含) 关系来规定它的偏序, 所得的格记为 $\mathcal{L}_O(m, s; 2\nu)(\mathcal{L}_R(m, s; 2\nu))$. 格 $\mathcal{L}_O(m, s; 2\nu)$ 和 $\mathcal{L}_R(m, s; 2\nu)$ 称为在辛群 $Sp_{2\nu}(\mathbb{F}_q)$ 作用下由 **子空间轨道 $\mathcal{M}(m, s; 2\nu)$ 生成的格**. □

从定理 2.9 推出

定理 3.1 $\mathcal{L}_O(m, s; 2\nu)$ ($\mathcal{L}_R(m, s; 2\nu)$) 是有限格, 并且 $\mathbb{F}_q^{2\nu}$ 和 $\cap_{X \in \mathcal{M}(m, s; 2\nu)} X$ 分别是 $\mathcal{L}_O(m, s; 2\nu)(\mathcal{L}_R(m, s; 2\nu))$ 的最大 (小) 元和最小 (大) 元. □

由定理 2.10, 可得

定理 3.2 设 $2s \leq m \leq \nu + s$, 那么 $\mathcal{L}_R(m, s; 2\nu)$ 是有限原子格, 而 $\mathcal{M}(m, s; 2\nu)$ 是它的原子集. □

§3.2 若干引理

在本书中经常用 $[M_1, M_2, \cdots, M_l]$ 表示对角分块矩阵, 其主对角线上依序是方阵 $M_1, M_2, \cdots, M_l$.

引理 3.3 设 $n = 2\nu \geq 2$, (m, s) 满足 (3.1)

$$2s \leq m \leq \nu + s$$

和 $m \neq 2\nu$. 如果 $m \geq 1$, 那么

$$\mathcal{L}_R(m, s; 2\nu) \supset \mathcal{L}_R(m-1, s; 2\nu).$$

证明 如果 $m - 2s = 0$, 那么 $m - 1 < 2s$, 于是 $(m-1, s)$ 不适合 (3.1), 因此 $\mathcal{M}(m-1, s; 2\nu) = \phi$. 因而

$$\mathcal{L}_R(m-1, s; 2\nu) = \{\mathbb{F}_q^{2\nu}\} \subset \mathcal{L}_R(m, s; 2\nu).$$

现在假设 $m - 2s > 0$, 这时 $\mathcal{M}(m-1, s; 2\nu) \neq \phi$, 于是只需证明

$$\mathcal{M}(m-1, s; 2\nu) \subset \mathcal{L}_R(m, s; 2\nu). \tag{3.2}$$

设 $P \in \mathcal{M}(m-1, s; 2\nu)$, 不妨设

$$PK{}^tP = [K_{2s}, 0^{(\sigma)}],$$

其中 $\sigma = m - 1 - 2s$. 由文献 [29] 中引理 3.5 的证明可知, 存在 $\sigma \times 2\nu$ 矩阵 X 和 $2(\nu - \sigma - s) \times 2\nu$ 矩阵 Y, 使得

$$\begin{pmatrix} P \\ X \\ Y \end{pmatrix}$$

是非奇异矩阵, 并且

$$\begin{pmatrix} P \\ X \\ Y \end{pmatrix} K_{2\nu} {}^t\begin{pmatrix} P \\ X \\ Y \end{pmatrix} = [K_{2s}, K_{2\sigma}, K_{2(\nu-\sigma-s)}].$$

因为 $\nu + s - m \geq 0$, 所以 $2(\nu - \sigma - s) = 2(\nu + s - m) + 2 \geq 2$, 即 $\dim Y = 2$. 设 y_1 和 y_2 分别是 Y 的第一和第二行, 那么

$$\begin{pmatrix} P \\ y_i \end{pmatrix} K_{2\nu} {}^t\begin{pmatrix} P \\ y_i \end{pmatrix} = [K_{2s}, 0] \ (i = 1, 2).$$

因而
$$\begin{pmatrix} P \\ y_i \end{pmatrix} \in \mathcal{M}(m, s; 2\nu).$$

于是
$$P = \begin{pmatrix} P \\ y_1 \end{pmatrix} \cap \begin{pmatrix} P \\ y_2 \end{pmatrix} \in \mathcal{L}_R(m, s; 2\nu).$$

因此 (3.2) 成立. □

引理 3.4 设 $n = 2\nu \geq 2$, (m, s) 满足 (3.1)
$$2s \leq m \leq \nu + s$$

和 $m \neq 2\nu$. 如果 $s \geq 1$, 那么
$$\mathcal{L}_R(m, s; 2\nu) \supset \mathcal{L}_R(m-1, s-1; 2\nu).$$

证明 由 $s \geq 1$ 和 (3.1) 成立, 有 $2(s-1) \leq m-1 \leq \nu + (s-1)$. 所以 $\mathcal{M}(m-1, s-1; 2\nu) \neq \phi$. 我们只需证明
$$\mathcal{M}(m-1, s-1; 2\nu) \subset \mathcal{L}_R(m, s; 2\nu). \tag{3.3}$$

设 $P \in \mathcal{M}(m-1, s-1; 2\nu)$, 不妨取
$$P K_{2\nu} {}^t P = [K_{2(s-1)}, 0^{(\sigma_1)}],$$

其中 $\sigma_1 = m - 2s + 1 \geq 1$, 于是存在 $\sigma_1 \times 2\nu$ 矩阵 X 和 $2(\nu - \sigma_1 - s + 1) \times 2\nu$ 矩阵 Y, 使得
$$\begin{pmatrix} P \\ X \\ Y \end{pmatrix} K_{2\nu} {}^t \begin{pmatrix} P \\ X \\ Y \end{pmatrix} = [K_{2(s-1)}, K_{2\sigma_1}, K_{2(\nu-\sigma_1-s+1)}].$$

我们分 $\sigma_1 \geq 2$ 和 $\sigma_1 = 1$ 两种情形.

先考虑 $\sigma_1 \geq 2$ 的情形. 设 x_1 和 x_2 分别是 X 的第一和第二行, 那么
$$\begin{pmatrix} P \\ x_i \end{pmatrix}, i = 1, 2$$

都是 (m, s) 型子空间. 因而有
$$P = \begin{pmatrix} P \\ x_1 \end{pmatrix} \cap \begin{pmatrix} P \\ x_2 \end{pmatrix} \in \mathcal{L}_R(m, s; 2\nu).$$

其次考虑 $\sigma_1 = 1$ 的情形, 这时 $m = 2s$. 由假设 $m \neq 2\nu$, 所以 $s \neq \nu$ 和 $\nu - \sigma_1 - s + 1 = \nu - s > 0$. 设 y 是 Y 中的第一行, 那么

$$\begin{pmatrix} P \\ X \end{pmatrix}, \begin{pmatrix} P \\ X+y \end{pmatrix} \in \mathcal{M}(m, s; 2\nu).$$

因而

$$P = \begin{pmatrix} P \\ X \end{pmatrix} \cap \begin{pmatrix} P \\ X+y \end{pmatrix} \in \mathcal{L}_R(m, s; 2\nu).$$

因此 (3.3) 成立. □

§3.3 各轨道生成的格之间的包含关系

定理 3.5 设 $n = 2\nu \geq 2$, (m, s), (m_1, s_1) 都满足 (3.1), 即

$$2\nu \leq m \leq \nu + s, \ 2s_1 \leq m_1 \leq \nu + s_1,$$

而 $m \neq 2\nu$. 那么

$$\mathcal{L}_R(m, s; 2\nu) \supset \mathcal{L}_R(m_1, s_1; 2\nu) \tag{3.4}$$

的充分必要条件是

$$m - m_1 \geq s - s_1 \geq 0. \tag{3.5}$$

证明 充分性. 设非负整数对 (m_1, s_1) 满足 (3.1) 和 $m - m_1 \geq s - s_1 \geq 0$. 显然有 $\mathcal{M}(m_1, s_1; 2\nu) \neq \phi$. 令 $s - s_1 = t$, $m - m_1 = t + t'$, 那么 $t, t' \geq 0$. 根据引理 3.4, 有

$$\mathcal{L}_R(m, s; 2\nu) \supset \mathcal{L}_R(m-1, s-1; 2\nu) \supset \cdots$$
$$\supset \mathcal{L}_R(m-t, s-t; 2\nu) = \mathcal{L}_R(m_1 + t', s_1; 2\nu).$$

如果 $t' = 0$, 那么 $\mathcal{L}_R(m_1 + t', s_1; 2\nu) = \mathcal{L}_R(m_1, s_1; 2\nu)$. 于是 (3.4) 成立. 如果 $t' > 0$, 那么从引理 3.3 可得

$$\mathcal{L}_R(m_1 + t', s_1; 2\nu) \supset \mathcal{L}_R(m_1 + t' - 1, s_1; 2\nu)$$
$$\supset \cdots \supset \mathcal{L}_R(m_1, s_1; 2\nu).$$

必要性. 由 (m_1, s_1) 满足 (3.1), 可知 $\mathcal{M}(m_1, s_1; 2\nu) \neq \phi$. 再从 $\mathcal{M}(m_1, s_1; 2\nu) \subset \mathcal{L}_R(m_1, s_1; 2\nu)$ 和 $\mathcal{L}_R(m_1, s_1; 2\nu) \subset \mathcal{L}_R(m, s; 2\nu)$, 有 $\mathcal{M}(m_1, s_1; 2\nu) \subset \mathcal{L}_R(m, s; 2\nu)$. 对于任意 $Q \in \mathcal{M}(m_1, s_1; 2\nu) \subset \mathcal{L}_R(m, s; 2\nu)$, Q 一定是 $\mathcal{M}(m, s; 2\nu)$ 中的子空间的交. 因而存在 $P \in \mathcal{M}(m, s; 2\nu)$ 使 $Q \subset P$. 因 P 的维数和指数分别是 m 和 s, 而 Q 的维数和指数分别是 m_1 和 s_1, 所以 $m \geq m_1$, $s \geq s_1$. 如果 $m = m_1$, 那么

$P = Q$ 和 $s = s_1$. 于是 (3.5) 成立. 现在假设 $m > m_1$, 令 $m_1 = m - t, t \geq 0$. 由 P 的指数是 s, 可知 Q 的指数 $\geq s - t$, 于是 $s_1 \geq s - t$. 从而有 $m - m_1 = t \geq s - s_1$. 因此 (3.5) 也成立. □

§3.4 $\mathbb{F}_q^{2\nu}$ 中的子空间在 $\mathcal{L}_R(m, s; 2\nu)$ 中的条件

定理 3.6 设 $n = 2\nu \geq 2$, (m, s) 满足 (3.1)

$$2s \leq m \leq \nu + s$$

和 $m \neq 2\nu$. 那么 $\mathcal{L}_R(m, s; 2\nu)$ 由 $\mathbb{F}_q^{2\nu}$ 和 $\mathbb{F}_q^{2\nu}$ 的所有 (m_1, s_1) 型子空间组成, 其中 (m_1, s_1) 满足 (3.5)

$$m - m_1 \geq s - s_1 \geq 0.$$

证明 我们已约定 $\mathbb{F}_q^{2\nu}$ 是 $\mathcal{M}(m, s; 2\nu)$ 中零个子空间的交, 所以 $\mathbb{F}_q^{2\nu} \in \mathcal{L}(m, s; 2\nu)$. 设 Q 是 (m_1, s_1) 型子空间, (m_1, s_1) 满足 (3.5), 那么

$$Q \in \mathcal{M}(m_1, s_1; 2\nu) \subset \mathcal{L}_R(m_1, s_1; 2\nu) \subset \mathcal{L}_R(m, s; 2\nu),$$

其中后一个包含关系可以从定理 3.5 得到.

反之, 假设 $Q \in \mathcal{L}_R(m, s; 2\nu)$, $Q \neq \mathbb{F}_q^{2\nu}$, 并且 Q 是 (m_1, s_1) 型子空间. 因为 Q 是 $\mathcal{M}(m, s; 2\nu)$ 中子空间的交, 所以存在 $P \in \mathcal{M}(m, s; 2\nu)$, 使得 $P \supset Q$. 从定理 3.5 必要性的证明, 可知 (3.5) 成立 □

推论 3.7 设 $n = 2\nu \geq 2$, (m, s) 满足 (3.1)

$$2s \leq m \leq \nu + s$$

和 $m \neq 2\nu$. 那么

$$\{0\} \in \mathcal{L}_R(m, s; 2\nu),$$

并且 $\{0\} = \cap_{X \in \mathcal{M}(m,s;2\nu)} X$ 是 $\mathcal{L}_R(m, s; 2\nu)$ 的最大元. □

从定理 3.6 的证明可得

推论 3.8 设 $n = 2\nu \geq 2$, (m, s) 满足 (3.1). 如果 $P \in \mathcal{L}_R(m, s; 2\nu)$, $P \neq \mathbb{F}_q^{2\nu}$, 而 Q 是包含在 P 中的子空间, 那么 $Q \in \mathcal{L}(m, s; 2\nu)$. □

推论 3.9 设 $n = 2\nu \geq 2$, 那么 $\mathcal{L}_R(2\nu - 1, \nu - 1; 2\nu) = \mathcal{L}_R(\mathbb{F}_q^n)$.

证明 显然, $\mathcal{L}_R(2\nu - 1, \nu - 1; 2\nu) \subset \mathcal{L}_R(\mathbb{F}_q^n)$. 设 $P \in \mathcal{L}_R(\mathbb{F}_q^n)$. 如果 $P = \mathbb{F}_q^{2\nu}$, 那么根据我们的约定, $\mathbb{F}_q^{2\nu} \in \mathcal{L}_R(2\nu - 1, \nu - 1; 2\nu)$. 现在设 $P \neq \mathbb{F}_q^{2\nu}$, 而 P 是 (m, s) 型子空间, 那么 $2s \leq m \leq \nu + s$. 从而 $m \leq 2\nu - 1$ 和 $s \leq \nu - 1$. 而 $\nu - m \geq -s$, 所以 $(2\nu - 1) - m \geq (\nu - 1) - s \geq 0$. 从定理 3.6 可得 $P \in \mathcal{L}_R(2\nu - 1, \nu - 1; 2\nu)$. 因此 $\mathcal{L}_R(2\nu - 1, \nu - 1; 2\nu) = \mathcal{L}_R(\mathbb{F}_q^n)$. □

§3.5 辛空间中子空间包含关系的一个定理

定理 3.10 设 V 和 U 分别是 $\mathbb{F}_q^{2\nu}$ 中的 (m_1, s_1) 型和 (m_2, s_2) 型子空间,而 (m_1, s_1) 和 (m_2, s_2) 又分别满足 $2s_1 \leq m_1 \leq \nu + s_1$ 和 $2s_2 \leq m_2 \leq \nu + s_2$,再假定 $V \supset U$. 那么存在子空间 V 的矩阵表示 V,使得

$$VK_{2\nu}{}^tV = \left[K_{2s_2}, \begin{pmatrix} 0 & & I^{(s_3)} \\ & 0^{(\sigma_1)} & \\ -I^{(s_3)} & & 0 \end{pmatrix}, K_{2s_4}, 0^{(\sigma_2)}\right], \tag{3.6}$$

其中 s_3 和 s_4 是非负整数,$\sigma_1 = m_2 - 2s_2 - s_3 \geq 0$, $\sigma_2 = m_1 - m_2 - s_3 - 2s_4 \geq 0$, $s_1 = s_2 + s_3 + s_4$,而 $U = \langle v_1, \cdots, v_{m_2} \rangle$,这里 $v_i (1 \leq i \leq m_1)$ 是 V 的第 i 个行向量. 此外,$m_1 - m_2 \geq s_1 - s_2 \geq 0$.

证明 首先选取子空间 U 的一个矩阵表示 U,使得

$$UK_{2\nu}{}^tU = [K_{2s_2}, 0^{(m_2-2s_2)}].$$

因为 $V \supset U$,所以存在 $(m_1 - m_2) \times 2\nu$ 矩阵 U_1,使得

$$\begin{pmatrix} U \\ U_1 \end{pmatrix}$$

是 V 的一个矩阵表示. 那么

$$\begin{pmatrix} U \\ U_1 \end{pmatrix} K_{2\nu} {}^t\begin{pmatrix} U \\ U_1 \end{pmatrix} = \begin{pmatrix} K_{2s_2} & & * \\ & 0^{(m_2-2s_2)} & * \\ * & * & * \end{pmatrix}.$$

因为 V 是 (m_1, s_1) 型子空间,所以

$$\begin{pmatrix} U \\ U_1 \end{pmatrix} K_{2\nu} {}^t\begin{pmatrix} U \\ U_1 \end{pmatrix}$$

的秩是 $2s_1$,从而 $s_1 \geq s_2$. 于是存在形为

$$P = \begin{pmatrix} I & & \\ P_{21} & P_{22} & \\ P_{31} & P_{32} & P_{33} \end{pmatrix} \begin{matrix} 2s_2 \\ m_2 - 2s_2 \\ m_2 - m_3 \end{matrix}$$
$$\begin{matrix} 2s_2 & m_2-2s_2 & m_2-m_3 \end{matrix}$$

的 $m_1 \times m_1$ 非奇异矩阵 P,使得

$$P\begin{pmatrix} U \\ U_1 \end{pmatrix} K {}^t\begin{pmatrix} U \\ U_1 \end{pmatrix} {}^tP$$

是 (3.6) 的右边的矩阵，其中 s_3 和 s_4 是非负整数，$\sigma_1 = m_2 - 2s_2 - s_3 \geq 0$, $\sigma_2 = m_1 - m_2 - s_3 - 2s_4 \geq 0$, 并且 $s_1 = s_2 + s_3 + s_4$. 设

$$V = P \begin{pmatrix} U \\ U_1 \end{pmatrix},$$

并设 v_i 是 V 的第 i 个行向量 $(1 \leq i \leq m_1)$, 那么就有 (3.6) 和 $U = \langle v_1, \cdots, v_{m_2} \rangle$. 此外, $m_1 - m_2 \geq s_3 + 2s_4 = s_1 - s_2 + s_4 \geq s_1 - s_2$. □

注意, 在定理 3.10 中, $V \supset U$ 的条件 $m_1 - m_2 \geq s_1 - s_2 \geq 0$ 即是 (3.5).

§3.6 格 $\mathcal{L}_O(m, s; 2\nu)$ 和格 $\mathcal{L}_R(m, s; 2\nu)$ 的秩函数

定理 3.11 设 $2s \leq m \leq \nu + s, 1 \leq m \leq 2\nu - 1$. 对于任意 $X \in \mathcal{L}_O(m, s; 2\nu)$ 定义

$$r(X) = \begin{cases} \dim X, & \text{如果 } X \neq \mathbb{F}_q^{2\nu}, \\ m+1, & \text{如果 } X = \mathbb{F}_q^{2\nu}. \end{cases} \tag{3.7}$$

则 $r: \mathcal{L}_O(m, s; 2\nu) \to \mathbb{N}$ 是格 $\mathcal{L}_O(m, s; 2\nu)$ 的秩函数.

证明 显然, 对于函数 r 来说命题 1.14 的条件 (i) 成立. 现在设 $U, V \in \mathcal{L}_O(m, s; 2\nu)$ 和 $U \leq V$. 假定 $r(V) - r(U) > 1$. 我们要证明 $U <\cdot V$ 不成立, 从而命题 1.14 的条件 (ii) 成立.

首先考虑 $V = \mathbb{F}_q^{2\nu}$ 的情形. 这时 $\dim U < m$. 因为 U 是 $\mathcal{M}(m, s; 2\nu)$ 中子空间的一个交, 所以有子空间 $W \in \mathcal{M}(m, s; 2\nu)$ 使得 $U < W < V = \mathbb{F}_q^{2\nu}$. 因此 $U <\cdot V$ 不成立.

其次考虑 $V \neq \mathbb{F}_q^{2\nu}$ 的情形. 设 V 和 U 分别是 (m_1, s_1) 型和 (m_2, s_2) 型子空间. 那么 $2s_1 \leq m_1 \leq \nu + s_1, 2s_2 \leq m_2 \leq \nu + s_2, m - m_1 \geq s - s_1 \geq 0$, $m - m_2 \geq s - s_2 \geq 0$ 和 $m_1 - m_2 \geq 2$. 因为 $U \subseteq V$, 所以由定理 3.10, 有子空间 V 的一个矩阵表示 V 使得 (3.6) 成立, 并且 $U = \langle v_1, \cdots, v_{m_2} \rangle$, 其中 $v_i (1 \leq i \leq m_1)$ 是 V 的第 i 个行向量. 我们分以下三种情形来研究.

情形 1: $\sigma_2 > 0$. 设 $W = \langle v_1, \cdots, v_{m_1-1} \rangle$, 那么 W 是 $(m_1 - 1, s_1)$ 型子空间. 因为 $m - (m_1 - 1) > m - m_1 \geq s - s_1 \geq 0$, 所以 $W \in \mathcal{L}_O(m, s; 2\nu)$. 显然, $U < W < V$.

情形 2: $s_3 > 0$. 设 $W = \langle v_1, \cdots, v_{m_2}, \hat{v}_{m_2+1}, v_{m_2+2}, \cdots, v_{m_1} \rangle$, 其中 $\hat{v}_{m_2+1}$ 表示向量 v_{m_2+1} 不出现, 那么 W 是 $(m_1 - 1, s_1 - 1)$ 型子空间. 因为 $m - (m_1 - 1) \geq s - (s_1 - 1) \geq 0$, 所以 $W \in \mathcal{L}_O(m, s; 2\nu)$. 我们也有 $U < W < V$.

情形 3: $\sigma_2 = s_3 = 0$. 那么 $m_1 - m_2 = 2s_4$. 因为 $m_1 - m_2 \geq 2$, 所以 $s_4 > 0$. 设 $W = \langle v_1, \cdots, v_{m_2}, \hat{v}_{m_2+1}, v_{m_2+2}, \cdots, v_{m_1} \rangle$, 那么如情形 2 一样, W 是 $(m_1 - 1, s_1 - 1)$ 型子空间, $W \in \mathcal{L}_O(m, r; n)$ 和 $U < W < V$.

在上述三种情形, $U \lessdot V$ 不成立. 由命题 1.14, r 是格 $\mathcal{L}_O(m, s; 2\nu)$ 的秩函数. □

定理 3.12 设 $2s \leq m \leq \nu + s, 1 \leq m \leq 2\nu - 1$. 对于任意 $X \in \mathcal{L}_R(m, s; 2\nu)$ 定义

$$r'(X) = \begin{cases} m + 1 - \dim X, & \text{如果 } X \neq \mathbb{F}_q^{2\nu}, \\ 0, & \text{如果 } X = \mathbb{F}_q^{2\nu}. \end{cases} \tag{3.8}$$

则 $r': \mathcal{L}_R(m, s; 2\nu) \to \mathbb{N}$ 是格 $\mathcal{L}_R(m, s; 2\nu)$ 的秩函数.

证明 从定理 3.11 立即推出本定理. □

§3.7 格 $\mathcal{L}_R(m, s; 2\nu)$ 的特征多项式

定理 3.13 设 $n = 2\nu \geq 2, (m, s)$ 满足 (3.1) 和 $m \neq 2\nu$. 那么

$$\chi(\mathcal{L}_R(m, s; 2\nu), t) = \sum_{s_1=s+1}^{\nu} \sum_{m_1=2s_1}^{\nu+s_1} N(m_1, s_1; 2\nu) g_{m_1}(t) + \sum_{s_1=0}^{s} \sum_{m_1=m-s+s_1+1}^{\nu+s_1} N(m_1, s_1; 2\nu) g_{m_1}(t), \tag{3.9}$$

其中 $g_{m_1}(t) = (t - 1)(t - q) \cdots (t - q^{m_1-1})$ 是 Gauss 多项式, 而 $N(m_1, s_1; 2\nu) = |\mathcal{M}(m_1, s_1; 2\nu)|$ 是 $\mathbb{F}_q^{2\nu}$ 中 (m_1, s_1) 型子空间的个数.

证明 为了书写简单起见, 记 $V = \mathbb{F}_q^{2\nu}, \mathcal{L}_1 = L_R(m, s; 2\nu)$ 和 $\mathcal{L}_0 = \mathcal{L}_R(\mathbb{F}_q^n)$. 对于 $P \in \mathcal{L}_1$, 我们规定

$$\mathcal{L}_1^P = \{Q \in \mathcal{L}_1 | Q \subset P\} = \{Q \in \mathcal{L}_1 | Q \geq P\}.$$

显然, $\mathcal{L}_1^V = \mathcal{L}_1$. 由推论 3.8, 有 $\mathcal{L}_1^P = \mathcal{L}_0^P$. 注意到由定理 3.12 知, 由 (3.8) 定义的 $r': \mathcal{L}_R(m, 2s; 2\nu) \to \mathbb{N}$ 是格 $\mathcal{L}_1$ 的秩函数. 因此 $\mathcal{L}_1 = \mathcal{L}_R(m, s; 2\nu)$ 的特征多项式是

$$\chi(\mathcal{L}_1^V, t) = \chi(\mathcal{L}_1, , t) = \sum_{P \in \mathcal{L}_1} \mu(V, P) t^{r'(0) - r'(P)}.$$

同理, $\mathcal{L}_O^V = \mathcal{L}_O$ 的特征多项式是

$$\chi(\mathcal{L}_0^V, t) = \chi(\mathcal{L}_0, , t) = \sum_{P \in \mathcal{L}_0} \mu(V, P) t^{r'(0) - r'(P)}.$$

对 $\chi(\mathcal{L}_1^V, t)$ 和 $\chi(\mathcal{L}_O^V, t)$ 使用 Möbius 反演, 分别有

$$t^{m+1} = \sum_{P \in \mathcal{L}_1^V} \chi(\mathcal{L}_1^P, t) = \sum_{P \in \mathcal{L}_1} \chi(\mathcal{L}_1^P, t)$$

和
$$t^{m+1} = \sum_{P \in \mathcal{L}_0^V} \chi(\mathcal{L}_0^P, t) = \sum_{P \in \mathcal{L}_0} \chi(\mathcal{L}_0^P, t).$$

于是
$$\begin{aligned}\chi(\mathcal{L}_1, t) =& \chi(\mathcal{L}_1^V, t) = t^{m+1} - \sum_{P \in \mathcal{L}_1 \setminus \{V\}} \chi(\mathcal{L}_1^P, t) \\ =& \sum_{P \in \mathcal{L}_0} \chi(\mathcal{L}_0^P, t) - \sum_{P \in \mathcal{L}_1 \setminus \{V\}} \chi(\mathcal{L}_0^P, t) \\ =& \sum_{P \in \mathcal{L}_0 \setminus \mathcal{L}_1 \text{ 或 } P=V} \chi(\mathcal{L}_0^P, t). \end{aligned} \quad (3.10)$$

由定理 3.6, $X \in (\mathcal{L}_0 \setminus \mathcal{L}_1 \cup \{V\})$ 当且仅当 $\{X \in \mathcal{L}_0 | X$ 是 (m_1, s_1) 型子空间, $s - s_1 < 0\} \cup \{X \in \mathcal{L}_0 | X$ 是 (m_1, s_1) 型子空间, $s - s_1 \geq 0, m - m_1 < s - s_1\}$. 因而

$$\begin{aligned}\sum_{P \in \mathcal{L}_0 \setminus \mathcal{L}_1 \text{ 或 } P=V} \chi(\mathcal{L}_0^P, t) =& \sum_{s_1 = s+1}^{\nu} \sum_{m_1 = 2s_1}^{\nu + s_1} N(m_1, s_1; 2\nu) \chi(\mathcal{L}_0^P, t) \\ &+ \sum_{s_1 = 0}^{s} \sum_{m_1 = m - s + s_1 + 1}^{\nu + s_1} N(m_1, s_1; 2\nu) \chi(\mathcal{L}_0^P, t), \end{aligned} \quad (3.11)$$

其中 $\dim P = m_1$. 根据命题 1.17, 有

$$\chi(\mathcal{L}_0^P, t) = g_{m_1}(t). \quad (3.12)$$

从 (3.10), (3.11) 和 (3.12) 可得 (3.9). □

应注意: $N(m_1, s_1; 2\nu)$ 的准确表示公式, 可见文献 [29] 的定理 3.18.

推论 3.14 设 $n = 2\nu \geq 2$, 那么

$$\begin{aligned}\chi(\mathcal{L}_R(2\nu - 2, \nu - 1;\ 2\nu), t) =& \sum_{s_1 = 0}^{\nu} N(\nu + s_1, s_1; 2\nu) g_{\nu + s_1}(t) \\ =& \sum_{k = \nu}^{2\nu} N(k, k - \nu; 2\nu) g_k(t). \quad \square\end{aligned}$$

由推论 3.14 可得

推论 3.15 设 $n = 2\nu \geq 2$, 那么

$$\chi(\mathcal{L}_R(2\nu - 2, \nu - 1;\ 2\nu), t) = g_\nu(t)\gamma(t),$$

其中 $\gamma(t) \in \mathbb{Z}[t]$ 是首一多项式. □

§3.8 格 $\mathcal{L}_O(m, s; 2\nu)$ 和格 $\mathcal{L}_R(m, s; 2\nu)$ 的几何性

定理 3.16 设 $2s \leq m \leq \nu + s, 1 \leq m \leq 2\nu - 1$. 那么

(a) $\mathcal{L}_O(1, 0; 2\nu)$ 和 $\mathcal{L}_O(2\nu - 1, \nu - 1; 2\nu)$ 是有限几何格;

(b) 对于 $2 \leq m \leq 2\nu - 2$, $\mathcal{L}_O(m, s; 2\nu)$ 是有限原子格, 但不是几何格.

证明 由推论 3.7, $\{0\}$ 包含在 $\mathcal{L}_O(m, s; 2\nu)$ 中. 于是 $\mathcal{L}_O(m, s; 2\nu)$ 是以 $\{0\}$ 为极小元的有限格.

对于任意 $X \in \mathcal{L}_O(m, s; 2\nu)$, 按 (3.7) 式来定义 $r(x)$. 由定理 3.11, r 是格 $\mathcal{L}_O(m, s; 2\nu)$ 的秩函数.

根据定理 3.6, $\mathbb{F}_q^{2\nu}$ 的所有 1 维子空间属于 $\mathcal{L}_O(m, s; 2\nu)$, 从而 $\mathbb{F}_q^{2\nu}$ 的这些 1 维子空间是 $\mathcal{L}_O(m, s; 2\nu)$ 的原子. 用证明定理 2.18 的方法, 可以证明在 $\mathcal{L}_O(m, s; 2\nu)$ 中 G_1' 成立. 因此 $\mathcal{L}_O(m, s; 2\nu)$ 是个原子格.

(a) 显然, $\mathcal{L}_O(1, 0; 2\nu) = \mathcal{L}_O(1, 2\nu)$ 和 $\mathcal{L}_O(2\nu - 1, \nu - 1; 2\nu) = \mathcal{L}_O(2\nu - 1, 2\nu)$. 由定理 2.18, $\mathcal{L}_O(1, 2\nu)$ 和 $\mathcal{L}_O(2\nu - 1, 2\nu)$ 都是有限几何格, 从而 $\mathcal{L}_O(1, 0; 2\nu)$ 和 $\mathcal{L}_O(2\nu - 1, \nu - 1; 2\nu)$ 也都是有限几何格.

(b) 对于 $2 \leq m \leq 2\nu - 2$, 我们要证明在 $\mathcal{L}_O(m, s; 2\nu)$ 中 G_2 不成立. 我们分以下两种情形进行讨论.

情形 1: $s > 0$ 和 $m < \nu + s$. 设

$$U = \begin{pmatrix} I^{(s-1)} & 0 & 0 & 0 & 0 & 0 & 0 \\ 0 & 0 & 0 & 0 & I^{(s)} & 0 & 0 \\ 0 & 0 & I^{(m-2s)} & 0 & 0 & 0 & 0 \end{pmatrix}$$
$$\ \ s-1\ \ \ 1\ \ \ m-2s\ \ \nu+s-m\ \ \ s\ \ \ m-2s\ \ \nu-s-m$$

和 $W = \langle e_{m-s+1} \rangle$, 其中 e_{m-s+1} 是第 $m-s+1$ 个分量为 1 而其余分量是 0 的向量. 显然, U 是 $(m-1, s-1)$ 型, W 是 $(1, 0)$ 型和 $\langle U, W \rangle$ 是 $(m, s-1)$ 型子空间. 因为 $m - (m-1) \geq s - (s-1) \geq 0, m-1 \geq s-0 \geq 0$ 和 $m - m < s - (s-1)$, 所以由定理 3.6, $U, W \in \mathcal{L}_O(m, s; 2\nu)$, 但 $\langle U, W \rangle \notin \mathcal{L}(m, s; 2\nu)$. 我们有 $r(U) = m-1$, $r(W) = 1, U \vee W = \mathbb{F}_q^{2\nu}$ 和 $r(U \vee W) = m+1$. 显然 $U \wedge W = \{0\}$ 和 $r(U \wedge W) = 0$. 因而 $r(U \wedge W) + r(U \vee W) > r(U) + r(W)$. 所以, 对于 U 和 W 来说, (1.23) 不成立.

情形 2: $s > 0$ 而 $m = \nu + s$, 或 $s = 0$. 当 $s = 0$ 时, $m - 2s - 1 \geq 1$ 是明显的.

当 $s > 0$ 而 $m = \nu + s$ 时，从 $2 \leq m \leq 2\nu - 2$ 得到 $s \leq \nu - 2$ 和 $m - 2s - 1 \geq 1$. 设

$$U = \begin{pmatrix} I^{(s)} & 0 & 0 & 0 & 0 & 0 & 0 & 0 \\ 0 & 0 & 0 & 0 & I^{(s)} & 0 & 0 & 0 \\ 0 & I^{(m-2s-1)} & 0 & 0 & 0 & 0 & 0 & 0 \end{pmatrix}$$
$$\ \ s\quad m-2s-1\quad 1\quad \nu+s-m\quad s\quad m-2s-1\quad 1\quad \nu+s-m$$

和 $W = \langle e_{\nu+s+1} \rangle$. 那么 U 是 $(m-1, s)$ 型，W 是 $(1, 0)$ 型和 $\langle U, W \rangle$ 是 $(m, s+1)$ 型子空间. 如同情形 1 一样，有 $U, W \in \mathcal{L}_O(m, s; 2\nu)$. 因为 $s - (s+1) < 0$，所以由定理 3.6，$\langle U, W \rangle \notin \mathcal{L}_O(m, s; 2\nu)$. 再按照情形 1 的步骤进行，对于 U 和 W 也有 (1.23) 不成立.

在上述两种情形，在 $\mathcal{L}_O(m, s; 2\nu)$ 中 G_2 不成立. 因此，对于 $2 \leq m \leq 2\nu - 2$，$\mathcal{L}_O(m, s; 2\nu)$ 不是几何格. □

定理 3.17 设 $2s \leq m \leq 2\nu + s$, $1 \leq m \leq 2\nu - 1$. 那么

(a) $\mathcal{L}_R(1, 0; 2\nu)$ 和 $\mathcal{L}_R(2\nu - 1, \nu - 1; 2\nu)$ 是有限几何格；

(b) 对于 $2 \leq m \leq 2\nu - 2$，$\mathcal{L}_R(m, s; 2\nu)$ 是有限原子格，但不是几何格.

证明 由定理 3.1 和定理 3.2，$\mathcal{L}_R(m, s; 2\nu)$ 是以 $\mathbb{F}_q^{2\nu}$ 为唯一极小元素的有限原子格.

对于 $X \in \mathcal{L}_R(m, s; 2\nu)$，按 (3.8) 式来定义 $r'(x)$. 由定理 3.12 知 r' 是格 $\mathcal{L}_R(m, s; 2\nu)$ 的秩函数.

(a) 如同定理 3.16(a) 的证明，$\mathcal{L}_R(1, 0; 2\nu) = \mathcal{L}_R(1, 2\nu)$ 和 $\mathcal{L}_R(2\nu - 1, \nu - 1; 2\nu) = \mathcal{L}_R(2\nu - 1, 2\nu)$. 因此 (a) 从定理 2.19(a) 得到.

(b) 假定 $2 \leq m \leq 2\nu - 2$. 设 $U \in \mathcal{M}(m, s; 2\nu)$，不妨假定

$$UK\,^tU = [K_{2s}, 0^{(m-2s)}].$$

根据 [29] 中引理 3.5 的证明，存在一个 $(2\nu - m) \times 2\nu$ 矩阵 Z 使得

$$\begin{pmatrix} U \\ Z \end{pmatrix} K \,^t\!\begin{pmatrix} U \\ Z \end{pmatrix} = [K_{2s}, K_{m-2s}, K_{\nu-m+s}].$$

设 U 的行向量依次是 $u_1, \cdots, u_s, v_1, \cdots, v_s, u_{s+1}, \cdots, u_{m-s}$. 类似地，设 Z 的行向量依次是 $v_{s+1}, \cdots, v_{m-s}, u_{m-s+1}, \cdots, u_\nu, v_{m-s+1}, \cdots, v_\nu$. 令 $W = \langle v_{\nu-m+s+1}, \cdots, v_{\nu-s}, u_{\nu-s+1}, \cdots, u_\nu, v_{\nu-s+1}, \cdots, v_\nu \rangle$. 那么 $W \in \mathcal{M}(m, s; 2\nu) \subset \mathcal{L}_R(m, s; 2\nu)$. 我们已假定 $m \leq 2\nu - 2$. 如果 $m = 2s$，那么 $m - s < \nu$ 和 $u_\nu \notin U$, $v_\nu \notin U$. 如果 $m > 2s$，那么 $s < \nu - 1$ 和 $v_\nu, v_{\nu-1} \notin U$. 所以在这两种情形，有 $\dim \langle U, W \rangle \geq m + 2$ 和 $\dim(U \cap W) \leq m - 2$. 因而 $U \wedge W = \mathbb{F}_q^{2\nu}$, $r'(U \wedge W) = 0$ 和 $\dim(U \vee W) = \dim(U \cap W) \leq m - 2$, $r'(U \vee W) \geq 3$. 但是 $r'(U) = r'(W) = 1$. 于是

$r'(U \vee W) + r'(U \wedge W) > r'(U) + r'(W)$. 也即, 对于 U 和 W, G_3 不成立. 因此, 对于 $2 \leq m \leq 2\nu - 2$, $\mathcal{L}_R(m, s; 2\nu)$ 不是几何格. □

§3.9 注　记

本章的编写中, 主要根据参考文献 [12] 和 [19] 编写. 引理 3.3, 引理 3.4, 定理 3.5 的充分性, 定理 3.6, 定理 3.13, 推论 3.7 和推论 3.9 均取自文献 [12]. 推论 3.14 是文献 [4] 的结果. §3.5, §3.6 和 §3.8 取自文献 [19].

本章主要参考资料有: 参考文献 [4, 12, 19] 和 [29].

第四章 酉群作用下子空间轨道生成的格

§4.1 酉群 $U_n(\mathbb{F}_{q^2})$ 作用下子空间轨道生成的格

在本章中所讨论的域是含有 q^2 个元素的有限域 $\mathbb{F}_{q^2}$, 其中 q 是素数幂. $\mathbb{F}_{q^2}$ 有一个对合自同构

$$a \mapsto \bar{a} = a^q, \tag{4.1}$$

它的固定子域是含 q 元素的有限域 $\mathbb{F}_q$. 设 n 是一个正整数, 而 T 是 $\mathbb{F}_{q^2}$ 上的 n 级矩阵, 用 $\overline{T}$ 表示 n 级矩阵, 它的元素是 T 中相应元素在对合自同构 (4.1) 下的象.

定义 4.1 $\mathbb{F}_q$ 上满足

$$T\,^t\overline{T} = I^{(n)}$$

的全体 n 级矩阵 T 对矩阵的乘法作成一个群, 称为 $\mathbb{F}_{q^2}$ 上的 n 级**酉群**, 记作 $U_n(\mathbb{F}_{q^2})$. □

n 维行向量空间 $\mathbb{F}_{q^2}^n$ 与酉群 $U_n(\mathbb{F}_{q^2})$ 在它上面的作用一起 (见 §2.3) 称为 $\mathbb{F}_{q^2}$ 上的 n 维酉空间.

由文献 [29] 的推论 5.4 可知, 下列命题成立.

命题 4.1 $\mathbb{F}_{q^2}$ 上的 $n \times n$ 单位矩阵 $I^{(n)}$ 合同于

$$H_{2\nu} = \begin{pmatrix} 0 & I^{(\nu)} \\ I^{(\nu)} & 0 \end{pmatrix}, \text{ 如果 } n = 2\nu,$$

或

$$H_{2\nu+1} = \begin{pmatrix} 0 & I^{(\nu)} & \\ I^{(\nu)} & 0 & \\ & & 1 \end{pmatrix}, \text{ 如果 } n = 2\nu+1,$$

其中 ν 是非负整数, 称为 $H_{2\nu}$ 和 $H_{2\nu+1}$ 的**指数**. 有时为了统一讨论这两种情形, 记 $n = 2\nu + \delta$, 而 $\delta = 0$ 或 1, 相应地把 $H_{2\nu}$ 和 $H_{2\nu+1}$ 统一记为 $H_{2\nu+\delta}$. $H_{2\nu+0}$ 自然就是 $H_{2\nu}$.

在 n 维酉空间 $\mathbb{F}_{q^2}^n$ 中, 一个 m 维子空间 P 说成是 (m,r)**型的**, 如果矩阵 $P\,^t\overline{P}$ 的秩是 r, r 叫做 P 的**秩**. 由文献 [29] 中的定理 5.7 可知, (m,r) 型子空间存在当且仅当

$$2r \leq 2m \leq n + r. \tag{4.2}$$

第四章 酉群作用下子空间轨道生成的格

我们用 $\mathcal{M}(m,r;n)$ 表示 $\mathbb{F}_{q^2}^n$ 中全体 (m,r) 型子空间所成的集合. 易知 (见文献 [29] 的定理 5.8), $\mathcal{M}(m,r;n)$ 是 $\mathbb{F}_{q^2}^n$ 的子空间集在**酉群** $U_n(\mathbb{F}_{q^2})$ **作用下的一条轨道**.

定义 4.2 设 $\mathcal{M}(m,r;n)$ 是在酉群 $U_n(\mathbb{F}_{q^2})$ 作用下的一个子空间轨道. 由 $\mathcal{M}(m,r;n)$ 生成的集合记为 $\mathcal{L}(m,r;n)$, 即 $\mathcal{L}(m,r;n)$ 是 $\mathcal{M}(m,r;n)$ 中子空间交组成的集合, $\mathbb{F}_{q^2}^n$ 是 $\mathcal{M}(m,r;n)$ 中零个子空间集的交. 如果按子空间的包含 (反包含) 关系来规定它的偏序, 所得的格记为 $\mathcal{L}_O(m,r;n)(\mathcal{L}_R(m,r;n))$. 格 $\mathcal{L}_O(m,r;n)$ 和 $\mathcal{L}_R(m,r;n)$ 称为在酉群 $U_n(\mathbb{F}_{q^2})$ 作用下由**子空间轨道** $\mathcal{M}(m,r;n)$**生成的格**. □

从定理 2.9 可得

定理 4.2 $\mathcal{L}_O(m,r;n)(\mathcal{L}_R(m,r;n))$ 是有限格, 并且 $\mathbb{F}_{q^2}^n$ 和 $\cap_{X\in\mathcal{M}(m,r;n)}X$ 分别是 $\mathcal{L}_O(m,r;n)(\mathcal{L}_R(m,r;n))$ 的最大 (小) 元和最小 (大) 元. □

由定理 2.10, 可得

定理 4.3 设 $2r \leq 2m \leq n+r$, 那么 $\mathcal{L}_R(m,r;n)$ 是有限原子格, 而 $\mathcal{M}(m,r;n)$ 是它的原子集. □

§4.2 若 干 引 理

引理 4.4 设 $n \geq 1$, (m,r) 满足 (4.2)

$$2r \leq 2m \leq n+r$$

和 $m \neq n$. 如果 $m \geq 1$, 那么

$$\mathcal{L}_R(m,r;n) \supset \mathcal{L}_R(m-1,r;n).$$

证明 如果 $m-r=0$, 那么 $2(m-1) < 2r$. 于是 $\mathcal{M}(m-1,r;n) = \phi$. 因而

$$\mathcal{L}_R(m-1,r;n) = \{\mathbb{F}_{q^2}^n\} \subset \mathcal{L}_R(m,r;n).$$

现在假设 $m-r > 0$, 这时 $2r \leq 2(m-1) \leq n+r$. 因而 $\mathcal{M}(m-1,r;n) \neq \phi$. 于是只需证明

$$\mathcal{M}(m-1,r;n) \subset \mathcal{L}_R(m,r;n). \tag{4.3}$$

令 $P \in \mathcal{M}(m-1,r;n)$, 不妨设

$$P{}^t\overline{P} = [I^{(r)}, 0^{(\sigma)}],$$

其中 $\sigma = m-r-1$. 由文献 [29] 中的引理 5.6 的证明可知, 存在 $\sigma \times n$ 矩阵 X 和 $(n-r-2\sigma) \times n$ 矩阵 Y, 使得

$${}^t({}^tP\ {}^tX\ {}^tY) \tag{4.4}$$

是非奇异矩阵，并且

$$\begin{pmatrix} P \\ X \\ Y \end{pmatrix} {}^t\overline{\begin{pmatrix} P \\ X \\ Y \end{pmatrix}} = [I^{(r)}, H_{2\sigma}, I^{(n-r-2\sigma)}].$$

因为 $n+r \geq 2m$, 所以

$$n - r - 2\sigma = n + r - 2m + 2 \geq 2,$$

即 $\dim Y \geq 2$. 根据命题 4.1, 存在 $(n-r-2\sigma) \times (n-r-2\sigma)$ 矩阵 Q, 使得

$$Q(Y\,{}^t\overline{Y})\,{}^t\overline{Q} = H_{2\nu_1} \text{ 或 } H_{2\nu_1+1}.$$

设 y_1 和 y_2 是 QY 的第 1 和第 $\nu_1 + 1$ 行, 那么

$$\begin{pmatrix} P \\ y_1 \end{pmatrix} \text{ 和 } \begin{pmatrix} P \\ y_2 \end{pmatrix}$$

是两个 (m, r) 型子空间, 并且

$$P = \begin{pmatrix} P \\ y_1 \end{pmatrix} \cap \begin{pmatrix} P \\ y_2 \end{pmatrix} \in \mathcal{L}_R(m, r; n).$$

于是 (4.3) 成立. □

引理 4.5 设 $n \geq 1$, (m, r) 满足 (4.2)

$$2r \leq 2m \leq n + r$$

和 $m \neq n$. 如果 $r \geq 2$, 那么

$$\mathcal{L}_R(m, r; n) \supset \mathcal{L}_R(m-1, r-2; n). \tag{4.5}$$

证明 由 (4.2) 可知, $2(r-2) \leq 2(m-1) \leq n+(r-2)$. 所以 $\mathcal{M}(m, r; n) \neq \phi$. 令 $P \in \mathcal{M}(m-1, r-2; n)$. 不妨设

$$P\,{}^t\overline{P} = [I^{(r-2)}, 0^{(\sigma_1)}],$$

其中 $\sigma_1 = m - r + 1$. 那么存在 $\sigma_1 \times n$ 矩阵 X 和 $(n-r-2\sigma_1+2) \times n$ 矩阵 Y, 使得 (4.4) 是非奇异矩阵, 并且

$$\begin{pmatrix} P \\ X \\ Y \end{pmatrix} {}^t\overline{\begin{pmatrix} P \\ X \\ Y \end{pmatrix}} = [I^{(r-2)}, H_{2\sigma_1}, I^{(n-r-2\sigma_1+2)}].$$

如果 $m-r=0$, 那么 $\sigma_1 = m-r+1 = 1$, 即 X 是 $\mathbb{F}_{q^2}^n$ 的 1 维子空间. 从 $m \neq n$ 可得 $r < n$. 于是 $n-r-2\sigma_1+2 = n-r \geq 1$. 设 y 是 Y 的第一行, 那么

$$\begin{pmatrix} P \\ X \end{pmatrix} \text{ 和 } \begin{pmatrix} P \\ X+y \end{pmatrix}$$

是两个 (m,r) 型子空间, 并且

$$P = \begin{pmatrix} P \\ X \end{pmatrix} \cap \begin{pmatrix} P \\ X+y \end{pmatrix} \in \mathcal{L}_R(m,r;n).$$

现在假设 $m-r > 0$, 那么 $m-r+1 \geq 2$. 令 x_1 和 x_2 分别是 X 的第一行和第二行, 那么

$$\begin{pmatrix} P \\ x_1 \end{pmatrix} \text{ 和 } \begin{pmatrix} P \\ x_2 \end{pmatrix}$$

是两个 (m,r) 型子空间, 并且

$$P = \begin{pmatrix} P \\ x_1 \end{pmatrix} \cap \begin{pmatrix} P \\ x_2 \end{pmatrix} \in \mathcal{L}_R(m,r;n).$$

因此 (4.5) 成立. $\square$

引理4.6 设 $n \geq 1$, (m,r) 满足

$$2r \leq 2m < n+r \tag{4.6}$$

和 $m \neq n$. 如果 $r \geq 1$, 那么

$$\mathcal{L}_R(m,r;n) \supset \mathcal{L}_R(m-1,r-1;n). \tag{4.7}$$

证明 由 (4.6) 可知, $2(r-1) \leq 2(m-1) \leq n+r-1$. 所以 $\mathcal{M}(m-1,r-1;n) \neq \phi$. 令 $P \in \mathcal{M}(m-1,r-1;n)$. 不妨设

$$P {}^t\overline{P} = [I^{(r-1)}, 0^{(\sigma_2)}],$$

其中 $\sigma_2 = m-r$. 那么存在 $\sigma_2 \times n$ 矩阵 X 和 $(n-r-2\sigma_2+1) \times n$ 矩阵 Y, 使得

$$\begin{pmatrix} P \\ X \\ Y \end{pmatrix} {}^t\overline{\begin{pmatrix} P \\ X \\ Y \end{pmatrix}} = [I^{(r-1)}, H_{2\sigma_2}, I^{(n-r-2\sigma_2+1)}].$$

因为 $2m < n+r$, 所以 $n-r-2\sigma_2+1 = n+r-2m+1 \geq 2$. 设 y_1 和 y_2 是 Y 的第一和第二行, 那么

$$\begin{pmatrix} P \\ y_1 \end{pmatrix} \text{ 和 } \begin{pmatrix} P \\ y_2 \end{pmatrix}$$

是两个 (m, r) 型子空间, 并且
$$P = \binom{P}{y_1} \cap \binom{P}{y_2} \in \mathcal{L}_R(m, r; n).$$

因此 (4.7) 成立. □

§4.3 各轨道生成的格之间的包含关系

定理 4.7 设 $n \geq 1$, (m, r) 和 (m_1, r_1) 都满足 (4.2), 而在

$$2r \leq 2m = n + r \tag{4.8}$$

成立时, 对于 $0 \leq t \leq \left[\dfrac{r-1}{2}\right]$ 的整数 t,

$$(m_1, r_1) \neq (m - t - 1, r - 2t - 1). \tag{4.9}$$

那么

$$\mathcal{L}_R(m, r; n) \supset \mathcal{L}_R(m_1, r_1; n) \tag{4.10}$$

的充分必要条件是

$$2m - 2m_1 \geq r - r_1 \geq 0. \tag{4.11}$$

证明 首先断言: 在 (4.2) 和 $(m_1, r_1) = (m-t-1, r-2t-1)$ 成立的条件下, (4.8) 和

$$2(r_1 + 1) \leq 2(m_1 + 1) = n + r_1 + 1 \tag{4.12}$$

等价. 事实上, 假设 (4.12) 成立. 由 $(m_1, r_1) = (m-t-1, r-2t-1)$, 有 $2(m-t-1+1) = n + r - 2t - 1 + 1$, 即

$$2m = n + r.$$

再根据 (4.2), 可知 (4.8) 成立. 反之, 假设 (4.8) 成立, 那么 $2(m - t - 1 + 1) = n + (r - 2t - 1) + 1$ 和 $2(r - 2t - 1 + 1) \leq 2(r - t) \leq 2(m - t - 1 + 1)$ 成立, 而

$$(m_1, r_1) = (m - t - 1, r - 2t - 1),$$

所以 (4.12) 成立.

现在来证明充分性: 由 (m_1, r_1) 满足 (4.2), 有

$$\mathcal{M}(m_1, r_1; n) \neq \phi.$$

设 $r - r_1 = 2t + l$, 其中 $t \geq 0$, $l = 0$ 或 1. 再取 $m - m_1 = t + t'$, 其中 $t' \geq 0$. 由 (4.11), 有 $2t' \geq l$. 如果 $t' = 0$, 那么 $l = 0$. 当 $t = 0$ 时, (4.10) 自然成立; 当 $t > 0$ 时, 对于 $1 \leq i \leq t$, 总有

$$2(r - 2i) \leq 2(m - i) \leq n + r - 2i.$$

根据引理 4.5, 有

$$\mathcal{L}_R(m, r; n) \supset \mathcal{L}_R(m-1, r-2; n) \supset \cdots$$
$$\supset \mathcal{L}_R(m-t, r-2t; n) = \mathcal{L}_R(m_1, r_1; n).$$

于是 (4.10) 成立. 现在设 $t' > 0$. 当 $t = 0$ 时, 有

$$\mathcal{L}_R(m, r; n) = \mathcal{L}_R(m_1 + t', r_1 + l; n). \tag{4.13}$$

当 $t > 0$ 时, 按照上述推导, (4.13) 也成立. 如果 $l = 0$, 那么

$$\mathcal{L}_R(m_1 + t', r_1 + l; n) = \mathcal{L}_R(m_1 + t', r_1; n). \tag{4.14}$$

对于 $1 \leq i \leq t'$, 从 $2r_1 \leq 2m_1$ 可得

$$2r_1 \leq 2(m_1 + i).$$

根据引理 4.4, 可得

$$\mathcal{L}_R(m_1 + t', r_1; n) \supset \mathcal{L}_R(m_1 + t' - 1, r_1; n) \\ \supset \cdots \supset \mathcal{L}_R(m_1, r_1; n). \tag{4.15}$$

从 (4.13), (4.14) 和 (4.15) 可知 (4.10) 成立. 如果 $l = 1$, 那么

$$\mathcal{L}_R(m_1 + t', r_1 + l; n) = \mathcal{L}_R(m_1 + t', r_1 + 1; n). \tag{4.16}$$

对于 $0 \leq i \leq t' - 1$, 从 $2r_1 \leq 2m_1$, 可得 $2(r_1 + 1) \leq 2(m_1 + 1 + i)$, 而由 $2(m_1 + t') \leq n + r_1 + 1$, 又有 $2(m_1 + i) \leq n + r_1 + 1$. 根据引理 4.4, 有

$$\mathcal{L}_R(m_1 + t', r_1 + 1; n) \supset \mathcal{L}_R(m_1 + t' - 1, r_1 + 1; n) \supset \cdots \\ \supset \mathcal{L}_R(m_1 + 1, r_1 + 1; n). \tag{4.17}$$

由题设及 (4.8) 和 (4.12) 的等价性知, 对满足 $1 \leq t \leq \left[\dfrac{r-1}{2}\right]$ 的 t, $(m_1, r_1) = (m-t-1, r-2t-1)$ 和 $2(m_1 + 1) = n + r_1 + 1$ 不能同时成立. 再根据引理 4.6, 有

$$\mathcal{L}_R(m_1 + 1, r_1 + 1; n) = \mathcal{L}_R(m_1, r_1; n). \tag{4.18}$$

从 (4.13), (4.16), (4.17) 和 (4.18) 可知 (4.10) 成立.

下面证明必要性. 由 (m_1, r_1) 满足 (4.2), 有 $\mathcal{M}(m_1, r_1; n) \neq \phi$. 再根据

$$\mathcal{M}(m_1, r_1; n) \subset \mathcal{L}_R(m_1, r_1; n)$$

和

$$\mathcal{L}_R(m_1, r_1; n) \subset \mathcal{L}_R(m, r; n),$$

有

$$\mathcal{M}(m_1, r_1; n) \subset \mathcal{L}_R(m, r; n).$$

对于

$$Q \in \mathcal{M}(m_1, r_1; n) \subset \mathcal{L}_R(m, r; n),$$

Q 就一定是 $\mathcal{M}(m, r; n)$ 中子空间的交. 于是存在

$$P \in \mathcal{L}_R(m, r; n),$$

使得 $Q \subset P$. 因为 P 的维数和秩分别是 m 和 r, 而 Q 的维数和秩分别是 m_1 和 r_1, 那么 $m \geq m_1$ 和 $r \geq r_1$. 如果 $m = m_1$, 那么 $P = Q$ 和 $r = r_1$. 于是 (4.11) 成立. 现在假设 $m > m_1$. 令

$$m_1 = m - t, t > 0.$$

由 P 的秩是 r, 可知 Q 的秩 $\geq r - 2t$, 于是

$$r_1 \geq r - 2t.$$

因而

$$2m - 2m_1 = 2t \geq r - r_1 \geq 0,$$

即 (4.11) 成立. □

定理 4.8 设 $n \geq 1$. (m, r) 满足 (4.8)

$$2r \leq 2m = n + r,$$

并且 $(m_1, r_1) = (m - t - 1, r - 2t - 1)$, 这里 t 是满足 $0 \leq t \leq \left[\dfrac{r-1}{2}\right]$ 的一个整数, 那么

$$\mathcal{L}_R(m, r; n) \not\supset \mathcal{L}_R(m_1, r_1; n). \tag{4.19}$$

证明 从 (4.8) 可得

$$2(r - 2t - 1) \leq 2r - 2t - 2 \leq 2(m - t - 1) \leq n + r - 2t - 1.$$

第四章　酉群作用下子空间轨道生成的格

于是 $\mathcal{M}(m_1, r_1; n) \neq \phi$. 设 $P \in \mathcal{M}(m_1, r_1; n)$, 即 P 是 $(m-t-1, r-2t-1)$ 型子空间, 其中 $1 \leq t \leq \left[\dfrac{r-1}{2}\right]$. 那么存在 $(m-r+t) \times n$ 矩阵 X 和 $(n+r-2m+1) \times n$ 矩阵 Y, 使得

$$\begin{pmatrix} P \\ X \\ Y \end{pmatrix} {}^t\overline{\begin{pmatrix} P \\ X \\ Y \end{pmatrix}} = [I^{(r-2t-1)}, H_{2(m-r+t)}, I^{(n+r-2m+1)}].$$

由 $2m = n + r$, 可得 $\dim Y = 1$. 于是包含 P 的 m 维子空间必有形式

$$R = \begin{pmatrix} P \\ x_1 + a_1 Y \\ x_2 + a_2 Y \\ \vdots \\ x_{t+1} + a_{t+1} Y \end{pmatrix}, \tag{4.20}$$

其中 $x_i \in X$, $a_i \in \mathbb{F}_{q^2}$ $(i = 1, 2 \cdots, t+1)$. 令

$$P = \begin{pmatrix} P_1 \\ P_2 \end{pmatrix} \begin{matrix} r-2t-1 \\ m-r+t \end{matrix},$$

那么

$$P_1 {}^t\overline{X} = 0, \quad P_2 {}^t\overline{X} = I^{(m-r+t)}, \quad P {}^t\overline{Y} = 0.$$

于是

$$R {}^t\overline{R} = \begin{pmatrix} I^{(r-2t-1)} & & \\ & 0 & P_2 {}^t\overline{\begin{pmatrix} x_1 \\ x_2 \\ \vdots \\ x_{t+1} \end{pmatrix}} \\ \begin{pmatrix} x_1 \\ x_2 \\ \vdots \\ x_{t+1} \end{pmatrix} {}^t\overline{P_2} & \begin{pmatrix} a_1 \\ a_2 \\ \vdots \\ a_{t+1} \end{pmatrix} {}^t\overline{\begin{pmatrix} a_1 \\ a_2 \\ \vdots \\ a_{t+1} \end{pmatrix}} \end{pmatrix}.$$

如果 (4.20) 是 (m, r) 型子空间, 那么必有

$$\dim {}^t({}^tx_1 \, {}^tx_2 \cdots {}^tx_{t+1}) = t.$$

因此, 我们可以假定 $x_1, x_2, \cdots, x_t$ 线性无关, $x_{t+1} = 0, a_1 = 0, \cdots, a_t = 0$ 和 $a_{t+1} \neq 0$. 这样 (4.20) 具有形式

$$ {}^t({}^tP \, {}^tx_1 \, {}^tx_2 \cdots {}^tx_t \, {}^tY), \tag{4.21}$$

其中 $x_1, x_2, \cdots, x_t$ 是 X 中线性无关的向量. 显然, 形如 (4.21) 的子空间的交不是 P, 即 $\mathcal{L}_R(m_1, r_1; n)$ 中含 P, 而 $P \notin \mathcal{L}_R(m, r; n)$. 因此 (4.19) 成立. □

§4.4 $\mathbb{F}_{q^2}^n$ 中的子空间在 $\mathcal{L}_R(m, r; n)$ 中的条件

定理 4.9 设 $n \geq 1$, $2r \leq 2m \leq n+r$, 并且 $m \neq n$. 如果 $2m < n+r$, 那么 $\mathcal{L}_R(m, r; n)$ 由 $\mathbb{F}_{q^2}^n$ 和所有的 (m_1, r_1) 型子空间组成, 其中 (m_1, r_1) 满足 (4.11)

$$2m - 2m_1 \geq r - r_1 \geq 0.$$

如果 $2m = n+r$, 那么 $\mathcal{L}_R(m, r; n)$ 由 $\mathbb{F}_{q^2}^n$ 和所有的 (m_1, r_1) 型子空间组成, 其中 (m_1, r_1) 满足 (4.11), 并且对于 $0 \leq t \leq \left[\dfrac{r-1}{2}\right]$ 的整数 t, (4.9) 成立

证明 我们已约定 $\mathbb{F}_{q^2}^n$ 是 $\mathcal{M}(m, r; n)$ 中零个子空间的交, 所以 $\mathbb{F}_{q^2}^n \in \mathcal{L}_R(m, r; n)$. 设 Q 是 (m_1, r_1) 型子空间, (m_1, r_1) 满足 (4.11), 并且在 $2m = n+r$ 时, 对于 $0 \leq t \leq \left[\dfrac{r-1}{2}\right]$ 的整数 t, (4.9) 成立. 那么

$$Q \in \mathcal{M}(m_1, r_1; n) \subset \mathcal{L}_R(m_1, r_1; n) \subset \mathcal{L}_R(m, r; n).$$

其中后一个包含关系可以从定理 4.7 得到. 反之, 假设

$$Q \in \mathcal{L}_R(m, r; n), \quad Q \neq \mathbb{F}_{q^2}^n,$$

Q 是 (m_1, r_1) 型子空间. 因为 Q 是 $\mathcal{M}(m, r; n)$ 中子空间的交, 所以存在 $P \in \mathcal{M}(m, r; n)$, 使得 $P \supset Q$. 从定理 4.7 必要性的证明, 可知 (4.11) 成立. □

推论 4.10 设 $n \geq 1$, $2r \leq 2m \leq n+r$ 和 $m \neq n$. 那么

$$\{0\} \in \mathcal{L}_R(m, r; n),$$

并且 $\{0\} = \cap_{X \in \mathcal{M}(m,r;n)} X$ 是格 $\mathcal{L}_R(m, r; n)$ 的最大元.

证明 如果 $2m < n+r$, 或者 $2m = n+r$ 时, 不存在 $t \geq 0$ 使得 $m = t+1$ 和 $r = 2t+1$ 成立. 我们可以在定理 4.9 中取 $(m_1, r_1) = (0, 0)$, 该推论可以从定理 4.9 直接得到. 下面只需证明: 在 $2m = n+r$ 时, 不存在非负整数 t, 使得 $m = t+1$ 和 $r = 2t+1$.

假设 $2m = n+r$, 并且存在整数 $t \geq 0$, 使得

$$m = t+1 \text{ 和 } r = 2t+1,$$

那么

$$r = 2(m-1) + 1 = 2m - 1.$$

于是
$$n = 2m - r = 1.$$

由题设 $m \neq n$ 可知 $m = 0, r = 0$. 这与已知的 $2m = n + r$ 矛盾. □

从定理 4.9 的证明可得

推论 4.11 设 $n \geq 1$, (m, r) 满足 $2r \leq 2m < n + r$. 如果 $P \in \mathcal{L}_R(m, r; n)$, $P \neq \mathbb{F}_{q^2}^n$, 而 Q 是包含在 P 中的子空间, 那么 $Q \in \mathcal{L}_R(m, r; n)$. □

推论 4.12 设 $n > 2$, 那么 $\mathcal{L}_R(n-1, n-1; n) \cup \mathcal{L}_R(n-1, n-2; n) = \mathcal{L}_R(\mathbb{F}_{q^2}^n)$. □

§4.5 酉空间中子空间包含关系的一个定理

平行于辛情形的定理 3.10, 我们有

定理 4.13 设 V 和 U 分别是满足 $2r_1 \leq 2m_1 \leq n + r_1$ 和 $2r_2 \leq 2m_2 \leq n + r_2$ 的 (m_1, r_1) 型和 (m_2, r_2) 型子空间, 并且假定 $V \supseteq U$. 那么存在子空间 V 的一个矩阵表示 V, 使得

$$V\,{}^t\overline{V} = \left[I^{(r_2)}, \begin{pmatrix} 0 & & I^{(s)} \\ & 0^{(\sigma_1)} & \\ I^{(s)} & & 0 \end{pmatrix}, I^{(r_3)}, 0^{(\sigma_2)} \right], \tag{4.22}$$

其中 s 和 r_3 是非负整数, $\sigma_1 = m_2 - r_2 - s \geq 0$, $\sigma_2 = m_1 - m_2 - s - r_3 \geq 0$, $r_1 = r_2 + 2s + r_3$ 和 $U = \langle v_1, \cdots, v_{m_2} \rangle$, 这里 v_i $(1 \leq i \leq m_1)$ 是 V 的第 i 个行向量. 此外,

$$2m_1 - 2m_2 \geq r_1 - r_2 \geq 0.$$ □

§4.6 格 $\mathcal{L}_O(m, r; n)$ 和格 $\mathcal{L}_R(m, r; n)$ 的秩函数

定理 4.14 设 $2r \leq 2m \leq n + r$, $1 \leq m \leq n - 1$. 对于任意 $X \in \mathcal{L}_O(m, r; n)$ 定义

$$r(X) = \begin{cases} \dim X, & \text{if } X \neq \mathbb{F}_{q^2}^n, \\ m + 1, & \text{if } X = \mathbb{F}_{q^2}^n. \end{cases} \tag{4.23}$$

则 $r: \mathcal{L}_O(m, r; n) \to \mathbb{N}$ 是格 $\mathcal{L}_O(m, r; n)$ 的秩函数.

证明 显然, 对于 r 来说, 命题 1.14 的条件 (i) 成立. 现在设 $U, V \in \mathcal{L}_O(m, r; n)$ 和 $U < V$. 假定 $r(V) - r(U) > 1$. 我们要证明 $U <\!\cdot V$ 不成立, 从而命题 1.14 的条件 (ii) 成立.

对于 $V = \mathbb{F}_{q^2}^n$ 的情形, 如同定理 3.11 的证明, $U <\!\cdot V$ 不成立.

现在考虑 $V \neq \mathbb{F}_{q^2}^n$ 的情形. 设 V 和 U 分别是 (m_1, r_1) 型和 (m_2, r_2) 型子空间. 那么 $2r_1 \leq 2m_1 \leq n+r_1$, $2r_2 \leq 2m_2 \leq n+r_2$, $2m-2m_1 \geq r-r_1 \geq 0$, $2m-2m_2 \geq r-r_2 \geq 0$ 和 $m_1-m_2 \geq 2$. 由定理 4.13, 存在子空间 V 的一个矩阵表示 V 使得 (4.22) 成立, 并且 $U = \langle v_1, \cdots, v_{m_2} \rangle$, 其中 v_i $(1 \leq i \leq m_1)$ 是 V 的第 i 个行向量. 我们分以下三种情形研究.

情形 1: $\sigma_2 > 0$. 设 $W = \langle v_1, \cdots, v_{m_1-1} \rangle$, 那么 W 是 (m_1-1, r_1) 型子空间. 显然, (m_1-1, r_1) 满足 (4.11). 当 $2m = n+r$ 时, 我们证明 (m_1-1, r_1) 也满足 (4.9). 事实上, 如果对于满足 $0 \leq t \leq \left[\dfrac{r-1}{2}\right]$ 的整数 t, 使 $(m_1-1, r_1) = (m-t-1, r-2t-1)$, 那么 $m_1 = m-t$ 和 $r_1 = r-2t-1$, 于是 $2m-2m_1 < r-r_1$, 这与 $2m-2m_1 \geq r-r_1$ 矛盾. 因此, 由定理 4.9, $W \in \mathcal{L}_O(m, r; n)$. 显然, $U < W < V$.

情形 2: $s > 0$. 设 $W = \langle v_1, \cdots, v_{m_2}, \hat{v}_{m_2+1}, v_{m_2+2}, \cdots, v_{m_1} \rangle$, 那么 W 是 (m_1-1, r_1-2) 型子空间. 显然, (m_1-1, r_1-2) 满足 (4.11). 当 $2m = n+r$ 时, 我们证明 (m_1-1, r_1-2) 也满足 (4.9). 假定对于满足 $0 \leq t_1 \leq \left[\dfrac{r-1}{2}\right]$ 的整数 t_1, 有 $(m_1-1, r_1-2) = (m-t_1-1, r-2t_1-1)$. 那么 $(m_1, r_1) = (m-t_1, r-2t_1+1)$. 从 $r-r_1 \geq 0$ 得到 $t_1 > 0$. 设 $t' = t_1-1$, 那么 $t' \geq 0$ 和 $(m_1, r_1) = (m-t'-1, r-2t'-1)$, 这也与 $V \in \mathcal{L}_O(m, r; n)$ 矛盾. 因此 $W \in \mathcal{L}_O(m, r; n)$ 和 $U < W < V$.

情形 3: $\sigma_2 = s = 0$. 那么 $m_1 - m_2 = r_3$. 因为 $m_1 - m_2 \geq 2$, 所以有 $r_3 \geq 2$. 由文献 [29] 中引理 5.1, 存在一个元素 $\lambda \in \mathbb{F}_{q^2}$ 使 $\lambda\bar{\lambda} = -1$. 设 $W = \langle v_1, \cdots, v_{m_1-2}, v_{m_1-1}+\lambda v_{m_1} \rangle$, 那么 W 是 (m_1-1, r_1-2) 型子空间. 如同情形 2 一样, 我们也有 $W \in \mathcal{L}_O(m, r; n)$ 和 $U < W < V$.

在上述三种情形, $U \lessdot V$ 都不成立. 因此由命题 1.14, r 是格 $\mathcal{L}_O(m, r; n)$ 的秩函数. □

定理 4.15 设 $2r \leq 2m \leq n+r$, $1 \leq m \leq n-1$. 对于任意 $X \in \mathcal{L}_O(m, r; n)$ 定义

$$r'(X) = \begin{cases} m+1-\dim X, & \text{if } X \neq \mathbb{F}_{q^2}^n, \\ 0, & \text{if } X = \mathbb{F}_{q^2}^n. \end{cases} \tag{4.24}$$

则 $r' : \mathcal{L}_R(m, r; n) \to \mathbb{N}$ 是格 $\mathcal{L}_R(m, r; n)$ 的秩函数.

证明 从定理 4.14 可推出本定理. □

§4.7 格 $\mathcal{L}_R(m, r; n)$ 的特征多项式

定理 4.16 设 $n \geq 1$, $2r \leq 2m < n+r$, 并且 $m \neq n$. 那么

$$\chi(\mathcal{L}_R(m,r,n),t)$$
$$= \Big(\sum_{r_1=r+1}^{n}\sum_{m_1=r_1}^{[\frac{n+r_1}{2}]} + \sum_{r_1=0}^{r}\sum_{m_1=m-[\frac{r-r_1+1}{2}]}^{[\frac{n+r_1}{2}]}\Big)\cdot N(m_1,r_1;n)g_{m_1}(t),$$

其中 $g_{m_1}(t) = (t-1)(t-q)\cdots(t-q^{m_1-1})$ 是 Gauss 多项式, 而 $N(m_1,r_1;2\nu) = |\mathcal{M}(m_1,s_1;2\nu)|$ 是 $\mathbb{F}_{q^2}^n$ 中 (m_1,r_1) 型子空间的个数.

证明 类似于定理 3.13 的证明, 这里略去其证明过程. □

注意: 对于 $N(m_1,r_1;n)$ 的准确计算公式见文献 [29].

作为定理 4.16 的特殊情形, 有如下的结果.

推论 4.17 设 $n \geq 2$, 那么
$$\chi(\mathcal{L}_R(n-1,n-2,n),t) = \sum_{k=n-1}^{n} N(k,k;n)g_k(t)$$
$$= g_{n-1}(t)(t-a),$$

这里
$$a = q^{n-1}\Big(1 - \frac{q^n - (-1)^n}{q-(-1)}\Big).$$
□

推论 4.18 设 $n \geq 1$, 那么
$$\chi(\mathcal{L}_R(n-1,n-1,n),t)$$
$$= \sum_{k=0}^{[\frac{n}{2}]} N(n-k,n-2k;n)g_{n-k}(t) = g_{n-[\frac{n}{2}]}(t)\gamma(t),$$

这里 $\gamma(t) \in \mathbb{Z}[t]$ 是次数为 $\left[\frac{n}{2}\right]$ 的首一多项式. □

§4.8 格 $\mathcal{L}_O(m,r;n)$ 和格 $\mathcal{L}_R(m,r;n)$ 的几何性

定理 4.19 设 $2r \leq 2m \leq n+r$, $1 \leq m \leq n-1$. 那么

(a) $\mathcal{L}_O(1,0;n)$ 和 $\mathcal{L}_O(1,1;n)$ 是有限几何格;

(b) 对于 $2 \leq m \leq n-1$, $\mathcal{L}_O(m,r;n)$ 是有限原子格, 但不是几何格.

证明 由推论 4.10, $\{0\} \in \mathcal{L}_O(m,r;n)$. 因而 $\mathcal{L}_O(m,r;n)$ 是以 $\{0\}$ 为极小元素的有限格.

对于任意 $X \in \mathcal{L}_O(m,r;n)$, 按 (4.23) 式来定义 $r(x)$. 由定理 4.14 知 r 是格 $\mathcal{L}_O(m,r;n)$ 的秩函数.

现在证明在 $\mathcal{L}_O(m,r;n)$ 中 G_1' 成立. 对于 $m=1$, 它是显然的. 让我们假定 $m \geq 2$.

首先考虑 $r = 0$ 的情形. 由定理 4.9, $\mathcal{L}_O(m, 0; n)$ 由 $\mathbb{F}_{q^2}^n$ 和满足 $0 \leq m_1 \leq m$ 的所有 $(m_1, 0)$ 子空间组成. 显然, 所有 $(1, 0)$ 型子空间是 $\mathcal{L}_O(m, 0; n)$ 的原子, 并且如同定理 2.18 一样地证明在 $\mathcal{L}_O(m, 0; n)$ 中 G_1' 成立.

其次考虑 $r > 0$ 的情形. 容易证明所有 $(1, r_1)$ 型子空间满足 (4.11), 其中 $r_1 = 0$ 或 1. 如果 $2m < n+r$ 或 $2m = n+r$ 而满足 (4.11) 的 $(1, r_1)$ 型子空间 ($r_1 = 0$ 或 1) 是 $\mathcal{L}_O(m, r; n)$ 的元素, 那么用证明定理 2.18 的方法可以证明在 $\mathcal{L}_O(m, r; n)$ 中 G_1' 成立. 然后考虑 $2m = n+r$ 时, 有满足 (4.11) 的 $(1, r_1)$ 型子空间不属于 $\mathcal{L}_O(m, r, ; 2\nu)$ 的情形. 假定有一个 $(1, 1)$ 型子空间满足 (4.11) 而不属于 $\mathcal{L}_O(m, r; n)$, 那么存在一个整数 $t, 0 \leq t \leq \left[\dfrac{r-1}{2}\right]$, 使 $(1, 1) = (m - t - 1, r - 2t - 1)$, 从而 $m + t = r$. 但 $2m = n+r$, 于是 $m = n+t$, 这与 $m < n$ 矛盾. 因此, 满足 (4.11) 的 $(1, 1)$ 型子空间总是属于 $\mathcal{L}_O(m, r; n)$. 现在假定满足 (4.11) 的 $(1, 0)$ 型子空间不属于 $\mathcal{L}_O(m, r; n)$, 那么存在一个整数 t 使 $(1, 0) = (m-t-1, r-2t-1)$. 因为 $2m = n+r$ 和 $1 \leq m \leq n-1$, 所以 $n = 3, m = 2$ 和 $r = 1$, 也即 $\mathcal{L}_O(m, r; n) = \mathcal{L}_O(2, 1; 3)$. 由定理 4.9, $\mathcal{L}_O(2, 1; 3)$ 包含所有 $(1, 1)$ 型子空间, 但不包含任一个 $(1, 0)$ 型子空间, 而 $\{0\} \in \mathcal{L}_O(2, 1; 3)$. 于是 $\mathcal{L}_O(2, 1; 3)$ 的原子仅有 $(1, 1)$ 型子空间. 设 $e_1 = (1, 0, 0), e_2 = (0, 1, 0)$ 和 $e_3 = (0, 0, 1)$. 那么 $e_1 {}^t\overline{e_1} = e_2 {}^t\overline{e_2} = e_3 {}^t\overline{e_3} = 1$. 因而 $\langle e_1 \rangle, \langle e_2 \rangle$ 和 $\langle e_3 \rangle$ 是 $\mathcal{L}_O(2, 1; 3)$ 的原子, 并且 $\mathbb{F}_{q^2}^n = \langle e_1 \rangle \vee \langle e_2 \rangle \vee \langle e_3 \rangle$. 假设 $U \in \mathcal{L}_O(2, 1; 3) \setminus \{\mathbb{F}_{q^2}^n, \{0\}\}$, 那么 U 是 $(1, 1)$ 型或 $(2, 1)$ 型子空间. 如果 U 是一个 $(1, 1)$ 型子空间, 那么它是一个原子. 如果 U 是 $(2, 1)$ 型子空间, 我们可假定 $U = \langle u_1, u_2 \rangle$, 使得

$$\begin{pmatrix} u_1 \\ u_2 \end{pmatrix} {}^t\overline{\begin{pmatrix} u_1 \\ u_2 \end{pmatrix}} = \begin{pmatrix} & 1 \\ 1 & 0 \end{pmatrix}.$$

那么 $\langle u_1 \rangle$ 和 $\langle u_1 + u_2 \rangle$ 都是 $\mathcal{L}_O(2, 1; 3)$ 的原子, 并且 $U = \langle u_1 \rangle \vee \langle u_1 + u_2 \rangle$. 于是 G_1' 在 $\mathcal{L}_O(2, 1; 3)$ 中成立. 因此, 在上述每一种情形 $\mathcal{L}_O(m, r; n)$ 都是原子格.

(a) $\mathcal{L}_O(1, r; n)$ (其中 $r = 0$ 或 1) 由 $\{0\}, \mathbb{F}_{q^2}^n$ 和 $(1, r)$ 型子空间组成. 由维数公式, 容易验证 (1.23) 成立. 因而在 $\mathcal{L}_O(1, 0; n)$ 和 $\mathcal{L}_O(1, 1; n)$ 中 G_2 成立. 于是 $\mathcal{L}_O(1, 0; n)$ 和 $\mathcal{L}_O(1, 1; n)$ 都是有限几何格.

(b) 对于 $2 \leq m \leq n-1$ 我们来证明存在 $U, W \in \mathcal{L}_O(m, r; n)$ 使得 (1.23) 不成立.

设 $\lambda, \mu \in \mathbb{F}_{q^2}^*$ 是方程 $x\overline{x} = -1$ 的两个不同的解 (见文献 [29] 的引理 5.1). 我们分以下两种情形进行讨论:

情形 1: $r = 0$. 设

$$U = (\underset{m-1}{I^{(m-1)}} \quad \underset{m-1}{\lambda I^{(m-1)}} \quad \underset{n-2m+2}{0})$$

和 $W = \langle e_1 + \mu e_m \rangle$. 那么 U 是 $(m-1, 0)$ 型, W 是 $(1, 0)$ 型和 $\langle U, W \rangle$ 是 $(m, 2)$ 型子空间.

情形 2: $r \geq 1$. 我们再分以下两种情形.

情形 2.1: $m = r$. 从 $2 \leq m \leq n-1$ 得到 $m-2 \geq 0$ 和 $n-m \geq 1$. 设

$$U = \begin{pmatrix} I^{(m-2)} & 0 & 0 & 0 \\ 0 & 1 & \lambda & 0 \end{pmatrix}$$
$$ m-2 \quad\; 1 \quad\; 1 \quad n-m$$

和 $W = \langle e_n \rangle$. 那么 U 是 $(m-1, m-2)$ 型, W 是 $(1, 1)$ 型和 $\langle U, W \rangle$ 是 $(m, m-1)$ 型子空间.

情形 2.2: $m > r$. 这时 $m - r - 1 \geq 0$. 设

$$U = \begin{pmatrix} I^{(r)} & 0 & 0 & 0 \\ 0 & I^{(m-r-1)} & \lambda^{(m-r-1)} & 0 \end{pmatrix}$$
$$ r \quad\;\; m-r-1 \quad\; m-r-1 \quad n+r-2m+2$$

和 $W = \langle e_n \rangle$. 那么 U 是 $(m-1, r)$ 型, W 是 $(1, 1)$ 型和 $\langle U, W \rangle$ 是 $(m, r+1)$ 型子空间.

在上述三种情形, 由定理 4.9, $U, W \in \mathcal{L}_O(m, r; n)$, 但 $\langle U, W \rangle \notin \mathcal{L}_O(m, r; n)$. 于是 $U \vee W = \mathbb{F}_{q^2}^n$ 和 $r(U \vee W) = m+1$. 我们又有 $r(U) = m-1$, $r(W) = 1$, $U \wedge W = \{0\}$ 和 $r(U \wedge W) = 0$. 因此, $r(U \vee W) + r(U \wedge W) = m + 1 > m = r(U) + r(W)$. 于是对于 U 和 W 来说, (1.23) 不成立.

因此, 对于 $2 \leq m \leq n-1$, $\mathcal{L}_O(m, r; n)$ 不是几何格. □

定理 4.20 设 $2r \leq 2m \leq n+r$, $1 \leq m \leq n-1$. 那么

(a) $\mathcal{L}_R(1, r; n)$ ($r = 0$ 或 1) 和 $\mathcal{L}_R(n-1, r; n)$ ($r = n-2$ 或 $n-1$) 是有限几何格;

(b) 对于 $2 \leq m \leq n-2$, $\mathcal{L}_R(m, r; n)$ 是有限原子格, 但不是几何格.

证明 由定理 4.2, $\mathcal{L}_R(m, r; n)$ 是以 $\mathbb{F}_{q^2}^n$ 为极小元素的有限原子格.

对于 $X \in \mathcal{L}_R(m, r; n)$, 按 (4.24) 式来定义 $r'(x)$. 由定理 4.15 知 r' 是格 $\mathcal{L}_R(m, r; n)$ 的秩函数.

(a) 如同定理 2.19 的证明, 可以证得 $\mathcal{L}_R(1, 0; n)$ 和 $\mathcal{L}_R(1, 1; n)$ 是有限几何格. 作为定理 2.8 的特殊情形, $\mathcal{L}_R(n-1, n-2; n)$ 和 $\mathcal{L}_R(n-1, n-1; n)$ 都是有限几何格.

(b) 假定 $2 \leq m \leq n-2$. 设 $U \in \mathcal{M}(m, r; n)$, 不妨假定

$$U\,{}^t\overline{U} = [I^{(r)}, 0^{(m-r)}].$$

由 [29] 中引理 5.6 的证明, 存在一个 $(n-m) \times n$ 矩阵 Z, 使得

$$\begin{pmatrix} U \\ Z \end{pmatrix} {}^t \overline{\begin{pmatrix} U \\ Z \end{pmatrix}} = [I^{(r)}, H_{2(m-r)}, I^{(n-2m+r)}].$$

设 U 的行向量依次是 $u_1, u_2, \cdots, u_r, u_{r+1}, \cdots, u_m$. 类似地, 设 Z 的行向量依次是 $u_{m+1}, u_{m+2}, \cdots, u_{2m-r}, u_{2m-r+1}, \cdots, u_n$.

当 $m - r = 0$ 时, $n - 2m + r = n - m \geq 2$. 设 $W = \langle u_{n-m+1}, \cdots, u_{n-1}, u_n \rangle$, 那么 $W \in \mathcal{M}(m, r; n) \subset \mathcal{L}_R(m, r; n)$ 和 $u_{n-1}, u_n \notin U$.

当 $m - r = 1$ 时, 从 $2 \leq m \leq n - 2$ 得到 $r \geq 1$ 和 $n - 2m + r \geq 1$. 设 $W = \langle u_2, u_3, \cdots, u_r, u_{m+1}, u_{m+2}, \cdots, u_{2m-r}, u_{2m-r+1} \rangle$, 那么 $W \in \mathcal{M}(m, r; n) \subset \mathcal{L}_R(m, r; n)$ 和 $u_{m+1}, u_{m+2} \notin U$.

当 $m - r \geq 2$ 时, 设 $W = \langle u_1, u_2, \cdots, u_r, u_{m+1}, \cdots, u_{2m-r} \rangle$, 那么 $W \in \mathcal{M}(m, r; n) \subset \mathcal{L}_R(m, r; n)$ 和 $u_{m+1}, u_{m+2} \notin U$.

在上述所有的情形, $\dim \langle U, W \rangle \geq m + 2$ 和 $\dim (U \cap W) \leq m - 2$. 所以, $U \wedge W = \mathbb{F}_{q^2}^n$, $r'(U \wedge W) = 0$ 和 $U \vee W = U \cap W$, $r'(U \vee W) \geq 3$. 但是 $r'(U) = r'(W) = 1$. 于是 $r'(U \vee W) + r'(U \wedge W) > r'(U) + r'(W)$. 也即, 对于 U 和 W, (2.8) 不成立. 因此, 对于 $2 \leq m \leq n - 1$, $\mathcal{L}_R(m, r; n)$ 不是几何格. □

§4.9 注 记

本章的编写中, 主要根据参考文献 [12] 和 [19] 编写. 引理 4.4—4.6, 定理 4.7 的充分性, 定理 4.9, 定理 4.16, 推论 4.10—4.12, 推论 4.17—4.18 都取自文献 [12]. §4.5, §4.6 和 §4.8 取自文献 [19].

本章主要参考资料有: 参考文献 [12, 19] 和 [29].

第五章 奇特征的正交群作用下子空间轨道生成的格

§5.1 奇特征的正交群 $O_{2\nu+\delta,\Delta}(\mathbb{F}_q)$ 作用下子空间轨道生成的格

在本章中,设 $\mathbb{F}_q$ 是 q 个元素的有限域,这里 q 是奇素数的幂. 我们选定 $\mathbb{F}_q$ 中的一个非平方元素 z.

设 $n = 2\nu+\delta$, 其中 ν 是非负整数, 而 $\delta = 0,1$ 或 2. $\mathbb{F}_q$ 上 $(2\nu+\delta)\times(2\nu+\delta)$ 对称矩阵称为**定号的**, 如果对 $\mathbb{F}_q^{2\nu+\delta}$ 中的任一个向量 x, 由 $xS^tx = 0$ 推出 $x = 0$, 否则称为非定号的. 由文献 [29] 中定理 1.25 可知, $\mathbb{F}_q$ 上定号对称矩阵的级数 ≤ 2. 我们引进符号

$$\Delta = \begin{cases} \phi, & \text{如果 } \delta = 0, \\ (1) \text{ 或 } (z), & \text{如果 } \delta = 1, \\ [1, -z], & \text{如果 } \delta = 2, \end{cases}$$

并且令

$$S_{2\nu+\delta,\Delta} = \begin{pmatrix} 0 & I^{(\nu)} & \\ I^{(\nu)} & 0 & \\ & & \Delta \end{pmatrix}.$$

那么矩阵 $S_{2\nu+\delta,\Delta}$ 中的 ν 称为 $S_{2\nu+\delta,\Delta}$ 的**指数**, 而 Δ 称为 $S_{2\nu+\delta,\Delta}$ 的**定号部分**(当 $\delta=1$ 或 2 时, Δ 是定号矩阵). 如果 $\delta=0$ 或 2, 可把 $S_{2\nu+\delta,\phi}$ 和 $S_{2\nu+\delta,\Delta}$ 分别简单地写为 $S_{2\nu}$ 和 $S_{2\nu+2}$.

定义5.1 $\mathbb{F}_q$ 上满足

$$TS_{2\nu+\delta,\Delta}{}^tT = S_{2\nu+\delta,\Delta}$$

的全体 $(2\nu+\delta)\times(2\nu+\delta)$ 矩阵 T 对矩阵乘法作成一个群, 称为 $\mathbb{F}_q$ 上关于 $S_{2\nu+\delta,\Delta}$ 的 $2\nu+\delta$ **级正交群**, 记作 $O_{2\nu+\delta,\Delta}(\mathbb{F}_q)$.

如果 $\delta=0$ 或 2, 可把 $O_{2\nu+\delta,\Delta}(\mathbb{F}_q)$ 分别简单地写为 $O_{2\nu}(\mathbb{F}_q)$ 或 $O_{2\nu+2}(\mathbb{F}_q)$.

$2\nu+\delta$ 维行向量空间 $\mathbb{F}_q^{2\nu+\delta}$ 与正交群 $O_{2\nu+\delta,\Delta}(\mathbb{F}_q)$ 在它上的作用一起 (见 §2.3) 称为 $\mathbb{F}_q$ 上的 $2\nu+\delta$ **维正交空间**.

设 P 是 $2\nu+\delta$ 维正交空间的 m 维子空间, 仍用 $m\times(2\nu+\delta)$ 矩阵 P 作为子空间 P 的矩阵表示. 熟知 [29], $PS_{2\nu+\delta,\Delta}{}^tP$ 合同于如下之一的标准形:

$$M(m, 2s, s) = [S_{2s,\phi}, 0^{(m-2s)}],$$

$$M(m, 2s+1, s, 1) = [S_{2s+1,1}, 0^{(m-2s-1)}],$$
$$M(m, 2s+1, s, z) = [S_{2s+1,z}, 0^{(m-2s-1)}],$$
$$M(m, 2s+2, s) = [S_{2s+2,[1,-z]}, 0^{(m-2s-2)}],$$

其中 s 分别满足 $0 \leq 2s \leq m, 0 \leq 2s+1 \leq m, 0 \leq 2s+1 \leq m$ 和 $0 \leq 2s+2 \leq m$, 并且把它称为 P 的**指数**, 而把 P 分别称为 $\mathbb{F}_q^{2\nu+\delta}$ 中关于 $S_{2\nu+\delta,\Delta}$ 的 $(m, 2s, s), (m, 2s+1, s, 1), (m, 2s+1, s, z)$ 和 $(m, 2s+2, s)$**型子空间**. 我们使用符号 $(m, 2s+\gamma, s, \Gamma)$ 泛指上述四种情形, 其中 $0 \leq s \leq [(m-\gamma)/2], \gamma = 0, 1,$ 或 2, 并且

$$\Gamma = \begin{cases} \phi, & \text{如果 } \gamma = 0, \\ (1) \text{ 或 } (z), & \text{如果 } \gamma = 1, \\ [1, -z], & \text{如果 } \gamma = 2. \end{cases}$$

如果对称矩阵 $S_{2\nu+\delta,\Delta}$ 和正交空间 $\mathbb{F}_q^{2\nu+\delta}$ 可从上下文看出时, 就可以把 P 简单地说成 $(m, 2s+\gamma, s, \Gamma)$ 型子空间. 我们把 $(m, 0, 0, \phi)$ 型子空间说成 m 维 **全迷向子空间**, 并把 $(2s+\gamma, 2s+\gamma, s, \Gamma)$ 型子空间说成是 $2s+\gamma$ 维 **非迷向子空间**. 正交空间 $\mathbb{F}_q^{2\nu+\delta}$ 中的向量 v 称为 **迷向的或非迷向的**, 如果分别有 $vS_{2\nu+\delta,\Delta}^t v = 0$, 或 $vS_{2\nu+\delta,\Delta}{}^t v \neq 0$. 显然, 非零向量 v 是迷向的, 或非迷向的, 当且仅当由 v 生成的一维子空间 $\langle v \rangle$ 分别是全迷向的, 或非迷向的.

文献 [29] 中的定理 6.3 在后面经常用到, 我们把它写成如下的

定理 5.1 在 $2\nu+\delta$ 维正交空间 $\mathbb{F}_q^{2\nu+\delta}$ 中, 关于 $S_{2\nu+\delta,\Delta}$ 存在 $(m, 2s+\gamma, s, \Gamma)$ 型子空间, 当且仅当

$$2s+\gamma \leq m \leq \begin{cases} \nu+s+\min\{\gamma,\delta\}, & \text{如果 } \gamma \neq \delta, \text{ 或 } \gamma = \delta \text{ 而 } \Gamma = \Delta, \\ \nu+s, & \text{如果 } \gamma = \delta = 1 \text{ 而 } \Gamma \neq \Delta. \end{cases} \quad (5.1)$$

$\square$

我们用 $\mathcal{M}(m, 2s+\gamma, s, \Gamma; 2\nu+\delta, \Delta)$ 表示 $\mathbb{F}_q^{2\nu+\delta}$ 中关于 $S_{2\nu+\delta,\Delta}$ 的全体 $(m, 2s+\gamma, s, \Gamma)$ 型子空间的集合. 如果 $\delta = 0$ 或 2, 有时分别写为 $\mathcal{M}(m, 2s+\gamma, s, \Gamma; 2\nu)$ 或 $\mathcal{M}(m, 2s+\gamma, s, \Gamma; 2\nu+2)$. 由 Witt 定理 (见文献 [35]), $\mathcal{M}(m, 2s+\gamma, s, \Gamma; 2\nu+\delta, \Delta)$ 是 $\mathbb{F}_q^{2\nu+\delta}$ 中的子空间集在 **正交群** $O_{2\nu+\delta,\Delta}(\mathbb{F}_q)$ 作用下的**一条轨道**.

定义 5.2 设 $\mathcal{M}(m, 2s+\gamma, s, \Gamma; 2\nu+\delta, \Delta)$ 是 $\mathbb{F}_q^{2\nu+\delta}$ 中的子空间集在正交群 $O_{2\nu+\delta,\Delta}(\mathbb{F}_q)$ 作用下的一条轨道. 由 $\mathcal{M}(m, 2s+\gamma, s, \Gamma; 2\nu+\delta, \Delta)$ 生成的集合记为 $\mathcal{L}(m, 2s+\gamma, s, \Gamma; 2\nu+\delta, \Delta)$, 即 $\mathcal{L}(m, 2s+\gamma, s, \Gamma; 2\nu+\delta, \Delta)$ 是 $\mathcal{M}(m, 2s+\gamma, s, \Gamma; 2\nu+\delta, \Delta)$ 中子空间的交组成的集合, 而把 $\mathbb{F}_q^n$ 看做是 $\mathcal{M}(m, 2s+\gamma, s, \Gamma; 2\nu+\delta, \Delta)$ 中零个子空间的交. 如果 $\delta = 0$ 或 2, 有时又把 $\mathcal{L}(m, 2s+\gamma, s, \Gamma; 2\nu+\delta, \Delta)$ 简单地分别写为 $\mathcal{L}(m, 2s+\gamma, s, \Gamma; 2\nu)$ 或 $\mathcal{L}(m, 2s+\gamma, s, \Gamma; 2\nu+2)$. 如果按子空间的包含 (反包含) 关系来规定它的偏序, 所得的格记为 $\mathcal{L}_O(m, 2s+\gamma, s, \Gamma; 2\nu+\delta, \Delta)$ ($\mathcal{L}_R(m, 2s+$

第五章 奇特征的正交群作用下子空间轨道生成的格

$\gamma, s, \Gamma; 2\nu+\delta, \Delta))$. 格 $\mathcal{L}_O(m, 2s+\gamma, s, \Gamma; 2\nu+\delta, \Delta)$ 和 $\mathcal{L}_R(m, 2s+\gamma, s, \Gamma; 2\nu+\delta, \Delta)$ 称为在正交群 $O_{2\nu+\delta, \Delta}(\mathbb{F}_q)$ 作用下子空间轨道 $\mathcal{M}(m, 2s+\gamma, s, \Gamma; 2\nu+\delta, \Delta)$ 生成的格.

从定理 2.9 推出

定理 5.2 $\mathcal{L}_O(m, 2s+\gamma, s, \Gamma; 2\nu+\delta, \Delta)$ ($\mathcal{L}_R(m, 2s+\gamma, s, \Gamma; 2\nu+\delta, \Delta)$) 是有限格, 并且 $\cap_{X \in \mathcal{M}(m, 2s+\gamma, s, \Gamma; 2\nu+\delta, \Delta)} X$ 和 $\mathbb{F}_q^{2\nu+\delta}$ 分别是 $\mathcal{L}_O(m, 2s+\gamma, s, \Gamma; 2\nu+\delta, \Delta)$ ($\mathcal{L}_R(m, 2s+\gamma, s, \Gamma; 2\nu+\delta, \Delta)$) 的最小 (最大) 元和最大 (最小) 元. □

由定理 2.10, 可得

定理 5.3 设 $(m, 2s+\gamma, s, \Gamma)$ 满足 (5.1), 那么 $\mathcal{L}_R(m, 2s+\gamma, s, \Gamma; 2\nu+\delta, \Delta)$ 是一个有限原子格, 而 $\mathcal{M}(m, 2s+\gamma, s, \Gamma; 2\nu+\delta, \Delta)$ 是它的原子集. □

§5.2 若 干 引 理

引理 5.4 设 $n = 2\nu+\delta > m \geq 1$, 并且 $(m, 2s+\gamma, s, \Gamma)$ 满足 (5.1). 那么

$$\mathcal{L}_R(m, 2s+\gamma, s, \Gamma; 2\nu+\delta, \Delta)$$
$$\supset \mathcal{L}_R(m-1, 2s+\gamma, s, \Gamma; 2\nu+\delta, \Delta).$$

证明 我们只需证明

$$\mathcal{M}(m-1, 2s+\gamma, s, \Gamma; 2\nu+\delta, \Delta)$$
$$\subset \mathcal{L}_R(m, 2s+\gamma, s, \Gamma; 2\nu+\delta, \Delta).$$

如果 $m-1 < 2s+\gamma$, 那么

$$\mathcal{M}(m-1, 2s+\gamma, s, \Gamma; 2\nu+\delta, \Delta) = \phi$$
$$\subset \mathcal{L}(m, 2s+\gamma, s, \Gamma; 2\nu+\delta, \Delta).$$

现在设 $m-1 \geq 2s+\gamma$. 对于 $P \in \mathcal{L}_R(m-1, 2s+\gamma, s, \Gamma; 2\nu+\delta, \Delta)$, 不妨设

$$P S_{2\nu+\delta, \Delta} {}^t P = [S_{2s+\gamma, \Gamma}, 0^{(\sigma_1)}],$$

其中 $\sigma_1 = m-1-2s-\gamma \geq 0$. 令 $\sigma_2 = 2(\nu+s-m)+\delta+\gamma+2$, 从 (5.1) 得到 $\sigma_2 \geq 2$. 于是存在 $\sigma_1 \times (2\nu+\delta)$ 矩阵 X 和 $\sigma_2 \times (2\nu+\delta)$ 矩阵 Y, 使得

$$ {}^t({}^t P \, {}^t X \, {}^t Y) \tag{5.2}$$

是 $(2\nu+\delta) \times (2\nu+\delta)$ 非奇异矩阵, 并且

$$\begin{pmatrix} P \\ X \\ Y \end{pmatrix} S_{2\nu+\delta, \Delta} {}^t\begin{pmatrix} P \\ X \\ Y \end{pmatrix} = [S_{2s+\gamma, \Gamma}, S_{2\sigma_1}, \Sigma_2], \tag{5.3}$$

其中 Σ_2 是 $\sigma_2 \times \sigma_2$ 非奇异矩阵. 我们断言: Y 中存在一对线性无关的迷向向量 y_1 和 y_2. 如果 $\sigma_2 > 2$, 那么 Σ_2 不是定号矩阵, 也即 Σ_2 的指数必须 ≥ 1, 那么上述断言成立. 如果 $\sigma_2 = 2$, 那么从 (5.1) 得到 $\nu + s - m + \delta = 0, \gamma = \delta$ 和 $\Gamma = \Delta$. 因为 (5.3) 合同于 $S_{2\nu+\delta,\Delta}$, 所以 Σ_2 的指数是 1, 因而上述断言也成立. 由此可得

$$\begin{pmatrix} P \\ y_1 \end{pmatrix} \text{ 和 } \begin{pmatrix} P \\ y_2 \end{pmatrix}$$

是一对 $(m, 2s+\gamma, s, \Gamma)$ 型子空间, 并且

$$P = \begin{pmatrix} P \\ y_1 \end{pmatrix} \cap \begin{pmatrix} P \\ y_2 \end{pmatrix} \in \mathcal{L}_R(m, 2s+\gamma, s, \gamma; 2\nu+\delta, \Delta). \qquad \square$$

引理 5.5 设 $n = 2\nu + \delta > m \geq 1, s \geq 1$, 并且 $(m, 2s+\gamma, s, \Gamma)$ 满足 (5.1). 那么

$$\mathcal{L}_R(m, 2s+\gamma, s, \Gamma; 2\nu+\delta, \Delta)$$
$$\supset \mathcal{L}_R(m-1, 2(s-1)+\gamma, s-1, \Gamma; 2\nu+\delta, \Delta).$$

证明 设 P 是 $\mathbb{F}_q^{2\nu+\delta}$ 中关于 $S_{2\nu+\delta,\Delta}$ 的 $(m-1, 2(s-1)+\gamma, s-1, \Gamma)$ 型子空间, 不妨假定

$$PS_{2\nu+\delta,\Delta}\,{}^tP = [S_{2(s-1)+\gamma,\Gamma}, 0^{(\sigma_1)}],$$

其中 $\sigma_1 = m - 2s - \gamma + 1 \geq 1$. 令 $\sigma_2 = 2(\nu+s-m) + \delta + \gamma$, 从 (5.1) 得到 $\sigma_2 \geq 0$. 于是存在 $\sigma_1 \times (2\nu+\delta)$ 矩阵 X 和 $\sigma_2 \times (2\nu+\delta)$ 矩阵 Y, 使得

$${}^t({}^tP\,{}^tX\,{}^tY)$$

是 $(2\nu+\delta) \times (2\nu+\delta)$ 非奇异矩阵, 并且

$$\begin{pmatrix} P \\ X \\ Y \end{pmatrix} S_{2\nu+\delta,\Delta} \,{}^t\!\begin{pmatrix} P \\ X \\ Y \end{pmatrix} = [S_{2(s-1)+\gamma,\Gamma}, S_{2\sigma_1}, \Sigma_2],$$

其中 Σ_2 是 $\sigma_2 \times \sigma_2$ 非奇异对称矩阵.

先考虑 $\sigma_1 \geq 2$ 的情形. 设 x_1 和 x_2 分别是 X 的第一和第二行, 那么

$$\begin{pmatrix} P \\ x_1 \end{pmatrix} \text{ 和 } \begin{pmatrix} P \\ x_2 \end{pmatrix}$$

是一对 $(m, 2s+\gamma, s, \Gamma)$ 型子空间, 并且

$$P = \begin{pmatrix} P \\ x_1 \end{pmatrix} \cap \begin{pmatrix} P \\ x_2 \end{pmatrix} \in \mathcal{L}_R(m, 2s+\gamma, s, \Gamma; 2\nu+\delta, \Delta).$$

现在来考虑 $\sigma_1 = 1$ 的情形. 这时 $m = 2s + \gamma$, 由题设 $m < 2\nu + \delta$, 于是 $\sigma_2 = 2(\nu + s - m) + \delta + \gamma = (2\nu + \delta) - (2s + \gamma) > 0$. 设 $X = \langle x \rangle$, 而 y 是 Y 的非零向量. 那么

$$\begin{pmatrix} P \\ x \end{pmatrix} \text{和} \begin{pmatrix} P \\ x+y \end{pmatrix}$$

是一对 $(m, 2s+\gamma, s, \Gamma)$ 型子空间, 并且

$$P = \begin{pmatrix} P \\ x \end{pmatrix} \cap \begin{pmatrix} P \\ x+y \end{pmatrix} \in \mathcal{L}_R(m, 2s+\gamma, s, \Gamma; 2\nu+\delta, \Delta). \qquad \Box$$

引理 5.6 设 $n = 2\nu + \delta > m \geq \gamma - \gamma_1 > 0$, 并且 $(m, 2s+\gamma, s, \Gamma)$ 满足 (5.1). 那么

$$\mathcal{L}_R(m, 2s+\gamma, s, \Gamma; 2\nu+\delta, \Delta)$$

$$\supset \mathcal{L}_R(m-(\gamma-\gamma_1), 2s+\gamma_1, s, \Gamma_1; 2\nu+\delta, \Delta),$$

除非

$$2s + \gamma \leq m$$
$$= \begin{cases} \nu + s + \min\{\dot{\gamma}, \delta\}, & \text{如果 } \gamma \neq \delta \text{ 或 } \gamma = \delta \text{ 而 } \Gamma = \Delta, \\ \nu + s, & \text{如果 } \gamma = \delta = 1 \text{ 而 } \Gamma \neq \Delta \end{cases} \qquad (5.4)$$

成立, 而且表 5.1 中所列的情形之一出现.

证明 设 P 是 $\mathbb{F}_q^{2\nu+\delta}$ 中关于 $S_{2\nu+\delta,\Delta}$ 的 $(m-(\gamma-\gamma_1), 2s+\gamma_1, s, \Gamma_1)$ 型子空间. 不妨设

$$PS_{2\nu+\delta,\Delta}{}^t P = [S_{2s+\gamma_1}, \Gamma_1, 0^{(\sigma_1)}],$$

表 5.1[①]

δ	γ	γ_1	Δ	Γ	Γ_1	$\mathbb{F}_q$
0	1	0	ϕ	1 或 z	ϕ	$\mathbb{F}_3$
1	1	0	1(或 z)	1(或 z)	ϕ	$\mathbb{F}_q$
1	2	1	1(或 z)	$[1,-z]$	1(或 z)	$\mathbb{F}_3$
2	2	1	$[1,-z]$	$[1,-z]$	1 或 z	$\mathbb{F}_q$
2	2	0	$[1,-z]$	$[1,-z]$	ϕ	$\mathbb{F}_q$

其中 $\sigma_1 = m - (2s+\gamma) \geq 0$. 设 Q 是 $(m, 2s+\gamma, s, \Gamma)$ 型子空间, 我们可以假定

$$QS_{2\nu+\delta,\Delta}{}^t Q = [S_{2s+\gamma}, \Gamma, 0^{(\sigma_1)}].$$

[①] 为了书写方便, 表 5.1 第二行中的 Δ, Γ 所取的值约定为: $\Delta = \Gamma = 1$, 或 $\Delta = \Gamma = z$. 表 5.1 第三行的表示法也有同样的约定. 并且, 在以后的表中也有类似的约定.

把 Q 的矩阵表示写成分块矩阵形式

$$Q = \begin{pmatrix} Q_1 \\ Q_2 \\ Q_3 \end{pmatrix} \begin{matrix} 2s \\ \gamma \\ \sigma_1 \end{matrix},$$

那么 $Q_2 S_{2\nu+\delta,\Delta} {}^t Q_2 = \Gamma$. 把 Q_2 写成如下的矩阵表示

$$Q_2 = \begin{pmatrix} Q_{21} \\ Q_{22} \end{pmatrix} \begin{matrix} \gamma_1 \\ \gamma - \gamma_1 \end{matrix},$$

使得

$$\begin{pmatrix} Q_{21} \\ Q_{22} \end{pmatrix} S_{2\nu+\delta,\Delta} {}^t\!\begin{pmatrix} Q_{21} \\ Q_{22} \end{pmatrix} = [\Gamma_1, \Gamma_2],$$

因而它合同于 Γ. 于是

$$\begin{pmatrix} Q_1 \\ Q_{21} \\ Q_3 \end{pmatrix} S_{2\nu+\delta,\Delta} {}^t\!\begin{pmatrix} Q_1 \\ Q_{21} \\ Q_3 \end{pmatrix} = [S_{2s+\gamma_1}, \Gamma_1, 0^{(\sigma_1)}].$$

由 Witt 定理 (见文献 [35]), 存在 $T \in O_{2\nu+\delta,\Delta}(\mathbb{F}_q)$, 使得

$$P = \begin{pmatrix} Q_1 \\ Q_{21} \\ Q_3 \end{pmatrix} T.$$

令 $Y = Q_{22} T$, 它是个 $(\gamma - \gamma_1) \times (2\nu + \delta)$ 矩阵, 那么

$$\begin{pmatrix} P \\ Y \end{pmatrix} S_{2\nu+\delta,\Delta} {}^t\!\begin{pmatrix} P \\ Y \end{pmatrix} = [S_{2s+\gamma_1}, \Gamma_1, 0^{(\sigma_1)}, \Gamma_2].$$

设 $\sigma_2 = 2(\nu + s - m) + \delta + \gamma$, 从 (5.1) 可得 $\sigma_2 \geq 0$. 那么存在一个 $\sigma_1 \times (2\nu + \delta)$ 矩阵 X 和一个 $\sigma_2 \times (2\nu + \delta)$ 矩阵 Z, 使得

$${}^t({}^t P\ {}^t X\ {}^t Y\ {}^t Z)$$

是 $(2\nu + \delta) \times (2\nu + \delta)$ 非奇异矩阵, 并且

$$\begin{pmatrix} P \\ X \\ Y \\ Z \end{pmatrix} S_{2\nu+\delta,\Delta} {}^t\!\begin{pmatrix} P \\ X \\ Y \\ Z \end{pmatrix} = [S_{2s}, \Gamma_1, S_{2\sigma_1}, \Gamma_2, \Sigma_2], \tag{5.5}$$

其中 Σ_2 是 $\sigma_2 \times \sigma_2$ 非奇异矩阵. 分以下两种情形:

(i) $2s + \gamma \leq m < \begin{cases} \nu + s + \min\{\gamma, \delta\}, \\ \text{如果 } \gamma \neq \delta, \text{ 或 } \gamma = \delta \text{ 而 } \Gamma = \Delta, \\ \nu + s, \\ \text{如果 } \gamma = \delta = 1 \text{ 而 } \Gamma \neq \Delta \end{cases}$ (5.6)

我们断言: Σ_2 的指数 ≥ 1. 对于 $\gamma \neq \delta$ 和 $\gamma = \delta = 1$ 而 $\Gamma \neq \Delta$ 的情形, 有 $\sigma_2 \geq 3$, 所以断言成立; 对于 $\gamma = \delta$ 而 $\Gamma = \Delta$ 的情形, 有 $\sigma_2 \geq 2$. 因为 (5.5) 合同于 $S_{2\nu+\delta,\Delta}$, 而矩阵 $[\Gamma_1, \Gamma_2]$ 合同于 Γ, 所以上述的断言也成立. 因此在 Z 中存在两个线性无关的迷向向量 z_1 和 z_2. 如果 $\gamma - \gamma_1 = 1$, 那么 Y 是一维子空间. 令 $Y = \langle y \rangle$, 则

$$\begin{pmatrix} P \\ y \end{pmatrix} \text{ 和 } \begin{pmatrix} P \\ y + z_1 \end{pmatrix}$$

是一对 $(m, 2s + \gamma, s, \Gamma)$ 型子空间, 并且

$$\begin{pmatrix} P \\ y \end{pmatrix} \cap \begin{pmatrix} P \\ y + z_1 \end{pmatrix} \in \mathcal{L}_R(m, 2s + \gamma, s, \Gamma; 2\nu + \delta, \Delta).$$

然而, 如果 $\gamma - \gamma_1 = 2$, 即 $\gamma = 2$ 而 $\gamma_1 = 0$, 那么 Γ_1 不出现, 而 Γ_2 是合同于 Γ 的 2×2 非奇异对称矩阵. 于是存在 Y 的一个基 y_1, y_2, 使得

$$\begin{pmatrix} y_1 \\ y_2 \end{pmatrix} S_{2\nu+\delta,\Delta} {}^t\begin{pmatrix} y_1 \\ y_2 \end{pmatrix} = [1, -z].$$

那么

$$\begin{pmatrix} P \\ y_1 + z_1 \\ y_2 \end{pmatrix} \text{ 和 } \begin{pmatrix} P \\ y_1 \\ y_2 + z_2 \end{pmatrix}$$

是一对 $(m, 2s + \gamma, s, \Gamma)$ 型子空间, 并且

$$\begin{pmatrix} P \\ y_1 + z_1 \\ y_2 \end{pmatrix} \cap \begin{pmatrix} P \\ y_1 \\ y_2 + z_2 \end{pmatrix} \in \mathcal{L}_R(m, 2s + \gamma, s, \Gamma; 2\nu + \delta, \Delta).$$

(ii) $2s + \gamma \leq m = \begin{cases} \nu + s + \min\{\gamma, \delta\}, \\ \text{如果 } \gamma \neq \delta, \text{ 或 } \gamma = \delta \text{ 而 } \Gamma = \Delta. \\ \nu + s, \\ \text{如果 } \gamma = \delta = 1 \text{ 而 } \Gamma \neq \Delta, \end{cases}$

令

$$R = \begin{pmatrix} Y \\ Z \end{pmatrix} \text{ 和 } \Sigma = [\Gamma_2, \Sigma_2].$$

我们对 $\delta = 0, 1$, 或 2 三种情形分别进行讨论.

(a) $\delta = 0$. 再分 "$\gamma = 1$", "$\gamma = 2, \gamma_1 = 1$" 和 "$\gamma = 2, \gamma_1 = 0$" 三种情形.

如果 "$\gamma = 1$", 那么 $\gamma_1 = 0, \sigma_2 = 1$, 因而 $\dim R = 2$. 因为 (5.5) 合同于 $S_{2\nu}$, 所以 Σ 的指数是 1. 于是存在 2×2 非奇异矩阵 B_2, 使得

$$B_2 R S_{2\nu} {}^t R {}^t B_2 = B_2 \Sigma {}^t B_2 = S_{2\cdot 1}.$$

如果 $\mathbb{F}_q \neq \mathbb{F}_3$, 那么存在 $\alpha \in \mathbb{F}_q^*$ 使得 $\alpha^2 \neq 1$, 因而 $y_1 = (1, (1/2)\Gamma) B_2 R$ 和 $y_2 = (\alpha, (1/2)\alpha^{-1}\Gamma) B_2 R$ 是 R 中两个线性无关的向量, 使得 $y_1 S_{2\nu} {}^t y_1 = y_2 S_{2\nu} {}^t y_2 = \Gamma$. 于是

$$\begin{pmatrix} P \\ y_1 \end{pmatrix} \text{ 和 } \begin{pmatrix} P \\ y_2 \end{pmatrix}$$

是一对 $(m, 2s + \gamma, s, \Gamma)$ 型子空间, 并且

$$\begin{pmatrix} Y \\ y_1 \end{pmatrix} \cap \begin{pmatrix} Y \\ y_2 \end{pmatrix} \in \mathcal{L}_R(m, 2s + \gamma, s, \Gamma; 2\nu).$$

因此, 引理 5.6 在这种情形下成立. 然而, 如果 $\mathbb{F}_q = \mathbb{F}_3$, 那么 R 中满足 $y S_{2\nu} {}^t y = \Gamma$ 的所有非零向量 y 其分量成比例. 对于 $\mathbb{F}_q^{2\nu+\delta}$ 中任一个包含 P 的 m 维子空间均可假定有矩阵表示形式

$$\begin{pmatrix} P \\ x + y \end{pmatrix}, \tag{5.7}$$

其中 $x \in X, y \in R$ 和 $x + y \neq 0$. 如果 (5.7) 是 $(m, 2s + \gamma, s, \Gamma)$ 型子空间, 那么必有 $x = 0$ 和 $y S_{2\nu} {}^t y = \Gamma$. 这就是说, 仅存在一个包含 P 的 $(m, 2s + \gamma, s, \Gamma)$ 型子空间. 因此, 当 (5.4) 成立, 而在 "$\delta = 0, \gamma = 1, \gamma_1 = 0$ 和 $\mathbb{F}_q = \mathbb{F}_3$" 的情形, $P \notin \mathcal{L}_R(m, 2s + \gamma, s, \Gamma; 2\nu)$.

如果 "$\gamma = 2$ 和 $\gamma_1 = 1$", 那么 $\sigma_2 = 2$. 因为 (5.5) 合同于 $S_{2\nu}$, 所以矩阵 $[\Gamma_1, \Gamma_2, \Sigma_2]$ 合同于 $S_{2\cdot 2}$, 因而取 Σ_2 是一个 2×2 定号对称矩阵. 我们可以选取 Z 的一个基 z_1, z_2, 使得

$$\begin{pmatrix} z_1 \\ z_2 \end{pmatrix} S_{2\nu} {}^t \begin{pmatrix} z_1 \\ z_2 \end{pmatrix} = [\Gamma_1, \Gamma_2].$$

因为 $\gamma - \gamma_1 = 1$, 所以 Y 是 1 维子空间. 令 $Y = \langle y \rangle$, 那么 $y S_{2\nu} {}^t y = \Gamma_2$. 于是

$$\begin{pmatrix} P \\ y \end{pmatrix} \text{ 和 } \begin{pmatrix} P \\ z_2 \end{pmatrix}$$

是一对 $(m, 2s + \gamma, s, \Gamma)$ 型子空间, 并且

$$\begin{pmatrix} P \\ y \end{pmatrix} \cap \begin{pmatrix} P \\ z_2 \end{pmatrix} \in \mathcal{L}_R(m, 2s + \gamma, s, \Gamma; 2\nu).$$

如果 "$\gamma = 2$ 和 $\gamma_1 = 0$", 那么 $\gamma - \gamma_1 = 2$, $\sigma_2 = 2$, 因而 $\dim R = 4$. 因为 (5.5) 合同于 $S_{2\nu}$, 所以 Σ 的指数是 2, 因而 Σ_2 是 2×2 定号对称矩阵, 不妨设

$$ZS_{2\nu}{}^tZ = \Sigma_2 = \Gamma.$$

所以

$$\begin{pmatrix} P \\ Y \end{pmatrix} \text{ 和 } \begin{pmatrix} P \\ Z \end{pmatrix}$$

是一对 $(m, 2s+\gamma, s, \Gamma)$ 型子空间, 并且

$$P = \begin{pmatrix} P \\ Y \end{pmatrix} \cap \begin{pmatrix} P \\ Z \end{pmatrix} \in \mathcal{L}_R(m, 2s+\gamma, s, \Gamma; 2\nu).$$

(b) $\delta = 1$. 再分 "$\gamma = 1, \Gamma \neq \Delta$", "$\gamma = 1, \Gamma = \Delta$", "$\gamma = 2, \gamma_1 = 1, \Gamma_1 = \Delta$", "$\gamma = 2, \gamma_1 = 1, \Gamma_1 \neq \Delta$" 和 "$\gamma = 2, \gamma_1 = 0$" 五种情形.

如果 "$\gamma = 1$ 和 $\Gamma \neq \Delta$", 那么 $\gamma_1 = 0, \gamma - \gamma_1 = 1, \sigma_2 = 2$, 因而 $\dim R = 3$. 因为 (5.5) 合同于 $S_{2\nu+1,\Delta}$, 所以存在 3×3 非奇异矩阵 B_3, 使得

$$B_3 R S_{2\nu+1,\Delta}{}^tR{}^tB_3 = B_3 \Sigma {}^tB_3 = [\Gamma, -\Gamma, \Delta].$$

因为 $\mathbb{F}_q$ 上两个 $n \times n$ 非奇异对称矩阵合同, 当且仅当它们的行列式相差 $\mathbb{F}_q^*$ 中的一个平方因子, 而

$$\det[\Gamma, -\Gamma, \Delta] = \det[\Gamma, \Gamma, -\Delta],$$

所以存在 3×3 非奇异矩阵 T_3, 使得

$$T_3[\Gamma, -\Gamma, \Delta]{}^tT_3 = [\Gamma, \Gamma, -\Delta].$$

于是向量 $y_1 = (1,0,0)T_3B_3R$ 和 $y_2 = (0,1,0)T_3B_3R$ 是两个线性无关的向量, 并且满足 $y_1 S_{2\nu+1,\Delta}{}^ty_1 = y_2 S_{2\nu+1,\Delta}{}^ty_2 = \Gamma$. 因此

$$\begin{pmatrix} P \\ y_1 \end{pmatrix} \text{ 和 } \begin{pmatrix} P \\ y_2 \end{pmatrix}$$

是一对 $(m, 2s+\gamma, s, \Gamma)$ 型子空间, 并且

$$P = \begin{pmatrix} P \\ y_1 \end{pmatrix} \cap \begin{pmatrix} P \\ y_2 \end{pmatrix} \in \mathcal{L}_R(m, 2s+\gamma, \Gamma; 2\nu+\delta, \Delta).$$

如果 "$\gamma = 1, \Gamma = \Delta$", 那么 $\gamma_1 = 0, \sigma_2 = 0, \dim R = 1$, 以及 Γ_2 合同于 $\Gamma = \Delta$. 因而可假定 $\Gamma_2 = \Gamma = \Delta$. 由此可得 $YS_{2\nu+1,\Delta}{}^tY = \Gamma$. 因为包含 P 的任一个 m 维子空间均有以下形状的矩阵表示

$$\begin{pmatrix} P \\ x+y \end{pmatrix}, \tag{5.8}$$

其中 $x \in X, y \in Y$ 和 $x + y \neq 0$, 所以，当 (5.8) 是 $(m, 2s+\gamma, s, \Gamma)$ 型子空间时，必有 $x = 0$ 和 $S_{2\nu+1,\Delta}{}^t y = \Gamma$. 因而

$$\begin{pmatrix} P \\ Y \end{pmatrix}$$

是包含 P 的唯一的 $(m, 2s+\gamma, s, \Gamma)$ 型子空间. 因此当 (5.4) 成立时，对于 "$\delta = 1$, $\gamma = 1$, $\gamma_1 = 0$ 和 $\Gamma = \Delta$" 的情形, $P \notin \mathcal{L}_R(m, 2s+\gamma, s, \Gamma; 2\nu+1, \Delta)$.

如果 "$\gamma = 2, \gamma_1 = 1$ 和 $\Gamma_1 = \Delta$", 那么 $\gamma - \gamma_1 = 1, \sigma_2 = 1, \dim R = 2$, 并且 Σ 的指数是 1. 重复 (ii)(a) 情形中所列 "$\gamma = 1$" 的情形的讨论，可得到类似的结论.

如果 "$\gamma = 2, \gamma_1 = 1$ 和 $\Gamma_1 \neq \Delta$", 那么 $\gamma - \gamma_1 = 1, \sigma_2 = 1, \dim R = 2$, 并且 Σ 是定号的. 因而可假定 $\Sigma = [\Gamma_2, -z\Gamma_2]$. 令 (x_1, x_2) 是满足 $(x_1, x_2)\Sigma^t(x_1, x_2) = \Gamma_2$ 的二维向量，也即 $x_1^2 - zx_2^2 = 1$. 由 Dickson[8] 的一条定理，可知这个二次方程有 $q+1$ 个不同的解. 因此它有两个线性无关的解，设为 (a_1, a_2) 和 (b_1, b_2). 令 $y_1 = (a_1, a_2)R, y_2 = (b_1, b_2)R$, 则 y_1 和 y_2 是 R 中两个线性无关的向量，使得 $y_1 S_{2\nu+1,\Delta}{}^t y_1 = y_2 S_{2\nu+1,\Delta}{}^t y_2 = \Gamma_2$. 因而

$$\begin{pmatrix} P \\ y_1 \end{pmatrix} \text{ 和 } \begin{pmatrix} P \\ y_2 \end{pmatrix}$$

是一对 $(m, 2s+\gamma, s, \Gamma)$ 型子空间，并且

$$P = \begin{pmatrix} P \\ y_1 \end{pmatrix} \cap \begin{pmatrix} P \\ y_2 \end{pmatrix} \in \mathcal{L}_R(m, 2s+\gamma, s, \Gamma; 2\nu+1, \Delta).$$

最后让我们考虑 "$\gamma = 2$ 和 $\gamma_1 = 0$" 的情形. 这时 P 是一个 $(m-2, 2s, s)$ 型子空间. 由前面所讨论的 "$\gamma = 1, \Gamma \neq \Delta$" 的子情形可知，当 $\Delta = 1$(或 z), 从而 $\Gamma^* = z$(或 1) 时，存在两个 $(m-1, 2s+1, s, \Gamma^*)$ 型子空间 P_1 和 P_2, 使得 $P = P_1 \cap P_2$. 对每个 P_i, 由前面所讨论的 "$\gamma = 2, \gamma_1 = 1$ 和 $\Gamma_1 \neq \Delta$" 的子情形可知，存在两个 $(m, 2s+2, s, \Gamma)$ 型子空间 P_{i1} 和 P_{i2}, 使得 $P_i = P_{i1} \cap P_{i2}$. 因此

$$P = P_1 \cap P_2 = P_{11} \cap P_{12} \cap P_{21} \cap P_{22}$$
$$\in \mathcal{L}_R(m, 2s+\gamma, s, \Gamma; 2\nu+1, D).$$

(c) $\delta = 2$. 再分 "$\gamma = 1$", "$\gamma = 2, \gamma_1 = 1$" 和 "$\gamma = 2, \gamma_1 = 0$" 三种情形.

如果 "$\gamma = 1$", 那么 $\gamma_1 = 0, \gamma - \gamma_1 = 1, \sigma_2 = 1, \dim R = 2$, 并且 Σ 是定号的, 我们可以假定 $\Sigma = [\Gamma, -z\Gamma]$. 重复 (ii)(b) 情形中 "$\gamma = 2, \gamma_1 = 1$ 和 $\Gamma_1 \neq \Delta$" 的子情形的讨论，可得到结论: $P \in \mathcal{L}_R(m, 2s+\gamma, s, \Gamma; 2\nu+2)$.

如果 "$\gamma = 2$ 和 $\gamma_1 = 1$", 那么 $\gamma - \gamma_1 = 1, \sigma_2 = 0$, 并且 $\dim R = 1$. 我们可假定 $\Gamma_2 = -z\Gamma_1$. 重复 (ii)(b) 情形中 "$\gamma = 1, \Gamma = \Delta$" 的子情形的讨论，可得到结论:

$\mathbb{F}_q^{2\nu+\delta}$ 中包含 P 的 $(m, 2s+\gamma, s, \Gamma)$ 型子空间仅有一个. 因此, 当 (5.4) 成立时, 对于 "$\delta = 2, \gamma = 2$ 和 $\gamma_1 = 1$" 的情形, $P \notin \mathcal{L}_R(m, 2s+\gamma, s, \Gamma; 2\nu+2)$.

如果 "$\gamma = 2$ 和 $\gamma_1 = 0$", 那么 $\gamma - \gamma_1 = 2$, $\sigma_2 = 0$, $R = Y$ 的维数是 2, 并且 $\Sigma = \Gamma_2$ 是定号的. 我们可以假定 $\Sigma = \Gamma = \Delta$. 包含 P 的任一个 m 维子空间都具有形式

$$\begin{pmatrix} P \\ x_1 + y_1 \\ x_2 + y_2 \end{pmatrix}, \tag{5.9}$$

其中 $x_1, x_2 \in X$, 而 $y_1, y_2 \in Y$. 如果 (5.9) 是 $(m, 2s+\gamma, s, \Gamma)$ 型子空间, 那么必有 $x_1 = x_2 = 0$. 因为 (5.9) 的维数是 m, 所以 y_1 和 y_2 必线性无关, 也即

$$\begin{pmatrix} y_1 \\ y_2 \end{pmatrix} = Y.$$

因而

$$\begin{pmatrix} P \\ Y \end{pmatrix}$$

是唯一包含 P 的 $(m, 2s+\gamma, s, \Gamma)$ 型子空间. 因此, 当 (5.4) 成立时, 对于 "$\delta = 2$, $\gamma = 2$ 和 $\gamma_1 = 0$" 的情形, $P \notin \mathcal{L}_R(m, 2s+\gamma, s, \Gamma; 2\nu+2)$. □

引理 5.7 设 $n = 2\nu + \delta > m \geq 2$, $s \geq 1$, $(m, 2s+1, s, \Gamma)$ 满足 (5.1), 并且 $\Gamma_1 \neq \Gamma$. 那么

$$\mathcal{L}_R(m, 2s+1, s, \Gamma; 2\nu+\delta, \Delta)$$
$$\supset \mathcal{L}_R(m-2, 2(s-1)+1, s-1, \Gamma_1; 2\nu+\delta, \Delta),$$

除非 (5.4) 成立时, 表 5.2 所列的情形出现.

表 5.2

δ	γ	γ_1	Δ	Γ	Γ_1	$\mathbb{F}_q$
1	1	1	1(或 z)	1(或 z)	z(或 1)	$\mathbb{F}_q$

证明 设 P 是 $(m-2, 2(s-1)+1, s-1, \Gamma_1)$ 型子空间, 不妨设

$$PS_{2\nu+\delta,\Delta}\, {}^tP = [S_{2(s-1)+1,\Gamma_1}, 0^{(\sigma_1)}],$$

其中 $\sigma_1 = m - 2s - 1 \geq 0$. 令 $\sigma_2 = 2(\nu+s-m)+\delta+1$, 由 (5.1) 有 $\sigma_2 \geq 0$, 于是存在 $\sigma_1 \times (2\nu+\delta)$ 矩阵 X 和 $(\sigma_2+2) \times (2\nu+\delta)$ 矩阵 R, 使得

$${}^t({}^tP\ {}^tX\ {}^tR)$$

是 $(2\nu+\delta) \times (2\nu+\delta)$ 非奇异矩阵，并且

$$\begin{pmatrix} P \\ X \\ R \end{pmatrix} S_{2\nu+\delta,\Delta} {}^t\!\begin{pmatrix} P \\ X \\ R \end{pmatrix} = [S_{2(s-1)+1,\Gamma_1}, S_{2\sigma_1}, \Sigma], \tag{5.10}$$

其中 Σ 是 $(\sigma_2+2) \times (\sigma_2+2)$ 非奇异对称矩阵. 由 $\sigma_2+2 \geq 2$，可以假定 Σ 具有形式 $\Sigma = [-\Gamma_1, \Sigma_1]$，其中 Σ_1 是 $(\sigma_2+1) \times (\sigma_2+1)$ 非奇异对称矩阵. 另一方面，令 Q 是 $(m, 2s+\gamma, s, \Gamma)$ 型子空间，我们可设

$$Q S_{2\nu+\delta,\Delta} {}^t\!Q = [S_{2s}, \Gamma, 0^{(\sigma_1)}].$$

那么存在 $\sigma_1 \times (2\nu+\delta)$ 矩阵 X_1 和 $\sigma_2 \times (2\nu+\delta)$ 矩阵 Y_1，使得

$${}^t({}^t\!Q \;\; {}^t\!X_1 \;\; {}^t\!Y_1)$$

是 $(2\nu+\delta) \times (2\nu+\delta)$ 非奇异矩阵，并且

$$\begin{pmatrix} Q \\ X_1 \\ Y_1 \end{pmatrix} S_{2\nu+\delta,\Delta} {}^t\!\begin{pmatrix} Q \\ X_1 \\ Y_1 \end{pmatrix} = [S_{2s}, \Gamma, S_{2\sigma_1}, \Sigma_2], \tag{5.11}$$

其中 Σ_2 是 $\sigma_2 \times \sigma_2$ 非奇异对称矩阵. 因为 (5.10) 和 (5.11) 是合同的，所以 Σ_1 合同于矩阵 $[\Gamma, \Sigma_2]$. 因而可假定 $\Sigma = [-\Gamma_1, \Gamma, \Sigma_2]$. 并且，对应地写

$$R = \begin{pmatrix} Y \\ Z \end{pmatrix} \begin{matrix} 2 \\ \sigma_2 \end{matrix} \quad \text{和} \quad Y = \begin{pmatrix} y_1 \\ y_2 \end{pmatrix} \begin{matrix} 1 \\ 1 \end{matrix}.$$

那么

$$Y S_{2\nu+\delta,\Delta} {}^t\!Y = [-\Gamma_1, \Gamma] \quad \text{和} \quad Z S_{2\nu+\delta,\Delta} {}^t\!Z = \Sigma_2.$$

我们分以下两种情形：

(i) 条件 (5.6) 成立.

这时，如同引理 5.6 的证明，可以证明 Σ_2 的指数 ≥ 1，因而 Z 中有两个线性无关的迷向向量 z_1 和 z_2，使得

$$\begin{pmatrix} P \\ y_1+z_1 \\ y_2 \end{pmatrix} \quad \text{和} \quad \begin{pmatrix} P \\ y_1 \\ y_2+z_2 \end{pmatrix}$$

是 $(m, 2s+1, s, \Gamma)$ 型子空间，并且

$$P = \begin{pmatrix} P \\ y_1+z_1 \\ y_2 \end{pmatrix} \cap \begin{pmatrix} P \\ y_1 \\ y_2+z_2 \end{pmatrix} \in \mathcal{L}_R(m, 2s+\gamma, s, \Gamma; 2\nu+\delta, \Delta).$$

第五章 奇特征的正交群作用下子空间轨道生成的格   · 71 ·

(ii) 条件 (5.4) 成立.

我们再分 $\delta = 0, 1$, 或 2 三种情形.

(a) $\delta = 0$. 在这种情形有 $\sigma_2 = 1$, 因而可假定 $\Sigma_2 = -\Gamma$. 于是

$$\Sigma = [-\Gamma_1, \Gamma, -\Gamma].$$

因为 $\Gamma_1 \neq \Gamma$, 所以 $[-\Gamma_1, \Gamma]$ 是定号的. 根据 Dickson[8] 的一条定理, 二次方程 $-\Gamma_1 x^2 + \Gamma y^2 = \Gamma_1$ 有 $q+1$ 个解, 因而它有两个线性无关的解, 设为 (a_1, a_2) 和 (b_1, b_2). 再记 R 的三行依次是 y_1, y_2 和 y_3, 那么

$$\begin{pmatrix} P \\ y_1 \\ y_2 \end{pmatrix}, \quad \begin{pmatrix} P \\ a_1 y_1 + a_2 y_2 \\ y_3 \end{pmatrix} \text{ 和 } \begin{pmatrix} P \\ b_1 y_1 + b_2 y_2 \\ y_3 \end{pmatrix}$$

都是 $(m, 2s+1, s, \Gamma)$ 型子空间, 并且

$$P = \begin{pmatrix} P \\ y_1 \\ y_2 \end{pmatrix} \cap \begin{pmatrix} P \\ a_1 y_1 + a_2 y_2 \\ y_3 \end{pmatrix} \cap \begin{pmatrix} P \\ b_1 y_1 + b_2 y_2 \\ y_3 \end{pmatrix}$$

$$\in \mathcal{L}_R(m, 2s+1, s, \Gamma; 2\nu).$$

(b) $\delta = 1$. 我们又分 $\Gamma = \Delta$ 和 $\Gamma \neq \Delta$ 两种情形.

如果 $\Gamma = \Delta$, 那么 $\sigma_2 = 0$, $R = Y$ 的维数是 2, 并且 $\Sigma = [-\Gamma_1, \Gamma]$. 按照引理 5.6 情形 (ii)(c) 中 "$\gamma = 2$ 和 $\gamma_1 = 0$" 的子情形的证明过程, 可以证明

$$\begin{pmatrix} P \\ R \end{pmatrix}$$

是唯一地包含 P 的 $(m, 2s+1, s, \Gamma)$ 型子空间. 因此, 在 (5.4) 成立时, 对于 "$\delta = \gamma = \gamma_1 = 1$, $\Gamma = \Delta$ 和 $\Gamma_1 \neq \Gamma$" 的情形, $P \notin \mathcal{L}_R(m, 2s+1, s, \Gamma; 2\nu + 1, \Delta)$.

如果 $\Gamma \neq \Delta$, 那么 $\sigma_2 = 2$ 和 $\Gamma_1 = \Delta$. 由于 (5.10) 合同于 $S_{2\nu+1, \Delta}$, 可以假定 Σ_2 具有形式 $\Sigma_2 = [-\Gamma, \Gamma_1]$. 注意到 $[\Gamma_1, -\Gamma, \Gamma_1]$ 合同于 $[\Gamma_1, \Gamma, -\Gamma_1]$, 所以

$$\begin{pmatrix} P \\ Y \end{pmatrix} \text{ 和 } \begin{pmatrix} P \\ Z \end{pmatrix}$$

是一对 $(m, s+1, s, \Gamma)$ 型子空间, 并且

$$P = \begin{pmatrix} P \\ Y \end{pmatrix} \cap \begin{pmatrix} P \\ Z \end{pmatrix} \in \mathcal{L}_R(m, 2s+1, s, \Gamma; 2\nu + 1, \Delta).$$

(c) $\delta = 2$. 这时 $\sigma_2 = 1$. 由于 (5.10) 合同于 $S_{2\nu+1, \Delta}$, 可以假定 $\Sigma_2 = -\Gamma_1$. 于是

$$\Sigma = [-\Gamma_1, \Gamma, -\Gamma_1].$$

按照 (a) 情形的推导过程进行, 就可得 $P \in \mathcal{L}_R(m, 2s+1, s, \Gamma; 2\nu+2)$. □

引理 5.8 设 $n = 2\nu + \delta > m \geq 1$, $s \geq 1$, $\gamma_1 - \gamma = 1$, 并且 $(m, 2s+\gamma, s, \Gamma)$ 满足 (5.1). 那么

$$\mathcal{L}_R(m, 2s+\gamma, s, \Gamma; 2\nu+\delta, \Delta)$$

$$\supset \mathcal{L}_R(m-1, 2(s-1)+\gamma_1, s-1, \Gamma_1; 2\nu+\delta, \Delta),$$

除非 (5.4) 成立和表 5.3 所列的情形之一出现.

表 5.3

δ	γ	γ_1	Δ	Γ	Γ_1	$\mathbb{F}_q$
0	0	1	ϕ	ϕ	1 或 z	$\mathbb{F}_q$
1	0	1	1(或 z)	ϕ	1(或 z)	$\mathbb{F}_3$
1	1	2	1(或 z)	1(或 z)	$[1, -z]$	$\mathbb{F}_q$
2	1	2	$[1, -z]$	1 或 z	$[1, -z]$	$\mathbb{F}_3$

证明 设 P 是 $(m-1, 2(s-1)+\gamma_1, s-1, \Gamma_1)$ 型子空间, 不妨设

$$PS_{2\nu+\delta,\Delta}{}^t P = [S_{2(s-1)+1, \Gamma_1}, 0^{(\sigma_1)}],$$

其中 $\sigma_1 = m - 2s - \gamma \geq 0$. 令 Q 是 $(m, 2s+\gamma, s, \Gamma)$ 型子空间, 我们可以假定

$$QS_{2\nu+\delta,\Delta}{}^t Q = [S_{2(s-1)}, S_{2\cdot 1+1,\Gamma}, 0^{(\sigma_1)}].$$

把 Q 写成分块矩阵形式

$$Q = \begin{pmatrix} Q_1 \\ Q_2 \\ Q_3 \end{pmatrix} \begin{matrix} 2(s-1) \\ 2+\gamma \\ \sigma_1 \end{matrix},$$

那么

$$Q_2 S_{2\nu+\delta,\Delta}{}^t Q_2 = S_{2\cdot 1+1,\Gamma}.$$

从 $\gamma_1 - \gamma = 1$ 得到 $2+\gamma = \gamma_1 + 1$. 我们断言: 存在 1×1 非零矩阵 Γ_2, 使得 $S_{2\cdot 1+1, \Gamma}$ 和 $[\Gamma_1, \Gamma_2]$ 合同. 事实上, 由两个非奇异对称矩阵合同当且仅当它们的行列式相差 $\mathbb{F}_q^*$ 中的一个平方因子可知, 在 $\gamma_1 = 1$ 时, 取 $\Gamma_2 = -\Gamma_1$; 在 $\gamma_1 = 2$ 时, 有 $\Gamma_1 = [1, -z]$, 可取 $\Gamma_2 = z\Gamma$. 这就证明了我们所述的断言. 令 B 是 $(2+\gamma) \times (2+\gamma)$ 非奇异矩阵, 使得

$$BQ_2 S_{2\nu+\delta,\Delta}{}^t Q_2 {}^t B = [\Gamma_1, \Gamma_2].$$

再写

$$BQ_2 = \begin{pmatrix} Q_{21} \\ Q_{22} \end{pmatrix} \begin{matrix} \gamma_1 \\ 1 \end{matrix},$$

那么
$$Q_{21}S_{2\nu+\delta,\Delta}{}^{t}Q_{21} = \Gamma_1.$$

因此
$$\begin{pmatrix} Q_1 \\ Q_{21} \\ Q_3 \end{pmatrix} S_{2\nu+\delta,\Delta} {}^{t}\begin{pmatrix} Q_1 \\ Q_{21} \\ Q_3 \end{pmatrix} = [S_{2(s-1)+1,\Gamma_1}, 0^{(\sigma_1)}].$$

由 Witt 定理, 存在 $T \in O_{2\nu+\delta,\Delta}(\mathbb{F}_q)$, 使得

$$P = \begin{pmatrix} Q_1 \\ Q_{21} \\ Q_3 \end{pmatrix} T.$$

设 $Y = Q_{22}T$, 那么 Y 是 $1 \times (2\nu+\delta)$ 矩阵, $\begin{pmatrix} P \\ Y \end{pmatrix}$ 的秩是 m, 并且

$$\begin{pmatrix} P \\ Y \end{pmatrix} S_{2\nu+\delta,\Delta} {}^{t}\begin{pmatrix} P \\ Y \end{pmatrix} = [S_{2(s-1)+1,\Gamma_1}, 0^{(\sigma_1)}, \Gamma_2].$$

令 $\sigma_2 = 2(\nu+s-m)+\delta+\gamma$, 由 (5.1) 有 $\sigma_2 \geq 0$, 于是存在 $\sigma_1 \times (2\nu+\delta)$ 矩阵 X 和 $\sigma_2 \times (2\nu+\delta)$ 矩阵 Z, 使得
$${}^{t}({}^{t}P \ {}^{t}X \ {}^{t}Y \ {}^{t}Z)$$
是 $(2\nu+\delta) \times (2\nu+\delta)$ 非奇异矩阵, 并且

$$\begin{pmatrix} P \\ X \\ Y \\ Z \end{pmatrix} S_{2\nu+\delta,\Delta} {}^{t}\begin{pmatrix} P \\ X \\ Y \\ Z \end{pmatrix} = [S_{2(s-1)+1,\Gamma_1}, S_{2\sigma_1}, \Gamma_2, \Sigma_2], \qquad (5.12)$$

其中 Σ_2 是 $\sigma_2 \times \sigma_2$ 非奇异对称矩阵. 令

$$R = \begin{pmatrix} Y \\ Z \end{pmatrix} \text{ 和 } \Sigma = [\Gamma_2, \Sigma_2].$$

我们分以下两种情形.

(i) 条件 (5.6) 成立.

这时, 如同引理 5.6 的证明, 可以证明 Σ_2 的指数 ≥ 1. 由此可知, Z 中存在一个非零迷向向量 z. 那么

$$\begin{pmatrix} P \\ Y \end{pmatrix} \text{ 和 } \begin{pmatrix} P \\ Y+z \end{pmatrix}$$

是一对 $(m, 2s+\gamma, s, \Gamma)$ 型子空间, 并且

$$P = \begin{pmatrix} P \\ Y \end{pmatrix} \cap \begin{pmatrix} P \\ Y+z \end{pmatrix} \in \mathcal{L}_R(m, 2s+\gamma, s, \Gamma; 2\nu+\delta, \Delta).$$

(ii) 条件 (5.4) 成立.

我们再分 $\delta = 0, 1$ 和 2 三种情形.

(a) $\delta = 0$, 这时再进一步分 $\gamma = 0$ 和 1 两种情形.

如果 "$\gamma = 0$", 那么 $\gamma_1 = 1, \sigma_2 = 0, R = Y$ 的维数是 1, 并且 $RS_{2\nu+\delta,\Delta}{}^tR = \Gamma_2$. 我们可以证明

$$\begin{pmatrix} P \\ Y \end{pmatrix}$$

是唯一包含 P 的 $(m, 2s, s)$ 型子空间. 因此, 在 (5.4) 成立时, 对于 "$\delta = 0, \gamma = 0$ 和 $\gamma_1 = 1$" 的情形, $P \notin \mathcal{L}(m, 2s, s; 2\nu)$.

如果 "$\gamma = 1$", 那么 $\gamma_1 = 2, \sigma_2 = 1, \dim R = 2$, 并且 Σ 合同于 Γ_1. 根据 Dickson 的一条定理 [8], 在 R 中存在两个线性无关的向量 y_1 和 y_2, 使得 $y_i S_{2\nu} {}^t y_i = \Gamma_2$, 这里 $i = 1, 2$. 那么

$$\begin{pmatrix} P \\ y_1 \end{pmatrix} \text{ 和 } \begin{pmatrix} P \\ y_2 \end{pmatrix}$$

是一对 $(m, 2s+1, s, \Gamma)$ 型子空间, 并且

$$\begin{pmatrix} P \\ y_1 \end{pmatrix} \cap \begin{pmatrix} P \\ y_2 \end{pmatrix} \in \mathcal{L}_R(m, 2s+1, s, \Gamma; 2\nu).$$

(b) $\delta = 1$. 这时再进一步分 "$\gamma = 0, \gamma_1 = 1$ 而 $\Gamma_1 = \Delta$", "$\gamma = 0, \gamma_1 = 1$ 而 $\Gamma_1 \neq \Delta$", "$\gamma = 1, \gamma_1 = 2$ 而 $\Gamma = \Delta$" 和 "$\gamma = 1, \gamma_1 = 2$ 而 $\Gamma \neq \Delta$" 四种情形.

如果 "$\gamma = 0, \gamma_1 = 1$ 而 $\gamma_1 = \Delta$", 那么 $\sigma_2 = 1, \dim R = 2$, 并且 Σ 的指数是 1, 按照引理 5.6 证明中 (ii)(a) 情形中 "$\gamma = 1$" 的子情形的方法进行, 就可得到 $P \in \mathcal{L}_R(m, 2s, s, \Gamma; 2\nu+1, \Delta)$, 除非 $\mathbb{F}_q = \mathbb{F}_3$.

如果 "$\gamma = 0, \gamma_1 = 1$ 而 $\Gamma_1 \neq \Delta$", 那么 $\sigma_2 = 1, \dim R = 2$, 并且 Σ 是定号的. 按照引理 5.6 证明中 (ii)(b) 情形中 "$\gamma = 2, \gamma_1 = 1, \Gamma_1 \neq \Delta$" 的子情形的方法进行, 就可得到 $P \in \mathcal{L}_R(m, 2s, s, \Gamma; 2\nu+1, \Delta)$.

如果 "$\gamma = 1, \gamma_1 = 2$ 而 $\Gamma = \Delta$", 那么 $\sigma_2 = 0$, 并且 $R = Y$ 的维数是 1, 按照引理 5.6 证明中 (ii)(b) 情形中 "$\gamma = 1$ 而 $\Gamma = \Delta$" 的子情形的方法进行, 可得: 当 (5.4) 成立, 又在情形 "$\delta = 1, \gamma = 1, \gamma_1 = 2$ 而 $\Gamma = \Delta$" 出现时, 得到 $P \notin \mathcal{L}_R(m, 2s+1, s, \Gamma; 2\nu+1, \Delta)$.

第五章 奇特征的正交群作用下子空间轨道生成的格

如果 "$\gamma = 1$, $\gamma_1 = 2$ 而 $\Gamma \neq \Delta$", 那么 $\sigma_2 = 2$, $\dim R = 3$, 于是 R 中存在两个线性无关的向量 z_1 和 z_2, 使得 $z_i S_{2\nu+1}{}^t z_i = \Gamma_2$, 其中 $i = 1, 2$. 那么

$$\begin{pmatrix} P \\ z_1 \end{pmatrix} \text{ 和 } \begin{pmatrix} P \\ z_2 \end{pmatrix}$$

是一对 $(m, 2s + \gamma, s, \Gamma)$ 型子空间, 并且

$$P = \begin{pmatrix} P \\ z_1 \end{pmatrix} \cap \begin{pmatrix} P \\ z_2 \end{pmatrix} \in \mathcal{L}_R(m, 2s+1, s, \Gamma; 2\nu+1, \Delta).$$

(c) $\delta = 2$. 这时再进一步分 $\gamma = 0$ 和 1 两种情形.

如果 $\gamma = 0$, 那么 $\gamma_1 = 1$, $\sigma_2 = 2$, 并且 $\dim R = 3$. 由本引理 (ii)(b) 情形中 "$\gamma = 1, \gamma_1 = 2$ 和 $\Gamma \neq \Delta$" 的子情形的证明, 可得 $P \in \mathcal{L}_R(m, 2s, s; 2\nu+2, \Delta)$.

如果 $\gamma = 1$, 那么 $\gamma_1 = 2$, $\sigma_2 = 1$, $\dim R = 2$, 并且 Σ 的指数是 1. 由上面 (ii)(b) 情形中 "$\gamma = 0, \gamma_1 = 1$, 而 $\Gamma_1 = \Delta$" 的子情形的证明, 可得 $P \in \mathcal{L}_R(m, 2s+1, s, \Gamma; 2\nu+2, \Delta)$, 除非 $\mathbb{F}_q = \mathbb{F}_3$. □

引理 5.9 设 $n = 2\nu + \delta > m \geq 1$, $s \geq 2$, 并且 $(m, 2s, s)$ 满足 (5.1). 那么

$$\mathcal{L}_R(m, 2s, s; 2\nu+\delta, \Delta)$$
$$\supset \mathcal{L}_R(m-2, 2(s-2)+2, s-2; 2\nu+\delta, \Delta),$$

除非 (5.4) 成立和表 5.4 所列的情形出现.

表 5.4

δ	γ	γ_1	Δ	Γ	Γ_1	$\mathbb{F}_q$
0	0	2	ϕ	ϕ	$[1, -z]$	$\mathbb{F}_q$

证明 设 P 是 $(m-2, 2(s-2)+2, s-2)$ 型子空间, 不妨设

$$P S_{2\nu+\delta, \Delta}{}^t P = [S_{2(s-2)+2}, 0^{(\sigma_1)}],$$

其中 $\sigma_1 = m - 2s \geq 0$. 令 Q 是 $(m, 2s, s)$ 型子空间, 不妨假定

$$Q S_{2\nu+\delta, D}{}^t Q = [S_{2(s-2)}, S_{2\cdot 2}, 0^{(\sigma_1)}].$$

把 Q 写成分块矩阵形式

$$Q = \begin{pmatrix} Q_1 \\ Q_2 \\ Q_3 \end{pmatrix} \begin{matrix} 2(s-2) \\ 4 \\ \sigma_1 \end{matrix},$$

那么

$$Q_2 S_{2\nu+\delta, \Delta}{}^t Q_2 = S_{2\cdot 2}.$$

易知 $S_{2\cdot 2}$ 和 $[1, -z, 1, -z]$ 合同. 于是存在 4×4 矩阵 B, 使得

$$BQ_2 S_{2\nu+\delta,\Delta} {}^t Q_2 {}^t B = [1, -z, 1, -z].$$

令

$$BQ_2 = \begin{pmatrix} Q_{21} \\ Q_{22} \end{pmatrix}{}^2_2,$$

那么

$$\begin{pmatrix} Q_1 \\ Q_{21} \\ Q_3 \end{pmatrix} S_{2\nu+\delta,\Delta} {}^t\!\begin{pmatrix} Q_1 \\ Q_{21} \\ Q_3 \end{pmatrix} = [S_{2(s-1)+2}, 0^{(\sigma_1)}].$$

由 Witt 定理, 存在 $T \in O_{2\nu+\delta,\Delta}(\mathbb{F}_q)$, 使得

$$P = \begin{pmatrix} Q_1 \\ Q_{21} \\ Q_3 \end{pmatrix} T.$$

设 $Y = Q_{22}T$, 它是 $2 \times (2\nu+\delta)$ 矩阵, 那么

$$\begin{pmatrix} P \\ Y \end{pmatrix} S_{2\nu+\delta,\Delta} {}^t\!\begin{pmatrix} P \\ Y \end{pmatrix} = [S_{2(s-1)+2}, 0^{(\sigma_1)}, 1, -z].$$

令 $\sigma_2 = 2(\nu+s-m)+\delta+\gamma$. 由 (5.1) 有 $\sigma_2 \geq 0$. 于是存在 $\sigma_1 \times (2\nu+\delta)$ 矩阵 X 和 $\sigma_2 \times (2\nu+\delta)$ 矩阵 Z, 使得

$${}^t({}^tP \ {}^tX \ {}^tY \ {}^tZ)$$

是 $(2\nu+\delta) \times (2\nu+\delta)$ 非奇异矩阵, 并且

$$\begin{pmatrix} P \\ X \\ Y \\ Z \end{pmatrix} S_{2\nu+\delta,\Delta} {}^t\!\begin{pmatrix} P \\ X \\ Y \\ Z \end{pmatrix} = [S_{2(s-1)+2}, S_{2\sigma_1+2}, \Sigma_2], \tag{5.13}$$

其中 Σ_2 是 $\sigma_2 \times \sigma_2$ 非奇异对称矩阵. 设

$$R = \begin{pmatrix} Y \\ Z \end{pmatrix} \text{ 和 } \Sigma = [1, -z, \Sigma_2].$$

我们分以下两种情形:

(i) 条件 (5.6) 成立.

这时, 如同引理 5.6 的证明, 可以得 Σ_2 的指数 ≥ 1. 设 z_1 和 z_2 是 Z 中两个线性无关的迷向向量, 并设

$$Y = \begin{pmatrix} y_1 \\ y_2 \end{pmatrix},$$

那么

$$\begin{pmatrix} P \\ y_1 + z_1 \\ y_2 \end{pmatrix} \text{和} \begin{pmatrix} P \\ y_1 \\ y_2 + z_2 \end{pmatrix}$$

是一对 $(m, 2s, s)$ 型子空间, 并且

$$\begin{pmatrix} P \\ y_1 + z_1 \\ y_2 \end{pmatrix} \cap \begin{pmatrix} P \\ y_1 \\ y_2 + z_2 \end{pmatrix} \in \mathcal{L}_R(m, 2s, s; 2\nu + \delta, \Delta).$$

(ii) 条件 (5.4) 成立.

我们再分 $\delta = 0, 1$ 和 2 三种情形.

(a) $\delta = 0$. 这时, $\sigma_2 = 0, R = Y$ 的维数是 2. 如同引理 5.6 证明中对 (ii)(c) 情形中 "$\gamma = 2, \gamma_1 = 0$" 的子情形的证明, 可证得

$$\begin{pmatrix} P \\ Y \end{pmatrix}$$

是唯一包含 P 的 $(m, 2s, s)$ 型子空间. 因此, $P \notin \mathcal{L}(m, 2s, s; 2\nu)$.

(b) $\delta = 1$. 这时, $\sigma_2 = 1$. 由 (5.13) 合同于 $S_{2\nu+1, \Delta}$, 可以假定 $\Sigma_2 = \Delta$. 按照引理 5.7(ii)(a) 情形的证明进行, 可得 $P \in \mathcal{L}_R(m, 2s, s; 2\nu + 1, \Delta)$.

(c) $\delta = 2$. 这时, $\sigma_2 = 2$. 由 (5.13) 合同于 $S_{2\nu+2}$, 可以假定 $\Sigma_2 = [1, -z]$. 那么

$$\begin{pmatrix} P \\ Y \end{pmatrix} \text{和} \begin{pmatrix} P \\ Z \end{pmatrix}$$

是一对 $(m, 2s, s)$ 型子空间, 并且

$$P = \begin{pmatrix} P \\ Y \end{pmatrix} \cap \begin{pmatrix} P \\ Z \end{pmatrix} \in \mathcal{L}_R(m, 2s, s; 2\nu + 2). \qquad \square$$

§5.3 各轨道生成的格之间的包含关系

现在来研究格 $\mathcal{L}_R(m, 2s + \gamma, s, \Gamma; 2\nu + \delta, \Delta)$ 和格 $\mathcal{L}_R(m_1, 2s_1 + \gamma_1, s_1, \Gamma_1; 2\nu + \delta, \Delta)$ 之间的包含关系.

定理 5.10 设 $n = 2\nu + \delta > m \geq 1$. 假定 $(m, 2s + \gamma, s, \Gamma)$ 和 $(m_1, 2s_1 + \gamma_1, s_1, \Gamma_1)$ 满足 (5.1), 也即

$$2s + \gamma \leq m \leq \begin{cases} \nu + s + \min\{\gamma, \delta\}, & \text{如果 } \gamma \neq \delta, \text{ 或 } \gamma = \delta \text{ 而 } \Gamma = \Delta, \\ \nu + s, & \text{如果 } \gamma = \delta = 1 \text{ 而 } \Gamma \neq \Delta \end{cases}$$

和

$$2s_1 + \gamma_1 \leq m_1 \leq \begin{cases} \nu + s_1 + \min\{\gamma_1, \delta\}, & \text{如果 } \gamma_1 \neq \delta, \text{ 或 } \gamma_1 = \delta \text{ 而 } \Gamma_1 = \Delta, \\ \nu + s_1, & \text{如果 } \gamma_1 = \delta = 1 \text{ 而 } \Gamma_1 \neq \Delta \end{cases}$$

成立. 如果 (5.4)

$$2s + \gamma \leq m = \begin{cases} \nu + s + \min\{\gamma, \delta\}, & \text{如果 } \gamma \neq \delta, \text{ 或 } \gamma = \delta \text{ 而 } \Gamma = \Delta, \\ \nu + s, & \text{如果 } \gamma = \delta = 1 \text{ 而 } \Gamma \neq \Delta \end{cases}$$

成立, 假定表 5.5 所列的各种情形不出现, 那么

表 5.5

δ	γ	γ_1	Δ	Γ	Γ_1	$\mathbb{F}_q$	m_1	s_1	t
0	1	0	ϕ	1 或 z	ϕ	$\mathbb{F}_3$	$m-1-t$	$s-t$	$0 \leq t \leq s$
0	0	1	ϕ	ϕ	1 或 z	$\mathbb{F}_q$	$m-1-t$	$s-1-t$	$0 \leq t \leq s-1$
0	0	2	ϕ	ϕ	D	$\mathbb{F}_q$	$m-2-t$	$s-2-t$	$0 \leq t \leq s-2$
1	1	0	1(或 z)	1(或 z)	ϕ	$\mathbb{F}_q$	$m-1-t$	$s-t$	$0 \leq t \leq s$
1	2	1	1(或 z)	D	1(或 z)	$\mathbb{F}_3$	$m-1-t$	$s-t$	$0 \leq t \leq s$
1	0	1	1(或 z)	ϕ	1(或 z)	$\mathbb{F}_3$	$m-1-t$	$s-1-t$	$0 \leq t \leq s-1$
1	1	2	1(或 z)	1(或 z)	D	$\mathbb{F}_q$	$m-1-t$	$s-1-t$	$0 \leq t \leq s-1$
1	1	1	1(或 z)	1(或 z)	z(或 1)	$\mathbb{F}_q$	$m-2-t$	$s-1-t$	$0 \leq t \leq s-1$
2	2	1	D	D	1 或 z	$\mathbb{F}_q$	$m-1-t$	$s-t$	$0 \leq t \leq s$
2	2	0	D	D	ϕ	$\mathbb{F}_q$	$m-2-t$	$s-t$	$0 \leq t \leq s$
2	1	2	D	1 或 z	D	$\mathbb{F}_3$	$m-1-t$	$s-1-t$	$0 \leq t \leq s-1$

在表 5.5 中, $D = [1, -z]$.

$$\mathcal{L}_R(m, 2s+\gamma, s, \Gamma; 2\nu+\delta, \Delta)$$
$$\supset \mathcal{L}_R(m_1, 2s_1+\gamma_1, s_1, \Gamma_1; 2\nu+\delta, \Delta) \tag{5.14}$$

的充分必要条件是

$$2m - 2m_1 \geq \begin{cases} (2s+\gamma) - (2s_1+\gamma_1) + |\gamma - \gamma_1| \geq 2|\gamma - \gamma_1|, \\ \quad \text{如果 } \gamma_1 \neq \gamma, \text{ 或 } \gamma_1 = \gamma \text{ 而 } \Gamma_1 = \Gamma, \\ (2s+\gamma) - (2s_1+\gamma_1) + 2 \geq 4, \\ \quad \text{如果 } \gamma_1 = \gamma = 1 \text{ 而 } \Gamma_1 \neq \Gamma. \end{cases} \tag{5.15}$$

证明 先证明充分性. 由 (5.15) 可假定

$$(2s+\gamma) - (2s_1+\gamma_1) = 2t + l \tag{5.16}$$

第五章　奇特征的正交群作用下子空间轨道生成的格

和
$$m - m_1 = t + t', \tag{5.17}$$

其中 $t, t' \geq 0$,

$$l = \begin{cases} 0, & \text{如果 } \gamma = \gamma_1, \text{ 而 } \Gamma = \Gamma_1, \\ 1, & \text{如果 } |\gamma - \gamma_1| = 1, \\ 2, & \text{如果 } |\gamma - \gamma_1| = 2, \text{或者 } \gamma - \gamma_1 = 1 \text{ 而 } \Gamma \neq \Gamma_1. \end{cases}$$

从 (5.15), (5.16) 和 (5.17) 得到 $2t' \geq l$.

由 $(m, 2s+\gamma, s, \Gamma)$ 满足 (5.1), 可知对于 $1 \leq i \leq t$, $(m-i, 2(s-i)+\gamma, s-i, \Gamma)$ 也满足 (5.1). 这样就可以连续地运用引理 5.5, 得到

$$\begin{aligned}&\mathcal{L}_R(m, 2s+\gamma, s, \Gamma; 2\nu+\delta, \Delta) \\ &\supset \mathcal{L}_R(m-1, 2(s-1)+\gamma, s-1, \Gamma; 2\nu+\delta, \Delta) \supset \cdots \\ &\supset \mathcal{L}_R(m-t, 2(s-t)+\gamma, s-t, \Gamma; 2\nu+\delta, \Delta).\end{aligned} \tag{5.18}$$

我们对 $l = 0, 1$, 或 2 的情形分别进行讨论.

(a) $l = 0$. 这时 $\gamma = \gamma_1$ 而 $\Gamma = \Gamma_1$. 从 (5.16) 得到 $s - s_1 = t$. 因而

$$\begin{aligned}&\mathcal{L}_R(m-t, 2(s-t)+\gamma, s-t, \Gamma; 2\nu+\delta, \Delta) \\ &= \mathcal{L}_R(m_1+t', 2s_1+\gamma_1, s_1, \Gamma_1; 2\nu+\delta, \Delta).\end{aligned} \tag{5.19}$$

如果 $t' = 0$, 那么 (5.14) 显然成立. 现在设 $t' > 0$. 因为 $(m-t, 2(s-t)+\gamma, s-t, \Gamma) = (m_1+t', 2s_1+\gamma_1, s_1, \Gamma_1)$ 满足 (5.1), 而 $2s_1 + \gamma_1 \leq m_1$. 所以, 对于 $j, 1 \leq j \leq t'-1$, $(m_1+t'-j, 2s_1+\gamma_1, s_1, \Gamma_1)$ 也满足 (5.1). 这样就可以连续地运用引理 5.4 得到

$$\begin{aligned}&\mathcal{L}_R(m_1+t', 2s_1+\gamma_1, s_1, \Gamma_1; 2\nu+\delta, \Delta) \\ &\supset \mathcal{L}_R(m_1, 2s_1+\gamma_1, s_1, \Gamma_1; 2\nu+\delta, \Delta).\end{aligned} \tag{5.20}$$

从 (5.18), (5.19) 和 (5.20) 就得到 (5.14).

(b) $l = 1$. 因为 $2t' \geq l$, 所以 $t' \geq 0$. 从 $l = 1$ 可知 $|\gamma - \gamma_1| = 1$. 再分 $\gamma - \gamma_1 = 1$ 和 $\gamma_1 - \gamma = 1$ 两种情形.

(b.1) $\gamma - \gamma_1 = 1$. 从 (5.16) 得到 $s - s_1 = t$. 所以

$$\begin{aligned}&\mathcal{L}_R(m-t, 2(s-t)+\gamma, s-t, \Gamma; 2\nu+\delta, \Delta) \\ &= \mathcal{L}_R(m_1+t', 2s_1+\gamma, s_1, \Gamma; 2\nu+\delta, \Delta).\end{aligned} \tag{5.21}$$

因为 $t' > 0$, 所以又可以连续地运用引理 5.4 得到

$$\mathcal{L}_R(m_1 + t', 2s_1 + \gamma_1, s_1, \Gamma; 2\nu + \delta, \Delta)$$
$$\supset \mathcal{L}_R(m_1 + 1, 2s_1 + \gamma, s_1, \Gamma; 2\nu + \delta, \Delta). \quad (5.22)$$

并且 $(m_1 + 1, 2s_1 + \gamma, s_1, \Gamma)$ 满足 (5.1). 因而由引理 5.6, 有

$$\mathcal{L}_R(m_1 + 1, 2s_1 + \gamma, s_1, \Gamma; 2\nu + \delta, \Delta)$$
$$\supset \mathcal{L}_R(m_1, 2s_1 + \gamma_1, s_1, \Gamma_1; 2\nu + \delta, \Delta). \quad (5.23)$$

除非

$$2s_1 + \gamma \le m_1 + 1 = \begin{cases} \nu + s_1 + \min\{\gamma, \delta\}, \\ \quad \text{如果 } \gamma \ne \delta, \text{ 或 } \gamma = \delta \text{ 而 } \Gamma = \Delta, \\ \nu + s_1, \\ \quad \text{如果 } \gamma = \delta = 1 \text{ 而 } \Gamma \ne \Delta \end{cases} \quad (5.24)$$

成立和表 5.1 中 $\gamma - \gamma_1 = 1$ 的各种情形出现.

我们断言: 在 $l = 1$, $\gamma - \gamma_1 = 1$ 和 (5.1) 成立的前提下, (5.24) 等价于 (5.4) 和 $m_1 = m - t - 1$. 事实上, 如果 (5.24) 成立, 那么

$$m - t' = m_1 + t = \begin{cases} \nu + s_1 + t + \min\{\gamma, \delta\} - 1 = \nu + s + \min\{\gamma, \delta\} - 1, \\ \quad \text{如果 } \gamma \ne \delta, \text{ 或 } \gamma = \delta \text{ 而 } \Gamma = \Delta, \\ \nu + s_1 + t - 1 = \nu + s - 1, \\ \quad \text{如果 } \gamma = \delta = 1 \text{ 而 } \Gamma \ne \Delta. \end{cases}$$

由 (5.1) 成立可知 $t' = 1$ 和 $2s + \gamma \le m$. 因而 $m_1 = m - t - 1$ 和 (5.4) 成立.

反之, 假使 (5.4) 和 $m_1 = m - t - 1$ 成立, 那么有

$$2s_1 + \gamma = 2s + \gamma - 2t \le m - 2t = m_1 - t + 1 \le m_1 + 1$$

和

$$m_1 + 1 = m - t = \begin{cases} \nu + s + \min\{\gamma, \delta\} - t = \nu + s_1 + \min\{\gamma, \delta\}, \\ \quad \text{如果 } \gamma \ne \delta, \text{ 或 } \gamma = \delta \text{ 而 } \Gamma = \Delta, \\ \nu + s - t = \nu + s_1, \\ \quad \text{如果 } \gamma = \delta = 1 \text{ 而 } \Gamma \ne \Delta, \end{cases}$$

也即 (5.24) 成立.

因此在情形 (b.1), (5.14) 总成立, 除非 (5.4) 成立, 并且表 5.5 中 $\gamma - \gamma_1 = 1$ 的各种情形之一出现.

(b.2) $\gamma_1 - \gamma = 1$. 从 (5.16) 得到 $s - s_1 = t + 1$. 所以

$$\mathcal{L}_R(m - t, 2(s - t) + \gamma, s - t, \Gamma; 2\nu + \delta, \Delta)$$
$$= \mathcal{L}_R(m_1 + t', 2(s_1 + 1) + \gamma, s_1 + 1, \Gamma; 2\nu + \delta, \Delta). \tag{5.25}$$

连续地运用引理 5.4, 有

$$\mathcal{L}_R(m_1 + 1, 2(s_1 + 1) + \gamma, s_1 + 1, \Gamma; 2\nu + \delta, \Delta)$$
$$\supset \mathcal{L}_R(m_1 + 1, 2(s_1 + 1) + \gamma, s_1 + 1, \Gamma; 2\nu + \delta, \Delta). \tag{5.26}$$

并且 $(m_1 + t', 2(s_1 + 1) + \gamma, s_1 + 1, \Gamma)$ 满足 (5.1). 由引理 5.8, 有

$$\mathcal{L}_R(m_1 + 1, 2(s_1 + 1) + \gamma, s_1 + 1, \Gamma; 2\nu + \delta, \Delta)$$
$$\supset \mathcal{L}_R(m_1, 2s_1 + \gamma_1, s_1, \Gamma_1; 2\nu + \delta, \Delta). \tag{5.27}$$

除非

$$2(s_1 + 1) + \gamma \leq m_1 + 1 = \begin{cases} \nu + s_1 + 1 + \min\{\gamma, \delta\}, \\ \quad \text{如果 } \gamma \neq \delta, \text{ 或 } \gamma = \delta \text{ 而 } \Gamma = \Delta, \\ \nu + s_1 + 1, \\ \quad \text{如果 } \gamma = \delta = 1 \text{ 而 } \Gamma \neq \Delta \end{cases} \tag{5.28}$$

成立和表 5.3 中所列 $\gamma_1 - \gamma = 1$ 的情形之一出现.

如同 (b.1) 的情形, 在 (5.1), $l = 1$ 和 $\gamma_1 - \gamma = 1$ 的前提下, 可以证明 (5.28) 等价于 (5.4) 和 $m_1 = m - t - 1$. 因此在情形 (b.2), (5.14) 总成立, 除非 (5.4) 成立, 并且表 5.5 中 $\gamma_1 - \gamma = 1$ 的各种情形之一出现.

(c) $l = 2$. 这时 $|\gamma - \gamma_1| = 2$, 或者 $\gamma = \gamma_1 = 1$ 而 $\Gamma_1 \neq \Gamma$. 我们再分 "$\gamma - \gamma_1 = 2$", "$\gamma_1 - \gamma = 2$", 以及 "$\gamma = \gamma_1 = 1$ 而 $\Gamma_1 \neq \Gamma$" 三种情形.

(c.1) "$\gamma - \gamma_1 = 2$", 也即 $\gamma = 2$ 而 $\gamma_1 = 0$. 由 (5.16) 有 $s - s_1 = t$. 因而也有 (5.21). 由 (5.15) 和 (5.17) 可得 $t' \geq 2$. 仍可连续地运用引理 5.4, 得到

$$\mathcal{L}_R(m_1 + t', 2s_1 + 2, s_1, \Gamma; 2\nu + \delta, \Delta)$$
$$\supset \mathcal{L}_R(m_1 + 2, 2s_1 + 2, s_1, \Gamma; 2\nu + \delta, \Delta). \tag{5.29}$$

并且 $(m_1 + 2, 2s_1 + 2, s_1, \Gamma)$ 满足 (5.1). 由引理 5.6, 有

$$\mathcal{L}_R(m_1 + 2, 2s_1 + 2, s_1, \Gamma; 2\nu + \delta, \Delta)$$
$$\supset \mathcal{L}_R(m_1, 2s_1, s_1; 2\nu + \delta, \Delta). \tag{5.30}$$

除非
$$2s_1 + 2 \leq m_1 + 2 = \nu + s_1 + \delta \tag{5.31}$$
成立和表 5.1 中 $\gamma - \gamma_1 = 2$ 这一情形出现.

平行于 (b.1) 的情形, 在 (5.1), $l = 2$ 和 $\gamma - \gamma_1 = 2$ 的前提下, 可以证明 (5.31) 等价于 (5.4) 和 $m_1 = m - t - 2$. 因此在情形 (c.1), (5.14) 总成立, 除非 (5.4) 成立, 并且表 5.5 中 $\gamma - \gamma_1 = 2$ 这一情形出现.

(c.2) "$\gamma_1 - \gamma = 2$", 也即 $\gamma_1 = 2$ 而 $\gamma = 0$. 由 (5.16) 有 $s - s_1 = t + 2$. 于是 (5.18) 变成
$$\mathcal{L}_R(m, 2s, s, \Gamma; 2\nu + \delta, \Delta)$$
$$\supset \mathcal{L}_R(m - t, 2(s - t), s - t; 2\nu + \delta, \Delta), \tag{5.32}$$
并且有
$$\mathcal{L}_R(m - t, 2(s - t), s - t; 2\nu + \delta, \Delta)$$
$$= \mathcal{L}_R(m_1 + t', 2(s_1 + 2), s_1 + 2; 2\nu + \delta, \Delta). \tag{5.33}$$
由 (5.15) 和 (5.17) 可得 $t' \geq 2$. 仍可连续地运用引理 5.4, 得到
$$\mathcal{L}_R(m_1 + t', 2(s_1 + 2), s_1 + 2; 2\nu + \delta, \Delta)$$
$$\supset \mathcal{L}_R(m_1 + 2, 2(s_1 + 2), s_1 + 2; 2\nu + \delta, \Delta). \tag{5.34}$$
并且 $(m_1 + 2, 2(s_1 + 2), s_1 + 2)$ 满足 (5.1). 由引理 5.9, 可得
$$\mathcal{L}_R(m_1 + 2, 2(s_1 + 2), s_1 + 2; 2\nu + \delta, \Delta)$$
$$\supset \mathcal{L}_R(m_1, 2s_1 + 2, s_1; 2\nu + \delta, \Delta). \tag{5.35}$$
除非
$$2(s_1 + 2) \leq m_1 + 2 = \nu + s_1 + 2 \tag{5.36}$$
成立和表 5.4 中 $\gamma_1 - \gamma = 2$ 这一情形出现.

仍平行于 (b.1) 的情形, 在 (5.1), $l = 2$ 和 $\gamma_1 - \gamma = 2$ 的前提下, 可以证明 (5.36) 等价于 (5.4) 和 $m_1 = m - t - 2$. 因此在情形 (c.2), (5.14) 总成立, 除非 (5.4) 成立, 并且表 5.5 中 $\gamma_1 - \gamma = 2$ 这一情形出现.

(c.3) $\gamma = \gamma_1 = 1$ 而 $\Gamma_1 \neq \Gamma$. 由 (5.16) 有 $s - s_1 = t + 1$. 因而也有 (5.25). 由 (5.15) 和 (5.17) 有 $t' \geq 2$. 连续地运用引理 5.4, 有
$$\mathcal{L}_R(m + t', 2(s_1 + 1) + 1, s_1 + 1, \Gamma; 2\nu + \delta, \Delta)$$
$$\supset \mathcal{L}_R(m_1 + 2, 2(s_1 + 1) + 1, s_1 + 1, \Gamma; 2\nu + \delta, \Delta). \tag{5.37}$$

并且 $(m_1 + 2, 2(s_1 + 1) + 1, s_1 + 1, \Gamma)$ 满足 (5.1). 由引理 5.7, 有

$$\mathcal{L}_R(m_1 + 2, 2(s_1 + 1) + 1, s_1 + 1, \Gamma; 2\nu + \delta, \Delta)$$
$$\supset \mathcal{L}_R(m_1, 2s_1 + 1, s_1, \Gamma_1; 2\nu + \delta, \Delta). \tag{5.38}$$

除非

$$2(s_1 + 1) + 1 \leq m_1 + 2 = \begin{cases} \nu + s_1 + 1 + \min\{1, \delta\}, \\ \text{如果 } 1 \neq \delta, \text{或 } 1 = \delta \text{ 而 } \Gamma = \Delta, \\ \nu + s_1 + 1, \\ \text{如果 } 1 = \delta \text{ 而 } \Gamma \neq \Delta \end{cases} \tag{5.39}$$

成立和表 5.2 中这一情形出现.

类似地可以证明, 在 (5.1), $l = 2$, $\gamma = \gamma_1 = 1$ 而 $\Gamma \neq \Gamma_1$ 的前提下, (5.39) 等价于 (5.4) 和 $m_1 = m - t - 2$. 因此在情形 (c.3), (5.14) 总成立, 除非 (5.4) 成立, 并且表 5.5 中 $\gamma = \gamma_1 = 1$ 而 $\Gamma \neq \Gamma_1$ 这一情形出现.

综合上述各种情形, 给出了充分性的证明.

下面证明必要性. 由 $\phi \neq \mathcal{M}(m_1, 2s_1 + \gamma_1, s_1, \Gamma_1; 2\nu + \delta, \Delta) \subset \mathcal{L}_R(m_1, 2s_1 + \gamma_1, s_1, \Gamma_1; 2\nu + \delta, \Delta)$ 和 $\mathcal{L}_R(m_1, 2s_1 + \gamma_1, s_1, \Gamma_1; 2\nu + \delta, \Delta) \subset \mathcal{L}_R(m, 2s + \gamma, s, \Gamma; 2\nu + \delta, \Delta)$, 有 $\mathcal{M}(m_1, 2s_1 + \gamma_1, s_1, \Gamma_1; 2\nu + \delta, \Delta) \subset \mathcal{L}_R(m, 2s + \gamma, s, \Gamma; 2\nu + \delta, \Delta)$. 因此对于 $Q \in \mathcal{M}(m_1, 2s_1 + \gamma_1, s_1, \Gamma_1; 2\nu + \delta, \Delta)$, 那么 Q 一定是 $\mathcal{M}(m, 2s + \gamma, s, \Gamma; 2\nu + \delta, \Delta)$ 中子空间的交. 于是存在 $P \in \mathcal{M}(m, 2s + \gamma, s, \Gamma; 2\nu + \delta, \Delta)$, 使得 $Q \subset P$. 如果 $Q = P$, 那么 $m_1 = m$, $s_1 = s$, $\gamma_1 = \gamma$ 和 $\Gamma_1 = \Gamma$. 因而 (5.15) 成立. 如果 $Q \subset P$, 而 $Q \neq P$, 那么 $m_1 < m$, $s_1 \leq s$ 和 $2s_1 + \gamma_1 \leq 2s + \gamma$. 当 $\gamma_1 = \gamma$ 和 $\Gamma_1 = \Gamma$ 时, 显然 (5.15) 的第一个不等式成立; 当 $\gamma_1 = \gamma$ 但 $\Gamma_1 \neq \Gamma$ 时, 一定有 $s_1 < s$, 因而 (5.15) 的第二个不等式成立; 当 $\gamma_1 < \gamma$ 时, 就有 $(2s + \gamma) - (2s_1 + \gamma_1) \geq \gamma - \gamma_1$, 因而 (5.15) 的第一个不等式也成立; 当 $\gamma_1 > \gamma$ 时, 就必有 $s - s_1 \geq \gamma_1 - \gamma$, 于是 (5.15) 的第一个不等式也成立. 这就证明了必要性. □

定理 5.11 设 $n = 2\nu + \delta > m \geq 1$, 假定 $(m, 2s + \gamma, s, \Gamma)$ 满足 (5.4), 而 $(m_1, 2s_1 + \gamma_1, s_1, \Gamma_1)$ 满足 (5.1) 和 (5.15). 如果表 5.5 中所列情形之一出现, 那么

$$\mathcal{L}_R(m, 2s + \gamma, s, \Gamma; 2\nu + \delta, \Delta)$$
$$\not\supset \mathcal{L}_R(m_1, 2s_1 + \gamma_1, s_1, \Gamma_1; 2\nu + \delta, \Delta). \tag{5.40}$$

证明 我们只对表 5.5 的第 1 行, 第 8 行, 第 11 行和第 3 行分别进行验证. 其余各行可类似地进行.

(a) 第 1 行. 这时 $\delta = 0$, $\gamma = 1$, $\gamma_1 = 0$, $m_1 = m - 1 - t$, $s_1 = s - t$, 而 $\mathbb{F}_q = \mathbb{F}_3$. 于是 $(m, 2s + 1, s, \Gamma)$ 满足的 (5.4) 变成 $2s + 1 \leq m = \nu + s$, 而 $(m_1, 2s_1, s_1)$ 满

足的 (5.1) 成为 $2s_1 \leq m_1 \leq \nu + s_1$. 根据定理 5.1, $\mathcal{M}(m_1, 2s_1, s_1; 2\nu, \Delta) \neq \phi$. 设 $P \in \mathcal{M}(m_1, 2s_1, s_1; 2\nu, \Delta)$, 不妨假定

$$PS_{2\nu}\,^tP = [S_{2s_1}, 0^{(\sigma_1 - t)}, 0^{(t)}],$$

其中 $\sigma_1 = m_1 - 2s_1 = m + t - (2s+1) \geq t$. 令

$$P = \begin{pmatrix} P_1 \\ P_2 \end{pmatrix} \begin{matrix} 2s_1 + \sigma_1 - t \\ t \end{matrix},$$

那么

$$P_1 S_{2\nu}\,^t P_1 = [S_{2s_1}, 0^{(\sigma_1 - t)}].$$

设 Q 是 $(m, 2s+1, s, \Gamma)$ 型子空间, 不妨假定

$$QS_{2\nu}\,^tQ = [S_{2s_1}, S_{2t}, \Gamma, 0^{(\sigma_1 - t)}].$$

我们把 Q 写成分块矩阵形式

$$^t(\underset{2s_1}{^tQ_1}\ \underset{2t}{^tQ_2}\ \underset{\gamma}{^tQ_3}\ \underset{\sigma_1 - t}{^tQ_4}),$$

那么 $Q_3 S_{2\nu}\,^tQ_3 = \Gamma$, 并且

$$\begin{pmatrix} Q_1 \\ Q_4 \end{pmatrix} S_{2\nu} \begin{pmatrix} Q_1 \\ Q_2 \end{pmatrix}^t = [S_{2s_1}, 0^{(\sigma_1 - t)}].$$

由 Witt 定理, 存在 $T \in O_{2\nu}(\mathbb{F}_q)$, 使得

$$P_1 = \begin{pmatrix} Q_1 \\ Q_2 \end{pmatrix} T.$$

令 $Y = Q_3 T$, 则 Y 是 $1 \times 2\nu$ 矩阵, 而

$$\begin{pmatrix} P_1 \\ Y \end{pmatrix} S_{2\nu} \begin{pmatrix} P_1 \\ Y \end{pmatrix}^t = [S_{2s_1}, 0^{(\sigma_1 - t)}, \Gamma].$$

设 $\sigma_2 = 2(\nu + s - m) + 1$, 从 $2s + 1 \leq m = \nu + s$ 得 $\sigma_2 = 1$. 于是存在 $(\sigma_1 - t) \times 2\nu$ 矩阵 X_1, $t \times 2\nu$ 矩阵 X_2 和 $1 \times 2\nu$ 矩阵 Z, 并且在取 $W = {}^t({}^tP_1\ {}^tX_1\ {}^tP_2\ {}^tX_2\ {}^tY\ {}^tZ)$ 时, 有

$$WS_{2\nu}\,^tW = [S_{2s_1}, S_{2(\sigma_1 - t)}, S_{2t}, \Gamma, \Sigma_2], \tag{5.41}$$

其中 Σ_2 是 $\sigma_2 \times \sigma_2$ 非奇异矩阵. 设

$$R = \begin{pmatrix} Y \\ Z \end{pmatrix} \text{ 和 } \Sigma = [\Gamma, \Sigma_2],$$

那么 $\dim R = 2$. 因为 (5.41) 合同于 $S_{2\nu}$, 所以存在 2×2 非奇异矩阵 B, 使得

$$(BR)S_{2\nu}{}^t(BR) = B\Sigma {}^tB = S_{2\cdot 1}.$$

$\mathbb{F}_q^{2\nu}$ 中包含 P 的 m 维子空间的矩阵表示具有形式

$$Q = {}^t({}^tP\ {}^t(x_1+v_1)\ \cdots\ {}^t(x_{t+1}+v_{t+1})), \tag{5.42}$$

其中 $x_i \in X_j (j=1,2)$, $v_i \in R$, 并且 $x_1+v_1, \cdots, x_{t+1}+v_{t+1}$ 线性无关. 令

$$P = \begin{pmatrix} P_3 \\ P_4 \end{pmatrix} \begin{matrix} 2s_1 \\ \sigma_1 \end{matrix},$$

那么 $P_3 S_{2\nu} {}^tP_3 = S_{2s_1}$, $P_3 S_{2\nu} {}^tP_4 = 0$, $P_4 S_{2\nu} {}^tP_4 = 0$, $PS_{2\nu}{}^t(BR) = 0$, $\begin{pmatrix} X_1 \\ X_2 \end{pmatrix} S_{2\nu}{}^t(BR)$
$= 0$, $P_3 S_{2\nu} {}^t\begin{pmatrix} X_1 \\ X_2 \end{pmatrix} = 0$, $P_4 S_{2\nu} {}^t\begin{pmatrix} X_1 \\ X_2 \end{pmatrix} = I^{(\sigma_1)}$, $\begin{pmatrix} X_1 \\ X_2 \end{pmatrix} S_{2\nu}{}^t\begin{pmatrix} X_1 \\ X_2 \end{pmatrix} = 0$, 并且

$$QS_{2\nu}{}^tQ = \begin{pmatrix} S_{2s_1} & 0 & & 0 & \\ 0 & 0^{(\sigma_1)} & & P_4 S_{2\nu} {}^t\begin{pmatrix} x_1 \\ x_2 \\ \vdots \\ x_{t+1} \end{pmatrix} \\ 0 & \begin{pmatrix} x_1 \\ x_2 \\ \vdots \\ x_{t+1} \end{pmatrix} S_{2\nu} {}^tP_4 & \begin{pmatrix} v_1 \\ v_2 \\ \vdots \\ v_{t+1} \end{pmatrix} S_{2\nu} {}^t\begin{pmatrix} v_1 \\ v_2 \\ \vdots \\ v_{t+1} \end{pmatrix} \end{pmatrix}.$$

如果形如 (5.42) 的 Q 是 $(m, 2s+1, s, \Gamma)$ 型子空间, 那么

$$\mathrm{rank}\begin{pmatrix} x_1 \\ x_2 \\ \vdots \\ x_{t+1} \end{pmatrix} = t.$$

因而可假定 $x_1, \cdots, x_t$ 线性无关, $x_{t+1} = 0$, $v_{t+1} \neq 0$. 如同引理 5.6(ii)(a) 的证明, 在 $\mathbb{F}_q = \mathbb{F}_3$ 时, R 中所有满足 $yS_{2\nu}{}^ty = \Gamma$ 的向量 y 只差 $\mathbb{F}_q^*$ 中一个因子. 令 y_1 是其中的一个向量. 那么又可假定 $v_1, \cdots, v_t$ 均为零向量, $v_{t+1} = y_1$. 所以可设 (5.42) 具有形式

$$ {}^t({}^tP\ {}^tx_1\ \cdots\ {}^tx_t\ {}^ty_1), \tag{5.43}$$

其中 $x_1, \cdots, x_t$ 是 X 中线性无关的向量. 显然, 形如 (5.43) 的子空间的交不是 P. 因此 (5.40) 成立.

(b) 第 8 行. 这时 $\delta = \gamma = \gamma_1 = 1$, $\Gamma_1 \neq \Gamma$, 而 $\Gamma = \Delta$, $m_1 = m - 2 - t$, $s_1 = s - 1 - t$. 于是 $(m, 2s+1, s, \Gamma)$ 所满足的 (5.4) 变成 $2s+1 \leq m = \nu + s + 1$, 而 $(m_1, 2s_1+1, s_1, \Gamma_1)$ 满足的 (5.1) 成为 $2s_1 + 1 \leq m_1 \leq \nu + s_1$. 令 P 是一个 $(m_1, 2s_1+1, s_1, \Gamma_1)$ 型子空间, 不妨设

$$PS_{2\nu+1}{}^tP = [S_{2s_1+1,\Gamma_1}, 0^{(\sigma_1)}],$$

其中 $\sigma_1 = m_1 - (2s_1+1) = m - (2s+1) + t \geq t$. 设 $\sigma_2 = 2(\nu + s - m + 1) + 2$. 根据 (5.4) 有 $\sigma_2 = 2$. 于是存在 $\sigma_1 \times (2\nu+1)$ 矩阵 X 和 $2 \times (2\nu+1)$ 矩阵 R, 使得

$$\begin{pmatrix} P \\ X \\ R \end{pmatrix} S_{2\nu+1,\Delta} {}^t\begin{pmatrix} P \\ X \\ R \end{pmatrix} = [S_{2s_1+1,\Gamma_1}, S_{2\sigma_1}, \Sigma],$$

其中 Σ 是 2×2 非奇异对称矩阵. 我们可假定 Σ 具有形式

$$[-\Gamma_1, \ \Gamma].$$

$\mathbb{F}_q^{2\nu+1}$ 中包含 P 的 m 维子空间的矩阵表示具有形式

$$^t({}^tP \ {}^t(x_1+v_1) \ \cdots \ {}^t(x_{t+2}+v_{t+2})), \tag{5.44}$$

其中 $x_i \in X$, $v_i \in R$, 并且 $x_1 + v_1, \cdots, x_{t+2} + v_{t+2}$ 线性无关. 类似于 (a) 的推导, 如果 (5.44) 是 $(m, 2s+1, s, \Gamma)$ 型子空间, 那么可设 (5.44) 具有形式

$$^t({}^tP \ {}^tx_1 \ \cdots \ {}^tx_t \ {}^tv_{t+1} \ {}^tv_{t+2}), \tag{5.45}$$

其中 $x_1, \cdots, x_t$ 是 X 中线性无关的向量, 而 v_{t+1} 和 v_{t+2} 是 R 的基. 显然, 形为 (5.45) 的子空间的交不是 P, 所以 (5.40) 成立.

(c) 第 11 行. 这时 $\delta = 2$, $\gamma = 1$, $\gamma_1 = 2$, $m_1 = m - 1 - t$, $s_1 = s - 1 - t$, 而 $\mathbb{F}_q = \mathbb{F}_3$. 于是 $(m, 2s+1, s, \Gamma)$ 满足的 (5.4) 变成 $2s + 1 \leq m = \nu + s + 1$, 而 $(m_1, 2s_1+2, s_1)$ 满足的 (5.1) 成为 $2s_1 + 2 \leq m_1 \leq \nu + s_1 + 2$. 令 P 是 $(m_1, 2s_1+2, s_1)$ 型子空间. 不妨设

$$PS_{2\nu+2}{}^tP = [S_{2s_1+2}, 0^{(\sigma_1-t)}, 0^{(t)}].$$

令

$$P = \begin{pmatrix} P_1 \\ P_2 \end{pmatrix} \begin{matrix} 2s_1+2+\sigma_1-t \\ t \end{matrix},$$

那么

$$P_1 S_{2\nu+2}{}^tP_1 = [S_{2s_1+2}, 0^{(\sigma_1-t)}],$$

第五章 奇特征的正交群作用下子空间轨道生成的格

其中 $\sigma_1 = m - (2s+1) + t \geq t$. 设 Q 是 $(m, 2s+1, s, \Gamma)$ 型子空间, 可以假定

$$QS_{2\nu+2}{}^tQ = [S_{2s_1}, S_{2t}, S_{2\cdot1+1,\Gamma}, 0^{(\sigma_1-t)}].$$

我们把 Q 写成分块矩阵形式

$$ {}^t({}^tQ_1 \underset{2s_1}{} \; {}^tQ_2 \underset{2t}{} \; {}^tQ_3 \underset{2+\gamma}{} \; {}^tQ_4 \underset{\sigma_1-t}{}),$$

采用引理 5.8 中的证明方法, 可知

$$Q_3 S_{2\nu+2}{}^tQ_3 = S_{2\cdot1+1,\Gamma}.$$

于是存在 3×3 矩阵 B, 使得

$$BQ_3 S_{2\nu+2}{}^tQ_3{}^tB = [1, -z, z\Gamma].$$

令

$$BQ_3 = \begin{pmatrix} Q_{31} \\ Q_{32} \end{pmatrix} \begin{matrix} 2 \\ 1 \end{matrix},$$

那么

$$\begin{pmatrix} Q_1 \\ Q_{31} \\ Q_4 \end{pmatrix} S_{2\nu+2} {}^t\!\begin{pmatrix} Q_1 \\ Q_{31} \\ Q_4 \end{pmatrix} = [S_{2s_1+2}, 0^{(\sigma_1-t)}].$$

由 Witt 定理, 存在 $T \in O_{2\nu+2}(\mathbb{F}_q)$, 使得

$$P_1 = \begin{pmatrix} Q_1 \\ Q_{31} \\ Q_4 \end{pmatrix} T.$$

令 $Y = Q_{32}T$, 那么

$$\begin{pmatrix} P_1 \\ Y \end{pmatrix} S_{2\nu} {}^t\!\begin{pmatrix} P_1 \\ Y \end{pmatrix} = [S_{2s_1+2}, 0^{(\sigma_1-t)}, z\Gamma].$$

设 $\sigma_2 = 2(\nu + s - m) + 3$. 由 (5.4) 有 $\sigma_2 = 1$, 于是存在 $\sigma_1 \times (2\nu+2)$ 矩阵 X 和 $1 \times (2\nu+2)$ 矩阵 Z, 并且在取 $W_2 = {}^t({}^tP\,{}^tX\,{}^tY\,{}^tZ)$ 时, 有

$$W_2 S_{2\nu+2}{}^tW_2 = [S_{2s_1+2}, S_{2\sigma_1}, z\Gamma, \Sigma_2],$$

其中 Σ_2 是 1×1 非零矩阵. 令

$$R = \begin{pmatrix} Y \\ Z \end{pmatrix} \text{ 和 } \Sigma = [z\Gamma, \Sigma_2],$$

那么 $\dim R = 2$, Σ 的指数是 1. 类似 (a) 中相应部分的推导, 可知 (5.40) 成立.

(d) 第 3 行. 这时 $\delta = \gamma = 0$, $\gamma_1 = 2$, $m_1 = m - 2 - t$, $s_1 = s - 2 - t$. 于是 $(m, 2s, s)$ 满足的 (5.4) 变成 $2s \le m = \nu + s$, 而 $(m_1, 2s_1 + 2, s_1)$ 满足的 (5.1) 成为 $2s_1 + 2 \le m_1 \le \nu + s_1$. 令 P 是一个 $(m_1, 2s_1 + 2, s_1)$ 型子空间, 不妨设

$$PS_{2\nu}{}^tP = [S_{2s_1+2}, 0^{(\sigma_1)}].$$

令

$$P = \begin{pmatrix} P_1 \\ P_2 \end{pmatrix} \begin{matrix} 2s_1 + 2 + \sigma_1 - t \\ t \end{matrix},$$

那么

$$P_1 S_{2\nu}{}^t P_1 = [S_{2s_1+2}, 0^{(\sigma_1-t)}],$$

其中 $\sigma_1 = m_1 - (2s_1 + 2) = m - 2s + t \ge t$. 仿照引理 5.9 的证明, 设 Q 是 $(m, 2s, s)$ 型子空间. 不妨假定

$$QS_{2\nu}{}^tQ = [S_{2s_1}, S_{2t}, S_{2\cdot 2}, 0^{(\sigma_1-t)}].$$

我们把 Q 写成分块矩阵形式

$${}^t(\underset{2s_1}{{}^tQ_1}\ \underset{2t}{{}^tQ_2}\ \underset{4}{{}^tQ_3}\ \underset{\sigma_1-t}{{}^tQ_4}),$$

那么存在 4×4 矩阵 B, 使得

$$BQ_3 S_{2\nu}{}^tQ_3{}^tB = [1, -z, 1, -z].$$

再写

$$BQ_3 = \begin{pmatrix} Q_{31} \\ Q_{32} \end{pmatrix} \begin{matrix} 2 \\ 2 \end{matrix},$$

那么

$$\begin{pmatrix} Q_1 \\ Q_{31} \\ Q_4 \end{pmatrix} S_{2\nu} {}^t\begin{pmatrix} Q_1 \\ Q_{31} \\ Q_4 \end{pmatrix} = [S_{2s_1+2}, 0^{(\sigma_1-t)}].$$

由 Witt 定理, 存在 $T \in O_{2\nu}(\mathbb{F}_q)$, 使得

$$P_1 = \begin{pmatrix} Q_1 \\ Q_{31} \\ Q_4 \end{pmatrix} T.$$

令 $Y = Q_{32} T$, 那么

$$\begin{pmatrix} P \\ Y \end{pmatrix} S_{2\nu} {}^t\begin{pmatrix} P \\ Y \end{pmatrix} = [S_{2s_1+2}, 0^{(\sigma_1)}, 1, -z].$$

令 $\sigma_2 = 2(\nu + s - m)$. 由 (5.4) 有 $\sigma_2 = 0$. 于是存在 $\sigma_1 \times 2\nu$ 矩阵 X, 并且在取 $W_3 = {}^t({}^tP\ {}^tX\ {}^tY)$ 时, 有

$$W_3 S_{2\nu} {}^t W_3 = [S_{2s_1+2}, S_{2\sigma_1}, 1, -z].$$

类似于 (a) 中相应部分的推导, 可知包含 P 的 $(m, 2s, s)$ 型子空间的矩阵表示具有形式

$$^t({}^tP\ {}^tx_1\ \cdots\ {}^tx_t\ {}^tY),$$

其中 $x_1, \cdots, x_t$ 是 X 中线性无关的向量, 因此 (5.40) 成立. □

§5.4 $\mathbb{F}_q^{2\nu+\delta}$ 中的子空间在 $\mathcal{L}_R(m, 2s+\gamma, s, \Gamma; 2\nu+\delta, \Delta)$ 中的条件

定理5.12 设 $n = 2\nu + \delta > m \geq 1$, $(m, 2s+\gamma, s, \Gamma)$ 满足 (5.1). 如果 (5.6)

$$2s + \gamma \leq m < \begin{cases} \nu + s + \min\{\gamma, \delta\}, \text{如果 } \gamma \neq \delta, \text{ 或 } \gamma = \delta \text{ 而 } \Gamma = \Delta, \\ \nu + s, \text{如果 } \gamma = \delta = 1 \text{ 而 } \Gamma \neq \Delta \end{cases}$$

□

成立, 那么 $\mathcal{L}_R(m, 2s+\gamma, s, \Gamma; 2\nu+\delta, \Delta)$ 由 $\mathbb{F}_q^{2\nu+\delta}$ 和满足 (5.15)

$$2m - 2m_1 \geq \begin{cases} (2s+\gamma) - (2s_1+\gamma_1) + |\gamma - \gamma_1| \geq 2|\gamma - \gamma_1|, \\ \quad \text{如果 } \gamma_1 \neq \gamma, \text{ 或 } \gamma_1 = \gamma \text{ 而 } \Gamma_1 = \Gamma, \\ (2s+\gamma) - (2s_1+\gamma_1) + 2 \geq 4, \\ \quad \text{如果 } \gamma_1 = \gamma = 1 \text{ 而 } \Gamma_1 \neq \Gamma \end{cases}$$

的所有 $(m_1, 2s_1+\gamma_1, s_1, \Gamma_1)$ 型子空间组成. 如果 (5.4)

$$2s + \gamma \leq m = \begin{cases} \nu + s + \min\{\gamma, \delta\}, & \text{如果 } \gamma \neq \delta \text{ 或 } \gamma = \delta \text{ 而 } \Gamma = \Delta, \\ \nu + s, & \text{如果 } \gamma = \delta = 1 \text{ 而 } \Gamma \neq \Delta \end{cases}$$

成立, 那么 $\mathcal{L}_R(m, 2s+\gamma, s, \Gamma; 2\nu+\delta, \Delta)$ 由 $\mathbb{F}_q^{2\nu+\delta}$ 和满足 (5.15) 而不列在表 5.5 中的所有 $(m_1, 2s_1+\gamma_1, s_1, \Gamma_1)$ 型子空间组成.

证明 显然, $\mathbb{F}_q^{2\nu+\delta} \in \mathcal{L}_R(m, 2s+\gamma, s, \Gamma; 2\nu+\delta, \Delta)$. 假定 $(m, 2s+\gamma, s, \Gamma)$ 满足 (5.6). 令 Q 是 $(m_1, 2s_1+\gamma_1, s_1, \Gamma_1)$ 型子空间, 其中 $(m_1, 2s_1+\gamma_1, s_1, \Gamma_1)$ 满足 (5.15). 由定理 5.10, 有 $Q \in \mathcal{M}(m_1, 2s_1+\gamma_1, s_1, \Gamma_1; 2\nu+\delta, \Delta) \subset \mathcal{L}_R(m_1, 2s_1+\gamma_1, s_1, \Gamma_1; 2\nu+\delta, \Delta) \subset \mathcal{L}_R(m, 2s+\gamma, s, \Gamma; 2\nu+\delta, \Delta)$. 反之, 假设 $Q \in \mathcal{L}_R(m, 2s+\gamma, s, \Gamma; 2\nu+\delta, \Delta)$, $Q \neq \mathbb{F}_q^{2\nu+\delta}$, 并且 Q 是 $(m_1, 2s_1+\gamma_1, s_1, \Gamma_1)$ 型子空间, 那么

存在 $(m, 2s+\gamma, s, \Gamma)$ 型子空间 P, 使得 $Q \subset P$. 从定理 5.10 必要性证明, 可知 (5.15) 成立.

现在设 $(m, 2s+\gamma, s, \Gamma)$ 满足 (5.4), 并且 Q 是 $(m_1, 2s_1+\gamma_1, s_1, \Gamma_1)$ 型子空间. 如果 $(m_1, 2s_1+\gamma_1, s_1, \Gamma_1)$ 不是列在表 5.5 中的任一情形, 我们用上述同样的方法, 可以证明: $(m_1, 2s_1+\gamma_1, s_1, \Gamma_1)$ 满足 (5.15) 当且仅当 $Q \in \mathcal{L}_R(m, 2s+\gamma, s, \Gamma; 2\nu+\delta, \Delta)$. 然而, 如果 $(m_1, 2s_1+\gamma_1, s_1, \Gamma_1)$ 是列在表 5.5 中的任一情形, 那么由定理 5.11 的证明, 可知 $Q \notin \mathcal{L}_R(m, 2s+\gamma, s, \Gamma; 2\nu+\delta, \Delta)$. □

推论5.13 设 $n = 2\nu+\delta > m \geq 1$, 并且 $(m, 2s+\gamma, s, \Gamma)$ 满足 (5.1). 那么
$$\{0\} \in \mathcal{L}_R(m, 2s+\gamma, s, \Gamma; 2\nu+\delta, \Delta),$$
并且 $\{0\} = \cap_{X \in \mathcal{M}(m,2s+\gamma,s,\Gamma;2\nu+\delta,\Delta)} X$ 是 $\mathcal{L}_R(m, 2s+\gamma, s, \Gamma; 2\nu+\delta, \Delta)$ 的最大元, 除非表 5.6 所列的情形之一出现.

表 5.6

n	ν	δ	m	s	γ	Γ	$\mathbb{F}_q$
2	1	0	1	0	1	1	$\mathbb{F}_3$
2	1	0	1	0	1	-1	$\mathbb{F}_3$

证明 我们可以把 $\{0\}$ 考虑为 $(m_1, 2s_1+\gamma_1, s_1, \Gamma_1)$ 型子空间, 其中 $m_1 = s_1 = \gamma_1 = 0$ 和 $\Gamma_1 = \phi$. 由定理 5.12, 有 $\{0\} \in \mathcal{L}_R(m, 2s+\gamma, s, \Gamma; 2\nu+\delta, \Delta)$, 除非 (5.4) 成立和列在表 5.5 中 $\gamma_1 = 0$ 的情形之一出现. 下面对列在表 5.5 中 $\gamma_1 = 0$ 的三行逐一进行核对.

先看表 5.5 的第 1 行, 这时有 $\delta = 0, \gamma = 1, m = t+1, s = t$ 和 $\mathbb{F}_q = \mathbb{F}_3$. 由 (5.4) 有 $m = \nu+s$. 因而 $\nu = 1$ 和 $n = 2$. 由题设 $n > m \geq 1$, 所以 $m = 1$. 于是 $s = 0, \gamma = 1$ 和 $\Gamma = \pm 1$. 这时不会有 $\{0\} \in \mathcal{L}(1, 1, 0, \Gamma; 2\nu)$. 这正是表 5.6 所列的情形.

其次看表 5.5 的第 4 行, 这时有 $\delta = \gamma = 1, m = t+1, s = t, \Delta = \Gamma$ 和 $\mathbb{F}_q = \mathbb{F}_q$. 由 (5.4) 有 $m = \nu+s+1$, 因而 $\nu = 0$ 和 $n = 1$. 而这种情形已由题设排除.

最后再来看表 5.5 的第 10 行, 这时 $\delta = \gamma = 2, m = t+2, s = t$ 和 $\mathbb{F}_q = \mathbb{F}_q$. 由 (5.4) 有 $m = \nu+s+2$. 因而 $\nu = 0$ 和 $n = 2$. 由题设 $n > m \geq 1$, 所以 $m = 1$. 因而必有 $s = 0$ 和 $\gamma = 1$. 这与 $\gamma = 2$ 矛盾, 所以这种情形也不会出现. □

推论5.14 设 $n = 2\nu+\delta > m \geq 1$, $(m, 2s+\gamma, s, \Gamma)$ 满足 (5.6). 设 P 是属于 $\mathcal{L}_R(m, 2s+\gamma, s, \Gamma; 2\nu+\delta, \Delta)$ 的子空间, $P \neq \mathbb{F}_q^{2\nu+\delta}$, 而 Q 是包含在 P 中的子空间. 那么 $Q \in \mathcal{L}_R(m, 2s+\gamma, s, \Gamma; 2\nu+\delta, \Delta)$.

证明 由 $P \in \mathcal{L}_R(m, 2s+\gamma, s, \Gamma; 2\nu+\delta, \Delta)$ 可知, 存在 $(m, 2s+\gamma, s, \Gamma)$ 型子空间 R, 使得 $P \subset R$, 因为 $Q \subset P$, 所以 $Q \subset R$. 再根据定理 5.12 的证明, 就有 $Q \in \mathcal{L}_R(m, 2s+\gamma, s, \Gamma; 2\nu+\delta, \Delta)$. □

§5.5 奇特征的正交空间中子空间包含关系的一个定理

平行于辛情形的定理 3.10, 我们有

定理5.15 设 V 和 U 分别是 $(m_2, 2s_2+\gamma_2, s_2, \Gamma_2)$ 型和 $(m_3, 2s_3+\gamma_3, s_3, \Gamma_3)$ 型子空间, 其中:

$$\Gamma_i = \begin{cases} \phi, & \text{如果 } \gamma_i = 0, \\ (1) \text{ 或 } (z), & \text{如果 } \gamma_i = 1, \quad i = 2, 3, \\ [1, -z], & \text{如果 } \gamma_i = 2, \end{cases}$$

而 $(m_2, 2s_2+\gamma_2, s_2, \Gamma_2)$ 和 $(m_3, 2s_3+\gamma_3, s_3, \Gamma_3)$ 又都满足 (5.1). 如果 $V \supset U$, 那么存在子空间 V 的一个矩阵表示, 使得

$$VS_{2\nu+\delta,\Delta}{}^tV = [S_{2s_3+\gamma_3, \Gamma_3}, K_{2s_4,\sigma_1}, S_{2s_5+\gamma_5,\Gamma_5}, 0^{(\sigma_2)}], \tag{5.46}$$

其中

$$K_{2s_4,\sigma_1} = \begin{pmatrix} 0 & & I^{(s_4)} \\ & \sigma^{(\sigma_1)} & \\ I^{(s_4)} & & 0 \end{pmatrix},$$

$s_4 \geq 0, s_5 \geq 0, 0 \leq \gamma_5 \leq 2, \sigma_1 = m_3 - 2s_3 - \gamma_3 - s_4 \geq 0, \sigma_2 = m_2 - m_3 - s_4 - 2s_5 - \gamma_5 \geq 0$, $2s_2 + \gamma_2 = 2s_3 + \gamma_3 + 2s_4 + 2s_5 + \gamma_5$, Γ_5 是 $\gamma_5 \times \gamma_5$ 定号对角矩阵, 而 γ_5 和 Γ_5 由 $\gamma_2, \gamma_3, \Gamma_2$ 和 Γ_3 所确定, 确切地说,

$$\gamma_5 = \begin{cases} |\gamma_2 - \gamma_3|, & \text{如果 } \gamma_2 \neq \gamma_3, \text{ 或 } \gamma_2 = \gamma_3 \text{ 而 } \Gamma_2 = \Gamma_3, \\ 2, & \text{如果 } \gamma_2 = \gamma_3 = 1, \text{ 而 } \Gamma_2 \neq \Gamma_3, \end{cases} \tag{5.47}$$

以及

$$\left.\begin{array}{l} \text{如果 } \gamma_2 > \gamma_3, \text{ 则 } \gamma_5 = \gamma_2 - \gamma_3, \text{ 而 } \Gamma_5 \text{ 使 } [\Gamma_3, \Gamma_5] \text{ 合同于 } \Gamma_2; \\ \text{如果 } \gamma_2 = \gamma_3, \text{ 而 } \Gamma_2 = \Gamma_3, \text{ 则 } \gamma_5 = 0, \Gamma_5 = \phi; \\ \text{如果 } \gamma_2 = \gamma_3 = 1 \text{ 而 } \Gamma_2 \neq \Gamma_3, \text{ 则 } \gamma_5 = 2, \Gamma_5 = [-\Gamma_3, \Gamma_2]; \\ \text{如果 } \gamma_2 - \gamma_3 = -1, \text{ 则 } \gamma_5 = 1, \text{ 并且当 } \gamma_2 = 0(\gamma_3 = 1) \text{ 时}, \Gamma_5 \\ = -\Gamma_3, \text{ 当 } \gamma_2 = 1(\gamma_3 = 2) \text{ 而 } \Gamma_2 = (1) \text{ 时}, \Gamma_5 = (z); \text{ 当 } \gamma_2 = \\ 1(\gamma_3 = 2) \text{ 而 } \Gamma_2 = (z) \text{ 时}, \quad \Gamma_5 = (1); \\ \text{如果 } \gamma_2 - \gamma_3 = -2, \text{ 则 } \gamma_5 = 2 \text{ 而 } \Gamma_5 = -\Gamma_3. \end{array}\right\} \tag{5.48}$$

此外，$U = \langle v_1, \cdots, v_{m_3} \rangle$，其中 v_i 是 V 的第 i 个行向量，并且

$$2m_2 - 2m_3 \geq \begin{cases} (2s_2 + \gamma_2) - (2s_3 + \gamma_3) + |\gamma_2 - \gamma_3| \geq 2|\gamma_2 - \gamma_3|, \\ \quad 如果 \gamma_3 \neq \gamma_2 \text{ 或 } \gamma_3 = \gamma_2 \text{ 而 } \Gamma_3 = \Gamma_2, \\ (2s_2 + \gamma_2) - (2s_3 + \gamma_3) + 2 \geq 4, \\ \quad 如果 \gamma_3 = \gamma_2 = 1 \text{ 而 } \Gamma_3 \neq \Gamma_2. \end{cases} \quad (5.49)$$

证明 首先选取子空间 U 的一个矩阵表示，使得

$$U S_{2\nu+\delta, \Delta} {}^t U = [\Lambda, 0^{(m_3 - 2s_3 - \gamma_3)}],$$

其中 $\Lambda = S_{2s_3 + \gamma_3, \Gamma_3}$. 因为 $U \subset V$, 所以存在一个 $(m_2 - m_3) \times (2\nu + \delta)$ 矩阵 U_1, 使得

$$\begin{pmatrix} U \\ U_1 \end{pmatrix}$$

是 V 的一个矩阵表示，从而

$$\begin{pmatrix} U \\ U_1 \end{pmatrix} S_{2\nu+\delta, \Delta} {}^t \begin{pmatrix} U \\ U_1 \end{pmatrix}$$

$$= \begin{pmatrix} \Lambda & & S_{13} \\ & 0 & S_{23} \\ {}^t S_{13} & {}^t S_{23} & S_{33} \end{pmatrix} \begin{matrix} 2s_3 + \gamma_3 \\ m_3 - 2s_3 - \gamma_3 \\ m_2 - m_3 \end{matrix}$$

$$\quad\quad 2s_3 + \gamma_3 \quad m_3 - 2s_3 - \gamma_3 \quad m_2 - m_3$$

令

$$R = \begin{pmatrix} I & & \\ & I & \\ -{}^t S_{13} \Lambda^{-1} & & I \end{pmatrix} \begin{matrix} 2s_3 + \gamma_3 \\ m_3 - 2s_3 - \gamma_3, \\ m_2 - m_3 \end{matrix}$$

$$\quad\quad 2s_3 + \gamma_3 \quad m_3 - 2s_3 - \gamma_3 \quad m_2 - m_3$$

那么

$$R \begin{pmatrix} \Lambda & & S_{13} \\ & 0 & S_{23} \\ {}^t S_{13} & {}^t S_{23} & S_{33} \end{pmatrix} {}^t R = \begin{pmatrix} \Lambda & & 0 \\ & 0 & S_{23} \\ 0 & {}^t S_{23} & \widetilde{S}_{33} \end{pmatrix},$$

其中 $\widetilde{S}_{33} = S_{33} - {}^t S_{13} \Lambda^{-1} S_{13}$ 是 $(m_2 - m_3) \times (m_2 - m_3)$ 对称矩阵.

如果 $m_2 - m_3 = 0$, 则 $V = U$, S_{23} 和 $\widetilde{S}_{33}$ 不出现. 令 $s_4 = s_5 = \gamma_5 = 0$, $\Gamma_5 = \phi$, $\sigma_1 = m_3 - 2s_3 - \gamma_3$ 和 $\sigma_2 = 0$. 则本定理的结论自然成立.

以下设 $m_2 - m_3 > 0$. 如果 $m_3 - 2s_3 - \gamma_3 = 0$, 那么 S_{23} 和 $0^{(m_3-2s_3-\gamma_3)}$ 不出现. 令 $s_4 = 0$, $\sigma_1 = 0$, $\widetilde{S}_{33} = D_3$ 和

$$R_2 = R\begin{pmatrix} U \\ U_1 \end{pmatrix},$$

那么

$$R_2 S_{2\nu+\delta,\Delta} {}^t R_2 = [\Lambda, D_3]. \tag{5.50}$$

如果 $m_3 - 2s_3 - \gamma_3 > 0$, 可设 $\mathrm{rank}\, S_{23} = s_4$, 那么 $m_3 - 2s_3 - \gamma_3 \geq s_4 \geq 0$. 令 $\sigma_1 = m_3 - 2s_3 - \gamma_3 - s_4$, 那么 $\sigma_1 \geq 0$, 并且存在 $(m_3 - 2s_3 - \gamma_3) \times (m_3 - 2s_3 - \gamma_3)$ 非奇异矩阵 A 和 $(m_2 - m_3) \times (m_2 - m_2)$ 非奇异矩阵 B, 使得

$$AS_{23}B = \begin{pmatrix} I^{(s_4)} & \\ & 0 \end{pmatrix} \begin{matrix} s_4 \\ \sigma_1 \end{matrix}.$$
$$\phantom{AS_{23}B = \begin{pmatrix}}s_4 \quad m_2 - m_3 - s_4$$

因而

$$\begin{pmatrix} A & \\ & {}^tB \end{pmatrix} \begin{pmatrix} 0 & S_{23} \\ {}^tS_{23} & \widetilde{S}_{33} \end{pmatrix} {}^t\!\begin{pmatrix} A & \\ & {}^tB \end{pmatrix} = \begin{pmatrix} 0 & & I^{(s_4)} & \\ & 0 & & \\ I^{(s_4)} & & D_1 & D_2 \\ & & {}^tD_2 & D_3 \end{pmatrix},$$

其中 D_3 是 $(m_2 - m_3 - s_4) \times (m_2 - m_3 - s_4)$ 矩阵, 并且

$$\begin{pmatrix} D_1 & D_2 \\ {}^tD_2 & D_3 \end{pmatrix} = {}^t B \widetilde{S}_{33} B.$$

设

$$D_1 = \begin{pmatrix} d_{11} & d_{12} & \cdots & d_{1,s_4} \\ d_{12} & d_{22} & \cdots & d_{2,s_4} \\ \vdots & \vdots & & \vdots \\ d_{1,s_4} & d_{2,s_4} & \cdots & d_{s_4,s_4} \end{pmatrix},$$

$$L_1 = \begin{pmatrix} d_{11}/2 & d_{12} & \cdots & d_{1,s_4} \\ & d_{22}/2 & \cdots & d_{2,s_4} \\ & & \ddots & \vdots \\ & & & d_{s_4,s_4}/2 \end{pmatrix},$$

$$R_1 = \begin{pmatrix} I & & & \\ & I & & \\ -{}^tL_1 & & I & \\ -{}^tD_2 & & & I \end{pmatrix} \begin{matrix} s_4 \\ \sigma_1 \\ s_4 \\ m_2 - m_3 - s_4 \end{matrix},$$
$$\phantom{R_1 = \begin{pmatrix}} s_4 \quad \sigma_1 \quad s_4 \; m_2-m_3-s_4$$

和
$$K_{2s_4,\sigma_1} = \begin{pmatrix} 0 & & I^{(s_4)} \\ & 0^{(\sigma_1)} & \\ I^{(s_4)} & & 0 \end{pmatrix},$$

那么 $D_1 = L_1 + {}^tL_1$, 并且

$$R_1 \begin{pmatrix} 0 & & I & \\ & 0 & & 0 \\ I & & D_1 & D_2 \\ & 0 & {}^tD_2 & D_3 \end{pmatrix} {}^tR_1 = [K_{2s_4,\sigma_1}, D_3].$$

令

$$R_2 = \left[I^{(2s_3+\gamma_3)}, R_1 \begin{pmatrix} A & \\ & {}^tB \end{pmatrix} \right] R \begin{pmatrix} U \\ U_1 \end{pmatrix},$$

那么

$$R_2 S_{2\nu+\delta,\Delta} {}^tR_2 = [\Lambda, K_{2s_4,\sigma_1}, D_3]. \tag{5.51}$$

当 $m_2 - m_3 - s_4 = 0$ 时, (5.50) 和 (5.51) 中的 D_3 不出现, 而 $\gamma_3 = \gamma_2$, $\Gamma_3 = \Gamma_2$, $s_2 = s_3 + s_4$. 再令 $s_5 = \gamma_5 = 0$, $\Gamma_5 = \phi$ 和 $V = R_2$, 那么本定理的结论自然成立.

当 $m_2 - m_3 - s_4 > 0$ 时, 存在 $(m_2 - m_3 - s_4) \times (m_2 - m_3 - s_4)$ 非奇异矩阵 B_1, 使得

$$B_1 D_3 {}^tB_1 = [S_{2s_5+\gamma_5,\Gamma_5}, 0^{(\sigma_2)}].$$

其中 $s_5 \geq 0$ 和 $\sigma_2 = m_2 - m_3 - s_4 - 2s_5 - \gamma_5 \geq 0$, 而 Γ_5 是 $\gamma_5 \times \gamma_5$ 定号对角矩阵. 因而 γ_5 和 Γ_5 具有性质 (5.47), (5.48). 令

$$V = [I^{(m_3+s_4)}, B_1] R_2,$$

那么 (5.46) 式成立, 并且 $U = \langle v_1 \cdots, v_{m_3} \rangle$, 其中 v_i 是 V 的第 i 个行向量. 由 V 是 $(m_2, 2s_2 + \gamma_2, s_2, \Gamma_2)$ 型子空间, 可知 $2s_2 + \gamma_2 = 2s_3 + \gamma_3 + 2s_4 + 2s_5 + \gamma_5$. 再由 $\sigma_2 = m_2 - m_3 - s_4 - 2s_5 - \gamma_5 \geq 0$ 和 (5.47) 式, 可得

$$2m_2 - 2m_3 \geq 2s_4 + 4s_5 + 2\gamma_5 \geq 2s_4 + 2s_5 + 2\gamma_5$$
$$= (2s_2 + \gamma_2) - (2s_3 + \gamma_3) + \gamma_5$$
$$= \begin{cases} (2s_2 + \gamma_2) - (2s_3 + \gamma_3) + |\gamma_2 - \gamma_3| \geq 2|\gamma_2 - \gamma_3|, \\ \quad \text{如果 } \gamma_2 \neq \gamma_3 \text{ 或 } \gamma_2 = \gamma_3 \text{ 而 } \Gamma_2 = \Gamma_3, \\ (2s_2 + \gamma_2) - (2s_3 + \gamma_3) + 2 \geq 4, \\ \quad \text{如果 } \gamma_2 = \gamma_3 = 1 \text{ 而 } \Gamma_2 \neq \Gamma_3. \end{cases}$$

因此 (5.49) 成立. □

§5.6 格 $\mathcal{L}_O(m, 2s+\gamma, s, \Gamma; 2\nu+\delta, \Delta)$ 和格 $\mathcal{L}_R(m, 2s+\gamma, s, \Gamma; 2\nu+\delta, \Delta)$ 的秩函数

定理 5.16 设 $n = 2\nu + \delta > m \geq 1$, 而 $(m, 2s+\gamma, s, \Gamma)$ 满足 (5.1). 如果 "$n = 2, \nu = 1, \delta = 0, m = \gamma = 1, s = 0, \Gamma = \pm 1, \mathbb{F}_q = \mathbb{F}_3$" 这两个情形出现, 对于 $X \in \mathcal{L}_O(1, 1, 0, \Gamma; 2 \cdot 1)$ 定义

$$r(X) = \begin{cases} 0, & \text{如果 } X \neq \mathbb{F}_q^{2\nu+\delta}, \\ 1, & \text{如果 } X = \mathbb{F}_q^{2\nu+\delta}. \end{cases} \tag{5.52}$$

如果除去 "$n = 2, \nu = 1, \delta = 0, m = \gamma = 1, s = 0, \Gamma = \pm 1, \mathbb{F}_q = \mathbb{F}_3$" 这两个情形, 对于 $X \in \mathcal{L}_O(m, 2s+\gamma, s, \Gamma; 2\nu+\delta, \Delta)$ 就定义

$$r(X) = \begin{cases} \dim X, & \text{如果 } X \neq \mathbb{F}_q^{2\nu+\delta}, \\ m+1, & \text{如果 } X = \mathbb{F}_q^{2\nu+\delta}. \end{cases} \tag{5.53}$$

则 $r: \mathcal{L}_O(m, 2s+\gamma, s, \Gamma; 2\nu+\delta, D) \to \mathbb{N}$ 是格 $\mathcal{L}_R(m, 2s+\gamma, s, \Gamma; 2\nu+\delta, D)$ 的秩函数.

证明 由推论 5.13, 除去 "$n = 2, \nu = 1, \delta = 0, m = \gamma = 1, s = 0, \Gamma = \pm 1, \mathbb{F}_q = \mathbb{F}_3$" 这两个情形, $\{0\}$ 是格 $\mathcal{L}_O(m, 2s+\gamma, s, \Gamma; 2\nu+\delta, \Delta)$ 的极小元, 而在这两个情形, 我们有 $\mathcal{L}_O(1, 1, 0, 1; 2 \cdot 1) = \{\langle e_1 - e_2\rangle, \mathbb{F}_3^2\}$, $\mathcal{L}_O(1, 1, 0, -1; 2 \cdot 1) = \{\langle e_1 + e_2\rangle, \mathbb{F}_3^2\}$, 并且 $\langle e_1 - e_2\rangle$ 和 $\langle e_1 + e_2\rangle$ 分别是它们的极小元. 又因为格 $\mathcal{L}_O(1, 1, 0, \Gamma; 2 \cdot 1)$ 有两个元素. 令 $r(\mathbb{F}_3^2) = 1$, 并且在 $\Gamma = 1$ 时令 $r(\langle e_1 - e_2\rangle) = 0$, 而在 $\Gamma = -1$ 时令 $r(\langle e_1 + e_2\rangle) = 0$; 那么由 (5.52) 定义的 r 是格 $\mathcal{L}_O(1, 1, 0, \Gamma; 2 \cdot 1)$ 的秩函数.

现在假定 "$n = 2, \nu = 1, \delta = 0, m = \gamma = 1, \Gamma = \pm 1, \mathbb{F}_q = \mathbb{F}_3$" 这两个情形不出现. 显然, 由 (5.53) 定义的函数 r 适合命题 1.14 中的条件 (i). 现在设 $U, V \in \mathcal{L}_O(m, 2s+\gamma, s, \Gamma; 2\nu+\delta, \Delta)$ 而 $U \leq V$. 假定 $r(V) - r(U) > 1$, 我们下面要证明 $U <\cdot V$ 不成立, 从而命题 1.14 的条件 (ii) 也成立. 当 $V = \mathbb{F}_q^{2\nu+\delta}$ 时, 如同定理 3.11 的证明, $U <\cdot V$ 不成立.

现在假定 $V \neq \mathbb{F}_q^{2\nu+\delta}$. 设 V 和 U 分别是 $(m_2, 2s_2+\gamma_2, s_2, \Gamma_2)$ 型和 $(m_3, 2s_3+\gamma_3, s_3, \Gamma_3)$ 型子空间, 那么 $(m_2, 2s_2+\gamma_2, s_2, \Gamma_2)$ 和 $(m_3, 2s_3+\gamma_3, s_3, \Gamma_3)$ 满足 (5.1) 和 (5.15). 并且 $m_2 - m_3 \geq 2$ 成立. 因为 $U \leq V$, 所以由定理 5.15, 有子空间 V 的一个矩阵表示, 使得 (5.46) 成立, 而 $U = \langle v_1, \cdots, v_{m_3}\rangle$, 其中 v_i 是 V 的第 i 个行向量. 我们分以下三种情形进行研究.

情形 1: $\sigma_2 > 0$. 令 $W = \langle v_1, \cdots, v_{m_2-1} \rangle$, 那么 W 是 $(m_2-1, 2s_2+\gamma_2, s_2, \Gamma_2)$ 型子空间, 并且 $U < W < V$. 易证 $(m_2-1, 2s_2+\gamma_2, s_2, \Gamma_2)$ 满足 (5.15). 当 $(m, 2s+\gamma, s, \Gamma)$ 满足 (5.6) 时, 由定理 5.12, $W \in \mathcal{L}_O(m, 2s+\gamma, s, \Gamma; 2\nu+\delta, \Delta)$. 我们要证明在 $(m, 2s+\gamma, s, \Gamma)$ 满足 (5.4) 时, $(m_2-1, 2s_2+\gamma_2, s_2, \Gamma_2)$ 不列入表 5.5(即 "$m_1 = m_2-1, s_1 = s_2, \gamma_1 = \gamma_2, \Gamma_1 = \Gamma_2$" 不列入表 5.5) 的任一行, 再由定理 5.12, $W \in \mathcal{L}_O(m, 2s+\gamma, s, \Gamma; 2\nu+\delta, \Delta)$. 下面以 $(m_2-1, 2s_2+\gamma_2, s_2, \Gamma_2)$ 不列入表 5.5 的第 1 行为例进行验证.

假如 $(m_2-1, 2s_2+\gamma_2, s_2, \Gamma_2)$ 列入表 5.5 的第 1 行, 那么 $\delta = \gamma_2 = 0, \Delta = \Gamma_2 = \phi, \gamma = 1, \Gamma = 1$ 或 z, $\mathbb{F}_q = \mathbb{F}_3$, 并且存在满足 $0 \leq t \leq s$ 的整数 t, 使得 $m_2-1 = m-1-t, s_2 = s-t$. 从而 $2m-2m_2 = 2m-2(m-t) < (2s+1)-2(s-t)+1 = (2s+\gamma)-(2s_2+\gamma_2)+|\gamma-\gamma_2|$. 这与 $V \in \mathcal{L}_O(m, 2s+1, s, \Gamma; 2\nu, \phi)$ 矛盾. 所以 $(m_2-1, 2s_2+\gamma_2, s_2, \Gamma_2)$ 不列入表 5.5 的第 1 行.

因此, 在情形 1, $U < \cdot V$ 不成立.

情形 2: $s_4 > 0$. 设 $W = \langle v_1, \cdots, v_{m_3}, \widehat{v}_{m_3+1}, v_{m_3+2}, \cdots, v_{m_2} \rangle$, 那么 W 是 $(m_2-1, 2(s_2-1)+\gamma_2, s_2-1, \Gamma_2)$ 型子空间, 并且 $U < W < V$. 如同情形 1 一样地推导, 可知 $W \in \mathcal{L}_O(m, 2s+\gamma, s, \Gamma; 2\nu+\delta, \Delta)$. 这里只需说明 $(m, 2s+\gamma, s, \Gamma)$ 满足 (5.4) 时, $(m_2-1, 2(s_2-1)+\gamma_2, s_2-1, \Gamma_2)$ 不列入表 5.5 的任一行. 我们以不列入表 5.5 的第 2 行为例进行验证.

假如 $(m_2-1, 2(s_2-1)+\gamma_2, s_2-1, \Gamma_2)$ 列入表 5.5 的第 2 行, 那么 $\delta = \gamma = 0$, $\Delta = \Gamma = \phi, \gamma_2 = 1, \Gamma_2 = 1$ 或 z, 并且存在满足 $0 \leq t \leq s-1$ 的整数 t, 使得 $m_2-1 = m-1-t, s_2-1 = s-1-t$. 如果 $t = 0$, 那么 $s_2 = s$, 于是 $(2s+\gamma)-(2s_2+\gamma_2)+|\gamma-\gamma_2| = 0 < 2|\gamma-\gamma_2|$, 这与 $(m_2, 2s_2+\gamma_2, s_2, \Gamma_2)$ 满足 (5.15) 矛盾, 所以 $t \geq 1$. 令 $t' = t-1$, 那么有满足 $0 \leq t' \leq s-2$ 的整数 t', 使得 $m_2 = m-1-t', s_2 = s-1-t'$. 因而 $(m_2, 2s_2+\gamma_2, s_2, \Gamma_2)$ 列入表 5.5 的第 2 行. 这与 $V \in \mathcal{L}_O(m, 2s+\gamma, s, \Gamma; 2\nu+\delta, \Delta)$ 矛盾. 于是 $(m_2-1, 2(s_2-1)+\gamma_2, s_2-1, \Gamma_2)$ 不列入表 5.5 的第 2 行.

因此, 在情形 2, $U < \cdot V$ 也不成立.

情形 3: $s_5 > 0$. 令 $W = \langle v_1, \cdots, v_{m_3+s_4}, \widehat{v}_{m_3+s_4+1}, v_{m_3+s_4+2}, \cdots, v_{m_2} \rangle$, 那么 W 是 $(m_2-1, 2(s_2-1)+\gamma_2, s_2-1, \Gamma_2)$ 型子空间, 并且 $U < W < V$. 如同情形 2 一样, 也有 $W \in \mathcal{L}_O(m, 2s+\gamma, s, \Gamma; 2\nu+\delta, \Delta)$, 因而 $U < \cdot V$ 不成立.

情形 4: $\sigma_2 = s_4 = s_5 = 0$. 那么 $m_2 - m_3 = \gamma_5$. 因为 $m_2 - m_3 \geq 2, \gamma_5 \leq 2$, 所以 $m_2 - m_3 = \gamma_5 = 2$. 当 $\gamma_2 = 2$ 时, $\gamma_3 = 0$ 而 $s_3 = s_2$. 设 (a, b) 是方程 $x^2 - zy^2 = 1$ 的一个解. 令 $W = \langle v_1, \cdots, v_{m_2-2}, av_{m_2-1}+bv_{m_2} \rangle$, 那么 W 是 $(m_2-1, 2s_2+1, s_2, 1)$ 型子空间, 并且 $U < W < V$. 当 $\gamma_2 = 1$ 时, $\gamma_3 = 1, \Gamma_3 \neq \Gamma_2, \Gamma_5 = [-\Gamma_3, \Gamma_2]$ 而 $s_3 = s_2 - 1$. 令 $W = \langle v_1, \cdots, v_{m_3+1} \rangle$, 那么 W 是 $(m_2-1, 2s_2, s_2, \phi)$ 型子

空间，并且 $U < W < V$. 在 $\gamma_2 = 2$ 和 $\gamma_2 = 1$ 这两个情形，仿照情形 1，可证 $W \in \mathcal{L}_O(m, 2s + \gamma, s, \Gamma; 2\nu + \delta, \Delta)$.

现在讨论 $\gamma_2 = 0$ 的情形. 这时 $\gamma_3 = 2, \Gamma_3 = [1, -z]$ 而 $s_3 = s_2 - 2$. 依定理 5.15, $\Gamma_5 = [-1, z]$，当 $\gamma \neq 1$ 或 $\gamma = 1$ 而 $\Gamma \neq 1$ 时，令 $W = \langle v_1, \cdots, v_{m_3}, v_{m_2} \rangle$，那么 W 是 $(m_2 - 1, 2(s_2 - 1) + 1, s_2 - 1, 1)$ 型子空间，并且 $U < W < V$. 当 $\gamma = 1$ 而 $\Gamma = 1$ 时，就选取 (c, d) 是方程 $-x^2 + zy^2 = 1$ 的一组解，并且令 $W = \langle v_1, \cdots, v_{m_2 - 2}, cv_{m_2 - 1} + dv_{m_2} \rangle$，那么 W 是 $(m_2 - 1, 2(s_2 - 1) + 1, s_2 - 1, z)$ 型子空间，并且 $U < W < V$. 无论那种情形，仿照情形 2，都有 $W \in \mathcal{L}_O(m, 2s + \gamma, s, \Gamma; 2\nu + \delta, \Delta)$.

因此，在情形 4，$U <\cdot V$ 也不成立.

于是由 (5.53) 定义的 r 是格 $\mathcal{L}_R(m, 2s + \gamma, s, \Gamma; 2\nu + \delta, D)$ 的秩函数. □

定理 5.17 设 $n = 2\nu + \delta > m \geq 1$，而 $(m, 2s + \gamma, s, \Gamma)$ 满足 (5.1). 对于 $X \in \mathcal{L}_O(m, 2s + \gamma, s, \Gamma; 2\nu + \delta, \Delta)$ 定义

$$r'(X) = \begin{cases} \dim X, & \text{如果 } X \neq \mathbb{F}_q^{2\nu+\delta}, \\ m + 1, & \text{如果 } X = \mathbb{F}_q^{2\nu+\delta}. \end{cases} \tag{5.54}$$

则 $r' : \mathcal{L}_R(m, 2s + \gamma, s, \Gamma; 2\nu + \delta, D) \to \mathbb{N}$ 是格 $\mathcal{L}_R(m, 2s + \gamma, s, \Gamma; 2\nu + \delta, D)$ 的秩函数.

证明 当 "$n = 2, \nu = 1, \delta = 0, m = \gamma = 1, \Gamma = \pm 1, \mathbb{F}_q = \mathbb{F}_3$" 这两情形出现时，显然 r' 是格 $\mathcal{L}_R(1, 1, 0, \Gamma; 2 \cdot 1)$ 的秩函数. 当这两个情形不出现时，从定理 5.16 可推出本定理. □

§5.7 格 $\mathcal{L}_R(m, 2s + \gamma, s, \Gamma; 2\nu + \delta, \Delta)$ 的特征多项式

现在设 $n = 2\nu + \delta > m \geq 1$，而 $(m, 2s + \gamma, s, \Gamma)$ 满足 (5.1). 令 $N(m_1, 2s_1 + \gamma_1, s_1, \Gamma_1; 2\nu + \delta, \Delta) = | \mathcal{M}(m_1, 2s_1 + \gamma_1, s_1, \Gamma_1; 2\nu + \delta, \Delta) |$. 我们有

定理 5.18 设 $n = 2\nu + \delta > m \geq 1$，并且 $(m, 2s + \gamma, s, \Gamma)$ 满足 (5.6).

(a) 如果 $\gamma = 0$，那么

$$\chi(\mathcal{L}_R(m, 2s, s; 2\nu + \delta, \Delta), t)$$
$$= \Big(\sum_{\gamma_1 = 0, 2} + \sum_{\gamma_1 = 1} \sum_{\Gamma_1 = 1, z}^{\nu} \sum_{s_1 = s - \gamma_1 + 1}^{\nu} \Big) \Big(\sum_{m_1 = 2s_1 + \gamma_1}^{l} + \sum_{s_1 = 0}^{s - \gamma_1} \sum_{m_1 = m - s + s_1 + 1}^{l} \Big)$$
$$\cdot N(m_1, 2s_1 + \gamma_1, s_1, \Gamma_1; 2\nu + \delta, \Delta) g_{m_1}(t),$$

其中

$$l = \begin{cases} \nu + s_1 + \min\{\gamma_1, \delta\}, & \text{如果 } \gamma_1 \neq \delta, \text{ 或 } \gamma_1 = \delta \text{ 而 } \Gamma_1 = \Delta, \\ \nu + s_1, & \text{如果 } \gamma_1 = \delta = 1 \text{ 而 } \Gamma_1 \neq \Delta. \end{cases} \tag{5.55}$$

而
$$g_{m_1}(t) = (t-1)(t-q)\cdots(t-q^{m_1-1})$$
是 Gauss 多项式.

(b) 如果 $\gamma = 1$, 那么

$$\chi(\mathcal{L}_R(m, 2s+1, s, \Gamma; 2\nu+\delta, \Delta), t)$$

$$= \sum_{\gamma_1=0,1,2} \left(\sum_{s_1=s-[\gamma_1/2]+1}^{\nu} \sum_{m_1=2s_1+\gamma_1}^{l} + \sum_{s_1=0}^{s-[\gamma_1/2]} \sum_{\substack{m_1=m-s+s_1 \\ -[(2-\gamma_1)/2]+1}}^{l} \right)$$

$$\cdot N(m_1, 2s_1+\gamma_1, s_1, \Gamma_1; 2\nu+\delta, \Delta) g_{m_1}(t)$$

$$+ \left(\sum_{s_1=s}^{\nu} \sum_{m_1=2s_1+1}^{l} + \sum_{s_1=0}^{s-1} \sum_{m_1=m-s+s_1}^{l} \right)$$

$$\cdot N(m_1, 2s_1+1, s_1, \bar{\Gamma}; 2\nu+\delta, \Delta) g_{m_1}(t),$$

其中当 $\gamma_1 = 1$ 时, 有 $\Gamma_1 = \Gamma$, 当 $\Gamma = (1)$ 或 (z) 时, 分别有 $\bar{\Gamma} = (z)$ 或 (1), 并且 l 由 (5.55) 确定.

(c) 如果 $\gamma = 2$, 那么

$$\chi(\mathcal{L}_R(m, 2s+2, s; 2\nu+\delta, \Delta), t)$$

$$= \left(\sum_{\gamma_1=0,2} + \sum_{\gamma_1=1} \sum_{\Gamma_1=1,z} \right) \left(\sum_{s=s_1+1}^{\nu} \sum_{m_1=2s_1+\gamma_1}^{l} + \sum_{s_1=0}^{s} \sum_{\substack{m_1=m-s+s_1 \\ +\gamma_1-1}}^{l} \right)$$

$$\cdot N(m_1, 2s_1+\gamma_1, s_1, \Gamma_1; 2\nu+\delta, \Delta) g_{m_1}(t),$$

其中 l 也由 (5.55) 确定.

定理 5.18 的证明, 可类似于定理 3.13 的证明, 这里略去其证明过程. □

注意: $N(m_1, 2s_1+\gamma_1, s_1, \Gamma_1; 2\nu+\delta, \Delta)$ 的公式, 已由戴宗铎和冯绪宁在文献 [7] 中得到, 也可参见文献 [29] 和 [34].

§5.8 格 $\mathcal{L}_O(m, 2s+\gamma, s, \Gamma; 2\nu+\delta, \Delta)$ 和格 $\mathcal{L}_R(m, 2s+\gamma, s, \Gamma; 2\nu+\delta, \Delta)$ 的几何性

定理 5.19 设 $n = 2\nu + \delta > m \geq 1$, 而 $(m, 2s+\gamma, s, \Gamma)$ 满足 (5.1). 那么

(a) 对于 $m=1$, $\mathcal{L}_O(m, 2s+\gamma, s, \Gamma; 2\nu+\delta, \Delta)$ 是有限几何格.

(b) 对于 $2 \leq m \leq 2\nu+\delta-1$, $\mathcal{L}_O(m, 2s+\gamma, s, \Gamma; 2\nu+\delta, \Delta)$ 是有限原子格, 但不是几何格.

证明 易知, 对于 $1 \leq m \leq 2\nu+\delta-1$, $\mathcal{L}_O(m, 2s+\gamma, s, \Gamma; 2\nu+\delta, \Delta)$ 是有限格. 如果 "$n=2, \nu=1, \delta=0, m=\gamma=1, s=0, \Gamma=\pm 1, \mathbb{F}_q = \mathbb{F}_3$" 这两个情

形出现时,按 (5.52) 来定义 $r(x)$; 如果 "$n=2, \nu=1, \delta=0, m=\gamma=1, s=0$, $\Gamma=\pm 1, \mathbb{F}_q=\mathbb{F}_3$" 这两个情形除外时,按 (5.53) 来定义 $r(x)$. 由定理 5.16 知 r 是格 $\mathcal{L}_O(1,1,0,\Gamma;2\cdot 1)$ 的秩函数. 显然在 $\mathcal{L}_O(1,1,0,\Gamma;2\cdot 1)$ 中 G_1' 和 G_2 成立. 因而它们都是几何格.

从现在开始,假定 "$n=2, \nu=1, \delta=0, m=\gamma=1, \Gamma=\pm 1, \mathbb{F}_q=\mathbb{F}_3$" 这两个情形不出现.

我们先按 (5.53) 式来定义 $r(x)$. 由定理 5.16, r 是格 $\mathcal{L}_O(m, 2s+\gamma, s, \Gamma; 2\nu+\delta, \Delta)$ 的秩函数.

其次,我们证明在 $\mathcal{L}_O(m, 2s+\gamma, s, \Gamma; 2\nu+\delta, \Delta)$ 中 G_1 成立. 因为 $\{0\}$ 是 $\mathcal{L}_O(m, 2s+\gamma, s, \Gamma; 2\nu+\delta, \Delta)$ 的极小元,所以 $\mathcal{L}_O(m, 2s+\gamma, s, \Gamma; 2\nu+\delta, \Delta)$ 中的 1 维子空间是它的原子. 对于任意 $U \in \mathcal{L}_O(m, 2s+\gamma, s, \Gamma; 2\nu+\delta, \Delta) \setminus \{0, \mathbb{F}_q^{2\nu+\delta}\}$,设 U 是 $(m_1, 2s_1+\gamma_1, s_1, \Gamma_1)$ 型子空间,那么由定理 5.12, $(m_1, 2s_1+\gamma_1, s_1, \Gamma_1)$ 满足 (5.15), 而当 (5.4) 对于 $(m, 2s+\gamma, s, \gamma, \Gamma)$ 成立时,还要求 $(m_1, 2s_1+\gamma_1, s_1, \Gamma_1)$ 不列入表 5.5 的任一行. 由定理 5.10, 有 $\mathcal{L}_O(m, 2s+\gamma, s, \Gamma; 2\nu+\delta, \Delta) \supset \mathcal{L}_O(m_1, 2s_1+\gamma_1, s_1, \Gamma_1; 2\nu+\delta, \Delta)$. 不难验证 $(1, \gamma_1, 0, \Gamma_1)$ 满足 (5.15), 即 $2m_1 - 2 \geq 2s_1 + \gamma_1 - \gamma_1 + |\gamma_1 - \gamma_1| \geq 2|\gamma_1 - \gamma_1|$.

先考察 (5.6) 对于 $(m, 2s+\gamma, s, \Gamma)$ 成立,或者 (5.4) 对于 $(m, 2s+\gamma, s, \Gamma)$ 成立而 $(1, \gamma_1, 0, \Gamma_1)$ 不列入表 5.5 的任一行的情形(这里应注意,表 5.5 中的 m, s, γ 和 Γ, 现在应取 m_1, s_1, γ_1 和 Γ_1). 由定理 5.12, $(1, \gamma_1, 0, \Gamma_1)$ 型子空间属于 $\mathcal{L}_O(m_1, 2s_1+\gamma_1, s_1, \Gamma_1; 2\nu+\delta, \Delta)$. 从而它是 $\mathcal{L}_O(m, 2s+\gamma, s, \Gamma; 2\nu+\delta, \Delta)$ 的原子. 当 $\gamma_1 = 1$ 而 $\Gamma_1 = 1$ 时,不妨设 $U = \langle u_1, \cdots, u_{s_1}, v_1, \cdots, v_{s_1}, w, u_{s_1+1}, \cdots, u_{m_1-s_1-1}\rangle$, 使得

$$US_{2\nu+\delta, \Delta}{}^t U = [S_{2s_1+1,1}, 0^{(m_1-2s_1-1)}].$$

因为 $\langle u_i + w\rangle (i=1, \cdots, m_1-s_1-1), \langle v_j + w\rangle (j=1, \cdots, s_1)$ 和 $\langle w\rangle$ 是 $(1,1,0,1)$ 型子空间,所以它们都是 $\mathcal{L}_O(m, 2s+1, s, 1; 2\nu+\delta, \Delta)$ 的原子,并且有 $U = \langle u_1+w\rangle \vee \cdots \vee \langle u_{s_1}+w\rangle \vee \langle v_1+w\rangle \vee \cdots \vee \langle v_{s_1}+w\rangle \vee \langle w\rangle \vee \langle u_{s_1+1}+w\rangle \vee \cdots \vee \langle u_{m_1-s_1-1}+w\rangle$. 同样,当 $\gamma_1 = 0, \gamma_1 = 1$ 而 $\Gamma_1 = z$ 或 $\gamma_1 = 2$ 时, U 也是其原子的并. 因为 $|\mathcal{M}(m, 2s+\gamma, s, \Gamma; 2\nu+\delta, \Delta)| \geq 2$, 所以有 $W_1, W_2 \in \mathcal{M}(m, 2s+\gamma, s, \Gamma; 2\nu+\delta, \Delta)$, $W_1 \neq W_2$. 于是 $\mathbb{F}_q^{2\nu+\delta} = W_1 \vee W_2$. 但是 W_1 和 W_2 是 $\mathcal{L}_O(m, 2s+\gamma, s, \Gamma; 2\nu+\delta, \Delta)$ 中原子的并. 因而 $\mathbb{F}_q^{2\nu+\delta}$ 也是其原子的并. 因此,在 $\mathcal{L}_O(m, 2s+\gamma, s, \Gamma; 2\nu+\delta, \Delta)$ 中 G_1 成立.

现在考虑在 (5.4) 成立时, $(1, \gamma_1, 0, \Gamma_1)$ 满足 (5.15) 而列在表 5.5 中的情形. 先看满足 (5.15) 的 $(1, \gamma_1, 0, \Gamma_1)$ 列在表 5.5 的哪些行.

因为表 5.5 的第 3, 7 和 11 行中的 $\gamma_1 = 2$, 所以 $(1, \gamma_1, 0, \Gamma_1)$ 不列入表 5.5 的第 3, 第 7 和第 11 行.

我们可以证明：$(1, \gamma_1, 0, \Gamma_1)$ 也不列入表 5.5 的第 2, 第 8 和第 9 行, 这里以不列入第 2 行为例予以证明.

假如 $(1, \gamma_1, 0, \Gamma_1)$ 列在表 5.5 的第 2 行, 那么 $\delta = \gamma = 0, m_1 = 1, s_1 = 0, \gamma_1 = 1$, 并且存在满足 $0 \leq t \leq s-1$ 的整数 t, 使得 $m_1 = 1 = m-1-t, s_1 = 0 = s-1-t$. 因此 $m = t+2, s = t+1$, 于是 $m = s+1$. 从 $(m, 2s, s, \phi)$ 满足 (5.4), 即 $m = \nu + s$, 得 $\nu = 1$. 因为 $\delta = 0$, 所以 $n = 2$. 再从 $1 \leq m \leq n-1$ 得 $m = 1$. 这与 $m = t+2$ 矛盾, 所以 $(1, \gamma_1, 0, \Gamma_1)$ 不列入表 5.5 的第 2 行.

因此, $(1, \gamma_1, 0, \Gamma_1)$ 只能列入表 5.5 的第 1, 第 4, 第 5, 第 6 和第 10 行. 下面只对列在表 5.5 第 1 行的情形来验证在 $\mathcal{L}_O(m, 2s+\gamma, s, \Gamma; 2\nu+\delta, \Delta)$ 中 G_1 成立, 而对列在其他行的情形, 可以同样地进行.

假设 $(1, \gamma_1, 0, \Gamma_1)$ 列在表 5.5 的第 1 行, 那么 $\delta = 0, \Delta = \phi, \gamma = 1, \Gamma = 1$ 或 $z, \gamma_1 = 0, \Gamma_1 = \phi, m_1 = 1, s_1 = 0, \mathbb{F}_q = \mathbb{F}_3$, 并且存在一个整数 $t, 0 \leq t \leq s$, 使得 $m_1 = 1 = m-1-t, s_1 = 0 = s-t$. 于是 $(1, \gamma_1, 0, \Gamma_1) = (1, 0, 0, \phi), m = t+2, s = t$, 因此 $m = s+2$. 从 $(m, 2s+1, s, \Gamma)$ 满足 (5.4) 可得 $\nu = 2$, 因此 $n = 2\nu + \delta = 4$. 因为 $m = s+2 \leq n-1 = 3$, 所以 $s = 1, m = 3$, 或 $s = 0$ 而 $m = 2$. 于是 $\mathcal{L}_O(m, 2s+\gamma, s, \Gamma; 2\nu, \phi) = \mathcal{L}_O(3, 3, 1, \Gamma; 2 \cdot 2, \phi)$ 或 $\mathcal{L}_O(2, 1, 0, \Gamma; 2 \cdot 2, \phi)$. 在前一种情形, $(1, 1, 0, \Gamma_1)$ ($\Gamma_1 = 1$ 或 z) 都满足 (5.15) 而不列入表 5.5, 从而 $(1, 1, 0, \Gamma_1)$ 型子空间 ($\Gamma_1 = 1$ 或 z) 是 $\mathcal{L}_O(3, 3, 1, \Gamma; 2 \cdot 2, \phi)$ 的原子; 在后一种情形, 只有 $(1, 1, 0, \Gamma)$ 满足 (5.15) 而不列入表 5.5, 从而 $(1, 1, 0, \Gamma)$ 型子空间是 $\mathcal{L}_O(2, 1, 0, \Gamma; 2 \cdot 2, \phi)$ 的原子.

对于任意 $U \in \mathcal{L}_O(3, 3, 1, \Gamma; 2 \cdot 2, \phi) \setminus \{0\}$, 由定理 5.12, U 是 $\mathbb{F}_3^4$, $(1, 1, 0, \Gamma_1)$ 型 ($\Gamma_1 = 1$ 或 z), $(2, 2, 1, \phi)$ 型, $(2, 2, 0, \Gamma_1)$ 型 ($\Gamma_1 = [1, -z]$), $(2, 1, 0, \Gamma)$ 型, 或 $(3, 3, 1, \Gamma)$ 型子空间. 如果 U 是 $(1, 1, 0, \Gamma)$ 型子空间, 那么它是原子. 如果 U 是 $(3, 3, 1, \Gamma)$ 型子空间, 可以假定 $U = \langle u_1, u_2, u_3 \rangle$, 使得

$$\begin{pmatrix} u_1 \\ u_2 \\ u_3 \end{pmatrix} S_{2 \cdot 2} {}^t\begin{pmatrix} u_1 \\ u_2 \\ u_3 \end{pmatrix} = [S_{2 \cdot 1}, \Gamma].$$

那么 $\langle u_1 + u_3 \rangle, \langle u_2 + u_3 \rangle$ 和 $\langle u_3 \rangle$ 都是 $\mathcal{L}_O(3, 3, 1, \Gamma; 2 \cdot 2, \phi)$ 的原子, 并且 $U = \langle u_1 + u_3 \rangle \vee \langle u_2 + u_3 \rangle \vee \langle u_3 \rangle$. 同样, 当 U 是 $(2, 2, 1, \phi)$ 型, $(2, 2, 0, \Gamma_1)$ 型 ($\Gamma_1 = [1, -z]$), 或 $(2, 1, 0, \Gamma)$ 型子空间时, U 也是 $\mathcal{L}_O(3, 3, 1, \Gamma; 2 \cdot 2, \phi)$ 中原子的并. 从 $|\mathcal{M}(3, 3, 1, \Gamma; 2 \cdot 2)| \geq 2$, 我们有 $W_1, W_2 \in \mathcal{M}(3, 3, 1, \Gamma; 2 \cdot 2, \phi)$ 而 $W_1 \neq W_2$. 于是 $\mathbb{F}_3^4 = W_1 \vee W_2$. 但是 W_1 和 W_2 是 $\mathcal{L}_O(3, 3, 1, \Gamma; 2 \cdot 2, \phi)$ 中原子的并, 所以 $\mathbb{F}_3^4$ 也是其原子的并. 因此, 在 $\mathcal{L}_O(3, 3, 1, \Gamma; 2 \cdot 2, \phi)$ 中 G_1 成立.

同理可证, 在 $\mathcal{L}_O(2, 1, 0, \Gamma; 2 \cdot 2, \phi)$ 中 G_1 也成立.

最后, 我们来完成 (a) 和 (b) 的证明.

(a) 类似于定理 4.19(a) 的证明, 可知 $\mathcal{L}_O(1, 0, 0, \phi; 2\nu+\delta, \Delta)$ 和 $\mathcal{L}_O(1, 1, 0, \Gamma_1; 2\nu+\delta, \Delta)$ ($\Gamma_1 = 1$ 或 z) 是几何格.

(b) 对于 $2 \leq m \leq 2\nu + \delta - 1$, 要证明存在 $U, W \in \mathcal{L}_O(m, 2s+\gamma, s, \Gamma; 2\nu+\delta, \Delta)$, 使得 (1.23) 不成立, 即在 $\mathcal{L}_O(m, 2s+\gamma, s, \Gamma; 2\nu+\delta, \Delta)$ 中 G_2 不成立, 从而 $\mathcal{L}_O(m, 2s+\gamma, s, \Gamma; 2\nu+\delta, \Delta)$ 不是几何格. 因为对于 $\gamma = 0, 1$, 或 2 的情形, 在 $\mathcal{L}_O(m, 2s+\gamma, s, \Gamma; 2\nu+\delta, \Delta)$ 中选取使得 (1.23) 不成立的 U 和 W 的方法相同. 这里只给出 $\gamma = 1$ 时 U 和 W 的选取, 我们分以下四种情形.

情形 1: $\delta = 0$, 或 $\delta = 1$ 而 $\Gamma \neq \Delta$. 这时 (5.1) 式变成 $2s+1 \leq m \leq \nu + s$. 令 $\sigma = \nu + s - m$, 再分 $m - 2s - 1 \geq 1$ 和 $m - 2s - 1 = 0$ 两种情形.

情形 1-1: $m - 2s - 1 \geq 1$. 从 $m - 2s - 1 \geq 1$ 和 $m \leq \nu + s$ 得 $s + 2 \leq \nu$. 令

$$U = \begin{pmatrix} I^{(s)} & 0 & 0 & 0 & 0 & 0 & 0 & 0 & 0 \\ 0 & 0 & 0 & 0 & 0 & I^{(s)} & 0 & 0 & 0 \\ 0 & 1 & 0 & 0 & 0 & 0 & \Gamma/2 & 0 & 0 \\ 0 & 0 & 0 & I^{(m-2s-2)} & 0 & 0 & 0 & 0 & 0 \end{pmatrix}$$
$$\quad\; s \quad 1 \quad 1 \quad m-2s-2 \quad \sigma \quad s \quad 1 \quad 1 \quad m-2s-2 \quad \sigma$$

和 $W = \langle e_{s+2} + (\Gamma/2)e_{\nu+s+2} \rangle$, 那么 U 和 W 分别是 $(m-1, 2s+1, s, \Gamma)$ 型和 $(1, 1, 0, \Gamma)$ 型子空间, 而且当 $q \equiv 3 \pmod 4$ 和 $q \equiv 1 \pmod 4$ 时, -1 分别是非平方元或平方元, 所以 $[\Gamma, \Gamma]$ 分别合同于 $[1, -z]$ 或 $S_{2\cdot 1}$. 于是, $\langle U, W \rangle$ 分别是 $(m, 2s+2, s, \phi)$ 型和 $(m, 2(s+1), s+1, \phi)$ 型子空间. 由定理 5.12, $U, W \in \mathcal{L}_O(m, 2s+1, s, \Gamma; 2\nu+\delta, \Delta)$. 但 $\langle U, W \rangle \notin \mathcal{L}_O(m, 2s+1, s, \Gamma; 2\nu+\delta, \Delta)$. 因此 $r(U) = m-1$, $r(W) = 1$, $U \vee W = \mathbb{F}_q^{2\nu}$ 和 $r(U \vee W) = m+1$. 显然, $U \wedge W = \{0\}$ 和 $r(U \wedge W) = 0$. 因而 $r(U \vee W) + r(U \wedge W) > r(U) + r(W)$. 于是对于我们所取的 U 和 W, (1.23) 不成立.

情形 1-2: $m - 2s - 1 = 0$. 从 $m - 2s - 1 = 0$ 和 $2 \leq m \leq 2\nu + \delta - 1$ 有 $s \geq 1$ 和 $s + 1 \leq \nu$. 令

$$U = \begin{pmatrix} I^{(s-1)} & 0 & 0 & 0 & 0 & 0 & 0 \\ 0 & 0 & 0 & 0 & I^{(s)} & 0 & 0 \\ 0 & 0 & 1 & 0 & 0 & \Gamma/2 & 0 \end{pmatrix}$$
$$\quad\; s-1 \quad 1 \quad 1 \quad \sigma \quad s \quad 1 \quad \sigma$$

和 $W = \langle e_{s+1} - (\Gamma/2)e_{\nu+s+1} \rangle$, 那么 U 和 W 分别是 $(m-1, 2(s-1)+1, s-1, \Gamma)$ 型和 $(1, 1, 0, -\Gamma)$ 型子空间, 而 $\langle U, W \rangle$ 是 $(m, 2s, s, \phi)$ 型子空间. 由证明 G_1 成立时可知, 当 $(m, 2s+\gamma, s, \Gamma)$ 满足 (5.4) 时, $(1, 1, 0, -\Gamma)$ 不列入表 5.5. 由定理 5.12, $U, W \in \mathcal{L}_O(m, 2s+1, s, \Gamma; 2\nu+\delta, \Delta)$, 而 $\langle U, W \rangle \notin \mathcal{L}_O(m, 2s+1, s, \Gamma; 2\nu+\delta, \Delta)$. 再按情形 1-1 的相应步骤推导, 可知对于所取的 U 和 W, (1.23) 不成立.

情形 2: $\delta = 1$ 而 $\Gamma = \Delta$. 这时 (5.1) 式变成 $2s+1 \leq m \leq \nu + s + 1$. 令 $\sigma = \nu + s - m + 1$, 再分 $m - 2s - 1 \geq 1$ 和 $m - 2s - 1 = 0$ 两种情形.

情形 2-1: $m-2s-1 \geq 1$. 从 $m-2s-1 \geq 1$ 和 $2 \leq m \leq 2\nu$ 得 $s+1 \leq \nu$. 令

$$U = \begin{pmatrix} I^{(s)} & 0 & 0 & 0 & 0 & 0 & 0 & 0 & 0 \\ 0 & 0 & 0 & 0 & I^{(s)} & 0 & 0 & 0 & 0 \\ 0 & 0 & 0 & 0 & 0 & 0 & 0 & 0 & 1 \\ 0 & 0 & I^{(m-2s-2)} & 0 & 0 & 0 & 0 & 0 & 0 \end{pmatrix}$$
$$\quad s \quad 1 \quad m-2s-2 \quad \sigma \quad s \quad 1 \quad m-2s-2 \quad \sigma \quad 1$$

和 $W = \langle e_{s+1} + (\Delta/2)e_{\nu+s+1} \rangle$, 那么 U 和 W 分别是 $(m-1, 2s+1, s, \Delta)$ 型和 $(1,1,0,\Delta)$ 型子空间. 当 $q \equiv 3 \pmod{4}$ 和 $q \equiv 1 \pmod{4}$ 时, 如同情形 1-1 一样, $\langle U, W \rangle$ 分别是 $(m, 2s+2, s)$ 型和 $(m, 2(s+1), s+1)$ 型子空间. 再按照情形 1-1 的步骤进行, 可知对于所取的 U 和 W, (1.23) 不成立.

情形 2-2: $m-2s-1 = 0$. 从 $m-2s-1 = 0$ 和 $2 \leq m \leq 2\nu$ 得 $s \geq 1$, $s+1 \leq \nu$ 和 $\sigma = \nu+s-m+1 = \nu-s \geq 1$. 令

$$U = \begin{pmatrix} I^{(s-1)} & 0 & 0 & 0 & 0 & 0 & 0 & 0 \\ 0 & 0 & 0 & 0 & I^{(s)} & 0 & 0 & 0 \\ 0 & 0 & 0 & 0 & 0 & 0 & 0 & 1 \end{pmatrix}$$
$$\quad s-1 \quad 1 \quad 1 \quad \sigma-1 \quad s \quad 1 \quad \sigma-1 \quad 1$$

和 $W = \langle e_{s+1} + (\Delta/2)e_{\nu+s+1} \rangle$, 那么 U 和 W 分别是 $(m-1, 2(s-1)+1, s-1, \Delta)$ 和 $(1,1,0,\Delta)$ 型子空间, 当 $q \equiv 3 \pmod{4}$ 和 $q \equiv 1 \pmod{4}$ 时, $\langle U, W \rangle$ 分别是 $(m, 2(s-1)+2, s-1, \Delta)$ 型和 $(m, 2s, s)$ 型子空间. 如同情形 1-1 一样, 对于所取的 U 和 W, (1.23) 不成立.

情形 3: $\delta = 2$. 这时 (5.1) 式变成 $2s+1 \leq m \leq \nu+s+1$. 令 $\sigma = \nu+s-m+1$. 再分 $m-2s-1 \geq 1$ 和 $m-2s-1 = 0$ 两种情形.

情形 3-1: $m-2s-1 \geq 1$. 从 $m-2s-1 \geq 1$ 和 $m \leq 2\nu+1$ 得 $s+1 \leq \nu$. 令

$$U = \begin{pmatrix} I^{(s)} & 0 & 0 & 0 & 0 & 0 & 0 & 0 & 0 & 0 \\ 0 & 0 & 0 & 0 & I^{(s)} & 0 & 0 & 0 & 0 & 0 \\ 0 & 0 & 0 & 0 & 0 & 0 & 0 & 0 & x & y \\ 0 & 0 & I^{(m-2s-2)} & 0 & 0 & 0 & 0 & 0 & 0 & 0 \end{pmatrix}$$
$$\quad s \quad 1 \quad m-2s-2 \quad \sigma \quad s \quad 1 \quad m-2s-2 \quad \sigma \quad 1 \quad 1$$

和 $W = \langle e_{s+1} + (\Gamma/2)e_{\nu+s+1} \rangle$, 其中 $x^2 - zy^2 = \Gamma$. 那么 U 和 W 分别是 $(m-1, 2s+1, s, \Gamma)$ 型和 $(1,1,0,\Gamma)$ 型子空间. 但是, 当 $q \equiv 3 \pmod{4}$ 和 $q \equiv 1 \pmod{4}$ 时, $\langle U, W \rangle$ 分别是 $(m, 2s+2, s, \Gamma)$ 型和 $(m, 2(s+1), s+1, \phi)$ 型子空间. 仍和情形 1-1 一样, 对于所取的 U 和 W, (1.23) 不成立.

情形 3-2: $m-2s-1 = 0$. 从 $m-2s-1 = 0$ 和 $2 \leq m \leq 2\nu+1$ 得 $s \geq 1$ 和

第五章 奇特征的正交群作用下子空间轨道生成的格

$m \geq 3$. 我们取 (a,b) 和 (c,d) 是 $x^2 - zy^2 = \Gamma$ 的两个线性无关的解. 令

$$U = \begin{pmatrix} I^{(s-1)} & 0 & 0 & 0 & 0 & 0 & 0 \\ 0 & 0 & 0 & I^{(s)} & 0 & 0 & 0 \\ 0 & 0 & 0 & 0 & 0 & a & b \end{pmatrix}$$
$${\scriptstyle s-1 \quad 1 \quad \sigma \quad s \quad \sigma \quad 1 \quad 1}$$

和 $W = \langle ce_{2\nu+1} + de_{2\nu+2} \rangle$, 那么 U 和 W 分别是 $(m-1, 2(s-1)+1, s-1, \Gamma)$ 型和 $(1, 1, 0, \Gamma)$ 型子空间. 因为

$$\begin{pmatrix} a & b \\ c & d \end{pmatrix} \begin{pmatrix} 1 & \\ & -z \end{pmatrix} {}^t\!\begin{pmatrix} a & b \\ c & d \end{pmatrix} \tag{5.56}$$

的行列式的值是 $-(ad-bc)^2 z$. 所以 (5.56) 合同于 $[1, -z]$. 从而

$$\begin{pmatrix} U \\ W \end{pmatrix} S_{2\nu+2,\Delta} {}^t\!\begin{pmatrix} U \\ W \end{pmatrix}$$

合同于

$$[S_{2(s-1)+2,\Delta}, 0^{(m_2-2s_2)}].$$

于是 $\langle U, W \rangle$ 是 $(m, 2(s-1)+2, s-1)$ 型子空间. 如同情形 1-2 一样, 对于所取的 U 和 W, (1.23) 不成立.

定理5.20 设 $n = 2\nu + \delta > m \geq 1$, 而 $(m, 2s+\gamma, s, \Gamma)$ 满足 (5.1). 那么

(a) 对于 $m = 1$ 或 $2\nu + \delta - 1$, $\mathcal{L}_R(m, 2s+\gamma, s, \Gamma; 2\nu+\delta, \Delta)$ 是有限几何格.

(b) 对于 $2 \leq m \leq 2\nu + \delta - 2$, $\mathcal{L}_R(m, 2s+\gamma, s, \Gamma; 2\nu+\delta, \Delta)$ 是有限原子格, 但不是几何格.

证明 易知, 对于 $1 \leq m \leq 2\nu + \delta - 1$, $\mathcal{L}_R(m, 2s+\gamma, s, \Gamma; 2\nu+\delta, \Delta)$ 是有限原子格. 对于任意 $X \in \mathcal{L}_R(m, 2s+\gamma, s, \Gamma; 2\nu+\delta, \Delta)$, 按 (5.54) 来定义 $r'(x)$, 由定理 5.17 知, r' 是格 $\mathcal{L}_R(1, 1, 0, \Gamma; 2 \cdot 1)$ 的秩函数.

(a) 对于 $m = 1$, 类似于定理 2.19(a) 的证明, $\mathcal{L}_R(m, 2s+\gamma, s, \Gamma; 2\nu+\delta, \Delta)$ 是有限几何格; 对于 $m = 2\nu+\delta-1$, 作为定理 2.8 的特殊情形, $\mathcal{L}_R(m, 2s+\gamma, s, \Gamma; 2\nu+\delta, \Delta)$ 也是有限几何格.

(b) 设 $2 \leq m \leq 2\nu+\delta-2$, 并且 $U \in \mathcal{M}(m, 2s+\gamma, s, \Gamma; 2\nu+\delta, \Delta)$, 不妨取

$$US_{2\nu+\delta,\Delta}{}^t U = [\Lambda_1, 0^{(m-2s-\gamma)}],$$

而 $\Lambda_1 = S_{2s+\gamma,\Gamma}$. 由文献 [29] 中的引理 6.2, 存在 $(2\nu+\delta-m) \times (2\nu+\delta)$ 矩阵 Z, 使得

$$\begin{pmatrix} U \\ Z \end{pmatrix} S_{2\nu+\delta,\Delta} {}^t\!\begin{pmatrix} U \\ Z \end{pmatrix} = [\Lambda_1, S_{2(m-2s-\gamma)}, \Lambda^*],$$

其中 Λ^* 由表 5.7 确定.

表 5.7

	$\delta = 0$	$\delta = 1$ 而 $\Delta = 1$	$\delta = 1$ 而 $\Delta = z$	$\Delta = 2$
$\gamma = 0$	Σ_0	$[\Sigma_0, 1]$	$[\Sigma_0, z]$	$[\Sigma_0, 1, -z]$
$\gamma = 1$ 而 $\Gamma = 1$	$[\Sigma_0, -1]$	Σ_1	$[\Sigma_0, -1, z]$	$[\Sigma_1, -z]$
$\gamma = 1$ 而 $\Gamma = z$	$[\Sigma_0, -z]$	$[\Sigma_0, 1, -z]$	Σ_1	$[\Sigma_1, -1]$
$\gamma = 2$	$[\Sigma_0, 1, -z]$	$[\Sigma_1, z]$	$[\Sigma_1, 1]$	Σ_2

在表 5.7 中, $\Sigma_i = S_{2(\nu-m+s+i)}$, $i = 0, 1$ 或 2.

我们要分 "$\delta = 0$", "$\delta = 1, \Delta = 1$", "$\delta = 1, \Delta = z$" 和 "$\delta = 2$" 四种情形进行研究. 这里只给出 $\delta = 0$ 的情形的证明. 再分以下四种情形.

(i) $\gamma = 0$. 这时 $\Lambda_1 = S_{2s}$, $\Lambda^* = S_{2(\nu-m+s)}$. 设 U 的行向量依次是 $u_1, \cdots, u_s, v_1, \cdots, v_s, u_{s+1}, \cdots, u_{m-s}$, 而 Z 的行向量依次是 $v_{s+1}, \cdots, v_{m-s}, u_{m-s+1}, \cdots, u_\nu, v_{m-s+1}, \cdots, v_\nu$. 设 $W = \langle v_{\nu-m+s+1}, \cdots, v_{\nu-s}, u_{\nu-s+1}, \cdots, u_\nu, v_{\nu-s+1}, \cdots, v_\nu \rangle$, 那么 $W \in \mathcal{M}(m, 2s, s, \phi; 2\nu) \subset \mathcal{L}_R(m, 2s, s, \phi; 2\nu)$. 我们已假定 $m \leq 2\nu - 2$, 于是 $s < \nu$. 如果 $m = 2s$, 那么 $m - s = s < \nu$, 从而 $u_\nu, v_\nu \notin U$; 如果 $m > 2s$, 那么 $s < \nu - 1$, 从而 $v_\nu, v_{\nu-1} \notin U$. 因而在这两种情形都有 $\dim \langle U, W \rangle \geq m+2$. 由维数公式, $\dim(U \cap W) \leq m - 2$. 于是 $U \wedge W = \mathbb{F}_q^{2\nu}$, $r'(U \wedge W) = 0$, 并且 $\dim(U \vee W) = \dim(U \cap W) \leq m-2$, $r'(U \vee W) \geq 3$. 但 $r'(U) = r'(W) = 1$. 因此 $r'(U \vee W) + r'(U \wedge W) > r'(U) + r'(W)$, 即 (2.8) 不成立.

(ii) $\gamma = 1$. 这时 $\Lambda_1 = S_{2s+1,\Gamma}$, $\Lambda^* = S_{2(\nu-m+s)+1,-\Gamma}$, 而 $\Gamma = (1)$ 或 (z). 设 U 的行向量依次是 $u_1, \cdots, u_s, v_1, \cdots, v_s, w, u_{s+1}, \cdots, u_{m-s-1}$, 而 Z 的行向量依次是 $v_{s+1}, \cdots, v_{m-s-1}, u_{m-s}, \cdots, u_{\nu-1}, v_{m-s}, \cdots, v_{\nu-1}, w^*$. 令 $W = \langle v_{\nu-m+s+1}, \cdots, v_{\nu-s-1}, u_{\nu-s}, \cdots, u_{\nu-2}, v_{\nu-s}, \cdots, v_{\nu-2}, w, w^*, (1/2)\Gamma u_{\nu-1} + v_{\nu-1} \rangle$. 因为 $((1/2)\Gamma u_{\nu-1} + v_{\nu-1}) S_{2\nu} {}^t((1/2)\Gamma u_{\nu-1} + v_{\nu-1}) = \Gamma$. 而且

$$\begin{pmatrix} (1/2)\Gamma & (-1/2)\Gamma \\ 1 & 1 \end{pmatrix} \begin{pmatrix} w \\ w^* \end{pmatrix} S_{2\nu} \cdot {}^t\begin{pmatrix} w \\ w^* \end{pmatrix} {}^t\begin{pmatrix} (1/2)\Gamma & (-1/2)\Gamma \\ 1 & 1 \end{pmatrix} = S_{2\cdot 1}.$$

所以 $W \in \mathcal{M}(m, 2s+1, s, \Gamma; 2\nu) \subset \mathcal{L}_R(m, 2s+1, s, \Gamma; 2\nu)$. 由题设 $2s + 1 \leq m \leq 2\nu - 2$ 和 $m \leq \nu + s$, 得 $m - s - 1 \leq \nu - 1$ 和 $s < \nu - 1$, 从而 $(1/2)\Gamma u_{\nu-1} + v_{\nu-1} \notin U$. 但 $w^* \notin U$. 再按情形 (i) 的相应步骤进行, 可知 (2.8) 成立.

(iii) $\gamma = 2$, 这时 $\Lambda_1 = S_{2s+2,\Gamma}$, $\Lambda^* = S_{2(\nu-m+s)+2,\Gamma}$, 而 $\Gamma = [1, -z]$. 设 U 的行向量依次是 $u_1, \cdots, u_s, v_1, \cdots, v_s, w_1, w_2, u_{s+1}, \cdots, u_{m-s-2}$, 而 Z 的行向量依次是 $v_{s+1}, \cdots, v_{m-s-2}, u_{m-s-1}, \cdots, u_{\nu-2}, v_{m-s-1}, \cdots, v_{\nu-2}, w_1^*, w_2^*$. 令 $W = \langle v_{\nu-m+s+1}, \cdots, v_{\nu-s-2}, u_{\nu-s-1}, \cdots, u_{\nu-2}, v_{\nu-s-1}, \cdots, v_{\nu-2}, w_1^*, w_2^* \rangle$. 那么 $W \in \mathcal{M}(m, 2s+2, s, \Gamma; 2\nu, \phi) \subset \mathcal{L}_R(m, 2s+2, s, \Gamma; 2\nu, \phi)$. 显然 $w_1^*, w_2^* \notin U$, 再仿情形

(i) 进行, 可知 (2.8) 成立.

因此, 对于 $2 \leq m \leq 2\nu - 2$, $\mathcal{L}_R(m, 2s+\gamma, s, \Gamma; 2\nu)$ 不是几何格.

§5.9 注　记

本章编写中, 主要根据参考文献 [13] 和 [19] 编写. 引理 5.4—5.9, 定理 5.10 的充分性, 定理 5.12, 定理 5.18, 推论 5.13—5.14 都取自参考文献 [13]. §5.5 和 §5.6 取自 [19].

本章的主要参考资料有: 参考文献 [13, 19, 22, 29] 和 [34].

第六章 偶特征的正交群作用下子空间轨道生成的格

§6.1 偶特征的正交群 $O_{2\nu+\delta}(\mathbb{F}_q)$ 作用下子空间轨道生成的格

在这一章中，始终假定 q 是 2 的幂，而 $\mathbb{F}_q$ 是 q 个元素的有限域. 设 $N = \{x^2 + x | x \in \mathbb{F}_q\}$. 易知，$N$ 是 $\mathbb{F}_q$ 的一个指数为 2 的加法子群，我们选定一个固定元素 $\alpha \in \mathbb{F}_q$，但 $\alpha \notin N$.

我们把 $\mathbb{F}_q$ 上全体 $n \times n$ 交错矩阵的集合记为 $\mathcal{K}_n$. $\mathbb{F}_q$ 上的两个 $n \times n$ 矩阵 A 和 B 说成是 $\mathrm{mod}\,\mathcal{K}_n$ 同余，如果 $A + B \in \mathcal{K}_n$，记成

$$A \equiv B (\mathrm{mod}\,\mathcal{K}_n),$$

或简单地记为 $A \equiv B$. $\mathbb{F}_q$ 上两个 $n \times n$ 矩阵 A 和 B 称为"**合同**"的，如果存在一个 $n \times n$ 非奇异矩阵 Q，使得 $QA\,{}^tQ \equiv B$. 显然，"合同"是 $n \times n$ 矩阵集合上的一个等价关系. $\mathbb{F}_q$ 上 $n \times n$ 矩阵 A 称为 **定号的**，如果从 $xA\,{}^tx = 0, x \in \mathbb{F}_q$ 推出 $x = 0$，否则称为 **非定号的**. 由文献 [29] 中第一章定理 1.34 知，$\mathbb{F}_q$ 上定号矩阵的级数 ≤ 2. 如果定号矩阵 A 是 1×1 矩阵，A 一定"合同于"(1); 如果 A 是 2×2 矩阵，A 一定"合同"于

$$\begin{pmatrix} \alpha & 1 \\ & \alpha \end{pmatrix},$$

其中 α 是 $\mathbb{F}_q$ 中选定的一个不属于 N 的元素. $\mathbb{F}_q$ 上"合同于"

$$\begin{pmatrix} 0 & I & \\ & 0 & \\ & & C \end{pmatrix}$$

的 $n \times n$ 矩阵 G，其中 C 不出现，或是定号矩阵，就称 G 是 **正则矩阵**(见文献 [34]).

设 $n = 2\nu + \delta$，其中 ν 是非负整数，而 $\delta = 0, 1$, 或 2. 我们引进符号

$$\Delta = \begin{cases} \phi, & \text{如果 } \delta = 0, \\ 1, & \text{如果 } \delta = 1, \\ \begin{pmatrix} \alpha & 1 \\ & \alpha \end{pmatrix}, & \text{如果 } \delta = 2, \end{cases}$$

第六章 偶特征的正交群作用下子空间轨道生成的格

并且令

$$G_{2\nu+\delta} = \left[\begin{pmatrix} 0 & I^{(\nu)} \\ & 0 \end{pmatrix}, \Delta \right].$$

那么称 ν 是 $G_{2\nu+\delta}$ 的**指数**, 而 Δ 是它的**定号部分**.

定义 6.1 $\mathbb{F}_q$ 上满足

$$TG_{2\nu+\delta}{}^tT \equiv G_{2\nu+\delta}$$

的全体 $(2\nu+\delta) \times (2\nu+\delta)$ 矩阵 T 对矩阵的乘法作成一个群, 称为 $\mathbb{F}_q$ **上关于** $G_{2\nu+\delta}$ **的** $2\nu+\delta$ **级正交群**, 记为 $O_{2\nu+\delta}(\mathbb{F}_q)$.

$2\nu+\delta$ 维行向量空间 $\mathbb{F}_q^{2\nu+\delta}$ 与正交群 $O_{2\nu+\delta}(\mathbb{F}_q)$ 在它上面的作用一起称为 $\mathbb{F}_q$ 上的 $2\nu+\delta$ **维正交空间**.

从文献 [29] 中 §7.1 知道, $\mathbb{F}_q$ 上的 $m \times m$ 矩阵 "合同" 于如下的标准形之一:

$$M(m, 2s, s) = [G_{2s}, 0^{(m-2s)}],$$
$$M(m, 2s+1, s) = [G_{2s}, 0^{(m-2s-1)}, 1],$$
$$M(m, 2s+2, s) = [G_{2s+2}, 0^{(m-2s-2)}].$$

我们使用符号 $M(m, 2s+\gamma, s)$ 泛指这三种情形, 其中 s 是它的**指数**, $0 \le s \le [(m-\gamma)/2]$, 而 $\gamma = 0, 1$, 或 2.

设 P 是 $2\nu+\delta$ 维正交空间 $\mathbb{F}_q^{2\nu+\delta}$ 的 m 维子空间. 如果 $PG_{2\nu+\delta}{}^tP$ "合同" 于 $M(m, 2s+\gamma, s)$, 那么 P 称为 $\mathbb{F}_q^{2\nu+\delta}$ 中**关于** $G_{2\nu+\delta}$ **的** $(m, 2s+\gamma, s, \Gamma)$ **型子空间**, 其中

$$\Gamma = \begin{cases} 0, & \text{如果 } \delta = \gamma = 1 \text{ 而 } e_{2\nu+1} \notin P, \\ 1, & \text{如果 } \delta = \gamma = 1 \text{ 而 } e_{2\nu+1} \in P, \\ \phi, & \text{如果 } \delta \ne 1 \text{ 或 } \gamma \ne 1, \end{cases}$$

这里 $e_{2\nu+1}$ 是第 $2\nu+1$ 个分量为 1 而其余分量为 0 的 $2\nu+\delta$ 维行向量. 如果矩阵 $G_{2\nu+\delta}$ 和正交空间 $\mathbb{F}_q^{2\nu+\delta}$ 可从上下文看出时, 就简单说 P 是 $(m, 2s+\gamma, s, \Gamma)$ 型子空间. 如果 $\delta \ne 1$ 或 $\gamma \ne 1$, 那么 $(m, 2s+\gamma, s, \Gamma)$ 型子空间简记为 $(m, 2s+\gamma, s)$ 型子空间. 我们把 $(m, 0, 0)$ 型和 $(2s+\gamma, 2s+\gamma, s, \Gamma)$ 型子空间分别称为**全奇异和非奇异子空间**. $\mathbb{F}_q^{2\nu+\delta}$ 中的向量 v 称为**奇异的或非奇异的**, 如果分别有 $vG_{2\nu+\delta}{}^tv = 0$ 或 $vG_{2\nu+\delta}{}^tv \ne 0$.

文献 [29] 的定理 7.5 在本章及第八章中经常用到, 现在把它写成如下的

定理 6.1 $2\nu+\delta$ 维正交空间 $\mathbb{F}_q^{2\nu+\delta}$ 中关于 $G_{2\nu+\delta}$ 存在 $(m, 2s+\gamma, s, \Gamma)$ 型子空间, 当且仅当

$$2s+\gamma \le m \le \begin{cases} \nu+s+\min\{\delta, \gamma\}, & \text{如果 } \delta \ne 1, \text{ 或 } \gamma \ne 1, \\ & \text{或 } \gamma = \delta = 1, \text{ 而 } \Gamma = 1, \\ \nu+s, & \text{如果 } \gamma = \delta = 1 \text{ 而 } \Gamma = 0. \end{cases} \quad (6.1)$$

我们用 $\mathcal{M}(m, 2s+\gamma, s, \Gamma; 2\nu+\delta)$ 表示 $\mathbb{F}_q^{2\nu+\delta}$ 中关于 $G_{2\nu+\delta}$ 的全体 $(m, 2s+\gamma, s, \Gamma)$ 型子空间所成的集合. 如果 $\delta \neq 1$ 或 $\gamma \neq 1$, 有时也简单记为 $\mathcal{M}(m, 2s+\gamma, s; 2\nu+\delta)$. 由推广的 Witt 定理 (见文献 [10] 的定理 2). $\mathcal{M}(m, 2s+\gamma, s, \Gamma; 2\nu+\delta)$ 是 $\mathbb{F}_q^{2\nu+\delta}$ 的子空间集在**正交群** $O_{2\nu+\delta}(\mathbb{F}_q)$ 作用下的**一条轨道**.

定义 6.2 设 $\mathcal{M}(m, 2s+\gamma, s, \Gamma; 2\nu+\delta)$ 是正交群 $O_{2\nu+\delta}(\mathbb{F}_q)$ 作用下的一条轨道. 由 $\mathcal{M}(m, 2s+\gamma, s, \Gamma; 2\nu+\delta)$ 生成的集合记为 $\mathcal{L}(m, 2s+\gamma, s, \Gamma; 2\nu+\delta)$, 即 $\mathcal{L}(m, 2s+\gamma, s, \Gamma; 2\nu+\delta)$ 是 $\mathcal{M}(m, 2s+\gamma, s, \Gamma; 2\nu+\delta)$ 中子空间的交组成的集合, $\mathbb{F}_q^{2\nu+\delta}$ 看成是 $\mathcal{M}(m, 2s+\gamma, s, \Gamma; 2\nu+\delta)$ 中零个子空间的交. 如果按子空间的包含 (反包含) 关系来规定它的偏序, 所得的格记为 $\mathcal{L}_O(m, 2s+\gamma, s, \Gamma; 2\nu+\delta)$ ($\mathcal{L}_R(m, 2s+\gamma, s, \Gamma; 2\nu+\delta)$). 格 $\mathcal{L}_O(m, 2s+\gamma, s, \Gamma; 2\nu+\delta)$ 和 $\mathcal{L}_R(m, 2s+\gamma, s, \Gamma; 2\nu+\delta)$ 称为正交群 $O_{2\nu+\delta}(\mathbb{F}_q)$ 作用下 **子空间轨道** $\mathcal{M}(m, 2s+\gamma, s, \Gamma; 2\nu+\delta)$ **生成的格**.

有时为了书写简单, 记 $\mathcal{M}^{(\Gamma)} = \mathcal{M}(m, 2s+\gamma, s, \Gamma; 2\nu+\delta)$.

从定理 2.9 推出

定理 6.2 $\mathcal{L}_O(m, 2s+\gamma, s, \Gamma; 2\nu+\delta)$ ($\mathcal{L}_R(m, 2s+\gamma, s, \Gamma; 2\nu+\delta)$) 是有限格, 并且 $\cap_{X \in \mathcal{M}_s^{(\Gamma)}}$ 和 $\mathbb{F}_q^{2\nu+\delta}$ 分别是 $\mathcal{L}_O(m, 2s+\gamma, s, \Gamma; 2\nu+\delta)$ ($\mathcal{L}_R(m, 2s+\gamma, s, \Gamma; 2\nu+\delta)$) 的最小 (最大) 元和最大 (最小) 元. □

由定理 2.10, 可得

定理 6.3 设 $n = 2\nu + \delta > m \geq 1$, 并且 $(m, 2s+\gamma, s, \Gamma)$ 满足 (6.1), 那么 $\mathcal{L}_R(m, 2s+\gamma, s, \Gamma; 2\nu+\delta)$ 是一个有限原子格, 而 $\mathcal{M}(m, 2s+\gamma, s, \Gamma; 2\nu+\delta)$ 是它的原子集. □

文献 [10] 中的引理 8, 在今后要经常使用, 把它改写如下:

定理 6.4 设 P 是 $\mathbb{F}_q^{2\nu+\delta}$ 中关于 $G_{2\nu+\delta}$ 的 $(m, 2s+\gamma, s, \Gamma)$ 型子空间, 并假定

$$PG_{2\nu+\delta}{}^t P \equiv M(m, 2s+\gamma, s).$$

令 $\sigma_1 = m - 2s - \gamma$ 和 $\sigma_2 = 2(\nu+s-m) + \delta + \gamma$. 由 (6.1) 有 $\sigma_1 \geq 0$ 和 $\sigma_2 \geq 0$, 于是有 P 的一个矩阵表示, 仍记作 P, $\sigma_1 \times (2\nu+\delta)$ 矩阵 X 和 $\sigma_2 \times (2\nu+\delta)$ 矩阵 Y, 使得

$$W = {}^t({}^tP \quad {}^tX \quad {}^tY) \tag{6.2}$$

是非奇异的, 并且有只有如下三种情形之一出现,

(i) 对于 $\gamma = 0$ 或 2

$$WG_{2\nu+\delta}{}^t W \equiv [G_{2s+\gamma}, G_{2\sigma_1}, \Sigma_1],$$

其中 Σ_1 是 $\sigma_2 \times \sigma_2$ 正则矩阵, 它的定号部分的级数是 $|\delta - \gamma|$.

(ii) 对于 $\gamma = 1$ 而 $\delta = 0$ 或 2, 以及 $\gamma = \delta = 1$ 而 $\Gamma = 0$,

$$WG_{2\nu+\delta}{}^tW \equiv \begin{cases} \left[G_{2s}, \begin{pmatrix} 0 & & & I^{(\sigma_1)} \\ & \alpha & & & 1 \\ & & 0 & \\ & & & \alpha \end{pmatrix}\right], \\ \qquad\text{如果 } \delta = 2 \text{ 而 } \nu+s-m+1 = 0, \\ \left[G_{2s}, \begin{pmatrix} 0 & & & I^{(\sigma_1)} \\ & 1 & & & 1 \\ & & 0 & \\ & & & 0 \end{pmatrix}, \Sigma_2\right], \\ \qquad\text{如果 } \delta \neq 2 \text{ 或 } \nu+s-m+1 > 0, \end{cases}$$

其中 Σ_2 是 $(\sigma_2-1) \times (\sigma_2-1)$ 正则矩阵, 它的定号部分的级数是 δ.

(iii) 对于 $\gamma = \delta = 1$ 而 $\Gamma = 1$,

$$WG_{2\nu+\delta}{}^tW \equiv \left[G_{2s}, \begin{pmatrix} 0 & & I^{(\sigma_1)} \\ & 1 & \\ & & 0 \end{pmatrix}, \Sigma_3\right],$$

其中 Σ_3 是 $\sigma_2 \times \sigma_2$ 正则矩阵, 它没有定号部分. □

§6.2 若 干 引 理

引理 6.5 设 $n = 2\nu+\delta > m \geq 1$, 并且 $(m, 2s+\gamma, s, \Gamma)$ 满足 (6.1), 那么

$$\mathcal{L}_R(m, 2s+\gamma, s, \Gamma; 2\nu+\delta) \supset \mathcal{L}_R(m-1, 2s+\gamma, s, \Gamma; 2\nu+\delta).$$

证明 我们只需证明

$$\mathcal{M}(m-1, 2s+\gamma, s, \Gamma; 2\nu+\delta)$$
$$\subset \mathcal{L}_R(m, 2s+\gamma, s, \Gamma; 2\nu+\delta).$$

如果 $m-1 < 2s+\gamma$, 那么

$$\mathcal{M}(m-1, 2s+\gamma, s, \Gamma; 2\nu+\delta) = \phi$$
$$\subset \mathcal{L}_R(m, 2s+\gamma, s, \Gamma; 2\nu+\delta).$$

现在设 $m-1 \geq 2s+\gamma$. 对于任意 $P \in \mathcal{M}(m-1, 2s+\gamma, s, \Gamma; 2\nu+\delta)$, 可选择 P 的一个矩阵表示 P, 使得

$$PG_{2\nu+\delta}{}^tP \equiv M(m-1, 2s+\gamma, s).$$

设 $\sigma_1 = m - 1 - 2s - \gamma$ 和 $\sigma_2 = 2(\nu + s - m) + \delta + \gamma + 2$, 那么 $\sigma_1 \geq 0$, 并且从 (6.1) 可得 $\sigma_2 \geq 0$. 由定理 6.4, 存在 P 的一个矩阵表示, 仍记作 P, $\sigma_1 \times (2\nu + \delta)$ 矩阵 X 和 $\sigma_2 \times (2\nu + \delta)$ 矩阵 Y, 使得 (6.2) 中的 W 是非奇异的, 并且只有如下三种情形之一出现.

(i) 对于 $\gamma = 0$ 或 2,

$$WG_{2\nu+\delta}{}^tW \equiv [G_{2s+\gamma}, G_{2\sigma_1}, \Sigma_1],$$

其中 Σ_1 是 $\sigma_2 \times \sigma_2$ 正则矩阵, 它的定号部分的级数是 $|\delta - \gamma|$;

(ii) 对于 $\gamma = 1$ 和 $\delta = 0$ 或 2, 以及 $\gamma = \delta = 1$ 而 $\Gamma = 0$,

$$WG_{2\nu+\delta}{}^tW \equiv \left[G_{2s}, \begin{pmatrix} 0 & & & I^{(\sigma_1)} \\ & 1 & & & 1 \\ & & 0 & & \\ & & & & 1 \end{pmatrix}, \Sigma_2\right],$$

其中 Σ_2 是 $(\sigma_2 - 1) \times (\sigma_2 - 1)$ 正则矩阵, 它的定号部分的级数是 δ (注意: 如果 $\delta = 2$ 和 $\gamma = 1$, 从 (6.1) 得到 $\nu + s - m + 1 \geq 0$. 因此 $\delta = 2$ 和 $\nu + s - (m-1) + 1 = 0$ 的情形不会出现);

(iii) 对于 $\gamma = \delta = 1$ 而 $\Gamma = 1$.

$$WG_{2\nu+\delta}{}^tW \equiv \left[G_{2s}, \begin{pmatrix} 0 & & I^{(\sigma_1)} \\ & 1 & \\ & & 0 \end{pmatrix}, \Sigma_3\right],$$

其中 Σ_3 是 $\sigma_2 \times \sigma_2$ 正则矩阵, 它没有定号部分.

在情形 (i) 和 (iii), 我们断言: 在 Y 中有两个线性无关的奇异向量 y_1 和 y_2. 对于情形 (iii), 因为 $\sigma_2 \geq 2$ 和 Σ_3 无定号部分, 这个断言自然成立; 对于情形 (i), 如果 $\sigma_2 > 2$, 我们的断言也成立; 如果 $\sigma_2 = 2$, 那么 $\gamma = \delta$ 和 Σ_1 无定号部分, 因此上述断言也成立. 于是

$$\begin{pmatrix} P \\ y_1 \end{pmatrix} \text{ 和 } \begin{pmatrix} P \\ y_2 \end{pmatrix}$$

是两个 $(m, 2s + \gamma, s, \Gamma)$ 型子空间, 并且

$$P = \begin{pmatrix} P \\ y_1 \end{pmatrix} \cap \begin{pmatrix} P \\ y_2 \end{pmatrix} \in \mathcal{L}_R(m, 2s + \gamma, s, \Gamma; 2\nu + \delta).$$

下面留待考虑情形 (ii). 令

$$Y = \begin{pmatrix} y \\ Z \end{pmatrix} \begin{matrix} 1 \\ \sigma_2 - 1 \end{matrix}.$$

如果 Σ_2 的指数 ≥ 1, 那么按照 (i) 和 (iii) 的情形, 可以得到 $P \in \mathcal{L}_R(m, 2s + \gamma, s, \Gamma; 2\nu + \delta)$. 如果 Σ_2 的指数是 0, 那么 $\sigma_2 - 1 = \delta \geq 1$, 并且 $\nu + s - m + 1 = 0$. 当 $\delta = 1$ 时, 从 $\gamma = \delta = 1, \Gamma = 0$ 和 (6.1) 推出 $\nu + s - m \geq 0$, 这与 $\nu + s - m + 1 = 0$ 矛盾. 因此必有 $\sigma_2 - 1 = \delta = 2$. 在进行 "合同" 变换后, 可假定

$$ZG_{2\nu+\delta}{}^tZ \equiv \begin{pmatrix} \alpha & 1 \\ & \alpha \end{pmatrix}.$$

设 z_1 和 z_2 分别是 Z 的第一和第二行, 那么

$$\begin{pmatrix} P \\ z_1 \end{pmatrix} G_{2\nu+\delta}{}^t\begin{pmatrix} P \\ z_1 \end{pmatrix} \equiv \begin{pmatrix} P \\ z_2 \end{pmatrix} G_{2\nu+\delta}{}^t\begin{pmatrix} P \\ z_2 \end{pmatrix} \equiv [G_{2s}, 0^{(\sigma_1)}, 1, \alpha].$$

但 $[1, \alpha]$ "合同" 于 $[1, 0]$. 于是

$$\begin{pmatrix} P \\ z_1 \end{pmatrix} \text{ 和 } \begin{pmatrix} P \\ z_2 \end{pmatrix}$$

是一对 $(m, 2s + \gamma, s, \Gamma)$ 型子空间, 并且它们的交是 P. 因此 $P \in \mathcal{L}_R(m, 2s + \gamma, s, \Gamma; 2\nu + \delta)$. □

引理 6.6 设 $n = 2\nu + \delta > m \geq 1, s \geq 1$, 并且 $(m, 2s + \gamma, s, \Gamma)$ 满足 (6.1), 那么

$$\mathcal{L}_R(m, 2s + \gamma, s, \Gamma; 2\nu + \delta)$$
$$\supset \mathcal{L}_R(m - 1, 2(s - 1) + \gamma, s - 1, \Gamma; 2\nu + \delta).$$

证明 设 P 是 $(m - 1, 2(s - 1) + \gamma, s - 1, \Gamma)$ 型子空间, 可选择子空间 P 的一个矩阵表示 P, 使得

$$PG_{2\nu+\delta}{}^tP \equiv M(m - 1, 2(s - 1) + \gamma, s - 1).$$

设 $\sigma_1 = m - 2s - \gamma + 1$ 和 $\sigma_2 = 2(\nu + s - m) + \delta + \gamma$. 从 (6.1) 得到 $\sigma_1 \geq 0$ 和 $\sigma_2 \geq 0$. 由定理 6.4, 存在 P 的一个矩阵表示, 仍记作 P, 同时存在 $\sigma_1 \times (2\nu + \delta)$ 矩阵 X 和 $\sigma_2 \times (2\nu + \delta)$ 矩阵 Y, 使得 (6.2) 中的 W 是非奇异的, 并且有且只有如下三种情形之一出现:

(i) 对于 $\gamma = 0$ 或 2,

$$WG_{2\nu+\delta}{}^tW \equiv [G_{2(s-1)+\gamma}, G_{2\sigma_1}, \Sigma_1],$$

其中 Σ_1 是 $\sigma_2 \times \sigma_2$ 正则矩阵, 它的定号部分的级数是 $|\delta - \gamma|$;

(ii) 对于 $\gamma = 1$ 而 $\delta = 0$ 或 2, 以及 $\gamma = \delta = 1$ 而 $\Gamma = 0$,

$$WG_{2\nu+\delta}{}^tW \equiv \begin{cases} \left[G_{2(s-1)}, \begin{pmatrix} 0 & & I^{(\sigma_1)} \\ & \alpha & & 1 \\ & & 0 & \\ & & & \alpha \end{pmatrix}\right], \\ \qquad\qquad \text{如果 } \delta = 2 \text{ 而 } \nu + s - m + 1 = 0, \\ \left[G_{2s}, \begin{pmatrix} 0 & & I^{(\sigma_1)} \\ & 1 & & 1 \\ & & 0 & \\ & & & 0 \end{pmatrix}, \Sigma_2\right], \\ \qquad\qquad \text{如果 } \delta \neq 2 \text{ 或 } \nu + s - m + 1 > 0, \end{cases}$$

其中 Σ_2 是 $(\sigma_2 - 1) \times (\sigma_2 - 1)$ 正则矩阵, 它的定号部分的级数是 δ;

(iii) 对于 $\gamma = \delta = 1$ 而 $\Gamma = 1$,

$$WG_{2\nu+\delta}{}^tW \equiv \left[G_{2(s-1)}, \begin{pmatrix} 0 & & I^{(\sigma_1)} \\ & 1 & \\ & & 0 \end{pmatrix}, \Sigma_3\right],$$

其中 Σ_3 是 $\sigma_2 \times \sigma_2$ 正则矩阵, 它无定号部分.

我们分以下两种情形:

1) $\sigma_1 \geq 2$. 设 x_1 和 x_2 分别是 X 的第 1 和第 2 行, 那么

$$\begin{pmatrix} P \\ x_1 \end{pmatrix} \text{ 和 } \begin{pmatrix} P \\ x_2 \end{pmatrix}$$

是一对 $(m, 2s + \gamma, s, \Gamma)$ 型子空间, 并且它们的交是 P. 因此 $P \in \mathcal{L}_R(m, 2s + \gamma, s, \Gamma; 2\nu + \delta)$.

2) $\sigma_1 = 1$. 这时 $m = 2s + \gamma$ 和 $\sigma_2 = 2(\nu + s - m) + \delta + \gamma = 2\nu + \delta - m > 0$. 令 $X = \langle x_1 \rangle$, 并令 y 是 Y 的第 1 行. 对于 (i) 和 (iii), 显然

$$\begin{pmatrix} P \\ x \end{pmatrix} \text{ 和 } \begin{pmatrix} P \\ x + y \end{pmatrix}$$

是一对 $(m, 2s + \gamma, s, \Gamma)$ 型子空间, 并且它们的交是 P. 因此 $P \in \mathcal{L}_R(m, 2s + \gamma, s, \Gamma; 2\nu + \delta)$. 对于情形 (ii), 如果 $\delta = 2$ 和 $\nu + s - m + 1 = 0$, 就有

$$\begin{pmatrix} P \\ x+y \end{pmatrix} G_{2\nu+\delta} {}^t\begin{pmatrix} P \\ x+y \end{pmatrix} \equiv \left[G_{2(s-1)}, \begin{pmatrix} 0 & & 1 \\ & \alpha & 1 \\ & & \alpha \end{pmatrix}\right].$$

如果 $\delta \neq 2$ 或 $\nu + s - m > 0$, 我们有

$$\begin{pmatrix} P \\ x+y \end{pmatrix} G_{2\nu+\delta} {}^t\begin{pmatrix} P \\ x+y \end{pmatrix} \equiv \left[G_{2(s-1)}, \begin{pmatrix} 0 & & 1 \\ & 1 & 1 \\ & & 0 \end{pmatrix} \right].$$

但是

$$\begin{pmatrix} 0 & & 1 \\ & \alpha & 1 \\ & & \alpha \end{pmatrix} \text{ 和 } \begin{pmatrix} 0 & & 1 \\ & 1 & 1 \\ & & 0 \end{pmatrix}.$$

这两个矩阵都 "合同" 于 $G_{2\cdot 1+1}$. 因此, 在上述两种情形下,

$$\begin{pmatrix} P \\ x+y \end{pmatrix}$$

也是 $(m, 2s+\gamma, s, \Gamma)$ 型子空间. 因此也有相同的结论. □

引理 6.7 设 $n = 2\nu+\delta > m \geq 1$, 并且 $(m, 2s+1, s, \Gamma)$ 满足 (6.1). 如果 $\delta = 1$, 再假定 $\Gamma = 0$. 那么

$$\mathcal{L}_R(m, 2s+1, s, \Gamma; 2\nu+\delta) \supset \mathcal{L}_R(m-1, 2s, s, 2\nu+\delta),$$

除非 $\delta = 0, \mathbb{F}_q = \mathbb{F}_2$ 和

$$2s+1 \leq m = \nu+s$$

的情形出现.

证明 设 P 是 $(m-1, 2s, s)$ 型子空间. 我们可假定

$$P G_{2\nu+\delta} {}^t P \equiv M(m-1, 2s, s).$$

设 $\sigma_1 = m - 2s - 1$ 和 $\sigma_2 = 2(\nu+s-m) + \delta + 2$. 从 (6.1) 得到 $\sigma_1 \geq 0$ 和 $\sigma_2 \geq 0$. 由定理 6.4, 存在 $\sigma_1 \times (2\nu+\delta)$ 矩阵 X 和 $\sigma_2 \times (2\nu+\delta)$ 矩阵 Y, 使得 (6.2) 中的 W 是非奇异矩阵, 并且

$$W G_{2\nu+\delta} {}^t W \equiv [G_{2s}, G_{2\sigma_1}, \Sigma_1],$$

其中, Σ_1 是 $\sigma_2 \times \sigma_2$ 正则矩阵, 它的定号部分的级数是 δ. 我们分以下两种情形:

(i) $2s+1 \leq m < \begin{cases} \nu+s+\min\{1,\delta\}, & \text{如果 } \delta \neq 1, \\ \nu+s, & \text{如果 } \delta = 1; \end{cases}$

(ii) $2s+1 \leq m = \begin{cases} \nu+s+\min\{1,\delta\}, & \text{如果 } \delta \neq 1, \\ \nu+s & \text{如果 } \delta = 1. \end{cases}$

在情形 (i), 有

$$\sigma_2 \geq \begin{cases} 4, & \text{如果 } \delta = 0 \text{ 或 } 2, \\ 5, & \text{如果 } \delta = 1 \end{cases}$$

和

$$\Sigma_1 \text{ 的指数} \geq \begin{cases} 2, & \text{如果 } \delta = 0 \text{ 或 } 1, \\ 1, & \text{如果 } \delta = 2. \end{cases}$$

于是存在 $\sigma_2 \times \sigma_2$ 非奇异矩阵

$$\begin{pmatrix} Q_1 \\ Q_2 \end{pmatrix} \begin{matrix} 2 \\ \sigma_2 - 2 \end{matrix},$$

使得

$$\begin{pmatrix} Q_1 \\ Q_2 \end{pmatrix} \Sigma_1 {}^t\begin{pmatrix} Q_1 \\ Q_2 \end{pmatrix} \equiv \begin{cases} [G_{2\cdot 1}, \Sigma_4], & \text{如果 } \delta = 0 \text{ 或 } 1, \\ \left[\begin{pmatrix} \alpha & 1 \\ & \alpha \end{pmatrix}, \Sigma_5\right], & \text{如果 } \delta = 2, \end{cases}$$

其中 Σ_4 和 Σ_5 的指数都 ≥ 1. 令 y_1 和 y_2 分别是 $Q_1 Y$ 的第 1 和第 2 行, 并且令 y_3 是 $Q_2 Y$ 的一个奇异向量, 那么

$$\begin{pmatrix} P \\ y_1 + y_2 \end{pmatrix} \text{ 和 } \begin{pmatrix} P \\ y_1 + y_2 + y_3 \end{pmatrix}$$

是一对 $(m, 2s+1, s, \Gamma)$ 型子空间, 其中 $\Gamma = \phi$ 或 0, 并且它们的交是 P. 因此 $P \in \mathcal{L}_R(m, 2s+\gamma, s, \Gamma; 2\nu + \delta)$.

现在来考虑情形 (ii). 再分 $\delta = 0, \delta = 1$ 和 $\delta = 2$ 三种情形.

(ii-a) $\delta = 0$. 这时 $\sigma_2 = 2$ 和 Σ_1 的指数是 1. 通过 "合同" 变换, 可以假定

$$\Sigma_1 = G_{2\cdot 1}.$$

令 y_1 和 y_2 分别是 Y 的第 1 行和第 2 行. 如果 $\mathbb{F}_q \neq \mathbb{F}_2$, 那么存在 $a \in \mathbb{F}_q$, 使得 $a \neq 0$ 和 $a \neq 1$. 于是 $z_1 = ay_1 + a^{-1} y_2$ 和 $z_2 = a^{-1} y_1 + ay_2$ 是 Y 的两个线性无关的向量, 使得 $z_1 G_{2\nu + \delta} {}^t z_1 = z_2 G_{2\nu + \delta} {}^t z_2 = 1$. 因此

$$\begin{pmatrix} P \\ z_1 \end{pmatrix} \text{ 和 } \begin{pmatrix} P \\ z_2 \end{pmatrix}$$

是一对 $(m, 2s+1, s)$ 型子空间, 并且它们的交是 P. 因此 $P \in \mathcal{L}_R(m, 2s+1, s; 2\nu)$.

然而, 如果 $\mathbb{F}_q = \mathbb{F}_2$, 那么 $z = y_1 + y_2$ 是 Y 中满足 $zG_{2\nu+1} {}^t z = 1$ 的唯一非零向量. $\mathbb{F}_q^{2\nu}$ 中任一个包含 P 的 m 维子空间具有形式

$$\begin{pmatrix} P \\ x+y \end{pmatrix}, \tag{6.3}$$

第六章 偶特征的正交群作用下子空间轨道生成的格

其中 $x \in X$ 和 $y \in Y$. 我们有

$$\begin{pmatrix} P \\ x+y \end{pmatrix} G_{2\nu+\delta} {}^t\begin{pmatrix} P \\ x+y \end{pmatrix}$$
$$\equiv \begin{pmatrix} M(m-1, 2s, s) & P(G_{2\nu+\delta} + {}^t G_{2\nu+\delta}){}^t x \\ & y G_{2\nu+\delta} {}^t y \end{pmatrix}.$$

如果 (6.3) 是 $(m, 2s+1, s)$ 型子空间, 那么必有 $x = 0$ 和 $y G_{2\nu+\delta} {}^t y = 1$. 因此

$$\begin{pmatrix} P \\ z \end{pmatrix}$$

是包含 P 的唯一的 $(m, 2s+1, s)$ 型子空间, 于是 $P \notin \mathcal{L}_R(m, 2s+1, s; 2\nu)$.

(ii-b) $\delta = 1$. 这时 $\sigma_2 = 3$. 通过 "合同" 变换, 可假定

$$\Sigma_1 = G_{2 \cdot 1 + 1}.$$

设 y_1, y_2 和 y_3 依次是 Y 的第 1, 第 2 和第 3 行, 那么

$$\begin{pmatrix} P \\ y_1 \end{pmatrix}, \begin{pmatrix} P \\ y_1 + y_3 \end{pmatrix} \text{ 和 } \begin{pmatrix} P \\ y_2 + y_3 \end{pmatrix}$$

中至少有两个是 $(m, 2s+1, s, 0)$ 型子空间, 而这两个的交是 P, 因此 $P \in \mathcal{L}_R(m, 2s+1, s, 0; 2\nu+1)$.

(ii-c) $\delta = 2$. 这时, $\sigma_2 = 2$ 和 Σ_1 的指数是 0. 令 y_1 和 y_2 是 Y 中的两个线性无关的向量, 那么

$$\begin{pmatrix} P \\ y_1 \end{pmatrix} \text{ 和 } \begin{pmatrix} P \\ y_2 \end{pmatrix}$$

都是 $(m, 2s+1, s)$ 型子空间, 并且它们的交是 P. 因此 $P \in \mathcal{L}_R(m, 2s+1, s; 2\nu+2)$. □

引理 6.8 设 $n = 2\nu + \delta > m \geq 1$, 并且 $(m, 2s+\gamma, s)$ 满足 (6.1), 那么

$$\mathcal{L}_R(m, 2s+2, s; 2\nu+\delta)$$
$$\supset \mathcal{L}_R(m-1, 2s+1, s, \Gamma_1; 2\nu+\delta),$$

其中的 Γ_1 在 $\delta = 1$ 时取 0 为值, 除非

$$2s+2 \leq m = \nu + s + \delta,$$

并且 "$\delta = 0, \mathbb{F}_q = \mathbb{F}_2$", "$\delta = 1, \mathbb{F}_q = \mathbb{F}_2$" 和 "$\delta = 2$" 这三种情形之一出现.

证明 设 P 是 $(m-1, 2s+1, s, \Gamma_1)$ 型子空间, 可假定

$$PG_{2\nu+1}{}^tP \equiv M(m-1, 2s+1, s).$$

令 $\sigma_1 = m - 2s - 2$ 和 $\sigma_2 = 2(\nu + s - m) + \delta + 3$. 从 (6.1) 得到 $\sigma_1 \geq 0$ 和 $\sigma_2 \geq 1$. 由定理 6.4, 存在 P 的矩阵表示, 仍记作 P, $\sigma_1 \times (2\nu + \delta)$ 矩阵 X 以及 $\sigma_2 \times (2\nu + \delta)$ 矩阵 Y, 使得 (6.2) 中的 W 是非奇异矩阵, 并且

$$WG_{2\nu+\delta}{}^tW \equiv \begin{cases} \left[G_{2s}, \begin{pmatrix} 0 & & I^{(\sigma_1)} & \\ & \alpha & & 1 \\ & & 0 & \\ & & & \alpha \end{pmatrix}\right], & (6.4) \\ \text{如果, } \delta = 2 \text{ 而 } \nu + s - m + 2 = 0, \\ \left[G_{2s}, \begin{pmatrix} 0 & & I^{(\sigma_1)} & \\ & 1 & & 1 \\ & & 0 & \\ & & & 0 \end{pmatrix}, \Sigma_2\right], & (6.5) \\ \text{如果, } \delta \neq 2 \text{ 或 } \nu + s - m + 2 > 0, \end{cases}$$

其中 Σ_2 是 $(\sigma_2 - 1) \times (\sigma_2 - 1)$ 正则矩阵, 它的定号部分的级数是 δ. 我们记

$$Y = \begin{pmatrix} y_1 \\ Z \end{pmatrix} \begin{matrix} 1 \\ \sigma_2 - 1 \end{matrix},$$

那么, 当 (6.5) 出现时, 有 $ZG_{2\nu+\delta}{}^tZ = \Sigma_2$. 我们分以下两种情形:

(i) $2s + 2 \leq m < \nu + s + \delta$;

(ii) $2s + 2 \leq m = \nu + s + \delta$.

先考虑情形 (i). 再分 $\delta = 0$, $\delta = 1$ 和 $\delta = 2$ 三种情形.

(i-a) $\delta = 0$. 这时 $\sigma_2 \geq 5$, 并且 Σ_2 的指数 ≥ 2. 通过 "合同" 变换, 可假定

$$ZG_{2\nu+\delta}{}^tZ \equiv [G_{2\cdot 2}, \Sigma_4],$$

其中 Σ_4 是 $(\sigma_2 - 4) \times (\sigma_2 - 4)$ 正则矩阵. 令 $z_i (i = 1, 2, 3, 4)$ 是 Z 的第 i 行, 那么

$$\begin{pmatrix} P \\ y + \alpha z_1 + z_3 \end{pmatrix} \text{ 和 } \begin{pmatrix} P \\ y + \alpha z_2 + z_4 \end{pmatrix}$$

都是 $(m, 2s+2, s)$ 型子空间, 并且它们的交是 P, 因此 $P \in \mathcal{L}_R(m, 2s+2, s; 2\nu+\delta)$.

(i-b) $\delta = 1$. 这时 $\sigma_2 \geq 4$, 并且 Σ_2 的指数 ≥ 1. 我们可假定

$$ZG_{2\nu+\delta}{}^tZ \equiv [G_{2\cdot 1+1}, \Sigma_5],$$

第六章 偶特征的正交群作用下子空间轨道生成的格

其中 Σ_5 是 $(\sigma_2-4)\times(\sigma_2-4)$ 矩阵. 令 $z_i(i=1,2,3)$ 是 Z 的第 i 行, 那么

$$\begin{pmatrix} P \\ y+z_1+az_2 \end{pmatrix} \text{ 和 } \begin{pmatrix} P \\ y+a^{1/2}z_3 \end{pmatrix}$$

是一对 $(m,2s+2,s)$ 型子空间, 并且它们的交是 P, 因此 $P\in\mathcal{L}_R(m,2s+2,s;2\nu+\delta)$.

(i-c) $\delta=2$. 这时 $\sigma_2\geq 3$. 因为 $\nu+s-m+2>0$, 所以 (6.5) 出现. 再假设

$$ZG_{2\nu+\delta}{}^tZ\equiv\left[\begin{pmatrix}\alpha & 1 \\ & \alpha\end{pmatrix},\Sigma_6\right],$$

其中 Σ_6 是 $(\sigma_2-3)\times(\sigma_2-3)$ 矩阵. 设 $z_i(i=1,2)$ 是 Z 的第 i 行, 那么

$$\begin{pmatrix} P \\ y+z_1 \end{pmatrix} \text{ 和 } \begin{pmatrix} P \\ y+z_2 \end{pmatrix}$$

是一对 $(m,2s+2,s)$ 型子空间, 并且它们的交是 P. 因此 $P\in\mathcal{L}_R(m,2s+2,s;2\nu+\delta)$.

其次考虑情形 (ii). 我们也分 $\delta=0$, $\delta=1$ 和 $\delta=2$ 三种情形.

(ii-a) $\delta=0$. 这时 $\sigma_2=3$, 并且 Σ_2 是指数为 1 的 2×2 矩阵. 我们可假定

$$\Sigma_2=G_{2\cdot 1}.$$

如同在引理 6.7 证明的情形 (ii-a) 一样, 如果 $\mathbb{F}_q\neq\mathbb{F}_2$, 那么 Z 中存在两个线性无关的向量 z_1 和 z_2, 使得 $z_1G_{2\nu+\delta}{}^tz_1=z_2G_{2\nu+\delta}{}^tz_2=\alpha$. 于是

$$\begin{pmatrix} P \\ y+z_1 \end{pmatrix} \text{ 和 } \begin{pmatrix} P \\ y+z_2 \end{pmatrix}$$

是一对 $(m,2s+2,s)$ 型子空间, 并且它们的交是 P. 因此 $P\in\mathcal{L}_R(m,2s+2,s;2\nu)$. 然而, 如果 $\mathbb{F}_q=\mathbb{F}_2$, 那么 Z 中仅有一个向量 z 满足 $zG_{2\nu+\delta}{}^tz=\alpha$, 并且

$$\begin{pmatrix} P \\ y+z \end{pmatrix}$$

是唯一包含 P 的 $(m,2s+2,s)$ 型子空间, 因此 $P\notin\mathcal{L}_R(m,2s+2,s;2\nu)$.

(ii-b) $\delta=1$. 这时 $\sigma_2=2$, 并且 Σ_2 是 1×1 正则矩阵. 可假定 $Z=\langle z\rangle$ 和 $zG_{2\nu+\delta}{}^tz=(1)$.

如果 $\mathbb{F}_q\neq\mathbb{F}_2$, 那么存在两个不同的元素 $\alpha_1,\alpha_2\in\mathbb{F}_q\backslash N$. 于是

$$\begin{pmatrix} P \\ y+\alpha_1^{1/2}z \end{pmatrix} \text{ 和 } \begin{pmatrix} P \\ y+\alpha_2^{1/2}z \end{pmatrix}$$

是一对 $(m, 2s+2, s)$ 型子空间, 并且它们的交是 P. 因此 $P \in \mathcal{L}_R(m, 2s+2, s; 2\nu+1)$.

如果 $\mathbb{F}_q = \mathbb{F}_2$, 那么如同引理 6.7 证明的情形 (ii-a) 一样, 可以证明

$$\begin{pmatrix} P \\ y+z \end{pmatrix}$$

是唯一包含 P 的 $(m, 2s+2, s)$ 型子空间. 因此 $P \notin \mathcal{L}_R(m, 2s+2, s; 2\nu+1)$.

(ii-c) $\delta = 2$. 这时 $\sigma_2 = 1$. 因为 $\nu+s-m+2 = 0$, 所以 (6.4) 成立. 如同引理 6.7 证明的情形 (ii-a) 一样, 可以证明

$$\begin{pmatrix} P \\ y \end{pmatrix}$$

是唯一包含 P 的 $(m, 2s+2, s)$ 型子空间. 因此 $P \notin \mathcal{L}_R(m, 2s+2, s; 2\nu+2)$. □

引理 6.9 设 $n = 2\nu + \delta > m \geq 2$, 并且 $(m, 2s+2, s)$ 满足 (6.1), 那么

$$\mathcal{L}_R(m, 2s+2, s; 2\nu+\delta) \supset \mathcal{L}_R(m-2, 2s, s; 2\nu+\delta),$$

除非

$$2s+2 \leq m = \nu+s+\delta$$

成立时, "$\delta = 1, \mathbb{F}_q = \mathbb{F}_2$" 和 "$\delta = 2$" 这两个情形之一出现.

证明 设 P 是 $(m-2, 2s, s)$ 型子空间. 可假定

$$PG_{2\nu+\delta}{}^t P \equiv M(m-2, 2s, s).$$

令 $\sigma_1 = m - 2s - 2$ 和 $\sigma_2 = 2(\nu - s - m) + \delta + 4$. 从 (6.1) 得到 $\sigma_1 \geq 0$ 和 $\sigma_2 \geq 0$. 由定理 6.4, 存在 $\sigma_1 \times (2\nu+\delta)$ 矩阵 X 和 $\sigma_2 \times (2\nu+\delta)$ 矩阵 Y, 使得 (6.2) 中的 W 是非奇异的, 并且

$$WG_{2\nu+\delta}{}^t W \equiv [G_{2s}, G_{2\sigma_1}, \Sigma_1],$$

其中 Σ_1 是 $\sigma_2 \times \sigma_2$ 正则矩阵, 它的定号部分的级数是 δ. 记 Y 的第 i 行为 $y_i (i = 1, 2, \cdots)$. 我们分以下两种情形:

(i) $2s+2 \leq m < \nu+s+\delta$;

(ii) $2s+2 \leq m = \nu+s+\delta$.

在情形 (i). 如果 $\delta = 0, 1$, 或 2, 就分别有 $\sigma_2 \geq 6, 5$, 或 4, 于是

$$\Sigma_1 \text{的指数} \geq \begin{cases} 2, & \text{如果 } \delta = 0 \text{ 或 } 1, \\ 1, & \text{如果 } \delta = 2. \end{cases}$$

如果 $\delta = 0$ 或 1, 那么通过"合同"变换, 可假定

$$\Sigma_1 = [G_{2\cdot 2}, \Sigma_4],$$

其中 Σ_4 是级数为 $\sigma_2 - 4$ 的正则矩阵, 那么

$$\begin{pmatrix} P \\ y_1 + \alpha y_3 \\ y_2 + y_3 + \alpha y_4 \end{pmatrix} \text{和} \begin{pmatrix} P \\ y_1 + \alpha y_3 + y_4 \\ y_2 + \alpha y_4 \end{pmatrix}$$

是一对 $(m, 2s+2, s)$ 型子空间, 并且它们的交是 P. 因此 $P \in \mathcal{L}_R(m, 2s+2, s; 2\nu + \delta)$. 如果 $\delta = 2$, 那么可以进一步假定

$$\Sigma_1 = \left[G_{2\cdot 1}, \begin{pmatrix} \alpha & 1 \\ & \alpha \end{pmatrix}, \Sigma_5 \right],$$

其中 Σ_5 是 $(\sigma_2 - 4) \times (\sigma_2 - 4)$ 矩阵. 那么

$$\begin{pmatrix} P \\ y_1 + y_3 \\ y_4 \end{pmatrix} \text{和} \begin{pmatrix} P \\ y_3 \\ y_2 + y_4 \end{pmatrix}$$

是一对 $(m, 2s+2, s)$ 型子空间, 并且它们的交是 P. 因此 $P \in \mathcal{L}_R(m, 2s+2, s; 2\nu + \delta)$.

现在考虑情形 (ii). 我们再分 $\delta = 0$, $\delta = 1$ 和 $\delta = 2$ 三种情形.

(ii-a) $\delta = 0$. 这时 $\sigma_2 = 4$, 并且 Σ_1 的指数是 2. 由情形 (i) 的证明, 有同样的结论: $P \in \mathcal{L}_R(m, 2s + 2, s; 2\nu + \delta)$.

(ii-b) $\delta = 1$. 这时 $\sigma_2 = 3$, 并且 Σ_1 的指数是 1, 可假定

$$\Sigma_1 = G_{2\cdot 1 + 1}.$$

如果 $\mathbb{F}_q \neq \mathbb{F}_2$, 那么存在 $\alpha \in \mathbb{F}_q \backslash \mathbb{N}$ 而 $\alpha \neq 1$. 于是

$$\begin{pmatrix} P \\ y_1 + \alpha y_2 \\ y_2 + \alpha^{1/2} y_3 \end{pmatrix}, \begin{pmatrix} P \\ \alpha y_1 + y_2 \\ y_1 + \alpha^{1/2} y_3 \end{pmatrix} \text{和} \begin{pmatrix} P \\ y_1 + \alpha^{1/2} y_3 \\ y_2 + \alpha^{1/2} y_3 \end{pmatrix}$$

是三个 $(m, 2s+2, s)$ 型子空间, 并且它们的交是 P. 因此 $P \in \mathcal{L}_R(m, 2s+2, s; 2\nu + 1)$. 然而, 如果 $\mathbb{F}_q = \mathbb{F}_2$, 那么 $\mathbb{F}_2 \backslash \mathbb{N} = \{1\}$. 显然,

$$\begin{pmatrix} P \\ y_1 + y_2 \\ y_2 + y_3 \end{pmatrix} \tag{6.6}$$

是 $(m, 2s+2, s)$ 型子空间，而且容易验证

$$\begin{pmatrix} y_1 + y_2 \\ y_2 + y_3 \end{pmatrix}$$

是 Y 中唯一的 $(2, 2, 0)$ 型子空间. 按照引理 6.7 的证明中 (ii-a) 情形，可以得到 (6.6) 是唯一包含 P 的 $(m, 2s+2, s)$ 型子空间. 因此 $P \notin \mathcal{L}_R(m, 2s+2, s; 2\nu+\delta)$.

(ii-c) $\delta = 2$. 这时 $\sigma_2 = 2$，并且 Σ_2 是 2×2 定号矩阵. 可假定

$$\Sigma_2 = \begin{pmatrix} \alpha & 1 \\ & \alpha \end{pmatrix}.$$

如同引理 6.7 证明中 (ii-a) 情形一样，可以证明

$$\begin{pmatrix} P \\ Y \end{pmatrix}$$

是唯一包含 P 的 $(m, 2s+2, s)$ 型子空间. 因此也有 $P \notin \mathcal{L}_R(m, 2s+2, s; 2\nu+2)$.

我们综合引理 6.7, 6.8 和 6.9，可以得到如下的一个引理：

引理 6.10 设 $n = 2\nu+\delta > m \geq \gamma - \gamma_1 > 0$，并且 $(m, 2s+\gamma, s, \Gamma)$ 满足 (6.1). 如果 $\gamma = \delta = 1$，再假定 $\Gamma = 0$，而在 $\gamma_1 = \delta = 1$ 时，令 $\Gamma_1 = 0$. 那么

$$\mathcal{L}_R(m, 2s+\gamma, s, \Gamma; 2\nu+\delta)$$
$$\supset \mathcal{L}_R(m-(\gamma-\gamma_1), 2s+\gamma_1, s, \Gamma_1; 2\nu+\delta).$$

除非

$$2s + \gamma \leq m = \begin{cases} \nu + s + \min\{\gamma, \delta\}, & \text{如果 } \delta \neq 1 \text{ 或 } \gamma \neq 1, \\ \nu + s, & \text{如果 } \gamma = \delta = 1 \end{cases} \tag{6.7}$$

成立时，表 6.1 所列的情形之一出现. □

表 6.1

δ	γ	γ_1	$\mathbb{F}_q$
0	1	0	$\mathbb{F}_2$
0	2	1	$\mathbb{F}_2$
1	2	0	$\mathbb{F}_2$
1	2	1	$\mathbb{F}_2$
2	2	0	$\mathbb{F}_q$
2	2	1	$\mathbb{F}_q$

引理 6.11 设 $n = 2\nu+\delta > m \geq 1$, $s \geq 1$，并且 $(m, 2s, s)$ 满足 (6.1). 那么

$$\mathcal{L}_R(m, 2s, s; 2\nu+\delta) \supset \mathcal{L}_R(m-1, 2(s-1)+1, s-1, \Gamma_1; 2\nu+\delta).$$

第六章　偶特征的正交群作用下子空间轨道生成的格

其中 Γ_1 在 $\delta = 1$ 时为 0, 除非

$$2s \leq m = \nu + s$$

并且 "$\delta = 0$", "$\delta = 1, \mathbb{F}_q = \mathbb{F}_2$" 和 "$\delta = 2, \mathbb{F}_q = \mathbb{F}_2$" 这三种情形之一出现.

证明　设 P 是 $(m-1, 2(s-1)+1, s-1, \Gamma_1)$ 型子空间. 可假定

$$PG_{2\nu+\delta}{}^tP \equiv M(m-1, 2(s-1)+1, s-1).$$

设 $\sigma_1 = m - 2s$ 和 $\sigma_2 = 2(\nu + s - m) + \delta + 1$. 从 (6.1) 得到 $\sigma_1 \geq 0$ 和 $\sigma_2 \geq 1$. 由定理 6.4, 存在 $\sigma_1 \times (2\nu + \delta)$ 矩阵 X 和 $\sigma_2 \times (2\nu + \delta)$ 矩阵 Y, 使得 (6.2) 中的 W 是非奇异的, 并且

$$WG_{2\nu+\delta}{}^tW \equiv \left[G_{2(s-1)}, \begin{pmatrix} 0 & & & I^{(\sigma_1)} \\ & 1 & & 1 \\ & & 0 & \\ & & & 0 \end{pmatrix}, \Sigma_2 \right],$$

其中 Σ_2 是 $(\sigma_2 - 1) \times (\sigma_2 - 1)$ 正则矩阵, 它的定号部分的级数是 δ (注意: 从 $\gamma = 0$ 和 (6.1) 得到 $\nu + s - m \geq 0$, 于是 $\delta = 2$ 和 $\nu + s - 1 - (m-1) + 1 = 0$ 的情形不会出现). 令

$$Y = \begin{pmatrix} y \\ Z \end{pmatrix} \begin{matrix} 1 \\ \sigma_2 - 1 \end{matrix},$$

那么 $zG_{2\nu+\delta}{}^tz = \Sigma_2$. 我们分以下两种情形:

(i) $2s \leq m < \nu + s$,

(ii) $2s \leq m = \nu + s$.

在情形 (i), 有 $\sigma_2 \geq 3 + \delta$, 因而 Σ_2 的指数 ≥ 1. 设 z 是 Z 中的一个非零向量. 那么

$$\begin{pmatrix} P \\ y \end{pmatrix} \text{ 和 } \begin{pmatrix} P \\ y+z \end{pmatrix}$$

是一对 $(m, 2s, s)$ 型子空间, 并且它们的交是 P. 因此 $P \in \mathcal{L}_R(m, 2s, s; 2\nu + \delta)$.

现在考虑情形 (ii). 再分 $\delta = 0, \delta = 1$ 和 $\delta = 2$ 三种情形.

(ii-a) $\delta = 0$. 这时 $\sigma_2 = 1$. 类似于引理 6.7 证明中的情形 (ii-a), 可以证明

$$\begin{pmatrix} P \\ y \end{pmatrix}$$

是唯一包含 P 的 $(m, 2s, s)$ 型子空间, 因此 $P \notin \mathcal{L}_R(m, 2s, s; 2\nu)$.

(ii-b) $\delta = 1$. 这时 $\sigma_2 = 2$, 我们可以假定 $Z = \langle z \rangle$ 和 $zG_{2\nu+\delta}{}^t z = \Sigma_2 = (1)$. 如果 $\mathbb{F}_q \neq \mathbb{F}_2$, 那么 N 中存在一个非零元素 β, 从而

$$\begin{pmatrix} P \\ y \end{pmatrix} \text{ 和 } \begin{pmatrix} P \\ y + \beta^{1/2} z \end{pmatrix}$$

是一对 $(m, 2s, s)$ 型子空间, 并且它们的交是 P. 因此 $P \in \mathcal{L}_R(m, 2s, s; 2\nu + 1)$. 然而, 如果 $\mathbb{F}_q = \mathbb{F}_2$, 那么 $N = \{0\}$, 类似于引理 6.7 证明中的情形 (ii-a), 可以证明

$$\begin{pmatrix} P \\ y \end{pmatrix}$$

是唯一包含 P 的 $(m, 2s, s)$ 型子空间, 因此 $P \notin \mathcal{L}_R(m, 2s, s; 2\nu + 1)$.

(ii-c) $\delta = 2$. 这时 $\sigma_2 = 3$. 可假定

$$\Sigma_2 = \begin{pmatrix} \alpha & 1 \\ & \alpha \end{pmatrix}.$$

设 z_1 和 z_2 分别是 Z 的第 1 行和第 2 行. 如果 $\mathbb{F}_q \neq \mathbb{F}_2$, 那么 N 中可选取出非零元素 β. 于是

$$\begin{pmatrix} P \\ y \end{pmatrix} \text{ 和 } \begin{pmatrix} P \\ y + (\beta\alpha^{(-1)})^{1/2} z_1 \end{pmatrix}$$

是一对 $(m, 2s, s)$ 型子空间, 并且它们的交是 P. 因此 $P \in \mathcal{L}_R(m, 2s, s; 2\nu + 2)$. 然而, 如果 $\mathbb{F}_q = \mathbb{F}_2$, 那么 $N = \{0\}$, 容易验证 y 是 Y 中的唯一非零奇异向量. 类似于引理 6.7 证明中的 (ii-a) 情形, 可以证明

$$\begin{pmatrix} P \\ y \end{pmatrix}$$

是唯一包含 P 的 $(m, 2s, s)$ 型子空间. 因此 $P \notin \mathcal{L}_R(m, 2s, s; 2\nu + 2)$. □

引理 6.12 设 $n = 2\nu + \delta > m \geq 1$, $s \geq 1$, 并且 $(m, 2s+1, s, \Gamma)$ 满足 (6.1). 如果 $\delta = 1$, 再假定 $\Gamma = 0$. 那么

$$\mathcal{L}_R(m, 2s+1, s, \Gamma; 2\nu + \delta)$$
$$\supset \mathcal{L}_R(m-1, 2(s-1)+2, s-1; 2\nu + \delta),$$

除非 $\delta = 2, \mathbb{F}_q = \mathbb{F}_2$ 和

$$2s + 1 \leq m = \nu + s + 1$$

的情形出现.

证明 设 P 是 $(m-1, 2(s-1)+2, s-1)$ 型子空间. 不妨假定

$$PG_{2\nu+\delta}{}^t P \equiv \mathcal{M}(m-1, 2(s-1)+2, s-1).$$

令 $\sigma_1 = m - 2s - 1$ 和 $\sigma_2 = 2(\nu + s - m) + \delta + 2$. 从 (6.1) 得到 $\sigma_1 \geq 0$ 和 $\sigma_2 \geq 2$. 由定理 6.4, 存在 $\sigma_1 \times (2\nu + \delta)$ 矩阵 X 和 $\sigma_2 \times (2\nu + \delta)$ 矩阵 Y, 使得 (6.2) 中的 W 是非奇异的, 并且

$$WG_{2\nu+\delta}{}^tW \equiv [G_{2(s-1)+2}, G_{2\sigma_1}, \Sigma_1], \tag{6.8}$$

其中 Σ_1 是 $\sigma_2 \times \sigma_2$ 正则矩阵, 它的定号部分的级数是 $2 - \delta$. 设 y_i $(i = 1, 2, \cdots)$ 是 Y 的第 i 行. 我们分以下两种情形:

(i) $2s + 1 \leq m < \begin{cases} \nu + s + \min\{1, \delta\}, & \text{如果 } \delta \neq 1, \\ \nu + s, & \text{如果 } \delta = 1; \end{cases}$

(ii) $2s + 1 \leq m = \begin{cases} \nu + s + \min\{1, \delta\}, & \text{如果 } \delta \neq 1 \\ \nu + s, & \text{如果 } \delta = 1. \end{cases}$

在情形 (i), 如果 $\delta = 0$ 或 2, 那么有 $\sigma_2 \geq 4$; 如果 $\delta = 1$, 那么 $\sigma_2 \geq 5$. 因为 (6.8) 合同于 $G_{2\nu+\delta}$, 所以在通过 "合同" 变换后, 可以假定

$$\Sigma_1 = \begin{cases} \left[\begin{pmatrix} \alpha & 1 \\ & \alpha \end{pmatrix}, G_{2\cdot 1}, \Sigma_4\right], & \text{如果 } \delta = 0 \text{ 或 } 1, \\ [G_{2\cdot 1}, G_{2\cdot 1}, \Sigma_5], & \text{如果 } \delta = 2. \end{cases}$$

那么

$$\begin{pmatrix} P \\ y_1 + y_2 \end{pmatrix} \text{ 和 } \begin{pmatrix} P \\ y_3 + y_4 \end{pmatrix}$$

是一对 $(m, 2s+1, s, \Gamma)$ 型子空间, 并且它们的交是 P. 因此 $P \in \mathcal{L}_R(m, 2s+1, s, \Gamma; 2\nu + \delta)$.

现在来考虑情形 (ii). 我们再分 $\delta = 0$, $\delta = 1$ 和 $\delta = 2$ 三种情形.

(ii-a) $\delta = 0$. 这时 $\sigma_2 = 2$, 并且 Σ_1 是 2×2 定号矩阵. 于是可假定

$$\Sigma_1 = \begin{pmatrix} \alpha & 1 \\ & \alpha \end{pmatrix},$$

那么

$$\begin{pmatrix} P \\ y_1 \end{pmatrix} \text{ 和 } \begin{pmatrix} P \\ y_2 \end{pmatrix}$$

是一对 $(m, 2s+1, s)$ 型子空间, 并且它们的交是 P. 因此 $P \in \mathcal{L}_R(m, 2s+1, s; 2\nu)$.

(ii-b) $\delta = 1$. 这时 $\sigma_2 = 3$, 并且 Σ_1 的指数是 1. 因为 (6.8) 合同于 $G_{2\nu+1}$, 所以在进行 "合同变换" 后, 可假定

$$\Sigma_1 = \left[\begin{pmatrix} \alpha & 1 \\ & \alpha \end{pmatrix}, 1\right].$$

现在断言：$e_{2\nu+1} \notin P$，事实上，假定 $e_{2\nu+1} \in P$，那么可假定 P 有形如

$$\begin{pmatrix} P_1 & 0 \\ 0 & 1 \end{pmatrix} \begin{matrix} m-2 \\ 1 \end{matrix}$$
$$\begin{matrix} 2\nu & 1 \end{matrix}$$

的矩阵表示. 于是

$$PG_{2\nu+1}{}^t P \equiv [P_1 G_{2\nu}{}^t P_1, 1].$$

我们可假定 $P_1 G_{2\nu}{}^t P_1$ 合同于

$$[G_{2t}, 0^{(m-2t-2)}],\ [G_{2t}, 0^{(m-2t-3)}, 1],$$

$$\text{或 } [G_{2t+2}, 0^{(m-2t-4)}].$$

那么 $PG_{2\nu+1}{}^t P$ 分别合同于

$$[G_{2t}, 0^{(m-2t-2)}, 1],\ [G_{2t}, 0^{(m-2t-2)}, 1],$$

$$\text{或 } [G_{2(t+1)}, 0^{(m-2t-4)}, 1].$$

这与 P 是 $(m-1, 2(s-1)+2, s-1)$ 型子空间矛盾. 类似地

$$e_{2\nu+1} \notin \begin{pmatrix} y_1 \\ y_2 \end{pmatrix}.$$

于是

$$\begin{pmatrix} P \\ y_1 \end{pmatrix} \text{ 和 } \begin{pmatrix} P \\ y_2 \end{pmatrix}$$

是一对 $(m, 2s+1, s, 0)$ 型子空间，并且它们的交是 P. 因此 $P \in \mathcal{L}_R(m, 2s+1, s, 0; 2\nu+1)$.

(ii-c) $\delta = 2$. 这时 $\sigma_2 = 2$ 并且 Σ_1 的指数是 1. 我们可假定

$$\Sigma_1 = G_{2 \cdot 1}.$$

如果 $\mathbb{F}_q \neq \mathbb{F}_2$，那么按照引理 6.7 证明中的情形 (ii-a)，在 Y 中存在两个线性无关的向量 z_1 和 z_2，使得 $z_1 G_{2\nu+2}{}^t z_1 = z_2 G_{2\nu+2}{}^t z_2 = 1$. 于是

$$\begin{pmatrix} P \\ z_1 \end{pmatrix} \text{ 和 } \begin{pmatrix} P \\ z_2 \end{pmatrix}$$

是一对 $(m, 2s+1, s)$ 型子空间. 因此 $P \in \mathcal{L}_R(m,, 2s+1, s; 2\nu+2)$. 然而，如果 $\mathbb{F}_q = \mathbb{F}_2$，那么 $z = y_1 + y_2$ 是 Y 中满足 $z G_{2\nu+\delta}{}^t z = 1$ 的唯一非零向量. 采用引理 6.7 证明中 (ii-a) 情形的方法，可以证明

$$\begin{pmatrix} P \\ z \end{pmatrix}$$

第六章　偶特征的正交群作用下子空间轨道生成的格

是唯一包含 P 的 $(m, 2s+1, s)$ 型子空间. 因此 $P \notin \mathcal{L}_R(m, 2s+1, s; 2\nu+2)$. □

引理 6.13　设 $n = 2\nu + \delta > m \geq 2, s \geq 2$, 并且 $(m, 2s, s)$ 满足 (6.1), 那么

$$\mathcal{L}_R(m, 2s, s; 2\nu+\delta)$$
$$\supset \mathcal{L}_R(m-2, 2(s-2)+2, s-2; 2\nu+\delta),$$

除非

$$2s \leq m = \nu + s$$

成立并且 "$\delta = 0$" 或 "$\delta = 1, \mathbb{F}_q = \mathbb{F}_2$" 这两个情形之一出现.

证明　设 P 是 $(m-2, 2(s-2)+2, s-2)$ 型子空间. 不妨假定

$$PG_{2\nu+\delta}{}^t P \equiv M(m-2, 2(s-2)+2, s-2).$$

令 $\sigma_1 = m - 2s$ 和 $\sigma_2 = 2(\nu + s - m) + \delta + 2$. 从 (6.1) 得到 $\sigma_1 \geq 0$ 和 $\sigma_2 \geq 2$. 由定理 6.4, 存在 $\sigma_1 \times (2\nu + \delta)$ 矩阵 X 和 $\sigma_2 \times (2\nu + \delta)$ 矩阵 Y, 使得 (6.2) 中的 W 是非奇异的, 并且

$$WG_{2\nu+\delta}{}^t W \equiv [G_{2(s-2)+2}, G_{2\sigma_1}, \Sigma_1], \tag{6.9}$$

其中 Σ_1 是 $\sigma_2 \times \sigma_2$ 正则矩阵, 它的定号部分的级数是 $2 - \delta$. 设 $y_i (i = 1, 2, \cdots)$ 是 Y 的第 i 行. 我们区分下列两种情形来讨论.

(i) $2s \leq m < \nu + s$;

(ii) $2s \leq m = \nu + s$.

在情形 (i), 我们有 $\sigma_2 \geq \delta + 4$. 因为 (6.9) 合同于 $G_{2\nu+\delta}$, 所以在通过"合同"变换后, 可假定

$$\Sigma_1 = \left[\begin{pmatrix} \alpha & 1 \\ & \alpha \end{pmatrix}, G_{2\cdot 1}, \Sigma_4 \right],$$

其中 Σ_4 是 $(\sigma_2 - 4) \times (\sigma_2 - 4)$ 正则矩阵, 它的定号部分的级数是 δ. 那么

$$\begin{pmatrix} P \\ y_1 + y_3 \\ y_2 \end{pmatrix} \text{ 和 } \begin{pmatrix} P \\ y_1 \\ y_2 + y_4 \end{pmatrix}$$

是一对 $(m, 2s, s)$ 型子空间, 并且它们的交是 P. 因此 $P \in \mathcal{L}_R(m, 2s, s; 2\nu + \delta)$.

现在来考虑情形 (ii). 我们再分 $\delta = 0, \delta = 1$ 和 $\delta = 2$ 三种情形.

(ii-a) $\delta = 0$. 这时 $\sigma_2 = 2$, 并且 Σ_1 是定号的. 按照引理 6.7 证明中的 (ii-a) 情形, 可以证明

$$\begin{pmatrix} P \\ Y \end{pmatrix}$$

是唯一包含 P 的 $(m, 2s, s)$ 型子空间. 因此 $P \notin \mathcal{L}_R(m, 2s, s; 2\nu)$.

(ii-b) $\delta=1$, 这时 $\sigma_2=3$. 因为 (6.9) 合同于 $G_{2\nu+1}$, 所以可假定

$$\Sigma_2 = [G_{2\cdot 1}, 1].$$

按照引理 6.9 中 (ii-b) 情形的证明, 可证: 如果 $\mathbb{F}_q \neq \mathbb{F}_2$, 那么 $P \in \mathcal{L}_R(m, 2s, s; 2\nu+1)$; 如果 $\mathbb{F}_q = \mathbb{F}_2$, 那么 $P \notin \mathcal{L}_R(m, 2s, s; 2\nu+1)$.

(ii-c) $\delta=2$. 这时 $\sigma_2=4$. 因为 (6.9) 合同于 $G_{2\nu+2}$, 所以在通过 "合同" 变换后, 可假定

$$\Sigma_2 = \left[\begin{pmatrix} \alpha & 1 \\ & \alpha \end{pmatrix}, \begin{pmatrix} \alpha & 1 \\ & \alpha \end{pmatrix}\right],$$

那么

$$\begin{pmatrix} P \\ y_1 \\ y_2 \end{pmatrix} \text{ 和 } \begin{pmatrix} P \\ y_3 \\ y_4 \end{pmatrix}$$

是一对 $(m, 2s, s)$ 型子空间. 并且它们的交是 P. 因此 $P \in \mathcal{L}_R(m, 2s, s; 2\nu+2)$. □

我们也可综合引理 6.11, 6.12 和 6.13, 得到如下的一个引理:

引理 6.14 设 $n = 2\nu + \delta > m \geq \gamma_1 - \gamma > 0$, $s \geq \gamma_1 - \gamma$, 并且 $(m, 2s+\gamma, s, \Gamma)$ 满足 (6.1). 如果 $\gamma = \delta = 1$, 再假定 $\Gamma = 0$, 而在 $\gamma_1 = \delta = 1$ 时, 再令 $\Gamma_1 = 0$. 那么

$$\mathcal{L}_R(m, 2s+\gamma, s, \Gamma; 2\nu+\delta)$$
$$\supset \mathcal{L}_R(m-(\gamma_1-\gamma), 2(s-(\gamma_1-\gamma))+\gamma_1, s-(\gamma_1-\gamma), \Gamma_1; 2\nu+\delta),$$

除非 (6.7) 成立并且表 6.2 所列的情形之一出现. □

表 6.2

δ	γ	γ_1	$\mathbb{F}_q$
0	0	1	$\mathbb{F}_q$
0	0	2	$\mathbb{F}_q$
1	0	1	$\mathbb{F}_2$
1	0	2	$\mathbb{F}_2$
2	0	1	$\mathbb{F}_2$
2	1	2	$\mathbb{F}_2$

§6.3 格 $\mathcal{L}_R(m, 2s+\gamma, s, \Gamma; 2\nu+\delta)$, $\Gamma \neq 1$

现在我们研究格 $\mathcal{L}_R(m, 2s+\gamma, s, \Gamma; 2\nu+\delta)$ 之间一般的包含关系. 首先考虑 "$\delta \neq 1$ 或 $\gamma \neq 1$ 时, $\Gamma = \phi$" 和 "$\gamma = \delta = 1$ 时, $\Gamma = 0$" 的情形. 仿照定理 5.10 的证明, 运用引理 6.5, 6.6, 6.10 和 6.14 可得

定理 6.15 设 $n = 2\nu + \delta > m \geq 1$, 并且 $(m, 2s+\gamma, s, \Gamma)$ 满足

$$2s + \gamma \leq m \leq \begin{cases} \nu + s + \min\{\gamma, \delta\}, \\ \qquad \text{如果 } \delta \neq 1 \text{ 或 } \gamma \neq 1, \\ \nu + s, \quad \text{如果 } \gamma = \delta = 1 \end{cases} \tag{6.10}$$

和 $\Gamma \neq 1$, 而 $(m_1, 2s_1 + \gamma_1, s_1, \Gamma_1)$ 也满足 (6.10)

$$2s_1 + \gamma_1 \leq m \leq \begin{cases} \nu + s_1 + \min\{\gamma_1, \delta\}, \\ \qquad \text{如果 } \delta \neq 1 \text{ 或 } \gamma_1 \neq 1, \\ \nu + s_1, \quad \text{如果 } \gamma_1 = \delta = 1 \end{cases}$$

和 $\Gamma_1 \neq 1$. 如果 (6.7)

$$2s + \gamma \leq m = \begin{cases} \nu + s + \min\{\gamma, \delta\}, & \text{如果 } \delta \neq 1 \text{ 或 } \gamma \neq 1, \\ \nu + s, & \text{如果 } \gamma = \delta = 1 \end{cases}$$

成立而表 6.3 所列的各种情形不出现, 那么

表 6.3

δ	γ	γ_1	$\mathbb{F}_q$	m_1	s_1	t
0	0	1	$\mathbb{F}_q$	$m-t-1$	$s-t-1$	$0 \leq t \leq s-1$
0	0	2	$\mathbb{F}_q$	$m-t-2$	$s-t-2$	$0 \leq t \leq s-2$
0	1	0	$\mathbb{F}_2$	$m-t-1$	$s-t$	$0 \leq t \leq s$
0	2	1	$\mathbb{F}_2$	$m-t-1$	$s-t$	$0 \leq t \leq s$
1	0	1	$\mathbb{F}_2$	$m-t-1$	$s-t-1$	$0 \leq t \leq s-1$
1	0	2	$\mathbb{F}_2$	$m-t-2$	$s-t-2$	$0 \leq t \leq s-2$
1	2	0	$\mathbb{F}_2$	$m-t-2$	$s-t$	$0 \leq t \leq s$
1	2	1	$\mathbb{F}_2$	$m-t-1$	$s-t$	$0 \leq t \leq s$
2	0	1	$\mathbb{F}_2$	$m-t-1$	$s-t-1$	$0 \leq t \leq s-1$
2	1	2	$\mathbb{F}_2$	$m-t-1$	$s-t-1$	$0 \leq t \leq s-1$
2	2	0	$\mathbb{F}_q$	$m-t-2$	$s-t$	$0 \leq t \leq s$
2	2	1	$\mathbb{F}_q$	$m-t-1$	$s-t$	$0 \leq t \leq s$

$$\mathcal{L}_R(m, 2s+\gamma, s, \Gamma; 2\nu+\delta)$$
$$\supset \mathcal{L}_R(m_1, 2s_1+\gamma_1, s_1, \Gamma_1; 2\nu+\delta) \tag{6.11}$$

的充分必要条件是

$$2m - 2m_1 \geq (2s+\gamma) - (2s_1+\gamma_1) + |\gamma - \gamma_1| \geq 2|\gamma - \gamma_1|. \tag{6.12}$$

$\square$

定理 6.16 设 $n = 2\nu + \delta > m \geq 1$. 假定 $(m, 2s+\gamma, s, \Gamma)$ 满足 (6.7) 和 $\Gamma \neq 1$, 而 $(m_1, 2s_1+\gamma_1, s_1, \Gamma_1)$ 满足 (6.10) 和 (6.12) 并且 $\Gamma_1 \neq 1$. 如果表 6.3 所列的情形之一出现，那么

$$\mathcal{L}_R(m, 2s+\gamma, s, \Gamma; 2\nu+\delta)$$
$$\not\supset \mathcal{L}_R(m_1, 2s_1+\gamma_1, s_1, \Gamma_1; 2\nu+\delta). \tag{6.13}$$

证明 我们只对表 6.3 中的第 3 行，第 7 行，第 9 行和第 6 行逐一进行验证. 其余 8 行的验证，留给读者作为练习. 从表 6.3 知道，应分 $\gamma - \gamma_1 > 0$ 和 $\gamma - \gamma_1 < 0$ 两种情形.

(a) $\gamma - \gamma_1 > 0$. 这时 $m_1 = m - t - (\gamma - \gamma_1)$, $s_1 = s - t$. 由 $(m, 2s+\gamma, s, \Gamma)$ 满足 (6.7) 和 $\Gamma \neq 1$, 而 $\Gamma_1 \neq 1$, 并且 $(m_1, 2s_1+\gamma_1, s_1, \Gamma_1)$ 满足 (6.10), 所以 $\mathcal{M}(m_1, 2s_1+\gamma_1, s_1, \Gamma_1; 2\nu+\delta) \neq \phi$. 令 $P \in \mathcal{M}(m_1, 2s_1+\gamma_1, s_1, \Gamma_1; 2\nu+\delta)$. 不妨设

$$PG_{2\nu+\delta}{}^tP = [G_{2s_1+\gamma_1}, 0^{(\sigma_1)}],$$

其中 $\sigma_1 = m + t - (2s+\gamma)$. 令 $\sigma_2 = 2(\nu+s-m) + 2\gamma - \gamma_1 + \delta$. 下面对表 6.3 的第 3 行和第 7 行分别进行推导.

(a-1) 第 3 行. 这时 $\delta = 0$, $\gamma = 1$, $\gamma_1 = 0$, $\mathbb{F}_q = \mathbb{F}_2$. 从 (6.7) 可得 $\sigma_1 \geq t$ 和 $\sigma_2 = 2$. 由定理 6.4, 存在 $\sigma_1 \times 2\nu$ 矩阵 X 和 $\sigma_2 \times 2\nu$ 矩阵 Y, 使得 (6.2) 中的 W 是非奇异的，并且

$$WG_{2\nu}{}^tW \equiv [G_{2s_1}, G_{2\sigma_1}, \Sigma_2], \tag{6.14}$$

其中 Σ_2 是 $\sigma_2 \times \sigma_2$ 正则矩阵. 因为 Σ_2 的指数是 1. 所以不妨设 $Y = \begin{pmatrix} y_1 \\ y_2 \end{pmatrix}$, 而使得

$$YG_{2\nu}{}^tY \equiv G_{2 \cdot 1}.$$

$\mathbb{F}_q^{2\nu}$ 中包含 P 的 m 维子空间 Q 具有形式

$$Q = {}^t({}^tP\ {}^t(x_1+a_1v_1) \cdots {}^t(x_{t+1}+a_{t+1}v_{t+1})), \tag{6.15}$$

其中 $x_i \in X$, $a_i \in \mathbb{F}_q$, $v_i \in Y$, $i = 1, 2, \cdots, t+1$. 记

$$P = \begin{pmatrix} P_1 \\ P_2 \end{pmatrix} \begin{matrix} 2s-2t \\ m+t-2s-1 \end{matrix},$$

第六章 偶特征的正交群作用下子空间轨道生成的格

那么从 (6.14) 得到 $P_1(G_{2\nu} + {}^t G_{2\nu})\,{}^t X = 0$, $P_2(G_{2\nu} + {}^t G_{2\nu})\,{}^t X = I^{(m+t-2s-1)}$, 并且

$$QG_{2\nu}\,{}^tQ \equiv \left[G_{2(s-t)},\ \begin{pmatrix} 0 & P_2(G_{2\nu}+{}^tG_{2\nu})\,{}^t\begin{pmatrix}x_1\\ \vdots\\ x_{t+1}\end{pmatrix} \\ \begin{pmatrix}a_1v_1\\ \vdots\\ a_{t+1}v_{t+1}\end{pmatrix} G_{2\nu}\,{}^t\begin{pmatrix}a_1v_1\\ \vdots\\ a_{t+1}v_{t+1}\end{pmatrix} \end{pmatrix} \right].$$

如果 (6.15) 是 $(m, 2s+1, s)$ 型子空间, 那么

$$\mathrm{rank}\begin{pmatrix}x_1\\ \vdots\\ x_{t+1}\end{pmatrix} = t.$$

因而可假定向量 $x_1, \cdots, x_t$ 线性无关, $x_{t+1} = 0, v_{t+1} \ne 0$, 并且

$$(a_{t+1}v_{t+1})G_{2\nu}\,{}^t(a_{t+1}v_{t+1}) = 1.$$

因为 $\mathbb{F}_q = \mathbb{F}_2$, 类似于引理 6.7 证明中的 (ii-a) 情形, 所以 Y 中的 $a_{t+1}v_{t+1}$ 可唯一地表示为 $y_1 + y_2$. 因此形为 (6.15) 的 Q 具有形式

$${}^t({}^tP\ {}^tx_1\ \cdots\ {}^tx_t\ {}^t(y_1+y_2)), \tag{6.16}$$

其中 $x_1, \cdots, x_t$ 是 X 中线性无关的向量. 显然, 形为 (6.16) 的子空间的交不是 P. 因而 (6.13) 成立.

(a-2) 第 7 行. 这时 $\delta = 1, \gamma = 2, \gamma_1 = 0, \mathbb{F}_q = \mathbb{F}_2$. 从 (6.7) 得 $\sigma_2 = 3$. 由定理 6.4, 存在 $\sigma_1 \times (2\nu+1)$ 矩阵 X, $\sigma_2 \times (2\nu+1)$ 矩阵 Y, 使得 (6.2) 中的 W 是非奇异的, 并且

$$WG_{2\nu+1}\,{}^tW \equiv [G_{(2(s-t))}, G_{2\sigma_1}, \Sigma_2], \tag{6.17}$$

其中 Σ_2 是 $\sigma_2 \times \sigma_2$ 正则矩阵, 其定号部分的级数是 1. $\mathbb{F}_q^{2\nu+1}$ 中包含 P 的 m 维子空间 Q 具有形式

$$Q = {}^t({}^tP\ {}^t(x_1+a_1v_1)\ \cdots\ {}^t(x_{t+2}+a_{t+2}v_{t+2})), \tag{6.18}$$

其中 $x_i \in X, v_i \in Y, a_i \in \mathbb{F}_2, i = 1, 2, \cdots, t+1, t+2$. 如果 Q 是 $(m, 2s+2, s)$ 型子空间, 那么从 (6.17) 可知 Q 是具有形式

$$Q = {}^t({}^tP\ {}^t(x_1+a_1v_1)\cdots{}^t(x_t+a_tv_t)\ {}^t(a_{t+1}v_{t+1})\ {}^t(a_{t+2}v_{t+2})), \tag{6.19}$$

其中 $x_1, \cdots, x_t$ 线性无关, 而 $a_{t+1}v_{t+1}, a_{t+2}v_{t+2}$ 也线性无关. 因为 (6.17) 合同于 $G_{2\nu+1}$, 所以存在 $B \in GL_3(\mathbb{F}_q)$, 使得

$$(BY)G_{2\nu+1}\,{}^t(BY) \equiv [G_{2\cdot 1},\ 1].$$

令 BY 的第 1, 第 2 和第 3 行依次是 y_1, y_2, y_3. 类似于引理 6.9 证明中的 (ii-b) 情形, 可知

$$\begin{pmatrix} y_1 + y_2 \\ y_2 + y_3 \end{pmatrix}$$

是 Y 中唯一的 $(2,2,0)$ 型子空间. 于是形如 (6.19) 的 Q 具有形式

$$Q = {}^t({}^tP \ {}^t(x_1+a_1v_1) \cdots {}^t(x_t+a_tv_t) \ {}^t(y_1+y_2) \ {}^t(y_2+y_3)), \tag{6.20}$$

其中 $x_1+a_1v_1, \cdots, x_t+a_tv_t$ 线性无关. 而形式为 (6.20) 的子空间的交不是 P. 因此 (6.13) 成立.

(b) $\gamma - \gamma_1 < 0$. 这时 $m_1 = m-t-(\gamma_1-\gamma)$, $s_1 = s-t-(\gamma_1-\gamma)$. 由 $(m, 2s+\gamma, s, \Gamma)$ 满足 (6.7) 和 $\Gamma \neq 1$, 而 $\Gamma_1 \neq 1$, 并且 $(m_1, 2s_1+\gamma_1, s_1, \Gamma_1)$ 满足 (6,10), 那么 $\mathcal{M}(m_1, 2s_1+\gamma_1, s_1, \Gamma_1; 2\nu+\delta) \neq \phi$. 设 $P \in \mathcal{M}(m_1, 2s_1+\gamma_1, s_1, \Gamma_1; 2\nu+\delta)$, 不妨假定

$$PG_{2\nu+\delta} \, {}^tP \equiv [G_{2s_1+\gamma_1}, 0^{(\sigma_1)}],$$

其中 $\sigma_1 = m+t-(2s+\gamma)$. 令 $\sigma_2 = 2(\nu+s-m)+\gamma_1+\delta$. 我们对表 6.3 的第 9 行和第 6 行分别进行讨论.

(b-1) 第 9 行. 这时 $\delta=2, \gamma=0, \gamma_1=1, \mathbb{F}_q = \mathbb{F}_2$. 从 (6.7) 得到 $\sigma_1 \geq t, \sigma_2 = 3$. 由定理 6.4, 存在 $\sigma_1 \times (2\nu+2)$ 矩阵 X, $1 \times (2\nu+2)$ 矩阵 $Y = y$ 和 $(\sigma_2-1) \times (2\nu+2)$ 矩阵 Z, 使得 $W_1 = {}^t({}^tP \ {}^tX \ {}^tY \ {}^tZ)$ 是非奇异的, 并且

$$W_1 G_{2\nu+2} \, {}^tW_1 \equiv \left[G_{2(s-t-1)}, \begin{pmatrix} 0 & & & I^{(\sigma_1)} \\ & 1 & & 1 \\ & & 0 & \\ & & & 0 \end{pmatrix}, \begin{pmatrix} \alpha & 1 \\ & \alpha \end{pmatrix} \right], \tag{6.21}$$

$\mathbb{F}_q^{2\nu+2}$ 中包含 P 的 m 维子空间具有形式

$$Q = {}^t({}^tP \ {}^t(x_1+a_1y+b_1z_1) \cdots {}^t(x_{t+1}+a_{t+1}y+b_{t+1}z_{t+1})), \tag{6.22}$$

其中 $x_i \in X, a_i, b_i \in \mathbb{F}_2, z_i \in Z, i=1,2,\cdots,t+1$. 如果 Q 是 $(m, 2s, s)$ 型子空间, 那么类似于引理 6.11 证明中的 (ii-c) 情形, 由 (6.21) 可知 (6.22) 的 Q 具有形式

$$Q = {}^t({}^tP \ {}^t(x_1+a_1z_1) \cdots {}^t(x_t+a_tz_t) \ {}^tY),$$

其中 $x_1+a_1z_1, \cdots, x_t+a_tz_t$ 线性无关. 显然, 上述 Q 的交不是 P. 因此 (6.13) 成立

(b-2) 第 6 行. 这时 $\delta=1$, $\gamma=0$, $\gamma_1=2$, $\mathbb{F}_q=\mathbb{F}_2$. 从 (6.7) 得到 $\sigma_2=3$. 由定理 6.4, 存在 $\sigma_1\times(2\nu+1)$ 矩阵 X, $\sigma_2\times(2\nu+1)$ 矩阵 Y 使得 (6.2) 中的 W 是非奇异的, 并且

$$WG_{2\nu+1}{}^tW \equiv [G_{2(s-t-2)+2}, G_{2\sigma_1}, G_{2\cdot1+1}], \tag{6.23}$$

$\mathbb{F}_q^{2\nu+1}$ 中包含 P 的 m 维子空间 Q 具有形式 (6.18). 如果 Q 是 $(m, 2s, s)$ 型子空间, 类似于引理 6.9 证明中的 (ii-b) 情形, 由 (6.23) 可知 (6.18) 的 Q 具有形式

$$Q = {}^t({}^tP\ {}^t(x_1+a_1v_1)\ \cdots\ {}^t(x_t+a_tv_t)\ {}^t(y_1+y_2)\ {}^t(y_2+y_3)),$$

其中 $x_1+a_1v_1,\cdots,x_t+a_tv_t$ 线性无关, 而 y_1, y_2 和 y_3 依次是 Y 的第 1, 第 2 和第 3 行. 显然, 如上 Q 的交不是 P. 因此 (6.13) 成立. □

下面给出 $\mathbb{F}_q^{2\nu+\delta}$ 中的子空间在格 $\mathcal{L}_R(m, 2s+\gamma, s, \Gamma; 2\nu+\delta)$ 中的条件.

定理 6.17 设 $n=2\nu+\delta>m\geq 1$, 并且 $(m, 2s+\gamma, s, \Gamma)$ 满足 (6.10), 而 $m\neq n$ 和 $\Gamma\neq 1$. 如果

$$2s+\gamma\leq m<\begin{cases}\nu+s+\min\{\gamma,\delta\}, & \text{如果 }\delta\neq 1, \text{或 }\gamma\neq 1,\\ \nu+s, & \text{如果 }\gamma=\delta=1\end{cases} \tag{6.24}$$

成立, 那么 $\mathcal{L}_R(m, 2s+\gamma, s, \Gamma; 2\nu+\delta)$ 由 $\mathbb{F}_q^{2\nu+\delta}$ 和所有 $(m_1, 2s_1+\gamma_1, s_1, \Gamma_1)$ 型子空间组成, 其中 $(m_1, 2s_1+\gamma_1, s_1, \Gamma_1)$ 满足 (6.12) 和 $\Gamma_1\neq 1$. 如果 (6.7) 成立, 那么 $\mathcal{L}_R(m, 2s+\gamma, s, \Gamma; 2\nu+\delta)$ 由 $\mathbb{F}_q^{2\nu+\delta}$ 和所有 $(m_1, 2s_1+\gamma_1, s_1, \Gamma_1)$ 型子空间组成, 其中 $(m_1, 2s_1+\gamma_1, s_1, \Gamma_1)$ 满足 (6.12) 和 $\Gamma_1\neq 1$, 并且它们不列入表 6.3 中.

证明 类似于定理 5.12 的证明过程. 利用定理 6.15 和定理 6.16 就可给出本定理的证明. 这里略去其详细步骤. □

从定理 6.17 可得如下的

推论 6.18 设 $n=2\nu+\delta>m\geq 1$, 并且 $(m, 2s+\gamma, s, \Gamma)$ 满足 (6.10) 和 $\Gamma\neq 1$. 那么

$$\{0\}\in\mathcal{L}_R(m, 2s+\gamma, s, \Gamma; 2\nu+\delta),$$

并且 $\{0\}=\cap_{X\in\mathcal{M}_3^{(\Gamma)}}X$ 是 $\mathcal{L}_R(m, 2s+\gamma, s, \Gamma; 2\nu+\delta)$ 的最大元, 除非表 6.4 所列的情形之一出现.

表 6.4

n	ν	δ	m	s	γ	$\mathbb{F}_q$
2	1	0	1	0	1	$\mathbb{F}_2$
3	1	1	2	0	2	$\mathbb{F}_2$

证明 我们把 $\{0\}$ 考虑为 $(m_1, 2s_1+\gamma_1, s_1, \Gamma_1)$ 型子空间, 其中 $m_1=s_1=\gamma_1=0$ 和 $\Gamma_1=\phi$, 由定理 6.17 可知 $\{0\}\in\mathcal{L}_R(m, 2s+\gamma, s, \Gamma; 2\nu+\delta)$, 除非 (6.7)

成立, 而表 6.3 中所列 $\gamma_1 = 0$ 的情形出现. 现在逐一地核对表 6.3 中 $\gamma_1 = 0$ 的 3 行.

对于第 3 行, $\delta = 0, \gamma = 1, m = t+1, s = t$ 和 $\mathbb{F}_q = \mathbb{F}_2$. 由 (6.7) 有 $m = \nu + s$. 因而 $\nu = 1$ 和 $n = 2$. 但 $n > m \geq 1$, 所以 $m = 1, s = 0$. 这正是表 6.4 中的第一行.

对于第 7 行, $\delta = 1, \gamma = 2, m = t+2, s = t$ 和 $\mathbb{F}_q = \mathbb{F}_2$. 由 (6.7) 有 $m = \nu + s + 1$. 因而 $\nu = 1$ 和 $n = 3$. 但 $n > m$ 和 $m = t + 2 \geq 2$, 所以 $m = 2$, $s = t = 0$. 这正是表 6.4 中的第 2 行.

对于第 11 行, $\delta = 2, \gamma = 2, m = t+2, s = t$. 由 (6.7) 有 $m = \nu + s + 2$. 因而 $\nu = 0$ 和 $n = 2$. 但 $m = t+2 \geq 2$, 这与题设 $m < n$ 矛盾. □

推理 6.19 设 $n = 2\nu + \delta > m \geq 1$, $(m, 2s + \gamma, s, \Gamma)$ 满足 (6.24), 而 $\Gamma \neq 1$. 再设 P 是属于 $\mathcal{L}_R(m, 2s + \gamma, s, \Gamma; 2\nu + \delta)$ 的子空间, $P \neq \mathbb{F}_q^{2\nu+d}$, 而 Q 是包含在 P 中的子空间. 那么 $Q \in \mathcal{L}_R(m, 2s + \gamma, s, \Gamma; 2\nu + \delta)$. □

§6.4 格 $\mathcal{L}_R(m, 2s+1, s, 1; 2\nu+1)$

在这一节我们来考虑 $n = 2\nu + 1, \gamma = \Gamma = 1$ 的情形, 它也有 §6.3 中的相应结果.

定理 6.20 设 $n = 2\nu + 1$ 和 $\Gamma_1 \neq 1$. 那么

$$\mathcal{L}_R(m, 2s+1, s, 1; 2\nu+1)$$
$$\cap \mathcal{L}_R(m_1, 2s_1 + \gamma_1, s_1, \Gamma_1; 2\nu+1) = \{\mathbb{F}_q^{2\nu+1}\}. \tag{6.25}$$

证明 如果 $(m, 2s+1, s, 1)$ 或 $(m_1, 2s_1 + \gamma_1, s_1, \Gamma_1)$ 不满足 (6.10), 那么它们所对应轨道 $\mathcal{M}(m, 2s+1, s, 1; 2\nu+1)$ 或 $\mathcal{M}(m_1, 2s_1 + \gamma_1, s_1, \Gamma_1; 2\nu+1)$ 是空集, 于是 (6.25) 成立.

如果 $(m, 2s+1, s, 1)$ 和 $(m_1, 2s_1 + \gamma_1, s_1, \Gamma_1)$ 都满足 (6.10), 那么 $\mathcal{M}(m, 2s+1, s, 1; 2\nu+1)$ 和 $\mathcal{M}(m_1, 2s_1+\gamma_1, s_1, \Gamma_1; 2\nu+1)$ 都非空. 因为 $\mathcal{M}(m, 2s+1, s, 1; 2\nu+1)$ 中的每个子空间都包含 $e_{2\nu+1}$, 所以 $\mathcal{M}(m, 2s+1, s, 1; 2\nu+1)$ 中任一子空间集的交也包含 $e_{2\nu+1}$. 然而, $\mathcal{M}(m_1, 2s_1 + \gamma_1, s_1, \Gamma_1; 2\nu+1)$ 中没有一个子空间包含 $e_{2\nu+1}$. 因此 (6.26) 成立.

定理 6.21 设 $n = 2\nu + 1 > m \geq 1$. 假定 $(m, 2s+1, s, 1)$ 满足

$$2s + 1 \leq m \leq \nu + s + 1, \tag{6.26}$$

而 $(m_1, s_1 + 1, s_1, 1)$ 也满足 (6.26)

$$2s_1 + 1 \leq m_1 \leq \nu + s_1 + 1,$$

那么
$$\mathcal{L}_R(m, 2s+1, s, 1; 2\nu+1) \supset \mathcal{L}_R(m_1, 2s_1+1, s_1, 1; 2\nu+1)$$
的充分必要条件是
$$m - m_1 \geq s - s_1 > 0. \tag{6.27}$$

证明 完全仿照定理 3.5 的证明进行. 在证明充分性时, 要连续地应用引理 6.5 和引理 6.6 就可得到所证的结论. 这里不再多加叙述. □

定理 6.22 设 $n = 2\nu + 1 > m \geq 1$. 那么映射
$$\mathcal{L}_R(m, 2s+1, s, 1 : 2\nu+1) \longmapsto \mathcal{L}_R(m-1, s; 2\nu),$$
其中 $(m, 2s+1, s, 1)$ 满足 (6.26)
$$2s+1 \leq m \leq \nu + s + 1$$
是从正交空间 $\mathbb{F}_q^{2\nu+1}$ 中的格 $\mathcal{L}_R(m, 2s+1, s, 1; 2\nu+1)$ 所成的集合到 2ν 维辛空间中的格 $\mathcal{L}_R(m, s; 2\nu)$ 所成的集合的双射, 而且此双射保持格之间的包含关系.

证明 显然, ψ 是双射. 至于这个映射的保序性, 可以从上面的定理 6.21 和前面的定理 3.5 得到. □

定理 6.23 设 $n = 2\nu + 1 > m \geq 1$, 并且 $(m, 2s+1, s, 1)$ 满足 (6.26), 那么 $\mathcal{L}_R(m, 2s+1, s, 1; 2\nu+1)$ 由 $\mathbb{F}_q^{2\nu+1}$ 和满足 (6.27)
$$m - m_1 \geq s - s_1 \geq 0$$
的所有 $(m_1, 2s_1+1, s_1, 1)$ 型子空间组成.

证明 按照定理 3.6 的证明, 运用定理 6.21, 就可给出本定理的证明. □

推论 6.24 设 $n = 2\nu + 1 > m \geq 1$, 并且 $(m, 2s+1, s, 1)$ 满足 (6.26), 那么
$$\{0\} \notin \mathcal{L}_R(m, 2s+1, s, 1; 2\nu+1),$$
但
$$\langle e_{2\nu+1} \rangle \in \mathcal{L}_R(m, 2s+1, s, 1; 2\nu+1),$$
并且 $\langle e_{2\nu+1} \rangle = \cap_{X \in \mathcal{M}^{(1)}} X$ 是 $\mathcal{L}_R(m, 2s+1, s, 1; 2\nu+1)$ 的最大元.

证明 本推论的第一个结论是显然的. 至于第二个结论, 只需在定理 6.23 中取 $(m_1, 2s_1+1, s_1, 1) = (1, 1, 0, 1)$, 即可得到该结论. □

定理 6.25 设 $n = 2\nu + 1$, 并且 $(m, 2s+1, s, 1)$ 满足 (6.26), 那么格 $\mathcal{L}_R(m, 2s+1, s, 1; 2\nu+1)$ 同构于 2ν 维辛空间 $\mathbb{F}_q^{2\nu}$ 中的格 $\mathcal{L}_R(m-1, s; 2\nu)$.

证明 如果 $m = n$, 那么 $\mathcal{L}_R(2\nu+1, 2\nu+1, \nu, 1; 2\nu+1) = \{\mathbb{F}_q^{2\nu+1}\}$ 和 $\mathcal{L}_R(2\nu, \nu; 2\nu) = \{\mathbb{F}_q^{2\nu}\}$, 所以本定理显然成立.

现在假设 $m \neq n$. 令 $P \in \mathcal{L}_R(m, 2s+1, s, 1; 2\nu+1)$ 和 $P \neq \mathbb{F}_q^{2\nu+1}$, 那么由定理 6.23, P 是满足 (6.27) 的 $(m_1, 2s_1+1, s_1, 1)$ 型子空间. 因为 $e_{2\nu+1} \in P$, 所以可选择 P 的一个矩阵表示

$$P = \begin{pmatrix} P_1 & 0 \\ 0 & 1 \end{pmatrix} \begin{matrix} m_1-1 \\ 1 \end{matrix} \quad \begin{matrix} \\ \end{matrix} \tag{6.28}$$

使得

$$P_1 \begin{pmatrix} 0 & I^{(\nu)} \\ & 0 \end{pmatrix} {}^tP_1 \equiv [G_{2s_1}, 0^{(m_1-1-2s_1)}].$$

因而

$$P_1 \begin{pmatrix} 0 & I^{(\nu)} \\ I^{(\nu)} & 0 \end{pmatrix} {}^tP_1 = [G_{2s_1} + {}^tG_{2s_1}, 0^{(m_1-1-2s_1)}].$$

于是 P_1 是 2ν 维辛空间 $\mathbb{F}_q^{2\nu}$ 中的 (m_1-1, s_1) 型子空间. 定义一个映射

$$\phi : \mathcal{L}_R(m, 2s+1, s, 1; 2\nu+1) \longrightarrow \mathcal{L}_R(m-1, s; 2\nu)$$
$$\mathbb{F}_q^{2\nu+1} \longmapsto \mathbb{F}_q^{2\nu}$$
$$P \longmapsto P_1,$$

其中 P 是具有形式 (6.28) 的 $(m_1, 2s_1+1, s_1, 1)$ 型子空间, 而 $(m_1, 2s_1+1, s_1, 1)$ 满足 $m-m_1 \geq s-s_1 \geq 0$. 易知, ϕ 是一个单射, 并且保持格的偏序关系. 下面证明 ϕ 是一个满射, 因而 ϕ 是 $\mathcal{L}_R(m, 2s+1, s, 1; 2\nu+1)$ 到 $\mathcal{L}_R(m-1, s; 2\nu)$ 的格同构映射.

设 Q_1 是 $\mathcal{L}_R(m-1, s; 2\nu)$ 中的任一个元素, 如果 $Q_1 = \mathbb{F}_q^{2\nu}$, 就令 $Q = \mathbb{F}_q^{2\nu+1}$, 所以 $\phi(Q) = Q_1$. 下面假设 $Q_1 \neq \mathbb{F}_q^{2\nu}$. 由定理 3.6, 可知 Q_1 是 2ν 维辛空间 $\mathbb{F}_q^{2\nu}$ 中的 (m_1, s_1) 型子空间, 使得

$$m - 1 - m_1 \geq s - s_1 \geq 0.$$

令

$$Q = \begin{pmatrix} Q_1 & 0 \\ 0 & 1 \end{pmatrix} \begin{matrix} m_1 \\ 1 \end{matrix},$$

我们来证明 $Q \in \mathcal{L}_R(m, 2s+1, s, 1; 2\nu+1)$. 显然, 有

$$QG_{2\nu+1}{}^tQ \equiv [Q_1 G_{2\nu}{}^tQ_1, 1]. \tag{6.29}$$

再令

$$Q_1 G_{2\nu}{}^tQ_1 = [G_{2s_1}, 0^{(m_1-2s_1)}] + R, \tag{6.30}$$

其中 R 是一个 $m_1 \times m_1$ 矩阵. 因为 Q_1 是 2ν 维辛空间 $\mathbb{F}_q^{2\nu}$ 中的 (m_1, s_1) 型子空间, 所以又可假定

$$Q_1 \begin{pmatrix} 0 & I^{(\nu)} \\ I^{(\nu)} & 0 \end{pmatrix} {}^t Q_1 = [G_{2s_1} + {}^t G_{2s_1}, 0^{(m_1 - 2s_1)}]. \tag{6.31}$$

从 (6.30) 和 (6.31) 得到 ${}^t R = R$. 再从 (6.29), (6.30) 和 ${}^t R = R$, 得到

$$Q G_{2\nu+1} {}^t Q \equiv \left[\begin{pmatrix} \begin{pmatrix} \gamma_1 & & \\ & \ddots & \\ & & \gamma_{s_1} \end{pmatrix} & & I^{(s_1)} \\ & \begin{pmatrix} \gamma_{s+1} & & \\ & \ddots & \\ & & \gamma_{2s_1} \end{pmatrix} & \end{pmatrix}, \gamma_{2s_1+1}, \cdots, \gamma_{m_1}, 1 \right].$$

熟知[29],

$$[\gamma_{2s_1+1}, \cdots, \gamma_{m_1}, 1]$$

合同于

$$[0^{(m_1 - 2s_1)}, 1],$$

并且

$$\begin{pmatrix} \begin{pmatrix} \gamma_1 & & \\ & \ddots & \\ & & \gamma_{s_1} \end{pmatrix} & & I^{(s_1)} \\ & \begin{pmatrix} \gamma_{s+1} & & \\ & \ddots & \\ & & \gamma_{2s_1} \end{pmatrix} & \end{pmatrix}$$

合同于

$$G_{2s_1} \text{ 或 } G_{2(s_1-1)+2}.$$

但我们又知[29],

$$\left[\begin{pmatrix} \alpha & 1 \\ & \alpha \end{pmatrix}, 1 \right] \text{ 和 } G_{2 \cdot 1 + 1}$$

是合同的, 所以

$$Q G_{2\nu+1} {}^t Q \equiv [G_{2s_1}, 0^{(m_1 - 2s_1)}, 1].$$

于是 Q 是 $(m_1 + 1, 2s_1 + 1, s_1, 1)$ 型子空间. 因为 $m - (m_1 + 1) \geq s - s_1 \geq 0$. 所以 $Q \in \mathcal{L}_R(m, 2s+1, s, 1; 2\nu+1)$. 显然, $\phi(Q) = Q_1$, 也即, ϕ 是满射. □

§6.5 偶特征的正交空间中子空间包含关系的一个定理

平行于辛情形的定理 3.10, 我们有

定理 6.26 设 V 和 U 分别是 $(m_2, 2s_2+\gamma_2, s_2, \Gamma_2)$ 型和 $(m_3, 2s_3+\gamma_3, s_3, \Gamma_3)$ 型子空间，其中 $\gamma_i = 0, 1$ 或 2 $(i=2,3)$，并且

$$\Gamma_2 = \begin{cases} 1 \text{ 或 } 0, & \text{如果 } \delta = \gamma_2 = 1 \text{ 而 } e_{2\nu+1} \text{分别属于或不属于 } V, \\ \phi, & \text{如果 } \delta \neq 1 \text{ 或 } \gamma_2 \neq 1, \end{cases}$$

$$\Gamma_3 = \begin{cases} 1 \text{ 或 } 0, & \text{如果 } \delta = \gamma_3 = 1 \text{ 而 } e_{2\nu+1} \text{分别属于或不属于 } U, \\ \phi, & \text{如果 } \delta \neq 1 \text{ 或 } \gamma_3 \neq 1, \end{cases}$$

而 $(m_2, 2s_2+\gamma_2, s_2, \Gamma_2)$ 和 $(m_3, 2s_3+\gamma_3, s_3, \Gamma_3)$ 都满足 (6.1)。$VG_{2\nu+\delta}{}^tV$ 和 $UG_{2\nu+\delta}{}^tU$ 的合同标准形中定号部分分别记作 Δ_2 和 Δ_3，并且令

$$\Lambda_2 = \begin{cases} G_{2s_3}, & \text{如果 } \gamma_3 = 0 \text{ 或 } 1, \\ [G_{2s_3}, \Delta_3], & \text{如果 } \gamma_3 = 2, \end{cases}$$

$$G_{(2s,\sigma)} = \begin{pmatrix} 0 & & I^{(s)} \\ & 0^{(\sigma)} & \\ 0 & & \end{pmatrix},$$

再设 $V \supset U$，而 $V \neq U$。

(1) 当 $\gamma_3 = 0$ 或 2 时，那么存在子空间 V 的矩阵表示 V，其前 m_3 行张成 U，并且

$$VG_{2\nu+\delta}{}^tV \equiv [\Lambda_2, G_{(2s_4,\sigma_1)}, G_{2s_5}, \Delta_5, 0^{(\sigma_2)}], \tag{6.32}$$

其中 $s_4 \geq 0, s_5 \geq 0, \sigma_1 = m_3 - 2s_3 - \gamma_3 - s_4 \geq 0$ 和 $\sigma_2 = m_2 - m_3 - s_4 - 2s_5 - \gamma_5 \geq 0$，并且 Δ_5 是 $\gamma_5 \times \gamma_5$ 定号矩阵，它具有形状：如果 $\gamma_2 > \gamma_3$，则 $\gamma_5 = \gamma_2$，而 $\Delta_5 = \Delta_2 = 1$ 或 $\begin{pmatrix} \alpha & 1 \\ & \alpha \end{pmatrix}$；如果 $\gamma_2 = \gamma_3$，则 $\gamma_5 = 0$ 而 $\Delta_5 = \phi$；如果 $\gamma_2 - \gamma_3 = -1$，即 $\gamma_2 = 1, \gamma_3 = 2$，则 $\gamma_5 = 1$ 而 $\Delta_5 = 1$；如果 $\gamma_2 - \gamma_3 = -2$，即 $\gamma_2 = 0, \gamma_3 = 2$，则 $\gamma_5 = 2$，而 $\Delta_5 = \Delta_3 = \begin{pmatrix} \alpha & 1 \\ & \alpha \end{pmatrix}$。

(2) 当 $\gamma_3 = 1$ 时，那么存在子空间 V 的矩阵表示 V，其前 m_3 行张成 U，并且

$$VG_{2\nu+\delta}{}^tV \equiv \left[\Lambda_2, \begin{pmatrix} 0^{(m_3-2s_3-1)} & & L_2 \\ & 1 & L_3 \\ & & L_4 \end{pmatrix}\right],$$

其中 L_4 是 $(m_2 - m_3) \times (m_2 - m_3)$ 矩阵。假定 $\text{rank} L_2 = s_4$（当 $m_3 - 2s_3 - 1 = 0$ 时，L_2 不出现。约定 $\text{rank} L_2 = s_4 = 0$）。

(2.1) 当 $\operatorname{rank}\begin{pmatrix} L_2 \\ L_3 \end{pmatrix} = s_4$ 时,可以进一步假定

$$VG_{2\nu+\delta}{}^tV \equiv \left[\Lambda_2, \begin{pmatrix} 0 & & & I^{(s_4)} \\ & 0^{(\sigma_1)} & & \\ & & 1 & \\ & & & 0 \end{pmatrix}, G_{2s_5}, 0^{(\sigma_3)}\right], \quad (6.33)$$

其中 $s_4 \geq 0, s_5 \geq 0, \sigma_1 = m_3 - 2s_3 - s_4 - 1 \geq 0$ 和 $\sigma_3 = m_2 - m_3 - s_4 - 2s_5 \geq 0$.

(2.2) 当 $\operatorname{rank}\begin{pmatrix} L_2 \\ L_3 \end{pmatrix} = s_4+1, s_2 = s_3+s_4$ 时,可以进一步假定

$$VG_{2\nu+\delta}{}^tV \equiv \left[\Lambda_2, \begin{pmatrix} 0 & & & & I^{(s_4)} \\ & 0^{(\sigma_1)} & & & \\ & & \alpha & & 1 \\ & & & 0 & \\ & & & & \alpha \end{pmatrix}, 0^{(\sigma_4)}\right], \quad (6.34)$$

其中 $s_4 \geq 0, \sigma_1 = m_3 - 2s_3 - s_4 - 1 \geq 0$ 和 $\sigma_4 = m_2 - m_3 - s_4 - 1 \geq 0$.

(2.3) 当 $\operatorname{rank}\begin{pmatrix} L_2 \\ L_3 \end{pmatrix} = s_4+1, s_2 > s_3+s_4$ 时,可以进一步假定

$$VG_{2\nu+\delta}{}^tV \equiv \left[\Lambda_2, \begin{pmatrix} 0 & & & & I^{(s_4)} \\ & 0^{(\sigma_1)} & & & \\ & & 1 & & 1 \\ & & & 0 & \\ & & & & 0 \end{pmatrix}, G_{2s_5}, \Gamma_5, 0^{(\sigma_5)}\right], \quad (6.35)$$

其中 Γ_5 是 $\gamma_5 \times \gamma_5$ 矩阵,$s_4 \geq 0, s_5 \geq 0, \sigma_1 = m_3 - 2s_3 - s_4 - 1 \geq 0$ 和 $\sigma_5 = m_2 - m_3 - s_4 - 2s_5 - \gamma_5 - 1 \geq 0$,并且 $\Gamma_5 = \Gamma_2$. 此外,又有

$$2s_2 + \gamma_2 = \begin{cases} 2s_3 + \gamma_3 + 2s_4 + 2s_5 + \gamma_5, & \text{如果 } \gamma_3 = 0 \text{ 或 } 2, \\ 2s_3 + \gamma_3 + 2s_4 + 2s_5, & \text{如果 } \gamma_3 = 1 \\ \quad \text{而 } \operatorname{rank}\begin{pmatrix} L_2 \\ L_3 \end{pmatrix} = \operatorname{rank} L_2, \\ 2s_3 + \gamma_3 + 2s_4 + 1, & \text{如果 } \gamma_3 = 1 \\ \quad \text{而 } \operatorname{rank}\begin{pmatrix} L_2 \\ L_3 \end{pmatrix} = \operatorname{rank} L_2 + 1, \text{ 并且 } s_2 = s_3 + s_4, \\ 2s_3 + \gamma_3 + 2s_4 + 2s_5 + \gamma_5 + 1, & \text{如果 } \gamma_3 = 1 \\ \quad \text{而 } \operatorname{rank}\begin{pmatrix} L_2 \\ L_3 \end{pmatrix} = \operatorname{rank} L_2 + 1, \text{ 并且 } s_2 > s_3 + s_4 \end{cases} \quad (6.36)$$

和
$$2m_2 - 2m_3 \geq (2s_2 + \gamma_2) - (2s_3 + \gamma_3) + |\gamma_2 - \gamma_3|$$
$$\geq 2|\gamma_2 - \gamma_3|. \tag{6.37}$$

证明 首先选取子空间 U 的一个矩阵表示，使得
$$UG_{2\nu+\delta}{}^tU = \begin{cases} [\Lambda_2, 0^{(m_3-2s_3-\gamma_3)}], & \text{如果 } \gamma_3 = 0 \text{ 或 } 2, \\ [\Lambda_2, 0^{(m_3-2s_3-\gamma_3)}, 1], & \text{如果 } \gamma_3 = 1. \end{cases}$$

因为 $U \subset V$, 所以存在一个 $(m_2 - m_3) \times (2\nu + \delta)$ 矩阵 U_1, 使得
$$\begin{pmatrix} U \\ U_1 \end{pmatrix}$$
是 V 的一个矩阵表示，那么

$$\begin{pmatrix} U \\ U_1 \end{pmatrix} G_{2\nu+\delta} {}^t\begin{pmatrix} U \\ U_1 \end{pmatrix} \equiv \begin{cases} \begin{pmatrix} \Lambda_2 & & L_1 \\ & 0^{(m_3-2s_3-\gamma_3)} & L_2 \\ & & B \end{pmatrix}, \\ \qquad \text{如果 } \gamma_3 = 0 \text{ 或 } 2, \\ \begin{pmatrix} \Lambda_2 & & & L_1 \\ & 0^{(m_3-2s_3-\gamma_3)} & & L_2 \\ & & 1 & L_3 \\ & & & B \end{pmatrix}, \\ \qquad \text{如果 } \gamma_3 = 1, \end{cases}$$

其中 L_1 是 $2s_3 \times (m_2 - m_3)$ 矩阵, L_2 是 $(m_3 - 2s_3 - \gamma_3) \times (m_2 - m_3)$ 矩阵, L_3 是 $1 \times (m_2 - m_3)$ 矩阵, B 是 $(m_2 - m_3) \times (m_2 - m_3)$ 矩阵.

我们分别研究以下两种情形.

(1) $\gamma_3 = 0$ 或 2. 我们先证明, 总存在形如
$$R = \begin{pmatrix} I & \\ A & I \end{pmatrix} \begin{matrix} m_3 \\ m_2 - m_3 \end{matrix}$$
$$\quad \underset{m_3}{} \underset{m_2-m_3}{}$$

的矩阵, 使得
$$R \begin{pmatrix} U \\ U_1 \end{pmatrix} G_{2\nu+\delta} {}^t\begin{pmatrix} U \\ U_1 \end{pmatrix} {}^tR \equiv \left[\Lambda_2, \begin{pmatrix} 0^{(m_3-2s_3-\gamma_3)} & L_2 \\ & D \end{pmatrix} \right],$$

其中 D_3 是 $(m_2 - m_3) \times (m_2 - m_3)$ 矩阵. 实际上, 当 $\gamma_3 = 0$ 时, 令
$$L_1 = \begin{pmatrix} L_{11} \\ L_{12} \end{pmatrix} \begin{matrix} s_3 \\ s_3 \end{matrix},$$

并选取

$$R = \begin{pmatrix} I & & & & \\ & I & & & \\ & & I & & \\ {}^tL_{12} & {}^tL_{11} & & I \end{pmatrix} \begin{matrix} s_3 \\ s_3 \\ m_3 - 2s_3 \\ m_2 - m_3 \end{matrix}$$
$$\begin{matrix} s_3 & s_3 & m_3-2s_3 & m_2-m_3 \end{matrix}$$

就行了; 而当 $\gamma_3 = 2$ 时, 令

$$L_1 = \begin{pmatrix} L_{11} \\ L_{12} \\ L_{13} \\ L_{14} \end{pmatrix} \begin{matrix} s_3 \\ s_3 \\ 1 \\ 1 \end{matrix},$$

并选取

$$R = \begin{pmatrix} I & & & & & & \\ & I & & & & & \\ & & 1 & & & & \\ & & & 1 & & & \\ & & & & I & & \\ {}^tL_{12} & {}^tL_{11} & {}^tL_{14} & {}^tL_{13} & & I \end{pmatrix} \begin{matrix} s_3 \\ s_3 \\ 1 \\ 1 \\ m_3-2s_3-2 \\ m_2-m_3 \end{matrix}$$
$$\begin{matrix} s_3 & s_3 & 1 & 1 & m_3-2s_3-2 & m_2-m_3 \end{matrix}$$

就行了.

因为 $V \neq U$, 所以 $m_2 - m_3 > 0$. 如果 $m_3 - 2s_3 - \gamma_3 = 0$, 那么 L_2 和 $0^{(m_3-2s_3-\gamma_3)}$ 不出现. 令 $s_4 = 0$, 则 $\sigma_1 = m_3 - 2s_3 - \gamma_3 - s_4 = 0$, 再记 $D = D_3$. 现在假定 $m_3 - 2s_3 - \gamma_3 > 0$. 设 $\text{rank}\, L_2 = s_4$, 那么 $\min\{m_3 - 2s_3 - \gamma_3, m_2 - m_3\} \geq s_4 \geq 0$. 令 $\sigma_1 = m_3 - 2s_3 - \gamma_3 - s_4$, 那么 $\sigma_1 \geq 0$, 并且存在 $(m_3 - 2s_3 - \gamma_3) \times (m_3 - 2s_3 - \gamma_3)$ 非奇异矩阵 A_1 和 $(m_2 - m_3) \times (m_2 - m_3)$ 非奇异矩阵 B_1, 使得

$$A_1 L_2 {}^tB_1 = \begin{pmatrix} I & \\ & 0 \\ & 0 \end{pmatrix} \begin{matrix} s_4 \\ \sigma_1 \end{matrix}.$$
$$\phantom{A_1L_2{}^tB_1=}\begin{matrix} s_4 & m_2-m_3-s_4 \end{matrix}$$

令

$$E_1 = \begin{pmatrix} A_1 & \\ & B_1 \end{pmatrix},$$

那么

$$E_1 \begin{pmatrix} 0 & L_2 \\ D & \end{pmatrix} {}^tE_1 \equiv \begin{pmatrix} 0 & & I & & \\ & 0 & & & \\ & & & D_1 & D_2 \\ & & & & D_3 \end{pmatrix} \begin{matrix} s_4 \\ \sigma_1 \\ s_4 \\ m_2-m_3-s_4 \end{matrix},$$
$$\phantom{E_1\begin{pmatrix}0&L_2\\D&\end{pmatrix}{}^tE_1\equiv}\begin{matrix} s_4 & \sigma_1 & s_4 & m_2-m_3-s_4 \end{matrix}$$

其中
$$\begin{pmatrix} D_1 & D_2 \\ & D_3 \end{pmatrix} \equiv B_1 D\,{}^t B_1.$$

再令
$$E_2 = \begin{pmatrix} I^{(s_4)} & & & \\ & I^{(\sigma_1)} & & \\ D_1 & & I^{(s_4)} & \\ {}^t D_2 & & & I^{(m_2-m_3-s_4)} \end{pmatrix}$$

和
$$R_2 = \begin{cases} R, & \text{如果 } m_3 - 2s_3 - \gamma_3 = 0, \\ \begin{pmatrix} I^{(2s_3+\gamma_3)} & \\ & E_2 E_1 \end{pmatrix} R, & \text{如果 } m_3 - 2s_3 - \gamma_3 > 0. \end{cases}$$

那么
$$R_2 \begin{pmatrix} U \\ U_1 \end{pmatrix} G_{2\nu+\delta} {}^t\!\begin{pmatrix} U \\ U_1 \end{pmatrix} {}^t R_2 \equiv [\Lambda_2, G_{(2s_4,\sigma_1)}, D_3],$$

其中 D_3 是 $(m_2-m_3-s_4) \times (m_2-m_3-s_4)$ 矩阵. 我们再分以下两种情形来讨论.

(a) $m_2-m_3-s_4=0$. 这时 D_3 不出现. 则 $\gamma_3=\gamma_2$, $\Delta_3=\Delta_2$, $s_2=s_3+s_4$. 再令 $s_5=0$, $\Delta_5=\phi$ 和 $V=R_2\begin{pmatrix} U \\ U_1 \end{pmatrix}$, 那么 V 是子空间 V 的一个矩阵表示, 使 (6.32) 成立, 而 V 的前 m_3 行张成 U.

(b) $m_2-m_3-s_4 > 0$. 因为 V 是 $(m_2, 2s_2+\gamma_2, s_2, \Gamma_2)$ 型子空间, 由文献 [29] 中定理 7.3, D_3 的合同标准形由 V 的类型和 $G_{2\nu+\delta}$ 唯一确定, 所以存在 $(m_2-m_3-s_4) \times (m_2-m_3-s_4)$ 非奇异矩阵 A_2, 使得

$$A_2 D_3 {}^t A_2 \equiv [G_{2s_5}, \Delta_5, 0^{(\sigma_2)}],$$

其中 $s_5 \geq 0$, Δ_5 是 $\gamma_5 \times \gamma_5$ 定号对角矩阵和 $\sigma_2 = m_2-m_3-s_4-2s_5-\gamma_5 \geq 0$, 并且有 $\gamma_5 = |\gamma_2 - \gamma_3|$. 令

$$V = [I^{(m_3+s_4)}, A_2] R_2 \begin{pmatrix} U \\ U_1 \end{pmatrix},$$

那么 V 也是子空间 V 的一个矩阵表示, 使 (6.32) 式成立. 而其前 m_3 行张成 U.

在以上这两种情形, 因为 V 是 $(m_2, 2s_2+\gamma_2, s_2, \Gamma_2)$ 型子空间, 所以都有 $2s_2+\gamma_2 = 2s_3+\gamma_3+2s_4+2s_5+\gamma_5$, 即 (6.36) 式第一行成立. 再由 $\sigma_2 = m_2-m_3-s_4-2s_5-\gamma_5 \geq 0$ 推出 $2m_2-2m_3 \geq 2s_4+2s_5+\gamma_5+\gamma_5 = (2s_2+\gamma_2)-(2s_3+\gamma_3)+|\gamma_2-\gamma_3|$. 显然, $(2s_2+\gamma_2)-(2s_3+\gamma_3) \geq \gamma_5 = |\gamma_2-\gamma_3|$. 因此 (6.37) 成立. 情形 (1) 证毕.

第六章　偶特征的正交群作用下子空间轨道生成的格

(2) $\gamma_3 = 1$. 如同 (1) 中一样, 总存在形如

$$R = \begin{pmatrix} I & \\ A & I \end{pmatrix} \begin{matrix} m_3 \\ m_2 - m_3 \end{matrix}$$
$$\begin{matrix} m_3 & m_2 - m_3 \end{matrix}$$

的矩阵, 使得

$$R \begin{pmatrix} U \\ U_1 \end{pmatrix} G_{2\nu+\delta} {}^t\!\begin{pmatrix} U \\ U_1 \end{pmatrix} {}^tR \equiv \left[\Lambda_2, \begin{pmatrix} 0 & & L_2 \\ & 1 & L_3 \\ & & D \end{pmatrix} \right], \quad (6.38)$$

其中 L_2 是 $(m_3 - 2s_3 - 1) \times (m_2 - m_3)$ 矩阵, L_3 是 $1 \times (m_2 - m_3)$ 矩阵, D 是 $(m_2 - m_3) \times (m_2 - m_3)$ 矩阵. 当 $m_3 - 2s_3 - 1 = 0$ 时, L_2 不出现, 令 $s_4 = 0$. 当 $m_3 - 2s_3 - 1 > 0$ 时, 设 $\mathrm{rank} L_2 = s_4$, 那么 $\min\{m_3 - 2s_3 - 1, m_2 - m_3\} \geq s_4 \geq 0$. 于是 $\sigma_1 = m_3 - 2s_3 - s_4 - 1 \geq 0$. 再分以下两种情形来讨论.

(2.1) $\mathrm{rank}\begin{pmatrix} L_2 \\ L_3 \end{pmatrix} = \mathrm{rank} L_2 = s_4$ 我们又分以下两种情形来讨论.

(a) $m_3 - 2s_3 - 1 > 0$. 这时 $s_4 \geq 0$. 由 $\mathrm{rank}\begin{pmatrix} L_2 \\ L_3 \end{pmatrix} = \mathrm{rank} L_2 = s_4$ 可知 L_3 是 L_2 中行向量的线性组合, 即存在 $m_3 - 2s_3 - 1$ 维行向量 $\beta = (a_1, \cdots, a_{m_3-2s_3-1})$ 使得 $\beta L_2 = L_3$. 令

$$E_1 = \begin{pmatrix} I & & \\ \beta & 1 & \\ & & I \end{pmatrix} \begin{matrix} m_3 - 2s_3 - 1 \\ 1 \\ m_2 - m_3 \end{matrix}$$
$$\begin{matrix} m_3 - 2s_3 - 1 & 1 & m_2 - m_3 \end{matrix}$$,

那么

$$E_1 \begin{pmatrix} 0 & & L_2 \\ & 1 & L_3 \\ & & D \end{pmatrix} {}^tE_1 \equiv \begin{pmatrix} 0 & & L_2 \\ & 1 & \\ & & D \end{pmatrix} \begin{matrix} m_3 - 2s_3 - 1 \\ 1 \\ m_2 - m_3 \end{matrix}$$
$$\phantom{E_1 \begin{pmatrix} 0 \end{pmatrix} }\begin{matrix} m_3 - 2s_3 - 1 & 1 & m_2 - m_3 \end{matrix}$$

设 A_1 是 $(m_3 - 2s_3 - 1) \times (m_3 - 2s_3 - 1)$ 非奇异矩阵, B_1 是 $(m_2 - m_3) \times (m_2 - m_3)$ 非奇异矩阵使

$$A_1 L_2 {}^tB_1 = [I^{(s_4)}, 0].$$

令

$$E_2 = [A_1, 1, B_1],$$

那么

$$E_2 \begin{pmatrix} 0 & & L_2 \\ & 1 & \\ & & C \end{pmatrix} {}^t E_2 \equiv \begin{pmatrix} 0 & & & I^{(s_4)} & \\ & 0^{(\sigma_1)} & & & \\ & & 1 & & \\ & & & D_1 & D_2 \\ & & & & D_3 \end{pmatrix},$$

其中 D_1 是 $s_4 \times s_4$ 矩阵, D_2 是 $s_4 \times (m_2 - m_3 - s_4)$ 矩阵, D_3 是 $(m_2 - m_3 - s_4) \times (m_2 - m_3 - s_4)$ 矩阵. 令

$$E_3 = \begin{pmatrix} I^{(s_4)} & & & \\ & I^{(\sigma_1+1)} & & \\ D_1 & & I^{(s_4)} & \\ {}^t D_2 & & & I^{(m_2-m_3-s_4)} \end{pmatrix},$$

那么

$$E_3 \begin{pmatrix} 0 & & I & & \\ & 0 & & & \\ & & 1 & & \\ & & & D_1 & D_2 \\ & & & & D_3 \end{pmatrix} {}^t E_3 \equiv \left[\begin{pmatrix} 0 & & & I \\ & 0 & & \\ & & 1 & \\ & & & 0 \end{pmatrix}, D_3 \right].$$

因此, 总存在 $(m_2 - m_3 - s_4) \times (m_2 - m_3 - s_4)$ 非奇异矩阵 A_3, 使得 $A_3 D_3 {}^t A_3$ 合同于

$$[G_{2s_5}, 0^{(\sigma_3)}], [G_{2s_5}, 1, 0^{(\sigma_3-1)}], \text{或} \left[G_{2(s_5-1)+2}, \begin{pmatrix} \alpha & 1 \\ & \alpha \end{pmatrix}, 0^{(\sigma_3)}\right],$$

其中 $\sigma_3 = m_2 - m_3 - s_4 - 2s_5 \geq 0$. 如果第 1 种情形出现, 就令 $E_4 = I^{(m_2-2s_3)}$. 再设第 2 种情形出现, 有

$$\begin{pmatrix} 1 & & & \\ & I^{(s_4+2s_5)} & & \\ 1 & & 1 & \end{pmatrix} [1, 0^{(s_4)}, G_{2s_5}, 1] {}^t\begin{pmatrix} 1 & & & \\ & I^{(s_4+2s_5)} & & \\ 1 & & 1 & \end{pmatrix}$$

$$\equiv [1, 0^{(s_4)}, G_{2s_5}, 0].$$

令

$$E_4 = \left[I^{(m_3-2s_3-1)}, \begin{pmatrix} 1 & & \\ & I^{(s_4+2s_5)} & \\ 1 & & 1 \end{pmatrix}, I^{(\sigma_3-1)} \right].$$

最后设第 3 种情形出现, 有

$$\begin{pmatrix} 1 & & & \\ & I^{(s_4+2s_5-2)} & & \\ \alpha^{1/2} & & 1 & \\ \alpha^{1/2} & & & 1 \end{pmatrix} \left[1, 0^{(s_4)}, G_{2(s_5-1)}, \begin{pmatrix} \alpha & 1 \\ & \alpha \end{pmatrix} \right]$$

$$\times {}^t\begin{pmatrix} 1 & & & \\ & I^{(s_4+2s_5-2)} & & \\ \alpha^{1/2} & & 1 & \\ \alpha^{1/2} & & & 1 \end{pmatrix} \equiv [1, 0^{(s_4)}, G_{2(s_5-1)}, G_{2\cdot 1}].$$

设 $s_5 \times s_5$ 矩阵

$$J_{s_5} = \begin{pmatrix} 0 & 0 & \cdots & 0 & 1 \\ 1 & 0 & \cdots & 0 & 0 \\ 0 & 1 & \cdots & 0 & 0 \\ \vdots & \vdots & & \vdots & \vdots \\ 0 & 0 & \cdots & 1 & 0 \end{pmatrix},$$

那么

$$[I^{(s_5)}, J_{s_5}, 1][1, G_{2(s_5-1)}, G_{2\cdot 1}]\,{}^t[I^{(s_5)}, J_{s_5}, 1] \equiv [1, G_{2s_5}].$$

令

$$W = [I^{(s_4+s_5)}, J_{s_5}, 1] \begin{pmatrix} 1 & & & \\ & I^{(s_4+2s_5-2)} & & \\ \alpha^{1/2} & & 1 & \\ \alpha^{1/2} & & & 1 \end{pmatrix}$$

和

$$E_4 = [I^{(m_3-2s_3-1)}, W, I^{(\sigma_3)}].$$

因此, 在上述三种情形, 我们取

$$V = [I^{(2s_3)}, E_4][I^{(m_3+s_4)}, A_3][I^{(2s_3)}, E_3 E_2 E_1] R \begin{pmatrix} U \\ U_1 \end{pmatrix},$$

那么 V 是子空间 V 的一个矩阵表示, 使 (6.33) 成立, 而 V 的前 m_3 行张成 U. 因为 V 是 $(m_2, 2s_2 + \gamma_2, s_2, \Gamma_2)$ 型子空间, 所以 $2s_2 + \gamma_2 = 2s_3 + \gamma_3 + 2s_4 + 2s_5$. 因而这时 (6.36) 的第 2 行成立, 并且 $s_2 = s_3 + s_4 + s_5$, $\gamma_2 = 1$. 这时显然 (6.37) 也成立.

(b) $m_3 - 2s_3 - 1 = 0$. 这时 $s_4 = 0$. 由 $\text{rank}\begin{pmatrix} L_2 \\ L_3 \end{pmatrix} = \text{rank} L_2 = s_4$ 可知 $L_3 = 0$. 令 $D = D_3$, 如同 (a) 中一样地取 A_3 和 E_4(注意在 E_4 中, $s_4 = 0$ 和

$m_3 - 2s_3 - 1 = 0$),然后再取

$$V = [I^{(2s_3)}, E_4][I^{(m_3)}, A_3]R\begin{pmatrix} U \\ U_1 \end{pmatrix},$$

那么 V 是子空间 V 的一个矩阵表示,使 (6.33) 成立,而 V 的前 m_3 行张成 U. 如同(a)中一样,也有(6.36)的第 2 行和 (6.37) 成立.

应注意:当 $\Gamma_3 = 1$ 时,由 $U \subset V$ 有 $\Gamma_2 = 1$. 所以总可设 (6.38) 等号左边 U 中第 m_3 个向量是 $e_{2\nu+1}$,而其余向量的第 $2\nu + 1$ 个分量为 0. 因而 (6.38) 等号右边的 $L_3 = 0$. 从而 $\text{rank}\begin{pmatrix} L_2 \\ L_3 \end{pmatrix} = L_2$. 于是 $\Gamma_3 = 1$(从而 $\Gamma_2 = 1$) 只能在情形 2.1(a) 中出现.

(2.2) $\text{rank}\begin{pmatrix} L_2 \\ L_3 \end{pmatrix} = \text{rank}\, L_2 + 1 = s_4 + 1$. 我们也分以下两种情形来讨论.

(a) $m_3 - 2s_3 - 1 > 0$. 同情形 (2.1) 一样,设 A_1 是 $(m_3 - 2s_3 - 1) \times (m_3 - 2s_3 - 1)$ 非奇异矩阵, B_1 是 $(m_2 - s_3) \times (m_2 - s_3)$ 非奇异矩阵使

$$A_1 L_2\,^t B_1 = [I^{(s_4)}, 0^{(\sigma_1, m_2 - m_3 - s_4)}].$$

令

$$E_2 = [A_1, 1, B_1],$$

那么

$$E_2 \begin{pmatrix} 0 & & L_2 \\ & 1 & L_3 \\ & & D \end{pmatrix} {}^t E_2 \equiv \begin{pmatrix} 0 & & & I & \\ & 0 & & & 0 \\ & & 1 & L_4 & L_5 \\ & & & D_1 & D_2 \\ & & & & D_3 \end{pmatrix},$$

其中 D_1 和 D_3 分别是 $s_4 \times s_4$ 和 $(m_2 - m_3 - s_4) \times (m_2 - m_3 - s_4)$ 矩阵. 令

$$E_3 = \begin{pmatrix} I^{(s_4)} & & & & \\ & I^{(\sigma_1+1)} & & & \\ D_1 & & I^{(s_4)} & & \\ D_2 & & & I^{(m_2-m_3-s_4)} \end{pmatrix},$$

那么

$$E_3 \begin{pmatrix} 0 & & I & & \\ & 0 & & & \\ & & 1 & L_4 & L_5 \\ & & & D_1 & D_2 \\ & & & & D_3 \end{pmatrix} {}^t E_3 \equiv \begin{pmatrix} 0 & & I & & \\ & 0 & & & \\ & & 1 & L_4 & L_5 \\ & & & 0 & \\ & & & & D_3 \end{pmatrix}.$$

第六章 偶特征的正交群作用下子空间轨道生成的格

因为
$$\begin{pmatrix} I^{(s_4)} & 0 \\ 0 & 0 \\ L_4 & L_5 \end{pmatrix} = \begin{pmatrix} A_1 & \\ & 1 \end{pmatrix} \begin{pmatrix} L_2 \\ L_3 \end{pmatrix} {}^t B_1,$$

所以
$$\operatorname{rank} \begin{pmatrix} I^{(s_4)} & 0 \\ 0 & 0 \\ L_4 & L_5 \end{pmatrix} = \operatorname{rank} \begin{pmatrix} L_2 \\ L_3 \end{pmatrix} = \operatorname{rank} L_2 + 1 = s_4 + 1.$$

因此 $L_5 \neq 0$, $m_2 - m_3 - s_4 > 0$. 令 $\sigma_4 = m_2 - m_3 - s_4 - 1$, 则 $\sigma_4 + 1 > 0$. 于是总存在 $(\sigma_4 + 1) \times (\sigma_4 + 1)$ 非奇异矩阵 B_4, 使得 $L_5 B_4 = (1\ 0^{(1,\sigma_4)})$. 再记

$$
{}^t B_4 D_3 B_4 = \begin{pmatrix} d_1 & D_{14} \\ & D_5 \\ 1 & \end{pmatrix} \begin{matrix} 1 \\ \sigma_4 \\ \end{matrix} \quad , \tag{6.39}
$$

那么

$$[I^{(m_3+s_4-2s_3)}, {}^t B_4] \begin{pmatrix} 0 & & I & & \\ & 0 & & & \\ & & 1 & L_4 & L_5 \\ & & & 0 & \\ & & & & D_3 \end{pmatrix} {}^t[I^{(m_3+s_4-2s_3)}, {}^t B_4]$$

$$\equiv \begin{pmatrix} 0 & & I & & & \\ & 0 & & & & \\ & & 1 & L_4 & 1 & \\ & & & 0 & & \\ & & & & d_1 & D_{14} \\ & & & & & D_5 \end{pmatrix} \begin{matrix} s_4 \\ \sigma_1 \\ 1 \\ s_4 \\ 1 \\ \sigma_4 \end{matrix}.$$

$$ \begin{matrix} s_4 & \sigma_1 & 1 & s_4 & 1 & \sigma_4 \end{matrix}$$

令

$$E_5 = \begin{pmatrix} I^{(s_4)} & & & & & \\ & I^{(\sigma_1)} & & & & \\ L_4 & & 1 & & & \\ & & & I^{(s_4)} & & \\ & & & & 1 & \\ {}^t D_{14} L_4 & & {}^t D_{14} & & & I^{(\sigma_4)} \end{pmatrix},$$

那么

$$E_5 \begin{pmatrix} 0 & & & I & & \\ & 0 & & & & \\ & & 1 & L_4 & 1 & \\ & & & 0 & & \\ & & & & d_1 & D_{14} \\ & & & & & D_5 \end{pmatrix} {}^tE_5 \equiv \left[\begin{pmatrix} 0 & & & I & & \\ & 0 & & & & \\ & & 1 & & 1 & \\ & & & 0 & & \\ & & & & d_1 & \end{pmatrix}, D_5 \right].$$

(b) $m_3 - 2s_3 - 1 = 0$. 令 $L_5 = L_3$, $D = D_3$, $E_3 = E_2 = I^{(m_2-2s_3)}$. 由 $\operatorname{rank} \begin{pmatrix} L_2 \\ L_3 \end{pmatrix} = \operatorname{rank} L_2 + 1 = s_4 + 1$ 有 $L_5 \neq 0$. 如同 (a) 中一样地取 B_4 使 (6.39) 成立, 并且令

$$E_5 = \begin{pmatrix} 1 & & \\ & 1 & \\ {}^tD_{14} & & I^{(\sigma_4)} \end{pmatrix},$$

那么

$$E_5[I^{(m_3-2s_3)}, {}^tB_4] \begin{pmatrix} 1 & L_5 \\ & D_3 \end{pmatrix} {}^t[I^{(m_3-2s_3)}, {}^tB_4] {}^tE_5 \equiv \left[\begin{pmatrix} 1 & 1 \\ & d_1 \end{pmatrix}, D_5 \right].$$

显然, 在 (a) 和 (b) 两种情形, 总有 $s_2 \geq s_3 + s_4$. 我们再分 $s_2 = s_3 + s_4$ 和 $s_2 > s_3 + s_4$ 两种情形.

(2.2.1) $s_2 = s_3 + s_4$. 从 $s_2 = s_3 + s_4$ 和文献 [29] 中引理 1.31 可知 $\begin{pmatrix} 1 & 1 \\ & d_1 \end{pmatrix}$ 是定号矩阵, $d_1 \notin N$, 并且由文献 [29] 中引理 1.32 和 1.33 可知 D_5 不出现, 或者 $D_5 = 0$. 因为 $\alpha \notin N$ 而 $d_1 \notin N$, 所以 $\alpha^2 + d_1 \in N$. 因而存在 $t \in \mathbb{F}_q$, 使得 $\alpha^2 + d_1 = t^2 + t$. 于是

$$\begin{pmatrix} \alpha^{1/2} & \\ \alpha^{-1/2}t & \alpha^{-1/2} \end{pmatrix} \begin{pmatrix} 1 & 1 \\ & d_1 \end{pmatrix} {}^t\begin{pmatrix} \alpha^{1/2} & \\ \alpha^{-1/2}t & \alpha^{-1/2} \end{pmatrix} \equiv \begin{pmatrix} \alpha & 1 \\ & \alpha \end{pmatrix}.$$

令

$$E_6 = \begin{pmatrix} \alpha^{1/2} & & & \\ & I^{(s_4)} & & \\ \alpha^{(-1/2)}t & & \alpha^{-(1/2)} & \\ & & & I^{(\sigma_4)} \end{pmatrix},$$

那么

$$E_6 \left[\begin{pmatrix} 1 & & 1 \\ & 0^{(s_4)} & \\ & & d_1 \end{pmatrix}, D_5 \right] {}^tE_6 \equiv \left[\begin{pmatrix} \alpha & & 1 \\ & 0^{(s_4)} & \\ & & \alpha \end{pmatrix}, 0^{(\sigma_4)} \right].$$

第六章 偶特征的正交群作用下子空间轨道生成的格

我们取
$$V = [I^{(m_3-1)}, E_6][I^{(2s_3)}, E_5][I^{(m_3+s_4)}, B_4]$$
$$\times [I^{(2s_3)}, E_3E_2]R\begin{pmatrix} U \\ U_1 \end{pmatrix},$$

那么 V 是子空间 V 的一个矩阵表示, 使得 (6.34) 成立, 而 V 的前 m_3 行张成 U. 因为 V 是 $(m_2, 2s_2+\gamma_2, s_2, \Gamma_2)$ 型子空间, 所以 $\gamma_2 = 2$, 于是 $2s_2+\gamma_2 = 2s_3+\gamma_3+2s_4+1$. 即 (6.36) 的第三行成立, 而且 (6.37) 也成立.

(2.2.2) $s_2 > s_3 + s_4$. 由 [29] 中引理 1.31, 有 $d_1 \in N$, 或 $d_1 \notin N$ 而 $D_5 \neq 0$. 再分 $d_1 \in N$, 或 $d_1 \notin N$ 而 $D_5 \neq 0$ 两种情形.

(2.2.2.1) $d_1 \in N$. 这时存在 $t_1 \in \mathbb{F}_q$, 使得 $d_1 = t_1^2 + t_1$. 因而
$$\begin{pmatrix} 1 & \\ t_1 & 1 \end{pmatrix} \begin{pmatrix} 1 & 1 \\ & d_1 \end{pmatrix}{}^t\begin{pmatrix} 1 & \\ t_1 & 1 \end{pmatrix} \equiv \begin{pmatrix} 1 & 1 \\ & 0 \end{pmatrix}.$$

令
$$E_7 = \begin{pmatrix} 1 & & & & \\ & I^{(s_4)} & & & \\ t_1 & & 1 & & \\ & & & I^{(\sigma_4)} & \end{pmatrix},$$

那么
$$E_7\left[\begin{pmatrix} 1 & & 1 \\ & I^{(s_4)} & \\ & & d_1 \end{pmatrix}, D_5\right]{}^tE_7 \equiv \left[\begin{pmatrix} 1 & & 1 \\ & I^{(s_4)} & \\ & & 0 \end{pmatrix}, D_5\right].$$

当 D_5 不出现或 $D_5 = 0$ 时, 令 $s_5 = \gamma_5 = 0, \Gamma_5 = \phi, B_5 = I^{(\sigma_4)}$. 当 $D_5 \neq 0$ 时, 存在 $\sigma_4 \times \sigma_4$ 非奇异矩阵 B_5, 使得
$$B_5 D_5 {}^tB_5 \equiv [G_{2s_5}, \Gamma_5, 0^{(\sigma_5)}],$$

其中 $s_5 \geq 0, \Gamma_5 = \Gamma_2, \sigma_5 = m_2 - m_3 - s_4 - 2s_5 - \gamma_5 - 1 \geq 0$. 令
$$V = [I^{(m_3+s_4+1)}, B_5][I^{(m_3-1)}, E_7][I^{(2s_3)}, E_5]$$
$$\times [I^{(m_3+s_4)}, B_4][I^{(2s_3)}, E_3E_2]R\begin{pmatrix} U \\ U_1 \end{pmatrix},$$

那么 V 是子空间 V 的一个矩阵表示, 使得 (6.35) 成立, 其中 $\gamma_5 = \gamma_2, \Gamma_5 = \Gamma_2$, 而 V 的前 m_3 行张成 U. 因为 V 是 $(m_2, 2s_2+\gamma_2, s_2, \Gamma_2)$ 型子空间, 所以 $2s_2+\gamma_2 = 2s_3+\gamma_3+2s_4+2s_5+\gamma_5+1$, 即 (6.36) 第 4 行成立. 因为 $s_2 = s_3+s_4+s_5$, 所以 $s_5 > 0$. 再由 $\sigma_5 \geq 0$ 可知 (6.37) 成立.

(2.2.2.2) $d_1 \notin N$, 而 $D_5 \neq 0$. 由 $d_1 \notin N$ 可知 $\begin{pmatrix} 1 & 1 \\ & d_1 \end{pmatrix} \equiv \begin{pmatrix} \alpha & 1 \\ & \alpha \end{pmatrix}$. 于是存在 $\sigma_4 \times \sigma_4$ 非奇异矩阵 B_6 使得当 $\gamma_2 = 2, 1$, 或 0 时, $B_6 D_5 {}^t B_6$ 分别合同于

$$[G_{2s_5}, G_{2\cdot 1}, 0^{(\sigma_5)}], [G_{2s_5+1}, 0^{(\sigma_5)}] \text{ 或 } [G_{2(s_5-1)+2}, 0^{(\sigma_5)}],$$

其中

$$s_5 \geq \begin{cases} 0, & \text{如果 } \gamma_2 = 1 \text{ 或 } 2, \\ 1, & \text{如果 } \gamma_2 = 0. \end{cases}$$

当 $\gamma_2 = 2$ 时, 有

$$\begin{pmatrix} 1 & 0 & 0 & 0 \\ 0 & 1 & 1 & d_1 \\ d_1 & 0 & 1 & 0 \\ 1 & 0 & 0 & 1 \end{pmatrix} \begin{pmatrix} 1 & 1 & & \\ & d_1 & & \\ & & 0 & 1 \\ & & & 0 \end{pmatrix} {}^t\begin{pmatrix} 1 & 0 & 0 & 0 \\ 0 & 1 & 1 & d_1 \\ d_1 & 0 & 1 & 0 \\ 1 & 0 & 0 & 1 \end{pmatrix}$$

$$\equiv \begin{pmatrix} 1 & 1 & & \\ & 0 & & \\ & & d_1^2 & 1 \\ & & & 1 \end{pmatrix}.$$

因为 $d_1^2 \notin N$, $\alpha^2 \notin N$, 所以 $\alpha^2 + d_1^2 \in N$, 因而存在 $t_2 \in \mathbb{F}_q$, 使得 $\alpha^2 + d_1^2 = t_2^2 + t_2$. 于是

$$\begin{pmatrix} \alpha^{1/2} d_1^{-1} & \\ \alpha^{1/2} d_1^{-1} t_2 & \alpha^{-1/2} d_1 \end{pmatrix} \begin{pmatrix} d_1^2 & 1 \\ & 1 \end{pmatrix} {}^t\begin{pmatrix} \alpha^{1/2} d_1^{-1} & \\ \alpha^{1/2} d_1^{-1} t_2 & \alpha^{-1/2} d_1 \end{pmatrix}$$

$$\equiv \begin{pmatrix} \alpha & 1 \\ & \alpha \end{pmatrix}.$$

令

$$W_1 = \left[I^{(2s_5+s_4+2)}, \begin{pmatrix} \alpha^{1/2} d_1^{-1} & \\ \alpha^{1/2} d_1^{-1} t_2 & \alpha^{-1/2} d_1 \end{pmatrix}, I^{(\sigma_5)} \right]$$

和

$$E_8 = W_1 \left[\begin{pmatrix} 1 & & & & & & \\ & I^{(s_4)} & & & & & \\ & & 1 & & 1 & d_1 & \\ & & & I^{(2s_5)} & & & \\ & & & & 1 & & \\ d_1 & & & & & 1 & \\ 1 & & & & & & 1 \end{pmatrix}, I^{(\sigma_5)} \right],$$

第六章　偶特征的正交群作用下子空间轨道生成的格

那么
$$E_8\left[\begin{pmatrix} 1 & & 1 \\ & I^{(s_4)} & \\ & & d_1 \end{pmatrix}, G_{2s_5}, G_{2\cdot 1}, 0^{(\sigma_5)}\right]{}^t E_8$$
$$\equiv \left[\begin{pmatrix} 1 & & 1 \\ & I^{(s_4)} & \\ & & 0 \end{pmatrix}, G_{2s_5+2}, 0^{(\sigma_5)}\right].$$

当 $\gamma_2 = 1$ 时,
$$\begin{pmatrix} 1 & & \\ 1 & & d_1^{1/2} \\ & & 1 \end{pmatrix} \begin{pmatrix} 1 & 1 & \\ & d_1 & \\ & & 1 \end{pmatrix} {}^t\begin{pmatrix} 1 & & \\ 1 & & d_1^{1/2} \\ & & 1 \end{pmatrix} \equiv \begin{pmatrix} 1 & 1 & \\ & 0 & \\ & & 1 \end{pmatrix}.$$

令
$$E_8 = \left[I^{(s_4+1)}, \begin{pmatrix} 1 & & d_1^{1/2} \\ & I^{(2s_5)} & \\ & & 1 \end{pmatrix}, I^{(\sigma_5)}\right],$$

那么
$$E_8\left[\begin{pmatrix} 1 & & 1 \\ & I^{(s_4)} & \\ & & d_1 \end{pmatrix}, G_{2s_5+1}, I^{(s_5)}\right]{}^t E_8$$
$$\equiv \left[\begin{pmatrix} 1 & & 1 \\ & I^{(s_4)} & \\ & & 0 \end{pmatrix}, G_{2s_5+1}, I^{(s_5)}\right].$$

当 $\gamma_2 = 0$ 时, 由 $\alpha, d_1 \notin N$, 有 $d_1 + \alpha^2 \in N$. 于是有 $x \in \mathbb{F}_q$ 使 $d_1 + \alpha^2 = ((\alpha^{-1}d_1 + \alpha)x)^2 + (\alpha^{-1}d_1 + \alpha)x$, 那么
$$\begin{pmatrix} 1 & 0 & 0 & 0 \\ 0 & 1 & 0 & \alpha^{-1/2}d_1^{1/2} \\ \alpha^{-1/2}d_1^{1/2}x & 0 & x & 1 \\ \alpha^{1/2}d_1^{1/2}x^{-1} & 0 & x^{-1}\alpha & x^{-2}\alpha + x^{-1} \end{pmatrix} \begin{pmatrix} 1 & 1 & & \\ & d_1 & & \\ & & \alpha & 1 \\ & & & \alpha \end{pmatrix}$$
$$\times {}^t\begin{pmatrix} 1 & 0 & 0 & 0 \\ 0 & 1 & 0 & \alpha^{-1/2}d_1^{1/2} \\ \alpha^{-1/2}d_1^{1/2}x & 0 & x & 1 \\ \alpha^{1/2}d_1^{1/2}x^{-1} & 0 & x^{-1}\alpha & x^{-2}\alpha + x^{-1} \end{pmatrix} \equiv \begin{pmatrix} 1 & 1 & & \\ & 0 & & \\ & & 0 & 1 \\ & & & 0 \end{pmatrix}.$$

又有
$$[I^{(s_5-1)}, J_{s_5}, 1][G_{2(s_5-1)}, G_{2\cdot 1}]{}^t[I^{(s_5-1)}, J_{s_5}, 1] \equiv G_{2s_5}.$$

(其中, J_{s_5} 的定义见 p_{178}.) 再令

$$W_2 = \begin{pmatrix} 1 & & & & & \\ & I^{(s_4)} & & & & \\ & & 1 & & & \alpha^{-1/2}d_1^{1/2} \\ & & & I^{(2s_5-2)} & & \\ \alpha^{-1/2}d_1^{1/2}x & & & & x & 1 \\ \alpha^{1/2}d_1^{1/2}x^{-1} & & & & x^{-1}\alpha & x^{-2}\alpha + x^{-1} \end{pmatrix}$$

和

$$E_8 = [I^{(s_4+s_5+1)}, J_{s_5}, I^{(\sigma_5+1)}][W_2, I^{(\sigma_5)}],$$

那么

$$E_8 \left[\begin{pmatrix} 1 & & 1 \\ & I^{(s_4)} & \\ & & d_1 \end{pmatrix}, G_{2(s_5-1)+2}, 0^{(\sigma_5)} \right] {}^t E_8$$

$$\equiv \left[\begin{pmatrix} 1 & & 1 \\ & I^{(s_4)} & \\ & & 0 \end{pmatrix}, G_{2s_5}, 0^{(\sigma_5)} \right].$$

因此, 在 $\gamma_2 = 2, 1$, 或 0 的情形, 令

$$V = [I^{(m_3-1)}, E_8][I^{(m_3+s_4+1)}, B_6][I^{(2s_3)}, E_5]$$

$$\times [I^{(m_3+s_4)}, B_4][I^{(2s_3)}, E_3 E_2] R \begin{pmatrix} U \\ U_1 \end{pmatrix}.$$

那么 V 是子空间 V 的一个矩阵表示, 使得 (6.35) 成立, 其中 $\gamma_5 = \gamma_2$, $\Gamma_5 = \Gamma_2$, 而 V 的前 m_3 行张成 U. 因为 V 是 $(m_2, 2s_2 + \gamma_2, s_2, \Gamma_2)$ 型子空间, 所以 $2s_2 + \gamma_2 = 2s_3 + \gamma_3 + 2s_4 + 2s_5 + \gamma_5 + 1$, 即 (6.36) 第 4 行成立. 再由 $\sigma_5 \geq 0$ 可知 (6.37) 成立.

应注意: 在情形 (2.2.2.1) 和 (2.2.2.2) 中, 若 $\delta = \gamma = 1$ 而 $e_{2\nu+1} \in V$, 则 $\Gamma_2 = 1$. 因此, $\Gamma_3 \neq 1$ 而 $\Gamma_2 = 1$ 的情形只能在情形 (2.2.2) 中出现. □

§6.6 格 $\mathcal{L}_O(m, 2s + \gamma, s, \Gamma; 2\nu + \delta)$ 和格 $\mathcal{L}_R(m, 2s + \gamma, s, \Gamma; 2\nu + \delta)$ 的秩函数

易知 $\mathcal{L}_O(m, 2s+\gamma, s, \Gamma; 2\nu+\delta)$ 是有限格. 为要研究格 $\mathcal{L}_O(m, 2s+\gamma, s, \Gamma; 2\nu+\delta)$ 的几何性, 先确定它是否有秩函数.

定理 6.27 (i) 设 $(m, 2s + \gamma, s, \Gamma)$ 满足 (6.24) 和 $\Gamma \neq 1$, 那么 $\mathcal{L}_O(m, 2s + \gamma, s, \Gamma; 2\nu + \delta)$ 有秩函数.

(ii) 设 $(m, 2s+\gamma, s, \Gamma)$ 满足 (6.7) 和 $\Gamma \neq 1$, 而 "$\delta = 0, \gamma = 2, \mathbb{F}_q = \mathbb{F}_2$" 和 "$\delta = 2, \gamma = 0, \mathbb{F}_q = \mathbb{F}_2$" 这两个情形不出现, 那么 $\mathcal{L}_O(m, 2s+\gamma, s, \Gamma; 2\nu+\delta)$ 有秩函数.

证明 容易验证, 情形 "$\delta = 0, \nu = 1, m = \gamma = 1, s = 0, \mathbb{F}_q = \mathbb{F}_2$" 和 "$\delta = 1, \nu = 1, m = \gamma = 2, s = 0, \mathbb{F}_q = \mathbb{F}_2$" 只能在 $(m, 2s+\gamma, s, \Gamma)$ 满足 (6.7) 时出现. 如果 "$\delta = 0, \nu = 1, m = \gamma = 1, s = 0, \mathbb{F}_q = \mathbb{F}_2$", 就有 $\mathcal{L}_O(m, 2s+\gamma, s, \Gamma; 2\nu+\delta) = \mathcal{L}_O(1, 1, 0, \Gamma; 2\cdot 1) = \{\langle(1,1)\rangle, \mathbb{F}_2^2\}$. 令 $r(\langle(1,1)\rangle) = 0$ 和 $r(\mathbb{F}_2^2) = 1$. 那么 r 是格 $\mathcal{L}_O(1, 1, 0, \Gamma; 2\cdot 1)$ 的秩函数. 如果 "$\delta = 1, \nu = 1, m = \gamma = 2, s = 0, \mathbb{F}_q = \mathbb{F}_2$", 即 $\mathcal{L}_O(m, 2s+\gamma, s, \Gamma; 2\nu+\delta) = \mathcal{L}_O(2, 2, 0; 2\cdot 1 + 1)$. 由文献 [29] 中定理 7.27, 可知 $\mathbb{F}_2^3$ 只含一个 $(2, 2, 0, \phi)$ 型子空间, 而 $\langle(0,1,1),(1,0,1)\rangle$ 是 $(2,2,0,\phi)$ 型子空间, 所以 $\mathcal{L}_O(2, 2, 0; 2\cdot 1 + 1) = \{\langle(0,1,1),(1,0,1)\rangle, \mathbb{F}_2^3\}$. 令 $r(\langle(0,1,1),(1,0,1)\rangle) = 0$, $r(\mathbb{F}_2^3) = 1$. 那么 r 是格 $\mathcal{L}_O(2, 2, 0; 2\cdot 1 + 1)$ 的秩函数.

从现在起, 假定情形 "$\delta = 0, \nu = 1, m = \gamma = 1, s = 0, \mathbb{F}_q = \mathbb{F}_2$" 和 "$\delta = 1, \nu = 1, m = \gamma = 2, s = 0, \mathbb{F}_q = \mathbb{F}_2$" 不出现. 由推论 6.18, $\{0\}$ 是格 $\mathcal{L}_O(m, 2s+\gamma, s, \Gamma; 2\nu+\delta)$ 的极小元. 对于任意 $X \in \mathcal{L}_O(m, 2s+\gamma, s, \Gamma; 2\nu+\delta)$, 按照 (5.53) 式来规定函数 r. 显然, 函数 r 满足命题 1.14 中的条件 (i). 现在设 $U, V \in \mathcal{L}_O(m, 2s+\gamma, s, \Gamma; 2\nu+\delta)$ 而 $U \leq V$. 假定 $r(V) - r(U) > 1$, 我们要证明 $U <\cdot V$ 不成立, 从而命题 1.14 的条件 (ii) 成立. 于是 r 是 $\mathcal{L}_O(m, 2s+\gamma, s, \Gamma : 2\nu+\delta)$ 的秩函数.

当 $V = \mathbb{F}_q^{2\nu+\delta}$ 时, 如同定理 3.11 的证明, $U <\cdot V$ 不成立.

现在假定 $V \neq \mathbb{F}_q^{2\nu+\delta}$. 设 V 和 U 分别是 $(m_2, 2s_2+\gamma_2, s_2, \Gamma_2)$ 型和 $(m_3, 2s_3+\gamma_3, s_3, \Gamma_3)$ 型子空间, 那么 $(m_2, 2s_2+\gamma_2, s_2, \Gamma_2)$ 和 $(m_3, 2s_3+\gamma_3, s_3, \Gamma_3)$ 满足 (6.10)

$$2s_i + \gamma_i \leq m_i \leq \begin{cases} \nu + s_i + \min\{\gamma_i, \delta\}, & \text{如果}\,\delta \neq 1\,\text{或}\,\gamma_i \neq 1, \\ \nu + s_i, & \text{如果}\,\gamma_i = \delta = 1 \end{cases}$$

和 (6.12)

$$2m - 2m_i \geq (2s+\gamma) - (2s_i + \gamma_i) + |\gamma - \gamma_i| \geq 2|\gamma - \gamma_i|,$$

其中 $i = 1$ 或 2, 并且 $m_2 - m_3 \geq 2$ 成立. 因为 $U \subset V$ 而 $U \neq V$, 所以由定理 6.26, 有子空间 V 的一个矩阵表示, 使得 (6.32), (6.33), (6.34) 或 (6.35) 成立, 而 $U = \langle v_1, \cdots, v_{m_3}\rangle$, 其中 v_i 是 V 的第 i 个行向量.

(i) 假设 $(m, 2s+\gamma, s, \Gamma)$ 满足 (6.24). 令 $W = \langle v_1, \cdots, v_{m_2-1}\rangle$, 那么在 (6.32), (6.33), (6.34) 或 (6.35) 成立时, 都有 $U < W < V$. 因为 $W \subset V$, 而 $V \in \mathcal{L}_O(m, 2s+\gamma, s, \Gamma; 2\nu+\delta)$, 所以由推论 6.19, 有 $W \in \mathcal{L}_O(m, 2s+\gamma, s, \Gamma; 2\nu+\delta)$. 因而 $U <\cdot V$ 不成立.

(ii) 假设 $(m, 2s+\gamma, s, \Gamma)$ 满足 (6.7) 我们分以下四种情形进行研究.

(a) $\gamma_3 = 0$ 或 2. 这时 (6.32) 式成立, 再分以下四种情形:

(a.1) $\sigma_2 > 0$. 令 $W = \langle v_1, \cdots, v_{m_2-1} \rangle$, 那么 W 是 $(m_2 - 1, 2s_2 + \gamma_2, s_2, \Gamma_2)$ 型子空间, 并且 $U < W < V$. 易证 $(m_2 - 1, 2s_2 + \gamma_2, s_2, \Gamma_2)$ 满足 (6.12). 我们要证明, $(m, 2s + \gamma, s, \Gamma)$ 满足 (6.7) 时, $(m_2 - 1, 2s_2 + \gamma_2, s_2, \Gamma_2)$ 不列入表 6.3 的任一行, 再由定理 6.17, $W \in \mathcal{L}_O(m, 2s + \gamma, s, \Gamma; 2\nu + \delta)$. 下面以不列入表 6.3 的第 1 行为例进行验证.

假如 $(m_2 - 1, 2s_2 + \gamma_2, s_2, \Gamma_2)$ 列入表 6.3 的第 1 行, 那么 $\delta = \gamma = 0$, $\gamma_2 = 1$ 而 $\Gamma_2 \neq 1$, 并且存在满足 $0 \leq t \leq s-1$ 的整数 t, 使得 $m_2 - 1 = m - t - 1$, $s_2 = s - t - 1$. 从而 $2m - 2m_2 = 2m - 2(m-t) = 2t < 2t + 2 = (2s + \gamma) - (2s_2 + \gamma_2) + |\gamma - \gamma_2|$. 这与 $V \in \mathcal{L}_O(m, 2s, s; 2\nu)$ 矛盾, 所以 $(m_2 - 1, 2s_2 + \gamma_2, s_2, \Gamma_2)$ 不列入表 6.3 的第 1 行.

因此, 在情形 (a.1), $U <\cdot V$ 不成立.

(a.2) $s_4 > 0$. 设 $W = \langle v_1, \cdots, v_{m_3}, \hat{v}_{m_3+1}, v_{m_3+2}, \cdots, v_{m_2} \rangle$, 那么 W 是 $(m_2 - 1, 2(s_2-1) + \gamma_2, s_2 - 1, \Gamma_2)$ 型子空间, 并且 $V < W < V$. 同 (a.1) 一样地推导, 可知 $W \in \mathcal{L}_O(m, 2s+\gamma, s, \Gamma; 2\nu+\delta, \Delta)$. 这里只需说明 $(m_2-1, 2(s_2-1)+\gamma_2, s_2-1, \Gamma_2)$ 不列入表 6.3 的任一行. 下面以不列入表 6.3 的第 2 行为例进行验证.

假如 $(m_2 - 1, 2(s_2-1) + \gamma_2, s_2 - 1, \Gamma_2)$ 列入表 6.3 的第 2 行, 那么 $\delta = \gamma = 0$, $\gamma_2 = 2$, 并且存在满足 $0 \leq t \leq s-2$ 的整数 t, 使得 $m_2 - 1 = m - t - 2$, $s_2 - 1 = s - t - 2$. 如果 $t = 0$, 那么 $m_2 = m - 1$, $s_2 = s - 1$. 于是 $(2s+\gamma) - (2s_2+\gamma_2) + |\gamma - \gamma_2| = 2 < 2|\gamma - \gamma_2|$, 这与 $(m_2, 2s_2+\gamma_2, s_2, \Gamma_2)$ 满足 (6.12) 矛盾, 所以 $t \geq 1$. 令 $t' = t-1$, 那么有满足 $0 \leq t' \leq s-3$ 的整数 t', 使得 $m_2 = m - t' - 2$, $s_2 = s - t' - 2$. 因而 $(m_2, 2s_2+\gamma_2, s_2, \Gamma_2)$ 列入表 6.3 的第 2 行, 这与 $V \in \mathcal{L}_O(m, 2s+\gamma, s, \Gamma; 2\nu+\delta)$ 矛盾. 于是 $(m_2 - 1, 2(s_2-1) + \gamma_2, s_2 - 1, \Gamma_2)$ 不列入表 6.3 的第 2 行.

因此, 在情形 (a.2), $U <\cdot V$ 不成立.

(a.3) $s_5 > 0$. 令 $W = \langle v_1, \cdots, v_{m_3+s_4}, \hat{v}_{m_3+s_4+1}, v_{m_3+s_4+2}, \cdots, v_{m_2} \rangle$, 那么 W 是 $(m_2 - 1, 2(s_2-1) + \gamma_2, s_2 - 1, \Gamma_2)$ 型子空间, 并且 $U < W < V$. 如同情形 (a.2) 一样, 也有 $W \in \mathcal{L}_O(m, 2s+\gamma, s, \Gamma; 2\nu+\delta)$, 因而 $U <\cdot V$ 不成立.

(a.4) $\sigma_2 = s_4 = s_5 = 0$. 那么 $m_2 - m_3 = \gamma_5$. 因为 $m_2 - m_3 \geq 2$ 和 $\gamma_5 \leq 2$, 所以 $\gamma_5 = 2$.

当 $\gamma_2 = 2$ 时, $\gamma_3 = 0$ 而 $s_3 = s_2$. 令 $W = \langle v_1, \cdots, v_{m_2-1} \rangle$, 那么 W 是 $(m_2 - 1, 2s_2 + 1, s_2, \Gamma_4)$ 型子空间 ($\Gamma_4 \neq 1$), 并且 $U < W < V$. 易证 $(m_2 - 1, 2s_2 + 1, s_2, \Gamma_4)$ 满足 (6.12). 我们还要证明, 当 $(m, 2s+\gamma, s, \Gamma)$ 满足 (6.7) 时, $(m_2 - 1, 2s_2 + 1, s_2, \Gamma_4)$ 不列入表 6.3 的任一行. 表 6.3 中的第 2, 第 3, 第 6, 第 7, 第 10 和第 11 行中的 $\gamma_1 \neq 1$, 而 "$\delta = 0, \gamma = 2, \mathbb{F}_q = \mathbb{F}_2$" 的情形已除外, 所以只要验证 $(m_2 - 1, 2s_2 + 1, s_2, \Gamma_4)$ 不列入表 6.3 的第 1, 第 5, 第 8, 第 9, 和第 12 行, 这可以仿照 (a.1) 来证明. 于是 $W \in \mathcal{L}_O(m, 2s+\gamma, s, \Gamma; 2\nu+\delta)$.

当 $\gamma_2 = 0$ 时，$\gamma_3 = 2$ 而 $s_3 = s_2 - 2$. 令 $W = \langle v_1, \cdots, v_{m_2-1} \rangle$，那么 W 是 $(m_2 - 1, 2(s_2 - 1) + 1, s_2 - 1, \Gamma_4)$ 型子空间 $(\Gamma_4 \neq 1)$，并且 $U < W < V$. 易证 $(m_2 - 1, 2(s_2 - 1) + 1, s_2 - 1, \Gamma_4)$ 满足 (6.12). 还要证明，当 $(m, 2s + \gamma, s, \Gamma)$ 满足 (6.7) 时，$(m_2 - 1, 2(s_2 - 1) + 1, s_2 - 1, \Gamma_4)$ 不列入表 6.3 的任何一行. 注意到 "$\delta = 2, \gamma = 0, \mathbb{F}_q = \mathbb{F}_2$" 的情形已除外，而表 6.3 的第 2, 第 3, 第 6, 第 7, 第 10 和第 11 行的 $\gamma_1 \neq 1$. 只要验证，$(m_2 - 1, 2(s_2 - 1) + 1, s_2 - 1, \Gamma_4)$ 不列入表 6.3 的第 1, 第 4, 第 5, 第 8 和第 12 行. 这也可以仿照 (a.1) 来证明. 于是 $W \in \mathcal{L}_O(m, 2s + \gamma, s, \Gamma; 2\nu + \delta)$.

因此，在情形 (a.4)，$U <\cdot V$ 不成立.

(b) $\gamma_3 = 1$, 而 $\mathrm{rank}\begin{pmatrix} L_2 \\ L_3 \end{pmatrix} = s_4$. 这时 (6.33) 式成立，并且 $\gamma_2 = \gamma_3$. 因为 $m_2 - m_3 \geq 2$，所以 $\sigma_3 = m_2 - m_3 - s_4 - 2s_5 = s_4 = s_5 = 0$ 的情形不会出现. 当 $\sigma_3 > 0, s_4 > 0$，或 $s_5 > 0$ 时，分别按照 (a.1), (a.2) 或 (a.3) 的步骤进行，可知 $U <\cdot V$ 不成立.

(c) $\gamma_3 = 1$, 而 $\mathrm{rank}\begin{pmatrix} L_2 \\ L_3 \end{pmatrix} = s_4 + 1$，并且 $s_2 = s_3 + s_4$. 这时 (6.34) 成立，并且 $\gamma_2 = 2$. 因为 $m_2 - m_3 \geq 2$，所以 $\sigma_4 = m_2 - m_3 - s_4 - 1 = s_4 = 0$ 的情形不出现. 当 $\sigma_4 > 0$ 或 $s_4 > 0$ 时，分别按照 (a.1) 或 (a.2) 的步骤推导，可知 $U <\cdot V$ 不成立.

(d) $\gamma_3 = 1$, 而 $\mathrm{rank}\begin{pmatrix} L_2 \\ L_3 \end{pmatrix} = s_4 + 1$，并且 $s_2 > s_3 + s_4$. 这时 (6.35) 式成立，并且 $\gamma_5 = \gamma_2$. 令 $W = \langle v_1, \cdots, v_{m_3+s_4}, \hat{v}_{m_3+s_4+1}, v_{m_3+s_4+2}, \cdots, v_{m_2} \rangle$，那么 W 是 $(m_2 - 1, 2(s_2 - 1) + \gamma_2, s_2 - 1, \Gamma_2)$ 型子空间，如同情形 (a.2) 一样，可知 $U <\cdot V$ 不成立. □

定理 6.28 设 $(m, 2s + \gamma, s, \Gamma)$ 满足 (6.7)，而 "$\delta = 0, \gamma = 2, \mathbb{F}_q = \mathbb{F}_2$". 那么

(i) 当 $m \geq 3$ 时，$\mathcal{L}_O(m, 2s + 2, s, \Gamma; 2\nu)$ 没有秩函数；

(ii) 当 $m = 2$ 时，$\mathcal{L}_O(m, 2s + 2, s, \Gamma; 2\nu)$ 有秩函数.

证明 由 $(m, 2s + \gamma, s, \Gamma)$ 满足 (6.7)，而 "$\delta = 0, \gamma = 2, \mathbb{F}_q = \mathbb{F}_2$"，可知 $m \geq 2$.

(i) 假设 $m \geq 3$. 令 $U \in \mathcal{M}(m, 2s + 2, s; 2\nu)$，不妨设

$$UG_{2\nu}{}^tU \equiv \left[G_{2s}, \begin{pmatrix} 1 & 1 \\ & 1 \end{pmatrix}, 0^{(m-2s-2)}\right].$$

令 U 的行向量依次是 $u_1, \cdots, u_s, v_1, \cdots, v_s, w_1, w_2, u_{s+1}, \cdots, u_{m-s-2}$. 当 $m \geq 3$ 时，$(m_1, 2s_1 + \gamma_1, s_1, \Gamma_1) = (1, 1, 0, \phi)$ 不列入表 6.3 的第 4 行. 事实上，假如 $(m_1, 2s_1 + \gamma_1, s_1, \Gamma_1) = (1, 1, 0, \phi)$ 列入表 6.3 的第 4 行，那么 $\delta = 0, \gamma = 2, m_1 = \gamma_1 = 1, \Gamma_1 = \phi$，并且存在满足 $0 \leq t \leq s$ 的整数 t，使得 $m_1 = 1 = m - t - 1, s_1 = 0 = s - t$，于是 $m = s + 2$. 由 $(m, 2s + 2, s, \phi)$ 满足 (6.7)，即 $2s + 2 \leq m = \nu + s$，得 $\nu = 2$,

$s=0, m=2$. 这与 $m \geq 3$ 矛盾. 所以 $\mathcal{L}_O(m, 2s+2, s; 2\nu)$ 含有 $(1,1,0,\phi)$ 型子空间, 而且 $\{0\} \in \mathcal{L}_O(m, 2s+2, s; 2\nu)$. 因为 $\langle w_1, w_2 \rangle, \langle u_1, w_1, w_2 \rangle, \langle u_1, v_1, w_1, w_2 \rangle, \cdots,$ $\langle u_1, \cdots, u_s, v_1, \cdots, v_s, w_1, w_2 \rangle$, $\langle u_1, \cdots, u_s, v_1, \cdots, v_s, w_1, w_2, u_{s+1} \rangle$, $\cdots$, $\langle u_1, \cdots, u_s, v_1, \cdots, v_s, w_1, w_2, u_{s+1}, \cdots, u_{m-s-2} \rangle$ 都是 $(m_1, 2s_1+2, s_1)$ 型子空间, 其中 $(m_1, 2s_1+2, s_1, \phi)$ 满足 (6.12), 而在 $\delta = 0, \gamma = 2, \mathbb{F}_q = \mathbb{F}_2$ 时, $(m_1, 2s_1+2, s_1, \phi)$ 不列入表 6.3 的任一行, 所以这些子空间都属于 $\mathcal{L}_O(m, 2s+2, s; 2\nu)$, 而 $\langle w_1 \rangle$ 是 $(1,1,0,\phi)$ 型子空间, 它也属于 $\mathcal{L}_O(m, 2s+2, s; 2\nu)$. 因而

$$\begin{aligned} \{0\} &< \langle w_1 \rangle < \langle w_1, w_2 \rangle < \langle u_1, w_1, w_2 \rangle < \langle u_1, v_1, w_1, w_2 \rangle \\ &< \cdots < \langle u_1, \cdots, u_s, v_1, \cdots, v_s, w_1, w_2 \rangle \\ &< \langle u_1, \cdots, u_s, v_1, \cdots, v_s, w_1, w_2, u_{s+1} \rangle < \cdots \\ &< \langle u_1, \cdots, u_s, v_1, \cdots, v_s, w_1, w_2, u_{s+1}, \cdots, u_{m-s-2} \rangle < U \end{aligned} \quad (6.40)$$

是 $\mathcal{L}_O(m, 2s+2, s; 2\nu)$ 中以 $\{0\}$ 为始点, 以 U 为终点的极大链, 其长为 m. 因为 $(m, 2s+\gamma, s, \Gamma)$ 满足 (6.7), 而 $(m_1, 2s_1+\gamma_1, s_1, \Gamma_1) = (m-1, 2s+1, s, \phi)$ 列入表 6.3 的第 4 行, 所以由定理 6.17, $\mathcal{L}_O(m, 2s+2, s, 2\nu)$ 不含 $(m-1, 2s+1, s)$ 型子空间. 因为 $\langle u_1 \rangle, \langle u_1, v_1 \rangle, \cdots, \langle u_1, \cdots, u_s, v_1, \cdots, v_s \rangle$, $\langle u_1, \cdots, u_s, v_1, \cdots, v_s, u_{s+1} \rangle$, $\cdots$, $\langle u_1, \cdots, u_s, v_1, \cdots, v_s, u_{s+1}, \cdots, u_{m-s-2} \rangle$ 都是 $(m_1, 2s_1, s_1)$ 型子空间, 其中 $(m_1, 2s_1, s_1, \phi)$ 满足 (6.12), 而在 $\delta = 0, \gamma = 2, \mathbb{F}_q = \mathbb{F}_2$ 时, $(m_1, 2s_1, s_1)$ 不列入表 6.3 的任一行, 所以这些子空间都属于 $\mathcal{L}_O(m, 2s+2, s;, 2\nu)$, 因而

$$\begin{aligned} \{0\} &< \langle u_1 \rangle < \langle u_1, v_1 \rangle < \cdots < \langle u_1, \cdots, u_s, v_1, \cdots, v_s \rangle \\ &< \langle u_1, \cdots, u_s, v_1, \cdots, v_s, u_{s+1} \rangle < \cdots \\ &< \langle u_1, \cdots, u_s, v_1, \cdots, v_s, u_{s+1}, \cdots, u_{m-s-2} \rangle < U \end{aligned} \quad (6.41)$$

也是 $\mathcal{L}_O(m, 2s+2, s; 2\nu)$ 中以 $\{0\}$ 为始点, 以 U 为终点的极大链, 其长为 $m-1$. 因此, 当 $m \geq 3$ 时, 在 $\mathcal{L}_O(m, 2s+2, s; 2\nu)$ 中 JD 条件不成立, 因而它没有秩函数.

(ii) 假设 $m = 2$, 由 $(m, 2s+2, s, \phi)$ 满足 (6.7) 得 $\nu = 2$, 即 $\mathcal{L}_O(m, 2s+2, s, \Gamma; 2\nu + \delta) = \mathcal{L}_O(2, 2, 0; 2 \cdot 2)$. 由文献 [29] 中定理 7.27, $\mathcal{L}_O(2, 2, 0; 2 \cdot 2)$ 只含有两个 $(2, 2, 0; \phi)$ 型子空间. 因为 $\langle (0, 1, 0, 1), (1, 1, 1, 0) \rangle$ 和 $\langle (1, 0, 1, 0), (1, 1, 0, 1) \rangle$ 是两个 $(2, 2, 0; \phi)$ 型子空间, 而 $\dim \langle (0, 1, 0, 1), (1, 1, 1, 0), (1, 0, 1, 0), (1, 1, 0, 1) \rangle = 4$, 并且由维数公式可知 $\langle (0, 1, 0, 1), (1, 1, 1, 0) \rangle \cap \langle (1, 0, 1, 0), (1, 1, 0, 1) \rangle = \{0\}$. 所以 $\mathcal{L}_O(2, 2, 0; 2 \cdot 2) = \{\langle (0, 1, 0, 1), (1, 1, 1, 0) \rangle, \langle (1, 0, 1, 0), (1, 1, 0, 1) \rangle, \mathbb{F}_2^4, \{0\}\}$. 我们定义 $r(\{0\}) = 0, r(\mathbb{F}_2^4) = 2, r(\langle (0, 1, 0, 1), (1, 1, 1, 0) \rangle) = r(\langle (1, 0, 1, 0), (1, 1, 0, 1) \rangle) = 1$. 显然, r 是 $\mathcal{L}_O(2, 2, 0; 2 \cdot 2)$ 的秩函数. □

定理 6.29 设 $(m, 2s+\gamma, s, \Gamma)$ 满足 (6.7), 而 "$\delta = 2, \gamma = 0, \mathbb{F}_q = \mathbb{F}_2$". 那么

第六章 偶特征的正交群作用下子空间轨道生成的格

(i) 当 $m=1$ 时, $\mathcal{L}_O(m, 2s, s, \Gamma; 2\nu+2)$ 有秩函数;

(ii) 当 $m \geq 2$ 而 $s \geq 2$ 时, $\mathcal{L}_O(m, 2s, s, \Gamma; 2\nu+2)$ 没有秩函数;

(iii) 当 $m \geq 2$, $s = 0$ 或 1 时, $\mathcal{L}_O(m, 2s, s, \Gamma; 2\nu+2)$ 有秩函数.

证明 (i) 假设 $m=1$, 这时 $\mathcal{L}_O(m, 2s+\gamma, s, \Gamma; 2\nu+2) = \mathcal{L}_O(1, 0, 0; 2\nu+2)$. 对于 $U \in \mathcal{L}_O(1, 0, 0; 2\nu+2) \setminus \{\{0\}, \mathbb{F}_q^{2\nu+\delta}\}$, 令 $r(U) = 1$, 而取 $r(0) = 0$ 和 $r(\mathbb{F}_q^{2\nu+2}) = 2$. 那么 r 是 $\mathcal{L}_O(1, 0, 0; 2\nu+2)$ 的秩函数.

(ii) 假设 $m \geq 2$, $s \geq 2$. 令 $U \in \mathcal{M}(m, 2s, s; 2\nu+2)$, 不妨设

$$UG_{2\nu+2}{}^tU \equiv [G_{2(s-2)}, G_{2\cdot 2}, 0^{(m-2s)}].$$

令 U 的行向量依次是 $u_1, \cdots, u_{s-2}, v_1, \cdots, v_{s-2}, u_{s-1}, u_s, v_{s-1}, v_s, u_{s+1}, \cdots, u_{m-s}$ 因为 $\langle u_1 \rangle$, $\langle u_1, v_1 \rangle$, $\langle u_1, u_2, v_1 \rangle$, $\cdots$, $\langle u_1, \cdots, u_{s-2}, v_1, \cdots, v_{s-2} \rangle$, $\langle u_1, \cdots, u_{s-2}, v_1, \cdots, v_{s-2}, u_{s-1} \rangle$, $\cdots$, $\langle u_1, \cdots, u_{s-2}, v_1, \cdots, v_{s-2}, u_{s-1}, u_s, v_{s-1}, v_s \rangle$, $\langle u_1, \cdots, u_{s-2}, v_1, \cdots, v_{s-2}, u_{s-1}, u_s, v_{s-1}, v_s, u_{s+1} \rangle$, $\cdots$, $\langle u_1, \cdots, u_{s-2}, v_1, \cdots, v_{s-2}, u_{s-1}, u_s, v_{s-1}, v_s, u_{s+1}, \cdots, u_{m-s} \rangle$ 都是 $(m_1, 2s_1, s_1)$ 型子空间, 其中 $(m_1, 2s_1, s_1, \phi)$ 满足 (6.12), 而在 $\delta = 2$, $\gamma = 0$, $\mathbb{F}_q = \mathbb{F}_2$ 时又不列入表 6.3 的任一行. 所以上述子空间都属于 $\mathcal{L}_O(m, 2s, s; 2\nu+2)$. 因而

$$\begin{aligned}
\{0\} &< \langle u_1 \rangle < \langle u_1, v_1 \rangle < \langle u_1, u_2, v_1 \rangle < \cdots \\
&< \langle u_1, \cdots, u_{s-2}, v_1, \cdots, v_{s-2} \rangle \\
&< \langle u_1, \cdots, u_{s-2}, v_1, \cdots, v_{s-2}, u_{s-1} \rangle < \cdots \\
&< \langle u_1, \cdots, u_{s-2}, v_1, \cdots, v_{s-2}, u_{s-1}, u_s, v_{s-1}, v_s \rangle \\
&< \langle u_1, \cdots, u_{s-2}, v_1, \cdots, v_{s-2}, u_{s-1}, u_s, v_{s-1}, v_s, u_{s+1} \rangle \\
&< \cdots < \langle u_1, \cdots, u_{s-2}, v_1, \cdots, v_{s-2}, u_{s-1}, u_s, \\
&\qquad v_{s-1}, v_s, u_{s+1}, \cdots, u_{m-s} \rangle < U.
\end{aligned} \qquad (6.42)$$

是 $\mathcal{L}_O(m, 2s, s; 2\nu+2)$ 中以 $\{0\}$ 为起点, 以 U 为终点的极大链, 其长为 m. 因为

$$U_1 = \left[I^{(2s-4)}, \begin{pmatrix} 1 & 1 & 0 & 1 \\ 1 & 0 & 1 & 0 \\ 0 & 1 & 0 & 1 \\ 1 & 1 & 1 & 0 \end{pmatrix}, I^{(m-2s)} \right] U$$

也是 U 的一个矩阵表示, 且

$$U_1 G_{2\nu+2}{}^t U_1 \equiv \left[G_{2(s-2)}, \begin{pmatrix} 1 & 1 \\ & 1 \end{pmatrix}, \begin{pmatrix} 1 & 1 \\ & 1 \end{pmatrix}, 0^{(m-2s)} \right].$$

而在 $\delta = 2$, $\gamma = 0$, $\mathbb{F}_q = \mathbb{F}_2$ 时, 由 $(m_1, 2s_1 + \gamma_1, s_1, \Gamma_1) = (m-1, 2(s-1)+1, s-1, \phi)$ 列入表 6.3 的第 9 行, 可知 $(m-1, 2(s-1)+1, s-1, \phi)$ 型子空间不

属于 $\mathcal{L}_O(m, 2s, s; 2\nu + 2)$. 令 U_1 的行向量依次是 $u_1, \cdots, u_{s-2}, v_1, \cdots, v_{s-2}, u_{s-1}, v_{s-1}, u_s, v_s, u_{s+1}, \cdots, u_{m-s}$. 那么 $\langle u_1 \rangle, \langle u_1, v_1 \rangle, \langle u_1, u_2, v_1 \rangle, \cdots, \langle u_1, \cdots, u_{s-2}, v_1, \cdots, v_{s-2} \rangle$, $\langle u_1, \cdots, u_{s-2}, v_1, \cdots, v_{s-2}, u_{s+1} \rangle, \cdots, \langle u_1, \cdots, u_{s-2}, v_1, \cdots, v_{s-2}, u_{s+1}, \cdots, u_{m-s} \rangle$ 是 $(m_1, 2s_1, s_1)$ 型子空间, 其中 $(m_1, 2s_1, s_1)$ 满足 (6.12), 并且在 $\delta = 2$, $\gamma = 0$, $\mathbb{F}_q = \mathbb{F}_2$ 时, 它又不列入表 6.3, 所以由定理 6.17, 这些子空间都属于 $\mathcal{L}_O(m, 2s, s; 2\nu+2)$. 又因 $\langle u_1, \cdots, u_{s-2}, v_1, \cdots, v_{s-2}, u_{s-1}, u_{s+1}, \cdots, u_{m-s} \rangle$ 和 $\langle u_1, \cdots, u_{s-2}, v_1, \cdots, v_{s-2}, u_{s-1}, v_{s-1}, u_{s+1}, \cdots, u_{m-s} \rangle$ 分别是 $(m-3, 2(s-2)+1, s-2)$ 型和 $(m-2, 2(s-2)+2, s-2)$ 型子空间, 而 $(m-3, 2(s-2)+1, s-2, \phi)$ 和 $(m-2, 2(s-2)+2, s-2, \phi)$ 都满足 (6.12), 并且在 $\delta = 2, \gamma = 0, \mathbb{F}_q = \mathbb{F}_2$ 时, 它们又不列入表 6.3, 由定理 6.17, 这两个子空间也都属于 $\mathcal{L}_O(m, 2s, s; 2\nu + 2)$. 因而

$$\begin{aligned}
\{0\} &< \langle u_1 \rangle < \langle u_1, v_1 \rangle < \langle u_1, u_2, v_1 \rangle < \cdots \\
&< \langle u_1, \cdots, u_{s-2}, v_1, \cdots, v_{s-2} \rangle \\
&< \langle u_1, \cdots, u_{s-2}, v_1, \cdots, v_{s-2}, u_{s+1} \rangle < \cdots \\
&< \langle u_1, \cdots, u_{s-2}, v_1, \cdots, v_{s-2}, u_{s+1}, \cdots, u_{m-s} \rangle \\
&< \langle u_1, \cdots, u_{s-2}, v_1, \cdots, v_{s-2}, u_{s-1}, u_{s+1}, \cdots, u_{m-s} \rangle \\
&< \langle u_1, \cdots, u_{s-2}, v_1, \cdots, v_{s-2}, u_{s-1}, v_{s-1}, u_{s+1}, \cdots, u_{m-s} \rangle < U
\end{aligned} \quad (6.43)$$

也是 $\mathcal{L}_O(m, 2s, s; 2\nu + 2)$ 中以 $\{0\}$ 为起点, 以 U 为终点的极大链, 其长为 $m-1$.

因此, 当 $m \geq 2$ 而 $s \geq 2$ 时, 在 $\mathcal{L}_O(m, 2s, s; 2\nu + 2)$ 中 JD 条件不成立, 因而它没有秩函数.

(iii) 假设 $m \geq 2$, $s = 0$ 或 1. 对于任意 $X \in \mathcal{L}_O(m, 2s, s; 2\nu + 2)$, 按照 (5.53) 式规定函数 r, 这里 $\delta = 0$. 对于函数 r, 显然命题 1.14 中的条件 (i) 成立. 对于 $V, U \in \mathcal{L}_O(m, 2s, s; 2\nu + 2)$, 而 $U \subseteq V$, 假定 $r(V) - r(U) > 1$. 要证明 $U <\cdot V$ 不成立.

如果 $V = \mathbb{F}_2^{2\nu+2}$, 如同定理 3.11 的证明, $U <\cdot V$ 不成立. 下面假定 $V \neq \mathbb{F}_q^{2\nu+\delta}$. 因为 $(m_1, 0, 0, \phi)$ 不列入表 6.3 的第 9 行, 所以由定理 6.17, $\mathcal{L}_O(m, 2, 1; 2\nu+\delta) \setminus \{\mathbb{F}_2^{2\nu+2}\}$ 由 $(m_1, 2, 1; \phi)$ 满足 (6.12) 的所有 $(m_1, 2, 1; \phi)$ 型子空间和 $(m_1, 0, 0, \phi)$ 满足 (6.12) 的所有 $(m_1, 0, 0, \phi)$ 型子空间, 以及 $(m_1, 1, 0, \phi)$ 满足 (6.12) 而不列入表 6.3 第 9 行的所有 $(m_1, 1, 0, \phi)$ 型子空间组成. 而 $\mathcal{L}_O(m, 0, 0; 2\nu+\delta) \setminus \{\mathbb{F}_2^{2\nu+2}\}$ 由 $(m_1, 0, 0, \phi)$ 满足 (6.12) 的所有 $(m_1, 0, 0, \phi)$ 型子空间组成. 令上面所取的 V 和 U 分别是 $(m_2, 2s_2 + \gamma_2, s_2, \Gamma_2)$ 型和 $(m_3, 2s_3 + \gamma_3, s_3, \Gamma_3)$ 型子空间. 在 $s = 0$ 时, 结论是显然的, 下设 $s = 1$. 分 $\gamma_3 = 0$ 或 1 两种情形讨论.

(1) $\gamma_3 = 0$. 由 $U \subseteq V$ 和 "$s = 1, \gamma = 0$" 而 $s_2 \leq s$ 可知, 如果 $s_3 = 0$, 那么

"$\gamma_2 = 0, s_2 = 0$", "$\gamma_2 = 0, s_2 = 1$" 或 "$\gamma_2 = 1, s_2 = 0$", 如果 $s_3 = 1$, 那么 "$\gamma_2 = 0,$
$s_2 = 1$", 并且都有子空间 V 的一个矩阵表示, 使得定理 6.26 中的 (6.32) 成立, 其
中 $0 \leq s_4 \leq 1, 0 \leq s_5 \leq 1, 0 \leq \gamma_5 \leq 1$ 和 $\sigma_2 = m_2 - m_3 - s_4 - 2s_5 - \gamma_5 \geq 0$, 而
$\sigma_1 = m_3 - 2s_3 - s_4 \geq 0$. 由 $r(V) - r(U) > 1$ 有 $m_2 - m_3 \geq 2$, 所以 $\sigma_2 = s_4 = s_5 = 0$
的情形不出现. 如果 $\sigma_2 > 0$, $s_4 = 1$, 或 $s_5 = 1$, 可分别按引理 6.27 的证明中 (a.1),
(a.2), 或 (a.3) 的步骤进行, 可知 $U <\cdot V$ 不成立.

(2) $\gamma_3 = 1$. 由 $U \subseteq V$ 和 "$s = 1, \gamma = 0$" 有 $s_3 = 0$. 因而 "$s_2 = 0,$
$\gamma_2 = 1$" 或 "$s_2 = 1, \gamma_2 = 0$", 并且都有子空间 V 的一个矩阵表示, 使得定理 6.26
的 (6.33) 成立, 其中 $s_4 = s_5 = 0$, $\sigma_3 = m_2 - m_3 - s_4 - 2s_5 = m_2 - m_3 \geq 2$, 而
$\sigma_1 = m_3 - 2s_3 - 1 \geq 0$; 或者使得定理 6.26 中的 (3.35) 成立, $s_4 = s_5 = \gamma_5 = 0$,
$\Gamma_5 = \Gamma_2 = \phi, \sigma_5 = m_2 - m_3 - s_4 - 2s_5 - \gamma_5 = m_2 - m_3 \geq 2$ 而 $\sigma_1 = m_3 - 2s_3 - 1 \geq 0$.
我们可分别按引理 6.27 的证明中 (a.1) 的步骤进行, 可知 $U <\cdot V$ 不成立.

因此当 $m \geq 2, s = 0$ 或 1 时, r 是 $\mathcal{L}_O(m, 2s, s, 2\nu + 2)$ 的秩函数. $\square$

定理 6.30 设 $(m, 2s + \gamma, s, \Gamma)$ 满足 (6.24) 或它满足 (6.7) 和 $\Gamma \neq 1$, 而且
"$\delta = 0, \gamma = 2, \mathbb{F}_q = \mathbb{F}_2$" 和 "$\delta = 2, \gamma = 0, \mathbb{F}_q = \mathbb{F}_2$" 这两个情形不出现, 那么
$\mathcal{L}_R(m, 2s + \gamma, s, \Gamma; 2\nu + \delta)$ 有秩函数.

证明 对于任意 $X \in \mathcal{L}_O(m, 2s + \gamma, s, \Gamma; 2\nu + \delta)$, 按照 (5.54) 式来定义函数 r'.
由定理 6.27 可推得本定理. $\square$

定理 6.31 设 $(m, 2s + \gamma, s, \Gamma)$ 满足 (6.7), 而 "$\delta = 0, \gamma = 2, \mathbb{F}_q = \mathbb{F}_2$". 那么
(i) 当 $m \geq 3$ 时, $\mathcal{L}_R(m, 2s + 2, s; 2\nu)$ 没有秩函数;
(ii) 当 $m = 2$ 时, $\mathcal{L}_R(m, 2s + 2, s; 2\nu)$ 有秩函数.

证明 (i) 假设 $m \geq 3$ 时, 如同引理 6.28(i) 证明中取 U, 得到把链 (6.40) 和
(6.41) 中 "$<$" 换成 "$>$" 后的两个链. 因而在 $\mathcal{L}_R(m, 2s + 2, s; 2\nu)$ 中 JD 条件不
成立, 于是它没有秩函数.

(ii) 假设 $m = 2$, 如同引理 6.28(ii) 的证明, $\mathcal{L}_R(m, 2s+2, s; 2\nu) = \mathcal{L}_R(2, 2, 0; 2 \cdot$
$2)$. 定义 $r'(\mathbb{F}_2^4) = 0$, $r'(\{0\}) = 2$, $r'(\langle(0,1,0,1),(1,1,1,0)\rangle) = r'(\langle(1,0,1,0),(1,1,0,$
$1)\rangle) = 1$. 显然, r' 是 $\mathcal{L}_R(2, 2, 0; 2 \cdot 2)$ 的秩函数 $\square$

定理 6.32 设 $(m, 2s + \gamma, s, \Gamma)$ 满足 (6.7), 而 "$\delta = 2, \gamma = 0, \mathbb{F}_q = \mathbb{F}_2$". 那么
(i) 当 $m = 1$ 时, $\mathcal{L}_R(m, 2s, s; 2\nu + 2)$ 有秩函数.
(ii) 当 $m \geq 2$ 而 $s \geq 2$ 时, $\mathcal{L}_R(m, 2s, s; 2\nu + 2)$ 没有秩函数;
(iii) 当 $m \geq 2, s = 0$ 或 1 时, $\mathcal{L}_R(m, 2s, s; 2\nu + 2)$ 有秩函数.

证明 先证明 (i) 和 (iii). 假设 $m = 1$, 或者 $m \geq 2$ 或 $s = 0, 1$. 对于任意
$X \in \mathcal{L}_R(m, 2s + \gamma, s, \Gamma; 2\nu + \delta)$, 按照 (5.54) 式来定义函数 r', 这里 $\delta = 2$. 由定理
6.29 的 (i) 和 (iii) 可分别推得本定理的 (i) 和 (iii).

再来证明 (ii). $m \geq 2$ 而 $s \geq 2$. 如同引理 6.29(ii) 的证明中取 U, 得到把链

(6.42) 和 (6.43) 中 "<" 换成 ">" 后的两个链. 因而在 $\mathcal{L}_R(m, 2s, s; 2\nu+2)$ 中 JD 条件不成立, 于是它没有秩函数. □

§6.7 格 $\mathcal{L}_R(m, 2s+\gamma, s, \Gamma; 2\nu+\delta)$ 的特征多项式

设 $n = 2\nu + \delta > m \geq 1$, 并且 $(m, 2s+\gamma, s, \Gamma)$ 满足 (6.10), 而 $\Gamma \neq 1$. 令 $N(m_1, 2s_1+\gamma_1, s_1, \Gamma_1; 2\nu+\delta) = |\mathcal{M}(m_1, 2s_1+\gamma_1, s_1, \Gamma_1; 2\nu+\delta)|$. 注意到由 (5.54) 定义的秩函数 r', 我们就有

定理 6.33 设 $n = 2\nu + \delta > m \geq 1$, $(m, 2s+\gamma, s, \Gamma)$ 满足 (6.23), 而 $\Gamma \neq 1$.

(a) 如果 $\gamma = 0$, 那么

$$\chi(\mathcal{L}_R(m, 2s, s; 2\nu+\delta), t)$$
$$= \sum_{\gamma_1=0,1,2} \left(\sum_{s_1=s-\gamma_1+1}^{\nu} \sum_{m_1=2s_1+\gamma_1}^{l} + \sum_{s_1=0}^{s-\gamma_1} \sum_{m_1=m-s+s_1+1}^{l} \right)$$
$$\cdot N(m_1, 2s_1+\gamma_1, s_1, \Gamma_1; 2\nu+\delta) g_{m_1}(t),$$

其中 $\Gamma \neq 1$, $g_{m_1}(t) = (t-1)(t-q)\cdots(t-q^{m_1-1})$ 是 Gauss 多项式, 而

$$l = \begin{cases} \nu + s_1 + \min\{\gamma_1, \delta\}, & \text{如果 } \gamma_1 \neq 1, \text{ 或 } \delta \neq 1, \\ \nu + s_1, & \text{如果 } \gamma_1 = \delta = 1. \end{cases} \quad (6.44)$$

(b) 如果 $\gamma = 1$, 那么

$$\chi(\mathcal{L}_R(m, 2s+1, s, \Gamma; 2\nu+\delta), t)$$
$$= \sum_{\gamma_1=0,1,2} \left(\sum_{s_1=s-[\gamma_1/2]+1}^{\nu} \sum_{m_1=2s_1+\gamma_1}^{l} + \sum_{s_1=0}^{s-[\gamma_1/2]} \sum_{\substack{m_1=m-s+s_1 \\ -[(2-\gamma_1)/2]+1}}^{l} \right)$$
$$\cdot N(m_1, 2s_1+\gamma_1, s_1, \Gamma_1; 2\nu+\delta) g_{m_1}(t),$$

其中当 $\Gamma_1 \neq 1$, 而 l 由 (6.44) 确定.

(c) 如果 $\gamma = 2$, 那么

$$\chi(\mathcal{L}_R(m, 2s+2, s; 2\nu+\delta), t)$$
$$= \sum_{\gamma_1=0,1,2} \left(\sum_{s_1=s+1}^{\nu} \sum_{m_1=2s_1+\gamma_1}^{l} + \sum_{s_1=0}^{s} \sum_{m_1=m-s+s_1+\gamma_1+1}^{l} \right)$$
$$\cdot N(m_1, 2s_1+\gamma_1, s_1, \Gamma_1; 2\nu+\delta) g_{m_1}(t),$$

其中 $\Gamma_1 \neq 1$, 而 l 由 (6.44) 确定.

证明 类似于定理 3.13 的证明. 这里略去其详细过程. □

第六章　偶特征的正交群作用下子空间轨道生成的格

注意：$N(m_1, 2s_1 + \gamma_1, s_1, \Gamma_1; 2\nu + \delta)$ 的公式，已由冯绪宁和戴宗铎在文献 [10] 中给出，也可参见文献 [29] 和 [34].

由定理 6.25 可得到格 $\mathcal{L}_R(m, 2s + 1, s, 1; 2\nu + 1)$ 的特征多项式.

定理 6.34 设 $n = 2\nu + 1 > m \geq 1$, $(m, 2s+1, s, 1)$ 满足 (6.26)，那么

$$\chi(\mathcal{L}_R(m, 2s+1, s, 1; 2\nu+1), t) = \chi(\mathcal{L}_R(m-1, s; 2\nu), t). \qquad \Box$$

应注意：$\chi(\mathcal{L}_R(m-1, s; 2\nu), t)$ 的表示式，已由定理 3.13 给出.

§6.8 格 $\mathcal{L}_O(m, 2s+\gamma, s, \Gamma; 2\nu+\delta)$ 和格 $\mathcal{L}_R(m, 2s+\gamma, s, \Gamma; 2\nu+\delta)$ 的几何性

定理 6.35 设 $n = 2\nu + \delta > m \geq 1$, $(m, 2s+\gamma, s, \Gamma)$ 满足 (6.10) 和 $\Gamma \neq 1$，那么在 $\mathcal{L}_O(m, 2s+\gamma, s, \Gamma; 2\nu+\delta)$ 中 G_1 成立.

证明　如果情形 "$\delta = 0, \nu = 1, m = \gamma = 1, s = 0, \mathbb{F}_q = \mathbb{F}_2$" 和情形 "$\delta = 1, \nu = 1, m = \gamma = 2, s = 0, \mathbb{F}_q = \mathbb{F}_2$" 出现. 这时 $\langle (1,1) \rangle$ 和 $\langle (0,1,1), (1,0,1) \rangle$ 分别是 $\mathcal{L}_O(1, 1, 0, \Gamma; 2\nu+\delta)$ 和 $\mathcal{L}_O(2, 2, 0; 2 \cdot 1 + 1)$ 的原子. 容易验证在这两种格中 G_1 成立.

现在假定情形 "$\delta = 0, \nu = 1, m = \gamma = 1, s = 0, \mathbb{F}_q = \mathbb{F}_2$" 和情形 "$\delta = 1, \nu = 1, m = \gamma = 2, s = 0, \mathbb{F}_q = \mathbb{F}_2$" 不出现. 那么 $\{0\}$ 是 $\mathcal{L}_O(m, 2s+\gamma, s, \Gamma; 2\nu+\delta)$ 的极小元，所以 $\mathcal{L}_O(m, 2s+\gamma, s, \Gamma; 2\nu+\delta)$ 中的 1 维子空间是它的原子. 对于任意 $U \in \mathcal{L}_O(m, 2s+\gamma, s, \Gamma; 2\nu+\delta) \setminus \{\{0\}, \mathbb{F}_q^{2\nu+\delta}\}$，设 U 是 $(m_1, 2s_1 + \gamma_1, s_1, \Gamma_1)$ 型子空间. 那么由定理 6.17, $(m_1, 2s_1 + \gamma_1, s_1, \Gamma_1)$ 满足 (6.12)，而当 (6.7) 对于 $(m, 2s+\gamma, s, \Gamma)$ 成立时，$(m_1, 2s_1+\gamma_1, s_1, \Gamma_1)$ 不列入表 6.3 的任一行. 由定理 6.17，有 $\mathcal{L}_O(m, 2s+\gamma, s, \Gamma; 2\nu+\delta) \supset \mathcal{L}_O(m_1, 2s_1+\gamma_1, s_1, \Gamma_1; 2\nu+\delta)$. 不难验证 $(1, \gamma_1, 0, \Gamma_1)$ 满足 (6.12), 即 $2m_1 - 2 \geq 2s_1 + \gamma_1 - \gamma_1 + |\gamma_1 - \gamma_1| \geq 2|\gamma_1 - \gamma_1|$. 先考察 (6.24) 对于 $(m, 2s+\gamma, s, \Gamma)$ 成立，或者 (6.7) 对于 $(m, 2s+\gamma, s, \Gamma)$ 成立而 $(1, \gamma_1, 0, \Gamma_1)$ 不列入表 6.3 的任一行的情形. 由定理 6.17, $(1, \gamma_1, 0, \Gamma_1)$ 型子空间属于 $\mathcal{L}_O(m_1, 2s_1+\gamma_1, s_1, \Gamma_1; 2\nu+\delta)$，从而它是 $\mathcal{L}_O(m, 2s+\gamma, s, \Gamma; 2\nu+\delta, \Delta)$ 的原子. 当 $\gamma_1 = 1$ 而 $\Gamma_1 \neq 1$ 时，不妨设 $U = \langle u_1, \cdots, u_{s_1}, v_1, \cdots, v_{s_1}, w, u_{s_1+1}, \cdots, u_{m_1-s_1-1} \rangle$，使得

$$U S_{2\nu+\delta}{}^t U = [G_{2s_1+1}, 0^{(m_1-2s_1-1)}].$$

类似于定理 5.19 的证明，可知 U 是 $\mathcal{L}_O(m, 2s+\gamma, s, \Gamma; 2\nu+\delta)$ 的原子的并. 同样，当 $\gamma_1 = 0$ 或 $\gamma_1 = 2$ 时，U 也是其原子的并，从而 $\mathbb{F}_q^{2\nu+\delta}$ 也是其原子的并. 因此，在 $\mathcal{L}_O(m, 2s+\gamma, s, \Gamma; 2\nu+\delta)$ 中 G_1 成立.

现考虑在 (6.7) 成立时, $(1, \gamma_1, 0, \Gamma_1)$ 满足 (6.12) 而列在表 6.3 中某一行的情形. 先看满足 (6.12) 的 $(1, \gamma_1, 0, \Gamma_1)$ 列在表 6.3 的哪些行.

因为表 6.3 中的第 2, 第 6 和第 10 行中的 $\gamma_1 = 2$, 所以 $(1, \gamma_1, 0, \Gamma_1)$ 不列入表 6.3 的第 2, 第 6 和第 10 行. 我们可以证明 $(1, \gamma_1, 0, \Gamma_1)$ 也不列入表 6.3 的第 1 和第 12 行. 这里只证明 $(1, \gamma_1, 0, \Gamma_1)$ 不列入表 6.3 的第 12 行.

假如 $(1, \gamma_1, 0, \Gamma_1)$ 列入表 6.3 的第 12 行, 那么 $\delta = \gamma = 2, m_1 = 1, s_1 = 0, \gamma_1 = 1$, 并且存在满足 $0 \leq t \leq s$ 的整数 t, 使得 $m_1 = 1 = m - t - 1, s_1 = 0 = s - t$. 从 $(m, 2s+2, s, \phi)$ 满足 (6.7), 即 $m = \nu + s + 2$, 得 $\nu = 0$. 再从 $m \leq 2\nu + 2 - 1$ 得 $m = 1$, 这与 $1 = m - t - 1$ 矛盾. 所以 $(1, \gamma_1, 0, \Gamma_1)$ 不列入表 6.3 的第 12 行. 因此, 当 $(m, 2s+\gamma, s, \Gamma)$ 满足 (6.7) 时, 满足 (6.12) 的 $(1, \gamma_1, 0, \Gamma_1)$ 只列入表 6.3 的第 3, 第 4, 第 5, 第 7, 第 8, 第 9 和第 11 行. 下面只对列在表 6.3 的第 3 行和第 4 行进行证明, 其余的可类似地进行.

假设 $(1, \gamma_1, 0, \Gamma_1)$ 列在表 6.3 的第 3 行, 那么 $\delta = 0, \gamma = 1, m_1 = 1, \gamma_1 = s_1 = 0, \Gamma_1 = \phi, \mathbb{F}_q = \mathbb{F}_2$, 并且存在满足 $0 \leq t \leq s$ 的整数 t, 使得 $m_1 = 1 = m - t - 1, s_1 = 0 = s - t$. 如同定理 5.19 的证明, 可知 $\mathcal{L}_O(m, 2s+\gamma, s, \Gamma, 2\nu+\delta) = \mathcal{L}_O(3, 3, 1, \Gamma; 2 \cdot 2)$ 或 $\mathcal{L}_O(2, 1, 0, \Gamma; 2 \cdot 2)$. 但是 $(1, 1, 0, \Gamma)$ 满足 (6.12) 而不列在表 6.3 的第 3 行, 所以 $(1, 1, 0, \Gamma)$ 型子空间是 $\mathcal{L}_O(3, 3, 1, \Gamma; 2 \cdot 2)$ 和 $\mathcal{L}_O(2, 1, 0, \Gamma; 2 \cdot 2)$ 的原子.

对于任意 $U \in \mathcal{L}_O(3, 3, 1, \Gamma; 2 \cdot 2) \setminus \{\mathbb{F}_2^4, \{0\}\}$, 由定理 6.17, U 是 $\mathbb{F}_2^4$, $(1, 10, \Gamma)$ 型, $(2, 2, 1, \phi)$ 型, $(2, 2, 0, \phi)$ 型, $(2, 1, 0, \Gamma)$ 型, 或 $(3, 3, 1, \Gamma)$ 型子空间. 如果 U 是 $(1, 1, 0, \Gamma)$ 型子空间, 那么它是一个原子. 如果 U 是 $(3, 3, 1, \Gamma)$ 型子空间, 可以假定 $U = \langle u_1, u_2, u_3 \rangle$, 使得

$$\begin{pmatrix} u_1 \\ u_2 \\ u_3 \end{pmatrix} G_{2 \cdot 2} {}^t\!\begin{pmatrix} u_1 \\ u_2 \\ u_3 \end{pmatrix} \equiv G_{2 \cdot 1 + 1}.$$

那么 $\langle u_1 + u_3 \rangle, \langle u_2 + u_3 \rangle$ 和 $\langle u_3 \rangle$ 都是 $\mathcal{L}_O(3, 3, 1, \Gamma; 2 \cdot 2)$ 的原子, 并且 $U = \langle u_1 + u_3 \rangle \vee \langle u_2 + u_3 \rangle \vee \langle u_3 \rangle$, 即 U 是 $\mathcal{L}_O(3, 3, 1, \Gamma; 2 \cdot 2)$ 中原子的并. 同样, 当 U 是 $(2, 2, 1, \phi)$ 型, $(2, 2, 0, \phi)$ 型和 $(2, 1, 0, \Gamma)$ 型子空间时, 也都是 $\mathcal{L}_O(3, 3, 1, \Gamma; 2 \cdot 2)$ 中原子的并. 从 $|\mathcal{M}(3, 3, 1, \Gamma; 2 \cdot 2)| \geq 2$, 我们有 $W_1, W_2 \in \mathcal{M}(3, 3, 1, \Gamma; 2 \cdot 2)$, 而 $W_1 \neq W_2$, 于是 $\mathbb{F}_2^4 = W_1 \vee W_2$, 但是 W_1 和 W_2 是 $\mathcal{L}_O(3, 3, 1, \Gamma; 2 \cdot 2)$ 中原子的并, 所以 $\mathbb{F}_2^4$ 也是其原子的并. 因此, 在 $\mathcal{L}_O(3, 3, 1, \Gamma; 2 \cdot 2)$ 中 G_1 成立.

同理可证, 在 $\mathcal{L}_O(2, 1, 0, \Gamma; 2 \cdot 2)$ 中 G_1 也成立.

假定 $(1, \gamma_1, 0, \Gamma_1)$ 列在表 6.3 的第 4 行, 那么 $\delta = 0, \gamma = 2, m_1 = \gamma_1 = 1, s_1 = 0, \mathbb{F}_q = \mathbb{F}_2$, 并且存在满足 $0 \leq t \leq s$ 的整数 t, 使得 $m_1 = 1 = m - t - 1, s_1 = 0 = s - t$. 于是 $(1, \gamma_1, 0, \Gamma_1) = (1, 1, 0, \phi), m = t + 2, s = t$. 因此 $m = s + 2$. 从 $(m, 2s+2, s, \phi)$ 满足 (6.7) 得 $\nu = 2$. 因为 $m = s + 2 \leq n - 1 = 3$, 所以 $s = 0, m = \gamma = 2$. 于是 $\mathcal{L}_O(m, 2s+$

第六章 偶特征的正交群作用下子空间轨道生成的格

$2, s; 2\nu) = \mathcal{L}_O(2, 2, 0; 2 \cdot 2) = \{\langle(0,1,0,1),(1,1,1,0)\rangle, \langle(1,0,1,0),(1,1,0,1)\rangle, \mathbb{F}_2^4, \{0\}\}$. 显然,$\langle(0,1,0,1),(1,1,1,0)\rangle$ 和 $\langle(1,0,1,0),(1,1,0,1)\rangle$ 是 $\mathcal{L}_O(2, 2, 0, 2 \cdot 2)$ 的原子,并且 $\mathbb{F}_2^4 = \langle(0,1,0,1),(1,1,1,0)\rangle \vee \langle(1,0,1,0),(1,1,0,1)\rangle$. 所以在 $\mathcal{L}_O(2, 2, 0; 2 \cdot 2)$ 中 G_1 成立. □

定理 6.36 设 $n = 2\nu + \delta > m \geq 1$, 而 $(m, 2s+\gamma, s, \Gamma)$ 满足 (6.10) 和 $\Gamma \neq 1$. 那么

(a) 对于 $m = 1$, $\mathcal{L}_O(m, 2s+\gamma, s, \Gamma; 2\nu+\delta)$ 是有限几何格;

(b) 对于 $2 \leq m \leq 2\nu + \delta - 1$, 除去 $(m, 2s+\gamma, s, \Gamma)$ 满足 (6.7) 而表 6.5 所列的行之一同时发生的情形, $\mathcal{L}_O(m, 2s+\gamma, s, \Gamma; 2\nu+\delta)$ 是有限原子格, 但不是几何格. 而在 $(m, 2s+\gamma, s, \Gamma)$ 满足 (6,7), 并且表 6.5 所列的行之一出现时, $\mathcal{L}_O(m, 2s+\gamma, s, \Gamma; 2\nu+\delta)$ 是有限几何格.

表 6.5

δ	ν	m	s	γ	$\mathbb{F}_q$
0	2	2	0	2	$\mathbb{F}_2$
0	2	3	1	1	$\mathbb{F}_2$
1	1	2	0	2	$\mathbb{F}_2$
1	1	2	1	0	$\mathbb{F}_2$
2	1	2	1	0	$\mathbb{F}_2$

证明 (a) 由定理 6.27 和定理 6.29, $\mathcal{L}_O(1, 0, 0; 2\nu + \delta)$ 和 $\mathcal{L}_O(1, 1, 0, \Gamma; 2\nu+\delta)$ 有秩函数, 并且由定理 6.35, 在这两种格中 G_1 成立. 如果情形 "$\delta = 0, \nu = 1, m = \gamma = 1, s = 0, \mathbb{F}_q = \mathbb{F}_2$" 出现时, 显然在 $\mathcal{L}_O(1, 1, 0, \Gamma; 2 \cdot 1) = \{\langle(1, 1)\rangle, \mathbb{F}_2^2\}$ 中 G_2 成立. 如果情形 "$\delta = 0, \nu = 1, m = \gamma = 1, s = 0, \mathbb{F}_q = \mathbb{F}_2$" 不出现, 注意到 $\mathcal{L}_O(1, 0, 0; 2\nu+\delta)\backslash\{\{0\}, \mathbb{F}_2^2\}$ 和 $\mathcal{L}_O(1, 1, 0, \Gamma; 2\nu+\delta)\backslash\{\{0\}, \mathbb{F}_2^2\}$ 分别由 $(1, 0, 0, \phi)$ 型和 $(1, 1, 0, \phi)$ 型子空间组成. 类似于定理 4.19(a) 的证明, 在 $\mathcal{L}_O(1, 0, 0; 2\nu+\delta)$ 和 $\mathcal{L}_O(1, 1, 0, \Gamma; 2\nu+\delta)$ 中 G_2 也成立. 因此, $\mathcal{L}_O(1, 0, 0; 2\nu+\delta)$ 和 $\mathcal{L}_O(1, 1, 0, \Gamma; 2\nu+\delta)$ 是有限几何格.

(b) 假定 $2 \leq m \leq 2\nu + \delta - 1$. 如果情形 "$\delta = 1, \nu = 1, m = \gamma = 2, s = 0, \mathbb{F}_q = \mathbb{F}_2$" 出现时, 由定理 6.27 和定理 6.35, $\mathcal{L}_O(2, 2, 0; 2 \cdot 1 + 1) = \{\langle(0, 1, 1), (1, 0, 1)\rangle, \mathbb{F}_2^3\}$ 有秩函数, 并且在这种格中 G_1 成立. 显然在这种格中 G_2 也成立. 因此 $\mathcal{L}_O(2, 2, 0; 2 \cdot 1 + 1)$ 是有限几何格. 这是表 6.5 中第 3 行的情形.

下面假定情形 "$\delta = 1, \nu = 1, m = \gamma = 2, s = 0, \mathbb{F}_q = \mathbb{F}_2$" 不出现. 我们分以下三种情形进行研究.

情形 1: $(m, 2s+\gamma, s, \Gamma)$ 满足 (6.24), 而 $(m, 2s+\gamma, s, \Gamma)$ 满足 (6.7) 时, "$\delta = 0, \gamma = 2, \mathbb{F}_q = \mathbb{F}_2$" 和 "$\delta = 2, \gamma = 0, \mathbb{F}_q = \mathbb{F}_2$" 的情形不出现. 再分 $\gamma = 0, 1$, 或 2 三种情形, 这里只给出 $\gamma = 1$ 这一情形的证明, 其余情形可类似地进行. 下面去证明, 除去表 6.5 第 2 和第 4 行所列的情形外, 如果对于 $U, V \in \mathcal{L}_O(m, 2s+$

$\gamma, s, \Gamma; 2\nu + \delta)$, (1.23) 不成立, 从而 $\mathcal{L}_O(m, 2s+\gamma, s, \Gamma; 2\nu+\delta)$ 不是几何格. 而对于表 6.5 第 2 和第 4 行所列的情形, (1.23) 成立, 从而 $\mathcal{L}_O(m, 2s+\gamma, s, \Gamma; 2\nu+\delta)$ 是几何格. 分 $\delta = 0$, 或 1, 及 $\delta = 2$ 两种情形来讨论.

(1) $\delta = 0$ 或 1. 这时 (6.10) 变成 $2s+1 \le m \le \nu+s$. 令 $\sigma = \nu+s-m$. 再分 $m-2s-1 \ge 1$ 和 $m-2s-1 = 0$ 两种情形.

(1.1) $m-2s-1 \ge 1$. 从 $m-2s-1 \ge 1$ 和 $m \le 2\nu-1$ 得 $s+2 \le \nu$. 令

$$U = \begin{pmatrix} I^{(s)} & 0 & 0 & 0 & 0 & 0 & 0 & 0 & 0 & 0 \\ 0 & 0 & 0 & 0 & 0 & I^{(s)} & 0 & 0 & 0 & 0 \\ 0 & 1 & 0 & 0 & 0 & 0 & \alpha & 0 & 0 & 0 \\ 0 & 0 & 0 & I^{(m-2s-2)} & 0 & 0 & 0 & 0 & 0 & 0 \\ s & 1 & 1 & m-2s-2 & \sigma & s & 1 & 1 & m-2s-2 & \sigma & \delta \end{pmatrix}$$

和 $W = \langle (1/\alpha)e_{s+1} + e_{s+2} + \alpha e_{\nu+s+2} \rangle$. 那么 U 和 W 分别是 $(m-1, 2s+1, s, \Gamma_1)$ 型和 $(1, 1, 0, \Gamma_1)$ 型子空间, 其中 $\Gamma_1 \ne 1$ 而 $\langle U, W \rangle$ 是 $(m, 2s+2, s)$ 型子空间. 由定理 6.17, $U, W \in \mathcal{L}_O(m, 2s+\gamma, s, \Gamma; 2\nu+\delta)$. 但是 $\langle U, W \rangle \notin \mathcal{L}_O(m, 2s+\gamma, s, \Gamma; 2\nu+\delta)$. 因此 $r(U) = m-1$, $r(W) = 1$, $U \vee W = \mathbb{F}_q^{2\nu}$ 和 $r(U \vee W) = m+1$. 显然, $U \wedge W = \{0\}$, $r(U \wedge W) = 0$. 因而 $r(U \vee W) + r(U \wedge W) > r(U) + r(W)$. 因此对于所取的 U 和 W, (1.23) 式不成立.

(1.2) $m-2s-1 = 0$. 由 $m-2s-1=0$ 和 $2 \le m \le 2\nu-1$ 有 $s \ge 1$, $s+1 \le \nu$. 令

$$U = \begin{pmatrix} I^{(s-1)} & 0 & 0 & 0 & 0 & 0 & 0 & 0 \\ 0 & 0 & 0 & 0 & I^{(s)} & 0 & 0 & 0 \\ 0 & 0 & 1 & 0 & 0 & 1 & 0 & 0 \\ s-1 & 1 & 1 & \sigma & s & 1 & \sigma & \delta \end{pmatrix}$$

和 $W = \langle e_{\nu+s+1} \rangle$. 那么 U 和 W 分别是 $(m-1, 2(s-1)+1, s-1, \Gamma_1)$ 型和 $(1, 0, 0, \Gamma_1)$ 型子空间, 其中 $\Gamma_1 \ne 1$ 而 $\langle U, W \rangle$ 是 $(m, 2s, s)$ 型子空间. 由定理 6.17, $U \in \mathcal{L}_O(m, 2s+1, s, \Gamma; 2\nu)$ 而 $\langle U, W \rangle \notin \mathcal{L}_O(m, 2s+1, s, \Gamma; 2\nu)$. 再从证明 G_1 成立时可知, 除去 $\mathbb{F}_q = \mathbb{F}_2$ 而 $\mathcal{L}_O(m, 2s+1, s, \Gamma; 2\nu+\delta) = \mathcal{L}_O(3, 3, 1, \Gamma; 2 \cdot 2)$ 或 $\mathcal{L}_O(2, 1, 0, \Gamma; 2 \cdot 2)$ 的情形, $(1, 0, 0, \phi)$ 不列入表 6.3. 因而由定理 6.17, 也有 $W \in \mathcal{L}_O(m, 2s+1, s, \Gamma, 2\nu)$. 再按 (1.1) 相应的步骤推导, 对于所取的 U 和 W, (1.23) 式不成立.

现在讨论 $\mathbb{F}_q = \mathbb{F}_2$ 而 $\mathcal{L}_O(m, 2s+1, s, \Gamma; 2\nu+\delta) = \mathcal{L}_O(3, 3, 1, \Gamma; 2 \cdot 2)$ 或 $\mathcal{L}_O(2, 1, 0, \Gamma; 2 \cdot 2)$ 的情形. 当 $\mathcal{L}_O(m, 2s+1, s, \Gamma; 2\nu+\delta) = \mathcal{L}_O(3, 3, 1, \Gamma; 2 \cdot 2)$ 时 (表 6.5 所列第 2 行的情形), 对于 $U, W \in \mathcal{L}_O(3, 3, 1, \Gamma; 2\cdot 2)$, 如果 U 和 W 中有一个是 $\mathbb{F}_2^4$ 时,

$$\langle U, W \rangle = U \vee W \tag{6.45}$$

自然成立; 现在假定 U 和 W 均不等于 $\mathbb{F}^4$. 我们对 $\langle U, W \rangle$ 的维数分别验证 (6.45) 也成立. 如果 $\dim \langle U, W \rangle = 4$, 自然 (6.45) 成立; 如果 $\dim \langle U, W \rangle = 3$, 由文献 [29] 中定理 7.28, 可知 $\mathbb{F}_2^4$ 中不存在 $(3, 0, 0, \phi)$ 型, $(3, 1, 0, \phi)$ 型和 $(3, 2, 0, \phi)$ 型子空间, 所以 $\mathbb{F}_2^4$ 中 3 维子空间都是 $(3, 3, 1, \phi)$ 型子空间. 因而 $\langle U, W \rangle \in \mathcal{M}(3, 3, 1, \phi, 2\cdot 2)$. 于是 (6.45) 成立; 如果 $\dim \langle U, W \rangle = 2$, 当 $U \subset W$ 或 $W \subset U$ 时 (6.45) 自然成立. 现在假定 $U \not\subseteq W$ 和 $W \not\subseteq U$, 那么 $\dim U = \dim W = 1$. 由定理 6.17, U 和 W 均是 $(1, 1, 0, \Gamma)$ 型子空间, 而 $\mathbb{F}_2^4$ 中的 $(2, 2, 1, \phi)$ 型子空间只含一个 $(1, 1, 0, \phi)$ 型子空间, 并且 $\mathbb{F}_2^4$ 不含 $(2, 0, 0, \phi)$ 型子空间, 所以 $\langle U, W \rangle$ 是 $(2, 2, 0, \phi)$ 型或 $(2, 1, 0, \phi)$ 型子空间. 因而 $\langle U, W \rangle \in \mathcal{L}_O(3, 3, 1, \Gamma; 2\cdot 2) \setminus \{\mathbb{F}_2^4\}$. 于是 (6.45) 成立; 如果 $\dim \langle U, W \rangle = 1$, (6.45) 自然也成立. 再由维数公式可知 $r(U \vee W) + r(U \wedge W) = r(U) + r(W)$. 因此 $\mathcal{L}_O(3, 3, 1, \Gamma; 2\cdot 2)$ 是有限几何格. 这是表 6.5 第 2 行的情形.

当 $\mathcal{L}_O(m, 2s+1, s, \Gamma; 2\nu + \delta) = \mathcal{L}_O(2, 1, 0, \Gamma; 2\cdot 2)$ 时, 令 $U = \langle (1, 0, 1, 0) \rangle$, $W = \langle (0, 1, 1, 1) \rangle$. 那么 U 和 W 是 $(1, 1, 0, \Gamma)$ 型子空间, 而 $U \vee W$ 是 $(2, 2, 0, \phi)$ 型子空间. 如同 (1.1) 一样, 可知 (1.23) 不成立.

(2) $\delta = 2$. 这时 (6.10) 变成 $2s + 1 \leq m \leq \nu + s + 1$. 令 $\sigma = \nu + s - m + 1$, 再分 $m - 2s - 1 \geq 1$ 和 $m - 2s - 1 = 0$ 两种情形.

(2.1) $m - 2s - 1 \geq 1$. 从 $m - 2s - 1 \geq 1$ 和 $m \leq 2\nu + 2 - 1$ 有 $s + 1 \leq \nu$. 令

$$U = \begin{pmatrix} I^{(s)} & 0 & 0 & 0 & 0 & 0 & 0 & 0 & 0 & 0 \\ 0 & 0 & 0 & 0 & I^{(s)} & 0 & 0 & 0 & 0 & 0 \\ 0 & 1/\alpha & 0 & 0 & 0 & 0 & 0 & 0 & x & y \\ 0 & 0 & I^{(m-2s-2)} & 0 & 0 & 0 & 0 & 0 & 0 & 0 \end{pmatrix}$$
$$\begin{matrix} s & 1 & m-2s-2 & \sigma & s & 1 & m-2s-2 & \sigma & 1 & 1 \end{matrix}$$

和 $W = \langle e_{s+1} + \alpha e_{\nu+s+1} \rangle$, 其中 $\alpha x^2 + xy + \alpha y^2 = 1$. 那么 U 和 W 分别是 $(m-1, 2s+1, s, \phi)$ 型和 $(1, 1, 0, \phi)$ 型子空间, 而 $\langle U, W \rangle$ 是 $(m, 2s+2, s, \phi)$ 型子空间. 由定理 6.17, $U, W \in \mathcal{L}_O(m, 2s+1, s, \phi; 2\nu+2)$. 但是 $\langle U, W \rangle \notin \mathcal{L}_O(m, 2s+1, s, \phi; 2\nu+2)$. 如同情形 (1.1) 一样, 对于所取的 U 和 W, (1.23) 式不成立.

(2.2) $m - 2s - 1 = 0$. 从 $m - 2s - 1 = 0$ 和 $2 \leq m \leq 2\nu + 2 - 1$ 得 $s \geq 1$, $m \geq 3$. 令

$$U = \begin{pmatrix} I^{(s-1)} & 0 & 0 & 0 & 0 & 0 & 0 \\ 0 & 0 & 0 & I^{(s)} & 0 & 0 & 0 \\ 0 & 0 & 0 & 0 & 0 & 1 & 0 \end{pmatrix}$$
$$\begin{matrix} s-1 & 1 & \sigma & s & \sigma & 1 & 1 \end{matrix}$$

和 $W = \langle e_{2\nu+2} \rangle$. 那么 U 和 W 分别是 $(m-1, 2(s-1)+1, s-1, \phi)$ 型和 $(1, 1, 0, \phi)$ 型子空间, 而 $\langle U, W \rangle$ 是 $(m, 2(s-1)+2, s-1, \phi)$ 型子空间. 由定理 6.17, $U, W \in \mathcal{L}_O(m, 2s+1, s, 0; 2\nu+2)$. 但 $\langle U, W \rangle \notin \mathcal{L}_O(m, 2s+1, s, \phi; 2\nu+2)$. 按 (1.2) 相应步骤推导, 对于所取的 U 和 W, (1.23) 式不成立.

现在考虑表 6.5 中第 4 行所列的情形. 这时, 有 $\mathcal{L}_O(m, 2s+\gamma, s, \Gamma; 2\nu+\delta) = \mathcal{L}_O(2,2,1,\phi; 2\cdot 1+1)$. 由文献 [29] 中引理 7.24, $\mathbb{F}_2^3$ 含有三个 $(2,2,1,\phi)$ 型子空间, 而 $\langle(1,0,0),(0,1,0)\rangle$, $\langle(1,1,1),(0,1,0)\rangle$ 和 $\langle(1,1,1),(1,0,0)\rangle$ 是它的三个不同的 $(2,2,1,\phi)$ 型子空间, 所以 $\mathcal{L}_O(2,2,1,\phi; 2\cdot 1+1) = \{\langle(1,0,0),(0,1,0)\rangle, \langle(1,1,1),(0,1,0)\rangle, \langle(1,1,1),(1,0,0)\rangle, \langle(1,0,0)\rangle, \langle(0,1,0)\rangle, \langle(1,1,1)\rangle, \mathbb{F}_2^3, \{0\}\}$. 显然, 对于任意 $U, W \in \mathcal{L}_O(2,2,1; 2\cdot 1+1)$, 都有 $r(U)+r(W) \geq r(U \vee W) + r(U \wedge W)$, 即 (1.23) 成立, 因而 $\mathcal{L}_O(2,2,1; 2\cdot 1+1)$ 是有限几何格.

情形 2: $(m, 2s+\gamma, s, \Gamma)$ 满足 (6.7) 而 "$\delta=0$, $\gamma=2$, $\mathbb{F}_q = \mathbb{F}_2$". 因为当 $m \geq 3$ 时, $\mathcal{L}_O(m, 2s+2, s; 2\nu)$ 没有秩函数, 所以在 $\mathcal{L}_O(m, 2s+2, s, \Gamma; 2\nu)$ 中 G_2 不成立. 因而它不是几何格. 当 $m=2$ 时, 由引理 6.28 的证明知, $\mathcal{L}_O(m, 2s+2, s; 2\nu) = \mathcal{L}_O(2,2,0; 2\cdot 2) = \{\langle(0,1,0,1),(1,1,1,0)\rangle, \langle(1,0,1,0),(1,1,0,1)\rangle, \mathbb{F}_2^4, \{0\}\}$. 容易证明, 在 $\mathcal{L}_O(2,2,0; 2\cdot 2)$ 中 G_2 成立. 因而 $\mathcal{L}_O(2,2,0; 2\nu)$ 是有限几何格. 这是表 6.5 中第 1 行的情形.

情形 3: $(m, 2s+\gamma, s, \Gamma)$ 满足 (6.7) 而 "$\delta=2$, $\gamma=0$, $\mathbb{F}_q = \mathbb{F}_2$". 因为 $s \geq 2$ 时, $\mathcal{L}_O(m, 2s, s; 2\nu+2)$ 没有秩函数, 从而在 $\mathcal{L}_O(m, 2s, s, 2\nu+2)$ 中 G_2 不成立. 因而它不是几何格. 当 $s=0$ 或 1 时. 令 $\sigma = \nu+s-m$. 如果 $m \geq 3$ 而 $s=1$, 就取

$$U = \begin{pmatrix} 1 & 0 & 0 & 0 & 0 & 0 & 0 & 0 \\ 0 & 0 & 0 & 0 & 1 & 0 & 0 & 0 \\ 0 & 0 & I^{(m-3)} & 0 & 0 & 0 & 0 & 0 \\ 1 & 1 & m-3 & \sigma & 1 & 1 & m-3 & \sigma & 2 \end{pmatrix}$$

和 $W = \langle e_2 + e_{\nu+2}\rangle$. 那么 U 和 W 分别是 $(m-1, 2, 1, \phi)$ 型和 $(1, 1, 0, \phi)$ 型子空间, 而 $\langle U, W \rangle$ 是 $(m, 3, 1, \Gamma)$ 型子空间. 由证明 G_1 成立时知, $(1, 1, 0, \phi)$ 不列入表 6.3 的第 1 行, 所以由定理 6.17, $U, W \in \mathcal{L}_O(m, 2s, s; 2\nu+2)$. 但 $\langle U, W \rangle \notin \mathcal{L}_O(m, 2s, s; 2\nu+2)$. 如同情形 1 中 (1.1) 一样, 对于所取的 U 和 W, (1.23) 不成立; 如果 $s=0$, 由 $m \geq 2$ 有 $m-1 \geq 1$. 令 $U = (I^{(m-1)} \; 0^{(m-1, 2\nu-m+3)})$ 和 $W = \langle e_{\nu+1}\rangle$. 那么 U 和 W 分别是 $(m-1, 0, 0, \phi)$ 型和 $(1, 0, 0, \phi)$ 型子空间, 而 $\langle U, W \rangle$ 是 $(m, 2, 1, \phi)$ 型子空间. 由定理 6.17, $U, W \in \mathcal{L}_O(m, 0, 0, \phi; 2\nu+2)$, 而 $\langle U, W \rangle \notin \mathcal{L}_O(m, 0, 0, \phi; 2\nu+2)$. 如同情形 1 中 (1.1) 一样, 对于所取的 U 和 W, (1.23) 不成立.

现在讨论 $m=2$ 而 $s=1$ 的情形. 由 $m=2$, $s=1$ 和 $(m, 2s, s; \phi)$ 满足 (6.7), 即 $m = s+\nu$ 得 $\nu=1$, 也即 $\mathcal{L}_O(m, 2s, s; 2\nu+2) = \mathcal{L}_O(2,2,1; 2\cdot 1+2)$. 由文献 [29] 中引理 7.24, 当 $\nu=1, \delta=2$ 时, $\mathbb{F}_2^4$ 中有 10 个 $(2,2,1,\phi)$ 型子空间. 直接验证 $\langle(1,0,0,0),(0,1,0,0)\rangle, \langle(1,0,0,0),(1,1,1,0)\rangle, \langle(1,0,0,0),(1,1,0,1)\rangle, \langle(1,0,0,0),(1,1,1,1)\rangle, \langle(0,1,0,0),(1,1,1,0)\rangle, \langle(0,1,0,0),(1,1,0,1)\rangle, \langle(0,1,0,0),(1,1,1,1)\rangle, \langle(1,1,1,0),(1,1,0,1)\rangle, \langle(1,1,1,0),(1,1,1,1)\rangle, \langle(1,1,0,1),(1,1,1,1)\rangle$ 是 10 个不

同的 $(2,2,1,\phi)$ 型子空间. 所以, $\mathcal{L}_O(2,2,1;2\cdot 1+2)=\{\langle(1,0,0,0),(0,1,0,0)\rangle,\langle(1,0,0,0),(1,1,1,0)\rangle,\langle(1,0,0,0),(1,1,0,1)\rangle,\langle(1,0,0,0),(1,1,1,1)\rangle,\langle(0,1,0,0),(1,1,1,0)\rangle,\langle(0,1,0,0),(1,1,0,1)\rangle,\langle(0,1,0,0),(1,1,1,1)\rangle,\langle(1,1,1,0),(1,1,0,1)\rangle,\langle(1,1,1,0),(1,1,1,1)\rangle,\langle(1,1,0,1),(1,1,1,1)\rangle,\langle(1,0,0,0)\rangle,\langle(0,1,0,0)\rangle,\langle(1,1,1,0)\rangle,\langle(1,1,0,1)\rangle,\mathbb{F}_2^4,\{0\}\}$. 对于 $U,W\in\mathcal{L}_O(2,2,1;2\cdot 1+2)$, 可以直接验证 $r(U\vee W)+r(U\wedge W)\leq r(U)+r(W)$, 即 (1.23) 式成立 (表 6.5 中第 5 行的情形). 因而 $\mathcal{L}_O(2,2,1;2\cdot 1+2)$ 是有限几何格.

因此, 对于 $2\leq m\leq 2\nu+\delta-1$, 除去表 6.5 所列的情形, $\mathcal{L}_O(m,2s+\gamma,s,\Gamma;2\nu+\delta)$ 是有限原子格, 但不是几何格, 而在表 6.5 所列的情形, 它们都是有限几何格. □

我们易知, $\mathcal{L}_R(m,2s+\gamma,s,\Gamma;2\nu+\delta)$ 是有限原子格.

现在讨论格 $\mathcal{L}_R(m,2s+\gamma,s,\Gamma;2\nu+\delta)$ 的几何性. 先讨论 $\Gamma\neq 1$ 的情形.

定理 6.37 设 $n=2\nu+\delta>m\geq 1$, 而 $(m,2s+\nu,s,\Gamma)$ 满足 (6.10) 和 $\Gamma\neq 1$. 那么

(a) 对于 $m=1$, 或 $m=2\nu+\delta-1$, $\mathcal{L}_R(m,2s+\gamma,s,\Gamma;2\nu+\delta)$ 是有限几何格.

(b) 对于 $2\leq m\leq 2\nu+\delta-2$, 除去 "$\delta=0$, $\nu=2$, $m=\gamma=2$, $s=0$, $\mathbb{F}_q=\mathbb{F}_2$" 的情形, $\mathcal{L}_R(m,2s+\gamma,s,\Gamma;2\nu+\delta)$ 是有限原子格, 而不是几何格, 而在 "$\delta=0$, $\nu=2$, $m=\gamma=2$, $s=0$, $\mathbb{F}_q=\mathbb{F}_2$" 的情形出现时, $\mathcal{L}_R(m,2s+\gamma,s,\Gamma;2\nu+\delta)$ 是有限几何格.

证明 显然, 对于 $1\leq m\leq 2\nu+\delta-1$, $\mathcal{L}_R(m,2s+\gamma,s,\Gamma;2\nu+\delta)$ 是有限原子格, 而 $\mathbb{F}_q^{2\nu+\delta}$ 是它的极小元.

(a) 假设 $m=1$. 类似于定理 2.19(a) 的证明, $\mathcal{L}_R(1,0,0,2\nu+\delta)$ 和 $\mathcal{L}_R(1,1,0,\Gamma;2\nu+\delta)$ 是有限几何格. 当 $m=2\nu+\delta-1$ 时, 假如 "$\delta=0$, $\gamma=2$, $\mathbb{F}_q=\mathbb{F}_2$" 或 "$\delta=2$, $\gamma=0$, $\mathbb{F}_q=\mathbb{F}_2$" 的情形出现时, $(m,2s+\gamma,s,\Gamma)$ 不满足 (6.10), 因而这样的情形不会出现. 于是 $\mathcal{L}_R(m,2s+\gamma,s,\Gamma;2\nu+\delta)$ 有秩函数, 并且它可看做定理 2.8 的特殊情形. 因此 $\mathcal{L}_R(m,2s+\gamma,s,\Gamma;2\nu+\delta)$ 是有限几何格.

(b) 假设 $2\leq m\leq 2\nu+\delta-2$. 我们分以下三种情形进行讨论.

(1) $(m,2s+\gamma,s,\Gamma)$ 满足 (6.7), 而 "$\delta=0,\gamma=2,\mathbb{F}_q=\mathbb{F}_2$". 当 $m\geq 3$ 时, 由定理 6.31(i), $\mathcal{L}_R(m,2s+2,s;2\nu)$ 没有秩函数, 从而它不是几何格. 当 $m=2$ 时, 由定理 6.31 (ii), $\mathcal{L}_R(m,2s+\gamma,s,\Gamma;2\nu+\delta)=\mathcal{L}_R(2,2,0;,2\cdot 2)$ 有秩函数. 对于 $U,W\in\mathcal{L}_R(2,2,0;2\cdot 2)$, 我们可以直接验证 (2.8) 式成立, 即 G_2 成立, 从而它是有限几何格.

(2) $(m,2s+\gamma,s,\Gamma)$ 满足 (6.7), 而 "$\delta=2$, $\gamma=0$, $s\geq 2$, $\mathbb{F}_q=\mathbb{F}_2$". 因为 $m\geq 2$, 所以由引理 6.32(ii), $\mathcal{L}_R(m,2s+2,s,\Gamma;2\nu)$ 没有秩函数, 从而它不是几何

格.

(3) $(m, 2s+\gamma, s, \Gamma)$ 满足 (6.24),或者 $(m, 2s+\gamma, s, \Gamma)$ 满足 (6.7) 而 "$\delta = 0, \gamma = 2, \mathbb{F}_q = \mathbb{F}_2$" 和 "$\delta = 2, \gamma = 0, s \geq 2, \mathbb{F}_q = \mathbb{F}_2$" 的情形不出现. 由定理 6.30 和定理 6.32(iii), $\mathcal{L}_R(m, 2s+\gamma, s, \Gamma; 2\nu+\delta)$ 有秩函数. 下面证明在 $\mathcal{L}_R(m, 2s+\gamma, s, \Gamma; 2\nu+\delta)$ 中 (2.8) 式不成立, 即 G_2 不成立. 设 $U \in \mathcal{M}(m, 2s+\gamma, s, \Gamma; 2\nu+\delta)$. 不妨假定

$$UG_{2\nu+\delta}{}^tU \equiv \begin{cases} [\Lambda_3, 0^{(m-2s-\gamma)}], & \text{如果 } \gamma = 0 \text{ 或 } 2, \\ [\Lambda_3, 0^{(m-2s-1)}, 1], & \text{如果 } \gamma = 1, \end{cases}$$

其中

$$\Lambda_3 = \begin{cases} G_{2s}, & \text{如果 } \gamma = 0 \text{ 或 } 1, \\ G_{2s+2}, & \text{如果 } \gamma = 2, \end{cases}$$

由文献 [29] 中引理 7.4, 存在 $(2\nu+\delta-m) \times (2\nu+\delta)$ 矩阵 Z, 使得

(i) 当 $\gamma = 0$ 或 2 时

$$\begin{pmatrix} U \\ Z \end{pmatrix} G_{2\nu+\delta} {}^t\begin{pmatrix} U \\ Z \end{pmatrix} \equiv [\Lambda_3, G_{2(m-2s-\gamma)}, \Lambda_3^*],$$

其中 Λ_3^* 由表 6.6 确定

表 6.6

$\Lambda_3^* \searrow$	$G_{2\nu}$	$G_{2\nu+1}$	$G_{2\nu+2}$
G_{2s}	$G_{2\tau}$	$G_{2\tau+1}$	$G_{2\tau+2}$
G_{2s+2}	$G_{2\tau+2}$	$G_{2(\tau+1)+1}$	$G_{2(\tau+2)}$

其中 $\tau = \nu - m + s$.

(ii) 当 $\gamma = 1, \delta = 2$ 而 $\nu + s - m + 1 = 0$ 时,

$$\begin{pmatrix} U \\ Z \end{pmatrix} G_{2\nu+\delta} {}^t\begin{pmatrix} U \\ Z \end{pmatrix} \equiv \left[\Lambda_3, \begin{pmatrix} 0 & & I^{(m-2s-1)} & \\ & \alpha & & 1 \\ & & 0 & \\ & & & \alpha \end{pmatrix}\right],$$

(iii) 当 $\gamma = 1$ 而 $\delta \neq 2$, 或者 $\gamma = 1$ 而 $\nu + s - m + 1 > 0$ 时

$$\begin{pmatrix} U \\ Z \end{pmatrix} G_{2\nu+\delta} {}^t\begin{pmatrix} U \\ Z \end{pmatrix} \equiv \left[\Lambda_3, \begin{pmatrix} 0 & & I^{(m-2s-1)} & \\ & 1 & & 1 \\ & & 0 & \\ & & & 0 \end{pmatrix}, \Lambda_3^*\right],$$

其中 $\Lambda_3^* = G_{2(\nu-m+s)+\delta}$.

第六章 偶特征的正交群作用下子空间轨道生成的格

我们分 $\delta = 0, 1$, 或 2 三种情形进行研究. 这里只给出 $\delta = 2$ 时的证明. 其余情形可以类似地进行.

(a) $\delta = 2, \gamma = 0$. 这时 $\Lambda_3 = G_{2s}$, $\Lambda_3^* = G_{2(\nu-m+s)+2}$. 设 U 的行向量依此是 $u_1, \cdots, u_s, v_1, \cdots, v_s, u_{s+1}, \cdots, u_{m-s}$, 而 Z 的行向量依此是 $v_{s+1}, \cdots, v_{m-s}$, $u_{m-s+1}, \cdots, u_\nu, v_{m-s+1}, \cdots, v_\nu, w_1^*, w_2^*$. 令 $W = \langle v_{\nu-m+s+1}, \cdots, v_{\nu-s}, u_{\nu-s+1}, \cdots, u_{\nu-1}, v_{\nu-s+1}, \cdots, v_{\nu-1}, \alpha u_\nu + v_\nu + w_1^*, w_2^*\rangle$. 因为在 $\delta = 2, \gamma = 0$, $\mathbb{F}_q = \mathbb{F}_2$ 不出现时, $\mathcal{L}_O(m, 2s, s; 2\nu + 2)$ 中含有 $(1, 0, 0, \phi)$ 型和 $(1, 1, 0, \Gamma)$ 型子空间, 所以 $\langle \alpha u_\nu + v_\nu + w_1^*\rangle, \langle w_2^*\rangle \in \mathcal{L}_O(m, 2s, s; 2\nu+2)$, 因而 $W \in \mathcal{M}(m, 2s, s; 2\nu+2) \subset \mathcal{L}_R(m, 2s, s; 2\nu+2)$. 显然, $\alpha u_\nu + v_\nu + w_1^*, w_2^* \notin U$. 于是 $\dim \langle U, W \rangle \geq m + 2$ 和 $\dim(U \cap W) \leq m - 2$. 从而 $U \wedge W = \mathbb{F}_q^{2\nu+2}$, $r'(U \wedge W) = 0$, 并且 $\dim(U \vee W) = \dim(U \cap W)$, $r'(U \vee W) \geq 3$. 但 $r'(U) = r'(W) = 1$. 因此 $r'(U \vee W) + r'(U \wedge W) > r'(U) + r'(W)$, 即 (2.8) 式不成立.

(b) $\delta = 2, \gamma = 1$ 而 $\nu+s-m+1 = 0$. 设 U 的行向量依次是 $u_1, \cdots, u_s, v_1, \cdots, v_s, u_{s+1}, \cdots, v_{m-s-1}, w$, 而 Z 的行向量依次是 $v_{s+1}, \cdots, v_{m-s-1}, w^*$. 令 $W = \langle u_1, \cdots, u_s, v_1, \cdots, v_s, v_{s+1}, \cdots, v_{m-s-1}, w^*\rangle$, 那么 $W \in \mathcal{M}(m, 2s+1, s; 2\nu+2) \subset \mathcal{L}_R(m, 2s+1, s; 2\nu+2)$. 显然 $w^* \notin U$. 从 $2s+1 \leq m \leq 2\nu+2-2$ 和 $\nu+s-m+1 = 0$, 得 $m-s-1 > s$. 于是 $v_{m-s-1} \notin U$. 如同 (a) 一样, 可知 (2.8) 式不成立.

(c) $\delta = 2, \gamma = 1$ 而 $\nu+s-m+1 > 0$. 这时 $\Lambda_3 = G_{2s}$, $\Lambda_3^* = G_{2(\nu-m+s)+2}$. 设 U 的行向量依次是 $u_1, \cdots, u_s, v_1, \cdots, v_s, u_{s+1}, \cdots, u_{m-s-1}, w$, 而 Z 的行向量依次是 $v_{s+1}, \cdots, v_{m-s-1}, w^*, u_{m-s}, \cdots, u_{\nu-1}, v_{m-s}, \cdots, v_{\nu-1}, w_1^*, w_2^*$. 令 $W = \langle v_{\nu-m+s+2}, \cdots, v_{\nu-s}, w, w^*, u_{\nu-s+1}, \cdots u_{\nu-1}, v_{\nu-s+1}, \cdots, v_{\nu-1}, w_1^*\rangle$, 那么 $W \in \mathcal{M}(m, 2s+1, s; 2\nu+2) \subset \mathcal{L}_R(m, 2s+1, s; 2\nu+2)$. 因为 $w^*, w_1^* \notin U$. 所以如同 (i-a-1) 一样, 也有 (2.8) 式不成立.

(d) $\delta = 2, \gamma = 2$. 这时 $\Lambda_3 = G_{2s+2}$, $\Lambda_3^* = G_{2(\nu-m+s+2)}$. 设 U 的行向量依次是 $u_1, u_2, \cdots, u_s, v_1, v_2, \cdots, v_s, w_1, w_2, u_{s+1}, \cdots, u_{m-s-2}$, 而 Z 的行向量依次是 $v_{s+1}, \cdots, v_{m-s-2}, u_{m-s-1}, \cdots, u_\nu, v_{m-s-1}, \cdots, v_\nu$. 令 $W = \langle v_{\nu-m+s+2}, \cdots, v_{\nu-s-1}, u_{\nu-s}, \cdots, u_{\nu-1}, v_{\nu-s}, \cdots, v_{\nu-1}, w_1+v_\nu, w_2+v_\nu\rangle$, 那么 $W \in \mathcal{M}(m, 2s+2, s; 2\nu+2) \subset \mathcal{L}_R(m, 2s+2, s; 2\nu+2)$. 从 $2s+2 \leq m \leq 2\nu+2-2$ 得 $s < \nu$. 因而 $v_\nu \notin U$, 于是 $v_\nu + w_1, v_\nu + w_2 \notin U$. 因此 (2.8) 式不成立.

所以, 在 $\delta = 2$ 的所有情形, 对于所取的 U 和 W, G_2 不成立.

因此, 对于 $2 \leq m \leq 2\nu+\delta-2$, 除去 "$\delta = 0, \nu = 2, m = \gamma = 2, \mathbb{F}_q = \mathbb{F}_2$" 的情形, $\mathcal{L}_R(m, 2s+\gamma, s, \Gamma; 2\nu+\delta)$ 是有限原子格, 而不是几何格. □

现在讨论 $\Gamma = 1$ 的情形. 设 $n = 2\nu+1$, 而 $(m, 2s+1, s, 1)$ 满足 (6.26), 如同 $\Gamma \neq 1$ 的情形一样, $\mathcal{L}_O(m, 2s+1, s, 1; 2\nu+1)$ 和 $\mathcal{L}_R(m, 2s+1, s, 1; 2\nu+1)$ 分别作成有限格和有限原子格, 由定理 6.25, 格 $\mathcal{L}(m, 2s+1, s,; 2\nu+1)$ 同构于格

$\mathcal{L}(m-1, s; 2\nu)$. 再由定理 3.16 和定理 3.17, 分别得到

定理 6.38 设 $n = 2\nu + 1 > m \geq 2$, 而 $(m, 2s+1, s, 1)$ 满足 (6.26). 那么

(a) $\mathcal{L}_O(2, 1, 0, 1; 2\nu + 1)$ 和 $\mathcal{L}_O(2\nu, 2(\nu-1)+1, \nu-1, 1; 2\nu+1)$ 是有限几何格,

(b) 对于 $3 \leq m \leq 2\nu - 1$, $\mathcal{L}_O(m, 2s+1, s, 1; 2\nu+1)$ 是有限原子格, 但不是几何格. □

定理 6.39 设 $n = 2\nu + 1 > m \geq 2$, 而 $(m, 2s+1, s, 1)$ 满足 (6.26). 那么

(a) $\mathcal{L}_R(2, 1, 0, 1; 2\nu + 1)$ 和 $\mathcal{L}_R(2\nu, 2(\nu-1)+1, \nu-1, 1; 2\nu+1)$ 是有限几何格,

(b) 对于 $3 \leq m \leq 2\nu - 1$, $\mathcal{L}_R(m, 2s+1, s, 1; 2\nu+1)$ 是有限原子格, 但不是几何格. □

§6.9 注　记

本章是根据参考文献 [14] 和 [20] 编写的, 其中的 §6.2, 定理 6.15 的充分性, 定理 6.17, 定理 6.20, 定理 6.21 的充分性, 定理 6.22, 定理 6.23, 定理 6.25, 定理 6.33, 定理 6.34, 推论 6.18—6.19 和推论 6.24 都取自文献 [14], 而 §6.5, §6.6 和 §6.8 是在本书中首次发表.

本章的主要参考资料有: 参考文献 [14, 29] 和 [34].

第七章 伪辛群作用下子空间轨道生成的格

§7.1 伪辛群 $Ps_{2\nu+\delta}(\mathbb{F}_q)$ 作用下子空间轨道生成的格

本章中仍假定 $\mathbb{F}_q$ 是 q 个元素的有限域，q 是 2 的幂. 设 $n = 2\nu + \delta$, 其中 ν 是非负整数，而 $\delta = 1, 2$. 令

$$K_{2\nu} = \begin{pmatrix} 0 & I^{(\nu)} \\ I^{(\nu)} & 0 \end{pmatrix}, \quad D_2 = \begin{pmatrix} 0 & 1 \\ 1 & 1 \end{pmatrix}, \quad K_{(2s,\sigma)} = \begin{pmatrix} 0 & & I^{(s)} \\ & 0^{(\sigma)} & \\ I^{(\sigma)} & & 0 \end{pmatrix}.$$

熟知[29], $\mathbb{F}_q$ 上的 $n \times n$ 非奇异的非交错对称矩阵，对应于 $\delta = 1$ 或 2, 分别合同于

$$S_1 = [K_{2\nu}, 1], \text{ 或 } S_2 = [K_{2\nu}, D_2].$$

我们用 S_δ 泛指上述两种情形，其中 $\delta = 1$ 或 2.

定义 7.1 $\mathbb{F}_q$ 上满足

$$TS_\delta {}^tT = S_\delta$$

的全体 $n \times n$ 矩阵 T 对于矩阵的乘法作成一个群，称为 $\mathbb{F}_q$ 上关于 S_δ 的 n 级伪辛群，记作 $Ps_n(\mathbb{F}_q)$ 或 $Ps_{2\nu+\delta}(\mathbb{F}_q)$. □

$2\nu + \delta$ 维行空间 $\mathbb{F}_q^{2\nu+\delta}$ 与 $Ps_{2\nu+\delta}(\mathbb{F}_q)$ 在它上面的作用一起称为 $\mathbb{F}_q$ 上的 $2\nu + \delta$ 维伪辛空间.

设 P 是 $2\nu + \delta$ 维伪辛空间 $\mathbb{F}_q^{2\nu+\delta}$ 的 m 维子空间，易知[29], $PS_\delta {}^tP$ 合同于如下之一的标准形:

$$M(m, 2s, s) = [K_{2s}, 0^{(m-2s)}],$$

$$M(m, 2s+1, s) = [K_{2s}, 1, 0^{(m-2s-1)}]$$

和

$$M(m, 2s+2, s) = [K_{2s}, D_2, 0^{(m-2s-2)}].$$

我们用符号 $M(m, 2s+\tau, s)$ 泛指这三种情形，其中 $0 \leq s \leq [(m-\tau)/2]$, 而 $\tau = 0, 1$ 或 2. 当 $PS_\delta {}^tP$ 合同于 $M(m, 2s+\tau, s)$ 时，就称 P 是 $\mathbb{F}_q^{2\nu+\delta}$ 中关于 S_δ 的 $(m, 2s+\tau, s, \epsilon)$ 型子空间，其中 $\tau = 0, 1$ 或 2, 而 $\epsilon = 0$ 或 1 分别由 $e_{2\nu+1} \notin P$ 或

$e_{2\nu+1} \in P$ 来确定,这里的 $e_{2\nu+1}$ 是 $\mathbb{F}_q^{2\nu+\delta}$ 中第 $2\nu+1$ 个分量为 1,而其余分量为 0 的向量. 如果矩阵 S_δ 和向量空间 $\mathbb{F}_q^{2\nu+\delta}$ 可以从上下文看出时,就简单说 P 是 $(m, 2s+\tau, s, \epsilon)$ 型子空间. 我们把 $(m, 0, 0, \epsilon)$ 型子空间称为**全迷向子空间**. $\mathbb{F}_q^{2\nu+\delta}$ 中的向量 v 称为**迷向的**或**非迷向的**,如果分别有 $vS_\delta{}^tv = 0$ 或 $vS_\delta{}^tv \neq 0$. 显然,v 是迷向向量当且仅当由 v 生成的子空间 $\langle v \rangle$ 是**全迷向的**.

文献 [29] 的定理 4.11 在后面要多次用到,我们把它写成如下的

定理 7.1 $\mathbb{F}_q$ 上 $2\nu+\delta$ 维伪辛空间 $\mathbb{F}_q^{2\nu+\delta}$ 中关于 S_δ 的 $(m, 2s+\tau, s, \epsilon)$ 型子空间存在,当且仅当

$$(\tau, \epsilon) = \begin{cases} (0,0), (1,0), (1,1) \text{或} (2,0), & \text{如果 } \delta = 1, \\ (0,0), (0,1), (1,0), (2,0) \text{或} (2,1), & \text{如果 } \delta = 2 \end{cases} \tag{7.1}$$

和

$$2s + \max\{\tau, \epsilon\} \leq m \leq \nu + s + [(\tau+\delta-1)/2] + \epsilon. \tag{7.2}$$
□

易知(见文献 [29] 的推论 4.4 和推论 4.6),伪辛群 $Ps_{2\nu+\delta}(\mathbb{F}_q)$ 作用在 $\mathbb{F}_q^{2\nu+\delta}$ 上,仅有 $e_{2\nu+1}$ 和它的纯量积在 $Ps_{2\nu+\delta}(\mathbb{F}_q)$ 的每个元素作用下不变. 我们用 $\mathcal{M}(m, 2s+\tau, s, \epsilon; 2\nu+\delta)$ 表示 $\mathbb{F}_q^{2\nu+\delta}$ 中关于 S_δ 的全体 $(m, 2s+\tau, s, \epsilon)$ 型子空间所成的集合. 根据文献 [29] 的定理 4.12, $\mathcal{M}(m, 2s+\tau, s, \epsilon; 2\nu+\delta)$ 是 $\mathbb{F}_q^{2\nu+\delta}$ 的子空间集在**伪辛群 $Ps_{2\nu+\delta}(\mathbb{F}_q)$ 作用下的一条轨道**.

定义 7.2 设 $\mathcal{M}(m, 2s+\tau, s, \epsilon; 2\nu+\delta)$ 是 $\mathbb{F}_q^{2\nu+\delta}$ 中的子空间集在伪辛群 $Ps_{2\nu+\delta}(\mathbb{F}_q)$ 作用下的一条轨道. 由 $\mathcal{M}(m, 2s+\tau, s, \epsilon; 2\nu+\delta)$ 生成的集合记为 $\mathcal{L}(m, 2s+\tau, s, \epsilon; 2\nu+\delta)$,即 $\mathcal{L}(m, 2s+\tau, s, \epsilon; 2\nu+\delta)$ 是 $\mathcal{M}(m, 2s+\tau, s, \epsilon; 2\nu+\delta)$ 中子空间的交组成的集合,而把 $\mathbb{F}_q^{2\nu+\delta}$ 看做是 $\mathcal{M}(m, 2s+\tau, s, \epsilon; 2\nu+\delta)$ 中零个子空间的交. 如果按子空间的包含(反包含)关系来规定它的偏序,所得的格记为 $\mathcal{L}_O(m, 2s+\tau, s, \epsilon; 2\nu+\delta)$ ($\mathcal{L}_R(m, 2s+\tau, s, \epsilon; 2\nu+\delta)$). 格 $\mathcal{L}_O(m, 2s+\tau, s, \epsilon; 2\nu+\delta)$ 和 $\mathcal{L}_R(m, 2s+\tau, s, \epsilon; 2\nu+\delta)$ 称为在伪辛群 $Ps_{2\nu+\delta}(\mathbb{F}_q)$ 作用下**子空间轨道 $\mathcal{M}(m, 2s+\tau, s, \epsilon; 2\nu+\delta)$ 生成的格**.

为了书写简便,有时记 $\mathcal{M}(m, 2s+\tau, s, \epsilon; 2\nu+\delta)$ 为 $\mathcal{M}^{(\delta,\epsilon)}$.

从定理 2.9 推出

定理 7.2 $\mathcal{L}_O(m, 2s+\tau, s, \epsilon; 2\nu+\delta)$ ($\mathcal{L}_R(m, 2s+\tau, s, \epsilon; 2\nu+\delta)$) 是有限格,并且 $\cap_{X \in \mathcal{M}^{(\delta,\epsilon)}} X$ 和 $\mathbb{F}_q^{2\nu+\delta}$ 分别是 $\mathcal{L}_O(m, 2s+\tau, s, \epsilon; 2\nu+\delta)$ ($\mathcal{L}_R(m, 2s+\tau, s, \epsilon; 2\nu+\delta)$) 的最小(最大)元和最大(最小)元. □

由定理 2.10,可得

定理 7.3 设 $n = 2\nu + \delta > m \geq 1$,并且 $(m, 2s+\tau, s, \epsilon)$ 满足 (7.1)

$$(\tau, \epsilon) = \begin{cases} (0,0), (1,0), (1,1) \text{或} (2,0), & \text{如果 } \delta = 1, \\ (0,0), (0,1), (1,0), (2,0) \text{或} (2,1), & \text{如果 } \delta = 2 \end{cases}$$

第七章 伪辛群作用下子空间轨道生成的格

和 (7.2)
$$2s + \max(\tau, \epsilon) \leq m \leq \nu + s + [(\tau + \delta - 1)/2] + \epsilon.$$

那么 $\mathcal{L}_R(m, 2s+\tau, s, \epsilon; 2\nu+\delta)$ 是一个有限原子格, 而 $\mathcal{M}(m, 2s+\tau, s, \epsilon; 2\nu+\delta)$ 是它的原子集. □

§7.2 同 构 定 理

在第三章中, 已经用 $\mathcal{M}(m, s; 2\nu)$ 表示 $\mathbb{F}_q$ 上 2ν 维辛空间 $\mathbb{F}_q^{2\nu}$ 中全体 (m, s) 型子空间所成的集合, 而 $\mathcal{L}_R(m, s; 2\nu)$ 表示由轨道 $\mathcal{M}(m, s; 2\nu)$ 生成的格. 现在来研究格 $\mathcal{L}_R(m, 2s+\tau, s, \epsilon; 2\nu+\delta)$ 和 $\mathcal{L}_R(m, s; 2\nu)$ 间的一些同构关系.

定理7.4 设 $n = 2\nu + 1$, 并且 $2s \leq m \leq \nu + s$, 那么 $m \neq n$, 并且有格同构

$$\mathcal{L}_R(m, 2s, s, 0; 2\nu+1) \cong \mathcal{L}_R(m, s; 2\nu).$$

证明 由 $\delta = 1$ 和 $2s \leq m \leq \nu + s$, 有 $m \neq n$, 而 $(m, 2s, s, 0)$ 满足 (7.1) 和 (7.2), 所以 $\mathcal{M}(m, 2s, s, 0; 2\nu+1) \neq \phi$. 对于任意 $P \in \mathcal{M}(m, 2s, s, 0; 2\nu+1)$, P 中所有向量的最后一个分量必为零, 于是 P 具有形式

$$P = (\underset{2\nu}{Q} \quad \underset{1}{0}).$$

因为 P 是 $(m, 2s, s, 0)$ 型子空间, 我们可假定

$$P S_1 {}^t P = M(m, 2s, s).$$

所以

$$Q K_{2\nu} {}^t Q = M(m, 2s, s).$$

也就是说, Q 是 $\mathbb{F}_q$ 上 2ν 维辛空间 $\mathbb{F}_q^{2\nu}$ 中的 (m, s) 型子空间. 我们定义一个映射

$$\phi : \mathcal{M}(m, 2s, s, 0; 2\nu+1) \longrightarrow \mathcal{M}(m, s; 2\nu)$$
$$P = (Q \quad 0) \longmapsto Q.$$

显然, ϕ 是一个双射. 因为 $\mathcal{M}(m, 2s, s, 0; 2\nu+1)$ 和 $\mathcal{M}(m, s; 2\nu)$ 分别是 $\mathcal{L}_R(m, 2s; s, 0; 2\nu+1)$ 和 $\mathcal{L}_R(m, s, 2\nu)$ 的原子集, 所以由 ϕ 可以导出双射

$$\overline{\phi} : \mathcal{L}_R(m, 2s, s, 0; 2\nu+1) \longrightarrow \mathcal{L}_R(m, s; 2\nu),$$
$$\cap_i P_i \longmapsto \cap_i \phi(P_i),$$

并且 $\overline{\phi}$ 保持格 $\mathcal{L}_R(m, 2s, s, 0; 2\nu+1)$ 和格 $\mathcal{L}_R(m, s; 2\nu)$ 的偏序关系. 因此, $\overline{\phi}$ 是一个格同构. □

定理 7.5 设 $n = 2\nu + 1$,并且 $2s + 1 \leq m \leq \nu + s + 1$,那么
$$\mathcal{L}_R(m, 2s + 1, s, 1; 2\nu + 1) \cong \mathcal{L}_R(m - 1, s; 2\nu).$$

证明 因为 $\delta = 1$ 和 $2s + 1 \leq m \leq \nu + s + 1$,所以 $(m, 2s+1, s, 1)$ 满足 (7.1) 和 (7.2). 因而 $\mathcal{M}(m, 2s+1, s, 1; 2\nu+1) \neq \phi$. 对于任意 $P \in \mathcal{M}(m, 2s+1, s, 1; 2\nu+1)$, 由 $e_{2\nu+1} \in P$, 可以假定 P 具有形式
$$P = \begin{pmatrix} Q & 0 \\ 0 & 1 \end{pmatrix} \begin{matrix} m-1 \\ 1 \end{matrix}.$$
$$\phantom{P = \begin{pmatrix} Q }{2\nu} {1}}$$

并且
$$PS_1{}^tP = [M(m-1, 2s, s), 1].$$

因而
$$QK{}^tQ = M(m-1, 2s, s),$$

也即, Q 是 2ν 维辛空间 $\mathbb{F}_q^{2\nu}$ 中的 $(m-1, s)$ 型子空间. 我们规定一个映射
$$\phi : \mathcal{M}(m, 2s+1, s, 1; 2\nu+1) \longrightarrow \mathcal{M}(m-1, s; 2\nu),$$
$$P = \begin{pmatrix} Q & 0 \\ 0 & 1 \end{pmatrix} \longmapsto Q.$$

显然, ϕ 是一个双射. 如同定理 7.4 的证明, 由 ϕ 可导出格同格
$$\overline{\phi} : \mathcal{L}_R(m, 2s+1, s, 1; 2\nu+1) \longrightarrow \mathcal{L}_R(m-1, s; 2\nu+1),$$
$$\cap_i P_i \longmapsto \cap_i \phi(P_i). \qquad \square$$

定理 7.6 设 $n = 2\nu + 2$, 并且 $2s+1 \leq m \leq \nu+s+1$. 那么 $m \neq n$, 并且
$$\mathcal{L}_R(m, 2s, s, 1; 2\nu+2) \cong \mathcal{L}_R(m-1, s; 2\nu).$$

证明 由 $\delta = 2$ 和 $2s+1 \leq m \leq \nu+s+1$, 有 $m \neq n$, 而 $(m, 2s, s, 1)$ 满足 (7.1) 和 (7.2), 所以 $\mathcal{M}(m, 2s, s, 1; 2\nu+2) \neq \phi$. 对于任意 $P \in \mathcal{L}_R(m, 2s, s, 1; 2\nu+2)$, P 的所有向量的最后一个分量是零. 因为 $e_{2\nu+1} \in P$, 所以可假定 P 具有如下形式的矩阵表示
$$P = \begin{pmatrix} Q & 0 & 0 \\ 0 & 1 & 0 \end{pmatrix} \begin{matrix} m-1 \\ 1 \end{matrix},$$
$$\phantom{P = \begin{pmatrix} Q}{2\nu}{1}{1}}$$

其中 Q 是秩为 $m-1$ 的 $m-1 \times 2\nu$ 矩阵, 使得 $QK_{2\nu}{}^tQ = M(m-1, 2s, s)$. 因而 Q 是 2ν 维辛空间中的 $(m-1, s)$ 型子空间. 我们定义一个映射
$$\phi : \mathcal{M}(m, 2s, s, 1; 2\nu+2) \longrightarrow \mathcal{M}(m-1, s; 2\nu),$$
$$P = \begin{pmatrix} Q & 0 & 0 \\ 0 & 1 & 0 \end{pmatrix} \longmapsto Q.$$

显然, ϕ 是一个双射. 如同定理 7.4 的证明, 由 ϕ 可导出格同构

$$\overline{\phi}: \mathcal{L}_R(m, 2s, s, 1; 2\nu + 2) \longrightarrow \mathcal{L}_R(m-1, s; 2\nu),$$
$$\cap_i P_i \longmapsto \cap_i \phi(P_i). \qquad \Box$$

§7.3 若干引理 ($\delta = 1$ 的情形)

引理 7.7 设 $n = 2\nu + 1 > m \geq 1$, $\tau = 0, 1$ 或 2, 并且

$$2s + \tau \leq m \leq \nu + s + [\tau/2]. \tag{7.3}$$

那么

$$\mathcal{L}_R(m, 2s + \tau, s, 0; 2\nu + 1)$$
$$\supset \mathcal{L}_R(m-1, 2s + \tau, s, 0; 2\nu + 1). \tag{7.4}$$

证明 我们分 $\tau = 0$ 和 $\tau > 0$ 两种情形.

(a) $\tau = 0$. 由定理 7.4 有格同构

$$\mathcal{L}_R(m, s; 2\nu) \longrightarrow \mathcal{L}_R(m, 2s, s, 0; 2\nu + 1),$$
$$Q \longmapsto (Q \ 0), \tag{7.5}$$

其中 0 表示 $m \times 1$ 零矩阵. 根据引理 3.3, 我们有

$$\mathcal{L}_R(m, s; 2\nu) \supset \mathcal{L}_R(m-1, s; 2\nu). \tag{7.6}$$

再由定理 7.4 有格同构

$$\mathcal{L}_R(m-1, s; 2\nu) \longrightarrow \mathcal{L}_R(m-1, 2s, s, 0; 2\nu + 1),$$
$$Q_1 \longmapsto (Q_1 \ 0), \tag{7.7}$$

其中 0 表示 $(m-1) \times 1$ 零矩阵, 从 (7.5), (7.6) 和 (7.7), 得到 $\mathcal{L}_R(m, 2s, s, 0; 2\nu+1) \supset \mathcal{L}_R(m-1, 2s, s, 0; 2\nu+1)$.

(b) $\tau \geq 1$. 只需证明

$$\mathcal{M}(m-1, 2s + \tau, s, 0; 2\nu + 1)$$
$$\subset \mathcal{L}_R(m, 2s + \tau, s, 0; 2\nu + 1). \tag{7.8}$$

如果 $2s + \tau > m - 1$, 那么

$$\mathcal{M}(m-1, 2s + \tau, s, 0; 2\nu + 1) = \phi,$$

因而 (7.8) 成立.

现在假设 $2s + \tau \leq m - 1$, 那么

$$\mathcal{M}(m-1, 2s+\tau, s, 0; 2\nu+1) \neq \phi.$$

对于任意

$$P \in \mathcal{M}(m-1, 2s+\tau, s, 0; 2\nu+1),$$

可以假定

$$PS_1{}^tP = M(m-1, 2s+\tau, s).$$

根据文献 [29] 定理 4.11 的证明, 还可以进一步假定 P 具有形式

$$P = \begin{pmatrix} P_1 & 0 \\ v & 1 \\ P_2 & 0 \\ 2\nu & 1 \end{pmatrix} \begin{matrix} 2s+[\tau/2] \\ 1 \\ m-2-2s-[\tau/2] \end{matrix},$$

其中

$$Q = {}^t({}^tP_1 \ {}^tv \ {}^tP_2)$$

是秩为 $m-1$ 的 $(m-1) \times 2\nu$ 矩阵, 并且

$$QK{}^tQ = \begin{cases} [K_{2s}, 0^{(m-2s-1)}], & \text{如果 } \tau = 1, \\ [\dot{K}_{2s}, K_{2\cdot 1}, 0^{(m-2s-3)}], & \text{如果 } \tau = 2. \end{cases}$$

因而 Q 是 2ν 维辛空间 $\mathbb{F}_q^{2\nu}$ 中的 $(m-1, s+[\tau/2])$ 型子空间. 从 (7.3) 得到 $2(s+[\tau/2]) \leq m \leq \nu + (s+[\tau/2])$. 根据引理 3.3 的证明, 在 $\mathbb{F}_q^{2\nu}$ 中存在两个不同的非零向量 v_1 和 v_2, 使得

$$\begin{pmatrix} Q \\ v_1 \end{pmatrix} \text{ 和 } \begin{pmatrix} Q \\ v_2 \end{pmatrix}$$

是 2ν 维辛空间 $\mathbb{F}_q^{2\nu}$ 中的一对 $(m, s+[\tau/2])$ 型子空间, 并且它们的交是 Q. 所以

$${}^t\begin{pmatrix} {}^tP_1 & {}^tv & {}^tP_2 & {}^tv_1 \\ 0 & 1 & 0 & 0 \end{pmatrix} \text{ 和 } {}^t\begin{pmatrix} {}^tP_1 & {}^tv & {}^tP_2 & {}^tv_2 \\ 0 & 1 & 0 & 0 \end{pmatrix}$$

是 $2\nu+1$ 维伪辛空间 $\mathbb{F}_q^{2\nu+1}$ 中的 $(m, 2s+\tau, s, 0)$ 型子空间, 并且它们的交是 P. 因此 $P \in \mathcal{L}_R(m, 2s+\tau, s, 0; 2\nu+1)$. □

引理 7.8 设 $n = 2\nu+1 > m \geq 1$, $s \geq 1$, 并且 $(m, 2s+\tau, s, 0)$ 满足 (7.3), 其中 $\tau = 0, 1$ 或 2. 那么

$$\mathcal{L}_R(m, 2s+\tau, s, 0; 2\nu+1) \supset \mathcal{L}_R(m-1, 2(s-1)+\tau, s-1, 0; 2\nu+1).$$

第七章 伪辛群作用下子空间轨道生成的格

证明 我们分 $\tau = 0$ 和 $\tau > 0$ 两种情形.

(a) $\tau = 0$. 采用引理 7.7(a) 情形中的方法, 可以同样地来处理这种情形, 从而得到

$$\mathcal{L}_R(m, 2s, s, 0; 2\nu+1) \supset \mathcal{L}_R(m-1, 2(s-1), s-1, 0; 2\nu+1).$$

(b) $\tau \geq 1$. 从 (7.3) 直接得到

$$2(s-1) + \tau \leq m - 1 \leq \nu + s - 1 + [\tau/2].$$

所以 $\mathcal{M}(m-1, 2(s-1)+\tau, s-1, 0; 2\nu+1) \neq \phi$. 对于任意 $P \in \mathcal{M}(m-1, 2(s-1)+\tau, s-1, 0; 2\nu+1)$, 可以假定

$$PS_1{}^tP = M(m-1, 2(s-1)+\tau, s-1).$$

因为 $e_{2\nu+1} \notin P$, 所以又可假定 P 具有形式

$$P = \begin{pmatrix} P_1 & 0 \\ v & 1 \\ P_2 & 0 \end{pmatrix} \begin{matrix} 2(s-1)+[\tau/2] \\ 1 \\ m - 2s - [\tau/2] \end{matrix},$$
$$\phantom{P = \begin{pmatrix}}2\nu1$$

其中

$$Q = {}^t({}^tP_1 \ {}^tv \ {}^tP_2)$$

是秩为 $m-1$ 的 $(m-1) \times 2\nu$ 矩阵, 并且

$$QK{}^tQ = \begin{cases} [K_{2(s-1)}, 0^{(m-2s+1)}], & \text{如果 } \tau = 1, \\ [K_{2(s-1)}, K_{2\cdot1}, 0^{(m-2s-1)}], & \text{如果 } \tau = 2. \end{cases}$$

所以 Q 是 2ν 维辛空间 $\mathbb{F}_q^{2\nu}$ 中的 $(m-1, s-1+[\tau/2])$ 型子空间. 从 (7.3) 得到 $2(s + [\tau/2]) \leq m \leq \nu + (s + [\tau/2])$, 因而可以应用引理 3.4 和它的证明, 于是存在 $(m - 2(s + [\tau/2]) + 1)) \times 2\nu$ 矩阵 X 和 $2(\nu + s - m + [\tau/2]) \times 2\nu$ 矩阵 Y, 使得

$$W = {}^t({}^tQ \ {}^tX \ {}^tY) \tag{7.9}$$

是非奇异的, 并且

$$WK_{2\nu}{}^tW = \begin{cases} [K_{2(s-1)}, K_{2(m-2s-1)}, K_{2(\nu+s-m)}], & \text{如果 } \tau = 1, \\ [K_{2(s-1)}, K_{2\cdot1}, K_{2(m-2s-1)}, K_{2(\nu+s-m+1)}], & \text{如果 } \tau = 2. \end{cases}$$

我们分 $\tau = 1$ 和 $\tau = 2$ 两种情形.

(b.1) $\tau = 1$. 这时 (7.3) 变成 $2s+1 \leq m \leq \nu+s$. 于是 $m-2s+1 \geq 2$. 设 x_1 和 x_2 分别是 X 的第 1 行和第 2 行, 那么

$$\begin{pmatrix} {}^tP_1 & {}^tv & {}^tP_2 & {}^tx_2 \\ 0 & 1 & 0 & 0 \end{pmatrix} \text{ 和 } \begin{pmatrix} {}^tP_1 & {}^tv & {}^tP_2 & {}^t(x_1+x_2) \\ 0 & 1 & 0 & 0 \end{pmatrix}$$

是 $2\nu+1$ 维伪辛空间 $\mathbb{F}_q^{2\nu+1}$ 中的 $(m, 2s+1, s, 0)$ 型子空间, 并且它们的交是 P. 因此 $P \in \mathcal{L}_R(m, 2s+1, s, 0; 2\nu+1)$.

(b.2) $\tau = 2$. 这时 (7.3) 变成 $2s+2 \leq m \leq \nu+s+1$. 所以 $m-2s-1 \geq 1$. 设 x_1 是 X 的第 1 行, 那么

$$\begin{pmatrix} {}^tP_1 & {}^tv & {}^tP_2 & {}^tx_1 \\ 0 & 1 & 0 & 0 \end{pmatrix} \text{ 和 } \begin{pmatrix} {}^tP_1 & {}^tv & {}^tP_2 & {}^tx_1 \\ 0 & 1 & 0 & 1 \end{pmatrix}$$

是 $2\nu+1$ 维伪辛空间 $\mathbb{F}_q^{2\nu+1}$ 中的 $(m, 2s+2, s, 0)$ 型子空间, 并且它们的交是 P. 因此 $P \in \mathcal{L}_R(m, 2s+2, s, 0; 2\nu+1)$. □

引理 7.9 设 $n = 2\nu+1 > m \geq 1$, 并且 $(m, 2s+\tau, s, 0)$ 满足 (7.3), 其中 $\tau = 1$ 或 2. 那么

$$\mathcal{L}_R(m, 2s+\tau, s, 0; 2\nu+1) \supset \mathcal{L}_R(m-1, 2s+(\tau-1), s, 0; 2\nu+1).$$

证明 从 (7.3) 得到 $2s+(\tau-1) \leq m-1 \leq \nu+s$. 所以 $\mathcal{M}(m-1, 2s+(\tau-1), s, 0; 2\nu+1) \neq \phi$. 对于任意 $P \in \mathcal{M}(m-1, 2s+(\tau-1), s, 0; 2\nu+1)$, 可以假定 $PS_1{}^tP = M(m-1, 2s+(\tau-1), s)$. 因而 P 必具有形式

$$P = \begin{cases} \begin{pmatrix} Q & 0 \\ {}_{2\nu} & 1 \end{pmatrix} m-1, & \text{如果 } \tau = 1, \\[1em] \begin{pmatrix} P_1 & 0 \\ v & 1 \\ P_2 & 0 \\ {}_{2\nu} & 1 \end{pmatrix} \begin{matrix} 2s \\ 1 \\ m-2-2s \end{matrix}, & \text{如果 } \tau = 2. \end{cases}$$

当 $\tau = 2$ 时, 令

$$Q = {}^t({}^tP_1 \ {}^tv \ {}^tP_2).$$

那么在 $\tau = 1$ 和 $\tau = 2$ 的两种情形下, 均有 $QK{}^tQ = M(m-1, 2s, s)$. 于是 Q 是 2ν 维辛空间 $\mathbb{F}_q^{2\nu}$ 中的 $(m-1, s)$ 型子空间. 从 (7.3) 得到 $2(s+[\tau/2]) \leq m \leq \nu+(s+[\tau/2])$. 我们分 $\tau = 1$ 和 $\tau = 2$ 两种情形.

(a) $\tau = 1$. 由引理 3.3 的证明, 在 $\mathbb{F}_q^{2\nu}$ 中存在的两个非零向量 v_1 和 v_2, 使得

$$\begin{pmatrix} Q \\ v_1 \end{pmatrix} \text{ 和 } \begin{pmatrix} Q \\ v_2 \end{pmatrix}$$

是 2ν 维辛空间 $\mathbb{F}_q^{2\nu}$ 中的一对 (m, s) 型子空间,并且它们的交是 Q. 因而

$$\begin{pmatrix} Q & 0 \\ v_1 & 1 \end{pmatrix} \text{和} \begin{pmatrix} Q & 0 \\ v_2 & 1 \end{pmatrix}$$

是 $2\nu + 1$ 维伪辛空间 $\mathbb{F}_q^{2\nu+1}$ 中的一对 $(m, 2s+1, s, 0)$ 型子空间,并且它们的交是 P. 因此 $P \in \mathcal{L}_R(m, 2s+1, s, 0; 2\nu+1)$.

(b) $\tau = 2$. 由引理 3.3 的证明,在 $\mathbb{F}_q^{2\nu}$ 中存在 $(m-2s-1) \times 2\nu$ 矩阵 X 和 $2(\nu+s-m+1) \times 2\nu$ 矩阵 Y, 使得 (7.9) 中的 W 的是非奇异的,并且

$$W K_{2\nu}{}^t W = [K_{2s}, K_{2(m-2s-1)}, K_{2(\nu-m+s+1)}].$$

根据 (7.3), 有 $m - 2s - 1 \geq 1$. 令 x_1 和 X 的第 1 行, 那么

$$\begin{pmatrix} {}^tP_1 & {}^tv & {}^tP_2 & {}^tx_1 \\ 0 & 1 & 0 & 0 \end{pmatrix}^t \text{和} \begin{pmatrix} {}^tP_1 & {}^tv & {}^tP_2 & {}^tx_1 \\ 0 & 1 & 0 & 1 \end{pmatrix}^t$$

是 $2\nu + 1$ 维伪辛空间 $\mathbb{F}_q^{2\nu+1}$ 中的一对 $(m, 2s+2, s, 0)$ 型子空间,并且它们的交是 P. 因此 $P \in \mathcal{L}_R(m, 2s+2, s, 0; 2\nu+1)$. $\square$

引理 7.10 设 $n = 2\nu + 1 > m \geq 1$, 并且 $(m, 2s+2, s, 0)$ 满足

$$2s + 2 \leq m \leq \nu + s + 1, \tag{7.10}$$

那么

$$\mathcal{L}_R(m, 2s+2, s, 0; 2\nu+1) \supset \mathcal{L}_R(m-1, 2s, s, 0; 2\nu+1).$$

证明 由 (7.10) 可知 $2s \leq m - 1 \leq \nu + s$. 所以 $\mathcal{M}(m-1, 2s, s, 0; 2\nu+1) \neq \phi$. 对于任意 $P \in \mathcal{M}(m-1, 2s, s, 0; 2\nu+1)$, 可以假定 $PS_1{}^tP = M(m-1, 2s, s)$. 所以 P 必具有形式

$$P = \begin{pmatrix} Q & 0 \\ 2\nu & 1 \end{pmatrix} m-1,$$

其中 $QK{}^tQ = M(m-1, 2s, s)$. 根据引理 3.4 的证明, 在 $\mathbb{F}_q^{2\nu}$ 中存在两个不同的向量 v_1 和 v_2, 使得

$$\begin{pmatrix} Q \\ v_1 \end{pmatrix} \text{和} \begin{pmatrix} Q \\ v_2 \end{pmatrix}$$

是 2ν 维辛空间 $\mathbb{F}_q^{2\nu}$ 中的一对 $(m, s+1)$ 型子空间,并且它们的交是 Q. 因而

$$\begin{pmatrix} Q & 0 \\ v_1 & 1 \end{pmatrix} \text{和} \begin{pmatrix} Q & 0 \\ v_2 & 1 \end{pmatrix}$$

是 $2\nu + 1$ 维伪辛空间 $\mathbb{F}_q^{2\nu+1}$ 中的一对 $(m, 2s+2, s, 0)$ 型子空间,并且它们的交是 P. 因此 $P \in \mathcal{L}_R(m, 2s+2, s, 0; 2\nu+1)$. $\square$

引理 7.11 设 $n = 2\nu + 1 > m \geq 1$, $s \geq 1$, 并且假定 $(m, 2s+1, s, 0)$ 满足

$$2s + 1 \leq m \leq \nu + s,$$

那么

$$\mathcal{L}_R(m, 2s+1, s, 0; 2\nu+1) \supset \mathcal{L}_R(m-1, 2(s-1)+2, s-1, 0; 2\nu+1).$$

证明 从 $2s+1 \leq m \leq \nu + s$, 得到 $2(s-1) + 2 \leq m - 1 \leq \nu + (s-1) + 1$. 所以 $\mathcal{M}(m-1, 2(s-1)+2, s-1, 0; 2\nu+1) \neq \phi$. 对于任意 $P \in \mathcal{M}(m-1, 2(s-1)+2, s-1, 0; 2\nu+1)$, 由文献 [29] 定理 4.11 的证明, 可以假定 $PS_1{}^tP = M(m-1, 2(s-1)+2, s-1)$, 并且

$$P = \begin{pmatrix} P_1 & 0 \\ v & 1 \\ P_2 & 0 \\ 2\nu & 1 \end{pmatrix} \begin{matrix} 2s-1 \\ 1 \\ m-2s-1 \end{matrix},$$

其中

$$Q = {}^t({}^tP_1\ {}^tv\ {}^tP_2)$$

是秩为 $m-1$ 的 $(m-1) \times 2\nu$ 矩阵, 使得

$$QK{}^tQ = [K_{2(s-1)}, K_{2\cdot 1}, 0^{(m-2s-1)}],$$

于是 Q 是 2ν 维辛空间 $\mathbb{F}_q^{2\nu}$ 中的 $(m-1, s)$ 型子空间. 根据引理 3.3 的证明, 在 $\mathbb{F}_q^{2\nu}$ 中存在两个不同的非零向量 v_1 和 v_2 使得

$$\begin{pmatrix} Q \\ v_1 \end{pmatrix} \text{ 和 } \begin{pmatrix} Q \\ v_2 \end{pmatrix}$$

是 2ν 维辛空间 $\mathbb{F}_q^{2\nu}$ 中的一对 (m, s) 型子空间, 并且它们的交是 Q. 因此

$${}^t\begin{pmatrix} {}^tP_1 & {}^tv & {}^tP_2 & {}^tv_1 \\ 0 & 1 & 0 & 1 \end{pmatrix} \text{ 和 } {}^t\begin{pmatrix} {}^tP_1 & {}^tv & {}^tP_2 & {}^tv_2 \\ 0 & 1 & 0 & 1 \end{pmatrix}$$

是 $2\nu + 1$ 维伪辛空间 $\mathbb{F}_q^{2\nu+1}$ 中的一对 $(m, 2s+1, s, 0)$ 型子空间, 并且它们的交是 P. 因此 $P \in \mathcal{L}_R(m, 2s+2, s, 0; 2\nu+2)$. □

§7.4 格 $\mathcal{L}_R(m, 2s+\tau, s, \epsilon; 2\nu+1)$

我们先讨论格 $\mathcal{L}_R(m, 2s+\tau, s, \epsilon; 2\nu+1)$ 之间的包含关系.

定理 7.12 设 $n = 2\nu + 1 > m \geq 1$, 并且

$$(\tau, \epsilon), (\tau_1, \epsilon_1) = (0, 0), (1, 0), (1, 1) \text{ 或 } (2, 0).$$

假定 $(m, 2s + \tau, s, \epsilon)$ 满足

$$2s + \max\{\tau, \epsilon\} \leq m \leq \nu + s + [\tau/2] + \epsilon. \tag{7.11}$$

那么

(a) 当 $\epsilon = 1$ 而 $\epsilon_1 = 0$, 或者 $\epsilon = 0$ 而 $\epsilon_1 = 1$ 时, 我们有

$$\mathcal{L}_R(m, 2s + \tau, s, \epsilon; 2\nu + 1) \cap \mathcal{L}_R(m_1, 2s_1 + \tau_1, s_1, \epsilon_1; 2\nu + 1)$$
$$= \{\mathbb{F}_q^{2\nu+1}\}.$$

(b) 当 $\epsilon = \epsilon_1 = 1$, 而 $(m_1, 2s_1 + 1, s_1, 1)$ 满足 (7.11), 即 $2s_1 + 1 \leq m_1 \leq \nu + s_1 + 1$ 成立时,

$$\mathcal{L}_R(m, 2s + 1, s, 1; 2\nu + 1) \supset \mathcal{L}_R(m_1, 2s_1 + 1, s_1, 2\nu + 1)$$

的充分必要条件是

$$m - m_1 \geq s - s_1 \geq 0. \tag{7.12}$$

(c) 当 $\epsilon = \epsilon_1 = 0, \tau = 0$, 而 $\tau_1 = 1$ 或 2 时, 我们有

$$\mathcal{L}_R(m, 2s, s, 0; 2\nu + 1) \not\supset \mathcal{L}_R(m_1, 2s_1 + \tau_1, s_1, 0; 2\nu + 1).$$

除非 $\mathcal{M}(m_1, 2s_1 + \tau_1, s_1, 0; 2\nu + 1) = \phi$.

(d) 当 $\epsilon = \epsilon_1 = 0$, 而 $\tau \neq 0$ 或 $\tau = \tau_1 = 0$, 并且 $(m_1, 2s_1 + \tau_1, s_1, 0)$ 满足 (7.11),

$$\mathcal{L}_R(m, 2s + \tau, s, 0; 2\nu + 1)$$
$$\supset \mathcal{L}_R(m_1, 2s_1 + \tau_1, s_1, 0; 2\nu + 1). \tag{7.13}$$

的充分必要条件是

$$m - m_1 \geq s - s_1 + \lceil (\tau - \tau_1)/2 \rceil \geq \lceil |\tau - \tau_1|/2 \rceil, \tag{7.14}$$

其中 $\lceil x \rceil$ 是不能比 x 小的最小整数.

证明 (a) 和 (c) 是显然的. (b) 可以从定理 7.5 和定理 3.5 得到. 剩下的工作只需证明 (d).

先证明充分性. 我们分 $\tau - \tau_1 = 0$, $\tau - \tau_1 \geq 1$ 和 $\tau - \tau_1 = -1$ 三种情形.

(i) $\tau - \tau_1 = 0$. 这时 (7.14) 变成 (7.12). 平行于定理 3.5 充分性的证明, 可以证得 (7.13) 成立, 这里略去其详细证明过程.

(ii) $\tau - \tau_1 \geq 1$. 这时 (7.14) 变成

$$m - m_1 \geq s - s_1 + 1 \geq 1.$$

令 $s - s_1 = t$ 和 $m - m_1 = t + t'$，其中 $t \geq 0$ 和 $t' \geq 1$. 因为 $(m, 2s + \tau, s, 0)$ 满足 (7.11)，所以对于 $1 \leq i \leq t$, $(m - i, 2(s - i) + \tau, s - i, 0)$ 也满足 (7.11). 于是引理 7.8 可以连续地运用，因而得到

$$\begin{aligned}
&\mathcal{L}_R(m, 2s + \tau, s, 0; 2\nu + 1) \\
&\supset \mathcal{L}_R(m - 1, 2(s - 1) + \tau, s - 1, 0; 2\nu + 1) \\
&\supset \cdots \supset \mathcal{L}_R(m - t, 2(s - t) + \tau, s - t, 0; 2\nu + 1) \\
&= \mathcal{L}_R(m_1 + t', 2s_1 + \tau, s_1, 0; 2\nu + 1).
\end{aligned} \quad (7.15)$$

当 $\tau - \tau_1 = 1$ 时应用引理 7.9，而在 $\tau - \tau_1 = 2$ 时应用引理 7.10，而后得到

$$\begin{aligned}
&\mathcal{L}_R(m_1 + t', 2s_1 + \tau, s_1, 0; 2\nu + 1) \\
&\supset \mathcal{L}_R(m_1 + t' - 1, 2s_1 + \tau_1, s_1, 0; 2\nu + 1).
\end{aligned} \quad (7.16)$$

因为 $(m_1 + t', 2s_1 + \tau, s_1, 0)$ 满足 (7.11)，所以 $(m_1 + t' - 1, 2s_1 + \tau_1, s_1, 0)$ 也满足 (7.11). 由 $(m_1, 2s_1 + \tau_1, s_1, 0)$ 满足 (7.11)，可知对于满足 $1 \leq i \leq t' - 1$ 的整数 i, $(m_1 + t' - 1 - i, 2s_1 + \tau_1, s_1, 0)$ 也满足 (7.11). 通过连续地应用引理 7.7，得到

$$\begin{aligned}
&\mathcal{L}_R(m_1 + t' - 1, 2s_1 + \tau_1, s_1, 0; 2\nu + 1) \\
&\supset \mathcal{L}_R(m_1 + t' - 2, 2s_1 + \tau_1, s_1, 0; 2\nu + 1) \\
&\supset \cdots \supset \mathcal{L}_R(m_1, 2s_1 + \tau_1, s_1, 0; 2\nu + 1).
\end{aligned} \quad (7.17)$$

从 (7.15), (7.16) 和 (7.17) 得到 (7.13).

(iii) $\tau - \tau_1 = -1$. 这时 $\tau = 1, \tau_1 = 2$, 并且 (7.14) 变成

$$m - m_1 \geq s - s_1 \geq 1.$$

令 $s - s_1 = t$ 和 $m - m_1 = t + t'$，其中 $t \geq 1$ 和 $t' \geq 0$. 同上述的情形一样，通过连续地应用引理 7.8，得到

$$\begin{aligned}
&\mathcal{L}_R(m, 2s + 1, s, 0; 2\nu + 1) \\
&\supset \mathcal{L}_R(m_1 + t' + 1, 2(s_1 + 1) + 1, s_1 + 1, 0; 2\nu + 1).
\end{aligned} \quad (7.18)$$

因为 $(m_1 + t' + 1, 2(s_1 + 1) + 1, s_1 + 1, 0)$ 满足 (7.11)，所以通过应用引理 7.11，得到

$$\mathcal{L}_R(m_1 + t' + 1, 2(s_1 + 1) + 1, s_1 + 1, 0; 2\nu + 1)$$

$$\supset \mathcal{L}_R(m_1 + t', 2s_1 + 2, s_1, 0; 2\nu + 1). \tag{7.19}$$

因为 $(m_1 + t', 2s_1 + 2, s_1, 0)$ 满足 (7.11), 所以对于 $1 \leq i \leq t'$, $(m_1 + t' - i, 2s_1 + 2, s_1, 0)$ 也满足 (7.11). 由引理 7.7, 得到

$$\mathcal{L}_R(m_1 + t', 2s_1 + 2, s_1, 0; 2\nu + 1)$$
$$\supset \mathcal{L}_R(m_1, 2s_1 + 2, s_1, 0; 2\nu + 1). \tag{7.20}$$

从 (7.18), (7.19), (7.20) 又得到 (7.13).

下面证明必要性. 当 $\tau = \tau_1 = 0$ 时, (7.14) 变成 (7.12)

$$m - m_1 \geq s - s_1 \geq 0.$$

由定理 7.4 和定理 3.5 的必要性, 可知 (7.14) 成立. 现在讨论 $\tau = 1, 2$ 的情形. 由 $(m_1, 2s_1 + \tau_1, s_1, 0)$ 满足 (7.11), 可知 $\mathcal{M}(m_1, 2s_1 + \tau_1, s_1, 0; 2\nu + 1) \neq \phi$. 设

$$Q \in \mathcal{M}(m_1, 2s_1 + \tau_1, s_1, 0; 2\nu + 1)$$
$$\subset \mathcal{L}_R(m_1, 2s_1 + \tau_1, s_1, 0; 2\nu + 1)$$
$$\subset \mathcal{L}_R(m, 2s + \tau, s, 0; 2\nu + 1),$$

那么存在 $(m, 2s + \tau, s, 0)$ 型子空间 P 使得 $P \supset Q$. 根据文献 [29] 定理 4.24(ii), 存在 $\epsilon_1 = 0$ 或 1 使得

$$(\tau_1, \epsilon_1) = \begin{cases} (0,0), (1,0), (1,1) \text{ 或 } (2,0), & \text{如果 } \tau = 1, \\ (0,0), (0,1), (1,0), (2,0) \text{ 或 } (2,1), & \text{如果 } \tau = 2 \end{cases} \tag{7.21}$$

和

$$\max\{0, m_1 - s - s_1 - [(\tau_1 + \tau - 1)/2] - \epsilon_1\}$$
$$\leq \min\{m - 2s - \tau, m_1 - 2s_1 - \max\{\tau_1, \epsilon_1\}\}. \tag{7.22}$$

我们分 $\tau = 1$ 和 $\tau = 2$ 两种情形.

(a) $\tau = 1$. 再分 $\tau_1 = 0, 1$ 和 2 三种情形.

(a.1) $\tau_1 = 0$. 由 (7.21) 有 $\epsilon_1 = 0$, 这时 (7.22) 变成

$$\max\{0, m_1 - s - s_1\} \leq \min\{m - 2s - 1, m_1 - 2s_1\}.$$

从 $m_1 - s - s_1 \leq m - 2s - 1$ 得到 $m - m_1 \geq s - s_1 + 1$. 再从 $m - s - s_1 \leq m_1 - 2s_1$ 得到 $s - s_1 \geq 0$. 因而有

$$m - m_1 \leq s - s_1 + 1 \geq 1.$$

所以 (7.14) 成立.

(a.2) $\tau_1 = 1$. 由 (7.21) 有 $\epsilon_1 = 0$ 或 1, 如果 $\epsilon_1 = 0$, 那么 (7.22) 变成

$$\max\{0, m_1 - s - s_1\} \leq \min\{m - 2s - 1, m_1 - 2s_1 - 1\}.$$

从 $m_1 - s - s_1 \leq m - 2s - 1$ 得到 $m - m_1 \geq s - s_1 + 1$. 再从 $m_1 - s - s_1 \leq m_1 - 2s_1 - 1$ 得到 $s - s_1 \geq 1$. 如果 $\epsilon_1 = 1$, 那么 (7.22) 变成

$$\max\{0, m_1 - s - s_1 - 1\} \leq \min\{m - 2s - 1, m_1 - 2s_1 - 1\}.$$

从 $m_1 - s - s_1 - 1 \leq m - 2s - 1$ 得到 $m - m_1 \geq s - s_1$, 再从 $m_1 - s - s_1 - 1 \leq m_1 - 2s_1 - 1$ 得到 $s - s_1 \geq 0$. 因此在 $\epsilon_1 = 0$ 和 $\epsilon_1 = 1$ 的情形下, 有

$$m - m_1 \geq s - s_1 \geq 0,$$

于是 (7.14) 也成立.

(a.3) $\tau_1 = 2$. 由 (7.21) 有 $\epsilon_1 = 0$. 这时 (7.22) 变成

$$\max\{0, m_1 - s - s_1 - 1\}$$
$$\leq \min\{m - 2s - 1, m_1 - 2s_1 - 2\}.$$

由此可得

$$m - m_1 \geq s - s_1 \geq 1.$$

因此 (7.14) 也成立.

(b) $\tau = 2$. 再分 $\tau_1 = 0, 1$ 和 2 三种情形.

(b.1) $\tau_1 = 0$. 由 (7.21) 有 $\epsilon_1 = 0$ 或 1. 这时 (7.22) 变成

$$\max\{0, m_1 - s - s_1 - \epsilon_1\}$$
$$\leq \min\{m - 2s - 2, m_1 - 2s_1 - \epsilon_1\}.$$

因而有

$$m - m_1 \geq s - s_1 + 1 \geq 1.$$

于是 (7.14) 也成立.

(b.2) $\tau_1 = 1$. 由 (7.21) 有 $\epsilon_1 = 0$. 这时 (7.22) 变成

$$\max\{0, m_1 - s - s_1 - 1\}$$
$$\leq \min\{m - 2s - 2, m_1 - 2s_1 - 1\}.$$

因此得

$$m - m_1 \geq s - s_1 + 1 \geq 1,$$

于是 (7.14) 也成立.

(b.3) $\tau_1 = 2$. 由 (7.21) 有 $\epsilon = 0$ 或 1. 这时 (7.22) 变成

$$\max\{0, m_1 - s - s_1 - 1 - \epsilon_1\} \leq \min\{m - 2s - 2, m_1 - 2s_1 - 2\}.$$

因此可得

$$m - m_1 \geq s - s_1 \geq 0.$$

因此 (7.14) 也成立. □

下面给出 $\mathbb{F}_q^{2\nu+1}$ 中的子空间在 $\mathcal{L}_R(m, 2s+\tau, s, \epsilon; 2\nu+1)$ 中的条件.

定理 7.13 设 $n = 2\nu + 1 > m \geq 1$, 并且

$$(\tau, \epsilon) = (0, 0), (1, 0), (1, 1) \text{ 或 } (2, 0).$$

假定 $(m, 2s+\tau, s, \epsilon)$ 满足 (7.11).

(a) 如果 $(\tau, \epsilon) = (0, 0)$, 那么 $\mathcal{L}_R(m, 2s, s, 0; 2\nu+1)$ 由 $\mathbb{F}_q^{2\nu+1}$ 和满足 (7.12)

$$m - m_1 \geq s - s_1 \geq 0$$

的所有 $(m_1, 2s_1, s_1, 0)$ 型子空间组成.

(b) 如果 $(\tau, \epsilon) = (1, 1)$, 那么 $\mathcal{L}_R(m, 2s+1, s, 1; 2\nu+1)$ 由 $\mathbb{F}_q^{2\nu+1}$ 和满足 (7.12) 的所有 $(m_1, 2s_1 + \tau_1, s_1, 1)$ 型子空间组成.

(c) 如果 $(\tau, \epsilon) = (1, 0)$ 或 $(2, 0)$, 那么 $\mathcal{L}_R(m, 2s+\tau, s, 0; 2\nu+1)$ 由 $\mathbb{F}_q^{2\nu+1}$ 和满足 (7.14)

$$m - m_1 \geq s - s_1 + \lceil(\tau - \tau_1)/2\rceil \geq \lceil|\tau - \tau_1|/2\rceil$$

的所有 $(m_1, 2s_1 + \tau_1, s_1, 0)$ 型子空间组成.

证明 (a) 和 (b) 分别由定理 7.4 和定理 7.5 以及定理 3.6 得到.

(c) 我们已约定 $\mathbb{F}_q^{2\nu+1} \in \mathcal{L}_R(m, 2s+\tau, s, 0; 2\nu+1)$. 设 Q 是满足 (7.14) 的 $(m_1, 2s_1 + \tau_1, s_1, 0)$ 型子空间, 那么

$$Q \in \mathcal{M}(m_1, 2s_1 + \tau_1, s_1, 0; 2\nu + 1)$$
$$\subset \mathcal{L}_R(m_1, 2s_1 + \tau_1, s_1, 0; 2\nu + 1)$$
$$\subset \mathcal{L}_R(m, 2s + \tau, s, 0; 2\nu + 1),$$

其中后一个包含关系由定理 7.12 得到.

反之, 假设 $Q \in \mathcal{L}_R(m, 2s+\tau, s, 0; 2\nu+1)$, 其中 $\tau = 1$ 或 2, 而 $Q \neq \mathbb{F}_q^{(2\nu+1)}$, 并且 Q 是 $(m_1, 2s_1+\tau_1, s_1, 0)$ 型子空间, 那么存在一个 $(m, 2s+\tau, s, 0)$ 型子空间

P. 使得 $P \supset Q$. 按照定理 7.12 必要性的证明中 $\tau = 1, 2$ 的过程进行, 可知 (7.14) 成立. □

推论 7.14 设 $n = 2\nu + 1 > m \geq 1$, 并且

$$(\tau, \epsilon) = (0, 0), (1, 0), (1, 1) \text{ 或 } (2, 0).$$

假定 $(m, 2s + \tau, s, \epsilon)$ 满足 (7.11). 那么

$$\{0\} \in \mathcal{L}_R(m, 2s + \tau, s, 0; 2\nu + 1),$$
$$\{0\} \notin \mathcal{L}_R(m, 2s + 1, s, 1; 2\nu + 1),$$

但是

$$\langle e_{2\nu+1} \rangle \in \mathcal{L}_R(m, 2s + 1, s, 1; 2\nu + 1),$$

并且 $\{0\} = \cap_{X \in \mathcal{M}(1,0)} X$ 和 $\langle e_{2\nu+1} \rangle = \cap_{X \in \mathcal{M}(1,1)} X$ 分别是 $\mathcal{L}_R(m, 2s + \tau, s, 0; 2\nu + 1)$ 和 $\mathcal{L}_R(m, 2s + 1, s, 1; 2\nu + 1)$ 的最大元. □

从定理 7.13 的证明可得

推论 7.15 设 $n = 2\nu + 1 > m \geq 1$, 并且 $(\tau, \epsilon) = (0,0), (1,0), (1,1)$ 或 $(2,0)$. 假定 $(m, 2s + \tau, s, 0)$ 满足 (7.11). 如果 P 是属于 $\mathcal{L}_R(m, 2s + \tau, s, 0; 2\nu + 1)$ 中的子空间, $P \neq \mathbb{F}_q^{2\nu+1}$, 而 Q 是 P 的子空间, 那么 $Q \in \mathcal{L}_R(m, 2s + \tau, \epsilon, 0; 2\nu + 1)$. □

§7.5 若干引理 ($\delta = 2$ 的情形)

引理 7.16 设 $n = 2\nu + 2 > m \geq 1$, 并且 $(\tau, \epsilon) = (0, 0), (0, 1), (1, 0), (2, 0)$ 或 $(2, 1)$. 假定 $(m, 2s + \tau, s, \epsilon)$ 满足

$$2s + \max\{\tau, \epsilon\} \leq m \leq \nu + s + [(\tau + 1)/2] + \epsilon, \tag{7.23}$$

那么

$$\mathcal{L}_R(m, 2s + \tau, s, \epsilon; 2\nu + 2) \supset \mathcal{L}_R(m - 1, 2s + \tau, s, \epsilon; 2\nu + 2).$$

证明 在 $(\tau, \epsilon) = (0, 1)$ 的情形, 可按照引理 7.7 证明中 $\tau = 0$ 的情形, 利用定理 7.6 和引理 3.3 证得.

现在考虑其余四种情形. 我们只需证明

$$\mathcal{M}(m - 1, 2s + \tau, s, \epsilon; 2\nu + 2) \subset \mathcal{L}_R(m, 2s + \tau, s, \epsilon; 2\nu + 2). \tag{7.24}$$

如果 $2s + \tau > m - 1$, 那么 $\mathcal{M}(m - 1, 2s + \tau, s, \epsilon; 2\nu + 2) = \phi$, 因而 (7.24) 成立. 下面假定 $2s + \tau \leq m - 1$. 这时 $\mathcal{M}(m - 1, 2s + \tau, s, \epsilon; 2\nu + 2) \neq \phi$. 令 $P \in \mathcal{M}(m - 1, 2s + \tau, s, \epsilon; 2\nu + 2)$, 我们分 $\tau = 0$ 和 $\tau \geq 1$ 两种情形.

(a) $\tau = 0$. 这时 $\epsilon = 0$ 和 P 是 $(m-1, 2s, s, 0)$ 型子空间. 不妨设

$$PS_2{}^tP = M(m-1, 2s, s), \qquad (7.25)$$

那么 P 必具有形式

$$P = \begin{pmatrix} P_1 & {}^tu & 0 \\ _{2\nu} & 1 & 1 \end{pmatrix}, \qquad (7.26)$$

其中 P_1 是 $(m-1) \times 2\nu$ 矩阵, 而 u 是 $1 \times (m-1)$ 矩阵. 从 (7.25) 得到

$$P_1 K_{2\nu}{}^t P_1 = M(m-1, 2s, s).$$

因为 $(\tau, \epsilon) = (0, 0)$, 所以 $e_{2\nu+1} \notin P$. 因而 $\mathrm{rank} P_1 = m-1$. 于是 P_1 是 2ν 维辛空间 $\mathbb{F}_q^{2\nu}$ 中的 $(m-1, s)$ 型子空间. 从 (7.23) 得到 $2s \le m \le \nu + s$. 根据引理 3.3 的证明. 在 $\mathbb{F}_q^{2\nu}$ 中存在两个不同的非零向量 v_1 和 v_2, 使得

$$\begin{pmatrix} P_1 \\ v_1 \end{pmatrix} \text{ 和 } \begin{pmatrix} P_1 \\ v_2 \end{pmatrix}$$

是 2ν 维辛空间 $\mathbb{F}_q^{2\nu}$ 中的一对 (m, s) 型子空间, 并且它们的交是 P_1. 因此

$$\begin{pmatrix} P_1 & {}^tu & 0 \\ v_1 & 0 & 0 \end{pmatrix} \text{ 和 } \begin{pmatrix} P_1 & {}^tu & 0 \\ v_2 & 0 & 0 \end{pmatrix}$$

是 $2\nu + 2$ 维伪辛空间 $\mathbb{F}_q^{2\nu+2}$ 中的一对 $(m, 2s, s, 0)$ 型子空间, 并且它们的交是 P, 因此 $P \in \mathcal{L}_R(m, 2s, s, 0; 2\nu + 2)$. 所以 (7.24) 成立.

(b) $\tau \ge 1$. 这时 $(\tau, \epsilon) = (1, 0), (2, 0)$ 或 $(2, 1)$. 不妨设

$$PS_2{}^tP = M(m-1, 2s+\tau, s).$$

(b.1) $(\tau, \epsilon) = (1, 0)$. 由文献 [29] 定理 4.11 的证明, 存在 $T_1 \in Ps_{2\nu+2}(\mathbb{F}_q)$, 而 T_1 具有形式

$$T_1 = \begin{pmatrix} I^{(2\nu)} & K{}^tx & 0 \\ 0 & 1 & 0 \\ x & y & 1 \end{pmatrix}, \qquad (7.27)$$

使得 PT_1 具有形式

$$PT_1 = \begin{pmatrix} P_1 & 0 & 0 \\ 0 & 0 & 1 \\ P_2 & 0 & 1 \\ _{2\nu} & 1 & 1 \end{pmatrix} \begin{matrix} 2s \\ 1 \\ m-2s-2 \end{matrix},$$

其中

$$Q = \begin{pmatrix} P_1 \\ P_2 \end{pmatrix}$$

的秩是 $m-2$, 并且
$$QK_{2\nu}{}^tQ = M(m-2, 2s, s).$$

因而 Q 是 2ν 维辛空间 $\mathbb{F}_q^{2\nu}$ 中的 $(m-2, s)$ 型子空间, 从 (7.23) 得到 $2s \leq m-1 \leq \nu+s$. 由引理 3.3 的证明, 在 $\mathbb{F}_q^{2\nu}$ 中存在两个不同的非零向量 v_1 和 v_2, 使得
$$\begin{pmatrix} Q \\ v_1 \end{pmatrix} \text{ 和 } \begin{pmatrix} Q \\ v_2 \end{pmatrix}$$
是 2ν 维辛空间 $\mathbb{F}_q^{2\nu}$ 中的 $(m-1, s)$ 型子空间, 并且它们的交是 Q. 令
$$u_i = (v_i\ 0\ 0)T_1^{-1},\ i=1,2. \tag{7.28}$$
那么
$$\begin{pmatrix} P \\ u_1 \end{pmatrix} \text{ 和 } \begin{pmatrix} P \\ u_2 \end{pmatrix}$$
都是 $2\nu+2$ 维伪辛空间 $\mathbb{F}_q^{2\nu+2}$ 中的 $(m, 2s+1, s, 0)$ 型子空间. 因此 $P \in \mathcal{L}_R(m, 2s+1, s, 0; 2\nu+2)$.

(b.2) $(\tau, \epsilon) = (2, 0)$. 由文献 [29] 定理 4.11 的证明, 存在 $T_1 \in Ps_{2\nu+2}(\mathbb{F}_q)$, 而 T_1 具有形式 (7.27), 使得 PT_1 具有形式
$$PT_1 = \begin{pmatrix} P_1 & 0 & 0 \\ v & 1 & 0 \\ 0 & 0 & 1 \\ P_2 & 0 & 0 \end{pmatrix} \begin{matrix} 2s \\ 1 \\ 1 \\ m-2s-3 \end{matrix},$$
$$\begin{matrix} 2\nu & 1 & 1 \end{matrix}\phantom{\begin{matrix} 2s \\ 1 \\ 1 \\ m-2s-3 \end{matrix}}$$

其中
$$Q = \begin{pmatrix} P_1 \\ v \\ P_2 \end{pmatrix}$$

的秩是 $m-2$, 并且
$$QK_{2\nu}{}^tQ = M(m-2, 2s, s).$$

因而 Q 是 2ν 维辛空间 $\mathbb{F}_q^{2\nu}$ 中的 $(m-2, s)$ 型子空间. 从 (7.23) 得到 $2s \leq m-1 \leq \nu+s$. 由引理 3.3 的证明, 在 $\mathbb{F}_q^{2\nu}$ 中存在两个不同的非零向量 v_1 和 v_2 使得
$$\begin{pmatrix} Q \\ v_1 \end{pmatrix} \text{ 和 } \begin{pmatrix} Q \\ v_2 \end{pmatrix}$$
是 2ν 维辛空间 $\mathbb{F}_q^{2\nu}$ 中的一对 $(m-1, s)$ 型子空间, 并且它们的交是 Q. 按照 $(\tau, \epsilon) = (1, 0)$ 的情形由 (7.28) 来定义 $u_i(i=1,2)$. 那么
$$\begin{pmatrix} P \\ u_1 \end{pmatrix} \text{ 和 } \begin{pmatrix} P \\ u_2 \end{pmatrix}$$

是 $2\nu+2$ 维伪辛空间 $\mathbb{F}_q^{2\nu+2}$ 中的一对 $(m, 2s+2, s, 0)$ 型子空间，并且它们的交是 P. 因此 $P \in \mathcal{L}_R(m, 2s+2, s, 0; 2\nu+2)$.

(b.3) $(\tau, \epsilon) = (2, 1)$. 由文献 [29] 定理 4.11 的证明，存在 $T_1 \in Ps_{2\nu+2}(\mathbb{F}_q)$，而 T_1 具有形式 (7.27)，使得

$$PT_1 = \begin{pmatrix} P_1 & 0 & 0 \\ 0 & 1 & 0 \\ 0 & 0 & 1 \\ P_2 & 0 & 0 \end{pmatrix} \begin{matrix} 2s \\ 1 \\ 1 \\ m-2s-3 \end{matrix},$$

其中

$$Q = \begin{pmatrix} P_1 \\ P_2 \end{pmatrix}$$

的秩是 $m-3$，并且

$$QK_{2\nu}{}^tQ = M(m-3, 2s, s).$$

因而 Q 是 2ν 维辛空间 $\mathbb{F}_q^{2\nu}$ 中的 $(m-3, s)$ 型子空间. 从 (7.23) 得到 $2s \leq m-2 \leq \nu + s$. 根据引理 3.3 的证明，在 $\mathbb{F}_q^{2\nu}$ 中存在两个不同的非零向量 v_1 和 v_2，使得

$$\begin{pmatrix} Q \\ v_1 \end{pmatrix} \text{ 和 } \begin{pmatrix} Q \\ v_2 \end{pmatrix}$$

是 2ν 维辛空间 $\mathbb{F}_q^{2\nu}$ 中的一对 $(m-2, s)$ 型子空间，它们的交是 Q. 按照 $(\tau, \epsilon) = (1, 0)$ 的情形由 (7.28) 来定义 $u_i (i=1, 2)$. 那么

$$\begin{pmatrix} P \\ u_1 \end{pmatrix} \text{ 和 } \begin{pmatrix} P \\ u_2 \end{pmatrix}$$

是 $2\nu+2$ 维伪辛空间 $\mathbb{F}_q^{2\nu+2}$ 中的一对 $(m, 2s+2, s, 1)$ 型子空间，并且它们的交是 P. 因此 $P \in \mathcal{L}_R(m, 2s+2, s, 1; 2\nu+2)$. □

引理 7.17 设 $n = 2\nu+2 > m \geq 1$, $s \geq 1$，并且 $(\tau, \epsilon) = (0, 0), (0, 1), (1, 0), (2, 0)$ 或 $(2, 1)$. 假定 $(m, 2s+\tau, s, \epsilon)$ 满足 (7.23)，那么

$$\mathcal{L}_R(m, 2s+\tau, s, \epsilon; 2\nu+2) \supset \mathcal{L}_R(m-1, 2(s-1)+\tau, s-1, \epsilon; 2\nu+2).$$

证明 这个引理可按照引理 7.16 证明中的方法进行. 这里略去详细步骤. □

引理 7.18 设 $n = 2\nu+2 > m \geq 1$, $\tau = 1$ 或 2. 假定 $(m, 2s+\tau, s, 0)$ 满足 (7.23)，那么

$$\mathcal{L}_R(m, 2s+\tau, s, 0; 2\nu+2) \supset \mathcal{L}_R(m-1, 2s+(\tau-1), s, 0; 2\nu+2).$$

证明 我们只需证明

$$\mathcal{M}(m-1, 2s+(\tau-1), s, 0; 2\nu+2) \subset \mathcal{L}_R(m, 2s+\tau, s, 0; 2\nu+2).$$

设 $P \in \mathcal{M}(m-1, 2s+(\tau-1), s, 0; 2\nu+2)$，不妨假定

$$PS_2{}^tP = M(m-1, 2s+(\tau-1), s).$$

我们分 $\tau = 1$ 和 $\tau = 2$ 两种情形.

(a) $\tau = 1$. 这时 P 是 $(m-1, 2s, s, 0)$ 型子空间. 因为 $e_{2\nu+1} \notin P$，所以 P 具有形式 (7.26)，使得 $P_1 K_{2\nu}{}^t P_1 = M(m-1, 2s, s)$. 令

$$Q = \begin{pmatrix} P_1 & 0 & 0 \end{pmatrix}.$$

显然, Q 是 $(m-1, 2s, s, 0)$ 型子空间. 由文献 [29] 定理 4.12 的证明, 存在 $T_2 \in Ps_{2\nu+2}(\mathbb{F}_q)$，使得

$$PT_2 = Q.$$

令

$$v_1 = \begin{pmatrix} 0 & 0 & 1 \\ 2\nu & 1 & 1 \end{pmatrix}, \; v_2 = \begin{pmatrix} 0 & 1 & 1 \\ 2\nu & 1 & 1 \end{pmatrix},$$

并且规定 $u_i = v_i T_2^{-1}$，那么

$$\begin{pmatrix} P \\ u_1 \end{pmatrix} \text{ 和 } \begin{pmatrix} P \\ u_2 \end{pmatrix}$$

是 $2\nu+2$ 维伪辛空间 $\mathbb{F}_q^{2\nu+2}$ 中的一对 $(m, 2s+1, s, 0)$ 型子空间，并且它们的交是 P. 因此 $P \in \mathcal{L}_R(m, 2s+1, s, 0; 2\nu+2)$.

(b) $\tau = 2$. 由文献 [29] 定理 4.11 的证明，存在 $T_1 \in Ps_{2\nu+2}(\mathbb{F}_q)$，而 T_1 具有形式 (7.27)，使得 PT_1 具有形式

$$PT_1 = \begin{pmatrix} P_1 & 0 & 0 \\ 0 & 0 & 1 \\ P_2 & 0 & 0 \\ 2\nu & 1 & 1 \end{pmatrix} \begin{matrix} 2s \\ 1 \\ m-2s-2 \end{matrix},$$

其中

$$Q = \begin{pmatrix} P_1 \\ P_2 \end{pmatrix}$$

的秩是 $m-2$，并且

$$QK_{2\nu}{}^tQ = M(m-2, 2s, s).$$

第七章 伪辛群作用下子空间轨道生成的格

因而 Q 是 2ν 维辛空间 $\mathbb{F}_q^{2\nu}$ 中的 $(m-2, s)$ 型子空间. 从 (7.23) 得到 $2s \leq m-1 \leq \nu + s$. 由引理 3.3 的证明, 在 $\mathbb{F}_q^{2\nu}$ 中存在两个不同的非零向量 v_1 和 v_2, 使得

$$\begin{pmatrix} Q \\ v_1 \end{pmatrix} \text{ 和 } \begin{pmatrix} Q \\ v_2 \end{pmatrix}$$

是 2ν 维辛空间 $\mathbb{F}_q^{2\nu}$ 中的一对 $(m-1, s)$ 型子空间, 它们的交是 Q. 令

$$u_i = (\, v_1 \quad 1 \quad 0\,) T_1^{-1}, \, i = 1, 2.$$

那么

$$\begin{pmatrix} P \\ u_1 \end{pmatrix} \text{ 和 } \begin{pmatrix} P \\ u_2 \end{pmatrix}$$

是 $2\nu+2$ 维伪辛空间 $\mathbb{F}_q^{2\nu+2}$ 中的一对 $(m, 2s+2, s, 0)$ 型子空间, 它们的交是 P. 因此 $P \in \mathcal{L}_R(m, 2s+2, s, 0; 2\nu+2)$. □

引理 7.19 设 $n = 2\nu + 2 > m \geq 1$, 并且 $\epsilon = 0$ 或 1. 假定 $(m, 2s+2, s, \epsilon)$ 满足 (7.23), 那么

$$\mathcal{L}_R(m, 2s+2, s, \epsilon; 2\nu+2) \supset \mathcal{L}_R(m-1, 2s, s, \epsilon; 2\nu+2).$$

证明 设 $P \in \mathcal{M}(m-1, 2s, s, \epsilon; 2\nu+2)$, 不妨假定

$$P S_2 {}^t P = M(m-1, 2s, s).$$

我们分 $\epsilon = 0$ 和 $\epsilon = 1$ 两种情形.

(a) $\epsilon = 0$. 这时 P 是 $(m-1, 2s, s, 0)$ 型子空间, 而它具有形式 (7.26) 使得

$$P_1 K_{2\nu} {}^t P_1 = M(m-1, 2s, s).$$

显然,

$$Q = (\, P_1 \quad {}^t e_{m-1} \quad 0\,)$$

也是 $(m-1, 2s, s, 0)$ 型子空间. 由文献 [29] 定理 4.12 的证明, 存在 $T_2 \in Ps_{2\nu+2}(\mathbb{F}_q)$, 使得

$$PT_2 = Q.$$

令

$$u_1 = (\, 0^{(1,2\nu)} \quad 0 \quad 1\,) T_2^{-1} \text{ 和 } u_2 = (\, 0^{(1,2\nu)} \quad 1 \quad 1\,) T_2^{-1},$$

其中 $0^{(1,2\nu)}$ 是 $1 \times 2\nu$ 零矩阵. 那么

$$\begin{pmatrix} P \\ u_1 \end{pmatrix} \text{ 和 } \begin{pmatrix} P \\ u_2 \end{pmatrix}$$

都是 $2\nu+2$ 维伪辛空间 $\mathbb{F}_q^{2\nu+2}$ 中的 $(m, 2s+2, s, 0)$ 型子空间, 它们的交是 P. 因此 $P \in \mathcal{L}_R(m, 2s+2, s, 0; 2\nu+2)$.

(b) $\epsilon = 1$. 这时 P 是 $(m-1, 2s, s, 1)$ 型子空间. 不妨设

$$P = \begin{pmatrix} P_1 & 0 & 0 \\ 0 & 1 & 0 \end{pmatrix} \begin{matrix} m-2 \\ 1 \end{matrix},$$
$$\begin{matrix} 2\nu & 1 & 1 \end{matrix}$$

其中 P_1 是秩为 $m-2$ 的 $(m-2) \times 2\nu$ 矩阵, 使得

$$P_1 K_{2\nu} {}^t P_1 = M(m-2, 2s, s).$$

设 v 是 $\mathbb{F}_q^{2\nu} \backslash P_1$ 中任一个向量. 那么

$$\begin{pmatrix} P_1 & 0 & 0 \\ 0 & 1 & 0 \\ 0 & 0 & 1 \end{pmatrix} \text{和} \begin{pmatrix} P_1 & 0 & 0 \\ 0 & 1 & 0 \\ v & 0 & 1 \end{pmatrix}$$

是 $2\nu+2$ 维伪辛空间 $\mathbb{F}_q^{2\nu+2}$ 中的一对 $(m, 2s+2, s, 1)$ 型子空间, 它们的交是 P. 因此 $P \in \mathcal{L}_R(m, 2s+2, s, 1; 2\nu+2)$. $\square$

引理 7.20 设 $n = 2\nu + 2 > m \geq 1$, $s \geq 1$, 并且假定 $(m, 2s+1, s, 0)$ 满足

$$2s + 1 \leq m \leq \nu + s + 1,$$

(当 $\tau = 1, \epsilon = 0$ 时 (7.23) 化为此式) 那么

$$\mathcal{L}_R(m, 2s+1, s, 0; 2\nu+2) \supset \mathcal{L}_R(m-1, 2(s-1)+2, s-1, 0; 2\nu+2).$$

证明 设 $P \in \mathcal{M}(m-1, 2(s-1)+2, s, 0; 2\nu+2)$. 不妨假定

$$P S_2 {}^t P = M(m-1, 2(s-1)+2, s-1).$$

根据文献 [29] 定理 4.11 的证明, 存在 $T_1 \in Ps_{2\nu+2}(\mathbb{F}_q)$, 而 T_1 具有形式 (7.27), 使得 PT_1 具有形式

$$PT_1 = \begin{pmatrix} P_1 & 0 & 0 \\ v & 1 & 0 \\ 0 & 0 & 1 \\ P_2 & 0 & 0 \end{pmatrix} \begin{matrix} 2(s-1) \\ 1 \\ 1 \\ m-2s-1 \end{matrix},$$
$$\begin{matrix} 2\nu & 1 & 1 \end{matrix}$$

其中

$$Q = {}^t({}^t P_1 \ {}^t v \ {}^t P_2)$$

的秩等于 $m-2$, 并且

$$QK_{2\nu}{}^tQ = M(m-2, 2(s-1), s-1).$$

因而 Q 是 2ν 维辛空间 $\mathbb{F}_q^{2\nu}$ 中的 $(m-2, s-1)$ 型子空间. 从 (7.23) 得到 $2s \leq m-1 \leq \nu+s$. 因而由引理 3.4 的证明, 在 $\mathbb{F}_q^{2\nu}$ 中存在两个不同的非零向量 v_1 和 v_2, 使得

$$\begin{pmatrix} Q \\ v_1 \end{pmatrix} \text{ 和 } \begin{pmatrix} Q \\ v_2 \end{pmatrix}$$

是 2ν 维辛空间 $\mathbb{F}_q^{2\nu}$ 中的一对 $(m-1, s)$ 型子空间, 它们的交是 Q. 令

$$u_i = (v_i \ \ 0 \ \ 1) T_1^{-1}, \ i = 1, 2.$$

那么

$$\begin{pmatrix} P \\ u_1 \end{pmatrix} \text{ 和 } \begin{pmatrix} P \\ u_2 \end{pmatrix}$$

是 $2\nu+2$ 维伪辛空间 $\mathbb{F}_q^{2\nu+2}$ 中的一对 $(m, 2s+1, s, 0)$ 型子空间, 它们的交是 P. 因此 $P \in \mathcal{L}_R(m, 2s+1, s, 0; 2\nu+2)$. □

§7.6 格 $\mathcal{L}_R(m, 2s+\tau, s, \epsilon; 2\nu+2)$

显然,

$$\mathcal{L}_R(m, 2s+\tau, 0; 2\nu+2) \cap \mathcal{L}_R(m, 2s+\tau, s, 1; 2\nu+2) = \{\mathbb{F}_q^{2\nu+2}\}.$$

我们要对 $\epsilon = 0$ 和 $\epsilon = 1$ 分别进行讨论.

首先考虑 $\epsilon = 0$ 的情形. 平行于定理 7.12—7.13 和推论 7.14—7.15, 我们有

定理 7.21 设 $n = 2\nu+2 > m \geq 1$, 而 $\epsilon = \epsilon_1 = 0$, 并且 $\tau = 0, 1$ 或 2. 假定 $(m, 2s+\tau, s, 0)$ 满足

$$2s + \tau \leq m \leq \nu + s + [(\tau+1)/2]. \tag{7.29}$$

那么

(a) 对于 $\tau = 0$ 而 $\tau_1 = 1$ 或 2, 我们有

$$\mathcal{L}_R(m, 2s, s, 0; 2\nu+2) \not\supset \mathcal{L}_R(m_1, 2s_1+\tau_1, s_1, 0; 2\nu+2),$$

除非 $\mathcal{M}(m_1, 2s_1+\tau_1, s_1, 0; 2\nu+2) = \phi$.

(b) 对于 $\tau \neq 0$ 或 $\tau = \tau_1 = 0$, 而 $(m_1, 2s_1+\tau_1, s_1, 0)$ 满足 (7.29),

$$2s_1 + \tau_1 \leq m_1 \leq \nu + s_1 + [(\tau_1+1)/2].$$

$$\mathcal{L}_R(m, 2s+\tau, s, 0; 2\nu+2) \supset \mathcal{L}_R(m_1, 2s_1+\tau_1, s_1, 0; 2\nu+2)$$

的充分必要条件是 (7.14)

$$m - m_1 \geq s - s_1 + \lceil (\tau - \tau_1)/2 \rceil \geq \lceil |\tau - \tau_1|/2 \rceil$$

成立.

证明 (a) 是显然的, 而 (b) 可以同样地使用定理 7.12(d) 中的方法进行证明. □

定理 7.22 设 $n = 2\nu + 2 > m \geq 1$, 而 $\epsilon = 0$, 并且 $\tau = 0, 1$ 或 2. 假定 $(m, 2s + \tau, s, 0)$ 满足 (7.29).

(a) 如果 $(\tau, \epsilon) = (0, 0)$, 那么 $\mathcal{L}_R(m, 2s, s, 0; 2\nu+2)$ 由 $\mathbb{F}_q^{2\nu+2}$ 和满足 (7.12) 的所有 $(m_1, 2s_1, s_1, 0)$ 型子空间组成.

(b) 如果 $(\tau, \epsilon) = (1, 0), (2, 0)$, 那么 $\mathcal{L}_R(m, 2s+2, s, 0; 2\nu+2)$ 由 $\mathbb{F}_q^{2\nu+2}$ 和满足 (7.14) 的所有 $(m_1, 2s_1+\tau_1, s_1, 0)$ 型子空间组成.

证明 类似于定理 7.13(c) 的证明. □

推论 7.23 设 $n = 2\nu + 2 > m \geq 1$, $\epsilon = 0$, 并且 $\tau = 0, 1$ 或 2. 假定 $(m, 2s + \tau, s, 0)$ 满足 (7.29), 那么

$$\{0\} \in \mathcal{L}_R(m, 2s+\tau, s, 0; 2\nu+2),$$

并且 $\{0\} = \cap_{X \in \mathcal{M}(2,0)} X$ 是 $\mathcal{L}_R(m, 2s+\tau, s, 0; 2\nu+2)$ 的最大元. □

推论 7.24 设 $n = 2\nu + 2 > m \geq 1$, $\epsilon = 0$, 并且 $\tau = 0, 1$ 或 2. 假定 $(m, 2s + \tau, s, 0)$ 满足 (7.29). 如果 P 是属于 $\mathcal{L}_R(m, 2s+\tau, s, 0; 2\nu+2)$ 中的子空间, $P \neq \mathbb{F}_q^{2\nu+2}$, 而 Q 是 P 的子空间, 那么 $Q \in \mathcal{L}_R(m, 2s+\tau, s, 0; 2\nu+2)$. □

现在考虑 $\epsilon = 1$ 的情形. 我们有

定理 7.25 设 $n = 2\nu + 2 > m \geq 1$, 并且 $\epsilon = \epsilon_1 = 1$. 假定 $(m, 2s+\tau, s, \epsilon)$ 满足

$$2s + \max\{\tau, 1\} \leq m \leq \nu + s + [(\tau+1)/2] + 1, \tag{7.30}$$

而 $\tau = 0$ 或 2. 那么

(a) 对于 $\tau = 0$ 和 $\tau_1 = 2$, 我们有

$$\mathcal{L}_R(m_1, 2s, s, 1; 2\nu+2) \not\supset \mathcal{L}_R(m_1, 2s_1+2, s_1, 1; 2\nu+2),$$

除非 $\mathcal{M}(m_1, 2s_1+2, s_1, 1; 2\nu+2) = \phi$.

(b) 对于 $\tau - \tau_1 = 0$ 或 2, 假定 $(m_1, 2s_1+\tau_1, s_1, 1)$ 满足 (7.30), 也即,

$$2s_1 + \max\{\tau_1, 1\} \leq m_1 \leq \nu + s_1 + [(\tau_1+1)/2] + 1,$$

$$\mathcal{L}_R(m, 2s+\tau, s, 1; 2\nu+2) \supset \mathcal{L}_R(m_1, 2s_1+\tau_1, s_1, 1; 2\nu+2) \tag{7.31}$$

的充分必要条件是

$$m - m_1 \geq s - s_1 + (\tau - \tau_1)/2 \geq (\tau - \tau_1)/2. \tag{7.32}$$

证明 (a) 是显然的.

(b) 我们分 $\tau - \tau_1 = 0$ 和 $\tau - \tau_1 = 2$ 两种情形.

(b.1) $\tau - \tau_1 = 0$. 这时 $\tau_1 = \tau$, 而且 (7.32) 变成 (7.12)

$$m - m_1 \geq s - s_1 \geq 0.$$

使用证明定理 3.5 的方法, 可证得定理 7.25 在 $\tau - \tau_1 = 0$ 时成立.

(b.2) $\tau - \tau_1 = 2$. 这时 $\tau = 2, \tau_1 = 0$, 并且 (7.32) 变成

$$m - m_1 \geq s - s_1 + 1 \geq 1.$$

先证充分性. 设 $s - s_1 = t$ 和 $m - m_1 = t + t'$. 那么 $t \geq 0$ 和 $t' \geq 1$. 连续地应用引理 7.17, 得到

$$\begin{aligned}
&\mathcal{L}_R(m, 2s+2, s, 1; 2\nu+2) \\
&\supset \mathcal{L}_R(m-1, 2(s-1)+2, s-1, 1; 2\nu+2) \supset \cdots \\
&\supset \mathcal{L}_R(m-t, 2(s-t)+2, s-t, 1; 2\nu+2) \\
&= \mathcal{L}_R(m_1+t', 2s_1+2, s_1, 1; 2\nu+2),
\end{aligned} \tag{7.33}$$

再连续应用引理 7.16, 得到

$$\mathcal{L}_R(m_1+t', 2s_1+2, s_1, 1; 2\nu+2) \supset \mathcal{L}_R(m_1+1, 2s_1+2, s_1, 1; 2\nu+2). \tag{7.34}$$

根据引理 7.19, 有

$$\mathcal{L}_R(m_1+1, 2s_1+2, s_1, 1; 2\nu+2) \supset \mathcal{L}_R(m_1, 2s_1, 1; 2\nu+2). \tag{7.35}$$

从 (7.33), (7.34) 和 (7.35) 得到 (7.31).

对于必要性, 可按照定理 7.12(d) 中证明必要性的方法进行证明, 并且要用到文献 [29] 中的定理 4.24(vi). □

定理 7.26 设 $n = 2\nu + 2 > m \geq 1$, 并且 $(\tau, \epsilon) = (0,1)$ 或 $(2,1)$. 假定 $(m, 2s+\tau, s, 1)$ 满足 (7.30)

$$2s + \max\{\tau, 1\} \leq m \leq \nu + s + [(\tau+1)/2] + 1.$$

那么

(a) $\mathcal{L}_R(m, 2s, s, 1; 2\nu+2)$ 由 $\mathbb{F}_q^{2\nu+2}$ 和满足 (7.12) 的所有 $(m_1, 2s_1, s_1, 1)$ 子空间组成.

(b) $\mathcal{L}_R(m, 2s+2, s, 1; 2\nu+2)$ 由 $\mathbb{F}_q^{2\nu+2}$ 和满足 (7.32) 的所有 $(m_1, 2s_1+\tau_1, s_1, 1)$ 型子空间组成.

证明 (a) 由定理 7.6 和定理 3.6 得到. 而 (b) 类似于定理 7.13(c) 的证明. □

推论 7.27 设 $n = 2\nu+2 > m \geq 1$, 并且 $(\tau, \epsilon) = (0, 1)$ 或 $(2, 1)$. 假定 $(m, 2s+\tau, s, 1)$ 满足 (7.30). 那么

$$\{0\} \notin \mathcal{L}_R(m, 2s+\tau, s, 1; 2\nu+2),$$

但是

$$\langle e_{2\nu+1} \rangle \in \mathcal{L}_R(m, 2s+\tau, s, 1; 2\nu+2),$$

并且 $\langle e_{2\nu+2} \rangle = \bigcap_{X \in \mathcal{M}^{(2,1)}} X$ 是 $\mathcal{L}_R(m, 2s+\tau, s, 1; 2\nu+2)$ 的最大元. □

§7.7 伪辛空间中子空间包含关系的一个定理

由文献 [29] 中定理 4.24 可得

定理 7.28 设 V 和 U 分别是 $\mathbb{F}_q^{2\nu+\delta}$ 中关于 S_δ 的 $(m_1, 2s_1+\tau_1, s_1, \epsilon_1)$ 型和 $(m_2, 2s_2+\tau_2, s_2, \epsilon_2)$ 型子空间, 并且 $V \supset U$. 那么 ${}^t(\delta, \tau_2, \epsilon_2, \tau_1, \epsilon_1)$ 按表 7.1 所列的各列取值. □

表 7.1

列序	1	2	3	4	5	6	7	8	9	10	11	12	13
δ	1	1	1	1	1	1	1	1	1	1	1	2	2
τ_2	0	0	0	0	1	1	1	1	2	2	2	0	0
ϵ_2	0	0	0	0	0	0	0	1	0	0	0	0	0
τ_1	0	1	1	2	1	1	2	1	1	1	2	0	0
ϵ_1	0	0	1	0	0	1	0	1	0	1	0	0	1

列序	14	15	16	17	18	19	20	21	22	23	24	25
δ	2	2	2	2	2	2	2	2	2	2	2	2
τ_2	0	0	0	0	0	1	1	1	2	2	2	2
ϵ_2	0	0	0	1	1	0	0	0	0	0	0	1
τ_1	1	2	2	0	2	1	2	2	2	1	2	2
ϵ_1	0	0	1	1	1	0	0	1	0	0	1	1

定理 7.29 设 V 和 U 分别是 $(m_1, 2s_1+\tau_1, s_1, \epsilon_1)$ 型和 $(m_2, 2s_2+\tau_2, s_2, \epsilon_2)$

型子空间，而 $(m_i, 2s_i + \tau_i, s_i, \epsilon_i)$ 满足 (7.1) 和 (7.2)，即

$$(\tau_i, \epsilon_i) = \begin{cases} (0,0), (1,0), (1,1) \text{ 或 } (2,0), & \text{如果 } \delta = 1, \\ (0,0), (0,1), (1,0), (1,1) \text{ 或 } (2,0), & \text{如果 } \delta = 2 \end{cases}$$

和

$$2s_i + \max\{\tau_i, \epsilon_i\} \leq m_i \leq \nu + s_i + [(\tau_i + \delta - 1)/2] + \epsilon_i$$

成立，其中 $i = 1$ 或 2. 如果 $V \supset U$，那么存在子空间 V 的一个矩阵表示，仍记作 V，使得

(a) 当 ${}^t(\delta, \tau_2, \epsilon_2, \tau_1, \epsilon_1)$ 取表 7.1 的第 1, 第 2, 第 3, 第 6, 第 7, 第 8, 第 9, 第 10, 第 12, 第 13, 第 14, 第 16, 第 17, 第 20, 第 23, 第 24 和第 25 列所列的数值时，

$$V S_\delta {}^t V = [K_{2s_2}, \Lambda_2, K_{(2s_3, \sigma_1)}, K_{2s_4}, \Lambda_4, 0^{(\sigma)}], \tag{7.36}$$

其中 $s_3 \geq 0$, $s_4 \geq 0$, $\sigma_1 = m_2 - 2s_2 - s_3 - \tau_2 \geq 0$, $\sigma = m_1 - m_2 - s_3 - 2s_4 - \tau_4 \geq 0$,

$$\Lambda_2 = \begin{cases} \phi, & \text{如果 } \tau_2 = 0, \\ (1), & \text{如果 } \tau_2 = 1, \\ D_2, & \text{如果 } \tau_2 = 2, \end{cases}$$

而

$$\Lambda_4 = \begin{cases} \phi, \\ (1), \\ D_2, \end{cases} \quad \tau_4 = \begin{cases} 0, & \text{如果 } \tau_1 = \tau_2, \\ 1, & \text{如果 } |\tau_1 - \tau_2| = 1, \\ 2, & \text{如果 } |\tau_1 - \tau_2| = 2. \end{cases}$$

此外，

$$m_1 - m_2 \geq \begin{cases} s_1 - s_2 + \lceil (\tau_1 - \tau_2)/2 \rceil \geq \lceil |\tau_1 - \tau_2|/2 \rceil, & \text{如果} \\ (\tau_1, \epsilon_1) = (1,1) \text{ 而 } (\tau_2, \epsilon_2) = (0,0) \text{ 或 } (2,0), \\ s_1 - s_2 + \lceil (\tau_1 - \tau_2)/2 \rceil + |\epsilon_1 - \epsilon_2| \\ \geq \lceil |\tau_1 - \tau_2|/2 \rceil + |\epsilon_1 - \epsilon_2|, \text{其他情形}. \end{cases} \tag{7.37}$$

(b) 当 ${}^t(\delta, \tau_2, \epsilon_2, \tau_1, \epsilon_1)$ 取表 7.1 的第 4 和第 15 列所列的数值时，

$$V S_\delta {}^t V = [K_{2s_2}, K_{(2s_3, \sigma_1)}, K_{2s_4}, D_2, 0^{(\sigma-2)}] \tag{7.38}$$

或

$$\left[K_{2s_2}, \begin{pmatrix} 0 & & I^{(s_3)} \\ & 0 & \\ I^{(s_3)} & & E_3 \end{pmatrix}, K_{2s_4}, 0^{(\sigma)} \right], \tag{7.39}$$

其中 $\sigma_1 = m_2 - 2s_2 - s_3 \geq 0$, $s_4 \geq 0$, 并且

$$\sigma = \begin{cases} m_1 - m_2 - s_3 - 2s_4 \geq 2, s_3 \geq 0, \text{如果在 (7.38) 中}, \\ m_1 - m_2 - s_3 - 2s_4 \geq 0, s_3 \geq 1, \text{如果在 (7.39) 中}, \end{cases}$$

而

$$E_3 = \left[0^{(s_3-1)}, 1\right].$$

此外,

$$m_1 - m_2 \geq s_1 - s_2 + 2 \geq 2 \text{ 或 } m_1 - m_2 \geq s_1 - s_2 + 1 \geq 1.$$

(c) 当 $^t(\delta, \tau_2, \epsilon_2, \tau_1, \epsilon_1)$ 取表 7.1 的第 18 列所列的数值时,

$$VS_\delta {}^tV = \left[I^{(2s_2)}, \begin{pmatrix} 0 & & & I^{(s_3)} & & & \\ & 0^{(\sigma_1-1)} & & & & & \\ & & 0 & & & & 1 \\ & I^{(s_3)} & & 0 & & & \\ & & & & K_{2s_4} & & \\ & & & & & 0^{(\sigma)} & \\ & & & 1 & & & 1 \end{pmatrix}\right], \tag{7.40}$$

其中 $s_3 \geq 0$, $s_4 \geq 0$, $\sigma_1 = m_2 - 2s_2 - s_3 \geq 1$ 和 $\sigma = m_1 - m_2 - s_3 - 2s_4 - 1 \geq 0$. 此外,

$$m_1 - m_2 \geq s_1 - s_2 + 1 \geq 1.$$

(d) 当 $^t(\delta, \tau_2, \epsilon_2, \tau_1, \epsilon_1)$ 取表 7.1 的第 5, 第 11, 第 19 和第 22 列所列的数值时,

$$VS_\delta {}^tV = \left[K_{2s_2}, \Lambda_2, K_{(2s_3, \sigma_1)}, K_{2s_4}, 0^{(\sigma)}\right] \tag{7.41}$$

或

$$\left[K_{2s_2}, \Lambda_2, K_{(2s_3, \sigma_1)}, K_{2s_4}, D_2, 0^{(\sigma-2)}\right], \tag{7.42}$$

其中

$$\Lambda_2 = \begin{cases} (1), & \text{如果 } \tau_1 = \tau_2 = 1, \\ D_2, & \text{如果 } \tau_1 = \tau_2 = 2, \end{cases}$$

$s_3 \geq 0$, $s_4 \geq 0$, $\sigma_1 = m_2 - 2s_2 - s_3 - \tau_2 \geq 0$, 而

$$\sigma = m_1 - m_2 - s_3 - 2s_4 \geq \begin{cases} 0, \text{如果在 (41) 中}, \\ 2, \text{如果在 (42) 中}. \end{cases}$$

此外,

$$m_1 - m_2 \geq s_1 - s_2 \geq 0 \text{ 或 } m_1 - m_2 \geq s_1 - s_2 + 1 \geq 2.$$

(e) 当 $^t(\delta,\tau_2,\epsilon_2,\tau_1,\epsilon_1)$ 取表 7.1 的第 21 列所列的数值时,

$$VS_\delta{}^tV = \left[K_{2s_2}, \begin{pmatrix} & & & 1 & \\ & K_{(2s_3,\sigma_1)} & & & \\ & & & & K_{2s_4} \\ & & & & & 0^{(\sigma)} \\ 1 & & & & 0 \end{pmatrix}\right], \tag{7.43}$$

其中 $s_3 \geq 0, s_4 \geq 0, \sigma_1 = m_2 - 2s_2 - s_3 - 1 \geq 0$ 和 $\sigma = m_1 - m_2 - s_3 - 2s_4 - 1 \geq 0$. 此外,

$$m_1 - m_2 \geq s_1 - s_2 + 1 \geq 1.$$

在上述情形 (a)—(e) 都有 $U = \langle v_1, \cdots, v_{m_2} \rangle$, 其中 v_i 是 V 的第 i 个行向量, $i = 1, 2, \cdots, m_2$.

证明 这里只给出 $^t(\delta,\tau_2,\epsilon_2,\tau_1,\epsilon_1)$ 取第 5 列的情形的证明, 其余情形的证明可以同样地进行.

因为 $(\tau_2,\epsilon_2) = (1,0)$, 所以由文献 [29] 中定理 4.11 的证明, 可以假定

$$U = \begin{pmatrix} U_1 & 0 \\ v & 1 \\ U_2 & 0 \\ 2\nu & 1 \end{pmatrix} \begin{matrix} 2s_2 \\ 1 \\ m_2 - 2s_2 - 1 \end{matrix}$$

使得

$$US_1{}^tU = [K_{2s_2}, 1, 0^{(m_2 - 2s_2 - 1)}],$$

这里 $v \neq 0$. 从 $(\tau_1,\epsilon_1) = (1,0)$ 和 $V \supset U$, 又可假定

$$V = \begin{pmatrix} U_1 & 0 \\ v & 1 \\ U_2 & 0 \\ U_3 & 0 \\ 2\nu & 1 \end{pmatrix} \begin{matrix} 2s_2 \\ 1 \\ m_2 - 2s_2 - 1 \\ m_1 - m_2 \end{matrix}$$

是 V 的一个矩阵表示, 所以

$$VS_1{}^tV = \begin{pmatrix} 0 & I & & & L_1 \\ I & 0 & & & L_2 \\ & & 1 & & L_3 \\ & & & 0 & L_4 \\ {}^tL_1 & {}^tL_2 & {}^tL_3 & {}^tL_4 & L_5 \end{pmatrix} \begin{matrix} s_2 \\ s_2 \\ 1 \\ m_2 - 2s_2 - 1 \\ m_1 - m_2 \end{matrix},$$

$\phantom{VS_1{}^tV = } \begin{matrix} s_2 & s_2 & 1 & m_2-2s_2-1 & m_1-m_2 \end{matrix}$

其中 $L_5 = (U_3\ 0)S_1{}^t(U_3\ 0)$ 是 $(m_1 - m_2) \times (m_1 - m_2)$ 交错矩阵. 令

$$R = \begin{pmatrix} I & & & & \\ & I & & & \\ & & 1 & & \\ & & & I & \\ {}^tL_2 & {}^tL_1 & {}^tL_3 & & I \\ \scriptstyle s_2 & \scriptstyle s_2 & \scriptstyle 1 & \scriptstyle m_2-2s_2-1 & \scriptstyle m_1-m_2 \end{pmatrix} \begin{matrix} s_2 \\ s_2 \\ 1 \\ m_2-2s_2-1 \\ m_1-m_2 \end{matrix},$$

那么

$$RVS_1{}^tV{}^tR = \left[K_{2s-2}, 1, \begin{pmatrix} 0 & L_4 \\ {}^tL_4 & \widetilde{L}_5 \end{pmatrix}\right],$$

其中 $\widetilde{L}_5 = {}^tL_2L_1 + {}^tL_1L_2 + {}^tL_3L_3$ 是 $(m_1 - m_2) \times (m_1 - m_2)$ 对称矩阵. 我们分 $m_2 - 2s_2 - 1 = 0$ 和 $m_2 - 2s_2 - 1 \geq 1$ 两种情形来研究.

情形 1: $m_2 - s_2 - 1 = 0$. 这时 L_4 不出现, 令 $s_3 = 0$. 因为 $(\tau_1, \epsilon_1) = (1, 0)$, 所以存在 $(m_1 - m_2) \times (m_1 - m_2)$ 非奇异矩阵 Q, 使得

$$Q\widetilde{L}_5{}^tQ = [K_{2s_4}, 0^{(\sigma)}] \quad \text{或} \quad [K_{2s_4}, D_2, 0^{(\sigma-2)}],$$

其中 $s_4 \geq 0$, 且分别有 $\sigma = m_1 - m_2 - s_3 - 2s_4 \geq 0$ 或 2.

情形 2: $m_2 - 2s_2 - 1 \geq 1$. 设 $\text{rank} L_4 = s_3$, 那么 $s_3 \geq 0$. 于是有 $(m_2 - 2s_2 - 1) \times (m_2 - 2s_2 - 1)$ 非奇异矩阵 A 和 $(m_1 - m_2) \times (m_1 - m_2)$ 非奇异矩阵 B, 使得

$$AL_4B = \begin{pmatrix} I^{(s_3)} & 0 \\ 0 & 0^{(\sigma_1, \sigma_2)} \end{pmatrix},$$

其中 $s_3 \geq 0$, $0^{(\sigma_1, \sigma_2)}$ 是 $\sigma_1 \times \sigma_2$ 零矩阵, 且 $\sigma_1 = m_2 - 2s_2 - s_3 - 1 \geq 0$ 和 $\sigma_2 = m_1 - m_2 - s_3 \geq 0$. 令

$$B\widetilde{L}_5{}^tB = \begin{pmatrix} L_{55} & L_{56} \\ {}^tL_{56} & L_{66} \end{pmatrix} \begin{matrix} s_3 \\ m_1 - m_2 - s_3 \end{matrix},$$

那么 L_{55} 和 L_{66} 分别是 $s_3 \times s_3$ 和 $(m_1 - m_2 - s_3) \times (m_1 - m_2 - s_3)$ 对称矩阵, 并且

$$\begin{pmatrix} A & \\ & B \end{pmatrix} \begin{pmatrix} 0 & L_4 \\ {}^tL_4 & \widetilde{L}_5 \end{pmatrix} {}^t\begin{pmatrix} A & \\ & B \end{pmatrix} = \begin{pmatrix} 0 & & I^{(s_3)} & \\ & 0 & & \\ I^{(s_3)} & & L_{55} & L_{56} \\ & & {}^tL_{56} & L_{66} \end{pmatrix}.$$

令 T 是将 L_{55} 主对角线以下的元素换上 0 后所得到的矩阵, 并且取

$$E = \begin{pmatrix} I^{(s_3)} & & & \\ & I^{(\sigma_1)} & & \\ T & & I^{(s_3)} & \\ {}^tL_{56} & & & I^{(m_1-m_2-s_3)} \end{pmatrix},$$

第七章　伪辛群作用下子空间轨道生成的格

那么
$$E\begin{pmatrix} 0 & & I & \\ & 0 & & \\ I & & L_{55} & L_{56} \\ & & {}^tL_{56} & L_{66} \end{pmatrix}{}^tE = \begin{pmatrix} 0 & & I & \\ & 0 & & \\ I & & D_3 & \\ & & & L_{66} \end{pmatrix},$$

其中 D_3 是 $s_3 \times s_3$ 对角形矩阵. 因为 V 是 $(m_1, 2s_1+1, s_1, 0)$ 型子空间, 而

$$[1, D_2] \text{ 合同于 } [1, K_{2\cdot 1}],$$

所以存在 $(m_1 - m_2 - s_3) \times (m_1 - m_2 - s_3)$ 非奇异矩阵 Q_1, 使得

$$Q_1 L_{66} {}^tQ_1 = [K_{2s_4}, 0^{(\sigma)}] \quad \text{或} \quad [K_{2s_4}, D_2, 0^{(\sigma-2)}],$$

其中 $s_4 \geq 0$, 而 $\sigma = m_1 - m_2 - s_3 - 2s_4 \geq 0$ 或 2. 令

$$W = [I^{(\sigma_1 + 2s_2)}, Q_1] E [A, B],$$

那么
$$W \begin{pmatrix} 0 & L_4 \\ {}^tL_4 & \widetilde{L}_5 \end{pmatrix} {}^tW = \left[\begin{pmatrix} 0 & & I^{(s_3)} \\ & 0^{(\sigma_1)} & \\ I^{(s_3)} & & D_3 \end{pmatrix}, K_{2s_4}, 0^{(\sigma)} \right]$$

$$\text{或} \left[\begin{pmatrix} 0 & & I^{(s_3)} \\ & 0^{(\sigma_1)} & \\ I^{(s_3)} & & D_3 \end{pmatrix}, K_{2s_4}, D_2, 0^{(\sigma-2)} \right].$$

注意到

$$\begin{pmatrix} 1 & a^{1/2} & 0 \\ 0 & 1 & 0 \\ a^{1/2} & 0 & 1 \end{pmatrix} \left[1, \begin{pmatrix} 0 & 1 \\ 1 & a \end{pmatrix} \right] {}^t\!\begin{pmatrix} 1 & a^{1/2} & 0 \\ 0 & 1 & 0 \\ a^{1/2} & 0 & 1 \end{pmatrix} = [1, K_{2\cdot 1}]. \quad (7.44)$$

所以存在形如 $1 \times s_3$ 矩阵 A_2, $s_3 \times 1$ 矩阵 B_2 和 $s_3 \times s_3$ 矩阵 B_3, 使得

$$\begin{pmatrix} 1 & A_2 & \\ & I^{(s_3)} & \\ B_2 & B_3 & I^{(s_3)} \end{pmatrix} \begin{pmatrix} 1 & & \\ & 0 & I^{(s_3)} \\ & I^{(s_3)} & D_3 \end{pmatrix} {}^t\!\begin{pmatrix} 1 & A_2 & \\ & I^{(s_3)} & \\ B_2 & B_3 & I^{(s_3)} \end{pmatrix} = [1, I^{(2s_3)}].$$

在上述两种情形, 如果 $m_2 - 2s_2 - 1 = 0$, 就令

$$R_1 = [I^{(2s_2+1)}, Q] R,$$

如果 $m_2 - 2s_2 - 1 \geq 1$, 就令

$$R_1 = \left[I^{(2s_2)}, \begin{pmatrix} 1 & A_2 & & & \\ & I^{(s_3)} & & & \\ & & I^{(\sigma_1)} & & \\ & & & & I^{(s_3)} \\ B_2 & B_3 & & I^{(s_3)} & \end{pmatrix}, I^{(m_1-m_2-s_3)} \right] \times \left[I^{(2s_2+1)}, W \right] R,$$

再令

$$V = R_1 \begin{pmatrix} U_1 & 0 \\ v & 1 \\ U_2 & 0 \\ U_3 & 0 \end{pmatrix},$$

那么

$$V = \begin{pmatrix} \widetilde{U} \\ \widetilde{U}_1 \end{pmatrix} \begin{matrix} m_2 \\ m_1 - m_2 \end{matrix},$$

其中 $\widetilde{U}$ 是子空间 U 的一个矩阵表示, 记作 U, $\widetilde{U}_1$ 是 $(m_1-m_2) \times (2\nu+1)$ 矩阵. 那么 (7.41) 或 (7.42) 成立, 并且在 (7.41) 中有 $s_1 = s_2 + s_3 + s_4$, 而在 (7.42) 中有 $s_1 = s_2 + s_3 + s_4 + 1$. 于是

$$m_1 - m_2 \geq \begin{cases} s_1 - s_2 \geq 0, & \text{如果 (7.41) 成立}, \\ s_1 - s_2 + 1 \geq 2, & \text{如果 (7.42) 成立}. \end{cases}$$

此外, 又有 $U = \langle v_1, \cdots, v_{m_2} \rangle$, 其中 $v_i (i = 1, 2, \cdots, m_2)$ 是 V 的第 i 个行向量. □

§7.8 格 $\mathcal{L}_O(m, 2s+\tau, s, \epsilon; 2\nu+\delta)$ 和格 $\mathcal{L}_R(m, 2s+\tau, s, \epsilon; 2\nu+\delta)$ 的秩函数

定理 7.30 设 $n = 2\nu + \delta > m \geq 1$, 而 $(m, 2s+\tau, s, \epsilon)$ 满足

$$(\tau, \epsilon) = \begin{cases} (1,0) \text{ 或 } (2,0), & \text{如果 } \delta = 1, \\ (0,0), (1,0) \text{ 或 } (2,0), & \text{如果 } \delta = 2 \end{cases}$$

和 (7.2). 对于 $X \in \mathcal{L}_O(m, 2s+\tau, s, 0; 2\nu+1)$, 按照 (5.53) 式来定义 $r(X)$, 则 $r : \mathcal{L}_O(m, 2s+\tau, s, 0; 2\nu+1) \to \mathbb{N}$ 是格 $\mathcal{L}_O(m, 2s+\tau, s, 0; 2\nu+1)$ 的秩函数.

证明 因为 $\delta = 1$ 和 $\delta = 2$ 这两种情形的证明方法相同, 所以只给出 $\delta = 1$ 证明. 由推论 7.14, $\{0\} \in \mathcal{L}_O(m, 2s+\tau, s, 0; 2\nu+1)$, 所以 $\mathcal{L}_O(m, 2s+s, 0; 2\nu+1)$ 是以 $\{0\}$ 为极小元素的有限格. 显然, 函数 r 适合命题 1.14 中的条件 (i). 现在设

$U, V \in \mathcal{L}_O(m, 2s+\tau, s, 0; 2\nu+1)$, 而 $U \leq V$. 假定 $r(V) - r(U) > 1$. 我们仍然要证明 $U <\cdot V$ 不成立. 从而命题 1.14 的 (ii) 成立.

当 $V = \mathbb{F}_q^{2\nu+1}$ 时, 如同定理 3.11 的证明, $U <\cdot V$ 不成立.

现在假定 $V \neq \mathbb{F}_q^{2\nu+1}$. 设 V 和 U 分别是 $(m_1, 2s_1 + \tau_1, s_1, 0)$ 型和 $(m_2, 2s_2 + \tau_2, s_2, 0)$ 型子空间, 那么 $(m_1, 2s_1 + \tau_1, s_1, 0)$ 和 $(m_2, 2s_2 + \tau_2, s_2, 0)$ 每个都满足 (7.2) 和 (7.14), 并且 $m_1 - m_2 \geq 2$. 因为 $U \leq V$, 所以由定理 7.13, 7.22 和 7.26, $(\tau_1, \tau_2) = (0, 0), (1, 0), (2, 0), (1, 1), (2, 1), (1, 2)$ 或 $(2, 2)$. 当 $(\tau_1, \tau_2) = (0, 0), (1, 0), (2, 1)$ 或 $(1, 2)$ 时, (7.36) 成立; 当 $(\tau_1, \tau_2) = (2, 0)$ 时, (7.38) 或 (7.39) 成立; 当 $(\tau_1, \tau_2) = (1, 1)$ 或 $(2, 2)$ 时, (7.41) 或 (7.42) 成立. 而在所有的情形都有 $U = \langle v_1, \cdots, v_{m_2} \rangle$, 其中 $v_i (i = 1, 2, \cdots, m_2)$ 是 V 的第 i 个行向量. 先讨论 $(\tau_1, \tau_2) = (0, 0), (1, 0), (2, 1)$ 或 $(1, 2)$ 的情形. 因为在 $m_1 - m_2 \geq 2$ 时, $m_1 - m_2 - s_3 - 2s_4 - \tau_4 = s_3 = s_4 = 0$ 的情形不出现, 而在 $m_1 - m_2 - s_3 - 2s_4 - \tau_4 > 0$, $s_3 > 0$ 或 $s_4 > 0$ 时, 如同定理 3.11 的情形 1 和情形 2 的证明, 可知 $U <\cdot V$ 不成立. 现在考虑 $(\tau_1, \tau_2) = (2, 0), (1, 1)$ 或 $(2, 2)$ 的情形. 当 $(\tau_1, \tau_2) = (2, 0)$ 而 (7.39) 成立时, 令 $W = \langle v_1, \cdots, v_{m_2+s_3-1}, \widehat{v_{m_2+s_3}}, v_{m_2+s_3+1}, \cdots, v_{m_1} \rangle$, 那么 W 是 $(m_1 - 1, 2s_1, s_1, 0)$ 型子空间, 并且 $U < W < V$. 由推论 7.15, $W \in \mathcal{L}_O(m, 2s+2, s, 0; 2\nu+1)$. 因而 $U <\cdot V$ 不成立. 当 $(\tau_1, \tau_2) = (2, 0)$ 而 (7.38) 成立时, 如果 $m_1 - m_2 - s_3 - 2s_4 > 2$, $s_3 > 0$ 或 $s_4 > 0$, 也按照定理 3.11 的证明, 可知 $U <\cdot V$ 不成立. 当 $m_1 - m_2 - s_3 - 2s_4 = 2$ 时, 令 $W = \langle v_1, \cdots, v_{m_1-1} \rangle$, 那么 W 是 $(m_1 - 1, 2s_1, s_1, 0)$ 型子空间, 并且 $U < W < V$, 再由推论 7.15, 可知 $U <\cdot V$ 不成立. 同样的讨论, 对于 $(\tau_1, \tau_2) = (1, 1)$ 或 $(2, 2)$ 时, $U <\cdot V$ 也不成立. □

定理 7.31 设 $n = 2\nu + 2 > m \geq 2$ 和 $(m, 2s+2, s, 1)$ 满足 (7.30). 对于 $X \in \mathcal{L}_O(m, 2s+2, s, 1; 2\nu+2)$, 定义

$$r(X) = \begin{cases} \dim X - 1, & \text{如果 } X \neq \mathbb{F}_q^{2\nu+2}, \\ m, & \text{如果 } X = \mathbb{F}_q^{2\nu+2}. \end{cases} \tag{7.45}$$

则 $\mathcal{L}_O(m, 2s+2, s, 1; 2\nu+2) \to \mathbb{N}$ 是格 $\mathcal{L}_O(m, 2s+2, s, 1; 2\nu+2)$ 的秩函数.

证明 由推论 7.27, $\langle e_{2\nu+1} \rangle \in \mathcal{L}_O(m, 2s+2, s, 1; 2\nu+2)$. 所以 $\mathcal{L}_O(m, 2s+2, s, 1; 2\nu+2)$ 是以 $\langle e_{2\nu+1} \rangle$ 为最小元的有限格. 显然, 函数 r 满足命题 1.14 中的 (i). 现在设 $U, V \in \mathcal{L}_O(m, 2s+2, s, 1; 2\nu+2)$, 而 $U \leq V$. 假定 $r(V) - r(U) > 1$. 下面来证明 $U <\cdot V$ 不成立.

对于 $V = \mathbb{F}_1^{2\nu+2}$ 的情形, 类似于定理 3.11 的证明, 可知 $U <\cdot V$ 不成立.

现在考虑 $V \neq \mathbb{F}_q^{2\nu+2}$ 的情形. 由定理 7.26, 可设 V 和 U 分别是 $(m_1, 2s_1 + \tau_1, s_1, 1)$ 型和 $(m_2, 2s_2 + \tau_2, s_2, 1)$ 型子空间. 并且 $(\tau_1, \tau_2) = (0, 0), (2, 0), (2, 2)$. 如果 $(\tau_1, \tau_2) = (0, 0)$, 那么由定理 7.6 和定理 3.11 的证明, 可知 $U <\cdot V$ 不成立. 如果 $(\tau_1, \tau_2) = (2, 2)$, 那么 (7.36) 出现, 由 $m_1 - m_2 \geq 2$, 可知 $m_1 - m_2 - s_3 - 2s_4 - \tau_4 =$

$s_3 = s_4 = 0$ 的情形不出现,而在 $m_1 - m_2 - s_3 - 2s_4 - \tau_4 > 0$, $s_3 > 0$ 或 $s_4 > 0$ 时,如同定理 3.11 的证明,可知 $U <\cdot V$ 不成立. 当 $(\tau_1, \tau_2) = (2, 0)$ 时,则 (7.40) 式出现. 我们按照定理 7.30 中对于 $(\tau_1, \tau_2) = (2, 0)$ 而 (7.38) 成立时的处理方法,可知 $U <\cdot V$ 也不成立. 因此,由命题 1.14, r 是格 $\mathcal{L}_O(m, 2s+2, s, 1; 2\nu+2)$ 的秩函数. □

定理 7.32 设 $n = 2\nu + \delta > m \geq 1$, 而 $(m, 2s+\tau, s, \epsilon)$ 满足

$$(\tau, \epsilon) = \begin{cases} (1,0) \text{ 或 } (2,0), & \text{如果 } \delta = 1, \\ (0,0), (1,0), (2,0) \text{ 或 } (2,1), & \text{如果 } \delta = 2 \end{cases}$$

和 (7.2). 对于 $X \in \mathcal{L}_R(m, 2s+\tau, s, \epsilon; 2\nu+\delta)$, 按照 (5.54) 式来定义 $r'(X)$, 则 $r': \mathcal{L}_O(m, 2s+\tau, s, 0; 2\nu+1) \to \mathbb{N}$ 是格 $\mathcal{L}_R(m, 2s+\tau, s, 0; 2\nu+1)$ 的秩函数.

证明 由定理 7.30 和定理 7.31 可推得本定理. □

§7.9 格 $\mathcal{L}_R(m, 2s+\tau, s, \epsilon; 2\nu+\delta)$ 的特征多项式

现在给出格 $\mathcal{L}_R(m, 2s+\tau, s, \epsilon, 2\nu+\delta)$ 的特征多项式. 设 $n = 2\nu + \delta > m \geq 1$, 并且 $(m, 2s+\tau, s, \epsilon)$ 满足 (7.2). 对于 (7.1) 中的任一数对 (τ, ϵ), 令

$$N(m, 2s+\tau, s, \epsilon; 2\nu+\delta) = |\mathcal{M}(m, 2s+\tau, s, \epsilon; 2\nu+\delta)|,$$

其公式已由文献 [29] 定理 4.14 给出. 我们仍用 $g_{m_1}(t) = (t-1)(t-q)\cdots(t-q^{m_1-1})$ 表示次数为 m_1 的 Gauss 多项式. 注意到由 (5.54) 定义的秩函数,于是有

定理 7.33 设 $n = 2\nu + 1 > m \geq 1$, 并且

$$(\tau, \epsilon) = (0,0), (1,0), (1,1) \text{ 或 } (2,0).$$

假定 $(m, 2s+\tau, s, \epsilon)$ 满足 (7.11)

$$2s + \max\{\tau, \epsilon\} \leq m \leq \nu + s + [\tau/2] + \epsilon.$$

那么

(a) $\chi(\mathcal{L}_R(m, 2s, s, 0; 2\nu+1), t) = \chi(\mathcal{L}_R(m, s; 2\nu), t)$

$$= (\sum_{s_1=s+1}^{\nu} \sum_{m_1=2s_1}^{\nu+s_1} + \sum_{s_1=0}^{s} \sum_{m_1=m-s+s_1+1}^{\nu+s_1}) N(m_1, s_1; 2\nu) g_{m_1}(t).$$

(b) $\chi(\mathcal{L}_R(m, 2s+1, s, 0; 2\nu+1), t)$

$$= \sum_{\tau_1 = 0, 1 \text{ 或 } 2} (\sum_{s_1=s-\tau_2+1}^{\nu} \sum_{m_1=2s_1+\tau_1}^{\nu+s_1+[\tau_1/2]} + \sum_{s_1=0}^{s-\tau_2} \sum_{m_1=m-s+s_1-\lceil(1-\tau_1)/2\rceil+1}^{\nu+s_1+[\tau_1/2]})$$

$$\cdot N(m_1, 2s_1+\tau_1, s_1, 0; 2\nu+1) g_{m_1}(t)$$

$$+ \sum_{s_1=0}^{\nu} \sum_{m_1=2s_1+1}^{\nu+s_1+1} N(m_1, 2s_1+1, s_1, 1; 2\nu+1) g_{m_1}(t),$$

第七章 伪辛群作用下子空间轨道生成的格

其中 $\tau_2 = \lceil |1-\tau_1|/2 \rceil - \lceil (1-\tau_1)/2 \rceil$.

(c) $\chi(\mathcal{L}_R(m, 2s+2, s, 0; 2\nu+1), t)$

$$= \sum_{\tau_1=0,1\text{或}2} \left(\sum_{s_1=s+1}^{\nu} \sum_{m_1=2s_1+\tau_1}^{\nu+s_1+\lceil \tau_1/2 \rceil} + \sum_{s_1=0}^{s} \sum_{m_1=m-s+s_1-\lceil(2-\tau_1)/2\rceil+1}^{\nu+s_1+\lceil\tau_1/2\rceil} \right)$$

$$\cdot N(m_1, 2s_1+\tau_1, s_1, 0; 2\nu+1) g_{m_1}(t)$$

$$+ \sum_{s_1=0}^{\nu} \sum_{m_1=2s_1+1}^{\nu+s_1+1} N(m_1, 2s_1+1, s_1, 1; 2\nu+1) g_{m_1}(t).$$

(d) $\chi(\mathcal{L}_R(m, 2s+1, s, 1; 2\nu+1), t) = \chi(\mathcal{L}_R(m-1, s; 2\nu), t)$

$$= \left(\sum_{s_1=s+1}^{\nu} \sum_{m_1=2s_1}^{\nu+s_1} + \sum_{s_1=0}^{s} \sum_{m_1=m-s+s_1}^{\nu+s_1} \right) N(m_1, s_1; 2\nu) g_{m_1}(t).$$

证明 (a) 和 (d) 分别从定理 7.4 与定理 3.13 和定理 7.5 与定理 3.13 得到. 对于 (b) 和 (c) 类似于 3.13 的证明. □

定理 7.34 设 $n = 2\nu + 2 > m \geq 1$, 而 $(\tau, \epsilon) = (0,0), (1,0)$ 或 $(2,0)$. 假定 $(m, 2s+\tau, s, 0)$ 满足 (7.29), 那么

(a) $\chi(\mathcal{L}_R(m, 2s, s, 0; 2\nu+2), t)$

$$= \left(\sum_{s_1=s+1}^{\nu} \sum_{m_1=2s_1}^{\nu+s_1} + \sum_{s_1=0}^{s} \sum_{m_1=m-s+s_1+1}^{\nu+s_1} \right)$$

$$\cdot N(m_1, 2s_1, s_1, 0; 2\nu+2) g_{m_1}(t)$$

$$+ \sum_{\tau_1=1,2} \sum_{s_1=0}^{\nu} \sum_{m_1=2s_1+\tau_1}^{\nu+s_1+\lceil(\tau_1+1)/2\rceil} N(m_1, 2s_1+\tau_1, s_1, 0; 2\nu+2) g_{m_1}(t)$$

$$+ \sum_{\tau_1=0,2} \sum_{s_1=0}^{\nu} \sum_{m_1=2s_1+\max\{\tau_1,1\}}^{\nu+s_1+\lceil(\tau_1+1)/2\rceil+1} N(m_1, 2s_1+\tau_1, s_1, 1; 2\nu+2) g_{m_1}(t).$$

(b) $\chi(\mathcal{L}_R(m, 2s+1, s, 0; 2\nu+2), t)$

$$= \sum_{\tau_1=0,1\text{或}2} \left(\sum_{s_1=s-\tau_2+1}^{\nu} \sum_{m_1=2s_1+\tau_1}^{\nu+s_1+\lceil(\tau_1+1)/2\rceil} + \sum_{s_1=0}^{s-\tau_2} \sum_{m_1=m-s+s_1-\lceil(1-\tau_1)/2\rceil+1}^{\nu+s_1+\lceil(\tau_1+1)/2\rceil} \right)$$

$$\cdot N(m_1, 2s_1+\tau_1, s_1, 0; 2\nu+2) g_{m_1}(t)$$

$$+ \sum_{\tau_1=0,2} \sum_{s_1=0}^{\nu} \sum_{m_1=2s_1+\max\{\tau_1,1\}}^{\nu+s_1+\lceil(\tau_1+1)/2\rceil+1} N(m_1, 2s_1+\tau_1, s_1, 1; 2\nu+2) g_{m_1}(t),$$

其中 $\tau_2 = \lceil |1-\tau_1|/2 \rceil - \lceil (1-\tau_1)/2 \rceil$.

(c) $\chi(\mathcal{L}_R(m, 2s+2, s, 0; 2\nu+2), t)$

$$= \sum_{\tau_1=0,1\text{或}2} \left(\sum_{s_1=s+1}^{\nu} \sum_{m_1=2s_1+\tau_1}^{\nu+s_1+\lfloor(\tau_1+1)/2\rfloor} + \sum_{s_1=0}^{s} \sum_{m_1=m-s+s_1-\lfloor(2-\tau_1)/2\rfloor+1}^{\nu+s_1+\lfloor(\tau_1+1)/2\rfloor} \right)$$
$$\cdot N(m_1, 2s_1+\tau_1, s_1, 0; 2\nu+2) g_{m_1}(t)$$
$$+ \sum_{\tau_1=0,2} \sum_{s_1=0}^{\nu} \sum_{m_1=2s_1+\max\{\tau_1,1\}}^{\nu+s_1+\lfloor(\tau_1+1)/2\rfloor+1} N(m_1, 2s_1+\tau_1, s_1, 1; 2\nu+2) g_{m_1}(t).$$

证明 (a) 和 (d) 分别从定理 7.4 与定理 3.13 和定理 7.5 与定理 3.13 得到. 对于 (b) 和 (c) 类似于 3.13 的证明. □

下面给出格 $\mathcal{L}_R(m, 2s+\tau, s, 1; 2\nu+2)$ 的特征多项式. 由定理 7.6, $\mathcal{L}_R(m, 2s, s, 1; 2\nu+2)$ 的特征多项式等于 2ν 维辛空间 $\mathbb{F}_q^{2\nu}$ 中格 $\mathcal{L}_R(m-1, s; 2\nu)$ 的特征多项式. 因而有

定理 7.35 设 $n = 2\nu+2 > m \geq 1$, 假定 $(m, 2s, s, 1)$ 满足 (7.30)

$$2s+1 \leq m \leq \nu+s+1.$$

那么

$$\chi(\mathcal{L}_R(m, 2s, s, 1; 2\nu+2), t) = \chi(\mathcal{L}_R(m-1, s; 2\nu), t),$$

而 $\chi(\mathcal{L}_R(m-1, s; 2\nu), t)$ 已由定理 3.13 给出. □

然而, 当 $\tau = 2$ 时, 要给出格 $\mathcal{L}_R(m, 2s+2, s, 1; 2\nu+2)$ 的特征多项式, 需要引进另外一种格, 这种格同构于 $\mathcal{L}_R(m, 2s+2, s, 1; 2\nu+2)$, 并且它的特征多项式又容易得到. 因而就能得到格 $\mathcal{L}_R(m, 2s+2, s, 1; 2\nu+2)$ 的特征多项式.

设 $n = 2\nu+1$, 并且

$$\mathcal{M}(m, 2s+1; 2\nu+1) = \mathcal{M}(m, 2s+1, s, 0; 2\nu+1) \cup \mathcal{M}(m, 2s+1, s, 1; 2\nu+1).$$

我们用 $\mathcal{L}_R(m, 2s+1; 2\nu+1)$ 表示由 $\mathcal{M}(m, 2s+1; 2\nu+1)$ 生成的集合, 我们按子空间的反包含关系来规定它的偏序, 把它记作 $\mathcal{L}_R(m, 2s+1; 2\nu+1)$. 那么 $\mathcal{L}_R(m, 2s+1; 2\nu+1)$ 称为由 $\mathcal{M}(m, 2s+1; 2\nu+1)$ **生成的格**.

因为 $\mathbb{F}_q^{2\nu+1}$ 中的每个 $(m, 2s+1, s, 0)$ 型子空间不包含 $e_{2\nu+1}$, 所以 $(m, 2s+1, s, 0)$ 型子空间集和 $(m, 2s+1, s, 1)$ 型子空间集的交是空集. 因此

$$\mathcal{L}_R(m, 2s+1; 2\nu+1) = \mathcal{L}_R(m, 2s+1, s, 0; 2\nu+1) \cup \mathcal{L}_R(m, 2s+1, s, 1; 2\nu+1)$$

和

$$\mathcal{L}_R(m, 2s+1, s, 0; 2\nu+1) \cap \mathcal{L}_R(m, 2s+1, s, 1; 2\nu+1) = \{\mathbb{F}_q^{2\nu+2}\}.$$

于是由特征多项式的定义，有

$$\chi(\mathcal{L}_R(m, 2s+1; 2\nu+1), t) = \chi(\mathcal{L}_R(m, 2s+1, s, 0; 2\nu+1), t)$$
$$+ \chi(\mathcal{L}_R(m, 2s+1, s, 1; 2\nu+1), t) - t^{2\nu+1}.$$

因为 $\chi(\mathcal{L}_R(m, 2s+1, s, 1; 2\nu+1), t) = \chi(\mathcal{L}_R(m-1, s; 2\nu), t)$ 可由定理 7.33(d) 给出，而 $\chi(\mathcal{L}_R(m, 2s+1, s, 0; 2\nu+1), t)$ 已由定理 7.33(b) 给出. 因而可得到 $\mathcal{L}_R(m, 2s+1; 2\nu+1)$ 的特征多项式的表示式.

定理7.36 设 $n = 2\nu + 1$，并且假定 $(m, 2s, s, 1)$ 满足 (7.30)

$$2s + 1 \leq m \leq \nu + s + 1.$$

那么

$$\chi(\mathcal{L}_R(m, 2s+1; 2\nu+1), t) = \chi(\mathcal{L}_R(m, 2s+1, s, 0; 2\nu+1), t)$$
$$+ \chi(\mathcal{L}_R(m, 2s+1, s, 1; 2\nu+1), t) - t^{2\nu+1}.$$

□

此外，又有如下的同构定理.

定理7.37 设 $n = 2\nu + 2$，并且假定 $(m, 2s+2, s, 1)$ 满足 (7.30)

$$2s + 2 \leq m \leq \nu + s + 2.$$

那么

$$\mathcal{L}_R(m, 2s+2, s, 1; 2\nu+2) \cong \mathcal{L}_R(m-1, 2s+1, 2\nu+1).$$

证明 由题设可知 $\mathcal{M}(m, 2s+2, s, 1; 2\nu+2) \neq \phi$. 设 P 是 $\mathbb{F}_q^{2\nu+2}$ 中的 $(m, 2s+2, s, 1)$ 型子空间，不妨假定

$$PS_2{}^tP = M(m, 2s+2, s).$$

那么 P 的第 $2s+2$ 个行向量的 $2\nu+2$ 个分量是 1 外，其余行向量的 $2\nu+2$ 个分量都是 0. 因为 $e_{2\nu+1} \in P$，所以可假定 P 具有形式

$$P = \begin{pmatrix} P_1 & 0 & 0 \\ 0 & 1 & 0 \\ x & 0 & 1 \\ P_2 & 0 & 0 \end{pmatrix} \begin{matrix} 2s \\ 1 \\ 1 \\ m-2s-2 \end{matrix} \qquad (7.46)$$
$$\begin{matrix} 2\nu & 1 & 1 \end{matrix}$$

令

$$Q = \begin{pmatrix} P_1 & 0 \\ x & 1 \\ P_2 & 0 \end{pmatrix} \begin{matrix} 2s \\ 1 \\ m-2s-2 \end{matrix}, \qquad (7.47)$$
$$\begin{matrix} 2\nu & 1 \end{matrix}$$

那么
$$QS_1\,{}^tQ = M(m-1, 2s+1, s).$$

所以，根据 $x \neq 0$ 或 $x = 0$，Q 分别是 $\mathbb{F}_q^{2\nu+1}$ 中的 $(m-1, 2s+1, s, 0)$ 型或 $(m-1, 2s+1, s, 1)$ 型子空间，也即，$Q \in \mathcal{M}(m-1, 2s+1; 2\nu+1)$. 定义一个映射
$$\phi: \mathcal{M}(m, 2s+2, s, 1; 2\nu+2) \longrightarrow \mathcal{M}(m-1, 2s+1; 2\nu+1)$$
$$P \longmapsto Q,$$

其中 P 和 Q 分别由 (7.46) 和 (7.47) 确定. 显然，ϕ 是一个双射，而且如同定理 7.4 一样，它可以导出一个格同构
$$\overline{\phi}: \mathcal{L}_R(m, 2s+2, s, 1; 2\nu+2) \longrightarrow \mathcal{L}_R(m-1, 2s+1; 2\nu+1)$$
$$\cap_i P_i \longmapsto \cap_i \phi(P_i)$$
$\square$

从定理 7.36 和定理 7.37，我们得到

定理 7.38 设 $n = 2\nu+2$，并且假定 $(m, 2s+2, s, 1)$ 满足 (7.30)
$$2s+2 \leq m \leq \nu+s+2.$$
那么
$$\chi(\mathcal{L}_R(m, 2s+2, s, 1; 2\nu+2), t) = \chi(\mathcal{L}_R(m-1, 2s+1; 2\nu+1), t),$$

其公式，可以由定理 7.36 中的公式将 m 换成 $m-1$ 得到. $\square$

§7.10 格 $\mathcal{L}_O(m, 2s+\tau, s, \epsilon; 2\nu+\delta)$ 的几何性

定理 7.39 设 $n = 2\nu+1 > m \geq 1$，而 $1 \leq m \leq \nu+s$. 那么
(a) $\mathcal{L}_O(1,0,0,0;2\nu+1)$ 和 $\mathcal{L}_O(2\nu-1, 2(\nu-1), \nu-1, 0; 2\nu+1)$ 是有限几何格；
(b) 对于 $2 \leq m \leq 2\nu-2$, $\mathcal{L}_O(m, 2s, s, 0; 2\nu+1)$ 是有限原子格，但不是几何格.

证明 由定理 7.4 和定理 3.16，可知 (a) 和 (b) 成立. $\square$

定理 7.40 设 $n = 2\nu+1 > m \geq 2$ 和 $2s+1 \leq m \leq \nu+s+1$，那么
(a) $\mathcal{L}_O(2, 1, 0, 1; 2\nu+1)$ 和 $\mathcal{L}_O(2\nu, 2(\nu-1)+1, \nu-1, 1; 2\nu+1)$ 是有限几何格；
(b) 对于 $3 \leq m \leq 2\nu-1$, $\mathcal{L}_O(m, 2s+1, s, 1; 2\nu+1)$ 是有限原子格，但不是几何格.

证明 由定理 7.5 和定理 3.16，可知 (a) 和 (b) 成立. $\square$

定理 7.41 设 $n = 2\nu+1 > m \geq 1$，$(\tau, \epsilon) = (1, 0)$ 或 $(2, 0)$，而 $(m, 2s+\tau, s, 0)$ 满足 (7.3)
$$2s+\tau \leq m \leq \nu+s+[\tau/2],$$

那么

(a) $\mathcal{L}_O(1,1,0,0;2\nu+1)$ 是有限几何格;

(b) 对于 $2 \leq m \leq 2\nu$, $\mathcal{L}_O(m,2s+\tau,s,0;2\nu+1)$ 是有限原子格, 但不是几何格.

证明 由于 $\{0\}$ 是格 $\mathcal{L}_O(m,2s+\tau,s,0;2\nu+1)$ 的极小元, 所以我们按 (5.53) 来定义 $r(X)$, 这里 $\delta = 1$. 由定理 7.30 知, r 是格 $\mathcal{L}_O(m,2s+\tau,s,0;2\nu+1)$ 的秩函数.

现在证明, 在 $\mathcal{L}_O(m,2s+\tau,s,0;2\nu+1)$ 中 G_1 成立. 由于 $\{0\}$ 是格 $\mathcal{L}_O(m,2s+\tau,s,0;2\nu+1)$ 的极小元, 可知 $\mathcal{L}_O(m,2s+\tau,s,0;2\nu+1)$ 中的 1 维子空间是它的原子. 对于 $U \in \mathcal{L}_O(m,2s+\tau,s,0;2\nu+1) \setminus \{\{0\}, \mathbb{F}_q^{2\nu+1}\}$, 由定理 7.13, U 是 $(m_1, 2s_1+\tau_1, s_1, 0)$ 型子空间, 其中 $(m_1, 2s_1+\tau_1, s_1, 0)$ 满足 (7.14). 如果 $m_1 = 1$, 那么 U 是 $\mathcal{L}_O(m,2s+\tau,s,0;2\nu+1)$ 的原子. 现在设 $m_1 \geq 2$. 不妨设

$$US_1{}^tU = \left[K_{2s_1}, \Lambda, 0^{(m_1-2s_1-\tau_1)}\right],$$

其中 $\Lambda = \phi, (1)$ 或 D_2. 令 u_i 是 U 的第 $i(1 \leq i \leq m_1)$ 个行向量, 那么 $\langle u_i \rangle$ 是 $(1,0,0,0)$ 型或 $(1,1,0,0)$ 型子空间, 且 $\langle u_i \rangle \subset U$. 由推论 7.15, $\langle u_i \rangle \in \mathcal{L}_O(m,2s+\tau,s,0;2\nu+1)$. 所以 $\langle u_i \rangle$ 是 $\mathcal{L}_O(m,2s+\tau,s,0;2\nu+1)$ 的原子. 并且 $U = \vee_{i=1}^{m_1} \langle u_i \rangle$, 即 U 是 $\mathcal{L}_O(m,2s+\tau,s,0;2\nu+1)$ 中原子的并. 因为 $|\mathcal{M}(m,2s+\tau,s,0;2\nu+1)| \geq 2$, 所以存在 $W_1, W_2 \in \mathcal{M}(m,2s+\tau,s,0;2\nu+1)$ 而 $W_1 \neq W_2$. 于是 $\mathbb{F}_q^{2\nu+1} = W_1 \vee W_2$. 但是 W_1 和 W_2 是 $\mathcal{L}_O(m,2s+\tau,s,0;2\nu+1)$ 中原子的并, 所以 $\mathbb{F}_q^{2\nu+1}$ 也是其原子的并. 因此, 在 $\mathcal{L}_O(m,2s+\tau,s,0;2\nu+1)$ 中 G_1 成立.

最后, 我们完成 (a) 和 (b) 的证明.

(a) 类似于定理 4.19(a) 的证明, 可知 $\mathcal{L}_O(1,1,0,0;2\nu+1)$ 是有限几何格.

(b) 对于 $2 \leq m \leq 2\nu$, 要证明存在 $U, W \in \mathcal{L}_O(m,2s+\tau,s,0;2\nu+1)$, 使得 (1.23) 不成立, 从而 $\mathcal{L}_O(m,2s+\tau,s,0;2\nu+1)$ 不是几何格. 我们对 $\tau = 1$ 和 $\tau = 2$ 两种情形分别进行研究.

(i) $\tau = 1$. 这时 (7.3) 变成 $2s + 1 \leq m \leq \nu + s$. 令 $\sigma = \nu + s - m$. 再分 $m - 2s - 1 \geq 1$ 和 $m - 2s - 1 = 0$ 两种情形.

(i-a) $m - 2s - 1 \geq 1$. 从 $m - 2s - 1 \geq 1$ 和 $m \leq \nu + s$ 得 $s + 2 \leq \nu$. 令

$$U = \begin{pmatrix} I^{(s)} & 0 & 0 & 0 & 0 & 0 & 0 & 0 & 0 \\ 0 & 0 & 0 & 0 & 0 & I^{(s)} & 0 & 0 & 0 \\ 0 & 1 & 0 & 0 & 0 & 0 & 0 & 0 & 1 \\ 0 & 0 & 0 & I^{(m-2s-2)} & 0 & 0 & 0 & 0 & 0 \\ s & 1 & 1 & m-2s-2 & \sigma & s & m-2s & \sigma & 1 \end{pmatrix}$$

和 $W = \langle e_{s+2} + e_{2\nu+1} \rangle$, 那么 U 和 W 分别是 $(m-1, 2s+1, s, 0)$ 型和 $(1,1,0,0)$ 型子空间, 而 $\langle U, W \rangle$ 是 $(m, 2s+2, s, 0)$ 型子空间. 因为 $(m-1, 2s+1, s, 0)$

和 $(1, 1, 0, 0)$ 满足 (7.14), 而 $(m, 2s + 2, s, 0)$ 不满足 (7.14), 即 $m - (m - 1) \geq s - s + \lceil (1-1)/2 \rceil \geq \lceil |1-1|/2 \rceil$, $m - 1 \geq s - 0 + \lceil (1-1)/2 \rceil \geq \lceil |1-1|/2 \rceil$, 而 $s - s + \lceil (1-2)/2 \rceil < \lceil |1-2|/2 \rceil$. 所以由定理 7.13, $U, W \in \mathcal{L}_O(m, 2s+1, s, 0; 2\nu+1)$, 但 $\langle U, W \rangle \notin \mathcal{L}_O(m, 2s+1, s, \Gamma; 2\nu+1)$. 因而 $r(U) = m - 1$, $r(W) = 1$, $U \vee W = \mathbb{F}_q^{2\nu+1}$ 和 $r(U \vee W) = m + 1$. 显然, $U \wedge W = \{0\}$ 和 $r(U \wedge W) = 0$. 于是 $r(U \vee W) + r(U \wedge W) > r(U) + r(W)$, 即对于所取的 U 和 W, (1.23) 不成立.

(i-b) $m - 2s - 1 = 0$. 这时由 $2s + 1 \leq m \leq 2\nu$ 和 $m \geq 2$ 有 $s \geq 1$ 和 $s + 1 \leq \nu$. 令

$$U = \begin{pmatrix} I^{(s-1)} & 0 & 0 & 0 & 0 & 0 & 0 & 0 \\ 0 & 0 & 0 & 0 & I^{(s)} & 0 & 0 & 0 \\ 0 & 0 & 1 & 0 & 0 & 0 & 0 & 1 \\ \scriptstyle s-1 & \scriptstyle 1 & \scriptstyle 1 & \scriptstyle \sigma & \scriptstyle s & \scriptstyle 1 & \scriptstyle \sigma & \scriptstyle 1 \end{pmatrix}$$

和 $W = \langle e_{\nu+s+1} \rangle$, 那么 U 和 W 分别是 $(m-1, 2(s-1)+1, s-1, 0)$ 型和 $(1, 0, 0, 0)$ 型子空间, 而 $\langle U, W \rangle$ 是 $(m, 2(s-1)+2, s-1, 0)$ 型子空间. 由定理 7.13, $U, W \in \mathcal{L}_O(m, 2s+1, s, 0; 2\nu+1)$, 但 $\langle U, W \rangle \notin \mathcal{L}_O(m, 2s+1, s, 0; 2\nu+1)$. 再按 (i-a) 的相应步骤推导, 可知对于所取的 U 和 W, (1.23) 不成立.

因此, 对于 $2 \leq m \leq 2\nu$, $\mathcal{L}_O(m, 2s+1, s, 0; 2\nu+1)$ 不是几何格.

(ii) $\tau = 2$, 这时 (7.3) 变成 $2s + 2 \leq m \leq \nu + s + 1$. 令 $\sigma = \nu + s - m + 1$. 再分 $m - 2s - 2 \geq 1$, $m - 2s - 2 = 0$ 而 $s > 0$, 以及 $m - 2s - 2 = 0$ 而 $s = 0$ 三种情形.

(ii-a) $m - 2s - 2 \geq 1$. 这时由 $m - 2s - 2 \geq 1$ 和 $2s + 2 \leq m \leq 2\nu$ 得 $s + 2 \leq \nu$. 令

$$U = \begin{pmatrix} I^{(s)} & 0 & 0 & 0 & 0 & 0 & 0 & 0 \\ 0 & 0 & 0 & 0 & 0 & I^{(s)} & 0 & 0 \\ 0 & 1 & 0 & 0 & 0 & 0 & 0 & 0 \\ 0 & 0 & 0 & 0 & 0 & 0 & 1 & 0 & 1 \\ 0 & 0 & 0 & I^{(m-2s-3)} & 0 & 0 & 0 & 0 \\ \scriptstyle s & \scriptstyle 1 & \scriptstyle 1 & \scriptstyle m-2s-3 & \scriptstyle \sigma & \scriptstyle s & \scriptstyle 1 & \scriptstyle m-2s-2+\sigma & \scriptstyle 1 \end{pmatrix}$$

和 $W = \langle e_{s+2} + e_{2\nu+1} \rangle$, 那么 U 和 W 分别是 $(m-1, 2s+2, s, 0)$ 型和 $(1, 1, 0, 0)$ 型子空间, 而 $\langle U, W \rangle$ 是 $(m, 2(s+1)+1, s, 0)$ 型子空间.

(ii-b) $m - 2s - 2 = 0$ 而 $s > 0$. 由 $2s + 2 \leq m \leq 2\nu$ 有 $s + 1 \leq \nu$. 令

$$U = \begin{pmatrix} I^{(s-1)} & 0 & 0 & 0 & 0 & 0 & 0 \\ 0 & 0 & 0 & 0 & I^{(s)} & 0 & 0 \\ 0 & 0 & 1 & 0 & 0 & 0 & 0 \\ 0 & 0 & 0 & 0 & 0 & 1 & 0 & 1 \\ \scriptstyle s-1 & \scriptstyle 1 & \scriptstyle 1 & \scriptstyle \sigma & \scriptstyle s & \scriptstyle 1 & \scriptstyle \sigma & \scriptstyle 1 \end{pmatrix}$$

和 $W = \langle e_{\nu+s+1} \rangle$, 那么 U 和 W 分别是 $(m-1, 2(s-1)+2, s-1, 0)$ 型和 $(1, 0, 0, 0)$ 型子空间, 而 $\langle U, W \rangle$ 是 $(m, 2s+1, s, 1)$ 型子空间.

(ii-c) $m - 2s - 2 = 0$ 而 $s = 0$. 这时 $m = 2$. 由 $m \leq 2\nu$ 有 $\nu \geq 1$. 令 $U = \langle e_1 \rangle$ 和 $W = \langle e_{\nu+1} \rangle$, 那么 U 和 W 都是 $(1, 0, 0, 0)$ 型子空间, 而 $\langle U, W \rangle$ 是 $(2, 2, 1, 0)$ 型子空间.

因而在情形 (ii), 如同情形 (i) 一样, 对于所取的 U, W, (1.23) 不成立.

因此, 对于 $2 \leq m \leq 2\nu$, $\mathcal{L}_O(m, 2s+2, s, 0; 2\nu+1)$ 不是几何格. □

定理 7.42 设 $n = 2\nu + 2$, $2s + 1 \leq m \leq \nu + s + 1$, 而 $2 \leq m \leq 2\nu$. 那么

(a) $\mathcal{L}_O(2, 0, 0, 1; 2\nu+2)$ 和 $\mathcal{L}_O(2\nu, 2(\nu-1), \nu-1, 1; 2\nu+2)$ 是有限几何格;

(b) 对于 $3 \leq m \leq 2\nu - 1$, $\mathcal{L}_O(m, 2s, s, 1; 2\nu+2)$ 是有限原子格, 但不是几何格.

证明 由定理 7.6 和定理 3.16, 可知 (a) 和 (b) 成立. □

定理 7.43 设 $n = 2\nu + 2 > m \geq 1$, $(\tau, \epsilon) = (0, 0), (1, 0)$ 或 $(2, 0)$, 而 $(m, 2s + \tau, s, 0)$ 满足 (7.23)

$$2s + \tau \leq m \leq \nu + s + [(\tau+1)/2].$$

那么

(a) $\mathcal{L}_O(1, 0, 0, 0; 2\nu+2)$ 和 $\mathcal{L}_O(1, 1, 0, 0; 2\nu+2)$ 是有限几何格;

(b) 对于 $2 \leq m \leq 2\nu + 1$, $\mathcal{L}_O(m, 2s + \tau, s, 0; 2\nu+2)$ 是有限原子格, 但不是几何格.

证明 如同定理 7.30 的证明, 由于是格 $\{0\} \in \mathcal{L}_O(m, 2s+\tau, s, 0; 2\nu+2)$ 的极小元, 其中 $\tau = 0, 1$ 或 2. 所以对于 $X \in \mathcal{L}_O(m, 2s+\tau, s, 0; 2\nu+2)$, $\tau = 0, 1$ 或 2, 按 (5.53) 式来定义 $r(X)$, 这里 $\delta = 2$. 如同定理 7.30, r 是格 $\mathcal{L}_O(m, 2s+\tau, s, 0; 2\nu+2)$ 的秩函数. 并且, 在 $\mathcal{L}_O(m, 2s+\tau, s, 0; 2\nu+2)$ 中, $\tau = 0, 1$ 或 2, G_1 成立.

(a) 类似于定理 4.19(a) 的证明, 可知 $\mathcal{L}_O(1, 0, 0, 0; 2\nu+2)$ 和 $\mathcal{L}_O(1, 1, 0, 0; 2\nu+2)$ 是有限几何格;

(b) 对于 $2 \leq m \leq 2\nu+1$, 我们分 $\tau = 0, 1$ 或 2 三种情形. 对于 $\tau = 0$ 的情形. 可仿照定理 3.16 中相应的证明进行, 对于 $2 \leq m \leq 2\nu + 1$, $\mathcal{L}_O(m, 2s, s, 0; 2\nu+2)$ 不是几何格; 对于 $\tau = 1$ 或 2 的情形, 可仿照定理 7.41 的证明进行.

因此, 对于 $2 \leq m \leq 2\nu + 1$, $\mathcal{L}_O(m, 2s+\tau, s, 0; 2\nu+2)$, 不是几何格. □

定理 7.44 设 $n = 2\nu + 2 > m \geq 2$, $(m, 2s+2, s, 1)$ 满足 (7.23)

$$2s + 2 \leq m \leq \nu + s + 2,$$

那么

(a) $\mathcal{L}_O(2, 2, 0, 1; 2\nu+2)$ 是有限几何格;

(b) 对于 $3 \leq m \leq 2\nu + 1$, $\mathcal{L}_O(m, 2s+2, s, 1; 2\nu+2)$ 是有限原子格, 但不是几何格.

证明 因为 $\langle e_{2\nu+1} \rangle$ 是格 $\mathcal{L}_O(m, 2s+2, s, 1; 2\nu+2)$ 的极小元, 所以对于 $X \in$

$\mathcal{L}_O(m, 2s+2, s, 1; 2\nu+2)$，按照 (7.45) 式来定义 $r(X)$. 由定理 7.31 知, r 是格 $\mathcal{L}_O(m, 2s+2, s, 1; 2\nu+2)$ 的秩函数.

现在证明在 $\mathcal{L}_O(m, 2s+2, s, 1; 2\nu+2)$ 中 G_1 成立. 因为 $\langle e_{2\nu+1} \rangle$ 是格 $\mathcal{L}_O(m, 2s+2, s, 1; 2\nu+2)$ 的极小元. 所以 $\mathcal{L}_O(m, 2s+2, s, 1; 2\nu+2)$ 中包含 $\langle e_{2\nu+1} \rangle$ 的 2 维子空间是它的原子. 任取 $U \in \mathcal{L}_O(m, 2s+2, s, 1; 2\nu+2) \setminus \{\langle e_{2\nu+1}\rangle, \mathbb{F}_q^{2\nu+2}\}$, 那么 U 是 $(m_1, 2s_1+\tau_1, s_1, 1)$ 型子空间, 其中 $\tau_1 = 2$ 或 0, 而 $(m_1, 2s_1+\tau_1, s_1, 1)$ 满足 (7.2) 和 (7.32), 并使得 $US_2\,^tU = M(m_1, 2s_1+\tau_1, s_1)$. 令 u_i 是 U 的第 i 个行向量 $(i = 1, 2, \cdots, m_1)$, 而 $u_{2s_1+1} = e_{2\nu+1}$. 当 $\tau_1 = 2$ 出现时，$\langle u_i + u_{2s_1+2}, u_{2s_1+1}\rangle (i = 1, 2, \cdots, 2s_1, 2s_1+3, \cdots, m_1)$ 和 $\langle u_{2s_1+2}, u_{2s_1+1}\rangle$ 是 $(2, 2, 0, 1)$ 型子空间, 从而它们是 $\mathcal{L}_O(m, 2s+2, s, 1; 2\nu+2)$ 的原子, 并且

$$U = \vee_{i=1}^{2s_1} \langle u_i + u_{2s_1+2}, u_{2s_1+1}\rangle \vee \langle u_{2s_1+2}, u_{2s_1+1}\rangle$$
$$\vee (\vee_{i=2s_1+3}^{m_1} \langle u_i + u_{2s_1+2}, u_{2s_1+1}\rangle).$$

当 $\tau_1 = 0$ 出现时，$\langle u_i, u_{2s_1+1}\rangle (i = 1, 2, \cdots, 2s_1, 2s_1+1, 2s_1+2, \cdots, m)$ 和 $\langle u_1 + u_{2s+2}, u_{2s+1}\rangle$ 是 $(2, 0, 0, 1)$ 型子空间, 从而它们也是 $\mathcal{L}_O(m, 2s+2, s, 1; 2\nu+2)$ 的原子, 并且

$$U = \vee_{i=1}^{2s_1} \langle u_i, u_{2s_1+1}\rangle \vee (\vee_{i=2s_1+2}^{m_1+1} \langle u_i, u_{2s_1+1}\rangle) \vee \langle u_1 + u_{2s+2}, u_{2s+1}\rangle.$$

这就是说，在上述两种情形，U 都是 $\mathcal{L}_O(m, 2s+2, s, 1; 2\nu+2)$ 中原子的并，仿照定理 7.41 中的证明，可知 $\mathbb{F}_q^{2\nu+2}$ 也是 $\mathcal{L}_O(m, 2s+2, s, 1; 2\nu+2)$ 中原子的并. 因而在 $\mathcal{L}_O(m, 2s+2, s, 1; 2\nu+2)$ 中 G_1 成立.

(a) 类似于定理 4.19(a) 的证明, 可知 $\mathcal{L}_O(2, 2, 0, 1; 2\nu+2)$ 是有限几何格.

(b) 对于 $3 \le m \le 2\nu+1$ 也要证明存在 $U, W \in \mathcal{L}_O(m, 2s+2, s, 1; 2\nu+2)$, 使得对于 U, W 来说 (1.23) 不成立. 令 $\sigma = \nu + s - m + 2$. 我们分 $m - 2s - 2 \ge 1$ 和 $m - 2s - 2 = 0$ 两种情形.

(i) $m - 2s - 2 \ge 1$. 从 $m - 2s - 1 \ge 1$ 和 $m \le 2\nu + 1$ 得 $s + 1 \le \nu$. 令

$$U = \begin{pmatrix} I^{(s)} & 0 & 0 & 0 & 0 & 0 & 0 & 0 & 0 \\ 0 & 0 & 0 & 0 & I^{(s)} & 0 & 0 & 0 & 0 \\ 0 & 0 & 0 & 0 & 0 & 0 & 0 & 1 & 0 \\ 0 & 1 & 0 & 0 & 0 & 0 & 0 & 0 & 0 \\ 0 & 0 & I^{(m-2s-3)} & 0 & 0 & 0 & 0 & 0 & 0 \\ s & 1 & m-2s-3 & \sigma & s & 1 & m-2s-3+\sigma & 1 & 1 \end{pmatrix}$$

和

$$W = \begin{pmatrix} 0 & 0 & 0 & 0 & 0 & 1 & 0 & 0 & 0 \\ 0 & 0 & 0 & 0 & 0 & 0 & 0 & 1 & 0 \\ s & 1 & m-2s-3 & \sigma & s & 1 & m-2s-3+\sigma & 1 & 1 \end{pmatrix},$$

那么 U 和 W 分别是 $(m-1, 2s, s, 1)$ 和 $(2, 0, 0, 1)$ 型子空间, 而 $\langle U, W \rangle$ 是 $(m, 2(s+1), s+1, 1)$ 型子空间. 因为 $m-(m-1) \geq s-s+(2-0)/2 \geq (2-0)/2$, 而由 $m \geq 3$ 和 $m \geq 2s+2$, 有 $m-2 \geq s-0+(2-0)/2 \geq (2-0)/2$. 但 $s-(s+1)+(2-0)/2 < (2-0)/2$. 所以, 由定理 7.26, $U, W \in \mathcal{L}_O(m, 2s+2, s, 1; 2\nu+2)$, 但 $\langle U, W \rangle \notin \mathcal{L}_O(m, 2s+2, s, 1; 2\nu+2)$. 因而 $r(U) = m-2, r(W) = 1, U \vee W = \mathbb{F}_q^{2\nu+2}, r(U \vee W) = m$. 显然 $U \wedge W = \langle e_{2\nu+1} \rangle, r(U \wedge W) = 0$. 于是 $r(U \vee W) + r(U \wedge W) > r(U) + r(W)$, 即对于所取的 U 和 W, (1.23) 不成立.

(ii) $m - 2s - 2 = 0$. 从 $2s + 2 = m \leq 2\nu + 1$ 和 $m \geq 3$ 得 $1 < s < \nu$, 从而 $\sigma = \nu + s - m + 2 = \nu - s > 0$. 令

$$U = \begin{pmatrix} I^{(s-1)} & 0 & 0 & 0 & 0 & 0 & 0 & 0 & 0 \\ 0 & 0 & 0 & 0 & I^{(s)} & 0 & 0 & 0 & 0 \\ 0 & 0 & 0 & 0 & 0 & 0 & 0 & 1 & 0 \\ 0 & 0 & 1 & 0 & 0 & 0 & 0 & 0 & 0 \\ _{s-1} & _1 & _1 & _{\sigma-1} & _s & _1 & _{\sigma-1} & _1 & _1 \end{pmatrix}$$

和

$$W = \begin{pmatrix} 0 & 0 & 0 & 0 & 0 & 0 & 1 & 0 & 0 & 0 \\ 0 & 0 & 0 & 0 & 0 & 0 & 0 & 0 & 1 & 0 \\ _{s-1} & _1 & _1 & _{\sigma-1} & _s & _1 & _1 & _{\sigma-1} & _1 & _1 \end{pmatrix}.$$

那么 U 和 W 分别是 $(m-1, 2(s-1), s-1, 1)$ 型和 $(2, 0, 0, 1)$ 型子空间, 而 $\langle U, W \rangle$ 是 $(m, 2s, s, 1)$ 型子空间. 再按照情形 (i) 中相应的步骤进行, 可知对于所取的 U 和 W, (1.23) 不成立.

因此, 对于 $3 \leq m \leq 2\nu + 1$, $\mathcal{L}_O(m, 2s+2, s, 1; 2\nu+2)$ 不是几何格. □

§7.11 格 $\mathcal{L}_R(m, 2s+\tau, s, \epsilon; 2\nu+\delta)$ 的几何性

定理 7.45 设 $n = 2\nu + 1 > m \geq 1$, 而 $2s \leq m \leq \nu + s$. 那么

(a) $\mathcal{L}_R(1, 0, 0, 0; 2\nu+1)$ 和 $\mathcal{L}_R(2\nu-1, 2(\nu-1), \nu-1, 0; 2\nu+1)$ 是有限几何格;

(b) 对于 $2 \leq m \leq 2\nu - 2$, $\mathcal{L}_R(m, 2s, s, 0; 2\nu+1)$ 是有限原子格, 但不是几何格.

证明 由定理 7.4 和定理 3.17, 可知 (a) 和 (b) 成立. □

定理 7.46 设 $n = 2\nu + 1 > m \geq 2$, $2s + 1 \leq m \leq \nu + s + 1$, 那么

(a) $\mathcal{L}_R(2, 1, 0, 1; 2\nu+1)$ 和 $\mathcal{L}_R(2\nu, 2(\nu-1)+1, \nu-1, 1; 2\nu+1)$ 是有限几何格;

(b) 对于 $3 \leq m \leq 2\nu - 1$, $\mathcal{L}_R(m, 2s+1, s, 1; 2\nu+1)$ 是有限原子格, 但不是几何格.

证明 由定理 7.5 和定理 3.17, 可知 (a) 和 (b) 成立. □

定理 7.47 设 $n = 2\nu + 1 > m \geq 1$, $(\tau, \varepsilon) = (1, 0)$ 或 $(2, 0)$, 而 $(m, 2s + \tau, s, \varepsilon)$ 满足 (7.3), 那么

(a) $\mathcal{L}_R(1, 1, 0, 0; 2\nu + 1)$ 和 $\mathcal{L}_R(2\nu, 2(\nu - 1) + 2, \nu - 1, 0; 2\nu + 1)$ 是有限几何格;

(b) 对于 $2 \leq m \leq 2\nu + 1$, $\mathcal{L}_R(m, 2s + \tau, s, 0; 2\nu + 1)$ 是有限原子格, 但不是几何格.

证明 对于任意 $X \in \mathcal{L}_R(m, 2s + \tau, s, 0; 2\nu + 1)$, 按 (5.54) 来定义 $r'(X)$, 这里 $\delta = 1$. 由定理 7.32 知, r' 是格 $\mathcal{L}_R(m, 2s + \tau, s, 0; 2\nu + 1)$ 的秩函数.

(a) 类似于定理 2.19(a) 的证明, 可知 $\mathcal{L}_R(1, 0, 0, 0; 2\nu + 1)$ 是有限几何格. 作为定理 2.8 的特殊情形, $\mathcal{L}_R(2\nu, 2(\nu - 1) + 2, \nu - 1, 0; 2\nu + 1)$ 也是有限几何格.

(b) 假设 $2 \leq m \leq 2\nu - 1$, 并且 $U \in \mathcal{M}(m, 2s + \tau, s, 0; 2\nu + 1)$, 不妨设

$$U S_1 {}^t U = [\Lambda_\tau, 0^{(m-2s-\tau)}],$$

其中 $\Lambda_\tau = M(2s + \tau, 2s + \tau, s)$, $\tau = 1$ 或 2, 那么存在 $(2\nu + 1 - m) \times (2\nu + 1)$ 矩阵 Z, 使得

$$\begin{pmatrix} U \\ Z \end{pmatrix} S_1 {}^t \begin{pmatrix} U \\ Z \end{pmatrix} = [\Lambda_\tau, K_{2(m-2s-\tau)}, \Lambda_\tau^*],$$

其中 $\Lambda_\tau^* = M(2(\nu + s - m + 1) + (\tau - 1), 2(\nu + s - m + 1) + \tau - 1, \nu + s - m + 1)$. 我们分 $\tau = 1$ 和 $\tau = 2$ 两种情形分别进行研究.

(b-1) $\tau = 1$. 设 U 的行向量依次是 $u_1, u_2, \cdots, u_s, v_1, \cdots, v_s, w, u_{s+1}, \cdots, u_{m-s-1}$, 而 Z 的行向量依次是 $v_{s+1}, \cdots, v_{m-s-1}, u_{m-s}, \cdots, u_\nu, v_{m-s}, \cdots, v_\nu$. 设 $W = \langle v_{\nu-m+s+2}, \cdots, v_{\nu-s}, u_{\nu-s+1}, \cdots, u_\nu, v_{\nu-s+1}, \cdots, v_\nu, w \rangle$, 那么 $W \in \mathcal{L}_R(m, 2s + 1, s, 0; 2\nu + 1)$. 类似于定理 3.17 的证明, 可知 (2.8) 式不成立.

(b-2) $\tau = 2$. 设 U 的行向量依次是 $u_1, \cdots, u_s, v_1, \cdots, v_s, w_1, w_2, u_{s+1}, \cdots, u_{m-s-2}$, 而 Z 的行向量依次是 $v_{s+1}, \cdots, v_{m-s-2}, u_{m-s-1}, \cdots, u_{\nu-1}, v_{m-s-1}, \cdots, v_{\nu-1}, w^*$. 令 $W = \langle v_{\nu-m+s+3}, \cdots, v_{\nu-s}, u_{\nu-s+1}, \cdots, u_{\nu-1}, v_{\nu-s+1}, \cdots, v_{\nu-1}, w^* + w_2, w^* \rangle$, 那么 $W \in \mathcal{L}_R(m, 2s + 2, s, 0; 2\nu + 1)$. 因为 $2s + 2 \leq m \leq 2\nu - 1$, 所以 $s < \nu - 1$, 从而 $v_{\nu-1} \notin U$. 而 $w^* \notin U$, 所以 $\dim \langle U, W \rangle \geq m + 2$. 再按照 (b-1) 中相应的步骤进行, 可知 (2.8) 不成立.

因此, 对于 $2 \leq m \leq 2\nu + 1$, $\mathcal{L}_R(m, 2s + \tau, s, 0; 2\nu + 1)$ 不是几何格. □

定理 7.48 设 $n = 2\nu + 2$, $2s + 1 \leq m \leq \nu + s + 1$, 而 $2 \leq m \leq 2\nu$. 那么

(a) $\mathcal{L}_R(2, 0, 0, 1; 2\nu + 2)$ 和 $\mathcal{L}_R(2\nu, 2(\nu - 1), \nu - 1, 1; 2\nu + 2)$ 是有限几何格;

(b) 对于 $3 \leq m \leq 2\nu - 1$, $\mathcal{L}_R(m, 2s, s, 1; 2\nu + 2)$ 是有限原子格, 但不是几何格.

证明 由定理 7.6 和定理 3.17, 可知 (a) 和 (b) 成立. □

定理 7.49 设 $n = 2\nu + 2 > m \geq 1$, $(\tau, \epsilon) = (0, 0)$, $(1, 0)$ 或 $(2, 0)$, 而 $(m, 2s + \tau, s, \epsilon)$ 满足 (7.23), 那么

(a) $\mathcal{L}_R(1, 0, 0, 0; 2\nu+2)$, $\mathcal{L}_R(1, 1, 0, 0; 2\nu+2)$ 和 $\mathcal{L}_R(2\nu+1, 2\nu+1, \nu, 0; 2\nu+2)$ 是有限几何格;

(b) 对于 $2 \leq m \leq 2\nu$, $\mathcal{L}_R(m, 2s + \tau, s, 0; 2\nu + 2)$ 是有限原子格, 但不是几何格.

证明 对于 $X \in \mathcal{L}_R(m, 2s+\tau, s, 0; 2\nu+2)$, 按 (5.54) 来定义 $r'(X)$, 这里 $\delta = 2$. 由定理 7.32 知, r' 是格 $\mathcal{L}_R(m, 2s + \tau, s, 0; 2\nu + 2)$ 的秩函数.

(a) 类似于定理 2.19(a) 的证明, 可知 $\mathcal{L}_R(1, 0, 0, 0; 2\nu+2)$ 和 $\mathcal{L}_R(1, 1, 0, 0; 2\nu+2)$ 是有限几何子格. 作为定理 2.8 的特殊情形, $\mathcal{L}_R(2\nu+1, 2\nu+1, \nu, 0; 2\nu+2)$ 是有限几何格.

(b) 假定 $2 \leq m \leq 2\nu$, 并且 $U \in \mathcal{M}(m, 2s + \tau, s, 0; 2\nu + 2)$, 不妨设

$$US_2{}^tU = [\Lambda_\tau, 0^{(m-2s-\tau)}],$$

其中 $\Lambda_\tau = M(2s + \tau, 2s + \tau, s)$, $\tau = 0, 1$ 或 2. 那么存在 $(2\nu + 2 - m) \times (2\nu + 2)$ 矩阵 Z, 使得

$$\begin{pmatrix} U \\ Z \end{pmatrix} S_2 {}^t\begin{pmatrix} U \\ Z \end{pmatrix} = [\Lambda_\tau, K_{2(m-2s-\tau)}, \Lambda_\tau^*],$$

其中 $\Lambda_\tau^* = M(2(\nu - m + s + \tau) + (2 - \tau), 2(\nu - m + s + \tau) + (2 - \tau), \nu - m + s + \tau)$. 仿照定理 7.47(b) 的证明, 可知对于 $2 \leq m \leq 2\nu$, $\mathcal{L}_R(m, 2s + \tau, s, 0; 2\nu + 2)$ 不是几何格. □

定理 7.50 设 $n = 2\nu + 2 > m \geq 2$, $(m, 2s + 2, s, 1)$ 满足 (7.2), 那么

(a) $\mathcal{L}_R(2, 2, 0, 1; 2\nu + 2)$ 和 $\mathcal{L}_R(2\nu + 1, 2(\nu - 1) + 2, \nu - 1, 1; 2\nu + 2)$ 是有限几何格;

(b) 对于 $3 \leq m \leq 2\nu$, $\mathcal{L}_R(m, 2s + 2, s, 1; 2\nu + 2)$ 是有限原子格, 但不是几何格.

证明 显然, $\mathcal{L}_R(m, 2s + 2, s, 1; 2\nu + 2)$ 是以 $\mathbb{F}_q^{2\nu+2}$ 为极小元的原子格. 对于任意 $X \in \mathcal{L}_R(m, 2s + 2, s, 1; 2\nu + 2)$, 如同 (5.53) 式来定义 r', 这里 $\delta = 2$. 那么 r 是格 $\mathcal{L}_R(m, 2s + 2, s, 1; 2\nu + 2)$ 的秩函数.

(a) 类似于定理 2.19(a) 的证明, 可知 $\mathcal{L}_R(2, 2, 0, 1; 2\nu +2)$ 是有限几何格. 而作为定理 2.8 的特殊情形, $\mathcal{L}_R(2\nu+1, 2(\nu-1)+2, \nu-1, 1; 2\nu+2)$ 也是有限几何格;

(b) 假定 $2 \leq m \leq 2\nu$, 并且 $U \in \mathcal{M}(m, 2s + 2, s, 1; 2\nu + 2)$. 不妨设

$$\begin{pmatrix} U \\ Z \end{pmatrix} S_2 {}^t\begin{pmatrix} U \\ Z \end{pmatrix} = [\Lambda_\tau, K_{2(m-2s-2)}, \Lambda_\tau^*],$$

其中 $\Lambda_r^* = M(2(\nu+s-m+2), 2(\nu+s-m+2), \nu+s-m+2)$.

设 U 的行向量依次是 $u_1, \cdots, u_s, v_1, \cdots, v_s, w_1, w_2, u_{s+1}, \cdots, u_{m-s-2}$, 而 Z 的行向量依次是 $v_{s+1}, \cdots, v_{m-s-2}, u_{m-s-1}, \cdots, u_\nu, v_{m-s-1}, \cdots, v_\nu$. 令 $W = \langle v_{\nu-m+s+3}, \cdots v_{\nu-s}, u_{\nu-s+1}, \cdots, u_\nu, v_{\nu-s+1}, \cdots, v_\nu, w_1, w_2 \rangle$, 那么 $W \in \mathcal{L}_R(m, 2s+2, s, 1; 2\nu+2)$. 类似于定理 7.47(b) 的证明, 可知 (2.8) 不成立. 因此, 对于 $3 \leq m \leq 2\nu$, $\mathcal{L}_R(m, 2s+2, s, 1; 2\nu+2)$ 不是几何格. □

§7.12 注 记

本章主要根据参考文献 [17] 和 [21] 编写, 其中的 §7.2, §7.3, §7.5, 定理 7.12 的 (a), (b), (c), 以及 (d) 的充分性, 定理 7.13, 定理 7.21 的 (a) 以及 (b) 充分性, 定理 7.22, 定理 7.25—7.26, 定理 7.33—7.38, 推论 7.14—7.15, 推论 7.23—7.24 和推论 7.27 均取自文献 [17], 而 §7.7, §7.8, §7.10 和 §7.11 在本书中首次发表.

本章的主要参考资料有, 参考文献 [17, 21] 和 [29].

第八章 奇特征正交几何中由相同维数和秩的子空间生成的格

§8.1 奇特征正交群 $O_{2\nu+\delta,\Delta}(\mathbb{F}_q)$ 作用下由相同维数和秩的子空间生成的格

本章采用第五章的符号和术语,是以第五章的内容为基础进行讨论的.

设 P 是 $2\nu+\delta$ 维正交空间 $\mathbb{F}_q^{2\nu+\delta}$ 的 m 维子空间,P 的矩阵表示仍记作 P,我们把矩阵 $PS_{2\nu+\delta,\Delta}{}^tP$ 的秩称为**子空间 P 关于 $S_{2\nu+\delta,\Delta}$ 的秩**,记作 $2s+\tau$,其中 $\tau=0$ 或 1. 显然,子空间 P 的秩是正交群 $O_{2\nu+\delta,\Delta}(\mathbb{F}_q)$ 作用下的不变量.

定义 8.1 在 $2\nu+\delta$ 维正交空间 $\mathbb{F}_q^{2\nu+\delta}$ 中,一个秩为 $2s+\tau$ 的 m 维子空间称为 $\mathbb{F}_q^{2\nu+\delta}$ **中关于$S_{2\nu+\delta,\Delta}$ 的 $(m,2s+\tau)$ 子空间**. □

如果非奇异对称矩阵 $S_{2\nu+\delta,\Delta}$ 和正交空间能从上下文看出时,就简单地称 P 是一个 $(m,2s+\tau)$ 子空间.

定义 8.2 设 $\mathcal{M}(m,2s+\tau;2\nu+\delta,\Delta)$ 是 $\mathbb{F}_q^{2\nu+\delta}$ 中关于 $S_{2\nu+\delta,\Delta}$ 的所有 $(m,2s+\tau)$ 子空间所成的集合. 如果 $\delta=0$ 或 2,有时就简单地分别记为 $\mathcal{M}(m,2s+\tau;2\nu)$ 或 $\mathcal{M}(m,2s+\tau;2\nu+2)$. 再用 $\mathcal{L}(m,2s+\tau;2\nu+\delta,\Delta)$ 表示 $\mathcal{M}(m,2s+\tau;2\nu+\delta,\Delta)$ 中子空间的交所成的集合. 把 $\mathbb{F}_q^{2\nu+\delta}$ 看做是 $\mathcal{M}(m,2s+\tau;2\nu+\delta,\Delta)$ 中零个子空间的交. 如果 $\delta=0$ 或 2,有时又简单地分别记为 $\mathcal{L}(m,2s+\tau;2\nu)$ 或 $\mathcal{L}(m,2s+\tau;2\nu+2)$. 如果按子空间的包含(反包含)关系来规定 $\mathcal{L}(m,2s+\tau;2\nu+\delta,\Delta)$ 的偏序,所得的格记为 $\mathcal{L}_O(m,2s+\tau;2\nu+\delta,\Delta)(\mathcal{L}_R(m,2s+\tau;2\nu+\delta,\Delta))$. 格 $\mathcal{L}_O(m,2s+\tau;2\nu+\delta,\Delta)(\mathcal{L}_R(m,2s+\tau;2\nu+\delta,\Delta))$ 称为**在正交群 $O_{2\nu+\delta,\Delta}$ 作用下由 $\mathcal{M}(m,2s+\tau;2\nu+\delta,\Delta)$ 生成的格**.

由定理 2.5 易知

定理 8.1 $\mathcal{L}_O(m,2s+\tau;2\nu+\delta,\Delta)(\mathcal{L}_R(m,2s+\tau;2\nu+\delta,\Delta))$ 是一个有限格,并且 $\cap_{X\in\mathcal{M}(m,2s+\tau;2\nu+\delta,\Delta)}X$ 和 $\mathbb{F}_q^{2\nu+\delta}$ 分别是 $\mathcal{L}_O(m,2s+\tau;2\nu+\delta,\Delta)(\mathcal{L}_R(m,2s+\tau;2\nu+\delta,\Delta))$ 的最小(最大)元和最大(最小)元. □

§8.2 $(m,2s+\tau)$ 子空间存在的条件

从定理 5.1 可以得到

定理 8.2 $\mathbb{F}_q^{2\nu+\delta}$ 中关于 $S_{2\nu+\delta,\Delta}$ 存在 $(m, 2s+\tau)$ 子空间，当且仅当

$$2s+\tau \leq m \leq \begin{cases} \nu + s, & \text{如果 } \tau = 0 \text{ 而 } s = 0, \\ \nu + s + \max\{0, \delta-1\}, & \text{如果 } \tau = 0 \text{ 而 } s \geq 1, \\ \nu + s + \min\{1, \delta\}, & \text{如果 } \tau = 1. \end{cases} \quad (8.1)$$

证明 我们分 $\tau = 0$ 和 $\tau = 1$ 两种情形.

(a) $\tau = 0$. 对于 $\delta = 0$ 或 1, (8.1) 变成

$$2s \leq m \leq \nu + s. \quad (8.2)$$

根据定理 5.1, $\mathbb{F}_q^{2\nu+\delta}$ 中存在 $(m, 2s, s)$ 型子空间当且仅当 (8.2) 成立. 但 $(m, 2s, s)$ 型子空间是 $(m, 2s)$ 子空间. 所以在 (8.2) 成立时, $\mathbb{F}_q^{2\nu+\delta}$ 中存在 $(m, 2s)$ 子空间.

反之, 假设 $\mathbb{F}_q^{2\nu+\delta}$ 中存在 $(m, 2s)$ 子空间, 并且令 P 是一个 $(m, 2s)$ 子空间, 那么 P 是 $(m, 2s, s)$ 型, 或 $(m, 2(s-1)+2, s-1)$ 型子空间. 如果前一种情形出现, 那么由定理 5.1, 有 (8.2) 成立. 然而在后一种情形出现时, 又由定理 5.1, 有 $2s \leq m \leq \nu + (s-1) + \delta$. 因而在 $\delta = 0$ 或 1 时, 也有 (8.2) 成立.

对于 $\delta = 2$, (8.1) 变成

$$2s \leq m \leq \begin{cases} \nu + s, & \text{如果 } s = 0, \\ \nu + s + 1, & \text{如果 } s \geq 1. \end{cases} \quad (8.3)$$

当 $s = 0$ 时, (8.3) 变成 $0 \leq m \leq \nu$. 由定理 5.1, 存在 $(m, 0, 0)$ 型子空间, 而 $(m, 0, 0)$ 型子空间是 $(m, 0)$ 子空间. 现在设 $s \geq 1$. 由定理 5.1, $\mathbb{F}_q^{2\nu+\delta}$ 中存在 $(m, 2(s-1)+2, s-1)$ 型子空间当且仅当 (8.3) 成立. 但 $(m, 2(s-1)+2, s-1)$ 型子空间是 $(m, 2s)$ 子空间. 所以, 当 (8.3) 成立时, $\mathbb{F}_q^{\nu+2}$ 中存在 $(m, 2s)$ 子空间.

反之, 假设 $\mathbb{F}_q^{2\nu+\delta}$ 中存在 $(m, 2s)$ 子空间, 并且令 P 是一个 $(m, 2s)$ 子空间, 那么 P 是 $(m, 2s, s)$ 型, 或是 $(m, 2(s-1)+2, s-1)$ 型子空间. 如果前一种情形出现, 那么由定理 5.1, 有 (8.2) 成立, 因而 (8.3) 成立; 如果后一种情形出现, 那么 $s \geq 1$. 再由定理 5.1, 有 (8.3) 成立.

(b) $\tau = 1$. 对于 $\delta = 0$, (8.1) 变成

$$2s + 1 \leq m \leq \nu + s. \quad (8.4)$$

根据定理 5.1, 在 $\mathbb{F}_q^{2\nu}$ 中存在 $(m, 2s+1, s, 1)$ 型或 $(m, 2s+1, s, z)$ 型子空间当且仅当 (8.4) 成立. 但 $(m, 2s+1)$ 子空间是 $(m, 2s+1, s, 1)$ 型, 或 $(m, 2s+1, s, z)$ 型子空间. 因此在 $\mathbb{F}_q^{2\nu}$ 中存在 $(m, 2s+1)$ 子空间当且仅当 (8.4) 成立.

对于 $\delta = 2$, (8.1) 变成

$$2s + 1 \leq m \leq \nu + s + 1. \quad (8.5)$$

按照 $\delta = 0$ 的情形, 可以证明: $\mathbb{F}_q^{2\nu+\delta}$ 中存在 $(m, 2s+\tau)$ 子空间当且仅当 (8.5) 成立.

对于 $\delta = 1$, (8.1) 也变成 (8.5). 由定理 5.1, $\mathbb{F}_q^{2\nu+1}$ 中存在 $(m, 2s+1, s, \Delta)$ 型子空间当且仅当 (8.5) 成立. 但 $(m, 2s+1, s, \Delta)$ 型子空间是 $(m, 2s+1)$ 子空间, 所以在 (8.5) 成立时, $\mathbb{F}_q^{2\nu+1}$ 中就存在 $(m, 2s+1)$ 子空间.

反之, 假设 $\mathbb{F}_q^{2\nu+1}$ 中存在 $(m, 2s+1)$ 子空间, 并且令 P 是一个 $(m, 2s+1)$ 子空间, 那么 P 是 $(m, 2s+1, s, \Gamma)$ 型子空间, 其中 $\Gamma = \Delta$ 或 $\Gamma \neq \Delta$. 如果 $\Gamma = \Delta$, 那么由定理 5.1, 有 (8.5) 成立; 如果 $\Gamma \neq \Delta$, 那么由定理 5.1 有 (8.4) 成立. 因而 (8.5) 也成立. □

由 $(m, 2s+\tau)$ 子空间和 $(m, 2s+\gamma, s, \Gamma)$ 型子空间的定义, 易知

$$\mathcal{M}(m, 2s; 2\nu+\delta, \Delta) = \mathcal{M}(m, 2s, s; 2\nu+\delta, \Delta)$$
$$\cup \mathcal{M}(m, 2(s-1)+2, s-1; 2\nu+\delta, \Delta),$$
$$\mathcal{M}(m, 2s+1; 2\nu+\delta, \Delta) = \mathcal{M}(m, 2s+1, s, 1; 2\nu+\delta, \Delta)$$
$$\cup \mathcal{M}(m, 2s+1, s, z; 2\nu+\delta, \Delta).$$

因而

$$\mathcal{L}_R(m, 2s; 2\nu+\delta, \Delta) \supset \mathcal{L}_R(m, 2s, s; 2\nu+\delta, \Delta)$$
$$\cup \mathcal{L}_R(m, 2(s-1)+2, s-1; 2\nu+\delta, \Delta),$$
$$\mathcal{L}_R(m, 2s+1; 2\nu+\delta, \Delta) \supset \mathcal{L}_R(m, 2s+1, s, 1; 2\nu+\delta, \Delta)$$
$$\cup \mathcal{L}_R(m, 2s+1, s, z; 2\nu+\delta, \Delta).$$

仿照定理 2.8 可证

定理 8.3 设 $n = 2\nu+\delta > m \geq 1$, 并且 $(m, 2s+\tau)$ 满足 (8.1), 那么 $\mathcal{L}_R(m, 2s+\tau; 2\nu+\delta, \Delta)$ 是一个有限原子格, 而 $\mathcal{M}(m, 2s+\tau; 2\nu+\delta, \Delta)$ 是它的原子集合.

§8.3 若 干 引 理

引理 8.4 设 $n = 2\nu + \delta > m \geq 1$, 并且 $(m, 2s+\tau)$ 满足 (8.1). 那么

$$\mathcal{L}_R(m, 2s+\tau; 2\nu+\delta, \Delta) \supset \mathcal{L}_R(m-1, 2s+\tau; 2\nu+\delta, \Delta),$$

除非

$$2s + \tau \leq m = \begin{cases} \nu + s + \max\{0, \delta-1\}, & \text{如果 } \tau = 0 \text{ 而 } s \geq 1, \\ \nu + s + \min\{1, \delta\}, & \text{如果 } \tau = 1 \end{cases} \tag{8.6}$$

成立, 并且 "$\delta = \tau = 0, s \geq 1$", "$\delta = \tau = 1$" 和 "$\delta = 2, \tau = 0, s \geq 1$" 这三种情形中有一种出现.

证明 我们只需证明：

$$\mathcal{M}(m-1, 2s+\tau; 2\nu+\delta, \Delta) \subset \mathcal{L}_R(m, 2s+\tau; 2\nu+\delta, \Delta),$$

除非 (8.6) 成立，并且 "$\delta = \tau = 0, s \geq 1$"，"$\delta = \tau = 1$" 和 "$\delta = 2, \tau = 0, s \geq 1$" 这三种情形中有一种出现.

如果 $m - 1 < 2s + \tau$，那么

$$\mathcal{M}(m-1, 2s+\tau; 2\nu+\delta, \Delta) = \phi \subset \mathcal{L}_R(m, 2s+\tau; 2\nu+\delta, \Delta).$$

现在设 $m - 1 \geq 2s + \tau$. 我们分 $\tau = 0$ 和 $\tau = 1$ 两种情形.

(a) $\tau = 0$. 在这种情形下，(8.1) 变成

$$2s \leq m \leq \begin{cases} \nu + s, & \text{如果 } s = 0, \text{ 或 } s \geq 1 \text{ 而 } \delta = 0 \text{ 或 } 1, \\ \nu + s + 1, & \text{如果 } s \geq 1 \text{ 而 } \delta = 2. \end{cases}$$

对于任意 $P \in \mathcal{M}(m-1, 2s; 2\nu+\delta, \Delta)$，那么 P 是 $(m-1, 2s, s)$ 型，或是 $(m-1, 2(s-1)+2, s-1)$ 型子空间. 再分以下两种情形.

(a.1) P 是 $(m-1, 2s, s)$ 型子空间. 如果

$$2s \leq m \leq \nu + s,$$

那么由定理 5.1，存在 $(m, 2s, s)$ 型子空间. 再由定理 5.3，有 $P \in \mathcal{L}_R(m, 2s, s; 2\nu+\delta, \Delta)$. 但 $\mathcal{L}_R(m, 2s, s; 2\nu+\delta, \Delta) \subset \mathcal{L}_R(m, 2s; 2\nu+\delta, \Delta)$. 因此 $P \in \mathcal{L}_R(m, 2s; 2\nu+\delta, \Delta)$.

然而，如果

$$2s \leq m = \nu + s + 1,$$

那么必有 $s \geq 1$，$\delta = 2$. 根据定理 5.1，不存在任何 $(m, 2s, s)$ 型子空间. 所以 $\mathcal{L}_R(m, 2s; 2\nu+\delta, \Delta) = \mathcal{L}_R(m, 2(s-1)+2, 2\nu+\delta, \Delta)$. 由定理 5.12，可知 $P \notin \mathcal{L}_R(m, 2(s-1)+2, s-1; 2\nu+\delta, \Delta)$. 因而 $P \notin \mathcal{L}_R(m, 2s; 2\nu+\delta, \Delta)$. 这正是我们所排除的第三种情形.

(a.2) P 是 $(m-1, 2(s-1)+2, s-1)$ 型子空间. 这时必有 $s \geq 1$. 如果

$$2s \leq m \leq \nu + s - 1 \quad \text{而 } \delta = 0,$$
$$2s \leq m \leq \nu + s \quad \text{而 } \delta = 1$$

或

$$2s \leq m \leq \nu + s + 1 \quad \text{而 } \delta = 2,$$

那么由定理 5.1, 存在 $(m, 2(s-1)+2, s-1)$ 型子空间, 并且根据定理 5.3, 有 $P \in \mathcal{L}_R(m, 2(s-1)+2, s-1; 2\nu+\delta, \Delta)$. 但是 $\mathcal{L}_R(m, 2(s-1)+2, s-1; 2\nu+\delta, \Delta) \subset \mathcal{L}_R(m, 2s; 2\nu+\delta, \Delta)$, 因此 $P \in \mathcal{L}_R(m, 2s; 2\nu+\delta, \Delta)$.

然而, 如果
$$2s \leq m = \nu + s \text{ 而 } \delta = 0,$$
那么由定理 5.1, 不存在任何 $(m, 2(s-1)+2, s-1)$ 型子空间. 于是 $\mathcal{L}_R(m, 2s; 2\nu) = \mathcal{L}_R(m, 2s, s; 2\nu)$. 再根据定理 5.12, P 不能包含在 $\mathcal{L}_R(m, 2s, s; 2\nu)$ 中, 因而它也不能包含在 $\mathcal{L}_R(m, 2s; 2\nu)$ 中. 这正是我们排除的第一种情形.

(b) $\tau = 1$. 在这种情形, (8.1) 变成
$$2s + 1 \leq m \leq \begin{cases} \nu + s, & \text{如果 } \delta = 0, \\ \nu + s + 1, & \text{如果 } \delta = 1 \text{ 或 } 2. \end{cases} \tag{8.7}$$

对于任意 $P \in \mathcal{M}(m-1, 2s+1; 2\nu+\delta, \Delta)$, P 是 $(m-1, 2s+1, s, \Gamma)$ 型子空间, 其中 $\Gamma = 1$ 或 z. 如果 $\delta = 0$ 或 2, 那么由定理 5.1, 存在 $(m, 2s+1, s, \Gamma)$ 型子空间, 再根据定理 5.3, $P \in \mathcal{L}_R(m, 2s+1, s, \Gamma; 2\nu+\delta, \Delta)$. 但是 $\mathcal{L}_R(m, 2s+1, s, \Gamma; 2\nu+\delta, \Delta) \subset \mathcal{L}_R(m, 2s+1; 2\nu+\delta, \Delta)$. 因此 $P \in \mathcal{L}_R(m, 2s+1; 2\nu+\delta, \Delta)$.

如果 $\delta = 1$. 再分以下两种情形.

(b.1) P 是 $(m-1, 2s+1, s, \Delta)$ 型子空间. 根据定理 5.1, 存在 $(m, 2s+1, s, \Delta)$ 型子空间. 再根据定理 5.3, $P \in \mathcal{L}_R(m, 2s+1, s, \Delta; 2\nu+\delta, \Delta)$. 因此 $P \in \mathcal{L}_R(m, 2s+1; 2\nu+1, \Delta)$.

(b.2) P 是 $(m-1, 2s+1, s, z\Delta)$ 型子空间 (当 $\Delta = z$ 时, $(m-1, 2s+1, s, z^2)$ 型子空间就是 $(m-1, 2s+1, s, 1)$ 型子空间). 如果
$$2s + 1 \leq m \leq \nu + s,$$
那么如同情形 (b.1) 一样, $P \in \mathcal{L}_R(m, 2s+1; 2\nu+1, \Delta)$.

然而, 如果
$$2s + 1 \leq m = \nu + s + 1,$$
那么由定理 5.1, 不存在 $(m, 2s+1, s, z\Delta)$ 型子空间. 因而 $\mathcal{L}_R(m, 2s+1; 2\nu+1, \Delta) = \mathcal{L}_R(m, 2s+1, s, \Delta; 2\nu+1, \Delta)$. 再由定理 5.12, P 不能包含在 $\mathcal{L}_R(m, 2s+1, s, \Delta; 2\nu+1, \Delta)$ 中. 这正是我们所要排除的第二种情形. □

引理 8.5 设 $n = 2\nu + \delta > m \geq 1$, $s \geq 1$, 并且 $(m, 2s+\tau)$ 满足 (8.1). 那么
$$\mathcal{L}_R(m, 2s+\tau; 2\nu+\delta, \Delta) \supset \mathcal{L}_R(m-1, 2(s-1)+\tau; 2\nu+\delta, \Delta).$$

证明 我们只需证明
$$\mathcal{M}(m-1, 2(s-1)+\tau; 2\nu+\delta, \Delta) \subset \mathcal{L}_R(m, 2s+\tau; 2\nu+\delta, \Delta).$$

(a) $\tau = 0$. 这时, (8.1) 变成

$$2s \leq m \leq \begin{cases} \nu + s, & \text{如果 } \delta = 0 \text{ 或 } 1, \\ \nu + s + 1, & \text{如果 } \delta = 2. \end{cases} \tag{8.8}$$

对于任意 $P \in \mathcal{M}(m-1, 2(s-1); 2\nu + \delta, \Delta)$, P 是 $(m-1, 2(s-1), s-1)$ 型,或是 $(m-1, 2(s-2)+2, s-1)$ 型子空间. 再分以下两种情形:

(a.1) P 是 $(m-1, 2(s-1), s-1)$ 型子空间. 由定理 5.1, 有

$$2(s-1) \leq m - 1 \leq \nu + s + 1. \tag{8.9}$$

从 (8.8) 和 (8.9) 得到

$$2s \leq m \leq \nu + s.$$

所以根据定理 5.1, 存在 $(m, 2s, s)$ 型子空间. 再由定理 5.3, $P \in \mathcal{L}_R(m, 2s, s; 2\nu + \delta, \Delta)$. 但是 $\mathcal{L}_R(m, 2s, s; 2\nu+\delta, \Delta) \subset \mathcal{L}_R(m, 2s; 2\nu+\delta, \Delta)$, 因此 $P \in \mathcal{L}_R(m, 2s; 2\nu+\delta, \Delta)$.

(a.2) P 是 $(m-1, 2(s-2)+2, s-2)$ 型子空间. 这时必有 $s \geq 2$. 由定理 5.1, 有

$$2(s-2) + 2 \leq m - 1 \leq \nu + (s-2) + \min\{2, \delta\}. \tag{8.10}$$

从 (8.8) 和 (8.10) 得到

$$2s \leq m \leq \begin{cases} \nu + s - 1, & \text{如果 } \delta = 0, \\ \nu + s, & \text{如果 } \delta = 1, \\ \nu + s + 1, & \text{如果 } \delta = 2. \end{cases}$$

于是由定理 5.1, 在 $\mathbb{F}_q^{2\nu+\delta}$ 中存在 $(m, 2(s-1)+2, s-1)$ 型子空间. 根据定理 5.3, $P \in \mathcal{L}_R(m, 2(s-1)+2, s-1; 2\nu+\delta, \Delta)$. 因此 $P \in \mathcal{L}_R(m, 2s; 2\nu+\delta, \Delta)$.

(b) $\tau = 1$. 在这种情形下, (8.1) 变成 (8.7).

$$2s + 1 \leq m \leq \begin{cases} \nu + s, & \text{如果 } \delta = 0, \\ \nu + s + 1, & \text{如果 } \delta = 1 \text{ 或 } 2. \end{cases}$$

对于任意 $P \in \mathcal{M}(m-1, 2(s-1)+1; 2\nu+\delta, \Delta)$, P 是 $(m-1, 2(s-1)+1, s-1, \Gamma)$ 型子空间, 其中 $\Gamma = 1$ 或 z. 我们分 $\delta = 0, 1$ 或 2 三种情形.

(b.1) $\delta = 0$. 从 (8.7) 得到 $\mathbb{F}_q^{2\nu}$ 中存在 $(m, 2s+1, s, \Gamma)$ 型子空间. 根据定理 5.3, $P \in \mathcal{L}_R(m, 2s+1, s, \Gamma; 2\nu)$. 但是 $\mathcal{L}_R(m, 2s+1, s, \Gamma; 2\nu) \subset \mathcal{L}_R(m, 2s+1; 2\nu)$. 因此 $P \in \mathcal{L}_R(m, 2s+1; 2\nu)$.

(b.2) $\delta = 1$. 因为 P 是 $(m-1, 2(s-1)+1, s-1, \Gamma)$ 型子空间, 所以由定理 5.1, 有

$$2(s-1)+1 \leq m-1 \leq \begin{cases} \nu + (s-1) + 1, & \text{如果 } \Gamma = \Delta, \\ \nu + s - 1, & \text{如果 } \Gamma \neq \Delta. \end{cases} \tag{8.11}$$

那么对于 $\Gamma = \Delta$, 从 (8.7) 和 (8.11) 得到

$$2s + 1 \leq m \leq \nu + s + 1.$$

由此可知 $\mathbb{F}_q^{2\nu+1}$ 中存在 $(m, 2s+1, s, \Delta)$ 型子空间. 由定理 5.3, $P \in \mathcal{L}_R(m, 2s+1, s, \Delta; 2\nu+1, \Delta)$, 因此 $P \in \mathcal{L}_R(m, 2s+1; 2\nu+1, \Delta)$.

而对于 $\Gamma \neq \Delta$, 从 (8.7) 和 (8.11) 得到

$$2s + 1 \leq m \leq \nu + s.$$

由此又可知 $\mathbb{F}_q^{2\nu+1}$ 中存在 $(m, 2s+1, s, \Gamma)$ 型子空间. 根据定理 5.3, $P \in \mathcal{L}_R(m, 2s+1, s, \Gamma; 2\nu+1, \Delta)$. 因此 $P \in \mathcal{L}_R(m, 2s+1, 2\nu+1, \Delta)$.

(b.3) $\delta = 2$. 从 (8.7) 推出 $\mathbb{F}_q^{2\nu+2}$ 中存在 $(m, 2s+1, s, \Gamma)$ 型子空间. 根据定理 5.3, $P \in \mathcal{L}_R(m, 2s+1, s, \Gamma; 2\nu+2)$. 因此 $P \in \mathcal{L}_R(m, 2s+1; 2\nu+2)$. $\square$

引理 8.6 设 $n = 2\nu + \delta > m \geq 1$, 并且 $(m, 2s+\tau)$ 满足 (8.1), 而 $\tau = 1$. 那么

$$\mathcal{L}_R(m, 2s+1; 2\nu+\delta, \Delta) \supset \mathcal{L}_R(m-1, 2s; 2\nu+\delta, \Delta),$$

除非

$$2s + 1 \leq m = \nu + s + 1 \tag{8.12}$$

和 $\delta = 1$ 同时成立.

证明 对于 $(m, 2s+1)$, (8.1) 变成 (8.7)

$$2s + 1 \leq m \leq \begin{cases} \nu + s, & \text{如果 } \delta = 0, \\ \nu + s + 1, & \text{如果 } \delta = 1 \text{ 或 } 2. \end{cases}$$

对于任意 $P \in \mathcal{M}(m-1, 2s; 2\nu+\delta, \Delta)$, P 是 $(m-1, 2s, s)$ 型, 或是 $(m-1, 2(s-1)+2, s-1)$ 型子空间. 我们分以下两种情形:

(a) P 是 $(m-1, 2s, s)$ 型子空间. 这时再分 $\delta = 0, 1$ 或 2 三种情形.

(a.1) $\delta = 2$. 这时, 由定理 5.1, $\mathbb{F}_q^{2\nu+2}$ 中存在 $(m, 2s+1, s, \Gamma)$ 型子空间, 其中 $\Gamma = 1$ 或 z. 根据定理 5.3, $P \in \mathcal{L}_R(m, 2s+1, s, \Gamma; 2\nu+2, \Delta)$. 因此 $P \in \mathcal{L}_R(m, 2s+1, 2\nu+2, \Delta)$.

下面我们假定 $\delta = 0$ 或 1. 不失一般性, 可假定

$$P S_{2\nu+\delta, \Delta}{}^t P = [S_{2s}, 0^{(\sigma_1)}],$$

其中 $\sigma_1 = m - 2s - 1$. 设 $\sigma_2 = \nu + s - m + 1$. 从 (8.12) 得到 $\sigma_1 \geq 0$ 和 $\sigma_2 \geq 0$. 于是存在 $\sigma_1 \times (2\nu + \delta)$ 矩阵 X 和 $(2\sigma_2 + \delta) \times (2\nu + \delta)$ 矩阵 Y, 使得

$$W = {}^t({}^tP \ {}^tX \ {}^tY) \tag{8.13}$$

是非奇异的, 并且
$$WS_{2\nu+\delta,\Delta}{}^tW = [S_{2s}, S_{2\sigma_1}, S_{2\sigma_2}, \Delta].$$

(a.2) $\delta = 0$. 这时 $\sigma_2 \geq 1$. 令 y_1 和 y_{σ_2+1} 分别是 Y 的第 1 和 σ_2+1 行, 那么
$$\begin{pmatrix} P \\ y_1 + y_{\sigma_2+1} \end{pmatrix} \text{ 和 } \begin{pmatrix} P \\ y_1 - y_{\sigma_2+1} \end{pmatrix}$$

是一对 $(m, 2s+1)$ 子空间, 并且它们的交是 P. 因此 $P \in \mathcal{L}_R(m, 2s+1; 2\nu, \Delta)$.

(a.3) $\delta = 1$. 我们又分以下两种情形.

(i) 条件
$$2s + 1 \leq m < \nu + s + 1 \tag{8.14}$$

成立. 这时也有 $\sigma_2 \geq 1$. 如同情形 (a.2) 一样, 我们可以证明 $P \in \mathcal{L}_R(m, 2s+1; 2\nu+1, \Delta)$.

(ii) 条件 (8.12)
$$2s + 1 \leq m = \nu + s + 1$$

成立. 那么 $\sigma_2 = 0$, 并且 Y 是一个行向量. 显然,
$$\begin{pmatrix} P \\ Y \end{pmatrix}$$

是唯一包含 P 的 $(m, 2s+1)$ 子空间. 因而 $P \notin \mathcal{L}_R(m, 2s+1; 2\nu+1, \Delta)$. 所以, 在 (8.12) 和 $\delta = 1$ 同时成立时, 引理 8.6 不成立.

(b) P 是 $(m-1, 2(s-1)+2, s-1)$ 型子空间. 这时显然有 $s \geq 1$. 我们又分 $\delta = 0, 1$ 或 2 三种情形.

(b.1) $\delta = 0$. 这时由定理 5.1, 从 (8.7) 得到 $\mathbb{F}_q^{2\nu}$ 中存在 $(m, 2s+1, s, \Gamma)$ 型子空间, 其中 $\Gamma = 1$ 或 z. 再由定理 5.3, $P \in \mathcal{L}_R(m, 2s+1, s, \Gamma; 2\nu, \Delta)$. 因此 $P \in \mathcal{L}_R(m, 2s+1, 2\nu, \Delta)$.

下面我们假定 $\delta = 1$ 或 2. 不妨设
$$PS_{2\nu+\delta,\Delta}{}^tP = [S_{2(s-1)+2,\Delta}, 0^{(\sigma_1)}],$$

其中 $\sigma_1 = m - 2s - 1$. 令 $\sigma_2 = \nu + s - m + 1$. 从 (8.7) 得到 $\sigma_1 \geq 0$ 和 $\sigma_2 \geq 0$. 于是存在 $\sigma_1 \times (2\nu+\delta)$ 矩阵 X 和 $(2\sigma_2+\delta) \times (2\nu+\sigma)$ 矩阵 Y, 使得 (8.13) 中的 W 是非奇异的, 并且
$$WS_{2\nu+\delta,\Delta}{}^tW = [S_{2(s-1)+2}, S_{2\sigma_1}, S_{2\sigma_2}, \Delta_1],$$

其中 Δ_1 是 $\delta \times \delta$ 非奇异对称矩阵.

(b.2) $\delta = 2$. 由 Witt 定理, 可以假定
$$\Delta_1 = \begin{pmatrix} 0 & 1 \\ 1 & 0 \end{pmatrix}.$$

设 $y_{2\sigma_2+1}$ 和 $y_{2\sigma_2+2}$ 分别是 Y 的 $2\sigma_2+1$ 行和 $2\sigma_2+2$ 行. 那么
$$\begin{pmatrix} P \\ y_{2\sigma_2+1} + y_{2\sigma_2+2} \end{pmatrix} \text{ 和 } \begin{pmatrix} P \\ y_{2\sigma_2+1} - y_{2\sigma_2+2} \end{pmatrix}$$
是一对 $(m, 2s+1)$ 子空间, 并且它们的交是 P. 因此 $P \in \mathcal{L}_R(m, 2s+1; 2\nu+2, \Delta)$.

(b.3) $\delta = 1$. 我们又分以下两种情形.

(i) 条件 (8.14) 成立. 这时 $\sigma_2 \geq 1$. 如同情形 (a.2) 一样, 我们也得到 $P \in \mathcal{L}_R(m, 2s+1; 2\nu+1, \Delta)$.

(ii) 条件 (8.12) 成立. 这时 $\sigma_2 = 0$, 并且 Y 是一个行向量. 如同情形 (a.3) 中的情形 (ii), 我们得到 $P \notin \mathcal{L}_R(m, 2s+1; 2\nu+1, \Delta)$. □

引理 8.7 设 $n = 2\nu + \delta > m \geq 2$, 并且 $(m, 2s+\tau)$ 满足 (8.1), 而 $\tau = 1$. 那么
$$\mathcal{L}_R(m, 2s+1; 2\nu+\delta, \Delta) \supset \mathcal{L}_R(m-2, 2s; 2\nu+\delta, \Delta). \tag{8.15}$$

证明 如果 $\delta = 0$ 或 2, 那么由引理 8.4, 有
$$\mathcal{L}_R(m, 2s+1; 2\nu+\delta, \Delta) \supset \mathcal{L}_R(m-1, 2s+1; 2\nu+\delta, \Delta).$$

如果 $(m-1, 2s+1)$ 不满足 (8.1), 那么 $m-1 < 2s+1$. 因而 $(m-2, 2s)$ 也不满足 (8.1), 并且由定理 8.1, 有 $\mathcal{M}(m-2, 2s; 2\nu+\delta, \Delta) = \phi$. 于是 (8.15) 显然成立. 然而, 如果 $(m-1, 2s+1)$ 满足 (8.1), 那么由引理 8.6, 有
$$\mathcal{L}_R(m-1, 2s+1; 2\nu+\delta, \Delta) \supset \mathcal{L}_R(m-2, 2s; 2\nu+\delta, \Delta).$$

因此 (8.15) 成立.

留待我们考虑 $\delta = 1$ 的情形. 如果 $(m-2, 2s)$ 不满足 (8.1), 那么 $\mathcal{M}(m-2, 2s; 2\nu+1, \Delta) = \phi$, 因而 (8.15) 成立. 现在设 $(m-2, 2s)$ 满足 (8.1), 也即
$$2s \leq m-2 \leq \nu + s. \tag{8.16}$$

但是我们又有 $(m, 2s+1)$ 满足 (8.1), 也即
$$2s+1 \leq m \leq \nu + s + 1. \tag{8.17}$$

设 $P \in \mathcal{M}(m-2, 2s; 2\nu+1, \Delta)$, 那么 P 是 $(m-2, 2s, s)$ 型或是 $(m-2, 2(s-1)+2, s-1)$ 型子空间. 分以下两种情形.

(a) P 是 $(m-2, 2s, s)$ 型子空间. 我们可以假定

$$PS_{2\nu+1,\Delta}{}^tP = [S_{2s}, 0^{(\sigma_1)}],$$

其中 $\sigma_1 = m - 2s - 2$. 设 $\sigma_2 = \nu + s - m + 2$, 由 (8.16) 有 $\sigma_1 \geq 0$, 再根据 (8.17) 有 $\sigma_2 \geq 1$. 于是存在 $\sigma_1 \times (2\nu+1)$ 矩阵 X 和 $(2\sigma_2+1) \times (2\nu+1)$ 矩阵 Y, 使得 (8.13) 中的 W 是非奇异的, 并且

$$WS_{2\nu+1,\Delta}{}^tW = [S_{2s}, S_{2\sigma_1}, S_{2\sigma_2}, \Delta].$$

设 y_1, y_{σ_2+1} 和 $y_{2\sigma_2+1}$ 分别是 Y 的第 1, 第 σ_2+1 和最后一行. 那么

$$\begin{pmatrix} P \\ y_1 \\ y_{2\sigma_2+1} \end{pmatrix}, \begin{pmatrix} P \\ y_{\sigma_2+1} \\ y_{2\sigma_2+1} \end{pmatrix} \text{ 和 } \begin{pmatrix} P \\ y_1 - \frac{1}{2}\Delta y_{\sigma_2+1} + y_{2\sigma_2+1} \\ -\Delta y_{\sigma_2+1} + y_{2\sigma_2+1} \end{pmatrix}$$

都是 $(m, 2s+1)$ 子空间, 并且它们的交是 P. 因此 $P \in \mathcal{L}_R(m, 2s+1; 2\nu+1, \Delta)$.

(b) P 是 $(m-2, 2(s-1)+2, s-1)$ 型子空间. 这时 $s \geq 1$. 我们可假定

$$PS_{2\nu+1,\Delta}{}^tP = [S_{2(s-1)+2,\Delta}, 0^{(\sigma_1)}],$$

其中 $\sigma_1 = m - 2s - 2$. 设 $\sigma_2 = \nu + s - m + 2$. 由 (8.16) 有 $\sigma_1 \geq 0$, 并且由 (8.17) 有 $\sigma_2 \geq 1$. 于是存在一个 $\sigma_1 \times (2\nu+\delta)$ 矩阵 X 和 $(2\sigma_2+1) \times (2\nu+1)$ 矩阵 Y, 使得 (8.13) 中的 W 是非奇异的, 并且

$$WS_{2\nu+1,\Delta}{}^tW = [S_{2(s-1)+2,\Delta}, S_{2\sigma_1}, S_{2\sigma_2}, z_1],$$

其中

$$[1, -z, z_1] \text{ 合同于 } [S_{2\cdot 1}, \Delta].$$

如同上面的情形 (a) 一样, 可以证明 $P \in \mathcal{L}_R(m, 2s+1; 2\nu+1, \Delta)$. □

引理 8.8 设 $n = 2\nu + \delta > m \geq 1, s \geq 1$, 并且 $(m, 2s+\tau)$ 满足 (8.1), 而 $\tau = 0$. 那么

$$\mathcal{L}_R(m, 2s; 2\nu+\delta, \Delta) \supset \mathcal{L}_R(m-1, 2(s-1)+1; 2\nu+\delta, \Delta),$$

除非

$$2s \leq m = \begin{cases} \nu + s, & \text{如果 } \delta = 0, \\ \nu + s + 1, & \text{如果 } \delta = 2. \end{cases} \tag{8.18}$$

证明 由题设 $(m, 2s)$ 满足 (8.1), 也即

$$2s \leq m \leq \begin{cases} \nu + s, & \text{如果 } \delta = 0 \text{ 或 } 1, \\ \nu + s + 1, & \text{如果 } \delta = 2. \end{cases} \tag{8.19}$$

第八章　奇特征正交几何中由相同维数和秩的子空间生成的格　　　　　　　　　　· 225 ·

设 $P \in \mathcal{M}(m-1, 2(s-1)+1; 2\nu+\delta, \Delta)$，那么 P 是 $(m-1, 2(s-1)+1, s-1, \Gamma)$ 型子空间，其中 $\Gamma = 1$ 或 z. 我们可以假定

$$PS_{2\nu+\delta,\Delta}{}^tP = [S_{2(s-1)+1,\Gamma}, 0^{(\sigma_1)}],$$

其中 $\sigma_1 = m - 2s$. 设 $\sigma_2 = \nu + s - m$, 从 (8.19) 得到 $\sigma_1 \geq 0$ 和

$$\sigma_2 \geq \begin{cases} 0, & \text{如果 } \delta = 0 \text{ 或 } 1, \\ -1, & \text{如果 } \delta = 2. \end{cases}$$

于是存在 $\sigma_1 \times (2\nu+\delta)$ 矩阵 X 和 $(2\sigma_2+1+\delta) \times (2\nu+\delta)$ 矩阵 Y, 使得 (8.13) 中的 W 是非奇异的，并且

$$WS_{2\nu+\delta,\Delta}{}^tW = [S_{2(s-1)+1,\Gamma}, S_{2\sigma_1}, \Sigma],$$

其中

$$\Sigma = \begin{cases} [S_{2\sigma_2}, -\Gamma], & \text{如果 } \delta = 0, \\ [S_{2\sigma_2}, -\Gamma, \Delta], & \text{如果 } \delta = 1, \\ [S_{2(\sigma_2+1)}, -\Gamma z], & \text{如果 } \delta = 2. \end{cases}$$

我们分以下两种情形.

(a) 条件

$$2s \leq m < \begin{cases} \nu + s, & \text{如果 } \delta = 0 \text{ 或 } 1, \\ \nu + s + 1, & \text{如果 } \delta = 2 \end{cases}$$

成立. 当 $\delta = 0$ 或 1 时, 我们有 $\sigma_2 \geq 1$. 令 y_1 和 y_2 分别是 Y 的第 1 行和 $\sigma_2 + 1$ 行; 当 $\delta = 2$ 时, 我们有 $\sigma_2 \geq 0$. 设 y_1 和 y_2 分别是 Y 的第 1 行和 $\sigma_2 + 2$ 行. 那么

$$\begin{pmatrix} P \\ y_1 + y_2 \end{pmatrix} \text{ 和 } \begin{pmatrix} P \\ y_1 - y_2 \end{pmatrix}$$

是一对 $(m, 2s)$ 子空间, 并且它们的交是 P. 因此 $P \in \mathcal{L}_R(m, 2s; 2\nu+1, \Delta)$.

(b) 条件

$$2s \leq m = \begin{cases} \nu + s, & \text{如果 } \delta = 0 \text{ 或 } 1, \\ \nu + s + 1, & \text{如果 } \delta = 2 \end{cases} \tag{8.20}$$

成立. 这时再分 $\delta = 0, 1$, 或 2 三种情形.

(b.1) $\delta = 0$. 从 (8.20) 得到 $\sigma_2 = 0$. 因而 Y 是一个行向量. 并且

$$\begin{pmatrix} P \\ Y \end{pmatrix}$$

是唯一包含 P 的 $(m, 2s)$ 子空间. 因此 $P \notin \mathcal{L}_R(m, 2s; 2\nu, \Delta)$.

(b.2) $\delta = 1$. 从 (8.20) 又得到 $\sigma_2 = 0$. 于是 $\dim Y = 2$. 设 y_1 和 y_2 分别是 Y 的第 1 和第 2 行, 那么
$$\begin{pmatrix} P \\ y_1 \end{pmatrix} \text{ 和 } \begin{pmatrix} P \\ y_2 \end{pmatrix}$$
是一对 $(m, 2s)$ 子空间, 并且它们的交是 P. 因此 $P \in \mathcal{L}_R(m, 2s; 2\nu + 1, \Delta)$.

(b.3) $\delta = 2$. 从 (8.20) 得到 $\sigma_2 + 1 = 0$, 并且 Y 是一个行向量. 那么
$$\begin{pmatrix} P \\ Y \end{pmatrix}$$
是唯一的包含 P 的子空间. 因此 $P \notin \mathcal{L}_R(m, 2s; 2\nu + 2, \Delta)$. □

引理 8.9 设 $n = 2\nu + \delta > m \geq 2$, $s \geq 1$, 并且 $(m, 2s + \tau)$ 满足 (8.1), 而 $\tau = 0$. 那么
$$\mathcal{L}_R(m, 2s; 2\nu + \delta, \Delta) \supset \mathcal{L}_R(m - 2, 2(s-1) + 1; 2\nu + \delta, \Delta). \tag{8.21}$$

证明 如果 $\delta = 1$, 那么由引理 8.4, 有
$$\mathcal{L}_R(m, 2s; 2\nu + 1, \Delta) \supset \mathcal{L}_R(m - 1, 2s; 2\nu + 1, \Delta).$$
如果 $(m - 1, 2s)$ 不满足 (8.1), 那么 $m - 1 < 2s$. 因而 $(m - 2, 2(s-1) + 1)$ 不满足 (8.1). 由定理 8.1, $\mathcal{M}(m - 2, 2(s-1) + 1; 2\nu + 1, \Delta) = \phi$. 显然, (8.21) 成立. 然而, 如果 $(m - 1, 2s)$ 满足 (8.1). 那么由引理 8.8, 有
$$\mathcal{L}_R(m - 1, 2s; 2\nu + 1, \Delta) \supset \mathcal{L}_R(m - 2, 2(s-1) + 1; 2\nu + 1, \Delta).$$
因此 (8.21) 也成立.

现在考虑 $\delta = 0$ 或 2 的情形. 如果 $(m - 2, 2(s-1) + 1)$ 不满足 (8.1), 那么 $\mathcal{M}(m - 2, 2(s-1) + 1; 2\nu + \delta, \Delta) = \phi$, 因而 (8.21) 成立. 现在设 $(m - 2, 2(s-1) + 1)$ 满足 (8.1), 也即
$$2s - 1 \leq m - 2 \leq \begin{cases} \nu + s - 1, & \text{如果 } \delta = 0, \\ \nu + s, & \text{如果 } \delta = 2. \end{cases} \tag{8.22}$$
但是 $(m, 2s)$ 也满足 (8.1), 也即
$$2s \leq m \leq \begin{cases} \nu + s, & \text{如果 } \delta = 0, \\ \nu + s + 1, & \text{如果 } \delta = 2. \end{cases} \tag{8.23}$$
设 $P \in \mathcal{M}(m - 2, 2(s-1) + 1; 2\nu + \delta, \Delta)$, 那么 P 是 $(m - 2, 2(s-1) + 1, s - 1, \Gamma)$ 型子空间, 其中 $\Gamma = 1$ 或 z. 我们可假定
$$P S_{2\nu + \delta, \Delta}{}^t P = [S_{2(s-1)+1, \Gamma}, 0^{(\sigma_1)}],$$
其中 $\sigma_1 = m - 2s - 1$. 设 $\sigma_2 = \nu + s - m + 1$. 由 (8.22) 有 $\sigma_1 \geq 0$. 再由 (8.22) 和 (8.23) 有 $\sigma_2 \geq 0$. 于是存在 $\sigma_1 \times (2\nu + \delta)$ 矩阵 X 和 $(2\sigma_2 + 1 + \delta) \times (2\nu + \delta)$ 矩阵 Y, 使得 (8.13) 中的 W 是非奇异的, 并且
$$W S_{2\nu + \delta, \Delta}{}^t W = [S_{2(s-1)+1, \Gamma}, S_{2\sigma_1}, \Sigma],$$

其中

$$\Sigma = \begin{cases} [S_{2\sigma_2}, -\Gamma], & \text{如果 } \delta = 0, \\ [S_{2(\sigma_2+1)}, -\Gamma z], & \text{如果 } \delta = 2. \end{cases}$$

由 (8.22) 和 (8.23) 可知，当 $\delta = 0$ 时，$\sigma_2 \geq 1$，而在 $\delta = 2$ 时，$\sigma_2 + 1 \geq 1$. 类似于引理 8.7 的证明，可以证得 $P \in \mathcal{L}_R(m, 2s; 2\nu + \delta, \Delta)$. □

§8.4 格 $\mathcal{L}_R(m, 2s + \tau; 2\nu + \delta, \Delta)$ 之间的包含关系

下面我们给出格 $\mathcal{L}_R(m, 2s + \tau; 2\nu + \delta, \Delta)$ 之间的包含关系.

定理 8.10 设 $n = 2\nu + \delta > m \geq 1$, 假定 $(m, 2s+\tau), (m_1, 2s_1+\tau_1)$ 满足 (8.1), 也即

$$2s + \tau \leq m \leq \begin{cases} \nu + s, & \text{如果 } \tau = 0 \text{ 而 } s = 0, \\ \nu + s + \max\{0, \delta - 1\}, & \text{如果 } \tau = 0 \text{ 而 } s \geq 1, \\ \nu + s + \min\{1, \delta\}, & \text{如果 } \tau = 1 \end{cases}$$

和

$$2s_1 + \tau_1 \leq m_1 \leq \begin{cases} \nu + s_1, & \text{如果 } \tau_1 = 0 \text{ 而 } s_1 = 0, \\ \nu + s_1 + \max\{0, \delta - 1\}, & \text{如果 } \tau_1 = 0 \text{ 而 } s_1 \geq 1, \\ \nu + s_1 + \min\{1, \delta\}, & \text{如果 } \tau_1 = 1 \end{cases}$$

成立, 再假定 (8.6)

$$2s + \tau \leq m = \begin{cases} \nu + s + \max\{0, \delta - 1\}, & \text{如果 } \tau = 0 \text{ 而 } s \geq 1, \\ \nu + s + \min\{1, \delta\}, & \text{如果 } \tau = 1 \end{cases}$$

成立, 而表 8.1 中所列的每一种情形不出现, 那么

表 8.1

δ	Δ	τ	τ_1	m_1	s_1
0	ϕ	0	0	$m - t - t'$	$s - t \geq 1$
0	ϕ	0	1	$m - t - 1$	$s - t - 1 \geq 0$
1	1或z	1	0	$m - t - 1$	$s - t \geq 0$
1	1或z	1	1	$m - t - t'$	$s - t \geq 0$
2	$[1 - z]$	0	0	$m - t - t'$	$s - t \geq 1$
2	$[1, -z]$	0	1	$m - t - 1$	$s - t - 1 \geq 0$

t' 是满足 $1 \leq t' \leq m - t$ 的正整数.

$$\mathcal{L}_R(m, 2s + \tau; 2\nu + \delta, \Delta) \supset \mathcal{L}_R(m_1, 2s_1 + \tau_1; 2\nu + \delta, \Delta) \qquad (8.24)$$

的充分必要条件是

$$2m - 2m_1 \geq (2s + \tau) - (2s_1 + \tau_1) \geq 0. \qquad (8.25)$$

证明 先证明充分性. 由 (8.25) 可以假定

$$(2s+\tau)-(2s_1+\tau_1)=2t+l \tag{8.26}$$

和

$$m-m_1=t+t', \tag{8.27}$$

其中 $t,t'\geq 0$, 而

$$l=\begin{cases} 0, & \text{如果 } \tau=\tau_1, \\ 1, & \text{如果 } |\tau-\tau_1|=1. \end{cases}$$

从 (8.25), (8.26) 和 (8.27) 得到 $2t'\geq l$.

因为 $(m,2s+\tau)$ 满足 (8.1), 所以对于满足 $1\leq i\leq t$ 的每个整数 i, $(m-i,2(s-i)+\tau)$ 也满足 (8.1). 因而可以连续地应用引理 8.5, 得到

$$\begin{aligned}\mathcal{L}_R(m,2s+\tau;2\nu+\delta,\Delta) \\ \supset \mathcal{L}_R(m-1,2(s-1)+\tau;2\nu+\delta,\Delta)\supset\cdots \\ \supset \mathcal{L}_R(m-t,2(s-t)+\tau;2\nu+\delta,\Delta).\end{aligned} \tag{8.28}$$

我们分 $l=0$ 和 $l=1$ 两种情形.

(a) $l=0$. 在这种情形, 我们有 $\tau=\tau_1$, 并且从 (8.26) 得到 $s-s_1=t$. 因而

$$\mathcal{L}_R(m-t,2(s-t)+\tau;2\nu+\delta,\Delta)=\mathcal{L}_R(m_1+t',2s_1+\tau_1;2\nu+\delta,\Delta). \tag{8.29}$$

再分以下两种情形:

(a.1) $t'=0$. 从 (8.28) 和 (8.29) 得到 (8.24).

(a.2) $t'>0$. 由 $(m_1,2s_1+\tau_1)$ 满足 (8.1), 可知对于 $0\leq j\leq t'-1$, $(m_1+t'-j,2s_1+\tau_1)$ 都满足 (8.1). 这时可以连续地应用引理 8.4, 得到

$$\begin{aligned}\mathcal{L}_R(m_1+t',2s_1+\tau_1;2\nu+\delta,\Delta) \\ \supset \mathcal{L}_R(m_1+t'-1,2s_1+\tau_1;2\nu+\delta,\Delta)\supset\cdots \\ \supset \mathcal{L}_R(m_1+t'-t',2s_1+\tau_1;2\nu+\delta,\Delta) \\ =\mathcal{L}_R(m_1,2s_1+\tau_1;2\nu+\delta,\Delta),\end{aligned}$$

除非对满足 $0\leq j\leq t'-1$ 的某个 j, $(m_1+t'-j,2s_1+\tau_1)$ 满足

$$\begin{aligned}2s_1+\tau_1 &\leq m_1+t'-j \\ &=\begin{cases}\nu+s_1+\max\{0,\delta-1\}, & \text{如果 } \tau_1=0 \text{ 而 } s_1\geq 1, \\ \nu+s_1+\min\{1,\delta\}, & \text{如果 } \tau_1=1,\end{cases}\end{aligned} \tag{8.30}$$

第八章　奇特征正交几何中由相同维数和秩的子空间生成的格

并且三种情形 "$\delta = \tau_1 = 0, s_1 \geq 1$", "$\delta = \tau_1 = 1$" 和 "$\delta = 2, \tau_1 = 0, s_1 \geq 1$" 之一出现. 容易证明: 对于某个 j, $0 \leq j \leq t'-1$, 如果 $(m_1 + t' - j, 2s_1 + \tau_1)$ 满足 (8.30), 那么必有 $j = 0$. 事实上, 从 (8.27) 和 (8.30) 得到

$$m - t - j = m_1 + t' - j = \begin{cases} \nu + s_1 + \max\{0, \delta - 1\}, & \text{如果 } \tau_1 = 0 \text{ 而 } s_1 \geq 1, \\ \nu + s_1 + \min\{1, \delta\}, & \text{如果 } \tau_1 = 1. \end{cases}$$

因为 $t = s - s_1$ 和 $\tau = \tau_1$, 所以

$$m - j = \begin{cases} \nu + s + \max\{0, \delta - 1\}, & \text{如果 } \tau = 0 \text{ 而 } s_1 \geq 1, \\ \nu + s + \min\{1, \delta\}, & \text{如果 } \tau = 1. \end{cases}$$

但 $s \geq s_1$ 和 $(m, 2s + \tau)$ 满足 (8.1), 因而 $j = 0$. 于是

$$\mathcal{L}_R(m_1 + t', 2s_1 + \tau_1; 2\nu + \delta, \Delta) \supset \mathcal{L}_R(m_1, 2s_1 + \tau_1; 2\nu + \delta \Delta), \tag{8.31}$$

除非 $(m_1 + t', 2s_1 + \tau_1)$ 满足

$$2s_1 + \tau_1 \leq m_1 + t' = \begin{cases} \nu + s_1 + \max\{0, \delta - 1\}, & \text{如果 } \tau_1 = 0 \text{ 而 } s_1 \geq 1, \\ \nu + s_1 + \min\{1, \delta\}, & \text{如果 } \tau_1 = 1. \end{cases} \tag{8.32}$$

并且三种情形 "$\delta = \tau_1 = 0, s_1 \geq 1$", "$\delta = \tau = \tau_1 = 1$" 和 "$\delta = 2, \tau = \tau_1 = 0, s_1 \geq 1$" 之一出现.

从 (8.28), (8.29) 和上述结论我们得到 (8.24), 除非 (8.32) 成立并且三种情形 "$\delta = \tau = \tau_1 = 0, s_1 \geq 1$", "$\delta = \tau = \tau_1 = 1$" 和 "$\delta = 2, \tau = \tau_1 = 0, s_1 \geq 1$" 之一出现. 因为 $t' > 0$ 和 $m_1 + t' = m - t$, 所以有 $1 \leq t' \leq m - t$. 显然, 在 $\tau_1 = 0$, $s_1 = s - t = 0$ 时, (8.31) 成立. 我们断言: 在 $l = 0$ 和 (8.1) 成立, 而在 $\tau_1 = 0$ 时又要求 $s - t \geq 1$ 的条件下, (8.32) 定价于 (8.6).

假设 (8.6) 成立, 那么

$$2s_1 + \tau_1 \leq 2s - 2t + \tau \leq m - 2t = m_1 - t + t' \leq m_1 + t'.$$

这是 (8.32) 的前半部分, 而

$$\begin{aligned} m_1 + t' &= m - t \\ &= \begin{cases} \nu + s + \max\{0, \delta - 1\} - t \\ \nu + s + \min\{1, \delta\} - t \end{cases} \\ &= \begin{cases} \nu + s_1 + \max\{0, \delta - 1\}, & \text{如果 } \tau_1 = 0, s \geq 1, \\ \nu + s_1 + \min\{1, \delta\}, & \text{如果 } \tau_1 = 1, \end{cases} \end{aligned}$$

再用 $s_1 = s - t \geq 1$ 代替 $s \geq 1$, 就可知 (8.32) 的后半部分成立.

现在假设 (8.32) 成立, 而 $s_1 = s - t \geq 1$ 和 $m_1 = m - t - t'$, 那么

$$2(s-t) + \tau \leq m - t$$
$$= \begin{cases} \nu + s - t + \max\{0, \delta - 1\}, & \text{如果 } \tau_1 = 0, s_1 \geq 1, \\ \nu + s - t + \min\{1, \delta\}, & \text{如果 } \tau_1 = 1. \end{cases}$$

再由 (8.1) 可知 (8.6) 成立.

因此, 在情形 (a.2), 我们总有 (8.24) 成立, 除非 (8.6) 成立和列在表 8.1 中的情形 "$\delta = \tau = \tau_1 = 0, s_1 \geq 1$", "$\delta = \tau = \tau_1 = 1$" 和 "$\delta = 2, \tau = \tau_1 = 0, s_1 \geq 1$" 之一出现.

(b) $l = 1$. 因为 $2t' \geq l$, 所以 $t' > 0$. 从 $l = 1$ 得到 $|\tau - \tau_1| = 1$. 再分 "$\tau = 1, \tau_1 = 0$" 和 "$\tau = 0, \tau_1 = 1$" 两种情形.

(b.1) $\tau = 1, \tau_1 = 0$. 由 (8.26) 又有 $s - s_1 = t$. 所以

$$\mathcal{L}_R(m - t, 2(s - t) + 1; 2\nu + \delta, \Delta) = \mathcal{L}_R(m_1 + t', 2s_1 + 1; 2\nu + \delta, \Delta). \tag{8.33}$$

我们又分以下两种情形.

(b.1.1) $t' = 1$. 这时, 在题设 (8.1), $l = 1, \delta = \tau = 1, \tau_1 = 0$ 和 $t' = 1$ 的条件下, 可以证明

$$2s_1 + 1 \leq m_1 + 1 = \nu + s_1 + 1 \tag{8.34}$$

和 (8.6) 等价.

事实上, 如果 (8.34) 成立, 那么由 (8.27) 和 (8.34) 有

$$m - t = \nu + s_1 + 1.$$

但是 $t = s - s_1$, 所以

$$m = \nu + s + 1.$$

因为 $(m, 2s+1)$ 满足 (8.1) 和 $\delta = \tau = 1$, 所以 (8.6) 成立. 反之, 假设 (8.6) 成立. 因为 $s - s_1 = t, 2s + \tau \leq m, m - t = m_1 + t'$ 和 $t' = 1$, 所以

$$2s_1 + 1 = 2(s - t) + \tau = (2s + \tau) - 2t \leq m - 2t$$
$$= m_1 - t + t' \leq m_1 + t' = m_1 + 1,$$

并且

$$m_1 + 1 = m_1 + t' = m - t = m - s + s_1 = \nu + s_1 + 1.$$

因此 (8.34) 成立.

根据题设, 在 (b.1.1) 的情形, 如果 (8.6) 成立, 而表 8.1 的第 3 行所列的情形不出现时, 那么当 (8.34) 出现时, $\delta = 1$ 也不会出现, 而 $(m_1 + 1, 2s_1 + 1)$ 满足 (8.1), 由引理 8.6, 有

$$\mathcal{L}_R(m_1 + 1, 2s_1 + 1; 2\nu + \delta, \Delta) \supset \mathcal{L}_R(m_1, 2s_1; 2\nu + \delta, \Delta). \tag{8.35}$$

从 (8.28), (8.33), (8.35), 以及上述的结论, 在 (b.1.1) 的情形, (8.24) 成立, 除非 (8.6) 成立时, 列在表 8.1 中 "$\delta = \tau = 1, \tau_1 = 0, s_1 \geq 0$" 的情形出现.

(b.1.2) $t' \geq 2$. 首先考虑 $\delta = 0$ 或 2 的情形. 因为 $(m_1, 2s_1)$ 和 $(m_1 + t', 2s_1 + 1)$ 满足 (8.1), 所以对于满足 $0 \leq j \leq t' - 1$ 的每个 j, $(m + t' - j, 2s_1 + 1)$ 满足 (8.1). 连续地应用引理 8.4, 得到

$$\begin{aligned}
&\mathcal{L}_R(m_1 + t', 2s_1 + 1; 2\nu + \delta, \Delta) \\
&\supset \mathcal{L}_R(m_1 + t' - 1, 2s_1 + 1; 2\nu + \delta, \Delta) \\
&\supset \cdots \supset \mathcal{L}_R(m_1 + 1, 2s_1 + 1; 2\nu + \delta, \Delta).
\end{aligned} \tag{8.36}$$

再根据引理 8.6, 有

$$\mathcal{L}_R(m_1 + 1, 2s_1 + 1; 2\nu + \delta, \Delta) \supset \mathcal{L}_R(m_1, 2s_1; 2\nu + \delta, \Delta). \tag{8.37}$$

从 (8.28), (8.33), (8.36) 和 (8.37) 得到 (8.24).

其次考虑 $\delta = 1$ 的情形. 由引理 8.7, 有

$$\mathcal{L}_R(m_1 + t', 2s_1 + 1; 2\nu + 1, \Delta) \supset \mathcal{L}_R(m_1 + t' - 2, 2s_1; 2\nu + \delta, \Delta). \tag{8.38}$$

如果 $t' = 2$, 那么从 (8.28), (8.33) 和 (8.38) 可得 (8.24). 如果 $t' > 2$, 那么通过连续地应用引理 8.4, 可得

$$\begin{aligned}
&\mathcal{L}_R(m_1 + t' - 2, 2s_1; 2\nu + \delta, \Delta) \\
&\supset \mathcal{L}_R(m_1 + t' - 3, 2s_1; 2\nu + \delta, \Delta) \\
&\supset \cdots \supset \mathcal{L}_R(m_1, 2s_1; 2\nu + \delta, \Delta).
\end{aligned} \tag{8.39}$$

从 (8.28), (8.33), (8.38) 和 (8.39) 得到 (8.24).

(b.2) $\tau = 0, \tau_1 = 1$. 由 (8.26) 有 $s - s_1 = t + 1$. 所以

$$\mathcal{L}_R(m - t, 2(s - t) + \tau; 2\nu + \delta, \Delta) \supset \mathcal{L}_R(m_1 + t', 2(s_1 + 1); 2\nu + \delta, \Delta). \tag{8.40}$$

我们又分以下两种情形.

(b.2.1) $t' = 1$. 如同在 (b.1.1) 的情形,可以证明:在题设 (8.1), $l = 1, \tau = 0$, $\tau_1 = 1$ 和 $t' = 1$ 的条件下,

$$2(s_1 + 1) \leq m_1 + 1 = \begin{cases} \nu + s_1 + 1, & \text{如果}\, \delta = 0, \\ \nu + s_1 + 2, & \text{如果}\, \delta = 2 \end{cases} \tag{8.41}$$

等价于 (8.6). 于是得到结论:在题设 (8.6) 成立,而 "$l = 1, \tau = 0, \tau_1 = 1$" 和 $t' = 1$ 的条件下,如果 (8.41) 成立,那么 "$\delta = 0, \tau = 0, \tau_1 = 1$" 或 "$\delta = 2, \tau = 0, \tau_1 = 1$" 的情形不会出现. 根据引理 8.8, 有

$$\mathcal{L}_R(m_1 + 1, 2(s_1 + 1); 2\nu + \delta, \Delta) \supset \mathcal{L}_R(m_1, 2s_1 + 1; 2\nu + \delta, \Delta). \tag{8.42}$$

从 (8.28), (8.40), (8.42), 以及上述的结论,可知 (8.24) 成立,除非 (8.6) 成立时,表 8.1 所列 "$\delta = 0, \tau = 0, \tau_1 = 1$", "$\delta = 2, \tau = 0, \tau_1 = 1$" 的两种情形之一出现.

(b.2.2) $t' \geq 2$. 首先考虑 $\delta = 1$ 的情形. 因为 $(m_1, 2s_1 + 1)$ 和 $(m_1 + t', 2(s_1 + 1))$ 满足 (8.1), 所以对于满足 $0 \leq j \leq t' - 1$ 的每个 j, $(m_1 + t' - j, 2(s_1 + 1))$ 也满足 (8.1). 通过连续地应用引理 8.4, 可得

$$\mathcal{L}_R(m_1 + t', 2(s_1 + 1); 2\nu + 1, \Delta)$$
$$\supset \mathcal{L}_R(m_1 + t' - 1, 2(s_1 + 1); 2\nu + 1, \Delta) \supset \cdots$$
$$\supset \mathcal{L}_R(m_1 + 1, 2(s_1 + 1); 2\nu + 1, \Delta). \tag{8.43}$$

再由引理 8.8, 有

$$\mathcal{L}_R(m_1 + 1, 2(s_1 + 1); 2\nu + 1, \Delta) \supset \mathcal{L}_R(m_1, 2s_1 + 1, 2\nu + \delta, \Delta). \tag{8.44}$$

从 (8.28), (8.40), (8.43) 和 (8.44) 得到 (8.24).

其次考虑 $\delta = 0$ 或 2 的情形. 根据引理 8.9, 有

$$\mathcal{L}_R(m_1 + t', 2(s_1 + 1); 2\nu + \delta, \Delta) \supset \mathcal{L}_R(m_1 + t' - 2, 2s_1 + 1; 2\nu + \delta, \Delta). \tag{8.45}$$

如果 $t' = 2$, 那么从 (8.28), (8.40) 和 (8.45) 得到 (8.24).
如果 $t' > 2$, 那么通过连续地应用引理 8.4, 就有

$$\mathcal{L}_R(m_1 + t' - 2, 2s_1 + 1; , 2\nu + \delta, \Delta)$$
$$\supset \mathcal{L}_R(m_1 + t' - 3, 2s_1 + 1; 2\nu + \delta, \Delta) \supset \cdots$$
$$\supset \mathcal{L}_R(m_1, 2s_1 + 1; 2\nu + \delta, \Delta). \tag{8.46}$$

然后从 (8.28), (8.40), (8.45) 和 (8.46) 也得到 (8.24).

下面再证明必要性. 由 $\mathcal{M}(m_1, 2s_1+\tau_1; 2\nu+\delta, \Delta) \subset \mathcal{L}_R(m_1, 2s_1+\tau_1; 2\nu+\delta, \Delta)$ 和 $\mathcal{L}_R(m_1, 2s_1+\tau_1; 2\nu+\delta, \Delta) \subset \mathcal{L}_R(m, 2s+\tau; 2\nu+\delta, \Delta)$, 有 $\mathcal{M}(m_1, 2s_1+\tau_1; 2\nu+\delta, \Delta) \subset \mathcal{L}_R(m, 2s+\tau; 2\nu+\delta, \Delta)$. 对于任意 $Q \in \mathcal{M}(m_1, 2s_1+\tau_1; 2\nu+\delta, \Delta) \subset \mathcal{L}_R(m, 2s+\tau; 2\nu+\delta, \Delta)$, 那么 Q 是 $\mathcal{M}(m, 2s+\tau; 2\nu+\delta, \Delta)$ 中一些子空间的交, 于是存在 $P \in \mathcal{M}(m, 2s+\tau; 2\nu+\delta, \Delta) \subset \mathcal{L}_R(m, 2s+\tau; 2\nu+\delta, \Delta)$, 使得 $Q \subset P$. 如果 $Q = P$, 那么 $m_1 = m, s_1 = s, \tau_1 = \tau$. 因而 (8.25) 成立; 现在假设 $Q \neq P$, 那么 $m_1 < m, 2s_1 + \tau_1 \leq 2s + \tau$, 并且 $s_1 \leq s$. 令 $m - m_1 = t$. 因为子空间 P 和 Q 的秩分别是 $2s+\tau$ 和 $2s_1+\tau_1$, 所以 $2s_1+\tau_1 \geq 2s+\tau - 2t$. 因此 (8.25) 成立.

定理 8.11 设 $n = 2\nu + \delta > m \geq 1$, $(m, 2s+\tau)$ 满足 (8.6). 而 $(m_1, 2s_1+\tau_1)$ 满足 (8.1) 和 (8.25). 如果表 8.2 所列的情形之一出现, 那么

$$\mathcal{L}_R(m, 2s+\tau; 2\nu+\delta, \Delta) \not\supset \mathcal{L}_R(m_1, 2s_1+\tau_1; 2\nu+\delta, \Delta). \tag{8.47}$$

表 8.2

δ	Δ	τ	τ_1	m_1	s_1	$(m_1, 2s_1+\gamma_1, s_1, \Gamma_1)$ 型子空间
0	ϕ	0	0	$m-t-t'$	$s-t \geq 1$	$(m_1, 2(s_1-1)+2, s_1-1)$
0	ϕ	0	1	$m-t-1$	$s-t-1 \geq 0$	$(m_1, 2s_1+1, s_1, 1)$ 或 $(m_1, 2s_1+1, s, z)$
1	1或z	1	0	$m-t-1$	$s-t \geq 0$	$(m_1, 2s_1, s_1)$ 或 $(m_1, 2(s_1-1)+2, s_1-1)$
1	1或z	1	1	$m-t-t'$	$s-t \geq 0$	$(m_1, 2s_1+1, s_1, z\Delta)$
2	$[1,-z]$	0	0	$m-t-t'$	$s-t \geq 1$	$(m_1, 2s_1, s_1)$
2	$[1,-z]$	0	1	$m-t-1$	$s-t-1 \geq 0$	$(m_1, 2s_1+1, s_1, 1)$ 或 $(m_1, 2s_1+1, s_1, z)$

其中 t 和 t' 满足表 8.1 中的条件.

证明 由题设, 当表 8.2 所列的每种情形出现时, 由 $(m, 2s+\tau_1)$ 满足 (8.1), 都有 $\mathcal{M}(m_1, 2s_1+\tau_1; 2\nu+\delta, \Delta) \neq \phi$.

现在对表 8.1 的第 1 行, 第 3 行和第 6 行所列的情形进行验证, 其余各行的情形可类似地进行.

(1) 第 1 行. 这时 $\delta = 0, \tau = \tau_1 = 0, m_1 = m-t-t'$ 和 $s_1 = s-t \geq 1$. 而 $(m, 2s)$ 所满足的 (8.6) 变成

$$2s \leq m = \nu + s.$$

所以 $\mathcal{L}_R(m, 2s; 2\nu) = \mathcal{L}_R(m, 2s, s; 2\nu)$. 设 $P \in \mathcal{M}(m_1, 2s_1; 2\nu)$, 那么我们取 P 为 $(m_1, 2(s_1-1)+2, s_1-1)$ 型子空间. 不妨设

$$PS_{2\nu}{}^tP = [S_{2(s_1-1)+2,\Delta}, 0^{(\sigma_1)}],$$

其中 $\sigma_1 = m_1 - 2s_1 = m - 2s + t - t'$. 令 $\sigma_2 = 2(\nu + s_1 - m_1) = 2(\nu + s - m + t')$.

由 $(m_1, 2s_1)$ 满足 (8.1), 而 $(m, 2s)$ 满足 (8.6), 所以 $\sigma_1 \geq 0$ 和 $\sigma_2 = 2t'$. 于是存在 $\sigma_1 \times 2\nu$ 矩阵 X 和 $\sigma_2 \times 2\nu$ 矩阵 Y, 使得 (8.13) 中的 W 是非奇异的, 并且

$$WS_{2\nu}{}^tW = [S_{2(s_1-1)+2,\Delta}, S_{2\sigma_1}, S_{2(t'-1)}, 1, -z],$$

假设 Q 是包含 P 的 m 维子空间, 那么 Q 具有形式

$$Q = {}^t({}^tP \ {}^t(x_1+y_1) \cdots {}^t(x_{t+t'}+y_{t+t'})), \tag{8.48}$$

其中 $x_i \in X, y_i \in Y, i = 1, 2, \cdots, t+t'$, 并且 $x_1+y_1, x_2+y_2, \cdots, x_{t+t'}+y_{t+t'}$ 线性无关. 令

$$P = \begin{pmatrix} P_1 \\ P_2 \end{pmatrix} \begin{matrix} 2s_1 \\ \sigma_1 \end{matrix},$$

那么 $P_1 S_{2\nu}{}^tX = 0, P_2 S_{2\nu}{}^tX = I^{(\sigma_1)}$. 再令

$$\Sigma_1 = \begin{pmatrix} 0 & P_2 S_{2\nu} {}^t\!\begin{pmatrix} x_1 \\ \vdots \\ x_{t+t'} \end{pmatrix} \\ \begin{pmatrix} x_1 \\ \vdots \\ x_{t+t'} \end{pmatrix} S_{2\nu} {}^tP^2 & \begin{pmatrix} y_1 \\ \vdots \\ y_{t+t'} \end{pmatrix} S_{2\nu} {}^t\!\begin{pmatrix} y_1 \\ \vdots \\ y_{t+t'} \end{pmatrix} \end{pmatrix}.$$

那么

$$QS_{2\nu}{}^tQ = [S_{2(s_1-1)+2,\Delta}, \Sigma_1]. \tag{8.49}$$

如果 Q 是 $(m, 2s, s)$ 型子空间, 那么

$$\mathrm{rank} \begin{pmatrix} x_1 \\ \vdots \\ x_{t+t'} \end{pmatrix} = t - 1.$$

我们可假定 $x_1, x_2, \cdots, x_{t-1}$ 线性无关, $x_t = x_{t+1} = \cdots = x_{t+t'} = 0$, 而 $y_t, y_{t+1}, \cdots, y_{t+t'}$ 线性无关. 并且取 $y_1 = y_{t_2} = \cdots = y_{t-1} = 0$. 令

$$Y_1 = \begin{pmatrix} y_{t+t'-1} \\ y_{t+t'} \end{pmatrix},$$

由 (8.49) 可知形如 (8.48) 的 Q 具有形式

$${}^t({}^tP \ {}^tx_1 \cdots {}^tx_{t-1} \ {}^ty_t \cdots {}^ty_{t+t'-2} \ {}^tY_1).$$

而上述 Q 的交都包含 ${}^t({}^tP \ {}^tY_1)$, 因而它们的交不是 P. 于是在 $\mathcal{L}_R(m_1, 2s_1+\tau_1; 2\nu+\delta, \Delta)$ 中存在 P, 而 $P \notin \mathcal{L}_R(m, 2s+\tau; 2\nu+\delta, \Delta)$. 因此 (8.47) 成立.

(2) 第 3 行. 这时 $\delta = \tau = 1, \tau_1 = 0, m_1 = m - t - 1, s_1 = s - t$. 而 $(m, 2s+1)$ 和 $(m_1, 2s_1)$ 所分别满足的 (8.6) 和 (8.1) 依次变成

$$2s + 1 \leq m = \nu + s + 1 \tag{8.50}$$

和

$$2s_1 \leq m_1 \leq \nu + s_1. \tag{8.51}$$

设 P 是一个 $(m_1, 2s_1)$ 子空间, 那么 P 是 $(m_1, 2s_1, s_1)$ 型子空间或 $(m_1, 2(s_1 - 1) + 2, s_1 - 1)$ 型子空间. 当 P 是 $(m_1, 2s_1, s_1)$ 型子空间时, 不妨设

$$PS_{2\nu+1,\Delta}{}^t P = [S_{2s_1}, 0^{(\sigma_1)}],$$

其中 $\sigma_1 = m_1 - 2s_1 = m - 2s + t - 1$. 令 $\sigma_2 = 2(\nu - m_1 + s_1) + 1 = 2(\nu - m + s + 1) + 1$. 那么由 (8.50) 和 (8.51) 得 $\sigma_1 \geq 0, \sigma_2 = 1$. 于是存在 $\sigma_1 \times (2\nu + \delta)$ 矩阵 X 和 $\sigma_2 \times (2\nu + \delta)$ 矩阵 $Y = \langle y \rangle$, 使得 (8.13) 中的 W 是非奇异的, 并且

$$WS_{2\nu+1,\Delta}{}^t W = [S_{2s_1}, S_{2\sigma_1}, \Delta].$$

假设 Q 是包含 P 的 m 维子空间, 那么 Q 具有形式

$$Q = {}^t({}^t P \; {}^t(x_1 + y_1) \; \cdots \; {}^t(x_{t+1} + y_{t+1})), \tag{8.52}$$

其中 $x_i \in X, y_i \in Y, i = 1, 2, \cdots, t+1$. 令

$$P = \begin{pmatrix} P_1 \\ P_2 \end{pmatrix} \begin{matrix} 2s_1 \\ \sigma_1 \end{matrix},$$

那么 $P_1 S_{2\nu+1,\Delta}{}^t X = 0, P_2 S_{2\nu+1,\Delta}{}^t X = I^{(\sigma_1)}$. 再令

$$\Sigma_2 = \begin{pmatrix} 0 & P_2 S_{2\nu+1,\Delta}{}^t\!\begin{pmatrix} x_1 \\ \vdots \\ x_{t+1} \end{pmatrix} \\ \begin{pmatrix} x_1 \\ \vdots \\ x_{t+1} \end{pmatrix} S_{2\nu+1,\Delta}{}^t P_2 & \begin{pmatrix} b_1 y \\ \vdots \\ b_{t+1} y \end{pmatrix} S_{2\nu+1,\Delta}{}^t\!\begin{pmatrix} b_1 y \\ \vdots \\ b_{t+1} y \end{pmatrix} \end{pmatrix}.$$

其中 $b_i \in \mathbb{F}_q, i = 1, \cdots, t+1$. 那么

$$QS_{2\nu+1,\Delta}{}^t Q = [S_{2s_1}, \Sigma_2].$$

如果形如 (8.52) 的 Q 是 $(m, 2s+1)$ 子空间, 那么

$$\operatorname{rank} \begin{pmatrix} x_1 \\ \vdots \\ x_{t+1} \end{pmatrix} = t,$$

我们可设 $x_1, \cdots, x_t$ 线性无关, $x_{t+1} = 0$, 并且 $b_{t+1} \neq 0$. 于是 Q 具有形式
$$Q = {}^t({}^tP \ {}^tx_1 \ \cdots \ {}^tx_t \ {}^tY),$$
显然上述 Q 的交不是 P. 同样, 当 P 是 $(m_1, 2(s_1-1)+2, s_1-1)$ 时, P 也不是 $(m, 2s+1)$ 子空间的交. 因此 (8.47) 成立.

(3) 第 6 行. 这时 $\delta = 2, \tau = 0, \tau_1 = 1, m_1 = m-t-1, s_1 = s-t-1$. 而 $(m, 2s)$ 和 $(m_1, 2s_1+1)$ 所分别满足的 (8.6) 和 (8.1) 依次变成

$$2s \leq m = \nu + s + 1 \tag{8.53}$$

和

$$2s_1 + 1 \leq m_1 \leq \nu + s_1 + 1. \tag{8.54}$$

设 P 是一个 $(m_1, 2s_1+1)$ 子空间, 那么 P 是 $(m_1, 2s_1+1, s_1, \Gamma_1)$ 型子空间, 其中 $\Gamma_1 = 1$ 或 z. 不妨设

$$PS_{2\nu+2,\Delta} {}^tP = [S_{2s_1}, \Gamma_1, 0^{(\sigma_1)}],$$

其中 $\sigma_1 = m_1 - 2s_1 - 1 = m - 2s + t$. 令 $\sigma_2 = 2(\nu - m_1 + s_1) + 3 = 2(\nu - m + s) + 3$. 由 (8.53) 和 (8.54) 得到 $\sigma_1 \geq 0, \sigma_2 = 1$. 于是存在 $\sigma_1 \times (2\nu+2)$ 矩阵 X, $\sigma_2 \times (2\nu+2)$ 矩阵 $Y = \langle y \rangle$, 使得 (8.13) 中的 W 是非奇异的, 并且

$$WS_{2\nu+2,\Delta} {}^tW = [S_{2s_1}, \Gamma_1, S_{2\sigma_1}, -\Gamma_1 z],$$

(当 $\Gamma_1 = z$ 时, $-\Gamma_1 z$ 取 -1). 假设 Q 是包含 P 的 m 维子空间, 那么 Q 具有形式 (8.52). 再按照 (2) 中的相应步骤进行, 可知 (8.47) 成立. □

§8.5 $\mathbb{F}_q^{2\nu+\delta}$ 中子空间在 $\mathcal{L}_R(m, 2s+\tau; 2\nu+\delta, \Delta)$ 中的条件

定理 8.12 设 $n = 2\nu + \delta > m \geq 1$, $(m, 2s+\tau)$ 满足 (8.1). 如果

$$2s + \tau \leq m < \begin{cases} \nu + s + \max\{0, \delta-1\}, & \text{如果 } \tau = 0, s \geq 1, \\ \nu + s + \min\{1, \delta\}, & \text{如果 } \tau = 1 \end{cases} \tag{8.55}$$

成立, 那么 $\mathcal{L}_R(m, 2s+\tau; 2\nu+\delta, \Delta)$ 由 $\mathbb{F}_q^{2\nu+\delta}$ 和满足 (8.25)

$$2m - 2m_1 \geq (2s+\tau) - (2s_1+\tau_1) \geq 0$$

的所有子空间组成. 然而, 如果 (8.6)

$$2s + \tau \leq m = \begin{cases} \nu + s + \max\{0, \delta-1\}, & \text{如果 } \tau = 0 \text{ 而 } s \geq 1, \\ \nu + s + \min\{1, \delta\}, & \text{如果 } \tau = 1 \end{cases}$$

成立, 那么 $\mathcal{L}_R(m, 2s+\tau; 2\nu+\delta, \Delta)$ 由 $\mathbb{F}_q^{2\nu+\delta}$ 和所有 $(m_1, 2s_1+\tau_1)$ 子空间组成, 其中 $(m_1, 2s_1+\tau_1)$ 满足 (8.25), 并且不列在表 8.2 中.

证明 由我们的约定, $\mathbb{F}_q^{2\nu+\delta} \in \mathcal{L}_R(m, 2s+\tau; 2\nu+\delta, \Delta)$. 假设 $(m, 2s+\tau)$ 满足 (8.55). 令 Q 是一个 $(m_1, 2s_1+\tau_1)$ 子空间, 其中 $(m_1, 2s_1+\tau_1)$ 满足 (8.25). 那么 $Q \in \mathcal{M}(m_1, 2s_1+\tau_1; 2\nu+\delta, \Delta) \subset \mathcal{L}_R(m_1, 2s_1+\tau_1; 2\nu+\delta, \Delta) \subset \mathcal{L}_R(m, 2s+\tau; 2\nu+\delta, \Delta)$. 这里的后一个包含关系由定理 8.10 得到. 反之, 设 $Q \in \mathcal{L}_R(m, 2s+\tau; 2\nu+\delta, \Delta)$, $Q \neq \mathbb{F}_q^{2\nu+\delta}$, 而 Q 是 $(m_1, 2s_1+\tau_1)$ 子空间, 那么存在一个 $(m, 2s+\tau)$ 子空间 P, 使得 $Q \subset P$. 平行于定理 8.10 必要性的证明, 可知 (8.25) 成立.

现在假设 $(m, 2s+\tau)$ 满足 (8.6). 令 Q 是 $(m_1, 2s_1+\tau_1)$ 子空间. 当 $(m_1, 2s_1+\tau_1)$ 是不列在表 8.1 中的任一情形, 我们用上一段的证明方法, 可以证明: $(m_1, 2s_1+\tau_1)$ 满足 (8.25) 当且仅当 $Q \in \mathcal{L}_R(m, 2s+\tau; 2\nu+\delta, \Delta)$. 下面考虑列在表 8.1 中的各种情形. 对于表 8.1 的第 1, 第 4 或第 5 行, 并且子空间 Q 的类型由表 8.3 给出, 我们可以证明 $(m_1, 2s_1+\tau_1)$ 满足 (8.25) 当且仅当 $Q \in \mathcal{L}_R(m, 2s+\tau; \nu+\delta, \Delta)$. 取表 8.3 的第 1 行作为例子予以证明. 这时 Q 是 $(m_1, 2s_1, s_1)$ 型子空间. 由 (8.6), 在 $\mathbb{F}_q^{2\nu}$ 中不存在 $(m, 2(s-1)+2, s-1)$ 型子空间. 因此 $\mathcal{L}_R(m, 2s; 2\nu) = \mathcal{L}_R(m, 2s, s; 2\nu)$. 根据定理 5.12, $Q \in \mathcal{L}_R(m, 2s, s; 2\nu+\delta)$ 当且仅当 $(m_1, 2s_1, s_1)$ 满足 (5.15) 式. 由该式可导出 (8.25). 因此, $Q \in \mathcal{L}_R(m, 2s; 2\nu)$ 当且仅当 $(m_1, 2s_1+\tau_1)$ 满足 (8.25). 留待我们考虑表 8.2 所列的各种情形. 在每一种情形, 可平行于定理 8.11 的证明. 可知当 $(m_1, 2s_1+\tau_1)$ 满足 (8.25) 时, $Q \notin \mathcal{L}_R(m, 2s+\tau; 2\nu+\delta, \Delta)$. □

表 8.3

δ	Δ	τ	τ_1	m_1	s_1	$(m_1, 2s_1+\gamma_1, s_1, \Gamma_1)$
0	ϕ	0	0	$m-t-t'$	$s-t \geq 1$	$(m_1, 2s_1, s_1)$
1	1或z	1	1	$m-t-t'$	$s-t \geq 0$	$(m_1, 2s_1+1, s_1, \Delta)$
2	$[1,-z]$	0	0	$m-t-t'$	$s-t \geq 1$	$(m_1, 2(s_1-1)+2, s_1-1)$

其中 t 和 t' 满足表 8.1 中的条件.

推论 8.13 设 $n = 2\nu+\delta > m \geq 1$, 并且 $(m, 2s+\tau)$ 满足 (8.1). 那么

$$\{0\} \in \mathcal{L}_R(m, 2s+\tau; 2\nu+\delta, \Delta),$$

并且 $\{0\}$ 是 $\mathcal{L}_R(m, 2s+\tau; 2\nu+\delta, \Delta)$ 的最大元. □

推论 8.14 设 $n = 2\nu+\delta > m \geq 1$, $(m, 2s+\tau)$ 满足 (8.1). 如果 (8.55) 成立或者 (8.6) 成立而 "$\delta = \tau = 0$", "$\delta = \tau = 1$" 和 "$\delta = 2, \tau = 0$" 不出现, 那么 $\mathcal{L}_R(m, 2s+\tau; 2\nu+\delta, \Delta)$ 由 $\mathbb{F}_q^{2\nu+\delta}$ 和所有 $(m_1, 2s_1+\tau_1)$ 子空间组成, 其中 $(m_1, 2s_1+\tau_1)$ 满足 (8.25). □

推论 8.15 设 $n = 2\nu+\delta > m \geq 1$, $(m, 2s+\tau)$ 满足 (8.1). 当 (8.6) 成立时, 再假定 "$\delta = \tau = 0$", "$\delta = \tau = 1$" 和 "$\delta =, \tau = 0$" 的各情形均不出现. 如果

P 是 $\mathcal{L}_R(m, 2s+\tau; 2\nu+\delta, \Delta)$ 中的子空间，而 Q 是包含在 P 中的子空间，那么 $Q \in \mathcal{L}_R(m, 2s+\tau; 2\nu+\delta, \Delta)$.

证明 由定理 8.12 的证明可得该推论的证明. □

§8.6 奇特征正交空间中子空间包含关系的又一个定理

定理 8.16 设 V 和 U 分别是 $(m_2, 2s_2+\tau_2)$ 和 $(m_3, 2s_3+\tau_3)$ 子空间，其中 $(m_2, 2s_2+\tau_2)$ 和 $(m_3, 2s_3+\tau_3)$ 满足 (8.1). 假定 V 和 U 分别是 $(m_2, 2s_2'+\gamma_2, s_2, \Gamma_2)$ 型和 $(m_3, 2s_3'+\gamma_3, s_3, \Gamma_3)$ 型子空间，这里

$$\Gamma_i = \begin{cases} \phi, & \text{如果 } \gamma_i = 0, \\ (1) \text{ 或 } (z), & \text{如果 } \gamma_i = 1, \, i=2,3, \\ [1, -z], & \text{如果 } \gamma_i = 2, \end{cases} \tag{8.56}$$

并且

$$s_i' = \begin{cases} s_i, & \text{如果 } \gamma_i = 0 \text{ 或 } 1, \\ s_i - 1, & \text{如果 } \gamma_i = 2. \end{cases} \tag{8.57}$$

如果 $V \supset U$，那么存在子空间 V 的一个矩阵表示，其前 m_3 行张成 U，使得 (5.46)—(5.48) 成立. 此外，$U = \langle v_1, \cdots, v_{m_3} \rangle$，其中 v_i 是 V 的第 i 个行向量，并且有 (5.49) 和

$$2m_2 - 2m_3 \geq (2s_2 + \tau_2) - (2s_3 + \tau_3) \geq 0. \tag{8.58}$$

证明 首先，选取子空间 U 的一个矩阵表示，使得

$$U S_{2\nu+\delta, \Delta} \,{}^t U = [S_{2s_3'+\gamma_3, \Gamma_3}, 0^{(m_3 - 2s_3' - \gamma_3)}],$$

其中 $\gamma_3 = 0, 1, 2$，Γ_3 满足 (8.56)，而 $2s_3' + \gamma_3 = 2s_3 + \tau_3$，并且 s_3' 满足 (8.57). 因为 $U \subset V$，所以由定理 5.15，存在一个 $(m_2 - m_3) \times (2\nu + \delta)$ 矩阵 U_1，使得

$$\begin{pmatrix} U \\ U_1 \end{pmatrix}$$

是 V 的一个矩阵表示，而 $U = \langle v_1, v_2, \cdots, v_{m_3} \rangle$，其中 v_i 是 V 的第 i 个行向量，并且 (5.46)—(5.48) 成立. 下面我们分 "$\tau_2 = \tau_3 = 0$"，"$\tau_2 = 1, \tau_3 = 0$"，"$\tau_2 = 0, \tau_3 = 1$" 和 "$\tau_2 = \tau_3 = 1$" 四种情形来证明 (8.58) 成立. 这里只给出情形 "$\tau_2 = \tau_3 = 0$" 的证明，其余情形的证明可类似地进行.

由 $\tau_2 = \tau_3 = 0$，有 "$\gamma_2 = \gamma_3 = 0$"，"$\gamma_2 = 2, \gamma_3 = 0$"，"$\gamma_2 = 0, \gamma_3 = 2$" 或 "$\gamma_2 = \gamma_3 = 2$".

如果 "$\gamma_2 = \gamma_3 = 0$",那么 $s_2' = s_2$, $s_3' = s_3$. 由 (5.49) 有 $2m_2 - 2m_3 \geq (2s_2'+0) - (2s_3'+0) + |0-0| \geq 2|0-0|$. 因而 $2m_2 - 2m_3 \geq (2s_2+\tau_2) - (2s_3+\tau_3) \geq 0$, 即 (8.58) 成立. 如果 "$\gamma_2 = 2, \gamma_3 = 0$", "$\gamma_2 = 0, \gamma_3 = 2$" 或 "$\gamma_2 = \gamma_3 = 2$",那么分别有 "$s_2' = s_2 - 1, s_3' = s_3$", "$s_2' = s_2, s_3' = s_3 - 1$", "$s_2' = s_2 - 1, s_3' = s_3 - 1$". 同样, 由 (5.49) 可知 (8.58) 成立. □

§8.7 格 $\mathcal{L}_O(m, 2s+\tau; 2\nu+\delta, \Delta)$ 和格 $\mathcal{L}_R(m, 2s+\tau; 2\nu+\delta, \Delta)$ 的秩函数

定理 8.17 设 $n = 2\nu+\delta > m \geq 1$, $(m, 2s+\tau)$ 满足 (8.1). 对于 $X \in \mathcal{L}_O(m, 2s+\tau; 2\nu+\delta, \Delta)$, 按照 (5.53) 式来定义 $r(X)$, 则 $r : \mathcal{L}_O(m, 2s+\tau; 2\nu+\delta, \Delta) \to \mathbb{N}$ 是格 $\mathcal{L}_O(m, 2s+\tau; 2\nu+\delta, \Delta)$ 的秩函数.

证明 由定理 8.1, $\{0\}$ 是格 $\mathcal{L}_O(m, 2s+\tau; 2\nu+\delta, \Delta)$ 的极小元. 显然, 函数 r 适合命题 1.14 的条件 (i). 现在设 $U, V \in \mathcal{L}_O(m, 2s+\tau; 2\nu+\delta, \Delta)$ 而 $U \leq V$. 假定 $r(V) - r(U) > 1$, 我们仍要证明 $U \lessdot V$ 不成立, 从而命题 1.14 的条件 (ii) 也成立.

当 $V = \mathbb{F}_q^{2\nu+\delta}$ 时, 如同定理 3.11 的证明, $U \lessdot V$ 不成立.

现在假定 $V \neq \mathbb{F}_q^{2\nu+\delta}$. 设 V 和 U 分别是 $(m_2, 2s_2+\tau_2)$ 和 $(m_3, 2s_3+\tau_3)$ 子空间, 那么 $(m_2, 2s_2+\tau_2)$ 和 $(m_3, 2s_3+\tau_3)$ 满足 (8.1) 和 (8.25), 即

$$2s_i + \tau_i \leq m_i \leq \begin{cases} \nu + s_i, & \text{如果 } \tau_i = 0 \text{ 而 } s_i = 0, \\ \nu + s_i + \max\{0, \delta - 1\}, & \text{如果 } \tau_i = 0 \text{ 而 } s_i \geq 1, \\ \nu + s_i + \min\{1, \delta\}, & \text{如果 } \tau_i = 1 \end{cases}$$

和

$$2m - 2m_i \geq (2s+\tau) - (2s_i+\tau_i) \geq 0$$

成立, 其中 $i = 2, 3$, 并且 $m_2 - m_3 \geq 2$. 因为 $U \leq V$, 所以由定理 8.16, 有子空间 V 的一个矩阵表示, 使得 (5.46), (5.47) 成立. 令 $V = \langle v_1, \cdots, v_{m_2} \rangle$, 其中 v_i 是 V 的第 i 个行向量, $i = 1, 2, \cdots, m_2$, 而 $U = \langle v_1, \cdots, v_{m_3} \rangle$. 我们分以下四种情形进行研究.

情形 1: $\sigma_2 > 0$. 令 $W = \langle v_1, \cdots, v_{m_2-1} \rangle$, 那么 W 是 $(m_2 - 1, 2s_2+\tau_2)$ 子空间, 并且 $U < W < V$. 易证 $(m_2 - 1, 2s_2+\tau_2)$ 满足 (8.25). 当 $(m, 2s+\tau)$ 满足 (8.55) 时, 或者当 $(m, 2s+\tau)$ 满足 (8.6) 而 "$\delta = \tau = 0$", "$\delta = \tau = 1$" 和 "$\delta = 2, \tau = 0$" 不出现时, 由推论 8.15, $W \in \mathcal{L}_O(m, 2s+\tau; 2\nu+\delta, \Delta)$. 现在假定 $(m, 2s+\tau)$ 满足 (8.6) 而情形 "$\delta = \tau = 0$", "$\delta = \tau = 1$" 或 "$\delta = 2, \tau = 0$" 出现.

如果 "$\delta = \tau = 0$", 那么 (8.6) 式变成 $2s \leq m = \nu+s$. 由 (8.1) 可知, 在 $\mathbb{F}_q^{2\nu}$ 中不

存在 $(m, 2(s-1)+2, s-1, \Gamma)(\Gamma = [1, -z])$ 型子空间. 所以 $\mathcal{L}_O(m, 2s; 2\nu) = \mathcal{L}_O(m, 2s, s; 2\nu)$. 由 V 是 $(m_2, 2s_2 + \tau_2)$ 子空间, 可设 V 是 $(m_2, 2s_2' + \gamma_2, s_2', \Gamma_2)$ 型子空间, 其中 $\gamma_2 = 0, 1$ 或 2, s_2' 满足 (8.57), 而 $(m_2, 2s_2' + \gamma_2, s_2', \Gamma_2)$ 满足 (5.15)

$$2m - 2m_2 \geq 2s - (2s_2' + \gamma_2) + |0 - \gamma_2| \geq 2|0 - \gamma_2|,$$

而这时 W 是 $(m_2 - 1, 2s_2' + \gamma_2, s_2', \Gamma_2)$ 型子空间, 其中 $(m_2 - 1, 2s_2' + \gamma_2, s_2', \Gamma_2)$ 也满足 (5.15). 所以, 按照定理 5.16 的推导, 可知 $W \in \mathcal{L}_O(m, 2s, s; 2\nu) = \mathcal{L}_O(m, 2s; 2\nu)$.

如果 "$\delta = \tau = 1$", 那么 (8.6) 式变成 $2s+1 \leq m = \nu+s+1$. 由 (8.1) 可知 $\mathbb{F}_q^{2\nu+1}$ 中不存在 $(m, 2s+1, s, z\Delta)$ 型子空间. 所以 $\mathcal{L}_O(m, 2s+1; 2\nu+1, \Delta) = \mathcal{L}_O(m, 2s+1, s, \Delta; 2\nu+1, \Delta)$. 如果 $\delta = 2, \tau = 0$, 那么 (8.6) 式变成 "$2s \leq m = \nu+s+1, s \geq 1$". 由 (8.1) 可知, 在 $\mathbb{F}_q^{2\nu+2}$ 中不存在 $(m, 2s, s, \phi)$ 型子空间. 所以 $\mathcal{L}_O(m, 2s; 2\nu+2, \Delta) = \mathcal{L}_O(m, 2(s-1)+2, s-1, \Gamma; 2\nu+2, \Delta)$. 因此在 (8.6) 式成立而 "$\delta = \tau = 1$" 或 "$\delta = 2, \tau = 0$" 的情形出现时, 我们仍按情形 $\delta = \tau = 0$ 的步骤进行, 可知 W 分别属于 $\mathcal{L}_O(m, 2s+1, s, \Delta; 2\nu + \delta, \Delta) = \mathcal{L}_O(m, 2s+1; 2\nu+\delta, \Delta)$ 或 $\mathcal{L}_O(m, 2(s-1)+2, s-1, \Gamma; 2\nu + \delta, \Delta) = \mathcal{L}_O(m, 2s; 2\nu+\delta, \Delta)$.

因此, 在情形 1, $U <\cdot V$ 不成立.

情形 2: $s_4 > 0$. 设 $W = \langle v_1, \cdots, v_{m_3}, \widehat{v}_{m_3+1}, v_{m_3+2}, \cdots, v_{m_2} \rangle$, 那么 W 是 $(m_2 - 1, 2(s_2 - 1) + \tau_2)$ 子空间, 并且 $U < W < V$. 易知 $(m_2 - 1, 2(s_2 - 1) + \tau_2)$ 满足 (8.25). 当 $(m, 2s + \tau)$ 满足 (8.55) 时, 或者当 $(m, 2s + \tau)$ 满足 (8.6) 而 "$\delta = \tau = 0$", "$\delta = \tau = 1$" 和 "$\delta = 2, \tau = 0$" 的情形不出现时, 由推论 8.15, $W \in \mathcal{L}_O(m, 2s + \tau; 2\nu + \delta, \Delta)$. 现在假定 $(m, 2s + \tau)$ 满足 (8.6), 而情形 "$\delta = \tau = 0$", "$\delta = \tau = 1$" 或 "$\delta = 2, \tau = 0$" 出现, 那么分别有 $\mathcal{L}_O(m, 2s; 2\nu) = \mathcal{L}_O(m, 2s, s; 2\nu)$, $\mathcal{L}_O(m, 2s+1; 2\nu+1, \Delta) = \mathcal{L}_O(m, 2s+1, s, \Delta; 2\nu+1, \Delta)$ 或 $\mathcal{L}_O(m, 2s; 2\nu+2, \Delta) = \mathcal{L}_O(m, 2(s-1)+2, s-1, \Delta; 2\nu+2, \Delta)$. 仍可设 V 是 $(m_2, 2s_2' + \gamma_2, s_2', \Gamma_2)$ 型子空间, 那么 W 是 $(m_2 - 1, 2(s_2' - 1) + \gamma_2, s_2' - 1, \Gamma_2)$ 型子空间, 其中 $\gamma_2 = 0, 1$ 或 2, 而 s_2' 满足 (8.57). 因为当 "$\delta = \tau = 0$" 时, V 属于 $\mathcal{L}_O(m, 2s; 2\nu)$, 所以 $(m_2, 2s_2' + \gamma_2, s_2', \Gamma_2)$ 满足 (5.15) 从而 $(m_2 - 1, 2(s_2' - 1) + \gamma_2, s_2' - 1, \Gamma_2)$ 满足 (5.15). 因而 $W \in \mathcal{L}_O(m, 2s, s; 2\nu) = \mathcal{L}_O(m, 2s; 2\nu)$. 同样, 当 "$\delta = \tau = 1$" 或 "$\delta = 2, \tau = 0$" 时, 也有 W 分别属于 $\mathcal{L}_O(m, 2s+1, s, \Delta; 2\nu+1, \Delta) = \mathcal{L}_O(m, 2s+1; 2\nu+1, \Delta)$ 或 $\mathcal{L}_O(m, 2(s-1)+2, s-1, \Gamma; 2\nu+2, \Delta) = \mathcal{L}_O(m, 2s; 2\nu+2, \Delta)$.

因此, 在情形 2, $U <\cdot V$ 不成立.

情形 3: $s_5 > 0$. 令 $W = \langle v_1, \cdots, v_{m_3+s_4}, \widehat{v}_{m_3+s_4+1}, v_{m_3+s_4+2}, \cdots, v_{m_2} \rangle$, 那么 W 是 $(m_2 - 1, 2(s_2 - 1) + \tau_2)$ 子空间, 并且 $U < W < V$. 如同情形 2 一样, 也有 $W \in \mathcal{L}_O(m, 2s + \tau; 2\nu + \delta, \Delta)$, 因而 $U <\cdot V$ 不成立.

情形 4: $\sigma_2 = s_4 = s_5 = 0$. 那么 $m_2 - m_3 = \gamma_5$. 因为 $m_2 - m_3 \geq 2$, $\gamma_5 \leq 2$, 所以 $m_2 - m_3 = \gamma_5 = 2$, $\Gamma_5 = [1, -z]$. 当 $(m, 2s + \tau)$ 满足 (8.55) 时, 或者当 $(m, 2s + \tau)$ 满足 (8.6) 而 "$\delta = \tau = 0$", "$\delta = \tau = 1$" 和 "$\delta = 2, \tau = 0$" 的情形不出现时, 令 $W = \langle v_1, \cdots, v_{m_2-1} \rangle$, 那么 $U < W < V$, 并且在 $\tau_2 = 0$ 时, W 是 $(m_2-1, 2(s_2-1)+1)$ 子空间, 而在 $\tau_2 = 1$ 时, W 是 $(m_2, 2s_2)$ 型子空间. 由推论 8.15, $W \in \mathcal{L}_O(m, 2s+\tau; 2\nu+\delta, \Delta)$. 现在假定 $(m, 2s+\tau)$ 满足 (8.6), 而情形 "$\delta = \tau = 0$", "$\delta = \tau = 1$" 或 "$\delta = 2, \tau = 0$" 出现. 那么 $\mathcal{L}_O(m, 2s+\tau; 2\nu+\delta, \Delta)$ 又分别有情形 2 中所列的结果. 我们按照定理 5.16 证明的情形 4 中取 W, 可知 $U < W < V$, 并且在 "$\delta = \tau = 0$", "$\delta = \tau = 1$" 或 "$\delta = 2, \tau = 0$" 时, W 分别属于 $\mathcal{L}_O(m, 2s, s; 2\nu) = \mathcal{L}_O(m, 2s; 2\nu)$, $\mathcal{L}_O(m, 2s+1, s, \Delta; 2\nu+1, \Delta) = \mathcal{L}_O(m, 2s+1; 2\nu+1, \Delta)$ 或 $\mathcal{L}_O(m, 2(s-1)+2, s-1, \Gamma_2; 2\nu+2, \Delta) = \mathcal{L}_O(m, 2s; 2\nu+2, \Delta)$.

因此, 在情形 4, $U \lessdot V$ 不成立. □

定理 8.18 设 $n = 2\nu + \delta > m \geq 1$, $(m, 2s+\tau)$ 满足 (8.1). 对于 $X \in \mathcal{L}_R(m, 2s+\tau; 2\nu+\delta, \Delta)$, 按照 (5.54) 式来定义 $r'(X)$, 则 $r' : \mathcal{L}_R(m, 2s+\tau; 2\nu+\delta, \Delta) \to \mathbb{N}$ 是格 $\mathcal{L}_R(m, 2s+\tau; 2\nu+\delta, \Delta)$ 的秩函数.

证明 由定理 8.17 可推得本定理. □

§8.8 格 $\mathcal{L}_R(m, 2s+\tau; 2\nu+\delta, \Delta)$ 的特征多项式

设 $n = 2\nu + \delta > m \geq 1$, $(m, 2s+\tau)$ 满足 (8.1). 令 $N(m, 2s+\tau; 2\nu+\delta, \Delta) = |\mathcal{M}(m, 2s+\tau; 2\nu+\delta, \Delta)|$. 我们有

定理 8.19 设 $n = 2\nu + \delta > m \geq 1$, $(m, 2s+\tau)$ 满足 (8.1). 当 (8.6) 成立时, 再假定 "$\delta = \tau = 0$", "$\delta = \tau = 1$" 和 "$\delta = 2, \tau = 0$" 三种情形不出现. 那么

$$\chi(\mathcal{L}_R(m, 2s+\tau; 2\nu+\delta, \Delta), t)$$
$$= \sum_{\tau_1=0,1} \left[\sum_{s_1=(s+1)-(1-\tau)\tau_1}^{[n/2]} \sum_{m_1=2s_1+\tau_1}^{l} + \sum_{s_1=0}^{s-(1-\tau)\tau_1} \sum_{m_1=m-s+s_1+\tau(\tau_1-1)+1}^{t} \right]$$
$$\cdot N(m_1, 2s_1+\tau_1; 2\nu+\delta, \Delta) g_{m_1}(t), \tag{8.59}$$

其中

$$l = \begin{cases} \nu + s_1, & \text{如果 } \tau_1 = 0 \text{ 而 } s_1 = 0, \\ \nu + s_1 + \max\{0, \delta-1\}, & \text{如果 } \tau_1 = 0 \text{ 而 } s_1 \geq 1, \\ \nu + s_1 + \min\{1, \delta\}, & \text{如果 } \tau_1 = 1. \end{cases}$$

而 $g_{m_1}(t)$ 是 Gauss 多项式.

证明 对于 $P \in \mathcal{L}_R(m, 2s+\tau; 2\nu+\delta, \Delta)$, 有

$$\mathcal{L}_R^P(m, 2s+\tau; 2\nu+\delta, \Delta) = \{Q \in \mathcal{L}_R(m, 2s+\tau; 2\nu+\delta, \Delta) | Q \subset P\},$$

由推论 8.15, 对于 $P \in \mathcal{L}_R(m, 2s+\tau; 2\nu+\delta, \Delta), P \neq V$, 那么

$$\mathcal{L}_R^P(m, 2s+\tau; 2\nu+\delta, \Delta) = \mathcal{L}_0^P.$$

按照定理 3.13 的证明方法, 可得到定理 8.19 的证明. 这里略去其详细过程. □

注意:

$$N(m, 2s+\tau; 2\nu+\delta, \Delta)$$
$$= \begin{cases} N(m, 2s, s; 2\nu+\delta, \Delta)+N(m, 2(s-1)+2, s-1; 2\nu+\delta, \Delta), & \text{如果 } \tau=0, \\ N(m, 2s+1, s, 1; 2\nu+\delta, \Delta)+N(m, 2s+1, s, z; 2\nu+\delta, \Delta), & \text{如果 } \tau=1, \end{cases}$$

其中 $N(m, 2s+\tau, s, \Gamma; 2\nu+\delta, \Delta)$ 已在文献 [7] 中给出, 也可参见文献 [29] 和 [34].

作为定理 8.19 的特殊情形, 有如下的结果.

推论 8.20 设 $n = 2\nu+\delta > m \geq 1$. 那么

$$\chi(\mathcal{L}_R(n-1, n-1; 2\nu+\delta, \Delta), t)$$
$$= \sum_{s_1=0}^{\nu} N(\nu+s_1+\delta, 2s_1+\delta; 2\nu+\delta, \Delta) g_{\nu+s_1+\delta}(t) = g_{n-\nu}(t)\gamma(t),$$

其中 $\gamma(t) \in \mathbb{Z}[t]$ 是次数为 ν 的首 1 多项式, 而 $g_{\nu+s_1+\delta}(t)$ 和 $g_{n-\nu}(t)$ 是 Gauss 多项式.

证明 易知 $(n-1, n-1)$ 满足 (8.1). 而在 (8.6) 成立时, "$\delta = \tau = 0$", "$\delta = \tau = 1$" 和 "$\delta = 2, \tau = 0$" 三种情形不出现. 在定理 8.19 中, 令 $m = n-1$, $2s+\tau = n-1$, 就可从 (8.59) 直接得到推论 8.20. □

§8.9 格 $\mathcal{L}_O(m, 2s+\tau; 2\nu+\delta, \Delta)$ 和格 $\mathcal{L}_R(m, 2s+\tau; 2\nu+\delta, \Delta)$ 的几何性

定理 8.21 设 $n = 2\nu+\delta > m \geq 1$, $(m, 2s+\tau)$ 满足 (8.1), 那么

(a) $\mathcal{L}_O(1, 0; 2\nu+\delta, \Delta)$ 和 $\mathcal{L}_O(1, 1; 2\nu+\delta, \Delta)$ 是有限几何格;

(b) 对于 $2 \leq m \leq 2\nu+\delta-1$, $\mathcal{L}_O(m, 2s+\tau; 2\nu+\delta, \Delta)$ 是有限原子格, 但不是几何格.

证明 易知, 对于 $1 \leq m \leq 2\nu+\delta-1$, $\mathcal{L}_O(m, 2s+\tau; 2\nu+\delta, \Delta)$ 是有限格. 因为 $\{0\}$ 是格 $\mathcal{L}_O(m, 2s+\tau; 2\nu+\delta, \Delta)$ 的极小元. 所以对于 $X \in \mathcal{L}_O(m, 2s+\tau; 2\nu+\delta, \Delta)$, 按照 (5.53) 来定义 $r(X)$, 由定理 8.17 知, r 是格 $\mathcal{L}_O(m, 2s+\tau, s, 0; 2\nu+1)$ 的秩函数.

其次, 我们证明在 $\mathcal{L}_O(m, 2s+\tau; 2\nu+\delta, \Delta)$ 中 G_1 成立. 因为 $\{0\}$ 是 $\mathcal{L}_O(m, 2s+\tau; 2\nu+\delta, \Delta)$ 的极小元, 所以 $\mathcal{L}_O(m, 2s+\tau; 2\nu+\delta, \Delta)$ 中的 1 维子空间是它的原子. 首先考虑 (8.55) 对于 $(m, 2s+\tau)$ 成立, 或者 (8.6) 对于 $(m, 2s+\tau)$ 成立而

第八章 奇特征正交几何中由相同维数和秩的子空间生成的格 · 243 ·

"$\delta=\tau=0$","$\delta=\tau=1$" 和 "$\delta=2,\tau=0$" 不出现,并且 $(1,\tau_1)$ 不列入表 8.1 的第 2、第 3 和第 6 行的情形. 对于任意 $U \in \mathcal{L}_O(m,2s+\tau;2\nu+\delta,\Delta) \setminus \{\{0\},\mathbb{F}_q^{2\nu+\delta}\}$,设 U 是 $(m_1,2s_1+\tau_1)$ 子空间,那么由定理 8.12,$(m_1,2s_1+\tau_1)$ 满足 (8.25),而当 (8.6) 对于 $(m,2s+\tau)$ 成立时,$(m_1,2s_1+\tau)$ 不列入表 8.1 的任一行. 由定理 8.10,有 $\mathcal{L}_O(m,2s+\tau;2\nu+\delta,\Delta) \supset \mathcal{L}_O(m_1,2s_1+\tau_1;2\nu+\delta,\Delta)$. 不难验证 $(1,\tau_1)$ 满足 (8.25),即 $2m_1-2 \geq (2s_1+\tau_1)-\tau_1 \geq 0$,并且在 $m_1 \geq 2$,$\tau_1=0$ 而 $s_1 \geq 1$ 时,$(1,1)$ 满足 (8.25),又在 $m_1 \geq 2$,$\tau_1=1$ 时,$(1,0)$ 也满足 (8.25). 下面为了叙述方便,把上面满足 (8.25) 的 $(1,0)$ 和 $(1,1)$ 统一说成满足 (8.25) 的 $(1,\tau_1)$. 因而,当 (8.6) 对于 $(m,2s+\tau)$ 成立而 "$\delta=\tau=0$","$\delta=\tau=1$",和 "$\delta=2,\tau=0$" 不出现,并且 $(1,\tau_1)$ 不列入表 8.1 的第 2、第 3 和第 6 行的情形(这里应注意,表 8.1 中的 m,s 和 τ,现在应取 m_1,s_1 和 τ_1). 由定理 8.12,满足 (8.25) 的 $(1,\tau_1)$ 子空间属于 $\mathcal{L}_O(m_1,2s_1+\tau_1;2\nu+\delta,\Delta)$. 从而它是 $\mathcal{L}_O(m,2s+\tau;2\nu+\delta,\Delta)$ 的原子.

当 $\tau_1=0$ 时,上述的 U 是 $(m_1,2s_1,s_1)$ 型或 $(m_1,2(s_1-1)+2,s_1-1,\Gamma_1)$ 型子空间. 如果 U 是 $(m_1,2(s_1-1)+2,s_1-1,\Gamma_1)$ 型子空间,就有 $m_1 \geq 2$. 不妨设 $U = \langle u_1,\cdots,u_{s_1-1},v_1,\cdots,v_{s_1-1},w_1,w_2,u_{s_1},\cdots,u_{m_1-s_1-1}\rangle$,使得

$$US_{2\nu+\delta,\Delta}{}^tU = [S_{2(s_1-1)+2,\Delta},0^{(m_1-2s_1)}].$$

因为 $\langle u_i\rangle(i=1,\cdots,m_1-s_1-1)$,$\langle v_j\rangle(j=1,\cdots,s_1-1)$ 是 $(1,0)$ 子空间,而 $\langle w_1\rangle$ 和 $\langle w_2\rangle$ 是 $(1,1)$ 子空间. 由 $m_1 \geq 2$ 可知 $(1,0)$ 和 $(1,1)$ 满足 (8.25),所以 $\langle u_i\rangle$,$\langle v_j\rangle$,$\langle w_1\rangle$ 和 $\langle w_2\rangle$ 都是 $\mathcal{L}_O(m,2s+\tau;2\nu+\delta,\Delta)$ 的原子,并且有 $U = \vee_{i=1}^{m_1-s_1-1}\langle u_i\rangle \vee_{j=1}^{s_1-1}\langle v_j\rangle \vee \langle w_1\rangle \vee \langle w_2\rangle$. 同样,如果 U 是 $(m_1,2s_1,s_1)$ 型子空间,U 也是其原子的并. 因为 $|\mathcal{M}(m,2s;2\nu+\delta,\Delta)| \geq 2$,所以有 $W_1,W_2 \in \mathcal{M}(m,2s;2\nu+\delta,\Delta)$,$W_1 \neq W_2$. 于是 $\mathbb{F}_q^{2\nu+\delta} = W_1 \vee W_2$. 但是 W_1 和 W_2 是 $\mathcal{L}_O(m,2s;2\nu+\delta,\Delta)$ 中原子的并. 因而 $\mathbb{F}_q^{2\nu+\delta}$ 也是其原子的并. 类似地,当 $\tau_1=1$,即 U 是 $(m_1,2s_1+1)$ 子空间时,也可证得 U 也是 $\mathcal{L}_O(m,2s+\tau;2\nu+\delta,\Delta)$ 中原子的并. 因此,在 $\mathcal{L}_O(m,2s+\tau;2\nu+\delta,\Delta)$ 中 G_1 成立.

其次考虑在 (8.6) 对于 $(m,2s+\tau)$ 成立而 "$\delta=\tau=0$","$\gamma=\tau=1$" 或 "$\delta=2$,$\tau=0$" 的情形. 这时 $\mathcal{L}_O(m,2s+\tau;2\nu+\delta,\Delta)$ 也分别有定理 8.17 证明中情形 2 中所列的结果. 按照定理 5.19 的证明,可知在 $\mathcal{L}_O(m,2s;2\nu)$,$\mathcal{L}_O(m,2s+1;2\nu+1,\Delta)$ 或 $\mathcal{L}_O(m,2s;2\nu+2,\Delta)$ 中 G_1 成立.

下面讨论满足 (8.6) 的 $(1,\tau_1)$ 时是否列在表 8.1 第 2、第 3 和第 6 行. 类似于定理 5.19 的证明,容易验证 $(1,\tau_1)$ 不列入表 8.1 的第 2 和第 6 行. 假设 $(1,\tau_1)$ 列入表 8.1 的第 3 行,那么 $\delta=1$,$\tau=1$,$\tau_1=0$,$m_1=1=m-t-1$,$s_1=0=s-t$. 于是 $(1,\tau_1)=(1,0)$,$m=t+2$,从而 $m=s+2$. 从 $(m,2s+1)$ 满足 (8.6) 得 $\nu=1$,$n=3$. 因为 $m=s+2 \leq n-1=2$,所以 $s=0$,$m=2$. 于是 $\mathcal{L}_O(m,2s+\tau;2\nu+1,\Delta) =$

$\mathcal{L}_O(2,1;3,\Delta)$. 显然，$(m_1,\tau_1)=(1,1)$ 不列入表 8.1 的第 3 行，所以 $(1,1)$ 子空间是 $\mathcal{L}_O(2,1;3,\Delta)$ 的原子. 对于任意 $U \in \mathcal{L}_O(2,1;3,\Delta)\setminus\{0\}$, 由定理 8.12, U 是 $(1,1)$ 或 $(2,1)$ 子空间. 当 U 是 $(1,1)$ 子空间时，显然 G_1 成立. 当 U 是 $(2,1)$ 子空间时，不妨设 $U = \langle u_1, u_2\rangle$, 使得 $US_{2\nu+d,\Delta}{}^tU = [1,0]$, 那么 $\langle u_1\rangle$ 和 $\langle u_1+u_2\rangle$ 是 $\mathcal{L}_O(2,1;3,\Delta)$ 的原子, 并且 $U = \langle u_1\rangle \vee \langle u_1+u_2\rangle$. 再从 $|\mathcal{M}(2,1)| \geq 2$ 有 $W_1, W_2 \in \mathcal{L}_O(2,1;3,\Delta)$, $W_1 \neq W_2$, 使得 $W_1 \vee W_2 = \mathbb{F}_q^3$, 但 W_1 和 W_2 是原子的并，从而 $\mathbb{F}_q^3$ 也是原子的并. 因此 G_1 成立.

最后，我们来完成 (a) 和 (b) 的证明.

(a) 类似于定理 4.19(a) 的证明, 可知 $\mathcal{L}_O(1,0;2\nu+\delta,\Delta)$ 和 $\mathcal{L}_O(1,1;2\nu+\delta,\Delta)$ 是有限几何格.

(b) 对于 $2 \leq m \leq 2\nu+\delta-1$, 要证明存在 $U, W \in \mathcal{L}_O(m, 2s+\tau; 2\nu+\delta, \Delta)$, 使得 (1.23) 不成立. 这里只给出情形 $\delta = \tau = 0$ 的证明, 其余的情形可类似地进行.

假设 $\delta = \tau = 0$, 那么 (8.1) 变成 $2s \leq m \leq \nu + s$. 令 $\sigma = \nu + s - m$. 又分 $m - 2s \geq 2$, $m - 2s = 1$ 和 $m - 2s = 0$ 三种情形.

(i) $m - 2s \geq 2$. 从 $m - 2s \geq 2$ 和 $m \leq \nu + s$ 得 $s + 2 \leq \nu$. 令

$$U = \begin{pmatrix} I^{(s)} & 0 & 0 & 0 & 0 & 0 & 0 & 0 \\ 0 & 0 & 0 & 0 & I^{(s)} & 0 & 0 & 0 \\ 0 & 0 & I^{(m-2s-1)} & 0 & 0 & 0 & 0 & 0 \end{pmatrix}$$
$$\quad\quad s \quad 1 \quad m-2s-1 \quad \sigma \quad s \quad 1 \; m-2s-1 \; \sigma$$

和 $W = \langle e_{\nu+s+2}\rangle$. 那么 U 和 W 分别是 $(m-1, 2s, s, \phi)$ 型和 $(1, 0, 0, \phi)$ 型子空间，而 $\langle U, W\rangle$ 是 $(m, 2(s+1))$ 子空间. 由定理 5.12, $U, W \in \mathcal{L}_O(m, 2s, s; 2\nu) \subset \mathcal{L}_O(m, 2s; 2\nu)$. 因为 $(m, 2(s+1))$ 不满足 (6.25), 即 $2s - 2(s+1) < 0$ 成立. 所以由定理 8.12, $\langle U, W\rangle \notin \mathcal{L}_O(m, 2s; 2\nu)$. 因而 $r(U) = m-1$, $r(W) = 1$, $U \vee W = \mathbb{F}_q^{2\nu}$ 和 $r(U\vee W) = m+1$. 显然, $U \wedge W = \{0\}$ 和 $r(U \wedge W) = 0$. 因此 $r(U\vee W) + r(U \wedge W) > r(U) + r(W)$. 于是对于我们所取的 U 和 W, (1.23) 成立.

(ii) $m - 2s = 1$. 从 $m - 2s = 1$ 和 $2 \leq m \leq 2\nu + \delta - 1$ 有 $s \geq 1$ 和 $s + 1 \leq \nu$. 令

$$U = \begin{pmatrix} I^{(s)} & 0 & 0 & 0 & 0 & 0 \\ 0 & 0 & 0 & I^{(s)} & 0 & 0 \end{pmatrix}$$
$$\quad\quad s \quad 1 \quad \sigma \quad s \quad 1 \quad \sigma$$

和 $W = \langle e_{s+1} + e_{\nu+s+1}\rangle$, 那么 U 和 W 分别是 $(m-1, 2s, s, \phi)$ 型和 $(1, 1, 0, \Gamma_1)$ 型子空间 $(\Gamma_1 = 1$ 或 $z)$. 而 $\langle U, W\rangle$ 是 $(m, 2s+1)$ 子空间. 如果 $(m, 2s)$ 满足 (8.55), 那么由定理 5.12, $U, W \in \mathcal{L}_O(m, 2s, s; 2\nu) \subset \mathcal{L}_O(m, 2s; 2\nu+\delta, \Delta)$; 如果 $(m, 2s)$ 满足 (8.6), 那么 $(1, 1, 0, \Gamma_1)$ 不列入表 5.5, 再由定理 5.12 的证明, 也有

$U, W \in \mathcal{L}_O(m, 2s, s; 2\nu) = \mathcal{L}_O(m, 2s; 2\nu)$. 因为 $(m, 2s+1)$ 不满足 (8.25), 即 $2s - (2s+1) \leq 0$, 所以由定理 8.12, $\langle U, W \rangle \notin \mathcal{L}_O(m, 2s; 2\nu)$. 再按情形 (i) 的相应步骤推导, 可知对于所取的 U 和 W, (1.23) 成立.

(iii) $m - 2s = 0$. 从 $m - 2s = 0$ 和 $2 \leq m \leq 2\nu - 1$ 得 $s < \nu$ 和 $\sigma > 1$. 令

$$U = \begin{pmatrix} I^{(s-1)} & 0 & 0 & 0 & 0 \\ 0 & 0 & 0 & I^{(s)} & 0 \end{pmatrix}$$
$$\phantom{U = \begin{pmatrix}}\; s-1 \quad\; 1 \quad\; \sigma \quad\; s \quad\; \sigma$$

和 $W = \langle e_{s+1} \rangle$, 那么 U 和 W 分别是 $(m-1, 2(s-1), s-1, \phi)$ 型和 $(1, 0, 0, \phi)$ 型子空间. 而 $\langle U, W \rangle$ 是 $(m, 2(s-1))$ 子空间. 由定理 5.12, $U, W \in \mathcal{L}_O(m, 2s, s; 2\nu) = \mathcal{L}_O(m, 2s; 2\nu)$. 因为 $(m, 2(s-1))$ 不满足 (8.25), 即 $2m - 2m < 2s - 2(s-1)$ 成立. 所以由定理 8.12, $\langle U, W \rangle \notin \mathcal{L}_O(m, 2s; 2\nu)$. 再按情形 (i) 的相应步骤推导, 可知对于所取的 U 和 W, (1.23) 不成立.

定理8.22 设 $n = 2\nu + \delta > m \geq 1$, $(m, 2s + \gamma, s, \Gamma)$ 满足 (8.1), 那么

(a) 对于 $m = 1$ 或 $2\nu + \delta - 1$, $\mathcal{L}_R(m, 2s + \tau; 2\nu + \delta, \Delta)$ 是有限几何格.

(b) 对于 $2 \leq m \leq 2\nu + \delta - 2$, $\mathcal{L}_R(m, 2s + \tau; 2\nu + \delta, \Delta)$ 是有限原子格, 但不是几何格.

证明 易知, 对于 $1 \leq m \leq 2\nu + \delta - 1$, $\mathcal{L}_R(m, 2s + \tau; 2\nu + \delta, \Delta)$ 是有限原子格. 对于 $X \in \mathcal{L}_R(m, 2s + \gamma, s, \Gamma; 2\nu + \delta, \Delta)$, 按照 (5.54) 式来定义 $r'(X)$, 由定理 8.18 知, r' 是格 $\mathcal{L}_O(m, 2s + \tau, s, 0; 2\nu + 1)$ 的秩函数.

(a) 对于 $m = 1$, 类似于定理 2.19(a) 的证明 $\mathcal{L}_R(m, 2s + \tau; 2\nu + \delta, \Delta)$ 是有限几何格; 对于 $m = 2\nu + \delta - 1$, 作为定理 2.8 的特殊情形, $\mathcal{L}_R(m, 2s + \tau; 2\nu + \delta, \Delta)$ 也是有限几何格.

(b) 设 $2 \leq m \leq 2\nu + \delta - 2$, 并且 $U \in \mathcal{M}(m, 2s + \tau; 2\nu + \delta, \Delta)$, 那么 U 是 $(m, 2s' + \gamma, s', \Gamma)$ 型子空间, 其中

$$s' = \begin{cases} s, & \text{如果 } \gamma = 0 \text{ 或 } 1, \\ s - 1, & \text{如果 } \gamma = 2, \end{cases}$$

不妨取

$$U S_{2\nu+\delta, \Delta}\,{}^t U = [S_{2s'+\gamma, \Gamma}, 0^{(m-2s-\tau)}].$$

由文献 [29] 中的引理 6.2, 存在 $(2\nu + \delta - m) \times (2\nu + \delta)$ 矩阵 Z, 使得

$$\begin{pmatrix} U \\ Z \end{pmatrix} S_{2\nu+\delta, \Delta} \,{}^t\!\begin{pmatrix} U \\ Z \end{pmatrix} = [S_{2s'+\gamma}, S_{2(m-2s-\tau)+0, \phi}, \Lambda^*],$$

其中 Λ^* 由表 8.4 确定

表 8.4

A^* ↘	$\delta = 0$	$\delta = 1$ 而 $\Delta = 1$	$\delta = 1$ 而 $\Delta = z'$	$\delta = 2$
$\gamma = 0$	Σ_0	$[\Sigma_0, 1]$	$[\Sigma_0, z]$	$[\Sigma_0, 1, -z]$
$\gamma = 1$ 而 $\Gamma = 1$	$[\Sigma_0, -1]$	Σ_1	$[\Sigma_0, -1, z]$	$[\Sigma_1, -z]$
$\gamma = 1$ 而 $\Gamma = z$	$[\Sigma_0, -z]$	$[\Sigma_0, 1, -z]$	Σ_1	$[\Sigma_1, -1]$
$\gamma = 2$	$[\Sigma_{-1}, 1, -z]$	$[\Sigma_0, z]$	$[\Sigma_0, 1]$	Σ_1

其中 $\Sigma_i = S_{2(\nu-m+s+i)+0,\phi}$, $i = -1, 0$ 或 1.

我们应分 "$\delta = 0$", "$\delta = 1, \Delta = 1$", "$\delta = 1, \Delta = z$" 和 "$\delta = 2$" 四种情形进行研究. 这里只给出 $\delta = 1, \Delta = 1$ 的情形的证明. 再分以下两种情形.

(i) $\tau = 0$. 这时 U 是 $(m, 2s, s, \phi)$ 型或 $(m, 2(s-1)+2, s-1, \Gamma)$ 型子空间, 其中 ($\Gamma = [1, -z]$).

(i-a) U 是 $(m, 2s, s)$ 型子空间. 那么 $S_{2s'+\gamma} = S_{2s+0,\phi}$ 而 $\Lambda^* = S_{2(\nu-m+s)+1,1}$. 设 U 的行向量依次是 $u_1, \cdots, u_s, v_1, \cdots, v_s, u_{s+1}, \cdots, u_{m-s}$, 而 Z 的行向量依次是 $v_{s+1}, \cdots, v_{m-s}, u_{m-s+1}, \cdots, u_\nu, v_{m-s+1}, \cdots, v_\nu, w^*$. 令 $W = \langle v_{\nu-m+s+1}, \cdots, v_{\nu-s}, u_{\nu-s+1}, \cdots, u_{\nu-1}, v_{\nu-s+1}, \cdots, v_{\nu-1}, -1/2 u_\nu + v_\nu, w^* \rangle$. 因为

$$\begin{pmatrix} -1/2 & 1/2 \\ 1 & 1 \end{pmatrix} \begin{pmatrix} -1/2 u_\nu + v_\nu \\ w^* \end{pmatrix} S_{2\nu+1,1}$$
$$\cdot {}^t\!\begin{pmatrix} -1/2 u_\nu + v_\nu \\ w^* \end{pmatrix} {}^t\!\begin{pmatrix} -1/2 & 1/2 \\ 1 & 1 \end{pmatrix} = S_{2\cdot 1}$$

那么 $W \in \mathcal{M}(m, 2s, s, \phi; 2\nu+1, 1) \subset \mathcal{L}_R(m, 2s; 2\nu+1, 1)$. 从 $2s \leq m \leq 2\nu+1-2$ 和 $m \leq \nu + s$ 得 $s < \nu$ 和 $m - s \leq \nu$. 从而 $v_\nu \notin U$, $-1/2 u_\nu + v_\nu \notin U$. 显然 $w^* \notin U$. 因而有 $\dim\langle U, W\rangle \geq m+2$. 由维数公式, $\dim(U \cap W) \leq m - 2$. 于是 $U \wedge W = \mathbb{F}_q^{2\nu}$, $r'(U \wedge W) = 0$, 并且 $\dim(U \vee W) = \dim(U \cap W) \leq m - 2$, $r'(U \vee W) \geq 3$. 但 $r'(U) = r'(W) = 1$. 因此 (2.8) 不成立.

(i-b) U 是 $(m, 2(s-1)+2, s-1)$ 型子空间. 那么 $S_{2s'+\gamma} = S_{2(s-1)+2,\Gamma}$ 而 $\Lambda^* = S_{2(\nu-m+s)+1,z}$. 设 U 的行向量依次是 $u_1, \cdots, u_{s-1}, v_1, \cdots, v_{s-1}, w_1, w_2, u_s, \cdots, u_{m-s-1}$, 而 Z 的行向量依次是 $v_s, \cdots, v_{m-s-1}, u_{m-s}, \cdots, u_{\nu-1}, v_{m-s}, \cdots, v_{\nu-1}, w^*$. 令 $W = \langle v_{\nu-m+s}, \cdots, v_{\nu-s-1}, u_{\nu-s}, \cdots, u_{\nu-2}, v_{\nu-s}, v_{\nu-s+1}, \cdots, v_{\nu-2}, -1/2 u_{\nu-1} + v_{\nu-1}, w^* \rangle$. 那么 $W \in \mathcal{M}(m, 2(s-1)+2, s-1, \Gamma; 2\nu+1, 1) \subset \mathcal{L}_R(m, 2s; 2\nu+1, 1)$. 从 $2(s-1)+2 \leq m \leq 2\nu+1-2$ 和 $m \leq \nu + s$ 得 $s - 1 < \nu - 1$ 从而 $v_{\nu-1} \notin U$, $-1/2 u_{\nu-1} + v_{\nu-1} \notin U$. 显然 $w^* \notin U$. 再仿情形 (i-a) 的步骤进行, 可知 (2.8) 不成立.

(ii) $\tau = 1$. 这时 U 是 $(m, 2s+1, s, 1)$ 型或 $(m, 2s+1, s, z)$ 型子空间.

(ii-a) U 是 $(m, 2s+1, s, 1)$ 型子空间. 那么 $S_{2s'+\gamma}=S_{2s+1,1}$ 而 $\Lambda^*=S_{2(\nu-m+s+1),\phi}$. 设 U 的行向量依次是 $u_1,\cdots,u_s, v_1,\cdots,v_s, w, u_{s+1},\cdots,u_{m-s-1}$, 而 Z 的行向量依次是 $v_{s+1},\cdots,v_{m-s-1}, u_{m-s},\cdots,u_\nu, v_{m-s},\cdots,v_{\nu-1}, v_\nu$. 令 $W=\langle v_{\nu-m+s+2},\cdots,v_{\nu-s}, u_{\nu-s+1},\cdots,u_{\nu-1}, v_{\nu-s+1},\cdots,v_{\nu-1}, 1/2u_\nu+v_\nu, -1/2u_\nu+v_\nu, w\rangle$, 因为

$$\begin{pmatrix} 1/2 & -1/2 \\ 1 & 1 \end{pmatrix}\begin{pmatrix} 1/2u_\nu+v_\nu \\ -1/2u_\nu+v_\nu \end{pmatrix} S_{2\nu+1,1}$$
$$\cdot {}^t\begin{pmatrix} 1/2u_\nu+v_\nu \\ -1/2u_\nu+v_\nu \end{pmatrix} {}^t\begin{pmatrix} 1/2 & -1/2 \\ 1 & 1 \end{pmatrix} = S_{2\cdot 1}.$$

所以 $W\in\mathcal{M}(m,2s+1,s,1;2\nu+1,1)\subset\mathcal{L}_R(m,2s+1;2\nu+1,1)$. 由题设 $2s+1\leq m\leq 2\nu+1-2$ 和 $m\leq\nu+s+1$, 得 $s<\nu$ 和 $m-s-1\leq\nu$. 从而 $v_\nu\notin U$. 于是 $1/2u_\nu+v_\nu, -1/2u_\nu+v_\nu\notin U$. 再按照 (i-a) 的步骤进行, 可知 (2.8) 不成立.

(ii-b) U 是 $(m,2s+1,s,z)$ 型子空间. 那么 $S_{2s'+\gamma}=S_{2s+1,z}$ 而 $\Lambda^*=S_{2(\nu-m+s)+2,\Delta}$. 设 U 的行向量依次是 $u_1,\cdots,u_s, v_1,\cdots, v_s, w, u_{s+1},\cdots,u_{m-s-1}$, 而 Z 的行向量依次是 $v_{s+1},\cdots,v_{m-s-1}, u_{m-s},\cdots,u_{\nu-1}, v_{m-s},\cdots,v_{\nu-1}, w_1^*, w_2^*$. 令 $W=\langle v_{\nu-m+s+1},\cdots,v_{\nu-s-1}, u_{\nu-s},\cdots,u_{\nu-2}, v_{\nu-s},\cdots,v_{\nu-2}, 1/2u_{\nu-1}+v_{\nu-1}, w_1^*, w_2^*\rangle$. 因为 $[1, 1, -z]$ 和 $[1, -1, z]$ 的行列式相同, 所以存在 3×3 可逆矩阵 T, 使得 $T[1,1,-z]{}^tT=[1,-1,z]$, 并且

$$\left[\begin{pmatrix} 1/2 & -1/2 \\ 1 & 1 \end{pmatrix}, 1\right] [1,-1,z] \left[{}^t\begin{pmatrix} 1/2 & -1/2 \\ 1 & 1 \end{pmatrix}, 1\right] = [S_{2\cdot 1}, z]$$

所以 $W\in\mathcal{M}(m,2s+1,s,z;2\nu+1,1)\subset\mathcal{L}_R(m,2s+1;2\nu+1,1)$. 显然, $w_1^*, w_2^*\notin U$. 再按照 (i-a) 的步骤进行, 可知 (2.8) 不成立.

所以, 当 $\delta=\Delta=1$ 时, 对于 $2\leq m\leq 2\nu-2$, 命题 1.14 中的 G_2 不成立, 所以 $\mathcal{L}_R(m,2s+\tau;2\nu+1,1)$ 不是几何格.

因此, 对于 $2\leq m\leq 2\nu-2$, $\mathcal{L}_R(m,2s+\tau;2\nu+\delta,\Delta)$ 不是几何格.

§8.10 注 记

本章中的引理 8.4—8.9, 定理 8.2, 定理 8.10 的充分性, 定理 8.12, 定理 8.19, 推论 8.13—8.15 和推论 8.20 都取自文献 [15]. 推论 8.20 是 P.Orlik 和 L.Solomon 的结果. §8.6, §8.7 和 §8.9 在本书中首次发表.

本章的主要参考资料有: 参考文献 [15, 22, 29] 和 [34].

第九章 偶特征正交几何中由相同维数和秩的子空间生成的格

§9.1 偶特征正交群 $O_{2\nu+\delta}(\mathbb{F}_q)$ 作用下由相同维数和秩的子空间生成的格

本章采用第六章的符号和术语，是以第六章的内容为基础进行讨论的.

设 P 是正交空间 $\mathbb{F}_q^{2\nu+\delta}$ 中的一个 m 维子空间，P 的矩阵表示仍记作 P. 如果矩阵 $PG_{2\nu+\delta}{}^tP$ "合同于" $M(m, 2s'+\gamma, s')$，其中 $\gamma = 0, 1, 2$ 和 $0 \leq s' \leq [(m-\gamma)/2]$，并且记 $2s'+\gamma = 2s+\tau$，其中 $\tau = 0$ 或 1，而

$$s' = \begin{cases} s, & \text{如果}\, \gamma = 0\, \text{或}\, 1, \\ s-1, & \text{如果}\, \gamma = 2, \end{cases}$$

那么称为 $2s+\tau$ 子空间 P 关于 $G_{2\nu+\delta}$ 的秩. 显然，m 维子空间的秩是正交群 $O_{2\nu+\delta}(\mathbb{F}_q)$ 作用下的不变量.

定义 9.1 在 $2\nu+\delta$ 维正交空间 $\mathbb{F}_q^{2\nu+\delta}$ 中一个秩为 $2s+\tau$ 的 m 维子空间称为 $\mathbb{F}_q^{2\nu+\delta}$ 中关于 $G_{2\nu+\delta}$ 的 $(m, 2s+\tau)$ 子空间. □

如果正交空间 $\mathbb{F}_q^{2\nu+\delta}$ 和正则矩阵 $G_{2\nu+\delta}$ 从上下文看出时，就简单地称 P 是 $(m, 2s+\tau)$ 子空间.

定义 9.2 设 $\mathcal{M}(m, 2s+\tau; 2\nu+\delta)$ 是 $\mathbb{F}_q^{2\nu+\delta}$ 中关于 $G_{2\nu+\delta}$ 的所有 $(m, 2s+\tau)$ 子空间所成的集合，而 $\mathcal{L}(m, 2s+\tau; 2\nu+\delta)$ 是由 $\mathcal{M}(m, 2s+\tau; 2\nu+\delta)$ 生成的格，即由 $\mathcal{M}(m, 2s+\tau; 2\nu+\delta)$ 中子空间交所成的集合，把 $\mathbb{F}_q^{2\nu+\delta}$ 看做是 $\mathcal{M}(m, 2s+\tau; 2\nu+\delta)$ 中零个子空间的交. 如果按子空间的包含（反包含）关系来规定 $\mathcal{L}(m, 2s+\tau; 2\nu+\delta)$ 的偏序，所得的格记为 $\mathcal{L}_O(m, 2s+\tau; 2\nu+\delta)(\mathcal{L}_R(m, 2s+\tau; 2\nu+\delta))$. 格 $\mathcal{L}_O(m, 2s+\tau; 2\nu+\delta)(\mathcal{L}_R(m, 2s+\tau; 2\nu+\delta))$ 称为正交群 $O_{2\nu+\delta}(\mathbb{F}_q)$ 作用下由 $\mathcal{M}(m, 2s+\tau; 2\nu+\delta)$ 生成的格.

由定理 2.5 易知，

定理 9.1 $\mathcal{L}_O(m, 2s+\tau; 2\nu+\delta)(\mathcal{L}_R(m, 2s+\tau; 2\nu+\delta))$ 是有限格，并且 $\cap_{X \in \mathcal{M}(m,2s+\tau;2\nu+\delta)} X$ 和 $\mathbb{F}_q^{2\nu+\delta}$ 分别是 $\mathcal{L}_O(m, 2s+\tau; 2\nu+\delta)(\mathcal{L}_R(m, 2s+\tau; 2\nu+\delta))$ 的最小（大）元和最大（小）元. □

§9.2 $(m, 2s+\tau)$ 子空间存在的条件

从定理 6.1 可以得到

定理 9.2 $\mathbb{F}_q^{2\nu+\delta}$ 中关于 $G_{2\nu+\delta}$ 存在 $(m, 2s+\tau)$ 子空间当且仅当

$$2s+\tau \leq m \leq \begin{cases} \nu+s, & \text{如果 } \tau=0 \text{ 而 } s=0, \\ \nu+s+\max\{0,\delta-1\}, & \text{如果 } \tau=0 \text{ 而 } s \geq 1, \\ \nu+s+\min\{1,\delta\}, & \text{如果 } \tau=1. \end{cases} \tag{9.1}$$

证明 采用定理 8.1 的证明中的步骤和方法可得到定理 9.1 的证明, 这里略去其详细过程. □

由 $(m, 2s+\tau)$ 子空间和 $(m, 2s+\tau, s, \Gamma)$ 型子空间的定义, 容易得到

$$\mathcal{M}(m, 2s; 2\nu+\delta) = \mathcal{M}(m, 2s, s; 2\nu+\delta)$$
$$\cup \mathcal{M}(m, 2(s-1)+2, s-1; 2\nu+\delta),$$

$$\mathcal{M}(m, 2s+1; 2\nu+\delta) = \begin{cases} \mathcal{M}(m, 2s+1, s; 2\nu+\delta), & \text{如果 } \delta \neq 1, \\ \cup_{\Gamma=0,1} \mathcal{M}(m, 2s+1, s, \Gamma; 2\nu+\delta), \\ & \text{如果 } \delta=1. \end{cases}$$

因而

$$\mathcal{L}_R(m, 2s; 2\nu+\delta) \supset \mathcal{L}_R(m, 2s, s; 2\nu+\delta)$$
$$\cup \mathcal{L}_R(m, 2(s-1)+2, s-1; 2\nu+\delta),$$

$$\mathcal{L}_R(m, 2s+1; 2\nu+\delta) = \mathcal{L}_R(m, 2s+1, s; 2\nu+\delta), \text{ 如果 } \delta \neq 1,$$

$$\mathcal{L}_R(m, 2s+1; 2\nu+\delta) \supset \cup_{\Gamma=0,1} \mathcal{L}_R(m, 2s+1, s, \Gamma; 2\nu+\delta),$$

$$\text{如果 } \delta=1.$$

仿照定理 2.8 可得,

定理 9.3 设 $n=2\nu+\delta > m \geq 1$, 并且 $(m, 2s+\tau)$ 满足 (9.1)

$$2s+\tau \leq m \leq \begin{cases} \nu+s, & \text{如果 } \tau=0, s=0, \\ \nu+s+\max\{0,\delta-1\}, & \text{如果 } \tau=0, \text{而 } s \geq 1, \\ \nu+s+\min\{1,\delta\}, & \text{如果 } \tau=1. \end{cases}$$

那么 $\mathcal{L}_R(m, 2s+\tau; 2\nu+\delta)$ 是一个有限原子格, 而 $\mathcal{M}(m, 2s+\tau; 2\nu+\delta)$ 是它的原子集合. □

§9.3 若 干 引 理

引理 9.4 设 $n = 2\nu + \delta > m \geq 1$,并且 $(m, 2s+\tau)$ 满足 (9.1),那么

$$\mathcal{L}_R(m, 2s+\tau; 2\nu+\delta) \supset \mathcal{L}_R(m-1, 2s+\tau; 2\nu+\delta),$$

除非

$$2s+\tau \leq m = \begin{cases} \nu + s + \max\{0, \delta-1\}, & \text{如果 } \tau = 0, \text{而 } s \geq 1, \\ \nu + s + \min\{1, \delta\}, & \text{如果 } \tau = 1 \end{cases} \quad (9.2)$$

成立,并且 "$\delta = \tau = 0, s \geq 1$"、"$\delta = \tau = 1$" 和 "$\delta = 2, \tau = 0, s \geq 1$" 这三种情形之一出现.

证明 我们稍微修改一下引理 8.4 的证明,就可得到引理 9.4 的证明,其主要修改是在 (b) 中 $\tau = \delta = 1$ 时 $2s+1 \leq m = \nu + s + 1$ 的情形. 在这种情形, P 是 $(m-1, 2s+1, s, 0)$ 型子空间. 由定理 9.2, $\mathbb{F}_q^{2\nu+1}$ 中不存在 $(m, 2s+1, s, 0)$ 型子空间,因而 $\mathcal{L}_R(m, 2s+1; 2\nu+1) = \mathcal{L}_R(m, 2s+1, s, 1; 2\nu+1)$. 因为 $e_{2\nu+1} \notin P$, 而 $\mathcal{L}_R(m, 2s+1, s, 1; 2\nu+1)$ 中的每个子空间都包含 $e_{2\nu+1}$, 所以 $P \notin \mathcal{L}_R(m, 2s+1, s, 1; 2\nu+1)$, 因此 $P \notin \mathcal{L}_R(m, 2s+1; 2\nu+1)$. 这正是我们所要排除的第二种情形. □

引理 9.5 设 $n = 2\nu + \delta > m \geq 1, s \geq 1$,并且 $(m, 2s+\tau)$ 满足 (9.1),那么

$$\mathcal{L}_R(m, 2s+\tau; 2\nu+\delta) \supset \mathcal{L}_R(m-1, 2(s-1)+\tau, 2\nu+\delta).$$

证明 我们可以稍微修改引理 8.5 的证明,得到本引理的证明,这里略去其详细过程. □

引理 9.6 设 $n = 2\nu + \delta > m \geq 1$, $(m, 2s+\tau)$ 满足 (9.1), 而 $\tau = 1$. 那么

$$\mathcal{L}_R(m, 2s+1; 2\nu+\delta) \supset \mathcal{L}_R(m-1, 2s; 2\nu+\delta),$$

除非

$$2s+1 \leq m = \nu + s + \min\{1, \delta\}$$

成立,并且 "$\delta = 0, \mathbb{F}_q = \mathbb{F}_2$"、"$\delta = 1$" 和 "$\delta = 2, \mathbb{F}_q = \mathbb{F}_2, s \geq 1$" 这三种情形之一出现.

证明 对于 $(m, 2s+1)$, (9.1) 变成

$$2s+1 \leq m \leq \begin{cases} \nu + s, & \text{如果 } \delta = 0, \\ \nu + s + 1, & \text{如果 } \delta = 1 \text{ 或 } 2. \end{cases} \quad (9.3)$$

对于任意 $P \in \mathcal{M}(m-1, 2s; 2\nu + \delta)$, P 是 $(m-1, 2s, s)$ 型, 或是 $(m-1, 2(s-1)+2, s-1)$ 型子空间. 我们分以下两种情形:

(a) P 是 $(m-1, 2s, s)$ 型子空间. 再分 $\delta = 0, 1$ 或 2 三种情形.

(a.1) $\delta = 2$. 根据定理 6.1, 从 (9.3) 推出, 在 $\mathbb{F}_q^{2\nu+2}$ 中存在 $(m, 2s+1, s)$ 型子空间, 再由定理 6.3, $P \in \mathcal{L}_R(m, 2s+1, s, 2\nu+2)$. 因此 $P \in \mathcal{L}_R(m, 2s+1; 2\nu+2)$.

下面考察 $\delta = 0$ 或 1 的情形. 不妨设

$$PG_{2\nu+\delta}{}^tP \equiv [G_{2s}, 0^{(\sigma_1)}],$$

其中 $\sigma_1 = m - 2s - 1$. 令 $\sigma_2 = \nu + s - m + 1$. 从 (9.3) 得到 $\sigma_1 \geq 0$ 和 $\sigma_2 \geq 0$. 根据定理 6.4, 存在 P 的一个矩阵表示, 仍记作 P, 同时存在 $\sigma_1 \times (2\nu + \delta)$ 矩阵 X 和 $(2\sigma_2 + \delta) \times (2\nu + \delta)$ 矩阵 Y, 使得

$$W = {}^t({}^tP \; {}^tX \; {}^tY) \tag{9.4}$$

是非奇异的, 并且

$$WG_{2\nu+\delta}{}^tW \equiv [G_{2s}, G_{2\sigma_1}, G_{2\sigma_2}, \Delta].$$

(a.2) $\delta = 0$. 我们又分以下两种情形:

(a.2.1) 条件

$$2s + 1 \leq m < \nu + s$$

成立. 这时 $\sigma_2 > 1$. 令 y_i 和 $y_{\sigma_2 + i} (i = 1, 2)$ 分别是 Y 的第 i 行和第 $\sigma_2 + i$ 行, 那么

$$\begin{pmatrix} P \\ y_1 + y_{\sigma_2+1} \end{pmatrix} \text{ 和 } \begin{pmatrix} P \\ y_2 + y_{\sigma_2+2} \end{pmatrix}$$

是一对 $(m, 2s+1)$ 子空间, 并且它们的交是 P, 因此 $P \in \mathcal{L}_R(m, 2s+1; 2\nu)$.

(a.2.2) 条件

$$2s + 1 \leq m = \nu + s$$

成立. 这时 $\sigma_2 = 1$. 设 y_1 和 y_2 分别是 Y 的第 1 和第 2 行, 如果 $\mathbb{F}_q \neq \mathbb{F}_2$, 那么存在一个元素 $\beta \in \mathbb{F}_q^*$, 使得 $\beta \neq 1$. 因而

$$\begin{pmatrix} P \\ y_1 + y_2 \end{pmatrix} \text{ 和 } \begin{pmatrix} P \\ y_1 + \beta y_2 \end{pmatrix}$$

是一对 $(m, 2s+1)$ 子空间, 并且它们的交是 P. 因此 $P \in \mathcal{L}_R(m, 2s+1; 2\nu)$.

然而, 如果 $\mathbb{F}_q = \mathbb{F}_2$, 那么 Y 中仅有一个非奇异向量 $y_1 + y_2$, 于是

$$\begin{pmatrix} P \\ y_1 + y_2 \end{pmatrix}$$

是唯一包含 P 的 $(m, 2s+1)$ 子空间, 因此 $P \notin \mathcal{L}_R(m, 2s+1, 2\nu)$. 这正是我们所要排除的第一种情形.

(a.3) $\delta = 1$，我们又分以下两种情形.

(a.3.1) 条件
$$2s+1 \leq m < \nu+s+1$$
成立. 这时 $\sigma_2 \geq 1$. 设 y_i $(i = 1, 2, \cdots, 2\sigma_2 + 1)$ 是 Y 的第 i 行，那么
$$\begin{pmatrix} P \\ y_1 + y_{2\sigma_2+1} \end{pmatrix} \text{ 和 } \begin{pmatrix} P \\ y_2 + y_{2\sigma_2+1} \end{pmatrix}$$
是一对 $(m, 2s+1)$ 子空间，并且它们的交是 P. 因此 $P \in \mathcal{L}_R(m, 2s+1; 2\nu+1)$.

(a.3.2) 条件
$$2s+1 \leq m = \nu+s+1$$
成立. 这时 $\sigma_2 = 0$，并且 Y 是一个行向量. 显然
$$\begin{pmatrix} P \\ Y \end{pmatrix}$$
是唯一包含 P 的 $(m, 2s+1)$ 子空间，因此 $P \notin \mathcal{L}_R(m, 2s+1; 2\nu+1)$. 这正是我们所排除的第二种情形.

(b) P 是 $(m-1, 2(s-1)+2, s-1)$ 型子空间. 这时必有 $s \geq 1$. 再分 $\delta = 0, 1$ 或 2 三种情形.

(b.1) $\delta = 0$. 由定理 6.1，从 (9.3) 得到 $\mathbb{F}_q^{2\nu}$ 中存在的 $(m, 2s+1, s)$ 型子空间，再根据定理 6.3，$P \in \mathcal{L}_R(m, 2s+1, s; 2\nu)$. 因此 $P \in \mathcal{L}_R(m, 2s+1; 2\nu)$.

下面讨论 $\delta = 1$ 或 2 的情形. 不妨假定
$$PG_{2\nu+\delta}{}^tP \equiv [G_{2(s-1)+2}, 0^{(\sigma_1)}],$$
其中 $\sigma_1 = m - 2s - 1$. 令 $\sigma_2 = \nu + s - m + 1$，那么从 (9.3) 得到 $\sigma_1 \geq 0$ 和 $\sigma_2 \geq 0$. 由定理 6.4，存在 P 的一个适当矩阵表示，仍记作 P，同时存在 $\sigma_1 \times (2\nu + \delta)$ 矩阵 X 和 $(2\sigma_2 + \delta) \times (2\nu + \delta)$ 矩阵 Y，使得 (9.4) 中的 W 是非奇异的，并且
$$WG_{2\nu+\delta}W \equiv [G_{2(s-1)+2}, G_{2\sigma_1}, G_{2\sigma_2}, \Sigma_1],$$
其中 Σ_1 是 $\delta \times \delta$ 正则矩阵，其定号部分的级数是 $|\delta - 2|$.

(b.2) $\delta = 2$. 这时可以假定
$$\Sigma_1 = G_{2.1}.$$

又分以下两种情形.

(b.2.1) 条件
$$2s+1 \leq m < \nu+s+1$$

成立. 这时 $\sigma_2 \geq 1$. 令 $y_i\,(i=1,2,\cdots 2\sigma_2+2)$ 是 Y 的第 i 行, 那么

$$\begin{pmatrix} P \\ y_1 + y_{\sigma_2+1} \end{pmatrix} \text{和} \begin{pmatrix} P \\ y_{2\sigma_2+1} + y_{2\sigma_2+2} \end{pmatrix}$$

是一对 $(m, 2s+1)$ 子空间, 并且它们的交是 P. 因此 $P \in \mathcal{L}_R(m, 2s+1; 2\nu+2)$.

(b.2.2) 条件

$$2s+1 \leq m = \nu+s+1$$

成立. 这时 $\sigma_2 = 0$. 类似于情形 (a.2.2), 我们可以证明: 如果 $\mathbb{F}_q \neq \mathbb{F}_2$, 那么 $P \in \mathcal{L}_R(m, 2s+1; 2\nu+2)$; 如果 $\mathbb{F}_q = \mathbb{F}_2$, 那么 $P \notin \mathcal{L}_R(m, 2s+1; 2\nu+2)$. 而 "$\delta=2, s\geq 1, 2s+1 \leq m = \nu+s+1$ 和 $\mathbb{F}_q = \mathbb{F}_2$" 的情形, 正是我们所要排除的第三种情形.

(b.3) $\delta = 1$, 我们又分以下两种情形

(b.3.1) 条件

$$2s+1 \leq m < \nu+s+1$$

成立. 这时 $\sigma_2 \geq 1$, 因为

$$[G_{2\cdot 0+2}, 1] \text{ 和 } [G_{2\cdot 1}, 1]$$

"合同". 类似于情形 (a.3.1), 可以得到 $P \in \mathcal{L}_R(m, 2s+1; 2\nu+1)$.

(b.3.2) 条件

$$2s+1 \leq m = \nu+s+1$$

成立. 这时 $\sigma_2 = 0$, 因而 Y 是一个行向量. 类似于情形 (a.3.2), 可以得到 $P \notin \mathcal{L}_R(m, 2s+1; 2\nu+1)$. 这正是我们所要排除的第二种情形. □

引理 9.7 设 $n = 2\nu+\delta > m \geq 2$. 并且 $(m, 2s+\tau)$ 满足 (9.1), 而 $\tau = 1$, 那么

$$\mathcal{L}_R(m, 2s+1; 2\nu+\delta) \supset \mathcal{L}_R(m-2, 2s; 2\nu+\delta),$$

除非

$$2s+1 \leq m = \nu+s+1$$

和 $\delta = 1$ 同时成立.

证明 我们只需证明

$$\mathcal{M}(m-2, 2s; 2\nu+\delta) \subset \mathcal{L}_R(m, 2s+1; 2\nu+\delta),$$

除非 $2s+1 \leq m = \nu+s+1$ 和 $\delta = 1$ 同时成立. 如果 $m-2 < 2s$, 那么

$$\mathcal{M}(m-2, 2s; 2\nu+\delta) = \phi \subset \mathcal{L}_R(m, 2s+1; 2\nu+\delta).$$

现在设 $m-2 \geq 2s$. 对于任意 $P \in \mathcal{M}(m-2, 2s; 2\nu+\delta)$, 那么 P 是 $(m-2, 2s, s)$ 型, 或是 $(m-2, 2(s-1)+2, s-1)$ 型子空间, 我们分以下两种情形

(a) P 是 $(m-2, 2s, s)$ 型子空间, 不妨设

$$PG_{2\nu+\delta}{}^tP \equiv [G_{2s}, 0^{(\sigma_1)}],$$

其中 $\sigma_1 = m-2s-2$. 因为 $m-2 \geq 2s$, 所以 $\sigma_1 \geq 0$. 令 $\sigma_2 = \nu+s-m+2$. 从 (9.1) 得到

$$\sigma_2 \geq \begin{cases} 2, & \text{如果} \delta = 0, \\ 1, & \text{如果} \delta = 1 \text{ 或 } 2. \end{cases}$$

根据定理 6.4, 存在 P 的一个矩阵表示, 仍记作 P, 同时存在 $\sigma_1 \times (2\nu+\delta)$ 矩阵 X 和 $(2\sigma_2+\delta) \times (2\nu+\delta)$ 矩阵 Y, 使得 (9.4) 中的 W 的是非奇异的, 并且

$$WG_{2\nu+\delta}{}^tW \equiv [G_{2s}, G_{2\sigma_1}, G_{2\sigma_2}, \Sigma_1],$$

其中 Σ_1 是 $\delta \times \delta$ 定号矩阵. 令 y_i 是 Y 的第 i 行 ($i=1, \cdots, 2\sigma_2+\delta$). 再分 $\delta = 0, 1$ 和 2 三种情形.

(a.1) $\delta = 0$. 这时 $\sigma_2 \geq 2$, 因而

$$\begin{pmatrix} P \\ y_1 \\ y_2+y_{\sigma_2+2} \end{pmatrix} \text{ 和 } \begin{pmatrix} P \\ y_2 \\ y_1+y_{\sigma_2+1} \end{pmatrix}$$

是一对 $(m, 2s+1)$ 子空间, 并且它们的交是 P. 因此 $P \in \mathcal{L}_R(m, 2s+1; 2\nu)$.

(a.2) $\delta = 2$, 这时 $\sigma_2 \geq 1$, 因而

$$\begin{pmatrix} P \\ y_1 \\ y_{2\sigma_2+1} \end{pmatrix} \text{ 和 } \begin{pmatrix} P \\ y_{\sigma_2+1} \\ y_{2\sigma_2+2} \end{pmatrix}$$

是一对 $(m, 2s+1)$ 子空间, 并且它们的交是 P. 因此 $P \in \mathcal{L}_R(m, 2s+1; 2\nu+2)$.

(a.3) $\delta = 1$, 我们又分以下两种情形.

(a.3.1) 条件

$$2s+1 \leq m < \nu+s+1 \tag{9.5}$$

成立. 这时 $\sigma_2 \geq 2$. 按照 (a.1) 的步骤进行, 得到 $P \in \mathcal{L}_R(m, 2s+1; 2\nu+1)$.

(a.3.2) 条件

$$2s+1 \leq m = \nu+s+1 \tag{9.6}$$

成立, 那么 $\sigma_2 = 1$, $\dim Y = 3$. 注意到 $e_{2\nu+1}G_{2\nu+1}{}^te_{2\nu+1} = 1$, 所以 $e_{2\nu+1} \in Y$. 设 Q 是 $\mathbb{F}_q^{2\nu+1}$ 中包含 P 的 m 维子空间, 可以假定 Q 具有形式

$$Q = {}^t({}^tP \; {}^t(x_1+y_1) \; {}^t(x_2+y_2)),$$

其中 $x_1, x_2 \in Y$ 和 $y_1, y_2 \in Y$. 如果 $\sigma_1 = 0$, 那么 $x_1 = x_2 = 0$, 现在假设 $\sigma_1 \geq 1$. 记

$$P = \begin{pmatrix} P_1 \\ P_2 \end{pmatrix} \begin{matrix} 2s \\ m-2s-2 \end{matrix},$$

那么

$$QG_{2\nu+1}{}^tQ$$
$$\equiv \left[G_{2s}, \begin{pmatrix} 0 & P_2(G_{2\nu+1} + {}^tG_{2\nu+1}) \\ 0 & \end{pmatrix}{}^t\begin{pmatrix} x_1 \\ x_2 \end{pmatrix}, \begin{pmatrix} y_1 \\ y_2 \end{pmatrix} G_{2\nu+1}{}^t\begin{pmatrix} y_1 \\ y_2 \end{pmatrix}\right].$$

现在假设 Q 是 $(m, 2s+1)$ 子空间, 那么

$$P_2(G_{2\nu+1} + {}^tG_{2\nu+1}){}^t\begin{pmatrix} x_1 \\ x_2 \end{pmatrix} = 0, \tag{9.7}$$

并且

$$\begin{pmatrix} y_1 \\ y_2 \end{pmatrix} G_{2\nu+1}{}^t\begin{pmatrix} y_1 \\ y_2 \end{pmatrix} \tag{9.8}$$

的秩的是 1. 因为 $P_2(G_{2\nu+\delta} + {}^tG_{2\nu+\delta}){}^tX = I^{(\sigma_1)}$, 所以从 (9.7) 得到 $x_1 = x_2 = 0$. 因而包含 P 的任一个子空间 Q 具有形式

$$Q = {}^t({}^tP \; {}^ty_1 \; {}^ty_2),$$

其中 $y_1, y_2 \in Y$. 于是

$$\begin{pmatrix} y_1 \\ y_2 \end{pmatrix}$$

是 Y 的 $(2,1)$ 子空间. 容易看到: $\mathbb{F}_q^3$ 中关于

$$[G_{2\cdot 1}, 1]$$

的任一个 $(2,1)$ 子空间包含 e_3. 因而 Y 中关于 $G_{2\nu+1}$ 的一个 $(2,1)$ 子空间包含 $e_{2\nu+1}$. 因此 P 不是 $\mathbb{F}_q^{2\nu+1}$ 中 $(m, 2s+1)$ 子空间的交, 也即, $P \notin \mathcal{L}_R(m, 2s+1; 2\nu+1)$.

(b) P 是 $(m-2, 2(s-1)+2, s-1)$ 型子空间. 不妨设

$$PG_{2\nu+\delta}{}^tP \equiv [G_{2(s-1)+2}, 0^{(\sigma_1)}],$$

其中 $\sigma_1 = m - 2s - 2$, 因为 $m - 2 \geq 2s$, 所以 $\sigma_1 \geq 0$. 令 $\sigma_2 = \nu + s - m + 1$, 从 (9.1) 得到

$$\sigma_2 \geq \begin{cases} 1, & \text{如果 } \delta = 0, \\ 0, & \text{如果 } \delta = 1 \text{ 或 } 2. \end{cases}$$

由定理 6.4, 存在 P 的一个矩阵表示, 仍记为 P, 同时存在 $\sigma_1 \times (2\nu + \delta)$ 矩阵 X 和 $(2\sigma_2 + 2 + \delta) \times (2\nu + \delta)$ 矩阵 Y, 使得 (9.4) 中的 W 是非奇异的, 并且

$$WG_{2\nu+1}{}^tW \equiv [G_{2(s-1)+2}, G_{2\sigma_1}, G_{2\sigma_2}, \Sigma_2],$$

其中

$$\Sigma_2 = \begin{cases} G_{2\cdot 0 + 2}, & \text{如果 } \delta = 0, \\ [G_{2\cdot 1}, 1], & \text{如果 } \delta = 1, \\ G_{2\cdot 2}, & \text{如果 } \delta = 2. \end{cases}$$

令 $y_i (i = 1, 2, \cdots, 2\sigma_2 + 2 + \delta)$ 是 Y 的第 i 行, 再分 $\delta = 0,1$ 和 2 三种情形

(b.1) $\delta = 0$. 这时, $\sigma_2 \geq 1$. 因而

$$\begin{pmatrix} P \\ y_1 \\ y_{2\sigma_2+1} \end{pmatrix} \text{ 和 } \begin{pmatrix} P \\ y_2 \\ y_{2\sigma_2+2} \end{pmatrix}$$

是一对 $(m, 2s+1)$ 子空间, 并且它们的交是 P. 因此 $P \in \mathcal{L}_R(m, 2s+1; 2\nu)$.

(b.2) $\delta = 2$. 在这种情形

$$\begin{pmatrix} P \\ y_{2\sigma_2+1} \\ y_{2\sigma_2+2} + y_{2\sigma_2+4} \end{pmatrix} \text{ 和 } \begin{pmatrix} P \\ y_{2\sigma_2+2} \\ y_{2\sigma_2+1} + y_{2\sigma_2+3} \end{pmatrix}$$

是一对 $(m, 2s+1)$ 子空间, 并且它们的交是 P. 因此 $P \in \mathcal{L}_R(m, 2s+1; 2\nu+2)$.

(b.3) $\delta = 1$ 按照 (a.3) 的步骤进行, 可以得到: 如果 (9.5) 成立, 那么 $P \in \mathcal{L}_R(m, 2s+1; 2\nu+1)$; 如果 (9.6) 成立, 那么 $P \notin \mathcal{L}_R(m, 2s+1; 2\nu+1)$. □

引理 9.8 设 $n = 2\nu + \delta > m \geq 1$, $s \geq 1$, 并且 $(m, 2s)$ 满足 (9.1), 那么 $\mathcal{L}_R(m, 2s; 2\nu + \delta)$

$$\supset \begin{cases} \mathcal{L}_R(m-1, 2(s-1)+1; 2\nu+\delta), & \text{如果 } \delta = 0 \text{ 或 } 2, \\ \mathcal{L}_R(m-1, 2(s-1)+1; s-1, 0; 2\nu+\delta), & \text{如果 } \delta = 1. \end{cases}$$

除非

$$2s \leq m = \begin{cases} \nu + s, & \text{如果 } \delta = 0, \\ \nu + s + 1, & \text{如果 } \delta = 2. \end{cases}$$

证明 由题设 $s \geq 1$, 所以对于 $(m, 2s)$, (9.1) 变成

$$2s \leq m \leq \begin{cases} \nu + s, & \text{如果 } \delta = 0 \text{ 或 } 1, \\ \nu + s + 1, & \text{如果 } \delta = 2. \end{cases} \tag{9.9}$$

当 $\delta \neq 1$ 时，$\mathcal{M}(m-1, 2(s-1)+1, s-1; 2\nu+\delta)$ 是 $\mathcal{L}_R(m-1, 2(s-1)+1, s-1; 2\nu+\delta)$ 的原子集合，而在 $\delta = 1$ 时，$\mathcal{M}(m-1, 2(s-1)+1, s-1, 0; 2\nu+1)$ 是 $\mathcal{L}_R(m-1, 2(s-1)+1, s-1, 0; 2\nu+1)$ 的原子集合，于是只需证明

$$\mathcal{L}_R(m, 2s; 2\nu+\delta)$$
$$\supset \mathcal{M}(m-1, 2(s-1)+1, s-1, \Gamma; 2\nu+\delta), \text{对于 } \Gamma \neq 1.$$

设 $P \in \mathcal{M}(m-1, 2(s-1)+1, s-1, \Gamma; 2\nu+\delta)$，其中 $\Gamma \neq 1$. 不妨假定

$$PG_{(2\nu+\delta)}{}^t P \equiv [G_{2(s-1)}, 0^{(\sigma_1)}, 1],$$

其中 $\sigma_1 = m - 2s \geq 0$. 令 $\sigma_2 = \nu + s - m$，那么从 (9.9) 得到

$$\sigma_2 \geq \begin{cases} 0, & \text{如果 } \delta = 0 \text{ 或 } 1, \\ -1, & \text{如果 } \delta = 2. \end{cases}$$

由定理 6.4，存在 P 的一个矩阵表示，仍记为 P，同时存在 $\sigma_1 \times (2\nu+\delta)$ 矩阵 X 和 $(2\sigma_2 + 1 + \delta) \times (2\nu+\delta)$ 矩阵 Y，使得 (9.4) 中的 W 是非奇异的，并且

$$WG_{2\nu+\delta}{}^t W \equiv \begin{cases} \left[G_{2(s-1)}, \begin{pmatrix} 0 & & & I^{(\sigma_1)} \\ & \alpha & & 1 \\ & & 0 & \\ & & & \alpha \end{pmatrix}\right], \\ \qquad \text{如果 } \delta = 2, \text{ 而 } \nu + s - m + 1 = 0, \qquad (9.10) \\ \left[G_{2(s-1)}, \begin{pmatrix} 0 & & & I^{(\sigma_1)} \\ & 1 & & 1 \\ & & 0 & \\ & & & 0 \end{pmatrix}, \Sigma_3\right], \\ \qquad \text{如果 } \delta \neq 2 \text{ 或 } \nu + s - m + 1 > 1, \qquad (9.11) \end{cases}$$

其中

$$\Sigma_3 \equiv \begin{cases} G_{2\sigma_2}, & \text{如果 } \delta = 0, \\ G_{2\sigma_2+1}, & \text{如果 } \delta = 1, \\ G_{2\sigma_2+2}, & \text{如果 } \delta = 2 \text{ 而 } \nu + s - m + 1 > 0. \end{cases}$$

令 y_i 是 Y 的第 i 行 ($i = 1, 2, \cdots, 2\sigma_2 + 1 + \delta$)，我们分以下两种情形.

(a) 条件

$$2s \leq m < \begin{cases} \nu + s, & \text{如果 } \delta = 0 \text{ 或 } 1, \\ \nu + s + 1, & \text{如果 } \delta = 2 \end{cases}$$

成立. 当 $\delta = 0$ 或 1 时, 有 $\sigma_2 \geq 1$, 并且 (9.11) 成立. 所以

$$\begin{pmatrix} P \\ y_1 \end{pmatrix} \text{ 和 } \begin{pmatrix} P \\ y_1 + y_2 \end{pmatrix}$$

都是 $(m, 2s)$ 子空间, 并且它们的交是 P. 因此 $P \in \mathcal{L}_R(m, 2s; 2\nu + \delta)$. 而在 $\delta = 2$ 时, 有 $\sigma_2 \geq 0$, 因而 $\nu + s - m + 1 > 0$ 和 (9.11) 成立. 于是

$$\begin{pmatrix} P \\ y_1 \end{pmatrix} \text{ 和 } \begin{pmatrix} P \\ y_1 + y_{2\sigma_2+2} \end{pmatrix}$$

都是 $(m, 2s)$ 子空间, 并且它们的交是 P. 因此 $P \in \mathcal{L}_R(m, 2s; 2\nu + \delta)$.

(b) 条件

$$2s \leq m = \begin{cases} \nu + s, & \text{如果 } \delta = 0 \text{ 或 } 1, \\ \nu + s + 1, & \text{如果 } \delta = 2 \end{cases}$$

成立. 再分 $\delta = 0, 1$ 和 2 三种情形.

(b.1) $\delta = 0$. 这时 $\sigma_2 = 0$ 和 $\dim Y = 1$. 令 Q 是包含 P 的 m 维子空间, 那么 Q 有如下形式的矩阵表示

$$Q = \begin{pmatrix} P \\ x + Y \end{pmatrix},$$

其中 $x \in X$. 记

$$P = \begin{pmatrix} P_1 \\ P_2 \\ P_3 \end{pmatrix} \begin{matrix} 2s - 2 \\ m - 2s, \\ 1 \end{matrix}$$

那么

$$\begin{pmatrix} P \\ x + Y \end{pmatrix} G_{2\nu} {}^t\begin{pmatrix} P \\ x + Y \end{pmatrix}$$

$$\equiv \left[G_{2(s-1)}, \begin{pmatrix} 0^{(m-2s)} & 0 & P_2(G_{2\nu} + {}^t G_{2\nu}){}^t x \\ & 1 & P_3(G_{2\nu} + {}^t G_{2\nu}){}^t Y \\ & & Y G_{2\nu} {}^t Y \end{pmatrix} \right].$$

如果 Q 是一个 $(m, 2s)$ 子空间, 那么 $P_2(G_{2\nu} + {}^t G_{2\nu}){}^t x = 0$. 由此可得 $x = 0$. 所以

$$\begin{pmatrix} P \\ Y \end{pmatrix}$$

是唯一包含 P 的 $(m, 2s)$ 子空间. 因此 $P \notin \mathcal{L}_R(m, 2s; 2\nu)$. 于是在 $\delta = 0$ 和 $2s \leq m = \nu + s$ 同时成立时, 该引理的结论应除外.

(b.2) $\delta = 1$. 这时 $\sigma_2 = 0$ 和 $\dim Y = 2$ 成立. 因而

$$\begin{pmatrix} P \\ y_1 \end{pmatrix} \text{ 和 } \begin{pmatrix} P \\ y_1 + y_2 \end{pmatrix}$$

是 $(m, 2s)$ 子空间, 并且它们的交是 P. 因此 $P \in \mathcal{L}_R(m, 2s; 2\nu + 1)$.

(b.3) $\delta = 2$. 这时 $\sigma_2 = -1$ 和 $\dim Y = 1$, 因而 (9.10) 成立. 类似于情形 (b.1), 可以证明 $P \notin \mathcal{L}_R(m, 2s; 2\nu + 2)$. 于是在 $\delta = 2$ 和 $2s \leq m = \nu + s + 1$ 同时成立时, 该引理的结论也除外. □

引理 9.9 设 $n = 2\nu + \delta > m \geq 2$, $s \geq 1$. 并且 $(m, 2s)$ 满足 (9.1), 那么 $\mathcal{L}_R(m, 2s; 2\nu + \delta)$

$$\supset \begin{cases} \mathcal{L}_R(m-2, 2(s-1)+1, 2\nu+\delta), & \text{如果 } \delta = 0 \text{ 而 } 2, \\ \mathcal{L}_R(m-2, 2(s-1)+1, s-1, 0; 2\nu+\delta), & \text{如果 } \delta = 1. \end{cases} \quad (9.12)$$

证明 如果 $\delta = 1$, 那么由引理 9.4, 有

$$\mathcal{L}_R(m, 2s; 2\nu + 1) \supset \mathcal{L}_R(m-1, 2s; 2\nu + 1).$$

如果 $(m-1, 2s)$ 不满足 (9.1), 那么 $m - 1 < 2s$, 因而 $(m-2, 2(s-1)+1)$ 不满足 (9.1). 由定理 9.1, $\mathcal{M}(m-2, 2(s-1)+1; 2\nu+1) = \phi$. 显然, (9.12) 成立. 然而, 如果 $(m-1, 2s)$ 满足 (9.1), 那么由引理 9.8

$$\mathcal{L}_R(m-1, 2s; 2\nu + 1)$$
$$\supset \mathcal{L}_R(m-2, 2(s-1)+1, s-1, 0; 2\nu+1).$$

因此 (9.12) 也成立.

现在考虑 $\delta = 0$ 或 2 的情形. 如果 $(m-2, 2(s-1)+1)$ 不满足 (9.1), 那么 $\mathcal{M}(m-2, 2(s-1)+1; 2\nu+\delta) = \phi$. 因而 (9.12) 成立. 现在设 $(m-2, 2(s-1)+1)$ 满足 (9.1), 也即

$$2s - 1 \leq m - 2 \leq \begin{cases} \nu + s - 1, & \text{如果 } \delta = 0, \\ \nu + s, & \text{如果 } \delta = 2. \end{cases} \quad (9.13)$$

但是 $(m, 2s)$ 也满足 (9.1), 也即

$$2s \leq m \leq \begin{cases} \nu + s, & \text{如果 } \delta = 0, \\ \nu + s + 1, & \text{如果 } \delta = 2. \end{cases} \quad (9.14)$$

设 $P \in \mathcal{M}(m-2, 2(s-1)+1; 2\nu+\delta)$, 那么 P 是 $(m-2, 2(s-1)+1, s-1)$ 型子空间. 我们可假定

$$PG_{2\nu+\delta}{}^t P = [G_{2(s-1)}, 0^{(\sigma_1)}, 1],$$

其中 $\sigma_1 = m - 2s - 1$. 令 $\sigma_2 = \nu + s - m + 1$. 由 (9.13) 有 $\sigma_1 \geq 0$; 而由 (9.14) 有
$$\sigma_2 \geq \begin{cases} 1, & \text{如果 } \delta = 0, \\ 0, & \text{如果 } \delta = 2. \end{cases}$$
所以根据定理 6.4, 存在 P 的一个矩阵表示, 仍记为 P, 同时存在 $\sigma_1 \times (2\nu + \delta)$ 矩阵 X 和 $(2\sigma_2 + 1 + \delta) \times (2\nu + \delta)$ 矩阵 Y, 使得 (9.4) 中的 W 是非奇异的, 并且
$$WG_{2\nu+\delta}{}^t W \equiv \left[G_{2(s-1)}, \begin{pmatrix} 0 & & I^{(\sigma_1)} & \\ & 1 & & 1 \\ & & 0 & \\ & & & 0 \end{pmatrix}, \Sigma_4\right],$$
其中
$$\Sigma_4 = \begin{cases} G_{2\sigma_2}, & \text{如果 } \delta = 0, \\ G_{2\sigma_2+2}, & \text{如果 } \delta = 2. \end{cases}$$
(注意: 如果 $\delta = 2$, 从 (9.14) 得到 $\nu+s-m+1 \geq 0$, 所以 $\delta = 2$ 和 $\nu+s-1-(m-2)+1 = 0$ 的情形不会出现.) 令 y_i 是 Y 的第 i 行, $i=1,2,\cdots,2\sigma_2+1+\delta$. 我们分 $\sigma_2 \geq 1$ 和 $\sigma_2 = 0$ 两种情形.

(a) $\sigma_2 \geq 1$. 这时
$$\begin{pmatrix} P \\ y_1 \\ y_2 \end{pmatrix}, \begin{pmatrix} P \\ y_1 \\ y_{\sigma_2+2} \end{pmatrix} \text{ 和 } \begin{pmatrix} P \\ y_1 + y_2 \\ y_1 + y_{\sigma_2+2} \end{pmatrix}$$
都是 $(m, 2s)$ 子空间, 并且它们的交是 P. 因此 (9.12) 成立.

(b) $\sigma_2 = 0$. 这种情形, 必有 $\delta = 2$. 如果 $\alpha \neq 1$, 那么
$$\begin{pmatrix} P \\ y_1 + y_2 \\ y_1 + y_3 \end{pmatrix}, \begin{pmatrix} P \\ y_1 + \alpha^{1/2} y_2 + \alpha^{1/2} y_3 \\ y_1 + \alpha^{1/2} y_2 + \alpha^{-1/2} y_3 \end{pmatrix}$$
和
$$\begin{pmatrix} P \\ y_1 + \alpha^{1/2} y_2 + \alpha^{1/2} y_3 \\ y_1 + \alpha^{-1/2} y_2 + \alpha^{1/2} y_3 \end{pmatrix}$$
都是 $(m, 2s)$ 子空间, 并且它们的交是 P. 如果 $\alpha = 1$, 那么
$$\begin{pmatrix} P \\ y_1 + y_2 \\ y_1 + y_3 \end{pmatrix}, \begin{pmatrix} P \\ y_1 + y_2 \\ y_1 + y_2 + y_3 \end{pmatrix} \text{ 和 } \begin{pmatrix} P \\ y_1 + y_3 \\ y_1 + y_2 + y_3 \end{pmatrix}$$
都是 $(m, 2s)$ 子空间, 并且它们的交是 P. 因此 (9.12) 也成立. □

§9.4 格 $\mathcal{L}_R(m, 2s+\tau; 2\nu+\delta)$ 之间的包含关系

定理 9.10 设 $n = 2\nu + \delta > m \geq 1$, $(m, 2s+\tau)$ 满足 (9.1)

$$2s+\tau \leq m \leq \begin{cases} \nu+s, & \text{如果 } \tau=0 \text{ 而 } s=0, \\ \nu+s+\max\{0, \delta-1\}, & \text{如果 } \tau=0 \text{ 而 } s\geq 1, \\ \nu+s+\min\{1, \delta\}, & \text{如果 } \tau=1. \end{cases}$$

当 $\delta \neq 1$ 或 $\tau_1 - \tau \leq 0$ 时,$(m_1, 2s_1+\tau_1)$ 满足 (9.1)

$$2s_1+\tau_1 \leq m_1 \leq \begin{cases} \nu+s_1, & \text{如果 } \tau_1=0 \text{ 而 } s_1=0, \\ \nu+s_1+\max\{0, \delta-1\}, & \text{如果 } \tau_1=0 \text{ 而 } s_1\geq 1, \\ \nu+s_1+\min\{1, \delta\}, & \text{如果 } \tau_1=1, \end{cases}$$

而在 $\delta = 1$ 和 $\tau_1 - \tau = 1$ 时,$(m_1, 2s_1+1, s_1, 0)$ 满足

$$2s_1+1 \leq m_1 \leq \nu+s_1.$$

并且假定在 (9.2)

$$2s+\tau \leq m = \begin{cases} \nu+s+\max\{0, \delta-1\}, & \text{如果 } \tau=0 \text{ 而 } s\geq 1, \\ \nu+s+\min\{1, \delta\}, & \text{如果 } \tau=1 \end{cases}$$

成立时,而表 9.1 所列的各种情形不出现. 那么

表 9.1

δ	τ	τ_1	m_1	s_1	$\mathbb{F}_q$
0	0	0	$m-t-t'$	$s-t \geq 1$	$\mathbb{F}_q$
0	0	1	$m-t-1$	$s-t-1 \geq 0$	$\mathbb{F}_q$
0	1	0	$m-t-1$	$s-t \geq 0$	$\mathbb{F}_2$
1	1	0	$m-t-t'$	$s-t \geq 0$	$\mathbb{F}_q$
1	1	1	$m-t-t'$	$s-t \geq 0$	$\mathbb{F}_q$
2	0	0	$m-t-t'$	$s-t \geq 1$	$\mathbb{F}_q$
2	0	1	$m-t-1$	$s-t-1 \geq 0$	$\mathbb{F}_q$
2	1	0	$m-t-1$	$s-t \geq 1$	$\mathbb{F}_2$

其中 t' 是满足 $1 \leq t' \leq m-t$ 的整数.

$$\mathcal{L}_R(m, 2s+\tau; 2\nu+\delta) \supset \begin{cases} \mathcal{L}_R(m_1, 2s_1+\tau_1; 2\nu+\delta), & \text{如果 } \delta \neq 1 \text{ 或 } \tau_1-\tau \leq 0, \\ \mathcal{L}_R(m_1, 2s_1+\tau_1, s_1, 0; 2\nu+\delta), & \text{如果 } \delta = 1 \text{ 而 } \tau_1-\tau = 1 \end{cases} \tag{9.15}$$

的充分必要条件是
$$2m - 2m_1 \geq (2s + \tau) - (2s_1 + \tau_1) \geq 0. \tag{9.16}$$

证明 先证明充分性. 由 (9.16) 可以假定
$$(2s + \tau) - (2s_1 + \tau_1) = 2t + l \tag{9.17}$$
和
$$m - m_1 = t + t', \tag{9.18}$$
其中 $t, t' \geq 0$, 而
$$l = \begin{cases} 0, & \text{如果 } \tau = \tau_1, \\ 1, & \text{如果 } |\tau - \tau_1| = 1. \end{cases}$$
从 (9.16), (9.17) 和 (9.18) 得到 $2t' \geq l$.

因为 $(m, 2s + \tau)$ 满足 (9.1), 所以对于 $1 \leq i \leq t$, $(m - i, 2(s - i) + \tau)$ 也满足 (9.1). 因而可以应用引理 9.5, 得到
$$\mathcal{L}_R(m, 2s + \tau; 2\nu + \delta) \supset \mathcal{L}_R(m - 1, 2(s - 1) + \tau; 2\nu + \delta)$$
$$\supset \cdots \supset \mathcal{L}_R(m - t, 2(s - t) + \tau; 2\nu + \delta). \tag{9.19}$$

我们分 $l = 0$ 和 $l = 1$ 两种情形.

(a) $l = 0$. 这时有 $\tau_1 = \tau, s - s_1 = t$. 按照定理 8.10 证明中情形 (a) 的方法, 同样可得: 如果 $t' = 0$, 那么 (9.15) 成立; 如果 $t' > 0$, 那么由引理 9.4, (9.15) 也成立. 因此在情形 (a), 总有 (9.15) 成立, 除非 (9.2) 成立时, 列在表 9.1 中 "$\delta = \tau = \tau_1 = 0$, $s_1 \geq 1$", "$\delta = \tau = \tau_1 = 1$" 和 "$\delta = 2, \tau = \tau_1 = 0, s_1 \geq 1$" 这三种情形之一出现, 即定理 9.10 的充分性成立.

(b) $l = 1$. 因为 $2t' \geq l$, 所以 $t' > 0$. 从 $l = 1$ 得到 $|\tau - \tau_1| = 1$. 再分 "$\tau = 1, \tau_1 = 0$" 和 "$\tau = 0, \tau_1 = 1$" 两种情形.

(b.1) $\tau = 1, \tau_1 = 0$. 由 (9.17) 有 $s - s_1 = t$. 所以
$$\mathcal{L}_R(m - t, 2(s - t) + 1; 2\nu + \delta) = \mathcal{L}_R(m_1 + t', 2s_1 + 1; 2\nu + \delta). \tag{9.20}$$

又分以下两种情形.

(b.1.1) $t' = 1$. 由引理 9.6,
$$\mathcal{L}_R(m_1, 2s_1 + 1; 2\nu + \delta) \supset \mathcal{L}_R(m_1, 2s_1; 2\nu + \delta). \tag{9.21}$$

除非
$$2s_1 + 1 \leq m_1 + 1 = \nu + s_1 + \min\{1, \delta\} \tag{9.22}$$

成立, 并且 "$\delta = 0, \mathbb{F}_q = \mathbb{F}_2$", "$\delta = 1$" 和 "$\delta = 2, \mathbb{F}_q = \mathbb{F}_2, s_1 \geq 1$" 这三种情形之一出现. 先断言: 在题设 (9.1), $l = 1, \tau = 1, \tau_1 = 0$ 和 $t' = 1$ 的条件下, (9.22) 和 (9.2) 等价. 事实上, 如果 (9.22) 成立, 那么从 (9.18), (9.22), $t' = 1$ 和 $s - s_1 = t$ 得到

$$m = m_1 + t + t' = m_1 + t + 1$$
$$= \nu + s_1 + \min\{1, \delta\} + t = \nu + s + \min\{1, \delta\}.$$

因为 $(m, 2s + 1)$ 满足 (9.1) 和 $\tau = 1$, 所以 (9.2) 成立. 反之假设 (9.2) 成立, 那么

$$2s_1 + 1 = 2(s - t) + \tau = 2s + \tau - 2t \leq m - 2t$$
$$= m_1 - t + t' \leq m_1 + t' = m_1 + 1$$

和

$$m_1 + 1 = m_1 + t' = m - t = \nu + s + \min\{1, \delta\} - t$$
$$= \nu + s_1 + \min\{1, \delta\}.$$

所以 (9.22) 成立.

根据上述断言, 在题设 (9.2) 成立和 "$l = 1, \tau = 1, \tau_1 = 0, t' = 1$" 的条件下, 如果表 9.1 的第 3, 第 4 和第 8 行所列的情形之一不出现时, 那么 (9.22) 和如下三种情形

"$\delta = 0, \tau = 1, \tau_1 = 0, t' = 1, \mathbb{F}_q = \mathbb{F}_2$",

"$\delta = 1, \tau = 1, \tau_1 = 0, t' = 1$",

与

"$\delta = 2, \tau = 1, \tau_1 = 0, t' = 1, s_1 \geq 1, \mathbb{F}_q = \mathbb{F}_2$"

之一不能同时成立. 因而 (9.21) 总成立, 除非 (9.2) 成立时, 表 9.1 中的 "$\delta = 0, \tau = 1, \tau_1 = 0, t' = 1, \mathbb{F}_q = \mathbb{F}_2$", "$\delta = 1, \tau = 1, \tau_1 = 0, t' = 1$" 和 "$\delta = 2, \tau = 1, \tau_1 = 0, \mathbb{F}_q = \mathbb{F}_2, s_1 \geq 1, t' = 1$" 之一出现. 因此在 (b.1.1) 的情形, 定理 9.10 的充分性成立.

(b.1.2) $t' \geq 2$ 由 $(m_1, 2s_1)$ 满足 (9.1), 可知 $\mathcal{M}(m_1, 2s_1; 2\nu + \delta) \neq \phi$. 首先考虑 $\delta = 0$ 和 $\delta = 2$ 的情形. 因为 $(m_1, 2s_1)$ 和 $(m_1 + t', 2s_1 + 1)$ 满足 (9.1), 所以对于 $0 \leq j \leq t' - 1$, $(m_1 + t' - j, 2s_1 + 1)$ 也满足 (9.1). 连续地应用引理 9.4, 得到

$$\mathcal{L}_R(m_1 + t', 2s_1 + 1; 2\nu + \delta)$$
$$\supset \mathcal{L}_R(m_1 + t' - 1, 2s_1 + 1; 2\nu + \delta) \supset \cdots$$
$$\supset \mathcal{L}_R(m_1 + 2, 2s_1 + 1; 2\nu + \delta). \tag{9.23}$$

根据引理 9.7, 有

$$\mathcal{L}_R(m_1+2, 2s_1+1; 2\nu+\delta) \supset \mathcal{L}_R(m_1, 2s_1; 2\nu+\delta). \tag{9.24}$$

从 (9.19), (9.20), (9.23) 和 (9.24) 得到 (9.15).

其次考虑 $\delta = 1$ 的情形. 如同在 (b.1.1) 的情形, 在题设 (9.1), $l=1, \tau=1$, $\tau_1 = 0$ 和 $t' \geq 2$ 的条件下, 可以证明

$$2s_1 + 1 \leq m_1 + t' = \nu + s_1 + 1 \tag{9.25}$$

等价于 (9.2). 因而在题设 (9.2) 成立和 "$l=1, \tau=1, \tau_1=0, t'\geq 2, \delta=1$" 的条件下, 如果表 9.1 第 4 行所列的情形不出现时, 那么 (9.25) 和 "$\delta=1, \tau=1, \tau_1=0$" 不同时出现. 这就可以引用引理 9.7, 我们得到

$$\mathcal{L}_R(m+t', 2s_1+1; 2\nu+1) \supset \mathcal{L}_R(m_1+t'-2, 2s_1; 2\nu+1). \tag{9.26}$$

除非 $\delta = 1$ 和 (9.25) 同时成立. 如果 $t' = 2$, 那么从 (9.19), (9.20), (9.26) 和上述结论可得

$$\mathcal{L}_R(m, 2s+1; 2\nu+1) \supset \mathcal{L}_R(m_1, 2s_1; 2\nu+1).$$

如果 $t' > 2$, 那么应用引理 9.4 得到

$$\mathcal{L}_R(m_1+t'-2, 2s_1; 2\nu+1)$$
$$\supset \mathcal{L}_E(m_1+t'-3, 2s_1; 2\nu+1) \supset \cdots$$
$$\supset \mathcal{L}_R(m_1, 2s_1; 2\nu+1).$$

从 (9.19), (9.20), (9.26) 和上式得到 (9.15), 除非 $\delta = 1$ 和 (9.25) 同时成立. 应注意: 情形 "$\delta=1, \tau=1, \tau_1=0, t'\geq 2$" 已包含在表 9.1 的第 4 行. 因此在 (b.1.2) 的情形, 定理 9.10 的充分性也成立.

(b.2) $\tau = 0, \tau_1 = 1$. 从 (9.17) 得到 $s - s_1 = t + 1$. 因而

$$\mathcal{L}_R(m-t, 2(s-t)+\tau; 2\nu+\delta) = \mathcal{L}_R(m_1+t', 2(s_1+1); 2\nu+\delta). \tag{9.27}$$

我们又分以下两种情形.

(b.2.1) $t' = 1$. 如同情形 (b,1.1), 在题设 (9.1), $l=1, \tau=0, \tau_1=1$ 和 $t'=1$ 的条件下, 可以证明

$$2(s_1+1) \leq m_1 + 1 = \begin{cases} \nu + s_1 + 1, & \text{如果 } \delta \neq 0, \\ \nu + s_1 + 2, & \text{如果 } \delta = 2 \end{cases} \tag{9.28}$$

和 (9.2) 等价. 因而在题设 (9.2) 成立和 "$\tau = 0, \tau_1 = 1, t' = 1$" 的条件下, 如果表 (9.1) 的第 2 行和第 7 行所列的情形不出现时, 那么当 (9.28) 成立时, "$\delta = 0, \tau = 0, \tau_1 = 1$" 和 "$\delta = 2, \tau = 0, \tau_1 = 1$" 之一不出现. 根据引理 9.8, 有

$$\mathcal{L}_R(m_1 + 1, 2(s_1 + 1); 2\nu + \delta) \supset \begin{cases} \mathcal{L}_R(m_1, 2s_1 + 1; 2\nu + \delta), & \text{如果 } \delta = 0 \text{ 或 } 2, \\ \mathcal{L}_R(m_1, 2s_1 + 1, s_1, 0; 2\nu + \delta), & \text{如果 } \delta = 1. \end{cases}$$

从 (9.19), (9.27) 和上述的结论, 可知 (9.15) 成立. 除非 (9.2) 成立时, 表 9.1 所列 "$\delta = 0, \tau = 0, \tau_1 = 1, t' = 1$" 和 $\delta = 2, \tau = 0, \tau_1 = 1, t' = 1$" 之一出现. 因此, 在 (b.2.1) 的情形, 定理 9.10 的充分性也成立.

(b.2.2) $t' \geq 2$. 首先考虑 $\delta = 1$ 的情形. 因为 $(m_1, 2s_1 + 1)$ 和 $(m_1 + t', 2(s_1 + 1))$ 满足 (9.1), 所以对于 $1 \leq j \leq t' - 1$, $(m_1 + t' - j, 2(s_1 + 1))$ 也满足 (9.1). 连续地应用引理 9.4, 得到

$$\mathcal{L}_R(m_1 + t', 2(s_1 + 1); 2\nu + 1)$$
$$\supset \mathcal{L}_R(m_1 + t' - 1, 2(s_1 + 1); 2\nu + 1)$$
$$\supset \cdots \supset \mathcal{L}_R(m_1 + 1, 2(s_1 + 1); 2\nu + 1). \tag{9.29}$$

再应用引理 9.8, 有

$$\mathcal{L}_R(m_1 + 1, 2(s_1 + 1); 2\nu + 1) \supset \mathcal{L}_R(m_1, 2s_1 + 1, s_1, 0; 2\nu + 1). \tag{9.30}$$

从 (9.19), (9.27), (9.29) 和 (9.30) 得到 (9.15).

其次考虑 $\delta = 0$ 和 $\delta = 2$ 的情形, 由引理 9.9, 有

$$\mathcal{L}_R(m_1 + t', 2(s_1 + 1); 2\nu + \delta) \supset \mathcal{L}_R(m_1 + t' - 2, 2s_1 + 1; 2\nu + d). \tag{9.31}$$

如果 $t' = 2$, 那么从 (9.19), (9.27) 和 (9.31) 得到 (9.15); 如果 $t' > 2$, 那么可以连续地应用引理 9.4, 有

$$\mathcal{L}_R(m + t' - 2, 2s_1 + 1; 2\nu + \delta)$$
$$\supset \mathcal{L}_R(m_1 + t' - 3, 2s_1 + 1; 2\nu + \delta) \supset \cdots$$
$$\supset \mathcal{L}_R(m_1, 2s_1 + 1; 2\nu + \delta). \tag{9.32}$$

从 (9.19), (9.27), (9.31) 和 (9.32) 得到 (9.15). 因而在 (b.2.2) 的情形, 定理 9.10 的充分性也成立.

再证明必要性. 假设 (9.15) 成立. 易知,

$$\mathcal{L}_R(m, 2s+\tau; 2\nu+\delta)$$
$$\supset \begin{cases} \mathcal{L}_R(m_1, 2s_1+\tau_1; 2\nu+\delta) \supset \mathcal{M}(m_1, 2s_1+\tau_1; 2\nu+\delta), \\ \qquad\qquad\qquad\qquad\qquad \text{如果 } \delta \neq 1 \text{ 或 } \tau_1 - \tau \leq 0, \\ \mathcal{L}_R(m_1, 2s_1+\tau_1, s_1, 0; 2\nu+\delta) \\ \supset \mathcal{M}(m_1, 2s_1+\tau_1, s_1, 0; 2\nu+\delta), \text{如果 } \delta=1 \text{ 或 } \tau_1-\tau=1. \end{cases}$$

当 $\delta \neq 1$ 或 $\tau_1-\tau \leq 0$ 时, 由 $(m_1, 2s_1+\tau_1)$ 满足 (9.1) 可知 $\mathcal{M}(m_1, 2s_1+\tau_1; 2\nu+\delta) \neq \phi$. 而在 $\delta=1$ 而 $\tau_1-\tau=1$ 时, 由 $2s_1+1 \leq m_1 \leq \nu+s_1$ 亦知 $\mathcal{M}(m_1, 2s_1+\tau_1, s_1, 0; 2\nu+\delta) \neq \phi$. 对于

$$Q \in \begin{cases} \mathcal{M}(m_1, 2s_1+\tau_1; 2\nu+\delta) & \text{如果 } \delta \neq 1 \text{ 或 } \tau_1-\tau \leq 0, \\ \mathcal{M}(m_1, 2s_1+\tau_1, s_1, 0; 2\nu+\delta), & \text{如果 } \delta=1 \text{ 而 } \tau_1-\tau=1, \end{cases}$$

Q 是 $\mathcal{M}(m, 2s+\tau; 2\nu+\delta)$ 中子空间的交. 于是存在 $P \in \mathcal{M}(m, 2s+\tau; 2\nu+\delta) \subset \mathcal{L}_R(m, 2s+\tau; 2\nu+\delta)$, 使得 $Q \subset P$. 平行于定理 8.10 的证明过程, 可知 (9.16) 成立. □

定理 9.11 设 $n = 2\nu+\delta > m \geq 1$, $(m, 2s+\tau)$ 满足 (9.2), 而 $(m_1, 2s_1+\tau_1)$ 满足 (9.1) 和 (9.16), 并且 $m \neq m_1$. 如果表 9.2 所列的情形之一出现, 那么

$$\mathcal{L}_R(m, 2s+\tau; 2\nu+\delta) \not\supset \mathcal{L}_R(m_1, 2s_1+\tau_1; 2\nu+\delta). \qquad (9.33)$$

证明 类似于定理 8.11 中相应部分的推导, 当表 9.2 所列的每一种情形出现时, 都有

$$\mathcal{M}(m_1, 2s_1+\tau_1; 2\nu+\delta) \neq \phi.$$

表 9.2

δ	τ	τ_1	m_1	s_1	$\mathbb{F}_q$	$(m_1, 2s_1+\gamma_1, s_1, \Gamma_1)$ 型子空间
0	0	0	$m-t-t'$	$s-t \geq 1$	$\mathbb{F}_q$	$(m_1, 2(s_1-1)+2, s_1-1)$
0	0	1	$m-t-1$	$s-t-1 \geq 0$	$\mathbb{F}_q$	$(m_1, 2s_1+1, s_1)$
0	1	0	$m-t-1$	$s-t \geq 0$	$\mathbb{F}_2$	$m_1, 2s_1, s_1)$
1	1	0	$m-t-t'$	$s-t \geq 0$	$\mathbb{F}_q$	$(m, 2s_1, s_1)$ 或 $(m_1, 2(s_1-1)+2, s_1-1)$
1	1	1	$m-t-t'$	$s-t \geq 0$	$\mathbb{F}_q$	$(m_1, 2s_1+1, s_1, 0)$
2	0	0	$m-t-t'$	$s-t \geq 1$	$\mathbb{F}_q$	$(m_1, 2s_1, s_1)$
2	0	1	$m-t-1$	$s-t-1 \geq 0$	$\mathbb{F}_q$	$(m_1, 2s_1+1, s_1)$
2	1	0	$m-t-1$	$s-t \geq 1$	$\mathbb{F}_2$	$(m_1, 2(s_1-1)+2, s_1-1)$

其中 t' 是满足 $1 \leq t' \leq m-t$ 的整数.

现在只对表 9.2 的第 3 行, 第 5 行和第 7 行所列的情形分别进行验证. 而其他各行所列的情形可类似地进行.

(a) 第 3 行. 这时 $\delta = 0$, $\tau = 1$, $\tau_1 = 0$, $m_1 = m - t - 1$, $s_1 = s - t \geq 0$, $\mathbb{F}_q = \mathbb{F}_2$. 而 $(m, 2s + 1)$ 和 $(m_1, 2s_1)$ 分别满足

$$2s + 1 \leq m = \nu + s \tag{9.34}$$

和

$$2s_1 \leq m_1 \leq \nu + s_1. \tag{9.35}$$

设 $P \in \mathcal{M}(m_1, 2s_1, 2\nu)$, 那么 P 是 $(m_1, 2s_1, s_1)$ 型子空间或是 $(m_1, 2(s_1 - 1) + 2, s_1 - 1)$ 型子空间, 当 P 是前一种情形时, 不妨设

$$PG_{2\nu}{}^t P \equiv [G_{2s_1}, 0^{(\sigma_1)}],$$

其中 $\sigma_1 = m - 2s + t - 1$. 令 $\sigma_2 = 2(\nu + s - m + 1)$. 由 (9.34) 和 (9.35) 可知 $\sigma_1 \geq 0$, $\sigma_2 = 2$. 于是由定理 6.4, 存在 $\sigma_1 \times 2\nu$ 矩阵 X 和 $\sigma_2 \times 2\nu$ 矩阵 Y, 使得 (9.4) 中的 W 是非奇异的, 并且

$$WG_{2\nu}{}^t W \equiv [G_{2s_1}, G_{2\sigma_1}, G_{2 \cdot 1}]. \tag{9.36}$$

假设 Q 是包含 P 的 m 维子空间, 那么 Q 具有形式

$$Q = {}^t({}^t P \ {}^t(x_1 + y_1) \ \cdots \ {}^t(x_{t+1} + y_{t+1})), \tag{9.37}$$

其中 $x_i \in X, y_i \in Y, i = 1, 2, \cdots, t + 1$. 令

$$P = \begin{pmatrix} P_1 \\ P_2 \end{pmatrix} \begin{matrix} 2s_1 \\ \sigma_1 \end{matrix},$$

那么 $P_1(G_{2\nu} + {}^t G_{2\nu}){}^t X = 0$, $P_2(G_{2\nu} + {}^t G_{2\nu}){}^t X = I^{(\sigma_1)}$, 并且

$$QG_{2\nu}{}^t Q \equiv \left[G_{2s_1}, \begin{pmatrix} 0 & P_2(G_{2\nu} + {}^t G_{2\nu}) \begin{pmatrix} {}^t\begin{pmatrix} x_1 \\ \vdots \\ x_{t+1} \end{pmatrix} \end{pmatrix} \\ \begin{pmatrix} y_1 \\ \vdots \\ y_{t+1} \end{pmatrix} & G_{2\nu} \begin{pmatrix} {}^t\begin{pmatrix} y_1 \\ \vdots \\ y_{t+1} \end{pmatrix} \end{pmatrix} \end{pmatrix} \right]. \tag{9.38}$$

如果 Q 是 $(m, 2s + 1)$ 子空间, 那么由 (9.37) 和 (9.38) 可知

$$\text{rank} \begin{pmatrix} x_1 \\ \vdots \\ x_{t+1} \end{pmatrix} = t.$$

我们可设 $x_1, \cdots, x_t$ 线性无关，$x_{t+1} = 0, y_{t+1} \neq 0$，并且又有 $y_{t+1} G_{2\nu}{}^t y_{t+1} = 1$，即 y_{t+1} 是 Y 中的非奇异向量. 按照引理 9.6 证明中 (a.2.2) 情形，可知 Y 中只存在一个非奇异向量 y_{t+1}，所以形如 (9.37) 的 Q 具有形式

$$^t({}^tP \ {}^tx_1 \ \cdots \ {}^tx_t \ {}^ty_{t+1}).$$

而上述子空间的交不是 P，因此 (9.33) 成立.

(b) 第 5 行. 这时 $\delta = \tau = \tau_1 = 1, m_1 = m - t - t', s_1 = s - t \geq 0$，而 $(m, 2s+1)$ 和 $(m_1, 2s_1+1)$ 所满足的 (9.2) 和 (9.1) 分别变成

$$2s + 1 \leq m = \nu + s + 1 \tag{9.39}$$

和

$$2s_1 + 1 \leq m_1 \leq \nu + s_1 + 1. \tag{7.40}$$

由 (9.39) 可知，$\mathbb{F}_q^{2\nu+1}$ 中不存在 $(m, 2s+1, s, 0)$ 型子空间. 所以 $\mathcal{L}_R(m, 2s+1,; 2\nu+1) = \mathcal{L}_R(m, 2s+1, s, 1; 2\nu+1)$. 设 $P \in \mathcal{M}(m_1, 2s_1+1; 2\nu+1)$，那么 P 是 $(m_1, 2s_1+1, s_1, 0)$ 型或是 $(m_1, 2s_1+1, s_1, 1)$ 型子空间. 我们可以取 P 是前一种情形. 这时 P 不含 $e_{2\nu+1}$，而由定理 6.21 可知，$\mathcal{L}_R(m, 2s+1, s, 1; 2\nu+1)$ 中的每个子空间均含有 $e_{2\nu+1}$，所以 $P \notin \mathcal{L}_R(m, 2s+1; 2\nu+1)$. 因而 (9.33) 成立.

(c) 第 7 行，这时 $\delta = 2, \tau = 0, \tau_1 = 1, m_1 = m - t - 1, s_1 = s - t - 1 \geq 0$，而 $(m, 2s)$ 和 $(m_1, 2s_1+1)$ 分别满足

$$2s \leq m = \nu + s + 1 \tag{9.41}$$

和 (9.40)

$$2s_1 + 1 \leq m_1 \leq \nu + s_1 + 1.$$

设 $P \in \mathcal{M}(m_1, 2s_1+1; 2\nu+2)$，那么 P 是 $(m_1, 2s_1+1, s_1)$ 型子空间. 不妨设

$$PG_{2\nu+2}{}^tP \equiv [G_{2s_1}, 0^{(\sigma_1)}, 1],$$

其中 $\sigma_1 = m_1 - 2s_1 - 1 = m - 2s + t$. 令 $\sigma_2 = 2(\nu + s - m + 1) + 1$. 由 (9.41) 和 (9.40) 可知 $\sigma_1 \geq 0, \sigma_2 = 1$. 根据定理 6.4，存在 $\sigma_1 \times (2\nu+2)$ 矩阵 X, $1 \times (2\nu+2)$ 矩阵 $Y = \langle y \rangle$，使得 (9.4) 中的 W 是非奇异的，并且

$$WG_{2\nu+2}{}^tW \equiv \left[G_{2s_1}, \begin{pmatrix} 0 & & I^{(\sigma_1)} & \\ & 1 & & 1 \\ & & 0 & \\ & & & \alpha \end{pmatrix}\right]. \tag{9.42}$$

假设 Q 是包含 P 的 m 维子空间,那么 Q 具有形式

$$Q = {}^t({}^tP \; {}^t(x_1+b_1y) \; \cdots \; {}^t(x_{t+1}+b_{t+1}y)), \tag{9.43}$$

其中 $x_i \in X, b_i \in \mathbb{F}_q, i=1,2,\cdots,t+1$. 令

$$P = \begin{pmatrix} P_1 \\ P_2 \\ P_3 \end{pmatrix} \begin{matrix} 2s_1 \\ \sigma_1 \\ 1 \end{matrix},$$

那么 $\begin{pmatrix} P_1 \\ P_2 \end{pmatrix}(G_{2\nu+2}+{}^tG_{2\nu+2}){}^tX = 0$, $P_2(G_{2\nu+2}+{}^tG_{2\nu+2}){}^tX = I^{(\sigma_1)}$, $\begin{pmatrix} P_1 \\ P_2 \end{pmatrix}(G_{2\nu+2}+{}^tG_{2\nu+2}){}^tY = 0$, $P_3(G_{2\nu+2}+{}^tG_{2\nu+2}){}^tY = 1$, $YG_{2\nu+2}{}^tY = \alpha$,

$$QG_{2\nu+2}{}^tQ \equiv \left[G_{2s_1}, \begin{pmatrix} 0 & P_2(G_{2\nu+2}+{}^tG_{2\nu+2})\begin{pmatrix} {}^tx_1 \\ \vdots \\ {}^tx_{t+1} \end{pmatrix} \\ 1 & P_2(G_{2\nu+2}+{}^tG_{2\nu+2})\begin{pmatrix} {}^tb_1y \\ \vdots \\ {}^tb_{t+1}y \end{pmatrix} \\ \begin{pmatrix} b_1y \\ \vdots \\ b_{t+1}y \end{pmatrix} & G_{2\nu+2}\begin{pmatrix} {}^tb_1y \\ \vdots \\ {}^tb_{t+1}y \end{pmatrix} \end{pmatrix} \right]. \tag{9.44}$$

如果 Q 是 $(m,2s)$ 子空间,那么由 (9.42) 和 (9.44) 可设 $x_1,\cdots,x_t$ 线性无关,$x_{t+1}=0$, 而 $b_1=\cdots=b_t=0$ 和 $b_{t+1}=1$, 所以形如 (9.43) 的 Q 具有形式

$${}^t({}^tP \; {}^tx_1 \; \cdots \; {}^tx_t \; {}^ty).$$

而上述子空间的交不是 P, 因而 (9.33) 成立.

§9.5 $\mathbb{F}_q^{2\nu+\delta}$ 中子空间在 $\mathcal{L}_R(m, 2s+\tau; 2\nu+\delta)$ 中的条件

定理 9.12 设 $n = 2\nu+\delta > m \geq 1$, $(m, 2s+\tau)$ 满足 (9.1),如果

$$2s+\tau \leq m < \begin{cases} \nu+s+\max\{0, \delta-1\}, & \text{如果 } \tau=0, \\ \nu+s+\min\{1, \delta\}, & \text{如果 } \tau=1 \end{cases} \tag{9.45}$$

成立,那么

(a) 当 $\delta \neq 1$ 或 $\tau \neq 0$ 时,$\mathcal{L}_R(m, 2s+\tau; 2\nu+\delta)$ 由 $\mathbb{F}_q^{2\nu+\delta}$ 和所有 $(m_1, 2s_1+\tau_1)$ 子空间组成,其中 $(m_1, 2s_1+\tau_1)$ 满足 (9.16)

$$2m - 2m_1 \geq (2s+\tau) - (2s_1+\tau_1) \geq 0;$$

(b) 当 $\delta = 1$ 而 $\tau = 0$ 时, $\mathcal{L}_R(m, 2s+\tau; 2\nu+\delta)$ 由 $\mathbb{F}_q^{2\nu+\delta}$, $(m_1, 2s_1)$ 满足 (9.16) 的所有 $(m_1, 2s_1)$ 子空间和 $(m_1, 2s_1+1)$ 满足 (9.16) 的 $(m_1, 2s_1+1, s_1, 0)$ 型子空间组成.

然而, 如果 (9.2)
$$2s + \tau \le m = \begin{cases} \nu + s + \max\{0, \delta-1\}, & \text{如果 } \tau = 0, \text{ 而 } s \ge 1 \\ \nu + s + \min\{1, \delta\}, & \text{如果 } \tau = 1 \end{cases}$$
成立. 那么

(a) 当 $\delta \ne 1$ 或 $\tau \ne 0$ 时, $\mathcal{L}_R(m, 2s+\tau; 2\nu+\delta)$ 由 $\mathbb{F}_q^{2\nu+\delta}$ 和所有 $(m_1, 2s_1+\tau_1)$ 子空间组成, 其中 $(m_1, 2s_1+\tau_1)$ 满足 (9.16) 而不列在表 9.2 中.

(b) 当 $\delta = 1$ 而 $\tau = 0$ 时, $\mathcal{L}_R(m, 2s+\tau; 2\nu+\delta)$ 由 $\mathbb{F}_q^{2\nu+\delta}$, $(m_1, 2s_1)$ 满足 (9.16) 而又不列在表 9.2 中各行的所有 $(m_1, 2s_1)$ 子空间和 $(m_1, 2s_1+1)$ 满足 (9.16) 而又不列在表 9.2 中的所有 $(m_1, 2s_1+1, s_1, 0)$ 型子空间组成.

证明 由我们的约定, $\mathbb{F}_q^{2\nu+\delta} \in \mathcal{L}_R(m, 2s+\tau; 2\nu+\delta)$. 假设 $(m, 2s+\tau)$ 满足 (9.45). 如果 $\delta \ne 1$ 或 $\tau \ne 0$, 令 Q 是 $(m_1, 2s_1+\tau_1)$ 子空间, 其中 $(m_1, 2s_1+\tau_1)$ 满足 (9.16); 如果 $\delta = 1$ 而 $\tau = 0$, 令 Q 是 $(m_1, 2s_1)$ 子空间, 其中 $(m_1, 2s_1)$ 满足 (9.16) 或是 $(m_1, 2s_1+1, s_1, 0)$ 型子空间而 $(m_1, 2s_1+1)$ 满足 (9.16). 由定理 9.10,
$$Q \in \begin{cases} \mathcal{L}_R(m_1, 2s_1+\tau_1; 2\nu+\delta) \subset \mathcal{L}_R(m, 2s+\tau; 2\nu+\delta), \\ \quad \text{如果 } \delta \ne 1 \text{ 或 } \tau \ne 0, \\ \mathcal{L}_R(m_1, 2s_1; 2\nu+\delta) \subset \mathcal{L}_R(m, 2s+\tau; 2\nu+\delta), \\ \quad \text{如果 } \delta = 1 \text{ 而 } \tau = \tau_1 = 0, \\ \mathcal{L}_R(m_1, 2s_1+1, s_1, 0; 2\nu+\delta) \subset \mathcal{L}_R(m, 2s+\tau; 2\nu+\delta), \\ \quad \text{如果 } \delta = 1, \tau = 0 \text{ 而 } \tau_1 = 1. \end{cases}$$

反之, 设 Q 是一个 $(m_1, 2s_1+\tau_1)$ 子空间, 或者在 $\delta = 1, \tau = 0$ 时, Q 是 $(m_1, 2s_1+1, s_1, 0)$ 型子空间, 并且 $Q \in \mathcal{L}_R(m, 2s+\tau; 2\nu+\delta)$. 那么存在一个 $(m, 2s+\tau)$ 子空间 P, 使得 $Q \subset P$. 类似于定理 8.10 必要性的证明, 可知 (9.16) 成立.

现在假设 $(m, 2s+\tau)$ 满足 (9.2). 令 Q 是 $(m_1, 2s_1+\tau_1)$ 子空间, 或者 $\delta = 1, \tau = 0$ 时, Q 是 $(m_1, 2s_1+1, s_1, 0)$ 型子空间. 当 $(m_1, 2s_1+\tau_1)$ 不列在表 9.1 中任一情形时, 我们用上一段同样的方法, 可以证明 $(m_1, 2s_1+\tau_1)$ 满足 (9.16) 当且仅当 $Q \in \mathcal{L}_R(m, 2s+\tau; 2\nu+\delta)$. 现在考虑列在表 9.1 中的各种情形. 对于表 9.1 中的第 1, 3, 5, 6 或 8 行, 并且子空间的类型由表 9.3 给出. 我们可以证明 $(m_1, 2s_1+\tau_1)$ 满足 (9.16) 当且仅当 $Q \in \mathcal{L}_R(m, 2s+\tau; 2\nu+\delta)$. 我们取表 9.3 的第 1 行作为例子予以证明. 这时 Q 是 $(m, 2s_1, s_1)$ 型子空间. 由 (9.2) 可知 $\mathbb{F}_q^{2\nu}$ 中不存在 $(m, 2(s-1)+2, s-1)$ 型子空间, 因而 $\mathcal{L}_R(m, 2s; 2\nu) = \mathcal{L}_R(m, 2s, s; 2\nu)$.

根据定理 6.17, $Q \in \mathcal{L}_R(m, 2s, s; 2\nu)$ 当且仅当 $(m_1, 2s_1, s_1)$ 满足 (6.12). 由该式可导出 (9.16). 因此 $Q \in \mathcal{L}_R(m, 2s; 2\nu)$ 当且仅当 $(m_1, 2s_1 + \tau_1)$ 满足 (9.16).

表 9.3

δ	τ	τ_1	m_1	s_1	$\mathbb{F}_q$	$(m_1, 2s_1 + \gamma_1, s_1, \Gamma_1)$ 型子空间
0	0	0	$m-t-t'$	$s-t \geq 1$	$\mathbb{F}_q$	$(m_1, 2s_1, s_1)$
0	1	0	$m-t-1$	$s-t \geq 0$	$\mathbb{F}_2$	$(m_1, 2(s_1-1)+2, s_1-1)$
1	1	1	$m-t-t'$	$s-t \geq 0$	$\mathbb{F}_q$	$(m_1, 2s_1+1, s_1, 1)$
2	0	0	$m-t-t'$	$s-t \geq 1$	$\mathbb{F}_q$	$(m_1, 2(s_1-1)+2, s_1-1)$
2	1	0	$m-t-1$	$s-t \geq 1$	$\mathbb{F}_q$	$(m_1, 2s_1, s_1)$

其中 t' 是满足 $1 \leq t' \leq m - t$ 的整数.

留待我们考虑表 9.2 所列的每一种情形. 我们可利用证明定理 9.11 的方法, 同样可知在 $(m_1, 2s_1 + \tau_1)$ 满足 (9.16) 时, $Q \notin \mathcal{L}_R(m, 2s + \tau; 2\nu + \delta)$. □

推论 9.13 设 $n = 2\nu + \delta > m \geq 1$, 并且 $(m, 2s + \tau)$ 满足 (9.1), 那么

$$\{0\} \in \mathcal{L}_R(m, 2s + \tau; 2\nu + \delta),$$

并且 $\{0\}$ 是 $\mathcal{L}_R(m, 2s + \tau; 2\nu + \delta)$ 的最大元, 除非 (9.2) 成立, 并且 "$n = 2, \nu = 1, \delta = 0, m = 1, s = 0, \tau = 1, \mathbb{F}_q = \mathbb{F}_2$" 和 $\delta = \tau = 1$ 这两种情形之一出现.

证明 我们把 $\{0\}$ 看做 $(m_1, 2s_1 + \tau_1)$ 子空间, 其中 $m_1 = s_1 = \tau_1 = 0$. 由定理 9.12, 有 $\{0\} \in \mathcal{L}_R(m, 2s + \tau; 2\nu + \delta)$, 除非 (9.2) 成立时, 表 9.1 的第 3 行或第 4 行出现.

如果表 9.1 第 3 行的情形出现, 这时 $\delta = 0, \tau = 1, \tau_1 = 0, m_1 = m - t - 1 = 0$, $s_1 = s - t = 0$ 和 $\mathbb{F}_q = \mathbb{F}_2$. 所以 $s = t, m = s + 1$, 而 (9.2) 变成 $2s + 1 \leq m = \nu + s$, 因而 $\nu = 1, n = 2, s = 0$ 和 $m = 1$. 这是我们所排除的情形.

如果第 4 行出现, 那么 $\delta = \tau = 1$. 由定理 6.1, $\mathcal{L}_R(m, 2s + 1; 2\nu + 1) = \mathcal{L}_R(m, 2s + 1, s, 1; 2\nu + 1)$. 再由推论 6.24, $\{0\} \notin \mathcal{L}_R(m, 2s + 1; 2\nu + 1)$, 这也是要排除的情形. □

平行于推论 8.14 和 8.15, 我们有

推论 9.14 假设 $\mathbb{F}_q \neq \mathbb{F}_2$. 令 $n = 2\nu + \delta > m \geq 1, (m, 2s + \tau)$ 满足 (9.1). 如果 (9.45) 成立, 或者 (9.2) 成立而 "$\delta = \tau = 0$", "$\delta = \tau = 1$" 和 "$\delta = 2, \tau = 0$" 三种情形中任一种不出现. 那么当 $\delta \neq 1$ 或 $\tau \neq 0$ 时, $\mathcal{L}_R(m, 2s + \tau; 2\nu + \delta)$ 由 $\mathbb{F}_q^{2\nu+\delta}$ 和所有 $(m_1, 2s_1 + \tau_1)$ 子空间组成, 其中 $(m_1, 2s_1 + \tau_1)$ 满足 (9.16); 当 $\delta = 1$ 而 $\tau = 0$ 时, $\mathcal{L}_R(m, 2s + \tau; 2\nu + \delta)$ 由 $\mathbb{F}_q^{2\nu+\delta}$ 和 $(2s_1, s_1)$ 满足 (9.16) 的所有 $(m_1, 2s_1)$ 子空间及 $(m_1, 2s_1 + 1)$ 满足 (9.16) 的所有 $(m_1, 2s_1 + 1, s_1, 0)$ 型子空间组成. □

推论 9.15 假设 $\mathbb{F}_q \neq \mathbb{F}_2$. 令 $n = 2\nu + \delta > m \geq 1, (m, 2s + \tau)$ 满足 (9.1). 如果 (9.2) 成立, 再假设 "$\delta = \tau = 0$", "$\delta = \tau = 1$" 和 "$\delta = 2, \tau = 0$" 三种情形中任一

种不出现，如果 P 是包含在 $\mathcal{L}_R(m, 2s+\tau; 2\nu+\delta)$ 中的子空间，$P \neq \mathbb{F}_q^{2\nu+\delta}$ 而 Q 是包含在 P 中的子空间. 那么 $Q \in \mathcal{L}_R(m, 2s+\tau; 2\nu+\delta)$. □

§9.6 偶特征正交空间中子空间包含关系的又一个定理

定理 9.16 设 V 和 U 分别是 $(m_2, 2s_2+\tau_2)$ 和 $(m_3, 2s_3+\tau_3)$ 子空间，其中 $(m_2, 2s_2+\tau_2)$ 和 $(m_3, 2s_3+\tau_3)$ 满足 (9.1).

$$2s_i+\tau_i \leq m_i \leq \begin{cases} \nu+s_i, & \text{如果 } \tau_i=0 \text{ 而 } s_i=0, \\ \nu+s_i+\max\{0,\delta-1\}, & \text{如果 } \tau_i=0 \text{ 而 } s_i \geq 1, \\ \nu+s_i+\min\{1,\delta\}, & \text{如果 } \tau_i=1. \end{cases}$$

其中 $i=2,3$. 假定 V 和 U 分别是 $(m_2, 2s_2'+\gamma_2, s_2', \Gamma_2)$ 型和 $(m_3, 2s_3'+\gamma_3, s_3', \Gamma_3)$ 型子空间，其中 γ_i 和 $\Gamma_i (i=2,3)$ 满足定理 6.26 中的条件，而

$$s_i' = \begin{cases} s_i, & \text{如果 } \gamma_i=0 \text{ 或 } 1, \\ s_i-1, & \text{如果 } \gamma_i=2. \end{cases} \tag{9.46}$$

令

$$\Lambda_2 = \begin{cases} G_{2s_3'}, & \text{如果 } \gamma_3=0 \text{ 或 } 1 \\ [G_{2(s_3'-1)}, \Delta_3], & \text{如果 } \gamma_3=2, \end{cases}$$

并且设 $V \supset U$, 而 $V \neq U$.

(1) 当 $\tau_3=0$ 时，$\gamma_3=0$ 或 2，那么存在子空间 V 的矩阵表示 V，其前 m_3 行张成 U，并且

$$VG_{2\nu+\delta}{}^tV \equiv [\Lambda_2, G_{(2s_4,\sigma_1)}, G_{2s_5'}, \Delta_5, 0^{(\sigma_2)}], \tag{9.47}$$

其中 $s_4 \geq 0$, $s_5' \geq 0$, $\sigma_1=m_3-2s_3-\tau_3-s_4 \geq 0$ 和 $\sigma_2=m_2-m_3-s_4-2s_5-\tau_5 \geq 0$, 而 Δ_5 是 $\gamma_5 \times \gamma_5$ 定号矩阵，具有定理 6.26(1) 中的形状. 并且

$$s_5' = \begin{cases} s_5, & \text{如果 } \gamma_5=0 \text{ 或 } 1, \\ s_5-1, & \text{如果 } \gamma_5=2, \end{cases} \tag{9.48}$$

$$\tau_2=\tau_5 = \begin{cases} 0, \text{如果 } \gamma_5=0 \text{ 或 } 2, \\ 1, \text{如果 } \gamma_5=1. \end{cases}$$

(2) 当 $\tau_3=1$ 时，$\gamma_3=1$. 那么存在子空间 V 的矩阵表示 V，其前 m_3 行张

第九章　偶特征正交几何中由相同维数和秩的子空间生成的格　　·273·

成 U，而在定理 6.26(2) 的相应条件下，分别有 (6.33)—(6.35)，并且有

$$2s_2 + \tau_2 = \begin{cases} 2s_3 + 2s_4 + 2s_5 + \tau_5, & \text{如果 } \tau_3 = 0, \\ 2s_3 + \tau_3 + 2s_4 + 2s_5, & \text{如果 } \tau_3 = 1, \\ \quad \text{而 rank}\begin{pmatrix} L_2 \\ L_3 \end{pmatrix} = \text{rank} L_2, \\ 2s_3 + \tau_3 + 2s_4 + 1, & \text{如果 } \tau_3 = 1, \\ \quad \text{而 rank}\begin{pmatrix} L_2 \\ L_3 \end{pmatrix} = L_2 + 1, \text{并且 } s_2 = s_3 + s_4, \\ 2s_3 + \tau_3 + 2s_4 + 2s_5 + \tau_5 + 1, & \text{如果 } \tau_3 = 1, \\ \quad \text{而 rank}\begin{pmatrix} L_2 \\ L_3 \end{pmatrix} = \text{rank} L_2 + 1, \text{并且 } s_2 > s_3 + s_4 \end{cases} \quad (9.49)$$

和

$$2m_2 - 2m_3 \geq (2s_2 + \tau_2) - (2s_3 + \tau_3) \geq 0. \quad (9.50)$$

证明　(1) $\tau_3 = 0$. 设 U 是 $(m_3, 2s_3 + \tau_3)$ 子空间，那么，U 是 $(m_3, 2s_3' + \gamma_3, s_3, \Gamma_3)$ 型子空间，其中 $\gamma_3 = 0$ 或 2，而 s_3' 满足 (9.46) 和 $2s_3' + \gamma_3 = 2s_3 + \tau_3$，并且 $(m_3, 2s_3' + \gamma_3, s_3', \Gamma_3)$ 满足 (6.1)，即

$$2s_3' + \gamma_3 \leq m_3 \leq \nu + s_3' + \min\{\gamma_3, \delta\}.$$

假设 $UG_{2\nu+\delta}{}^tU$ 合同标准型中的定号部分为 Δ_3. 那么由定理 6.26 的证明，存在 $(m_2, 2s_2' + \gamma_2, s_2', \Gamma_2)$ 型子空间 V 的矩阵表示，使得 (9.47) 成立，其中 s_3' 满足 (9.46)，$s_4 \geq 0$，$s_5' \geq 0$，$\sigma_1 = m_3 - 2s_3 - \tau_3 - s_4 \geq 0$ 和 $\sigma_2 = m_2 - m_3 - s_4 - 2s_5 - \tau_5 \geq 0$，而 Δ_5 是 $\gamma_5 \times \gamma_5$ 定号矩阵，它具有定理 6.26 中的形状，并且 s_5' 满足 (9.48). 此外，V 的前 m_3 行张成 U. 因为 V 是 $(m_2, 2s_2 + \tau_2)$ 子空间，所以

$$2s_2 + \tau_2 = 2s_3 + \tau_3 + 2s_4 + 2s_5' + \gamma_5 = 2s_3 + \tau_3 + 2s_4 + 2s_5 + \tau_5,$$

再由 $\sigma_2 \geq 0$，有

$$2m_2 - 2m_3 \geq (2s_2 + \tau_2) - (2s_3 + \tau_3) \geq 0.$$

因而 (9.49) 和 (9.50) 成立.

(2) $\tau_3 = 1$. 设 U 是 $(m_3, 2s_3 + 1)$ 子空间，则 U 是 $(m_3, 2s_3 + 1, s_3, \Gamma_3)$ 型子空间，其中 $(m_3, 2s_3 + \gamma_3, s_3, \Gamma_3)$ 满足 (6.1). 如同定理 6.26 的证明，总存在 $(m_2, 2s_2' + \gamma_2, s_2', \Gamma_2)$ 型子空间 V 的矩阵表示

$$\begin{pmatrix} U \\ U_1 \end{pmatrix}$$

和形如
$$R = \begin{pmatrix} I & \\ A & I \end{pmatrix} \begin{matrix} m_3 \\ m_2 - m_3 \end{matrix}$$
$$\begin{matrix} m_3 & m_2-m_3 \end{matrix}$$

的矩阵，使得

$$R\begin{pmatrix} U \\ U_1 \end{pmatrix} G_{2\nu+\delta} {}^t\!\begin{pmatrix} U \\ U_1 \end{pmatrix} {}^tR$$

$$\equiv \begin{pmatrix} \Lambda & & & \\ & 0 & & L_2 \\ & & 1 & L_3 \\ & & & D \end{pmatrix} \begin{matrix} 2s_3 \\ m_3 - 2s_3 - 1 \\ 1 \\ m_2 - m_3 \end{matrix} . \tag{9.51}$$
$$\begin{matrix} 2s_3 & m_3-2s_3-1 & 1 & m_2-m_3 \end{matrix}$$

如同在定理 6.26(2) 的证明一样，当 $m_3 - 2s_3 - 1 = 0$ 时，L_2 不出现. 令 $s_4 = 0$. 当 $m_3 - 2s_3 - 1 > 0$ 时，设 $\operatorname{rank} L_2 = s_4$，那么 $\min\{m_3 - 2s_3 - 1, m_2 - m_3\} \geq s_4 \geq 0$. 于是 $\sigma_1 = m_3 - 2s_3 - s_4 - 1 \geq 0$. 分以下两种情形.

(2.1) $\operatorname{rank}\begin{pmatrix} L_2 \\ L_3 \end{pmatrix} = s_4$. 再分以下两种情形.

(2.1.1) $\Gamma_3 \neq 1$. 又分 $m_3 - 2s_3 - 1 > 0$ 和 $m_3 - 2s_3 - 1 = 0$ 两种情形. 如同定理 6.26 中情形 (2.1) 的证明来选取 V 的矩阵表示 V，其前 m_3 行张成 U，并且 (6.33) 成立.

(2.1.2) $\Gamma_3 = 1$. 由 $V \supset U$. 有 $\Gamma_2 = 1$. 由定理 6.25 的证明，总可设 (9.51) 等号左边 U 中第 m_3 个行向量是 $e_{2\nu+1}$，而其余的行向量的第 $2\nu + 1$ 个分量是 0，并且等号右边的 $L_3 = 0$. 可仿照定理 6.26 中情形 (2.1) 的证明，在 $m_3 - 2s_3 - 1 > 0$ 或 $m_3 - 2s_3 - 1 = 0$ 时，分别取

$$V = [I^{(2s_3)}, E_4][I^{(m_3+s_4)}, A_3][I^{(2s_3)}, E_3 E_2] R \begin{pmatrix} U \\ U_1 \end{pmatrix}$$

和

$$V = [I^{(2s_3)}, E_4][I^{(m_3)}, A_3] R \begin{pmatrix} U \\ U_1 \end{pmatrix},$$

那么 V 也是子空间 V 的一个矩阵表示，其前 m_3 行张成 U，并且 (6.33) 成立.

因为 V 是 $(m_2, 2s_2 + \tau_2)$ 子空间. 所以在情形 (2.1) 中，有 $2s_2 + \tau_2 = 2s_3 + \tau_3 + 2s_4 + 2s_5$，再由 (6.33) 中的 $\sigma_3 \geq 0$. 可得 $2m_2 - 2m_3 \geq (2s_2 + \tau_2) - (2s_3 + \tau_3) \geq 0$，即 (5.49) 和 (5.50) 成立.

(2.2) $\operatorname{rank}\begin{pmatrix} L_2 \\ L_3 \end{pmatrix} = \operatorname{rank} L_2 + 1 = s_4 + 1$. 由 $\operatorname{rank}\begin{pmatrix} L_2 \\ L_3 \end{pmatrix} = s_4 + 1$ 及情形 (2.1) 的证明，U 不含 $e_{2\nu+1}$，所以 $\Gamma_3 \neq 1$. 如同定理 6.26 证明中的 (2.2.1) 中一样，可

第九章　偶特征正交几何中由相同维数和秩的子空间生成的格　　· 275 ·

以证得：当 $s_2 = s_3 + s_4$ 时，有子空间 V 的一个矩阵表示，使得 (6.34) 成立；当 $s_2 > s_3 + s_4$ 时，也有子空间 V 的一个矩阵表示，使得 (6.35) 成立.

在 (2.2) 中，因为 V 是 $(m_2, 2s_2+\tau_2)$ 子空间，所以在 (6.34) 成立时，有 $2s_2+\tau_2 = 2s_3 + \tau_3 + 2s_4 + 1$. 在由 $\sigma_4 \geq 0$，可得 $2m_2 - 2m_3 \geq (2s_2 + \tau_2) - (2s_3 + \tau_3) \geq 0$，即 (9.49) 和 (9.50) 成立；同样，当 (6.35) 成立时，也有 (9.49) 和 (9.50) 成立. □

§9.7　格 $\mathcal{L}_O(m, 2s+\tau; 2\nu+\delta)$ 和格 $\mathcal{L}_R(m, 2s+\tau; 2\nu+\delta)$ 的秩函数

定理 9.17　设 $n = 2\nu + \delta > m \geq 1$, $(m, 2s+\tau)$ 满足 (9.1), 并且假定 "$n = 2$, $\nu = 1$, $\delta = 0$, $m = 1$, $s = 0$, $\tau = 1$, $\mathbb{F}_q = \mathbb{F}_2$" 和 $\mathcal{L}_O(m, 2s+\tau; 2\nu+\delta) = \mathcal{L}_O(m, 2s+1, s, 1; 2\nu+1)$ 不出现. 对于 $X \in \mathcal{L}_O(m, 2s+\tau; 2\nu+\delta)$, 按照 (5.53) 式来定义 $r(X)$, 则 $r: \mathcal{L}_O(m, 2s+\tau; 2\nu+\delta) \to \mathbb{N}$ 是格 $\mathcal{L}_O(m, 2s+\tau; 2\nu+\delta)$ 的秩函数.

证明　易知, 对于 $1 \leq m \leq 2\nu+\delta-1$, $\mathcal{L}_O(m, 2s+\tau; 2\nu+\delta)$ 是有限格. 因为 $(m, 2s+\tau)$ 满足 (9.2) 时, $\mathcal{L}_R(m, 2s+1; 2\nu+1) = \mathcal{L}_R(m, 2s+1, s, 1; 2\nu+1)$, 所以由推论 9.13, 除去 $(m, 2s+\tau)$ 满足 (9.2) 和 "$n = 2$, $\nu = 1$, $\delta = 0$, $m = 1$, $s = 0$, $\tau = 1$, $\mathbb{F}_q = \mathbb{F}_2$" 的情形出现, $\{0\}$ 是格 $\mathcal{L}_O(m, 2s+\tau; 2\nu+\delta)$ 的极小元.

先考虑 "$n = 2$, $\nu = 1$, $\delta = 0$, $m = 1$, $s = 0$, $\tau = 1$, $\mathbb{F}_q = \mathbb{F}_2$" 的情形. 这时 $\mathcal{L}_O(1, 1; 2 \cdot 1) = \{\langle e_1 + e_2 \rangle, \mathbb{F}_2^2\}$, 并且 $\langle e_1 + e_2 \rangle$ 是它的极小元. 令 $r(\langle e_1 + e_2 \rangle) = 0$, $r(\mathbb{F}_q^2) = 1$, 则 r 是格 $\mathcal{L}_O(1, 1; 2 \cdot 1)$ 的秩函数.

现在假定 "$n = 2$, $\nu = 1$, $\delta = 0$, $m = 1$, $s = 0$, $\tau = 1$, $\mathbb{F}_q = \mathbb{F}_2$" 和 $\mathcal{L}_O(m, 2s+\tau; 2\nu+\delta) = \mathcal{L}_O(m, 2s+1, s, 1; 2\nu+1)$ 的情形不出现. 显然, 函数 r 适合命题 1.14 中的条件 (i). 现在设 $U, V \in \mathcal{L}_O(m, 2s+\tau; 2\nu+\delta)$ 而 $U \leq V$. 假定 $r(V) - r(U) > 1$, 我们要证明 $U <\cdot V$ 不成立, 即命题 1.14 中的条件 (ii) 成立.

当 $V = \mathbb{F}_q^{2\nu+\delta}$ 时, 如同定理 3.11 的证明, $U <\cdot V$ 不成立.

现在假定 $V \neq \mathbb{F}_q^{2\nu+\delta}$. 设 V 和 U 分别是 $(m_2, 2s_2+\tau_2)$ 和 $(m_3, 2s_3+\tau_3)$ 子空间, 那么 $(m_2, 2s_2+\tau_2)$ 和 $(m_3, 2s_3+\tau_3)$ 满足 (9.1) 和 (9.16). 并且 $m_2 - m_3 \geq 2$ 成立. 因为 $U \leq V$, 所以由定理 9.16, 有子空间 V 的一个矩阵表示, 使得 (9.47), (6.33), (6.34) 或 (6.35) 成立. 令 $V = \langle v_1, \cdots, v_{m_2} \rangle$, 其中 v_i 是 V 的第 i 个行向量, $i = 1, \cdots, m_2$, 而 $U = \langle v_1, \cdots, v_{m_3} \rangle$. 我们分以下四种情形进行研究.

(i) $\tau_3 = 0$. 这时 (9.47) 成立. 再分以下四种情形.

(i-a) $\sigma_2 > 0$. 令 $W = \langle v_1, \cdots, v_{m_2-1} \rangle$, 那么 W 是 $(m_2 - 1, 2s_2+\tau_2)$ 子空间, 并且 $U < W < V$. 易证 $(m_2 - 1, 2s_2+\tau_2)$ 满足 (9.16). 当 $(m, 2s+\tau)$ 满足 (9.45) 时, 或者当 $(m, 2s+\tau)$ 满足 (9.2) 而 "$\delta = \tau = 0$", "$\delta = \tau = 1$" 和 "$\delta = 2$,

$\tau = 0$" 的情形不出现, 并且 $(m_2 - 1, 2s_2 + \tau_2)$ 不列入表 9.1 的第 3 和第 8 行时, 推论 9.15, $W \in \mathcal{L}_O(m, 2s+\tau; 2\nu+\delta)$. 如果 $\delta = \tau = 1$, 而 (9.2) 成立, 那么 $\mathcal{L}_O(m, 2s+1; 2\nu+1) = \mathcal{L}_O(m, 2s+1, s, 1; 2\nu+1)$. 而这情形已在题设中排除, 所以当 $(m, 2s+\tau)$ 满足 (9.2) 时, "$\delta = \tau = 1$ 的情形不出现. 现在假定 $(m, 2s+\tau)$ 满足 (9.2) 而 "$\delta = \tau = 0$" 或 "$\delta = 2, \tau = 0$" 的情形出现.

如果 "$\delta = \tau = 0$", 那么 (9.2) 式变成 $2s \leq m = \nu + s$. 由 (9.1) 可知, 在 $\mathbb{F}_q^{2\nu}$ 中不含有 $(m, 2(s-1)+2, s-1, \phi)$ 型子空间. 所以 $\mathcal{L}_O(m, 2s; 2\nu) = \mathcal{L}_O(m, 2s, s; 2\nu)$. 由 V 是 $(m_2, 2s_2 + \tau_2)$ 子空间, 可设 V 是 $(m_2, 2s_2' + \gamma_2, s_2', \phi)$ 型子空间, 其中 $\gamma_2 = 0, 1$ 或 2, 而 s_2' 满足 (9.46). 由 $V \in \mathcal{L}_O(m, 2s; 2\nu) = \mathcal{L}_O(m, 2s, s; 2\nu)$, 可知 $(m_2, 2s_2' + \gamma_2, s_2', \phi)$ 满足

$$2m - 2m_2 \geq 2s - (2s_2' + \gamma_2) + |0 - \gamma_2| \geq |0 - \gamma_2|, \tag{9.52}$$

并且 W 是 $(m_2-1, 2s_2'+\gamma_2, s_2', \phi)$ 型子空间. 显然, $(m_2-1, 2s_2'+\gamma_2, s_2', \phi)$ 满足 (9.52). 按照引理 6.27 证明中情形 (ii) 的 (a.1) 的推导, 可知 $W \in \mathcal{L}_O(m, 2s, s; 2\nu) = \mathcal{L}_O(m, 2s; 2\nu)$.

如果 $\delta = 2, \tau = 0$, 那么 (9.2) 式变成 $2s \leq m = \nu + s + 1, s \geq 1$. 由 (9.1) 可知, 在 $\mathbb{F}_q^{2\nu+2}$ 中不含有 $(m, 2s, s, \phi)$ 型子空间. 所以 $\mathcal{L}_O(m, 2s; 2\nu+2) = \mathcal{L}_O(m, 2(s-1)+2, s-1, \Gamma; 2\nu+2)$. 我们仍可设 V 是 $(m_2, 2s_2'+\gamma_2, s_2', \phi)$ 型子空间, 其中 $\gamma_2 = 0$ 或 2, 而 s_2' 满足 (9.46). 由 $V \in \mathcal{L}_O(m, 2s; 2\nu+2) = \mathcal{L}_O(m, 2(s-1)+2, s-1, \Gamma; 2\nu+2)$, 可知 $(m_2, 2s_2'+\gamma_2, s_2', \phi)$ 满足

$$2m - 2m_2 \geq (2(s-1)+2) - (2s_2' + \gamma_2) + |2 - \gamma_2| \geq 2|1 - \gamma_2|, \tag{9.53}$$

并且 W 是 $(m_2-1, 2s_2'+\gamma_2, s_2', \phi)$ 型子空间. 显然, $(m_2-1, 2s_2'+\gamma_2, s_2', \phi)$ 满足 (9.53). 再按照引理 6.27 证明中 (ii)(a.1) 的推导, 也有 $W \in \mathcal{L}_O(m, 2(s-1)+2, s-1, \Gamma; 2\nu+2) = \mathcal{L}_O(m, 2s; 2\nu+2)$.

下面证明 $(m_2 - 1, 2s_2 + \tau_2)$ 满足 (9.2) 时, $(m_2 - 1, 2s_2 + \tau_2)$ 不列入表 9.1 的第 3 和第 8 行.

假如 $(m_2 - 1, 2s_2 + \tau_2)$ 列入表 9.1 的第 3 行 (应注意这里的 m_2, s_2 和 τ_2 分别是表 9.1 中的 m_1, s_1 和 τ_1). 那么 $\delta = 0, \tau = 1, \tau_2 = 0, \mathbb{F}_q = \mathbb{F}_2$, 并且存在满足 $0 \leq t \leq s-1$ 的整数 t, 使得 $m_2 - 1 = m - t - 1, s_2 = s - t$. 从而 $2m - 2m_2 = 2t < 2t+1 = (2s+\tau) - (2s_2 + \tau_2)$. 这与 $V \in \mathcal{L}_O(m, 2s+\tau; 2\nu+\delta)$ 矛盾. 于是 $(m_2 - 1, 2s_2 + \tau_2)$ 不列入表 9.1 的第 3 行. 同样, $(m_2 - 1, 2s_2 + \tau_2)$ 不列入表 9.1 的第 8 行.

因此, 在情形 (i-a), $U <\cdot V$ 不成立.

(i-b) $s_4 > 0$. 设 $W = \langle v_1, \cdots, v_{m_3}, \widehat{v_{m_3+1}}, v_{m_3+2}, \cdots, v_{m_2} \rangle$, 那么 W 是 $(m_2 - 1, 2(s_2 - 1) + \tau_2)$ 子空间, 并且 $U < W < V$. 易知 $(m_2 - 1, 2(s_2 - 1) + \tau_2)$ 满足

(9.16). 当 $(m, 2s+\tau)$ 满足 (9.45) 时, 或者当 $(m, 2s+\tau)$ 满足 (9.2) 而 "$\delta = \tau = 0$", "$\delta = \tau = 1$" 和 "$\delta = 2, \tau = 0$" 的情形不出现, 并且 $(m_2 - 1, 2(s_2 - 1) + \tau_2)$ 不列入表 9.11 的第 3 和第 8 行时, 由推论 9.15, $W \in \mathcal{L}_O(m, 2s + \tau; 2\nu + \delta)$. 由 (i-a) 中的推导知, 当 (9.2) 对于 $(m, 2s+\tau)$ 成立时, "$\delta = \tau = 1$" 的情形不出现. 现在假定 $(m, 2s+\tau)$ 满足 (9.2), 而情形 "$\delta = \tau = 0$" 或 "$\delta = 2, \tau = 0$" 的情形出现. 那么分别有 $\mathcal{L}_O(m, 2s; 2\nu) = \mathcal{L}_O(m, 2s, s, \phi; 2\nu)$ 或 $\mathcal{L}_O(m, 2s; 2\nu + 2) = \mathcal{L}_O(m, 2(s-1) + 2, s-1, \phi; 2\nu + 2)$. 仍可设 V 是 $(m_2, 2s_2' + \gamma_2, s_2', \phi)$ 型子空间, 那么 W 是 $(m_2 - 1, 2(s_2' - 1) + \gamma_2, s_2' - 1, \phi)$ 型子空间, 其中 $\gamma_2 = 0$ 或 2, 而 s_2' 满足 (9.46). 因为当 "$\delta = \tau = 0$", 或 "$\delta = 2, \tau = 0$" 时, V 分别属于 $\mathcal{L}_O(m, 2s; 2\nu)$ 或 $\mathcal{L}_O(m, 2s; 2\nu + 2)$, 所以 $(m_2, 2s_2' + \gamma_2, s_2', \phi)$ 分别满足 (9.52) 或 (9.53). 从而 $(m_2 - 1, 2(s_2' - 1) + \gamma_2, s_2' - 1, \phi)$ 也分别满足 (9.52) 或 (9.53). 再按照引理 6.27 证明中 (ii)(a.2) 的推导, 可知 $W \in \mathcal{L}_O(m, 2s, s; 2\nu) = \mathcal{L}_O(m, 2s; 2\nu)$, 或者 $W \in \mathcal{L}_O(m, 2(s-1) + 2, s-1, \Gamma_2; 2\nu + 2, \Delta) = \mathcal{L}_O(m, 2s; 2\nu + 2, \Delta)$.

下面来证明 $(m, 2s+\tau)$ 满足 (9.2) 时, $(m_2 - 1, 2(s_2 - 1) + \tau_2)$ 不列入表 9.1 的第 3 和第 8 行.

假如 $(m_2 - 1, 2(s_2 - 1) + \tau_2)$ 列入表 9.1 的第 3 行. 那么 $\delta = 0, \tau = 1, \tau_2 = 0$, 并且存在满足 $0 \leq t \leq s$ 的整数 t, 使得 $m_2 - 1 = m - t - 1, s_2 - 1 = s - t$. 显然, $t \neq 0$. 不然, 有 $(2s + \tau) - (2s_2 + \tau_2) = -1 < 0$, 这与 $(m_2, 2s_2 + \tau_2)$ 满足 (9.16) 矛盾. 令 $t' = t - 1$, 则存在满足 $0 \leq t' \leq s - 1$ 的整数 t', 使得 $m_2 = m - t' - 1, s_2 = s - t'$. 这与 $V \in \mathcal{L}_O(m, 2s + 1; 2\nu)$ 矛盾. 所以 $(m_2 - 1, 2(s_2 - 1) + \tau_2)$ 不列入表 9.1 的第 3 行. 同样, $(m_2 - 1, 2(s_2 - 1) + \tau_2)$ 也不列入表 1 的第 8 行.

因此, 在情形 (i-b), $U < V$ 不成立.

(i-c) $s_5' > 0$. 令 $W = \langle v_1, \cdots, v_{m_3+s_4}, \widehat{v}_{m_3+s_4+1}, v_{m_3+s_4+2}, \cdots, v_{m_2} \rangle$, 那么 W 是 $(m_2 - 1, 2(s_2 - 1) + \tau_2)$ 子空间, 并且 $U < W < V$. 如同情形 (i-b) 一样, 也有 $W \in \mathcal{L}_O(m, 2s + \tau; 2\nu + \delta)$, 因而 $U < V$ 不成立.

(i-d) $\sigma_2 = s_4 = s_5' = 0$. 那么 $m_2 - m_3 = \gamma_5$. 因为 $m_2 - m_3 \geq 2, \gamma_5 \leq 2$, 所以 $m_2 - m_3 = \gamma_5 = 2, \Gamma_5 = S_{2 \cdot 0 + 2}$. 令 $W = \langle v_1, \cdots, v_{m_2 - 1} \rangle$, 那么 W 是 $(m_2 - 1, 2(s_2 - 1) + 1)$ 子空间, 并且 $U < W < V$. 当 $(m, 2s + \tau)$ 满足 (9.45) 时, 或者当 $(m, 2s + \tau)$ 满足 (9.2) 而 "$\delta = \tau = 0$", "$\delta = \tau = 1$" 和 "$\delta = 2, \tau = 0$" 的情形不出现, 并且 $(m_2 - 1, 2(s_2 - 1) + 1)$ 不列入表 9.1 的第 3 和第 8 行时, 由推论 9.15, $W \in \mathcal{L}_O(m, 2s + \tau; 2\nu + \delta)$. 现在假定 $(m, 2s + \tau)$ 满足 (9.2), 而情形 "$\delta = \tau = 0$" 或 "$\delta = 2, \tau = 0$" 的情形出现 (应注意 "$\delta = \tau = 1$" 的情形不出现). 那么分别有 $\mathcal{L}_O(m, 2s; 2\nu) = \mathcal{L}_O(m, 2s, s, \phi; 2\nu)$ 或 $\mathcal{L}_O(m, 2s; 2\nu + 2) = \mathcal{L}_O(m, 2(s-1) + 2, s - 1, \phi; 2\nu + 2)$. 我们按照引理 6.27 证明 (ii)(a.4) 中取 W, 并作相应的推导, 可知 $U < W < V$, 并且在 "$\delta = \tau = 0$" 或 "$\delta = 2, \tau = 0$" 时, 分别有 $W \in \mathcal{L}_O(m, 2s, s; 2\nu)$

$= \mathcal{L}_O(m, 2s; 2\nu)$,或者 $W \in \mathcal{L}_O(m, 2(s-1)+2, s-1, \Gamma_2; 2\nu+2) = \mathcal{L}_O(m, 2s; 2\nu+2)$. 因为 W 是 $(m_2 - 1, 2(s_2 - 1) + 1)$ 子空间，$\tau_2 = 1$, 而表 9.1 中第 3, 第 8 行中的 $\tau_1 = 0$, 所以当 $(m, 2s+\tau)$ 满足 (9.2) 时，$(m_2 - 1, 2(s_2 - 1) + 1)$ 不列入表 9.1 的第 3 和第 8 行.

因此，在情形 (i-d)，$U <\cdot V$ 不成立.

(ii) $\tau_3 = 1$, $\operatorname{rank}\begin{pmatrix} L_2 \\ L_3 \end{pmatrix} = s_4$. 这时 (6.33) 式成立. 当 $\sigma_3 > 0$ 时, 如同 (i-a) 中一样地选取 W, 当 $s_4 > 0$ 或 $s_5 > 0$ 时, 如同 (i-b) 中一样地选取 W, 都会有 $U < W < V$ 和 $W \in \mathcal{L}_O(m, 2s+\tau; 2\nu+\delta)$, 而 $\sigma_3 = s_4 = s_5 = 0$ 的情形又不出现. 所以在情形 (ii)，$U <\cdot V$ 不成立.

(iii) $\tau_3 = 1$, $\operatorname{rank}\begin{pmatrix} L_2 \\ L_3 \end{pmatrix} = s_4 + 1$, $s_2 = s_3 + s_4$. 这时 (6.34) 式成立. 令 $W = \langle v_1, \cdots, v_{m_3+s_4}, \widehat{v}_{m_3+s_4+1}, v_{m_3+s_4+2}, \cdots, v_{m_2} \rangle$, 那么 W 是 $(m_2 - 1, 2(s_2 - 1) + 1)$ 子空间. 如同 (i-b) 中一样地推导，可知 $U < W < V$ 和 $W \in \mathcal{L}_O(m, 2s+\tau; 2\nu+\delta)$. 因此 $U <\cdot V$ 不成立.

(iv) $\tau_3 = 1$, $\operatorname{rank}\begin{pmatrix} L_2 \\ L_3 \end{pmatrix} = s_4 + 1$, $s_2 > s_3 + s_4$. 这时 (6.35) 式成立. 如同 (iii) 中一样地选取 W, 可知 $U < W < V$ 和 $W \in \mathcal{L}_O(m, 2s+\tau; 2\nu+\delta)$. 因此 $U <\cdot V$ 不成立.

因此所定义的函数 r 是 $\mathcal{L}_O(m, 2s+\tau; 2\nu+\delta)$ 的秩函数.

定理 9.18 设 $n = 2\nu + \delta > m \geq 1$, $(m, 2s+\tau)$ 满足 (9.1), 并且 $\mathcal{L}_O(m, 2s+\tau; 2\nu+\delta) \neq \mathcal{L}_O(m, 2s+1, s, 1; 2\nu+1)$. 对于 $X \in \mathcal{L}_R(m, 2s+\tau; 2\nu+\delta)$, 按照 (5.54) 式来定义 $r'(X)$, 则 r' 是格 $\mathcal{L}_R(m, 2s+\tau; 2\nu+\delta)$ 的秩函数.

证明 由定理 9.17 可推得本定理.

§9.8 格 $\mathcal{L}_R(m, 2s+\tau; 2\nu+\delta)$ 的特征多项式

设 $n = 2\nu + \delta > m \geq 1$, $(m, 2s+\tau)$ 满足 (9.1). 当 (9.2) 成立时，再假定 "$\delta = \tau = 0$", "$\delta = \tau = 1$" 和 "$\delta = 2, \tau = 0$" 三种情形任一种不出现. 我们有

定理 9.19 假设 $\mathbb{F}_q \neq \mathbb{F}_2$. 令 $n = 2\nu + \delta > m \geq 1$, 并且 $(m, 2s+\tau)$ 满足 (9.1). 当 (9.2) 成立时, 再假定 "$\delta = \tau = 0$", "$\delta = \tau = 1$" 和 "$\delta = 2, \tau = 0$" 三种情形任一种不出现. 那么

$$\chi(\mathcal{L}_R(m, 2s+\tau; 2\nu+\delta), t)$$
$$= \sum_{\tau_1=0,1} \left[\sum_{s_1=(s+1)-(1-\tau)\tau_1}^{[n/2]} \sum_{m_1=2s_1+\tau_1}^{l} + \sum_{s_1=0}^{s-(1-\tau)\tau_1} \sum_{\substack{m_1=m-s+s_1 \\ +\tau(\tau_1-1)+1}}^{l} \right]$$

$$\cdot N(m_1, 2s_1 + \tau_1; 2\nu + \delta, \Delta) g_{m_1}(t),$$

其中

$$l = \begin{cases} \nu + s_1, & \text{如果 } \tau_1 = 0 \text{ 而 } s_1 = 0, \\ \nu + s_1 + \max\{0, \delta - 1\}, & \text{如果 } \tau_1 = 0 \text{ 而 } s_1 \geq 1, \\ \nu + s_1 + \min\{1, \delta\} & \text{如果 } \tau_1 = 0 \end{cases}$$

和 $N(m_1, 2s_1 + \tau_1; 2\nu + \delta, \Delta) = |\mathcal{M}(m_1, 2s_1 + \tau_1; 2\nu + \delta, \Delta)|$, 而 $g_{m_1}(t)$ 是 Gauss 多项式.

应注意:

$$N(m, 2s; \nu + \delta) = N(m, 2s, s; 2\nu + \delta)$$
$$+ N(m, 2(s-1) + 2, s-1; 2\nu + \delta),$$

$$N(m, 2s+1; 2\nu + \delta)$$
$$= \begin{cases} N(m, 2s+1, s, \phi; 2\nu + \delta), & \text{如果 } \delta \neq 1, \\ \sum_{\Gamma = 0, 1} N(m, 2s+1, s, \Gamma; 2\nu + \delta), & \text{如果 } \delta = 1, \end{cases}$$

其中

$$N(m, 2s + \gamma, s, \Gamma; 2\nu + \delta) = |\mathcal{M}(m, 2s + \gamma, s, \Gamma; 2\nu + \delta)|.$$

而对于 $N(m, 2s + \gamma, s, \Gamma; 2\nu + \delta)$ 的计算公式, 见文献 [10, 29].

作为定理 9.16 的特殊形式, 我们有

推论 9.20 假设 $\mathbb{F}_q \neq \mathbb{F}_2$, 令 $n = 2\nu + \delta \geq 1$, 那么

$$\chi(\mathcal{L}_R(n-1, n-1; 2\nu + \delta), t)$$
$$= \sum_{s_1 = 0}^{\nu} N(\nu + s_1 + \delta, 2s_1 + \delta; 2\nu + \delta) g_{\nu + s_1 - \delta}(t) = g_{n-\nu}(t) \gamma(t),$$

其中 $\gamma(t) \in \mathbb{Z}[t]$ 是次数为 ν 的首一多项式, 而 $g_{\nu + s_1 - \delta}(t)$ 和 $g_{n-\nu}(t)$ 是 Gauss 多项式.

§9.9 格 $\mathcal{L}_O(m, 2s + \tau; 2\nu + \delta)$ 和格 $\mathcal{L}_R(m, 2s + \tau; 2\nu + \delta)$ 的几何性

定理 9.21 设 $n = 2\nu + \delta > m \geq 1$, $(m, 2s + \tau)$ 满足 (9.1), 并且 $\mathcal{L}_O(m, 2s + \tau; 2\nu + \delta) \neq \mathcal{L}_O(m, 2s+1, s, 1; 2\nu + 1)$. 那么

(a) $\mathcal{L}_O(1, 0; 2\nu + \delta)$ 和 $\mathcal{L}_O(1, 1; 2\nu + \delta)$ 是有限几何格.

(b) 对于 $2 \leq m \leq 2\nu + \delta - 1$, 除去 $\mathcal{L}_O(m, 2s + \tau; 2\nu + \delta) = \mathcal{L}_O(3, 3; 2 \cdot 2)$ 的情形, $\mathcal{L}_O(m, 2s + \tau; 2\nu + \delta)$ 是有限原子格, 但不是几何格. 而 $\mathcal{L}_O(m, 2s + \tau; 2\nu + \delta) = \mathcal{L}_O(3, 3; 2 \cdot 2)$ 是有限几何格.

证明 在定理 9.17 的证明中已给出格 $\mathcal{L}_O(1,1;2\cdot 1)$ 的秩函数 ($\mathbb{F}_q = \mathbb{F}_2$), 显然它是几何格.

从现在开始, 假定 "$n=2, \nu=1, \delta=0, m=1, s=0, \tau=1, \mathbb{F}_q = \mathbb{F}_2$" 和 $\mathcal{L}_O(m, 2s+\tau; 2\nu+\delta) = \mathcal{L}_O(m, 2s+1, s, 1; 2\nu+1)$ 的情形不出现.

首先对于 $X \in \mathcal{L}_O(m, 2s+\tau; 2\nu+\delta)$, 按照 (5.53) 式来定义 $r(X)$. 由定理 9.17 知, r 是格 $\mathcal{L}_O(m, 2s+\tau; 2\nu+\delta)$ 的秩函数.

其次我们证明在 $\mathcal{L}_O(m, 2s+\tau; 2\nu+\delta)$ 中 G_1 成立. 因为 $\{0\}$ 是 $\mathcal{L}_O(m, 2s+\tau; 2\nu+\delta)$ 的极小元, 所以 $\mathcal{L}_O(m, 2s+\tau; 2\nu+\delta)$ 中的 1 维子空间是它的原子. 先考虑 (9.45) 对于 $(m, 2s+\tau)$ 成立, 或者 (9.2) 对于 $(m, 2s+\tau)$ 成立而 "$\delta = \tau = 0$", "$\delta = \tau = 1$" 和 "$\delta = 2, \tau = 0$" 不出现, 并且 $(1, \tau_1)$ 不列入表 9.1 的第 3 和第 8 行的情形. 对于任意 $U \in \mathcal{L}_O(m, 2s+\tau; 2\nu+\delta) \setminus \{\{0\}, \mathbb{F}_q^{2\nu+\delta}\}$, 设 U 是 $(m_1, 2s_1+\tau_1)$ 子空间, 那么由定理 9.12, 当 $\delta \neq 1$ 或 $\tau \neq 0$ 时, 可设 U 是 $(m_1, 2s_1+\tau_1)$ 子空间, 而 $(m_1, 2s_1+\tau_1)$ 满足 (9.16); 当 $\delta = 1$ 而 $\tau = 0$ 时, 可设 U 是 $(m_1, 2s_1)$ 子空间或是 $(m_1, 2s_1+1, s_1, 0)$ 型子空间, 而 $(m_1, 2s_1+\tau_1)(\tau_1 = 0$ 或 1$)$ 满足 (9.16), 而且在 (9.2) 对于 $(m, 2s+\tau)$ 成立时, 上述的 $(m_1, 2s_1+\tau_1)$ 不列入表 9.1 的任一行. 由定理 9.10, 如果 $\delta \neq 1$ 或 $\tau_1 - \tau \leq 0$, 有

$$\mathcal{L}_O(m, 2s+\tau; 2\nu+\delta) \supset \mathcal{L}_O(m_1, 2s_1+\tau_1; 2\nu+\delta),$$

如果 $\delta = 1$ 而 $\tau_1 - \tau = 1$, 有 $\tau = 0, \tau_1 = 1$. 从而

$$\mathcal{L}_O(m, 2s; 2\nu+1) \supset \mathcal{L}_O(m_1, 2s_1+1 s_1, 0; 2\nu+1).$$

不难验证, 无论 $\delta \neq 1$ 或 $\tau_1 - \tau \leq 0$, 还是 $\delta = 1$ 而 $\tau_1 - \tau = 1$, 都有 $(1, \tau_1)$ 满足 (9.16), 即 $2m_1 - 2 \geq (2s_1 + \tau_1) - \tau_1 \geq 0$. 由定理 9.12, 当 $\delta \neq 1$ 或 $\tau_1 - \tau \leq 0$ 时, $(1, \tau_1)$ 子空间属于 $\mathcal{L}_O(m_1, 2s_1+\tau; 2\nu+\delta)$; 当 $\delta = 1$ 而 $\tau_1 - \tau = 1$ 时, 有 $\tau_1 = 1$, 而 $(1, 1, 0, 0)$ 型子空间属于 $\mathcal{L}_O(m_1, 2s_1+\tau_1, s_1, 0; 2\nu+1)$. 注意到 $(1, 1, 0, 0)$ 型子空间是 $(1, 1)$ 子空间. 所以, 在这两种情况下 $(1, \tau_1)$ 子空间是 $\mathcal{L}_O(m, 2s+\tau; 2\nu+\delta)$ 的原子, 并且在 "$s_1 \geq 1, \tau_1 = 0$" 或 "$s_1 \geq 1, \tau_1 = 1$" 时, $(1, 1)$ 或 $(1, 0)$ 满足 (9.16). 因而在 $s_1 \geq 1$ 时, $(1, 0)$ 和 $(1, 1)$ 子空间也是 $\mathcal{L}_O(m, 2s+\tau; 2\nu+\delta)$ 的原子. 下面来证 U 是 $\mathcal{L}_O(m, 2s+\tau; 2\nu+\delta)$ 中原子的并. 当 $\tau_1 = 0$ 时, U 是 $(m_1, 2s_1, s_1)$ 型或 $(m_1, 2(s_1-1)+2, s_1-1)$ 型子空间, 这里只给出 U 是 $(m_1, 2(s_1-1)+2, s_1-1)$ 型子空间的情形. 这时有 $s_1 \geq 1$. 由定理 6.35 的证明, 可知 U 是 $(1, 0, 0, 0)$ 或 $(1, 1, 0, 0)$ 型子空间的并, 而 $(1, 0, 0, 0)$ 和 $(1, 1, 0, 0)$ 型子空间分别是 $(1, 0)$ 和 $(1, 1)$ 子空间, 并且它们是 $\mathcal{L}(m, 2s+\tau; 2\nu+\delta)$ 中的原子, 因此 U 是 $\mathcal{L}(m, 2s+\tau; 2\nu+\delta)$ 中原子的并.

现在考虑 $\tau_1 = 1$ 的情形. 如果 $\delta \neq 1$, 则 U 是 $(m_1, 2s_1+1, s_1, \phi)$ 型子空间, 由定理 6.35 的证明, U 是 $(1, 1, 0, \phi)$ 型子空间的并, 从而它也是 $\mathcal{L}_O(m, 2s+1; 2\nu+\delta)$ 中原

子的并. 如果 $\delta = \tau = 1$ 出现 (由假设 $\mathcal{L}(m, 2s+\tau; 2\nu+\delta) \neq \mathcal{L}(m, 2s+1, s, 1; 2\nu+\delta)$ 可知 $(m, s+\tau)$ 满足 (9.45)), 那么 U 是 $(m_1, 2s_1+1, s_1, 0)$ 型或 $(m_1, 2s_1+1, s_1, 1)$ 型子空间. 当 U 是 $(m_1, 2s_1+1, s_1, 0)$ 型子空间时, 再由定理 6.35 的证明, U 是 $(1, 1, 0, 0)$ 型子空间的并. 当 U 是 $(m_1, 2s_1+1, s_1, 1)$ 型子空间时, 不妨设 $U = \langle u_1, \cdots, u_{s_1}, v_1, \cdots, v_{s_1}, u_{s_1+1}, \cdots, u_{m_1-s_1-1}, e_{2\nu+1} \rangle$, 使得
$$UG_{2\nu+\delta}{}^tU = [G_{2s_1}, 0^{(m_1-2s_1-1)}, 1].$$
因为 $\langle u_i \rangle (i=1,\cdots,m_1-s_1-1)$, $\langle v_j \rangle (j=1,\cdots,s_1)$ 是 $(1,0)$ 子空间, 而 $\langle e_{2\nu+1} \rangle$ 是 $(1,1)$ 子空间, 并且 $(1,1)$ 满足 (9.16), 而在 $s_1 \geq 1$ 时, $(1,0)$ 也满足 (9.16), 所以 $\langle e_{2\nu+1} \rangle$ 是 $\mathcal{L}_O(m, 2s+\tau; 2\nu+\delta)$ 的原子, 并且在 $s_1 \geq 1$ 时, $\langle u_i \rangle$, $\langle v_j \rangle$ 也是它的原子, 并且有 $U = \vee_{i=1}^{m_1-s_1-1}\langle u_i \rangle \vee_{j=1}^{s_1}\langle v_j \rangle \vee \langle e_{2\nu+1} \rangle$, 即 U 也是其原子的并. 因为 $|\mathcal{M}(m, 2s+\tau; 2\nu+\delta)| \geq 2$, 所以有 $W_1, W_2 \in \mathcal{M}(m, 2s+\tau; 2\nu+\delta)$, $W_1 \neq W_2$. 于是 $\mathbb{F}_q^{2\nu+\delta} = W_1 \vee W_2$. 但是 W_1 和 W_2 是 $\mathcal{L}_O(m, 2s+\tau; 2\nu+\delta)$ 中原子的并, 因而 $\mathbb{F}_q^{2\nu+\delta}$ 也是原子的并. 因此, 在 $\mathcal{L}_O(m, 2s+\tau; 2\nu+\delta)$ 中 G_1 成立.

现在考虑 (9.2) 对于 $(m, 2s+\tau)$ 成立而 "$\delta = \tau = 0$", "$\delta = \tau = 1$" 或 "$\delta = 2, \tau = 0$" 的情形出现的情形, 因为 (9.2) 对于 $(m, 2s+\tau)$ 成立时, "$\delta = \tau = 1$" 的情形不出现, 所以只考虑 "$\delta = \tau = 0$" 和 "$\delta = 2, \tau = 0$" 的情形, 这时分别有 $\mathcal{L}_O(m, 2s; 2\nu) = \mathcal{L}_O(m, 2s, s, \phi; 2\nu)$ 或 $\mathcal{L}_O(m, 2s; 2\nu+2) = \mathcal{L}_O(m, 2(s-1)+2, s-1, \phi; 2\nu+2)$. 由定理 6.35 的证明, 可知在 $\mathcal{L}_O(m, 2s; 2\nu) = \mathcal{L}_O(m, 2s, s, \phi; 2\nu)$ 或 $\mathcal{L}_O(m, 2s; 2\nu+2) = \mathcal{L}_O(m, 2(s-1)+2, s-1, \phi; 2\nu+2)$ 中 G_1 成立.

下面还需讨论 $(m, 2s+\tau)$ 满足 (9.2), $(1, \tau_1)$ 是否列入表 9.1 第 3 行和第 8 行的情形. 因为表 9.1 第 8 行中是 $(m_1, 2s_1+2, s_1, \phi)$ 型子空间, 而 $s_1 \geq 1$, 但现在所取 $(1, \tau_1)$ 中的 $s_1 = 0$. 所以满足 (9.16) 的 $(1, \tau_1)$ 不列入表 9.1 的第 8 行.

假设 $(1, \tau_1)$ 列在表 9.1 的第 3 行. 这时 $\delta = 0, \tau = 1, m_1 = 1, s_1 = 0, \tau_1 = 0$, $\mathbb{F}_q = \mathbb{F}_2$, 并且存在满足 $0 \leq t \leq s$ 的整数 t, 使得 $m_1 = 1 = m-t-1, s_1 = 0 = s-t$. 因而 $m = t+2, s = t$, 于是 $m = s+2$. 从 $(m, 2s+1)$ 满足 (9.2), 即 $m = \nu+s$, 得 $\nu = 2$. 因为 $\delta = 0$, 所以 $n = 4$. 再从 $1 \leq m \leq n-1$ 和 $m = s+2$ 得 $s = 1$ 而 $m = 3$ 或 $s = 0$ 而 $m = 2$. 因而 $\mathcal{L}_O(m, 2s+\tau; 2\nu+\delta) = \mathcal{L}_O(3, 3; 2 \cdot 2)$ 或 $\mathcal{L}_O(2, 1; 2 \cdot 2)$. 因为 $(1, 1)$ 满足 (9.16) 而不列入表 9.1 的第 3 行, 所以 $(1, 1)$ 子空间是 $\mathcal{L}_O(3, 3; 2 \cdot 2)$ 或 $\mathcal{L}_O(2, 1; 2 \cdot 2)$ 的原子. 对于 $U \in \mathcal{L}_O(3, 3; 2 \cdot 2) \setminus \{0\}$. 由定理 9.12, U 是 $\mathbb{F}_q^3$, $(1, 1)$, $(2, 1)$ 或 $(3, 3)$ 子空间. 如果 U 是 $(1, 1)$ 子空间, 那么它是原子. 如果 U 是 $(3, 3)$ 子空间, 那么 U 是 $(3, 3, 1, \phi)$ 型子空间. 我们可以假定 $U = \langle u_1, u_2, u_3 \rangle$, 使得
$$\begin{pmatrix} u_1 \\ u_2 \\ u_3 \end{pmatrix} G_{2\nu+1} {}^t\begin{pmatrix} u_1 \\ u_2 \\ u_3 \end{pmatrix} = [G_{2 \cdot 1}, 1],$$
那么 $\langle u_1 + u_3 \rangle, \langle u_2 + u_3 \rangle$ 和 $\langle u_3 \rangle$ 是 $(1, 1)$ 子空间, 从而是 $\mathcal{L}_O(3, 3; 2 \cdot 2)$ 的原子,

并且 $U = \langle u_1 + u_3 \rangle \vee \langle u_2 + u_3 \rangle \vee \langle u_3 \rangle$.

同样, 当 U 是 $(2,1)$ 子空间时, 它也是 $\mathcal{L}_O(3,3; 2\cdot 2)$ 中原子的并.

从 $|\mathcal{M}(3,3; 2\cdot 2)| \geq 2$, 我们有 $W_1, W_2 \in \mathcal{M}(3,3; 2\cdot 2)$ 而 $W_1 \neq W_2$. 于是 $\mathbb{F}_2^4 = W_1 \vee W_2$. 但是 W_1 和 W_2 是 $\mathcal{L}_O(3,3; 2\cdot 2)$ 中原子的并, 所以 $\mathbb{F}_2^4$ 也是其原子的并. 因此, 在 $\mathcal{L}_O(3,3; 2\cdot 2)$ 中 G_1 成立.

最后, 我们来完成 (a) 和 (b) 的证明.

(a) 类似于定理 4.19(a) 的证明, 可知 $\mathcal{L}_O(1,0; 2\nu+\delta)$ 和 $\mathcal{L}_O(1,1; 2\nu+\delta)$ 是有限几何格.

(b) 对于 $2 \leq m \leq 2\nu+\delta-1$, 要证明 $\mathcal{L}_O(m, 2s+\tau; 2\nu+\delta)$ 不是几何格, 只需证明 G_2 不成立. 这里只给出情形 $\tau = \delta = 0$ 和 $\tau = 1$ 的证明, 其余的情形可类似地进行.

(i) 假设 $\delta = \tau = 0$, 那么如同定理 8.21 证明中相应部分的推导, 可知 G_2 不成立.

(ii) $\tau = 1$. 再分 $\delta = 0, 1, 2$ 三种情形. 因为 $\delta = 0$ 或 2 时, $\mathcal{L}_O(m, 2s+1; 2\nu+\delta) = \mathcal{L}_O(m, 2s+1, s, \phi; 2\nu+\delta)$. 按照定理 6.36 的证明, 除去 $\mathcal{L}_O(m, 2s+1; 2\nu+\delta) = \mathcal{L}_O(3,3,1,\phi; 2\cdot 2) = \mathcal{L}_O(3,3,2\cdot 2)$ 的情形, $\mathcal{L}_O(m, 2s+\tau; 2\nu+\delta)$ 中可取 U, W, 使 (1.23) 不成立. 而在 $\mathcal{L}_O(m, 2s+1; 2\nu+\delta) = \mathcal{L}_O(3,3,1,\phi; 2\cdot 2) = \mathcal{L}_O(3,3,2\cdot 2)$ 的情形, 由定理 6.36, 它是有限几何格. 现在来讨论 $\delta = 1$ 的情形. 因为 $\tau = \delta = 1$, 所以 (9.45) 变成 $2s+1 \leq m < \nu+s+1$ (注意: 由题设可知, 当 $\delta = \tau = 1$ 时, $(m, 2s+1)$ 满足 (9.2) 不出现). 令 $\sigma = \nu+s-m+1$. 又分 $m-2s-1 \geq 1$ 和 $m-2s-1 = 0$ 两种情形.

(ii-a) $m-2s-1 \geq 1$. 从 $m-2s-1 \geq 1$ 和 $m < \nu+s+1$ 得 $s+1 < \nu$. 令

$$U = \begin{pmatrix} I^{(s)} & 0 & 0 & 0 & 0 & 0 & 0 & 0 & 0 \\ 0 & 0 & 0 & 0 & I^{(s)} & 0 & 0 & 0 & 0 \\ 0 & 1 & 0 & 0 & 0 & \alpha & 0 & 0 & 0 \\ 0 & 0 & I^{(m-2s-2)} & 0 & 0 & 0 & 0 & 0 & 0 \end{pmatrix}$$
$$ s \ \ 1 \ \ m-2s-2 \ \ \sigma \ \ s \ \ 1 \ \ m-2s-2 \ \ \sigma \ \ 1$$

和 $W = \langle \alpha^{-1} e_{s+1} + e_{s+2}\alpha + e_{\nu+s+2} \rangle$. 那么 U 和 W 分别是 $(m-1, 2s+1, s, 0)$ 型和 $(1,1,0,0)$ 型子空间, 从而 U 和 W 分别是 $(m-1, 2s+1)$ 和 $(1,1)$ 子空间, 而 $\langle U, W \rangle$ 是 $(m, 2(s+1))$ 子空间. 因为 $m \geq 2$, 而 $2m - 2(m-1) \geq (2s+1) - (2s+1) \geq 0$, $2m-2 \geq (2s+1)-1 \geq 0$ 和 $(2s+1) - 2(s+1) < 0$. 所以, 由定理 9.12, $U, W \in \mathcal{L}_O(m, 2s+1; 2\nu+1)$, 而 $\langle U, W \rangle \notin \mathcal{L}_O(m, 2s+1; 2\nu+1)$. 于是对于我们所取的 U 和 W, (1.23) 不成立.

(ii-b) $m-2s-1 = 0$. 从 $m-2s-1 = 0$ 和 $2 \leq m \leq 2\nu+\delta-1$ 有 $s \geq 1$ 和

$s+1 \leq \nu$ 和 $\sigma > 1$. 令

$$U = \begin{pmatrix} I^{(s-1)} & 0 & 0 & 0 & 0 & 0 & 0 & 0 \\ 0 & 0 & 0 & 0 & I^{(s)} & 0 & 0 & 0 \\ 0 & 0 & 1 & 0 & 0 & \alpha & 0 & 0 \\ s-1 & 1 & 1 & \sigma-1 & s & 1 & \sigma-1 & 1 \end{pmatrix}$$

和 $W = \langle e_{s+1} + \alpha^{1/2} e_{2\nu+1} \rangle$, 那么 U 和 W 分别是 $(m-1, 2(s-1)+1, s-1, 0)$ 型和 $(1,1,0,0)$ 型子空间, 而 $\langle U, W \rangle$ 是 $(m, 2s)$ 子空间. 所以由定理 9.12, $U, W \in \mathcal{L}_O(m, 2s+1; 2\nu+1)$. 因为 $(m, 2s)$ 不满足 (9.16), 即 $2m - 2m < (2s+1) - 2s$, 所以 $\langle U, W \rangle \notin \mathcal{L}_O(m, 2s; 2\nu+\delta)$. 再按情形定理 8.21 中 (i-a) 的相应步骤推导, 可知对于所取的 U 和 W, (1.23) 不成立, 即 G_2 不成立. □

定理 9.22 设 $n = 2\nu + \delta > m \geq 1$, $(m, 2s+\tau)$ 满足 (9.1), 并且 $\mathcal{L}_R(m, 2s+\tau; 2\nu+\delta) \neq \mathcal{L}_R(m, 2s+1, s, 1; 2\nu+1)$. 那么

(a) 对于 $m = 1$ 或 $2\nu + \delta - 1$, $\mathcal{L}_R(m, 2s+\tau; 2\nu+\delta)$ 是有限几何格.

(b) 对于 $2 \leq m \leq 2\nu + \delta - 2$, $\mathcal{L}_R(m, 2s+\tau; 2\nu+\delta)$ 是有限原子格, 但不是几何格.

证明 易知, 对于 $1 \leq m \leq 2\nu + \delta - 1$, $\mathcal{L}_R(m, 2s+\tau; 2\nu+\delta)$ 是有限原子格, $\mathbb{F}_q^{2\nu+\delta}$ 是它的极小元. 先确定 $\mathcal{L}_R(m, 2s+\tau; 2\nu+\delta)$ 的秩函数. 对于任意 $X \in \mathcal{L}_R(m, 2s+\tau; 2\nu+\delta)$, 按照 (5.54) 式来定义函数 $r'(X)$. 由定理 9.18 知, r' 是格 $\mathcal{L}_R(m, 2s+\tau; 2\nu+\delta)$ 的秩函数.

(a) 类似于定理 2.19(a) 的证明, $\mathcal{L}_R(1, 0; 2\nu+\delta)$ 和 $\mathcal{L}_R(1, 1; 2\nu+\delta)$ 是有限几何格; 对于 $m = 2\nu + \delta - 1$, 作为定理 2.8 的特殊情形, $\mathcal{L}_R(m, 2s+\tau; 2\nu+\delta)$ 也是有限几何格.

(b) 设 $2 \leq m \leq 2\nu + \delta - 2$, 并且 $U \in \mathcal{M}(m, 2s+\tau; 2\nu+\delta)$, 那么 U 是 $(m, 2s'+\gamma, s', \Gamma)$ 型子空间, 其中

$$s' = \begin{cases} s, & \text{如果 } \gamma = 0 \text{ 或 } 1, \\ s-1, & \text{如果 } \gamma = 2, \end{cases}$$

$$\tau = \begin{cases} 0, & \text{如果 } \gamma = 0 \text{ 或 } 2, \\ 1, & \text{如果 } \gamma = 1, \end{cases}$$

当 $\tau = 0$ 或 1 时, 不妨分别设

$$U G_{2\nu+\delta} {}^t U \equiv [G_{2s'+\gamma}, 0^{(m-2s)}]$$

或

$$U G_{2\nu+\delta} {}^t U \equiv [G_{2s'+\gamma}, 0^{(m-2s-1)}, 1],$$

由文献 [29] 中的引理 7.4, 存在 $(2\nu + \delta - m) \times (2\nu + \delta)$ 矩阵 Z, 使得

(i) 当 $\tau = 0$ 时,

$$\begin{pmatrix} U \\ Z \end{pmatrix} G_{2\nu+\delta} {}^t\!\begin{pmatrix} U \\ Z \end{pmatrix} = [G_{2s'+\gamma}, G_{2(m-2s)}, \Lambda_1^*];$$

其中 Λ_1^* 由表 9.4 确定.

表 9.4

A^* ↘	$G_{2\nu}$	$G_{2\nu+1}$	$G_{2\nu+2}$
G_{2s}	$G_{2\lambda}$	$G_{2\lambda+1}$	$G_{2\lambda+2}$
$G_{2(s-1)+2}$	$G_{2(\lambda-1)+2}$	$G_{2\lambda+1}$	$G_{2(\lambda+1)}$

在表 9.4 中, $\lambda = \nu - m + s$.

(ii) 当 $\tau = 1$, $\delta = 2$ 而 $\nu + s - m + 1 = 0$ 时,

$$\begin{pmatrix} U \\ Z \end{pmatrix} G_{2\nu+\delta} {}^t\!\begin{pmatrix} U \\ Z \end{pmatrix} = \left[G_{2s}, \begin{pmatrix} 0 & I^{(m-2s-1)} & & \\ \alpha & & & 1 \\ & & 0 & \\ & & & \alpha \end{pmatrix} \right];$$

(iii) 当 $\tau = 1$ 而 $\delta = 0$, $\tau = 1$ 而 $\delta = 1$ 并且 $\Gamma = 0$ 或者 $\tau = 1$ 而 $\delta = 2$ 并且 $\nu + s - m + 1 > 0$ 时,

$$\begin{pmatrix} U \\ Z \end{pmatrix} G_{2\nu+\delta} {}^t\!\begin{pmatrix} U \\ Z \end{pmatrix} = \left[G_{2s}, \begin{pmatrix} 0 & I^{(m-2s-1)} & & \\ 1 & & & 1 \\ & & 0 & \\ & & & 0 \end{pmatrix}, G_{2(\nu-m+s)+\delta} \right];$$

(iv) 当 $\tau = 1$ 而 $\delta = 1$ 并且 $\Gamma = 1$ 时,

$$\begin{pmatrix} U \\ Z \end{pmatrix} G_{2\nu+\delta} {}^t\!\begin{pmatrix} U \\ Z \end{pmatrix} = \left[G_{2s}, \begin{pmatrix} 0 & I^{(m-2s-1)} \\ 1 & \\ & 0 \end{pmatrix}, G_{2(\nu-m+s+1)} \right].$$

证明 我们应分 $\delta = 0$, $\delta = 1$ 和 $\delta = 2$ 三种情形进行研究. 这里只给出情形 $\delta = 1$ 的证明, 而其余情形的证明可类似地进行. 再分以下两种情形.

(1) $\tau = 0$. 这时 U 是 $(m, 2s, s, \phi)$ 型或 $(m, 2(s-1)+2, s-1, \phi)$ 型子空间.

(1-a) U 是 $(m, 2s, s)$ 型子空间. 那么 $G_{2s'+\gamma} = G_{2s}$ 而 $\Lambda^* = G_{2(\nu-m+s)+1}$. 设 U 的行向量依次是 $u_1, \cdots, u_s, v_1, \cdots, v_s, u_{s+1}, \cdots, u_{m-s}$, 而 Z 的行向量依次是 $v_{s+1}, \cdots,$

$v_{m-s}, u_{m-s+1}, \cdots, u_\nu, v_{m-s+1}, \cdots, v_\nu, w^*$. 令 $W = \langle v_{\nu-m+s+1}, \cdots, v_{\nu-s}, u_{\nu-s+1}, \cdots,$
$u_{\nu-1}, v_{\nu-s+1}, \cdots, v_{\nu-1}, v_\nu, u_\nu + w^* \rangle$. 那么 $W \in \mathcal{M}(m, 2s, s, \phi; 2\nu+1) \subset \mathcal{L}_R(m, 2s; 2\nu$
$+1)$. 从 $2s \leq m \leq 2\nu+1-2$ 得 $s < \nu$. 从而 $v_\nu \notin U$. 显然 $w^* \notin U$, 从而 $u_\nu + w^* \notin U$.
于是有 $\dim\langle U, W \rangle \geq m+2$. 由维数公式, $\dim(U \cap W) \leq m-2$. 所以 $U \wedge W = \mathbb{F}_q^{2\nu}$,
$r'(U \wedge W) = 0$, 并且 $\dim(U \vee W) = \dim(U \cap W) \leq m-2$, $r'(U \vee W) \geq 3$. 但
$r'(U) = r'(W) = 1$. 因此 (2.8) 不成立.

(1-b) U 是 $(m, 2(s-1)+2, s-1)$ 型子空间. 那么 $G_{2s'+\gamma} = G_{2(s-1)+2}$ 而 $\Lambda_1^* = G_{2(\nu-m+s)+1}$. 设 U 的行向量依次是 $u_1, u_2, \cdots, u_{s-1}, v_1, \cdots, v_{s-1}, w_1, w_2, u_s, \cdots,$
u_{m-s-1}, 而 Z 的行向量依次是 $v_s, \cdots, v_{m-s-1}, u_{m-s}, \cdots, u_{\nu-1}, v_{m-s}, \cdots, v_{\nu-1}, w^*$.
令 $W = \langle v_{\nu-m+s}, \cdots, v_{\nu-s-1}, u_{\nu-s}, \cdots, u_{\nu-2}, v_{\nu-s}, \cdots v_{\nu-2}, \alpha u_{\nu-1} + v_{\nu-1}, u_{\nu-1} + \alpha^{1/2} w^* \rangle$. 那么 $W \in \mathcal{M}(m, 2(s-1)+2, s-1, \Gamma; 2\nu+1) \subset \mathcal{L}_R(m, 2s; 2\nu+1)$. 由
$2s \leq m \leq 2\nu+1-2$, 得 $s-1 < \nu-1$, $v_{\nu-1} \notin U$, 从而 $u_{\nu-1} + v_{\nu-1} \notin U$. 显然 $w^* \notin U$,
从而 $u_{\nu-1} + w^* \notin U$. 再仿情形 (i-a) 的步骤进行, 可知 (2.8) 不成立.

(2) $\tau = 1$. 这时 U 是 $(m, 2s+1, s, 0)$ 型或 $(m, 2s+1, s, 1)$ 型子空间.

(2-a) U 是 $(m, 2s+1, s, 0)$ 型子空间. 那么上述的情形 (iii) 出现. 我们可设
U 的行向量依次是 $u_1, \cdots, u_s, v_1, \cdots, v_s, u_{s+1}, \cdots, u_{m-s-1}, w$, 而 Z 的行向量依次是
$v_{s+1}, \cdots, v_{m-s-1}, w^*, u_{m-s}, \cdots, u_{\nu-1}, v_{m-s}, \cdots, v_{\nu-1}, w_1^*$. 令 $W = \langle v_{\nu-m+s}, \cdots, v_{\nu-s-2},$
$u_{\nu-s-1}, \cdots, u_{\nu-2}, v_{\nu-s-1}, \cdots, v_{\nu-2}, w, w^*, w_1^* \rangle$, 那么 $W \in \mathcal{M}(m, 2s+1, s, 1; 2\nu+1) \subset$
$\mathcal{L}_R(m, 2s+1; 2\nu+1)$. 显然 $w^*, w_1^* \notin U$. 再按照 (i-a) 的步骤进行, 可知 (2.8) 不成立.

(2-b) U 是 $(m, 2s+1, s, 1)$ 型子空间. 那么上述的情形 (iv) 出现. 我们可设 U 的行向量依次是 $u_1, \cdots, u_s, v_1, \cdots, v_s, u_{s+1}, \cdots, u_{m-s-1}, w$, 而 Z 的行向量依次是 $v_{s+1}, \cdots, v_{m-s-1}, u_{m-s}, \cdots, u_\nu, v_{m-s}, \cdots, v_\nu$. 令 $W = \langle v_{\nu-m+s+2}, \cdots, v_{\nu-s},$
$u_{\nu-s+1}, \cdots, u_{\nu-1}, v_{\nu-s+1}, \cdots, v_{\nu-1}, u_\nu + v_\nu, v_\nu, w \rangle$, 那么 $W \in \mathcal{M}(m, 2s+1, s, 1; 2\nu+1) \subset \mathcal{L}_R(m, 2s+1; 2\nu+1)$. 由 $2s+1 \leq m \leq \nu+s+1, m \leq 2\nu+1-2$, 有 $s < \nu$, $v_\nu \notin U$,
于是 $u_\nu + v_\nu \notin U$ 再按照 (i-a) 的步骤进行, 可知 (2.8) 不成立.

因此, 对于 $2 \leq m \leq 2\nu-2$, $\mathcal{L}_R(m, 2s+\tau; 2\nu+\delta)$ 不是几何格.

§9.10 注 记

本章中的引理 9.4—9.9, 定理 9.10 的充分性, 定理 9.12, 定理 9.19, 推论 9.13—
9.15 和推论 9.20 都取自文献 [16], 而 §9.6, §9.7 和 §9.9 在本书中首次发表.

本章的主要参考资料有: 参考文献 [5, 16, 29] 和 [34].

第十章 伪辛几何中由相同维数和秩的子空间生成的格

在这一章中，我们完全采用第七章的术语和符号，以第七章的内容为基础，继续进行讨论.

§10.1 伪辛群 $Ps_{2\nu+\delta}(\mathbb{F}_q)$ 作用下由相同维数和秩的子空间生成的格

设 P 是 $2\nu+\delta$ 维辛空间 $\mathbb{F}_q^{2\nu+\delta}$ 的一个 m 维子空间，矩阵 $PS_\delta{}^tP$ 的秩称为 P 关于 S_δ 的秩，简单说成 P 的秩. 显然子空间 P 的秩是在 $P_{s_{2\nu+\delta}}(\mathbb{F}_q)$ 作用下的一个不变量. 我们把 m 维子空间 P 的秩记成 $2s+\gamma$，其中 $\gamma=0$ 或 1. 所以 $0 \le 2s+\gamma \le m$

定义 10.1 $2\nu+\delta$ 维伪辛空间 $\mathbb{F}_q^{2\nu+\delta}$ 中的一个秩为 $2s+\gamma$ 的 m 维子空间 P 称为 $\mathbb{F}_q^{2\nu+\delta}$ 中关于 S_δ 的 $(m, 2s+\gamma)$ 子空间. □

如果 $\mathbb{F}_q^{2\nu+\delta}$ 和 S_δ 能从上下文看出时，又简单说 P 是 $(m, 2s+\gamma)$ 子空间.

定义 10.2 设 $\mathcal{M}(m, 2s+\gamma; 2\nu+\delta)$ 是 $\mathbb{F}_q^{2\nu+2}$ 中关于 S_δ 的全体 $(m, 2s+\gamma)$ 子空间所成的集合，用 $\mathcal{L}(m, 2s+\gamma; 2\nu+\delta)$ 表示由 $\mathcal{M}(m, 2s+\gamma; 2\nu+\delta)$ 生成的集合. 如果按子空间的包含 (反包含) 关系来规定 $\mathcal{L}(m, 2s+\gamma; 2\nu+\delta)$ 的偏序，所得的格记为 $\mathcal{L}_O(m, 2s+\gamma; 2\nu+\delta)(\mathcal{L}_R(m, 2s+\gamma; 2\nu+\delta))$. 格 $\mathcal{L}_O(m, 2s+\gamma; 2\nu+\delta)(\mathcal{L}_R(m, 2s+\gamma; 2\nu+\delta))$ 称为伪辛群 S_δ 作用下由 $\mathcal{M}(m, 2s+\gamma; 2\nu+\delta)$ **生成的格**. □

由定理 2.5 易知，

定理 10.1 $\mathcal{L}_O(m, 2s+\gamma; 2\nu+\delta)(\mathcal{L}_R(m, 2s+\gamma; 2\nu+\delta))$ 是一个有限格，并且 $\cap_{X \in \mathcal{M}(m, 2s+\gamma; 2\nu+\delta)} X$ 和 $\mathbb{F}_q^{2\nu+d}$ 分别是 $\mathcal{L}_O(m, 2s+\gamma; 2\nu+\delta)(\mathcal{L}_R(m, 2s+\gamma; 2\nu+\delta))$ 的最小 (最大) 元和最大 (最小) 元. □

§10.2 $(m, 2s+\gamma)$ 子空间存在的条件

由定理 7.1 可以得到

定理 10.2 在 $2\nu+\delta$ 维伪辛空间 $\mathbb{F}_q^{2\nu+\delta}$ 中，关于 S_δ 存在 $(m, 2s+\gamma)$ 的子空

第十章 伪辛几何中由相同维数和秩的子空间生成的格 · 287 ·

间，其中 $\gamma = 0$ 或 1，当且仅当

$$2s + \gamma \leq m \leq \begin{cases} \nu + s + \delta - 1, & \text{如果 } \gamma = 0, \\ \nu + s + 1, & \text{如果 } \gamma = 1. \end{cases} \tag{10.1}$$

证明 我们分 $\gamma = 0$ 和 $\gamma = 1$ 两种情形.

(a) $\gamma = 0$. 对于 $\delta = 1$, (10.1) 变成

$$2s \leq m \leq \nu + s. \tag{10.2}$$

由定理 7.1, 在 $\mathbb{F}_q^{2\nu+\delta}$ 中存在关于 S_1 的 $(m, 2s, s, 0)$ 或 $(m, 2(s-1)+2, s-1, 0)$ 型子空间, 当且仅当 (10.2) 成立. 因为 $(m, 2s, s, 0)$ 或 $(m, 2(s-1)+2, s-1, 0)$ 型子空间恰好是 $(m, 2s)$ 子空间, 所以, 当 $\delta = 1$ 时, $\mathbb{F}_q^{2\nu+1}$ 中存在关于 S_1 的 $(m, 2s)$ 子空间, 当且仅当 (10.2) 成立.

对于 $\delta = 2$, (10.1) 变成

$$2s \leq m \leq \nu + s + 1. \tag{10.3}$$

由定理 7.1, 如果 (10.3) 成立, 那么 $\mathbb{F}_q^{2\nu+2}$ 中存在关于 S_2 的 $(m, 2(s-1)+2, s-1, 1)$ 型子空间, 而 $(m, 2(s-1)+2, s-1, 1)$ 型子空间是 $(m, 2s)$ 子空间. 所以, 当 (10.3) 成立时, $\mathbb{F}_q^{2\nu+2}$ 中存在关于 S_2 的 $(m, 2s)$ 子空间. 反之, 假设 $\mathbb{F}_q^{2\nu+2}$ 中存在关于 S_2 的 $(m, 2s)$ 子空间, 设 P 是这样的一个子空间, 那么 P 是 $(m, 2s, s, \epsilon)$ 型或是 $(m, 2(s-1)+2, s-1, \epsilon)$ 型子空间, 其中 $\epsilon = 0$ 或 1. 如果 P 是 $(m, 2(s-1)+2, s-1, 1)$ 型子空间, 那么由定理 7.1, 有 (10.3) 成立. 如果 P 是 $(m, 2s, s, 1)$ 型子空间, 那么由定理 7.1, 有 $2s + 1 \leq m \leq \nu + s + 1$. 由此可知 (10.3) 成立. 如果 P 是 $(m, 2s, s, 0)$ 型子空间或是 $(m, 2(s-1)+2, s-1, 0)$ 型子空间, 那么由定理 7.1, 有 $2s \leq m \leq \nu + s$. 因而 (10.3) 也成立.

(b) $\gamma = 1$. 这时 (10.1) 变成

$$2s + 1 \leq m \leq \nu + s + 1. \tag{10.4}$$

对于 $\delta = 2$, 由定理 7.1 在 $\mathbb{F}_q^{2\nu+2}$ 中存在关于 S_2 的 $(m, 2s+1, s, 0)$ 型子空间, 当且仅当 (10.4) 成立. 但 $(m, 2s+1, s, 0)$ 型子空间是 $(m, 2s+1)$ 子空间, 并且反过来也成立. 因此在 $\mathbb{F}_q^{2\nu+2}$ 中存在关于 S_2 的 $(m, 2s+1)$ 子空间, 当且仅当 (10.4) 成立.

对于 $\delta = 1$. 如果 (10.4) 成立, 那么由定理 7.1, 在 $\mathbb{F}_q^{2\nu+2}$ 中存在关于 S_1 的 $(m, 2s+1, s, 1)$ 型子空间, 而 $(m, 2s+1, s, 1)$ 型子空间是 $(m, 2s+1)$ 子空间. 所以, 当 (10.4) 成立时, 在 $\mathbb{F}_q^{2\nu+2}$ 中存在 $(m, 2s+1)$ 子空间. 反之, 假设在 $\mathbb{F}_q^{2\nu+2}$ 中存在关于 S_1 的 $(m, 2s+1)$ 子空间. 令 P 是这样的一个子空间, 那么 P 是 $(m, 2s+1, s, 0)$ 或是 $(m, 2s+1, s, 1)$ 型子空间. 如果 P 是 $(m, 2s+1, s, 0)$ 型

子空间，那么由定理 7.1，有 $2s + 1 \leq m \leq \nu + s$. 因此 (10.4) 成立. 如果 P 是 $(m, 2s+1, s, 1)$ 型子空间，那么由定理 7.1，也有 (10.4) 成立. □

根据定理 7.1，我们有

$$\begin{aligned}\mathcal{M}(m, 2s; 2\nu + 1) &= \mathcal{M}(m, 2s, s, 0; 2\nu + 1) \\ &\cup \mathcal{M}(m, 2(s-1) + 2, s - 1, 0; 2\nu + 1),\end{aligned} \quad (10.5)$$

$$\begin{aligned}\mathcal{M}(m, 2s; 2\nu + 2) &= \mathcal{M}(m, 2s, s, 0; 2\nu + 2) \\ &\cup \mathcal{M}(m, 2s, s, 1; 2\nu + 2) \\ &\cup \mathcal{M}(m, 2(s-1) + 2, s - 1, 0; 2\nu + 2) \\ &\cup \mathcal{M}(m, 2(s-1) + 2, s - 1, 1; 2\nu + 2),\end{aligned} \quad (10.6)$$

$$\begin{aligned}\mathcal{M}(m, 2s + 1; 2\nu + 1) &= \mathcal{M}(m, 2s + 1, s, 0; 2\nu + 1) \\ &\cup \mathcal{M}(m, 2s + 1, s, 1; 2\nu + 1),\end{aligned} \quad (10.7)$$

$$\mathcal{M}(m, 2s + 1; 2\nu + 2) = \mathcal{M}(m, 2s + 1, s, 0; 2\nu + 2). \quad (10.8)$$

因此，

$$\begin{aligned}\mathcal{L}_R(m, 2s; 2\nu + 1) &\supset \mathcal{L}_R(m, 2s, s, 0; 2\nu + 1) \\ &\cup \mathcal{L}_R(m, 2(s-1) + 2, s - 1, 0; 2\nu + 1),\end{aligned} \quad (10.9)$$

$$\begin{aligned}\mathcal{L}_R(m, 2s; 2\nu + 2) &\supset \mathcal{L}_R(m, 2s, s, 0; 2\nu + 2) \\ &\cup \mathcal{L}_R(m, 2s, s, 1; 2\nu + 2) \\ &\cup \mathcal{L}_R(m, 2(s-1) + 2, s - 1, 0; 2\nu + 2) \\ &\cup \mathcal{L}_R(m, 2(s-1) + 2, s - 1, 1; 2\nu + 2),\end{aligned} \quad (10.10)$$

$$\begin{aligned}\mathcal{L}_R(m, 2s + 1; 2\nu + 1) &\supset \mathcal{L}_R(m, 2s + 1, s, 0; 2\nu + 1) \\ &\cup \mathcal{L}_R(m, 2s + 1, s, 1; 2\nu + 1),\end{aligned} \quad (10.11)$$

$$\mathcal{L}_R(m, 2s + 1; 2\nu + 2) = \mathcal{L}_R(m, 2s + 1, s, 0; 2\nu + 2). \quad (10.12)$$

仿照定理 2.8，可得

定理 10.3 设 $n = 2\nu + \delta > m \geq 1$，并且 $(m, 2s + \gamma)$ 满足 (10.1)，那么 $\mathcal{L}_R(m, 2s + \gamma; 2\nu + \delta)$ 是有限原子格，而 $\mathcal{M}(m, 2s + \gamma; 2\nu + \delta)$ 是它的原子集合. □

§10.3 若 干 引 理

引理 10.4 设 $n = 2\nu + \delta > m \geq 1$，并且 $(m, 2s + \gamma)$ 满足 (10.1)，那么

$$\mathcal{L}_R(m, 2s + \gamma; 2\nu + \delta) \supset \mathcal{L}_R(m - 1, 2s + \gamma; 2\nu + \delta),$$

除非以下两种情形出现：

(i) $\gamma = 0, \delta = 2$，而 $2s \leq m = \nu + s + 1$，

(ii) $\gamma = 1, \delta = 1$，而 $2s + 1 \leq m = \nu + s + 1$.

证明 我们只需证明

$$\mathcal{M}(m-1, 2s+\gamma; 2\nu+\delta) \subset \mathcal{L}_R(m, 2s+\gamma; 2\nu+\delta). \tag{10.13}$$

如果 $m-1 < 2s+\gamma$,那么

$$\mathcal{M}(m-1, 2s+\gamma; 2\nu+\delta) = \phi \subset \mathcal{M}(m, 2s+\gamma; 2\nu+\delta).$$

下面假定 $m-1 \geq 2s+\gamma$. 这时 $\mathcal{M}(m-1, 2s+\gamma; 2\nu+\delta) \neq \phi$. 令 $P \in \mathcal{M}(m-1, 2s+\gamma; 2\nu+\delta)$. 我们分以下四种情形:

(a) $\gamma = 0$ 而 $\delta = 1$. 这时 P 是 $(m-1, 2s, s, 0)$ 型或是 $(m-1, 2(s-1)+2, s-1, 0)$ 型子空间. 现在 (10.1) 变成 $2s \leq m \leq \nu+s$. 由引理 7.7, 如果 P 是 $(m-1, 2s, s, 0)$ 型子空间, 那么

$$P \in \mathcal{L}_R(m-1, 2s, s, 0; 2\nu+1) \subset \mathcal{L}_R(m, 2s, s, 0; 2\nu+1);$$

如果 P 是 $(m-1, 2(s-1)+2, s-1, 0)$ 型子空间, 那么

$$P \in \mathcal{L}_R(m-1, 2(s-1)+2, s-1, 0; 2\nu+1) \subset \mathcal{L}_R(m, 2(s-1)+2, s-1, 0; 2\nu+1).$$

从 (10.9) 得到 $P \in \mathcal{L}_R(m, 2s; 2\nu+1)$. 因此 (10.13) 成立.

(b) $\gamma = 0$ 而 $\delta = 2$. 这时 P 是 $(m-1, 2s, s, \epsilon)$ 型子空间或是 $(m-1, 2(s-1)+2, s-1, \epsilon)$ 型子空间, 其中 $\epsilon = 0$ 或 1. 现在 (10.1) 变成 $2s \leq m \leq \nu+s+1$. 我们假定 $m-1 \geq 2s$. 所以 $2s+1 \leq m \leq \nu+s+1$. 首先考虑 $\epsilon = 1$ 的情形. 由引理 7.17, 如果 P 是 $(m-1, 2s, s, 1)$ 型子空间, 那么

$$P \in \mathcal{L}_R(m-1, 2s, s, 1; 2\nu+2) \subset \mathcal{L}_R(m, 2s, s, 1; 2\nu+2);$$

如果 P 是 $(m-1, 2(s-1)+2, s-1, 1)$ 型子空间, 那么

$$P \in \mathcal{L}_R(m-1, 2(s-1)+2, s-1, 1; 2\nu+2)$$
$$\subset \mathcal{L}_R(m, 2(s-1)+2, s-1, 1; 2\nu+2).$$

由 (10.10) 有 $P \in \mathcal{L}_R(m, 2s; 2\nu+2)$. 现在考虑 $\epsilon = 0$ 的情形, 如果 $2s+1 \leq m \leq \nu+s$, 那么如同 $\epsilon = 1$ 的情形, 可以同样得到 $P \in \mathcal{L}_R(m, 2s; 2\nu+2)$. 然而, 如果 $2s+1 \leq m = \nu+s+1$, 那么由定理 7.1, 有 $\mathcal{M}(m, 2s, s, 0; 2\nu+2) = \phi$ 和 $\mathcal{M}(m, 2(s-1)+2, s-1, 0; 2\nu+2) = \phi$. 从 (10.10) 得到

$$\mathcal{M}(m, 2s; 2\nu+2) = \mathcal{M}(m, 2s, s, 1; 2\nu+2)$$
$$\cup \mathcal{M}(m, 2(s-1)+2, s-1, 1; 2\nu+2),$$

而 $\mathcal{M}(m, 2s, s, 1; 2\nu+2)$ 和 $\mathcal{M}(m, 2(s-1)+2, s-1, 1; 2\nu+2)$ 中的子空间均包含 $e_{2\nu+1}$. 所以 $\mathcal{M}(m, 2s; 2\nu+2)$ 中的所有子空间都包含 $e_{2\nu+1}$. 于是 $P \notin \mathcal{L}_R(m, 2s; 2\nu+2)$. 因此 "$\gamma = 0, \delta = 2$, 而 $2s+1 \leq m = \nu+s+1$" 的情形被排除.

(c) $\gamma = 1$ 而 $\delta = 1$. 这时 P 是 $(m-1, 2s+1, s, \epsilon)$ 型子空间, 其中 $\epsilon = 0$ 或 1. 现在 (10.1) 变成 $2s+1 \leq m \leq \nu+s+1$. 如果 $\epsilon = 1$, 可以假定 P 具有形式

$$P = \begin{pmatrix} Q & 0 \\ 0 & 1 \end{pmatrix} \begin{matrix} m-2 \\ 1 \end{matrix},$$
$$\phantom{P = \begin{pmatrix} Q & 0 \\ 0 \end{pmatrix}} 2\nu 1$$

其中 Q 是 2ν 维辛空间 $\mathbb{F}_q^{2\nu}$ 中的 $(m-2, s)$ 型子空间. 由引理 3.3, $Q \in \mathcal{L}_R(m-1, s; 2\nu)$. 所以 $P \in \mathcal{L}_R(m, 2s+1, s, 1; 2\nu+1)$. 再由 (10.11), 有 $P \in \mathcal{L}_R(m, 2s+1; 2\nu+1)$. 因此 (10.13) 成立. 现在考虑 $\epsilon = 0$ 的情形. 如果 $2s+1 \leq m \leq \nu+s$, 那么由引理 7.7, 有

$$P \in \mathcal{L}_R(m-1, 2s+1, s, 0; 2\nu+1) \subset \mathcal{L}_R(m, 2s+1, s, 0; 2\nu+1).$$

然而, 如果 $2s+1 \leq m = \nu+s+1$, 那么由定理 7.1, 有

$$\mathcal{M}(m, 2s+1, s, 0; 2\nu+1) \neq \phi.$$

因而 (10.7) 变成

$$\mathcal{M}(m, 2s+1; 2\nu+1) = \mathcal{M}(m, 2s+1, s, 1; 2\nu+1),$$

所以

$$\mathcal{L}_R(m, 2s+1; 2\nu+1) = \mathcal{L}_R(m, 2s+1, s, 1; 2\nu+1),$$

由此推出 $\mathcal{L}_R(m, 2s+1; 2\nu+1)$ 中的所有子空间包含 $e_{2\nu+1}$. 因此 $P \notin \mathcal{L}_R(m, 2s+1; 2\nu+1)$. 于是 "$\gamma = 1, \delta = 1$ 而 $2s+1 \leq m = \nu+s+1$" 的情形被排除.

(d) $\gamma = 1$ 而 $\delta = 2$. 这时由定理 7.1, 可知 P 是 $(m-1, 2s+1, s, 0)$ 型子空间, 而 (10.1) 变成 $2s+1 \leq m \leq \nu+s+1$. 由引理 7.16, 有

$$P \in \mathcal{L}_R(m-1, 2s+1, s, 0; 2\nu+2) \subset \mathcal{L}_R(m, 2s+1, s, 0; 2\nu+2).$$

所以 $P \in \mathcal{L}_R(m, 2s+1; 2\nu+2)$. 因此 (10.13) 成立. $\square$

引理 10.5 设 $n = 2\nu + \delta > m \geq 1$, $s \geq 1$, 并且 $(m, 2s+\gamma)$ 满足 (10.1). 那么

$$\mathcal{L}_R(m, 2s+\gamma; 2\nu+\delta) \supset \mathcal{L}_R(m-1, 2(s-1)+\gamma; 2\nu+\delta).$$

证明 只需证明

$$\mathcal{M}(m-1, 2(s-1)+\gamma; 2\nu+\delta) \subset \mathcal{L}_R(m, 2s+\gamma; 2\nu+\delta).$$

因为 $(m, 2s + \gamma)$ 满足 (10.1), 所以 $(m - 1, 2(s - 1) + \gamma)$ 也满足 (10.1). 因而 $\mathcal{M}(m - 1, 2(s - 1) + \gamma; 2\nu + \delta) \neq \phi$. 令 $P \in \mathcal{M}(m - 1, 2(s - 1) + \gamma; 2\nu + \delta)$. 我们分以下四种情形:

(a) $\gamma = 0$ 而 $\delta = 1$. 这时 P 是 $(m - 1, 2(s - 1), s - 1, 0)$ 型或是 $(m - 1, 2(s - 2) + 2, s - 2, 0)$ 型子空间. 显然, 后一种情形在 $s \geq 2$ 时出现. 现在 (10.1) 变成 $2s \leq m \leq \nu + s$. 由引理 7.8, 如果 P 是 $(m - 1, 2(s - 1), s - 1, 0)$ 型子空间, 那么

$$P \in \mathcal{L}_R(m - 1, 2(s - 1), s - 1, 0; 2\nu + 1) \subset \mathcal{L}_R(m, 2s, s, 0; 2\nu + 1);$$

如果 P 是 $(m - 1, 2(s - 2) + 2, s - 2, 0)$ 型子空间, 那么

$$P \in \mathcal{L}_R(m - 1, 2(s - 2) + 2, s - 2, 0; 2\nu + 1)$$
$$\subset \mathcal{L}_R(m, 2(s - 1) + 2, s - 1, 0; 2\nu + 1).$$

根据 (10.9), 在这两种情形, 均有 $P \in \mathcal{L}_R(m, 2s; 2\nu + 1)$.

(b) $\gamma = 0$ 而 $\delta = 2$. 这时 P 是 $(m - 1, 2(s - 1), s - 1, \epsilon)$ 型或是 $(m - 1, 2(s - 2) + 2, s - 2, \epsilon)$ 型子空间, 其中 $\epsilon = 0$ 或 1. 显然, 后一种情形只在 $s \geq 2$ 时出现. 现在 (10.1) 变成 $2s \leq m \leq \nu + s + 1$.

先考虑 $\epsilon = 0$ 的情形. 如果 P 是 $(m - 1, 2(s - 1), s - 1, 0)$ 型子空间, 那么由定理 7.1, 有 $2(s - 1) \leq m - 1 \leq \nu + (s - 1)$. 此不等式与 $2s \leq m \leq \nu + s + 1$ 联立, 得到 $2s \leq m \leq \nu + s$. 根据引理 7.17, 有

$$P \in \mathcal{L}_R(m - 1, 2(s - 1), s - 1, 0; 2\nu + 2) \subset \mathcal{L}_R(m, 2s, s, 0; 2\nu + 2).$$

如果 P 是 $(m-1, 2(s-2)+2, s-2, 0)$ 型子空间, 那么由定理 7.1, 有 $2(s-2)+2 \leq m-1 \leq \nu+(s-2)+1$. 此不等式与 $2s \leq m \leq \nu+s+1$ 联立, 得到 $2s \leq m \leq \nu+s$. 由引理 7.17, 有

$$P \in \mathcal{L}_R(m - 1, 2(s - 2) + 2, s - 2, 0; 2\nu + 2)$$
$$\subset \mathcal{L}_R(m, 2(s - 1) + 2, s - 1, 0; 2\nu + 2).$$

根据 (7.10), 在这两种情形, 均有 $P \in \mathcal{L}_R(m, 2s; 2\nu + 2)$.

其次考虑 $\epsilon = 1$ 的情形. 根据引理 7.17, 如果 P 是 $(m - 1, 2(s - 1), s - 1, 1)$ 型子空间, 那么

$$P \in \mathcal{L}_R(m - 1, 2(s - 1), s - 1, 1; 2\nu + 2) \subset \mathcal{L}_R(m, 2s, s, 1; 2\nu + 2);$$

如果 P 是 $(m - 1, 2(s - 2) + 2, s - 2, 1)$ 型子空间, 那么

$$P \in \mathcal{L}_R(m - 1, 2(s - 2) + 2, s - 2, 1; 2\nu + 2)$$

$$\subset \mathcal{L}_R(m, 2(s-1)+2, s-1, 1; 2\nu+2).$$

在这两种情形,从 (10.10) 得到 $P \in \mathcal{L}_R(m, 2s; 2\nu+2)$.

(c) $\gamma=1$ 和 $\delta=1$. 这时 P 是 $(m-1, 2(s-1)+1, s-1, \epsilon)$ 型子空间, $\epsilon=0$ 或 1, 而 (10.1) 变成 $2s+1 \le m \le \nu+s+1$. 如果 $\epsilon=0$, 也即, P 是 $(m-1, 2(s-1)+1, s-1, 0)$ 型子空间, 那么由定理 7.1, 有 $2(s-1)+1 \le m-1 \le \nu+(s-1)$. 此不等式与 $2s+1 \le m \le \nu+s+1$ 联立, 得到 $2s+1 \le m \le \nu+s$. 根据引理 7.8, 有

$$P \in \mathcal{L}_R(m-1, 2(s-1)+1, s-1, 0; 2\nu+1)$$
$$\subset \mathcal{L}_R(m, 2s+1, s, 0; 2\nu+1).$$

如果 $\epsilon=1$, 也即, P 是 $(m-1, 2(s-1)+1, s-1, 1)$ 型子空间, 那么可以假定 P 具有形式

$$P = \begin{pmatrix} Q & 0 \\ 0 & 1 \end{pmatrix} \begin{matrix} m-2 \\ 1 \end{matrix},$$
$$\,\, {}_{2\nu}\,\,{}_{1}$$

其中 Q 是 2ν 维辛空间 $\mathbb{F}_q^{2\nu}$ 中的一个 $(m-2, s-1)$ 型子空间. 由引理 3.3, 有 $Q \in \mathcal{L}_R(m-1, s; 2\nu)$. 由此可得 $P \in \mathcal{L}_R(m, 2s+1, s, 1; 2\nu+1)$. 因此由 (10.11) 可得 $P \in \mathcal{L}_R(m, 2s+1; 2\nu+1)$.

(d) $\gamma=1$ 而 $\delta=2$. 这时 P 是 $(m-1, 2(s-1)+1, s-1, 0)$ 型子空间, 而 (10.1) 变成 $2s+1 \le m \le \nu+s+1$. 根据引理 7.17, 有

$$P \in \mathcal{L}_R(m-1, 2(s-1)+1, s-1, 0; 2\nu+2) \subset \mathcal{L}_R(m, 2s+1, s, 0; 2\nu+2).$$

因此 $P \in \mathcal{L}_R(m, 2s+1; 2\nu+2)$. □

引理10.6 设 $n=2\nu+\delta > m \ge 1$, 并且 $(m, 2s+1)$ 满足

$$2s+1 \le m \le \nu+s+1,$$

那么
$$\mathcal{L}_R(m, 2s+1; 2\nu+\delta)$$
$$\supset \begin{cases} \mathcal{L}_R(m-1, 2s; 2\nu+1), & \text{如果 } \delta=1, \\ \mathcal{L}_R(m-1, 2s, 0; 2\nu+2) \\ \cup \mathcal{L}_R(m-1, 2(s-1)+2, s-1, 0; 2\nu+2), & \text{如果 } \delta=2, \end{cases}$$

除非
$$\delta=1 \text{ 和 } 2s+1 \le m = \nu+s+1$$

的情形出现.

证明 我们分 $\delta = 1$ 和 $\delta = 2$ 两种情形.

(a) $\delta = 1$. 对于 $P \in \mathcal{M}(m-1, 2s; 2\nu+1)$, 那么 P 是 $(m-1, 2s, s, 0)$ 型或是 $(m-1, 2(s-1)+2, s-1, 0)$ 型子空间, 而后一种情形只在 $s \geq 1$ 时出现.

首先考虑 $2s+1 \leq m \leq \nu + s$ 的情形. 如果 P 是 $(m-1, 2s, s, 0)$ 型子空间, 那么由引理 7.9, 有

$$P \in \mathcal{L}_R(m-1, 2s, s, 0; 2\nu+1) \subset \mathcal{L}_R(m, 2s+1, s, 0; 2\nu+1).$$

如果 P 是 $(m-1, 2(s-1)+2, s-1, 0)$ 型子空间, 那么由引理 7.11 有

$$P \in \mathcal{L}_R(m-1, 2(s-1)+2, s-1, 0; 2\nu+1) \subset \mathcal{L}_R(m, 2s+1, s, 0; 2\nu+1).$$

所以在这两种情形下, 有 $P \in \mathcal{L}_R(m, 2s+1; 2\nu+1)$.

其次考虑 $2s+1 \leq m = \nu + s + 1$ 的情形. 由定理 7.1, 有

$$\mathcal{M}(m, 2s+1, s, 0; 2\nu+1) = \phi.$$

再根据 (10.7), 得到

$$\mathcal{M}(m, 2s+1; 2\nu+1) = \mathcal{M}(m, 2s+1, s, 1; 2\nu+1).$$

所以

$$\mathcal{L}_R(m, 2s+1; 2\nu+1) = \mathcal{L}_R(m, 2s+1, s, 1; 2\nu+1).$$

因而在 $\mathcal{L}_R(m, 2s+1; 2\nu+1)$ 中的所有子空间均含有 $e_{2\nu+1}$. 但现在 $e_{2\nu+1} \notin P$, 于是 $P \notin \mathcal{L}_R(m, 2s+1; 2\nu+1)$. 这正是我们要排除的情形.

(b) $\delta = 2$. 由引理 7.18, 有

$$\mathcal{L}_R(m-1, 2s, s, 0; 2\nu+2) \subset \mathcal{L}_R(m, 2s+1, s, 0; 2\nu+2);$$

由引理 7.20, 有

$$\mathcal{L}_R(m-1, 2(s-1)+2, s-1, 0; 2\nu+2) \subset \mathcal{L}_R(m, 2s+1, s, 0; 2\nu+2).$$

而从 (10.12) 得

$$\mathcal{L}_R(m, 2s+1, s, 0; 2\nu+2) = \mathcal{L}_R(m, 2s+1; 2\nu+2).$$

因此

$$\mathcal{L}_R(m-1, 2s, s, 0; 2\nu+2) \cup \mathcal{L}_R(m-1, 2(s-1)+2, s-1, 0; 2\nu+2) \subset \mathcal{L}_R(m, 2s+1; 2\nu+2).$$

$\square$

引理10.7 设 $n = 2\nu + \delta > m \geq 1$, $s \geq 1$, 并且 $(m, 2s)$ 满足

$$2s \leq m \leq \nu + s + \delta - 1. \tag{10.14}$$

那么

$$\mathcal{L}_R(m, 2s; 2\nu + \delta) \supset \begin{cases} \mathcal{L}_R(m-1, 2(s-1)+1, s-1, 0; 2\nu+1), & \text{如果 } \delta = 1, \\ \mathcal{L}_R(m-1, 2s-1; 2\nu+2), & \text{如果 } \delta = 2, \end{cases}$$

除非

$$\delta = 2 \text{ 和 } 2s \leq m = \nu + s + 1$$

的情形出现.

证明 我们分 $\delta = 1$ 和 $\delta = 2$ 两种情形.

(a) $\delta = 1$. 这时 (10.14) 变成 $2s \leq m \leq \nu + s$. 由引理 7.9, 有

$$\mathcal{L}_R(m-1, 2(s-1)+1, s-1, 0; 2\nu+1)$$
$$\subset \mathcal{L}_R(m, 2(s-1)+2, s-1, 0; 2\nu+1).$$

根据 (10.9), 得到

$$\mathcal{L}_R(m, 2(s-1)+2, s-1, 0; 2\nu+1) \subset \mathcal{L}_R(m, 2s; 2\nu+1).$$

所以

$$\mathcal{L}_R(m-1, 2(s-1)+1, s-1, 0; 2\nu+1) \subset \mathcal{L}_R(m, 2s; 2\nu+1).$$

(b) $\delta = 2$. 这时 (10.14) 变成 $2s \leq m \leq \nu + s + 1$. 由 (10.12) 有

$$\mathcal{L}_R(m-1, 2s-1; 2\nu+2)$$
$$= \mathcal{L}_R(m-1, 2(s-1)+1, s-1, 0; 2\nu+2).$$

设 $P \in \mathcal{M}(m-1, 2(s-1)+1, s-1, 0; 2\nu+2)$. 如果 $2s \leq m \leq \nu + s$, 那么由引理 7.18, 有

$$P \in \mathcal{L}_R(m-1, 2(s-1)+1, s-1, 0; 2\nu+2)$$
$$\subset \mathcal{L}_R(m, 2(s-1)+2, s-1, 0; 2\nu+2).$$

根据 (7.10) 可得

$$\mathcal{L}_R(m-1, 2(s-1)+2, s-1, 0; 2\nu+2) \subset \mathcal{L}_R(m, 2s; 2\nu+2).$$

所以 $P \in \mathcal{L}_R(m, 2s; 2\nu+2)$. 因此

$$\mathcal{L}_R(m-1, 2(s-1)+1, s-1, 0; 2\nu+2) \subset \mathcal{L}_R(m, 2s; 2\nu+2).$$

然而, 如果 $2s \leq m = \nu + s + 1$, 那么类似于引理 10.4 的证明 (b) 中 $2s + 1 \leq m = \nu + s + 1$ 的情形, 可以证明 $P \notin \mathcal{L}_R(m, 2s; 2\nu + 2)$. 这也是我们要排除的情形. □

§10.4 格 $\mathcal{L}_R(m, 2s + \gamma, 2\nu + \delta)$ 之间的包含关系

定理10.8 设 $n = 2\nu + \delta > m \geq 1$, 并且 $(m, 2s + \gamma)$ 和 $(m_1, 2s_1 + \gamma_1)$ 满足 (10.1). 当

$$2s + \gamma \leq m = \nu + s + 1 \tag{10.15}$$

的情形出现时, 假定表 10.1 所列的情形不出现. 那么

$$\mathcal{L}_R(m, 2s + \gamma; 2\nu + 1)$$
$$\supset \begin{cases} \mathcal{L}_R(m_1, 2s_1 + 1, s_1, 0; 2\nu + 1) \cup \mathcal{L}_R(m_1, 2s_1; 2\nu + 1), \\ \qquad\qquad\qquad\qquad\qquad\qquad 如果 \gamma = 0, \\ \mathcal{L}_R(m_1, 2s_1 + \gamma_1, 1; 2\nu + 1), \quad 如果 \gamma = 1 \end{cases} \tag{10.16}$$

和

$$\mathcal{L}_R(m, 2s + \gamma; 2\nu + 2)$$
$$\supset \begin{cases} \mathcal{L}_R(m_1, 2s_1 + \gamma_1; 2\nu + 2), & 如果 \gamma = 0 \\ \mathcal{L}_R(m_1, 2s_1, s_1, 0; 2\nu + 2) \\ \cup \mathcal{L}_R(m_1, 2(s_1 - 1) + 2, s_1 - 1, 0; 2\nu + 2) \\ \cup \mathcal{L}_R(m_1, 2s_1 + 1; 2\nu + 2), & 如果 \gamma = 1 \end{cases} \tag{10.17}$$

的充分必要条件是

$$2m - 2m_1 \geq (2s + \gamma) - (2s_1 + \gamma_1) \geq 0. \tag{10.18}$$

表 10.1

δ	γ	γ_1	m_1	s_1
1	1	0	$m - t - t'$	$s - t \geq 0$
1	1	1	$m - t - t'$	$s - t \geq 0$
2	0	0	$m - t - t'$	$s - t \geq 0$
2	0	1	$m - t - t'$	$s - t - 1 \geq 0$

其中 $t = s - s_1 \geq 0$, 而 t' 是满足 $1 \leq t' \leq m - t$ 的整数.

证明 充分性. 根据 (10.18), 可以假定

$$(2s + \gamma) - (2s_1 + \gamma_1) = 2t + l \tag{10.19}$$

和
$$m - m_1 = t + t', \tag{10.20}$$

其中 $t, t' \geq 0$ 和
$$t = \begin{cases} 0, & \text{如果} \gamma = \gamma_1, \\ 1, & \text{如果} |\gamma - \gamma_1| = 1. \end{cases}$$

从 (10.18), (10.19) 和 (10.20), 可得 $2t' \geq l$. 因为 $(m, 2s + \gamma)$ 满足 (10.1), 所以对于 $1 \leq i \leq t$, $(m - i, 2(s - i) + \gamma)$ 也满足 (10.1). 连续地应用引理 10.5, 得到

$$\mathcal{L}_R(m, 2s + \gamma; 2\nu + \delta) \supset \mathcal{L}_R(m - 1, 2(s - 1) + \gamma; 2\nu + \delta)$$
$$\supset \cdots \supset \mathcal{L}_R(m - t, 2(s - t) + \gamma; 2\nu + \delta). \tag{10.21}$$

下面分 $l = 0$ 和 $l = 1$ 两种情形.

(a) $l = 0$. 这时 $\gamma = \gamma_1$. 从 (10.19) 推出 $s - s_1 = t$. 由 (10.20) 有 $m - t = m_1 + t'$. 所以

$$\mathcal{L}_R(m - t, 2(s - t) + \gamma; 2\nu + \delta) = \mathcal{L}_R(m + t', 2s_1 + \gamma_1; 2\nu + \delta). \tag{10.22}$$

我们再分以下两种情形:

(a.1) $t' = 0$. 从 (10.21) 和 (10.22) 得到

$$\mathcal{L}_R(m, 2s + \gamma; 2\nu + \delta) \supset \mathcal{L}_R(m_1, 2s_1 + \gamma_1; 2\nu + \delta). \tag{10.23}$$

(a.2) $t' \geq 1$. 由 $(m_1, 2s_1 + \gamma_1)$ 满足 (10.1) 可知 $\mathcal{M}(m_1, 2s_1 + \gamma_1; 2\nu + \delta) \neq \phi$. 为要证明 (10.23) 成立, 先断言: 如果对于使得 $0 \leq j \leq t' - 1$ 的某个整数 j, $(m_1 + t' - j, 2s_1 + \gamma_1)$ 满足

$$2s_1 + \gamma_1 \leq m_1 + t' - j = \nu + s_1 + 1 \tag{10.24}$$

并且情形

$$\text{``}\gamma_1 = \delta = 1\text{''} \ \text{或} \ \text{``}\gamma_1 = 0, \delta = 2\text{''} \tag{10.25}$$

之一出现, 那么 $j = 0$. 事实上, 从 (10.20) 和 (10.24) 推出

$$m - t - j = m_1 + t' - j = \nu + s_1 + 1.$$

因为 $t = s - s_1$ 和 $\gamma = \gamma_1$, 所以

$$m - j = \nu + s + 1.$$

而 $(m, 2s + \gamma)$ 满足 (10.1), 因而 $j = 0$.

下面来证明：在 $\gamma = \gamma_1$ 和 (10.1) 成立的条件下，

$$2s_1 + \gamma_1 \leq m_1 + t' = \nu + s_1 + 1 \tag{10.26}$$

等价于 (10.15). 事实上，假设 (10.26) 成立，那么从 (10.20) 和 (10.26) 推出 $m - t = \nu + s_1 + 1$. 但 $t = s - s_1$，所以 $m = \nu + s + 1$，而 (10.1) 成立，因此 (10.15) 成立. 反之，假设 (10.15) 成立. 从 $s - s_1 = t, 2s + \gamma \leq m, m - t = m_1 + t'$ 和 $\gamma = \gamma_1$，可得

$$2s_1 + \gamma_1 = 2(s-t) + \gamma_1 = 2s + \gamma - 2t \leq m - 2t$$
$$= m_1 - t + t' \leq m_1 + t'$$

和

$$m_1 + t' = m - t = m - s + s_1 = \nu + s_1 + 1,$$

也即，(10.26) 成立.

根据上面的断言和证明的事实. 在定理 10.8 的题设和 $\gamma = \gamma_1$ 的条件下，(10.26) 和 (10.25) 的情形之一不同时出现. 而 (10.25) 所列的情形正是表 10.1 中的第 2 行和第 3 行. 因而可以连续地应用引理 10.4，我们得到

$$\begin{aligned}&\mathcal{L}_R(m_1 + t', 2s_1 + \gamma_1; 2\nu + \delta) \\
&\supset \mathcal{L}_R(m_1 + t' - 1, 2s_1 + \gamma_1; 2\nu + \delta) \supset \cdots \\
&\supset \mathcal{L}_R(m_1 + t' - t', 2s_1 + \gamma_1; 2\nu + \delta) \\
&= \mathcal{L}_R(m_1, 2s_1 + \gamma_1; 2\nu + \delta).\end{aligned} \tag{10.27}$$

从 (10.21), (10.22), (10.27) 和上述结论可得到 (10.23)，除非 (10.15) 成立和表 10.1 的第 2 行或第 3 行所列的情形出现.

(b) $l = 1$. 因为 $2t' \geq l$，所以 $t' > 0$，并且 $|\gamma - \gamma_1| = 1$. 我们再分 "$\gamma = 1, \gamma_1 = 0$" 和 "$\gamma = 0, \gamma_1 = 1$" 两种情形.

(b.1) $\gamma = 1, \gamma_1 = 0$. 从 (10.19) 得到 $s - s_1 = t$，那么

$$\mathcal{L}_R(m-t, 2(s-t)+1; 2\nu + \delta) = \mathcal{L}_R(m_1 + t', 2s_1 + 1; 2\nu + \delta). \tag{10.28}$$

又分 $\delta = 1$ 和 $\delta = 2$ 两种情形.

(b.1.1) $\delta = 1$. 如同 (a.2) 的情形，在 "$\gamma = 1, \gamma_1 = 0$" 和 (10.1) 成立的条件下，可以证明：

$$2s_1 + 1 \leq m_1 + t' = \nu + s_1 + 1 \tag{10.29}$$

等价于 (10.15). 因而在给定的假设和 "$\gamma = 1, \gamma_1 = 0$" 的条件下，(10.29) 和 "$\delta = \gamma = 1$ 而 $\gamma_1 = 0$" 的情形不同时出现. 而 "$\delta = \gamma = 1, \gamma_1 = 0$" 正是表 10.1

的第 1 行. 因而可以应用引理 10.6, 得到

$$\mathcal{L}_R(m_1+t', 2s_1+1; 2\nu+1) \supset \mathcal{L}_R(m_1+t'-1, 2s_1; 2\nu+1). \tag{10.30}$$

根据引理 10.4, 有

$$\mathcal{L}_R(m_1+t'-1, 2s_1; 2\nu+1) \supset \mathcal{L}_R(m_1, 2s_1; 2\nu+1). \tag{10.31}$$

从 (10.21), (10.28), (10.30), (10.31) 和如上的结论得到

$$\mathcal{L}_R(m, 2s+1; 2\nu+1) \supset \mathcal{L}_R(m_1, 2s_1; 2\nu+1), \tag{10.32}$$

除非 (10.15) 和表 10.1 的第 1 行所列的情形出现.

(b.1.2) $\delta = 2$. 由引理 10.6, 有

$$\mathcal{L}_R(m_1+t', 2s_1+1; 2\nu+2) \supset \mathcal{L}_R(m_1+t'-1, 2s_1, s_1, 0; 2\nu+2)$$
$$\cup \mathcal{L}_R(m_1+t'-1, 2(s_1-1)+2, s_1-1, 0; 2\nu+2). \tag{10.33}$$

注意到: 如果 $s_1 = 0$, 那么 $\mathcal{M}(m_1+t'-1, 2(s_1-1)+2, s_1-1, 0; 2\nu+2) = \phi$. 并且 $\mathcal{L}_R(m_1+t'-1, 2(s_1-1)+2, s_1-1, 0; 2\nu+2) = \{\mathbb{F}_q^{2\nu+2}\}$. 因为 $(m, 2s+1)$ 满足 (10.1), 所以 $(m-t, 2(s-t)+1)$ 也满足 (10.1), 也即, $(m_1+t', 2s_1+1)$ 满足 (10.1). 由此可得 $(m_1+t'-1, 2s_1, s_1, 0)$ 和 $(m_1+t'-1, 2(s_1-1)+2, s_1-1, 0)$ 都满足 (7.2). 因为 $(m_1, 2s_1)$ 满足 (10.1), 所以 $(m_1, 2s_1, s_1, 0)$ 满足 (7.2), 从而对于 $1 \leq j \leq t'-1$, $(m_1+j, 2s_1, s_1, 0)$ 也满足 (7.2). 由引理 7.16, 有

$$\mathcal{L}_R(m_1+t'-1, 2s_1, s_1, 0; 2\nu+2) \supset \mathcal{L}_R(m_1, 2s_1, s_1, 0; 2\nu+2). \tag{10.34}$$

类似地, 也有

$$\mathcal{L}_R(m_1+t'-1, 2(s_1-1)+2, s_1-1, 0; 2\nu+2)$$
$$\supset \mathcal{L}_R(m_1, 2(s_1-1)+2, s_1-1, 0; 2\nu+2). \tag{10.35}$$

从 (10.21), (10.28), (10.33), (10.34) 和 (10.35) 得到

$$\mathcal{L}_R(m, 2s+1; 2\nu+2) \supset \mathcal{L}(m_1, 2s_1, s_1, 0; 2\nu+2)$$
$$\cup \mathcal{L}_R(m_1, 2(s_1-1)+2, s_1-1, 0; 2\nu+2).$$

(b.2) $\gamma = 0, \gamma_1 = 1$. 由 (10.19) 有 $s - s_1 = t + 1$. 所以

$$\mathcal{L}_R(m-t, 2(s-t)+\gamma; 2\nu+\delta) = \mathcal{L}_R(m_1+t', 2(s_1+1); 2\nu+\delta). \tag{10.36}$$

我们又分 $\delta = 1$ 和 $\delta = 2$ 两种情形.

第十章 伪辛几何中由相同维数和秩的子空间生成的格

(b.2.1) $\delta = 1$. 由引理 10.7, 有
$$\mathcal{L}_R(m_1 + t', 2(s_1+1); 2\nu+1)$$
$$\supset \mathcal{L}_R(m_1 + t' - 1, 2s_1+1, s_1, 0; 2\nu+1). \tag{10.37}$$

从 $(m_1 + t' - 1, 2s_1+1)$ 满足 (10.1), 可知 $(m_1+t'-1, 2s_1+1, s_1, 0)$ 满足 (7.2), 按照 (b.1.2) 的情形推导, 我们得到
$$\mathcal{L}_R(m_1+t'-1, 2s_1+1, s_1, 0; 2\nu+1)$$
$$\supset \mathcal{L}_R(m_1, 2s_1+1, s_1, 0; 2\nu+1). \tag{10.38}$$

从 (10.21), (10.36), (10.37) 和 (10.38), 可得
$$\mathcal{L}_R(m, 2s; 2\nu+1) \supset \mathcal{L}_R(m_1, 2s_1+1, s_1, 0; 2\nu+1).$$

(b.2.2) $\delta = 2$. 如同 (a.2) 的情形, 在 "$\gamma = 0, \gamma_1 = 1$" 和 (10.1) 成立的条件下, 可以证明
$$2(s_1+1) \leq m_1 + t' = \nu + (s_1+1) + 1 \tag{10.39}$$
等价于 (10.15). 因而在给定的假设和 "$\gamma = 0, \gamma_1 = 1,$" 的条件下, (10.39) 和 "$\delta = 2, \gamma = 0$ 而 $\gamma_1 = 1$" 的情形不同时出现. 而 "$\delta = 2, \gamma = 0$ 和 $\gamma_1 = 1$" 的情形正好是表 10.1 中的第 4 行. 因而由引理 10.7, 有
$$\mathcal{L}_R(m_1 + t', 2(s_1+1); 2\nu+2) \supset \mathcal{L}_R(m_1 + t' - 1, 2s_1+1; 2\nu+2). \tag{10.40}$$

根据引理 10.4, 有
$$\mathcal{L}_R(m_1 + t' - 1, 2s_1+1; 2\nu+2) \supset \mathcal{L}_R(m_1, 2s_1+1; 2\nu+2). \tag{10.41}$$

从 (10.21), (10.36), (10.40), (10.41) 和上面的结论可得
$$\mathcal{L}_R(m, 2s; 2\nu+2) \supset \mathcal{L}_R(m_1, 2s_1+1; 2\nu+2).$$

除非 (10.15) 和表 10.1 的第 4 行所列的情形出现.

当 $\delta = 1$ 时, 综合 (a.1), (a.2), (b.1.1) 和 (b.2.1) 情形的结果, 我们得到 (10.16), 除非 (10.15) 成立时, 表 10.1 中的第 1 行或第 2 行出现; 当 $\delta = 2$ 时, 综合 (a.1), (a.2), (b.1.2) 和 (b.2.2) 情形的结果, 我们得到 (10.17), 除非 (10.15) 成立时, 表 10.1 中第 3 行或第 4 行出现.

必要性. 假设 (10.16) 和 (10.17) 成立. 我们分 "$\delta = \gamma = 1$", "$\delta = 2, \gamma = 0$", "$\delta = 1, \gamma = 0$" 和 "$\delta = 2, \gamma = 1$" 四种情形. 我们只对 "$\delta = \gamma = 1$" 和 "$\delta = 2, \gamma = 0$" 的情形证明, 其余的两种情形可类似地进行.

假设
$$2s + \gamma \leq m < \nu + s + 1 \tag{10.42}$$

成立. 由 $(m_1, 2s_1+\gamma_1)$ 满足 (10.1) 可知 $\mathcal{M}(m_1, 2s_1+\gamma_1; 2\nu+\delta) \neq \phi$, 由 $\mathcal{M}(m_1, 2s_1+\gamma_1; 2\nu+\delta) \subset \mathcal{L}_R(m_1, 2s_1+\gamma_1; 2\nu+\delta)$ 和 $\mathcal{L}_R(m_1, 2s_1+\gamma_1; 2\nu+\delta) \subset \mathcal{L}_R(m, 2s+\gamma; 2\nu+\delta)$, 有 $\mathcal{M}(m_1, 2s_1+\gamma; 2\nu+\delta) \subset \mathcal{L}_R(m, 2s+\gamma; 2\nu+\delta)$. 对于任意 $Q \in \mathcal{M}(m_1, 2s_1+\gamma_1; 2\nu+\delta) \subset \mathcal{L}_R(m, 2s+\gamma; 2\nu+\delta)$, 存在 $(m, 2s+\gamma)$ 子空间 P, 使得 $Q \subset P$. 如果 $Q = P$, 那么 $m_1 = m$, $s_1 = s$ 和 $\gamma_1 = \gamma$. 所以 (10.18) 成立. 现在设 $Q \neq P$, 那么 $m_1 < m, 2s_1+\gamma_1 \leq 2s+\gamma$ 和 $s_1 \leq s$. 令 $m - m_1 = t$. 因为 P 和 P_1 的秩分别是 $2s+\gamma$ 和 $2s_1+\gamma_1$, 所以, $2s_1+\gamma_1 \geq 2s+\gamma-2t$. 因此 (10.18) 也成立.

现在设 $(m, 2s+\gamma)$ 满足 (10.15), 我们再分 "$\delta = \gamma = 1$" 和 "$\delta = 2, \gamma = 0$" 两种情形.

(a) $\delta = \gamma = 1$. 因为 $(m, 2s+\gamma)$ 满足 (10.15), 所以由定理 7.1, 有 $\mathcal{M}(m, 2s+1, s, 0; 2\nu+1) = \phi$. 因而 $\mathcal{L}_R(m, 2s+1; 2\nu+1) = \mathcal{L}_R(m, 2s+1, s; 2\nu+1)$. 如果 $Q \in \mathcal{L}_R(m, 2s+1; 2\nu+1) = \mathcal{L}_R(m, 2s+1, s, 1; 2\nu+1)$, $Q \neq \mathbb{F}_q^{2\nu+\delta}$, 那么由定理 7.13 可知, Q 是 $(m_1, 2s_1+1, s_1, 1)$ 型子空间, 并且 $(m_1, 2s_1+1, s_1, 1)$ 满足 $m - m_1 \geq s - s_1 \geq 0$, 也即, $(m_1, 2s_1+1)$ 满足 (10.18).

(b) $\delta = 2$ 和 $\gamma = 0$. 因为 (10.15) 成立. 所以由定理 7.1, 有 $\mathcal{M}(m, 2s, s, 0; 2\nu+2) = \phi$ 和 $\mathcal{M}(m, 2(s-1)+2, s-1, 0; 2\nu+2) = \phi$. 根据 (10.6), 有

$$\mathcal{M}(m, 2s; 2\nu+2) = \mathcal{M}(m, 2s, s, 1; 2\nu+2)$$
$$\cup \mathcal{M}(m, 2(s-1)+2, s-1, 1; 2\nu+2).$$

所以 $\mathcal{L}_R(m, 2s; 2\nu+2)$ 中的子空间均含 $e_{2\nu+1}$. 对于 $Q \in \mathcal{L}_R(m, 2s; 2\nu+2) \setminus \{\mathbb{F}_q^{2\nu+\delta}\}$. 由定理 7.26, 可知 Q 必是 $(m, 2s_1, s_1, 1)$ 型子空间或是 $(m_1, 2(s_1-1)+2, s_1-1, 1)$ 型子空间, 于是存在 $P \in \mathcal{M}(m, 2s; 2\nu+2)$, 而 P 又必须是 $(m, 2s, s, 1)$ 型子空间或是 $(m, 2(s-1)+2, s-1, 1)$ 型子空间. 并且满足 $Q \subset P$. 对于 P 和 Q 的四种组合中的任一种, 我们用上述的推导方法, 可证得 (10.18) 成立. □

定理 10.9 设 $n = 2\nu+\delta > m \geq 1$, 并且 $(m, 2s+\gamma)$ 满足 (10.15), 其中 $\gamma = 0, 1$. 再假定 $(m_1, 2s_1+\gamma_1)$ 满足 (10.1), 其中 $\gamma_1 = 0, 1$, 而 $m_1 \neq m$, 并且 (10.18) 成立. 如果

$$2s_1+\gamma_1 \leq m_1 = \nu+s_1+1$$

成立, 并且表 10.1 所列的情形之一出现, 那么

$$\mathcal{L}_R(m, 2s+\gamma; 2\nu+\delta) \not\supset \mathcal{L}_R(m_1, 2s_1+\gamma_1; 2\nu+\delta).$$

证明 我们只对表 10.1 第 1 行所列的情形验证, 其余各行可类似地进行.

在第 1 行, $\delta = 1$, $\gamma = 1$, $\gamma_1 = 0$, $m_1 = m - t - t'$, $s_1 = s - t$. 显然, $2m - 2m_1 = 2t + 2t' \geq 2t+1 = (2s+1) - 2s_1 \geq 0$. 由 (10.15) 和定理 7.1, 可知 $\mathcal{M}(m, 2s+1, s, 0; 2\nu+1) = \phi$. 因而 $\mathcal{L}_R(m, 2s+1; 2\nu+1) = \mathcal{L}_R(m, 2s+1, s, 1; 2\nu+

1). 我们按表 10.1 第 1 行取定 m_1 和 s_1 后，根据 $(m_1, 2s_1)$ 满足 (10.1) 而不满足 (10.15)，有 $\mathcal{M}(m_1, 2s_1, s_1, 0; 2\nu+1) \neq \phi$. 对于 $Q \in \mathcal{M}(m_1, 2s_1, s_1, 0; 2\nu+1)$，由定理 7.12(d)，可知 $Q \in \mathcal{L}_R(m, 2s+1, s, 0; 2\nu+1)$. 因而 $\mathcal{L}_R(m, 2s+1; 2\nu+1) \not\supset \mathcal{L}_R(m_1, 2s_1; 2\nu+1)$. □

§10.5 $\mathbb{F}_q^{2\nu+\delta}$ 中的子空间在 $\mathcal{L}_R(m, 2s+\gamma; 2\nu+\delta)$ 中的条件

定理10.10 设 $n = 2\nu + \delta > m \geq 1$，并且 $(m, 2s+\gamma)$ 满足 (10.1).

(i) 对于"$\delta = \gamma = 1$"和"$\delta = 2, \gamma = 0$"的情形. 如果 (10.42)

$$2s + \gamma \leq m < \nu + s + 1$$

成立，那么 $\mathcal{L}_R(m, 2s+\gamma; 2\nu+\delta)$ 由 $\mathbb{F}_q^{2\nu+\delta}$ 和满足 (10.18) 的所有 $(m_1, 2s_1+\gamma_1)$ 子空间组成. 然而，如果 (10.15)

$$2s + \gamma \leq m = \nu + s + 1$$

成立，那么 $\mathcal{L}_R(m, 2s+1; 2\nu+1)$ 由 $\mathbb{F}_q^{2\nu+\delta}$ 和所有 $(m_1, 2s_1+1, s_1, 1)$ 型子空间组成，其中 $(m_1, 2s_1+1)$ 满足 (10.18)；而 $\mathcal{L}_R(m, 2s; 2\nu+2)$ 由 $\mathbb{F}_q^{2\nu+2}$ 和所有 $(m_1, 2s_1, s_1, 1)$ 型以及 $(m_1, 2(s_1-1)+2, s_1-1, 1)$ 型子空间组成，其中 $(m_1, 2s_1)$ 满足 (10.18).

(ii) 对于 $\delta = 1, \gamma = 0$ 的情形. $\mathcal{L}_R(m, 2s; 2\nu+1)$ 由 $\mathbb{F}_q^{2\nu+1}$，满足 (10.18) 的所有 $(m_1, 2s_1)$ 子空间和 $(m_1, 2s_1+1)$ 满足 (10.18) 的所有 $(m_1, 2s_1+1, s_1, 0)$ 型子空间组成.

(iii) 对于"$\delta = 2, \gamma = 1$"的情形. $\mathcal{L}_R(m, 2s+1; 2\nu+2)$ 由 $\mathbb{F}_q^{2\nu+2}$ 所有 $(m_1, 2s_1+1)$ 子空间、所有 $(m_1, 2s_1, s_1, 0)$ 型和所有 $(m_1, 2(s_1-1)+2, s_1-1, 0)$ 型子空间组成，其中所对应的 $(m_1, 2s_1+1)$，$(m_1, 2s_1)$ 和 $(m_1, 2(s_1-1)+2)$ 满足 (10.18).

证明 (i) $\delta = \gamma = 1$ 或 $\delta = 2$ 而 $\gamma = 0$. 假定 (10.42) 成立，由我们的约定 $\mathbb{F}_q^{2\nu+\delta} \in \mathcal{L}_R(m, 2s+\gamma; 2\nu+\delta)$. 设 Q 是一个 $(m_1, 2s_1+\gamma_1)$ 子空间，其中 $(m_1, 2s_1+\gamma_1)$ 满足 (10.18). 那么由引理 10.8，有

$$Q \in \mathcal{L}_R(m_1, 2s_1+\gamma_1; 2\nu+\delta) \subset \mathcal{L}_R(m, 2s+\gamma; 2\nu+\delta).$$

反之，设 Q 是 $(m_1, 2s_1+\gamma_1)$ 子空间，$Q \neq \mathbb{F}_q^{2\nu+\delta}$，而 $Q \in \mathcal{L}_R(m, 2s+\gamma; 2\nu+\delta)$. 那么存在 $(m, 2s+\gamma)$ 子空间 P，使得 $Q \subset P$. 按照定理 10.8 必要性的证明，可以证得 (10.18) 成立.

现在设 $(m, 2s+\gamma)$ 满足 (10.15), 由我们的约定总有 $\mathbb{F}_q^{2\nu+\delta} \in \mathcal{L}_R(m, 2s+\gamma; 2\nu+\delta)$. 设 Q 是一个 $(m_1, 2s_1 + \gamma_1)$ 子空间, $Q \neq \mathbb{F}_q^{2\nu+\delta}$. 我们分 "$\delta = \gamma = 1$" 和 "$\delta = 2, \gamma = 0$" 两种情形.

(a) $\delta = \gamma = 1$. 因为 (10.15) 成立. 所以由定理 7.1, 有 $\mathcal{M}(m, s+1, s, 0; 2\nu+1) = \phi$. 因而

$$\mathcal{L}_R(m, 2s+1; 2\nu+1) = \mathcal{L}_R(m, 2s+1, s, 1; 2\nu+1).$$

如果 $\gamma_1 = 0$, 也即 Q 是一个 $(m_1, 2s_1)$ 子空间, 那么由定理 7.1, 可知 Q 是 $(m_1, 2s_1, s_1, 0)$ 型或是 $(m_1, 2(s_1-1)+2, s_1-1, 0)$ 型子空间, 因而 $Q \notin \mathcal{L}_R(m, 2s+1; 2\nu+\delta)$. 如果 $\gamma_1 = 1$, 也即 Q 是一个 $(m_1, 2s_1+1)$ 子空间, 那么 Q 是 $(m_1, 2s_1+1, s_1, \epsilon_1)$ 型子空间, 其中 $\epsilon_1 = 0$ 或 1. 如果 Q 是 $(m_1, 2s_1+1, s_1, 0)$ 型子空间, 那么也有 $Q \notin \mathcal{L}_R(m, 2s+1; 2\nu+1)$; 如果 Q 是 $(m_1, 2s_1+1, s_1, 1)$ 型子空间, 那么由定理 7.13, $Q \in \mathcal{L}_R(m, 2s+1, s, 1; 2\nu+1) = \mathcal{L}_R(m, 2s+1; 2\nu+1)$ 当且仅当 $(m_1, 2s_1+1, s_1, 1)$ 满足 $m - m_1 \geq s - s_1 \geq 0$, 也即 $(m_1, 2s_1+1)$ 满足 (10.18). 这样我们就得到: 如果 $\delta = \gamma = 1$, 那么 $\mathcal{L}_R(m, 2s+1; 2\nu+1)$ 由 $\mathbb{F}_q^{2\nu+1}$ 和所有 $(m_1, 2s+1, s_1, 1)$ 子空间组成, 其中 $(m_1, 2s_1+1)$ 满足 (10.18).

(b) $\delta = 2$ 而 $\gamma = 0$. 按照定理 10.8 必要性证明中 (b) 的推导, 我们有

$$\mathcal{M}(m, 2s; 2\nu+2) = \mathcal{M}(m, 2s, s, 1, 2\nu+2)$$
$$\cup \mathcal{M}(m, 2(s-1)+2, s-1, 1; 2\nu+2).$$

如果 $\gamma_1 = 1$, 也即 Q 是 $(m_1, 2s_1+1)$ 子空间, 那么 Q 是 $(m_1, 2s+1, 0)$ 型子空间, 因而 $Q \notin \mathcal{L}_R(m, 2s; 2\nu+2)$. 如果 $\gamma_1 = 0$, 也即 Q 是 $(m_1, 2s_1)$ 子空间, 那么 Q 是 $(m_1, 2s_1, s_1, \epsilon_1)$ 型或是 $(m_1, 2(s_1-1)+2, s_1-1, \epsilon_1)$ 型子空间, 其中 $\epsilon_1 = 0$ 或 1. 如果 Q 是 $(m_1, 2s_1, s_1, 0)$ 型或是 $(m_1, 2(s_1-1)+2, s_1-1, 0)$ 型子空间, 那么 $Q \notin \mathcal{L}_R(m, 2s; 2\nu+2)$. 设 Q 是 $(m_1, 2s_1, s_1, 1)$ 型或是 $(m_1, 2(s_1-1)+2, s_1-1, 1)$ 型子空间, 那么由定理 7.26 分别有 $Q \in \mathcal{L}_R(m, 2s, s, 1; 2\nu+2)$ 或 $Q \in \mathcal{L}_R(m, 2(s-1)+2, s-1, 1; 2\nu+2)$, 当且仅当 (10.18) 成立. 由 (10.10) 有

$$\mathcal{L}_R(m, 2s, s, 1; 2\nu+2)$$
$$\cup \mathcal{L}_R(m, 2(s-1)+2, s-1, 1; 2\nu+2) \subset \mathcal{L}_R(m, 2s; 2\nu+2).$$

所以, 当 (10.18) 成立时, 有 $Q \in \mathcal{L}_R(m, 2s; 2\nu+2)$. 反之, 假设 $Q \in \mathcal{L}_R(m, s; 2\nu+2)$, $Q \neq \mathbb{F}_q^{2\nu+\delta}$, 那么 Q 必是 $(m_1, 2s_1, s_1, 1)$ 型或是 $(m_1, 2(s_1-1)+2, s_1-1, 1)$ 型子空间. 于是存在 $(m, 2s)$ 子空间 P, 使 $Q \subset P$. 按照定理 10.8 必要性中 (b) 的证明, 可知 (10.18) 成立.

(ii) $\delta = 1, \gamma = 0$.

(iii) $\delta = 2, \gamma = 1$.

这两种情形可以按照情形 (i) 中第一段的方法, 同样地进行证明, 这里略去其详细过程. $\square$

推论 10.11 设 $n = 2\nu + \delta > m \geq 1$, 并且 $(m, 2s + \gamma)$ 满足 (10.1). 那么

$$\{0\} \in \mathcal{L}_R(m, 2s + \gamma; 2\nu + \delta), \tag{10.43}$$

并且 $\{0\} = \cap_{X \in \mathcal{M}(m, 2s+\gamma; 2\nu+\delta)} X$ 是 $\mathcal{L}_R(m, 2s + \gamma; 2\nu + \delta)$ 的最大元. 除非 (10.15) 成立时, "$\delta = \gamma = 1$" 和 "$\delta = 2, \gamma = 0$" 的情形之一出现. 如果 (10.15) 成立, 而 "$\delta = \gamma = 1$" 和 "$\delta = 2, \gamma = 0$" 的情形之一出现, 那么 $\{e_{2\nu+1}\}$ 是 $\mathcal{L}_R(m, 2s + \gamma; 2\nu + \delta)$ 的最大元.

证明 我们把 $\{0\}$ 考虑为 $(m_1, 2s_1 + \gamma_1)$ 子空间, 那么 $m_1 = s_1 = \gamma_1 = 0$. 由定理 10.10, 我们有 (10.43) 成立, 除非 (10.15) 成立时, "$\delta = \gamma = 1$" 和 "$\delta = 2, \gamma = 0$" 的情形之一出现. 如果 (10.15) 成立, 而 "$\delta = \gamma = 1$" 的情形出现, 那么由引理 10.4 的证明, 有

$$\mathcal{L}_R(m, 2s + 1; 2\nu + 1) = \mathcal{L}_R(m, 2s + 1, s, 1; 2\nu + 1).$$

于是 $e_{2\nu+1}$ 包含在 $\mathcal{L}_R(m, 2s+1; 2\nu+1)$ 的每个子空间中, 因此 $\langle e_{2\nu+1} \rangle$ 是 $\mathcal{L}_R(m, 2s+1; 2\nu+1)$ 的最大元; 如果 (10.15) 成立, 而 "$\delta = 2, \gamma = 0$" 的情形出现, 也由引理 10.4 的证明, 有

$$\mathcal{M}(m, 2s; 2\nu + 2) = \mathcal{M}(m, 2s, s, 1; 2\nu + 2)$$
$$\cup \mathcal{M}(m, 2(s-1) + 2, s - 1, 1; 2\nu + 2).$$

所以 $e_{2\nu+1}$ 包含在 $\mathcal{M}(m, 2s; 2\nu+2)$ 的每个子空间中, 因而 $e_{2\nu+1}$ 是 $\mathcal{L}_R(m, 2s; 2\nu+2)$ 的最大元. $\square$

由定理 10.10 的证明, 又得到

推论 10.12 设 $n = 2\nu + \delta \geq 1$, $m \neq n$, 并且 $(m, 2s + \gamma)$ 满足 (10.1), 如果 $P \in \mathcal{L}_R(m, 2s + \gamma; 2\nu + \delta)$, $P \neq \mathbb{F}_q^{2\nu+\delta}$, 而 Q 是包含在 $P \in \mathcal{L}_R(m, 2s + \gamma; 2\nu + \delta)$ 的的子空间, 那么 $Q \in \mathcal{L}_R(m, 2s + \gamma; 2\nu + \delta)$. $\square$

§10.6 伪辛空间中子空间包含关系的又一个定理

由定理 7.28 和定理 7.29, 可得如下的定理.

定理 10.13 设 V 和 U 分别是 $\mathbb{F}_q^{2\nu+\delta}$ 中的 $(m_1, 2s_1 + \gamma_1)$ 和 $(m_2, 2s_2 + \gamma_2)$ 子空间, $m_1 \neq 2\nu + \delta$, 而 $(m_1, 2s_1 + \gamma_1)$ 和 $(m_2, 2s_2 + \gamma_2)$ 满足 (10.1), 并且 $V \supset U$. 假定 V 和 U 分别是 $(m_1, 2s_1' + \tau_1, s_1', \epsilon_1)$ 型和 $(m_2, 2s_2' + \tau_2, s_2', \epsilon_2)$ 型子空间, 其

中

$$\tau_i = \begin{cases} \gamma_i, \\ 0, \end{cases} \quad s' = \begin{cases} s_i, & \text{如果 } \gamma_i = 0 \text{ 或 } 1, \\ s_i - 1, & \text{如果 } \gamma_i = 2, \end{cases} \quad (10.44)$$

而 $i = 1, 2$. 那么存在子空间 V 的一个矩阵表示,仍记作 V,其前 m_2 行张成 U,而 ${}^t(\delta, \tau_2, \epsilon_2, \tau_1, \epsilon_1)$ 在表 7.1 中取相应的值时,有定理 7.29 中相应的结果,并且又有 (10.18)

$$2m_1 - 2m_2 \geq (2s_1 + \gamma_1) - 2(s_2 + \gamma_2) \geq 0$$

□

§10.7 格 $\mathcal{L}_O(m, 2s+\gamma; 2\nu+\delta)$ 和格 $\mathcal{L}_R(m, 2s+\gamma; 2\nu+\delta)$ 的秩函数

定理 10.14 设 $n = 2\nu + 1 > m \geq 1$, $(m, 2s+\gamma)$ 满足

$$2s + \gamma \leq m \leq \nu + s.$$

对于 $X \in \mathcal{L}_O(m, 2s; 2\nu + 1)$,按照 (5.53) 式来定义 $r(X)$,这里 $\delta = 1$. 则 $r : \mathcal{L}_O(m, 2s+\gamma; 2\nu+1) \to \mathbb{N}$ 是格 $\mathcal{L}_O(m, 2s+\gamma; 2\nu+1)$ 的秩函数.

证明 因为 $\gamma = 0$ 或 $\gamma = 1$ 时的证明方法相同. 所以这里只给出 $\gamma = 0$ 的情形的证明.

由推论 10.11, 可知 $\{0\} \in \mathcal{L}_O(m, 2s; 2\nu+1)$. 从而 $\{0\}$ 是格 $\mathcal{L}_O(m, 2s; 2\nu+1)$ 的极小元. 显然, 函数 r 满足命题 1.14 中的条件 (i). 现在来证 r 满足命题 1.13 的条件 (ii). 设 $U, V \in \mathcal{L}_O(m, 2s; 2\nu+1)$ 而 $U \leq V$. 假定 $r(V) - r(U) > 1$. 当 $V = \mathbb{F}_q^{2\nu+1}$ 时, 如同定理 3.11 的证明, $U \lessdot V$ 不成立.

现在假定 $V \neq \mathbb{F}_q^{2\nu+1}$. 设 V 和 U 分别是 $(m_1, 2s_1 + \gamma_1)$ 和 $(m_2, 2s_2 + \gamma_2)$ 子空间, 那么 $(m_i, 2s_i + \gamma_i)(i = 1, 2)$ 满足 (10.1) 和 (10.18). 由定理 10.10 和 (10.18) 式, V 是 $(m_1, 2s_1, s_1, 0)$ 型, $(m_1, 2s_1+1, s_1, 0)$ 型或 $(m_1, 2(s_1-1)+2, s_1-1, 0)$ 型子空间, 而 U 是 $(m_2, 2s_2, s_2, 0)$ 型, $(m_2, 2s_2+1, s_2, 0)$ 型或 $(m_1, 2(s_1-1)+2, s_1-1, 0)$ 型子空间. 再令 s_i' 满足 (10.44). 那么 $(m_i, 2s_i' + \tau_i, s_i', 0)$ 满足 (7.1)

$$2s_i' + \tau_i \leq m_i \leq \nu + s_i' + \lceil \tau_i/2 \rceil, \quad \tau_i = 0, 1 \text{ 或 } 2$$

且 $(\delta, \tau_2, \epsilon_2, \tau_1, \epsilon_1)$ 按表 7.1 取值. 这里只给出 U 是 $(m_2, 2s_2, s_2, 0)$ 型子空间, 而 V 是 $(m_1, 2s_1' + \tau_1, s_1', 0)(\tau_1 = 0$ 或 $1)$ 型子空间的证明, 其余的情形可类似地进行.

由定理 7.29, 有

$$V S_\delta {}^t V = [K_{2s_2}, K_{(2s_3, \sigma_1)}, K_{2s_4}, \Lambda_4, 0^{(\sigma)}],$$

假如 $\sigma = s_3 = s_4 = 0$ 时, 有
$$m_1 - m_2 = \begin{cases} 0, & \text{如果 } \tau_1 = 0, \\ 1, & \text{如果 } \tau_1 = 1. \end{cases}$$

这与 $m_1 - m_2 = r(V) - r(U) \geq 2$ 矛盾. 因而 $\sigma = \sigma_3 = \sigma_4 = 0$ 的情形不出现. 对于 $\sigma > 0$, $s_3 > 0$ 或 $s_4 > 0$ 的情形, 如同定理 3.11 的证明, 可知在 $V \neq \mathbb{F}_q^{2\nu+\delta}$ 时, $V <\cdot U$ 不成立.

于是所定义的函数 r 是格 $\mathcal{L}_O(m, 2s+\tau; 2\nu+1)$ 的秩函数. □

定理 10.15 设 $n = 2\nu + 2 > m \geq 2$, $(m, 2s)$ 满足 (10.1)
$$2s \leq m \leq \nu + s + 1$$
对于 $X \in \mathcal{L}_O(m, 2s; 2\nu+2)$, 当 $2s \leq m < \nu+s+1$ 时, 按照 (5.53) 式来定义 $r(X)$, 这里 $\delta = 2$; 当 $2s \leq m = \nu+s+1$ 时, 按照 (7.45) 式来定义 $r(X)$. 则 $r : \mathcal{L}_O(m, 2s; 2\nu+2) \to \mathbb{N}$ 是格 $\mathcal{L}_O(m, 2s; 2\nu+2)$ 的秩函数.

证明 只需证后一情形. 由 $2s \leq m = \nu+s+1$ 和定理 10.10, $\mathcal{L}_O(m, 2s; 2\nu+2)$ 是由 $\mathbb{F}_q^{2\nu+2}$, $(m_1, 2s_1, s_1, 1)$ 型和 $(m_1, 2(s_1'-1)+2, s_1'-1, 1)$ 型子空间生成, 其中 $(m_1, 2s_1)$ 和 $(m-1, 2(s_1'-1)+2)$ 满足 (10.18). 因而 $\langle e_{2\nu+1} \rangle$ 是 $\mathcal{L}_O(m, 2s; 2\nu+2)$ 的极小元. 类似于定理 10.14 的证明, 可得 r 是格 $\mathcal{L}_O(m, 2s; 2\nu+1)$ 的秩函数. □

定理 10.16 设 $n = 2\nu + \delta > m \geq 1$, $(m, 2s+\nu)$ 满足 (10.1). 对于 $X \in \mathcal{L}_R(m, 2s; 2\nu+1)$, 按照 (5.54) 式来定义 $r'(X)$, 则 $r' : \mathcal{L}_R(m, 2s+\gamma; 2\nu+1) \to \mathbb{N}$ 是格 $\mathcal{L}_R(m, 2s+\gamma; 2\nu+1)$ 的秩函数.

证明 由定理 10.14 和定理 10.15 可得到本定理. □

§10.8 格 $\mathcal{L}_R(m, 2s+\gamma; 2\nu+\delta)$ 的特征多项式

设 $(m, 2s+g)$ 满足 (10.1), 并且令 $N(m, 2s+\gamma; 2\nu+\delta) = |\mathcal{M}(m, 2s+\gamma; 2\nu+\delta)|$. 那么我们有

定理 10.17 设 $n = 2\nu + \delta > m \geq 1$.

(i) 对于 "$\delta = \gamma = 1$" 或 "$\delta = 2, \gamma = 0$", 如果 (10.42)
$$2s + \gamma \leq m < \nu + s + 1$$
成立, 那么
$$\chi(\mathcal{L}_R(m, 2s+\gamma; 2\nu+\delta), t)$$
$$= \sum_{\gamma_1 = 0,1} \Big(\sum_{\substack{s_1 = (s+1) \\ -(1-\gamma)\gamma_1}}^{[n/2]} \sum_{m_1 = 2s_1 + \gamma_1}^{\nu + s_1 + 1} + \sum_{s_1 = 0}^{s-(1-\gamma)\gamma_1} \sum_{\substack{m_1 = m-s+s_1 \\ +\gamma(\gamma_1-1)+1}}^{\nu + s_1 + 1} \Big)$$

$$\cdot N(m_1, 2s_1 + \gamma_1; 2\nu + \delta) g_{m_1}(t),$$

其中 $g_{m_1}(t)$ 是 Gauss 多项式.

(ii) 对于 "$\delta = 1, \gamma = 0$", 如果 (10.2)

$$2s \leq m \leq \nu + s$$

成立, 那么

$$\chi(\mathcal{L}_R(m, 2s; 2\nu + 1), t)$$

$$= \sum_{\gamma_1 = 0,1} \left(\sum_{s_1 = (s+1) - \gamma_1}^{[n/2]} \sum_{m_1 = 2s_1 + \gamma_1}^{\nu + s_1} + \sum_{s_1 = 0}^{s - \gamma} \sum_{m_1 = m - s + s_1 + 1}^{\nu + s_1} \right)$$

$$\cdot N(m_1, 2s_1 + \gamma_1; 2\nu + 1) g_{m_1}(t)$$

$$+ \sum_{s_1 = 0}^{\nu} \sum_{m_1 = 2s_1 + 1}^{\nu + s_1 + 1} N(m_1, 2s_1 + 1, s_1, 1; 2\nu + 1) g_{m_1}(t).$$

(iii) 对于 "$\delta = 2, \gamma = 1$", 如果 (10.4)

$$2s + 1 \leq m \leq \nu + s + 1$$

成立, 那么

$$\chi(\mathcal{L}_R(m, 2s + 1; 2\nu + 2), t)$$

$$= \sum_{\gamma_1 = 0,1} \left(\sum_{s_1 = s+1}^{[n/2]} \sum_{m_1 = 2s_1 + \gamma_1}^{\nu + s_1 + 1} + \sum_{s_1 = 0}^{s} \sum_{m_1 = m - s + s_1 + \gamma_1}^{\nu + s + \gamma_1} \right)$$

$$\cdot N(m_1, 2s_1 + \gamma_1; 2\nu + 2) g_{m_1}(t)$$

$$+ \sum_{s_1 = 1}^{\nu} \sum_{m_1 = 2s_1 + 1}^{\nu + s_1 + 1} N(m_1, 2s_1, s_1, 1; 2\nu + 2) g_{m_1}(t)$$

$$+ \sum_{s_1 = 1}^{\nu + 1} \sum_{m_1 = 2s_1}^{\nu + s_1 + 1} N(m_1, 2(s_1 - 1) + 2, s_1 - 1, 1; 2\nu + 2) g_{m_1}(t). \quad \square$$

应注意: 由 (10.5), (10.6), (10.7) 和 (10.8) 分别可得

$$N(m_1, 2s_1; 2\nu + 1) = N(m_1, 2s_1, s_1, 0; 2\nu + 1)$$
$$+ N(m_1, 2(s_1 - 1) + 2, s_1 - 1, 0; 2\nu + 1),$$
$$N(m_1, 2s_1; 2\nu + 2) = N(m_1, 2s_1, s_1, 0; 2\nu + 2)$$
$$+ N(m_1, 2s_1, s_1, 1; 2\nu + 2)$$
$$+ N(m_1, 2(s_1 - 1) + 2, s_1 - 1, 0; 2\nu + 2)$$

$$+N(m_1, 2(s_1-1)+2, s_1-1, 1; 2\nu+2),$$
$$N(m_1, 2s_1+1; 2\nu+1) = N(m_1, 2s_1+1, s_1, 0; 2\nu+1)$$
$$+N(m_1, 2s_1+1, s_1, 1; 2\nu+1),$$
$$N(m_1, 2s_1+1; 2\nu+2) = N(m_1, 2s_1+1, s_1, 0; 2\nu+2).$$

而 $N(m, 2s+\gamma, s, \epsilon; 2\nu+\delta)$ 的计算公式由文献 [29] 给出.

§10.9 格 $\mathcal{L}_O(m, 2s+\gamma; 2\nu+\delta)$ 的几何性

定理 10.18 设 $n = 2\nu+1 > m \geq 1$, $(m, 2s)$ 满足 (10.1)

$$2s \leq m \leq \nu+s.$$

那么

(a) $\mathcal{L}_O(1, 0; 2\nu+1)$ 是有限几何格;

(b) 对于 $2 \leq m \leq 2\nu$, $\mathcal{L}_O(m, 2s; 2\nu+1)$ 是有限原子格, 但不是几何格.

证明 易知, 对于 $1 \leq m \leq 2\nu$, $\mathcal{L}_O(m, 2s; 2\nu+1)$ 是有限格. 因为 $\{0\}$ 是格 $\mathcal{L}_O(m, 2s; 2\nu+1)$ 的极小元, 所以对于 $X \in \mathcal{L}_O(m, 2s; 2\nu+1)$, 按照 (5.53) 式来定义 $r(X)$, 这里 $\delta = 1$. 由定理 10.14 知, 则 r 是格 $\mathcal{L}_O(m, 2s+\tau, s, 0; 2\nu+1)$ 的秩函数.

其次我们证明在 $\mathcal{L}_O(m, 2s; 2\nu+1)$ 中 G_1 成立.

因为 $\{0\}$ 是 $\mathcal{L}_O(m, 2s; 2\nu+1)$ 的极小元, 所以 $\mathcal{L}_O(m, 2s; 2\nu+1)$ 中的 1 维子空间是它的原子. 对于任意 $U \in \mathcal{L}_O(m, 2s; 2\nu+1) \setminus \{\{0\}, \mathbb{F}_q^{2\nu+1}\}$, 可设 U 是 $(m_1, 2s_1)$ 子空间或 $(m_1, 2s_1+1, s_1, 0)$ 型子空间. 由定理 10.10, $(m_1, 2s_1)$ 或 $(m_1, 2s_1+1)$ 满足 (10.18). 如果 U 是 $(m_1, 2s_1)$ 子空间, 由定理 10.8, 有 $\mathcal{L}_O(m, 2s; 2\nu+1) \supset \mathcal{L}_O(m_1, 2s_1; 2\nu+1)$. 容易验证 $(1, 0)$ 满足 (10.18), 即

$$2m_1 - 2 \geq 2s_1 - 0 \geq 0$$

成立, 并且在 $s_1 \geq 1$ 时 $(1, 1)$ 也满足 (10.18), 即

$$2m_1 - 2 \geq 2s_1 - 1 \geq 0$$

成立. 因而 $(1, 0)$ 子空间属于 $\mathcal{L}_O(m_1, 2s_1; 2\nu+1)$, 并且在 $s_1 \geq 1$ 时, $(1, 1)$ 子空间也属于 $\mathcal{L}_O(m_1, 2s_1; 2\nu+1)$. 从而 $(1, 0)$ 子空间是 $\mathcal{L}_O(m_1, 2s_1; 2\nu+1)$ 的原子, 并且在 $s_1 \geq 1$ 时, $(1, 1)$ 子空间也是 $\mathcal{L}_O(m_1, 2s_1; 2\nu+1)$ 的原子. 因为 $(m_1, 2s_1)$ 子空间是 $(m_1, 2s_1, s_1, 0)$ 型或 $(m_1, 2(s_1-1)+2, s_1-1, 0)$ 型子空间. 当 U 是 $(m_1, 2(s_1-1)+2, s_1-1, 0)$ 型子空间时, 可设 $U = \langle u_1, \cdots, u_{s_1-1}, v_1, \cdots, v_{s_1-1}, w_1, w_2, u_{s_1}, \cdots, u_{m_1-s_1-1} \rangle$, 使得

$$US_1{}^tU = [K_{2(s_1-1)}, D_2, 0^{(m_1-2s_1)}].$$

因为 $s_1 \geq 1$, 而 $\langle u_i \rangle (i=1,\cdots,m_1-s_1-1)$, $\langle v_j \rangle$ $(j=1,\cdots,s_1-1)$ 和 $\langle w_1 \rangle$ 是 $(1,0)$ 子空间, 并且 $\langle w_2 \rangle$ 是 $(1,1)$ 子空间, 所以它们都是 $\mathcal{L}_O(m,2s;2\nu+1)$ 的原子, 并且有
$$U = \vee_{i=1}^{m_1-s_1-1}\langle u_i \rangle \vee_{j=1}^{s_1-1}\langle v_j \rangle \vee \langle w_1 \rangle \vee \langle w_2 \rangle,$$
即 U 是 $\mathcal{L}_O(m,2s;2\nu+1)$ 中原子的并. 同样, 当 U 是 $(m_1,2s_1,s_1,0)$ 型子空间时, U 也是 $\mathcal{L}_O(m,2s;2\nu+1)$ 中原子的并.

如果 U 是 $(m_1,2s_1+1,s_1,0)$ 型子空间, 那么由定理 7.41 的证明, 可知 U 是 $(1,1,0,0)$ 型子空间的并, 而 $(1,1,0,0)$ 型子空间是 $\mathcal{L}_O(m,2s;2\nu+1)$ 的原子, 所以 U 也是 $\mathcal{L}_O(m,2s;2\nu+1)$ 中原子的并.

因为 $|\mathcal{M}(m,2s;2\nu+1)| \geq 2$, 所以有 $W_1,W_2 \in \mathcal{M}(m,2s;2\nu+1)$, $W_1 \neq W_2$. 于是 $\mathbb{F}_q^{2\nu+1} = W_1 \vee W_2$. 但是 W_1 和 W_2 是 $\mathcal{L}_O(m,2s+\tau;2\nu+1)$ 中原子的并, 因而 $\mathbb{F}_q^{2\nu+1}$ 也是其原子的并.

因此, 在 $\mathcal{L}_O(m,2s;2\nu+1)$ 中 G_1 成立.

最后, 我们来完成 (a) 和 (b) 的证明.

(a) 类似于定理 4.19(a) 的证明, 可知 $\mathcal{L}_O(1,0;2\nu+1)$ 是有限几何格.

(b) 假定 $2 \leq m \leq 2\nu+1-1$, 仿照定理 8.21 的证明, 可知在 $\mathcal{L}_O(m,2s;2\nu+1)$ 中 G_2 不成立. 因而 $\mathcal{L}_O(m,2s;2\nu+1)$ 不是几何格. □

定理 10.19 设 $n = 2\nu+1 > m \geq 1$, $(m,2s+1)$ 满足 (10.1)
$$2s+1 \leq m \leq \nu+s+1.$$
如果
$$2s+1 \leq m < \nu+s+1$$
成立, 那么

(a) $\mathcal{L}_O(1,1;2\nu+1)$ 是有限几何格.

(b) 对于 $2 \leq m \leq 2\nu$, $\mathcal{L}_O(m,2s+1;2\nu+1)$ 是有限原子格, 但不是几何格.

然而, 当
$$2s+1 \leq m = \nu+s+1$$
成立时, 那么

(c) $\mathcal{L}_O(2,1;2\nu+1)$ 和 $\mathcal{L}_O(2\nu,2(\nu-1)+1;2\nu+1)$ 是有限几何格.

(d) 对于 $3 \leq m \leq 2\nu-1$, $\mathcal{L}_O(m,2s+1;2\nu+1)$ 是有限原子格, 但不是几何格.

证明 先证明 (a) 和 (b). 易知, 对于 $1 \leq m \leq 2\nu$, $\mathcal{L}_O(m,2s+1;2\nu+1)$ 是有限格. 因为 $\{0\}$ 是格 $\mathcal{L}_O(m,2s+1;2\nu+1)$ 的极小元, 所以如同定理 10.14 中一样地定义 $\mathcal{L}_O(m,2s+1;2\nu+1)$ 的函数 r, 那么 r 是它的秩函数. 类似于定理 10.18 的证明, 可证得在 $\mathcal{L}_O(m,2s+1;2\nu+1)$ 中 (a) 和 (b) 的结论成立.

第十章　伪辛几何中由相同维数和秩的子空间生成的格　　　　　　　　　　　　· 309 ·

由 $2s+1 \leq m = \nu+s+1$ 和引理 10.4 的证明, 有 $\mathcal{L}_O(m, 2s+1; 2\nu+1)$
$= \mathcal{L}_O(m, 2s+1, s, 1; 2\nu+1)$. 由定理 7.40, 可知 (c) 和 (d) 成立. □

定理 10.20　设 $n = 2\nu + 2 > m \geq 2$, 而 $(m, 2s)$ 满足 (10.1)

$$2s \leq m \leq \nu + s + 1.$$

如果

$$2s \leq m < \nu + s + 1$$

成立, 那么

(a) $\mathcal{L}_O(1, 0; 2\nu+2)$ 是有限几何格.

(b) 对于 $2 \leq m \leq 2\nu+1$, $\mathcal{L}_O(m, 2s; 2\nu+2)$ 是有限原子格, 但不是几何格.

然而, 当

$$2s \leq m = \nu + s + 1$$

成立时, 那么

(c) $\mathcal{L}_O(2, 0; 2\nu+2)$ 是有限几何格.

(d) 对于 $3 \leq m \leq 2\nu+1$, $\mathcal{L}_O(m, 2s; 2\nu+2)$ 是有限原子格, 但不是几何格.

证明　对于 (a) 和 (b), 类似于定理 10.19 的证明. 下面来证明 (c) 和 (d). 当 $m = 2$ 时, $s = 0$ 而 $\nu = 1$ 或 $s = 1$ 而 $\nu = 0$. 因为 $m \leq 2\nu + 1$, 所以后一种情形不出现. 因而 $\mathcal{L}_O(2, 2s; 2\nu+2) = \mathcal{L}_O(2, 0; 2\nu+2) = \mathcal{L}_O(2, 2, 0, 1; 2 \cdot 1 + 2)$. 由定理 7.44, 可知 (c) 成立.

现在来证明 (d). 对于 $X \in \mathcal{L}_O(m, 2s; 2\nu+2)$, 按照 (7.45) 式来定义 $r(X)$, 由定理 10.15 知, r 是格 $\mathcal{L}_O(m, 2s; 2\nu+2)$ 的秩函数.

因为 $\{e_{2\nu+1}\}$ 是 $\mathcal{L}_O(m, 2s; 2\nu+2)$ 的极小元, 而 $m \geq 3$, 所以 $(2, 0, 0, 1)$, $(2, 2, 0, 1)$ 型子空间是 $\mathcal{L}_O(m, 2s; 2\nu+2)$ 的原子. 对于任意 $U \in \mathcal{L}_O(m, 2s; 2\nu+2) \setminus \{\{0\}, \mathbb{F}_q^{2\nu+2}\}$, 可设 U 是 $(m_1, 2s_1, s_1, 1)$ 型 $(m_1, 2(s_1-1)+2, s_1-1, 1)$ 型子空间. 当 U 是 $(m_1, 2(s_1-1)+2, s_1-1, 1)$ 型子空间时, 可设 $U = \langle u_1, \cdots, u_{s_1-1}, v_1, \cdots, v_{s_1-1}, e_{2\nu+1}, w, u_{s_1}, \cdots, u_{m_1-s_1-1}\rangle$, 使得

$$US_2{}^tU = [K_{2(s_1-1)}, D_2, 0^{(m_1-2s_1)}].$$

因为 $\langle u_i, e_{2\nu+1}\rangle (i = 1, \cdots, m_1-s_1-1)$ 和 $\langle v_j, e_{2\nu+1}\rangle (j = 1, \cdots, s_1-1)$ 是 $(2, 0, 0, 1)$ 型子空间, 而 $\langle e_{2\nu+1}, w\rangle$ 是 $(2, 2, 0, 1)$ 型子空间, 并且它们都是 U 的子空间, 由推论 10.12, 它们都属于 $\mathcal{L}_O(m, 2s; 2\nu+\delta)$. 所以它们都是 $\mathcal{L}_O(m, 2s; 2\nu+2)$ 的原子, 并且有

$$U = \vee_{i=1}^{m_1-s_1-1}\langle u_i, e_{2\nu+1}\rangle \vee_{j=1}^{s_1-1}\langle v_j, e_{2\nu+1}\rangle \vee \langle e_{2\nu+1}, w\rangle.$$

同样, 当 U 是 $(m_1, 2s_1, s_1, 1)$ 型子空间时, U 也是 $\mathcal{L}_O(m, 2s; 2\nu+2)$ 中原子的并. 再仿照定理 10.18 的相应步骤进行推导, 可知在 $\mathcal{L}_O(m, 2s; 2\nu+2)$ 中 G_1 成立.

现在证明存在 $U, W \in \mathcal{L}_O(m, 2s; 2\nu + 2)$ 使得 (1.23) 不成立, 即 G_2 不成立.

如果 $s \geq 1$, 那么 $\mathcal{L}_O(m, 2s; 2\nu + 2) \supset \mathcal{L}_O(m, 2(s-1) + 2, s-1, 1; 2\nu + 2)$. 由定理 7.37, $\mathcal{L}_O(m, 2(s-1) + 2, s_1 - 1, 1; 2\nu + 2) \cong \mathcal{L}_O(m-1, 2(s-1) + 1; 2\nu + 1)$, 并设其同构映射是 ϕ. 由定理 10.19 可知, 在 $\mathcal{L}_O(m-1, 2(s-1) + 1; 2\nu + 1)$ 中 G_2 不成立, 即在 $\mathcal{L}_O(m-1, 2(s-1) + 1; 2\nu + 1)$ 中存在 U' 和 W', 使得

$$r(U' \vee W') + r(U' \wedge W') > r(U') + r(W').$$

令 $\phi^{-1}(U') = U$, $\phi^{-1}(W') = W$. 因为 $\phi^{-1}(U' \vee W') = U \vee W$ 和 $\phi^{-1}(U' \wedge W') = U \wedge W$, 而 $\dim U = \dim U' + 1$, $\dim W = \dim W' + 1$, $\dim(U \vee W) = \dim(U' \vee W') + 1$ 和 $\dim(U \wedge W) = \dim(U' \wedge W') + 1$. 所以, 对于 U 和 W, (1.23) 不成立.

如果 $s = 0$, 那么 $\mathcal{L}_O(m, 2s; 2\nu + 2) = \mathcal{L}_O(m, 2s, s, 1; 2\nu + 2)$. 由定理 7.6, $\mathcal{L}_O(m, 0, 0, 1; 2\nu + 2) \cong \mathcal{L}_O(m-1, 0; 2\nu)$. 如同 $s \geq 1$ 的情形一样, 存在 $U, W \in \mathcal{L}_O(m-1, 0; 2\nu)$ 使得 (1.23) 不成立. □

定理 10.21 设 $n = 2\nu + 2$ 和 $(m, 2s + 1)$ 满足 (10.1)

$$2s + 1 \leq m \leq \nu + s + 1,$$

那么

(a) $\mathcal{L}_O(1, 1; 2\nu + 2)$ 是有限几何格.

(b) 对于 $2 \leq m \leq 2\nu + 1$, $\mathcal{L}_O(m, 2s + 1; 2\nu + 2)$ 是有限原子格, 但不是几何格.

证明 由 (10.12) 式, 有

$$\mathcal{L}_O(m, 2s + 1; 2\nu + 2) = \mathcal{L}_O(m, 2s + 1, s, 0; 2\nu + 2).$$

再根据定理 7.43, 可知 (a) 和 (b) 成立. □

§10.10 格 $\mathcal{L}_R(m, 2s + \gamma; 2\nu + \delta)$ 的几何性

定理 10.22 设 $n = 2\nu + 1 > m \geq 1$, $(m, 2s)$ 满足 (10.1). 那么

(a) 对于 $m = 1$ 或 2ν, $\mathcal{L}_R(m, 2s; 2\nu + 1)$ 是有限几何格.

(b) 对于 $2 \leq m \leq 2\nu - 1$, $\mathcal{L}_R(m, 2s; 2\nu + 1)$ 是有限原子格, 但不是几何格.

证明 易知, 对于 $1 \leq m \leq 2\nu$, $\mathcal{L}_R(m, 2s; 2\nu + 1)$ 是有限原子格, $\mathbb{F}_q^{2\nu+1}$ 是它的极小元. 对于任意 $X \in \mathcal{L}_R(m, 2s; 2\nu + 1)$, 按照 (5.54) 式来定义 $r'(X)$, 这里 $\delta = 1$, 由定理 10.16 知, r' 是格 $\mathcal{L}_R(m, 2s; 2\nu + 1)$ 的秩函数.

(a) 对于 $m = 1$ 的情形, 类似于定理 2.20 的证明, $\mathcal{L}_R(1, 0; 2\nu + 1)$ 是有限几何格; 对于 $m = 2\nu$, 作为定理 2.8 的特殊情形, $\mathcal{L}_R(m, 2s, 2\nu + 1)$ 也是有限几何格.

(b) 假设 $2 \leq m \leq 2\nu - 1$, 并且 $U \in \mathcal{M}(m, 2s; 2\nu + 1)$, 那么 U 是 $(m, 2s, s, 0)$ 型或 $(m, 2(s-1)+2, s-1, 0)$ 型子空间, 并且在后一种情形有 $s \geq 1$. 如果 U 是 $(m, 2s, s, 0)$ 型子空间, 就有 $U \in \mathcal{L}_O(m, 2s, s, 0; 2\nu + 1)$. 由定理 7.4, $\mathcal{L}_R(m, 2s, s, 0; 2\nu + 1) \cong \mathcal{L}_R(m, s; 2\nu)$, 设其同构映射是 ϕ. 由定理 3.17 可知, 存在 $W \in \mathcal{L}_R(m, 2s; 2\nu + 1)$ 使得 (2.8) 不成立.

如果 U 是 $(m, 2(s-1)+2, s-1, 0)$ 型子空间, 那么 $U \in \mathcal{L}_R(m, 2(s-1)+2, s-1, 0; 2\nu+1) \subset \mathcal{L}_R(m, 2s; 2\nu+1)$. 由定理 7.47 的证明, 存在 $W \in \mathcal{L}_R(m, 2s; 2\nu+1)$, 使得 (2.8) 成立.

因此, 对于 $2 \leq m \leq 2\nu + 1$, $\mathcal{L}_R(m, 2s; 2\nu + 1)$ 不是几何格. □

定理 10.23 设 $n = 2\nu + 1 > m \geq 1$, $(m, 2s+1)$ 满足 (10.1). 如果

$$2s + 1 \leq m < \nu + s + 1$$

成立, 那么

(a) 对于 $m = 1$ 或 2ν, $\mathcal{L}_R(m, 2s+1; 2\nu+1)$ 是有限几何格.

(b) 对于 $2 \leq m \leq 2\nu - 1$, $\mathcal{L}_R(m, 2s+1; 2\nu+1)$ 是有限原子格, 但不是几何格.

然而, 当

$$2s + 1 \leq m = \nu + s + 1$$

成立时, 那么

(c) $\mathcal{L}_R(2, 1; 2\nu+1)$ 和 $\mathcal{L}_R(2\nu, 2(\nu-1)+1; 2\nu+1)$ 是有限几何格.

(d) 对于 $3 \leq m \leq 2\nu - 1$, $\mathcal{L}_R(m, 2s+1; 2\nu+1)$ 是有限原子格, 但不是几何格.

证明 易知, 对于 $1 \leq m \leq 2\nu$, $\mathcal{L}_R(m, 2s; 2\nu+1)$ 是有限原子格, $\mathbb{F}_q^{2\nu+\delta}$ 是它的极小元. 先给出 (a) 和 (b) 的证明. 对于任意 $X \in \mathcal{L}_R(m, 2s+1; 2\nu+1)$, 按照 (5.54) 式来定义函数 r', 由定理 10.16 知, r' 是 $\mathcal{L}_R(m, 2s+1; 2\nu+1)$ 的秩函数.

(a) 如同定理 10.22(a) 的证明, 可知 (a) 的结论成立

(b) 假设 $2 \leq m \leq 2\nu - 1$, 并且 $U \in \mathcal{M}(m, 2s+1; 2\nu+1)$, 那么 U 是 $(m, 2s+1, s, 0)$ 型或 $(m, 2s+1, s, 1)$ 型子空间. 如果 U 是 $(m, 2s+1, s, 0)$ 型子空间, 那么由定理 7.47 的证明, 存在 $W \in \mathcal{M}(m, 2s+1, s, 0; 2\nu+1) \subset \mathcal{L}_R(m, 2s+1; 2\nu+1)$, 使得 (2.8) 不成立.

如果 U 是 $(m, 2s+1, s, 1)$ 型子空间, 那么 $U \in \mathcal{L}_R(m, 2s+1, s, 1; 2\nu+1)$, 由定理 7.4, $\mathcal{L}_R(m, 2s+1, s, 1; 2\nu+1) \cong \mathcal{L}_R(m-1, s; 2\nu)$. 设同构映射是 ϕ. 令 $\phi(U) = U'$, 那么 $U' \in \mathcal{L}_R(m-1, s; 2\nu)$, 由定理 3.17 的证明, 存在 $W' \in \mathcal{M}(m, s; 2\nu)$, 使得对于 U' 和 W', (2.8) 成立. 因而有 $\phi^{-1}(W') = W \in \mathcal{M}(m, 2s+1, s, 1; 2\nu+1) \subset \mathcal{L}_R(m, 2s+1; 2\nu+1)$. 于是对于 U 和 W, (2.8) 成立.

因此, 对于 $2 \leq m \leq 2\nu + 1$, $\mathcal{L}_R(m, 2s+1; 2\nu+1)$ 不是几何格.

现在来证明 (c) 和 (d). 由 $2s + 1 \leq m = \nu + s + 1$, 有 $\mathcal{L}_R(m, 2s+1; 2\nu+1) = \mathcal{L}_R(m, 2s+1, s, 1; 2\nu+1)$. 由定理 7.46, 可知 (c) 和 (d) 成立. □

定理 10.24 设 $n = 2\nu + 2 > m \geq 1$, $(m, 2s)$ 满足 (10.1). 如果

$$2s \leq m < \nu + s + 1$$

成立, 那么

(a) 对于 $m = 1$ 或 $2\nu + 1$, $\mathcal{L}_R(m, 2s; 2\nu+2)$ 是有限几何格.

(b) 对于 $2 \leq m \leq 2\nu$, $\mathcal{L}_R(m, 2s; 2\nu+2)$ 是有限原子格, 但不是几何格.

然而, 当

$$2s \leq m = \nu + s + 1$$

成立时, 那么

(c) 对于 $m = 2$ 或 $2\nu + 1$, $\mathcal{L}_R(m, 2s; 2\nu+2)$ 是有限几何格.

(d) 对于 $3 \leq m \leq 2\nu$, $\mathcal{L}_O(m, 2s; 2\nu+2)$ 是有限原子格, 但不是几何格.

证明 类似于定理 10.23 的证明. □

定理 10.25 设 $n = 2\nu + 2 > m \geq 1$, $(m, 2s+1)$ 满足 (10.1). 那么

(a) 对于 $\mathcal{L}_R(1, 1; 2\nu+2)$ 或 $\mathcal{L}_R(2\nu+1, 2\nu+1; 2\nu+2)$ 是有限几何格.

(b) 对于 $2 \leq m \leq 2\nu$, $\mathcal{L}_R(m, 2s+1; 2\nu+2)$ 是有限原子格, 但不是几何格.

证明 由 (10.12) 式, 有

$$\mathcal{L}_R(m, 2s+1; 2\nu+2) = \mathcal{L}_R(m, 2s+1, s, 0; 2\nu+2).$$

再由定理 7.49, 可知 (a) 和 (b) 成立. □

§10.11 注　记

本章的引理 10.4—10.7, 定理 10.2, 定理 10.8 的充分性, 定理 10.10, 定理 10.17, 推论 10.11—10.12 都取自文献 [18], 而 §10.6, §10.7, §10.9 和 §10.10 是在本书中首次发表.

本章的主要参考资料有: 参考文献 [18] 和 [29].

参 考 文 献

[1] Aigner M. *Combinatorial Theory*. Berlin: Springer-Verlag, 1979

[2] Artin E. *Geometric Algebra*. New York: Interscience, 1957

[3] Birkhoff G. *Lattice Theory*, 3rd edition. Providence, Amer. Math. Soc. Coll. Publ., Vol. **25**, 1967

[4] Chen D and Wan Z. The characteristic polynomeal of geometric lattice in symplectic geometry over finite fields, *Kexue Tongbao*, No.**21**, 1627~1630. 1990

[5] Chen D and Wan Z. An arrangement in orthogonal geometry over finite fields of ch.=2, *Acta Mathematica Sinica*, New Series, **9**, 39~47. 1993

[6] 陈杰. 格论初步. 呼和浩特: 内蒙古大学出版社, 1990

[7] 戴宗铎, 冯绪宁. 有限几何与不完全区组设计的构作 (IV) 特征 $\neq 2$ 的有限域上的正交几何中的计数定理. 数学学报, **15**, 545~558. 1965

[8] Dickson L E. *Linear Groups*. Teubner. 1990

[9] Dieudonne j. *Sur les groups classiques*. Paris: Hermann, 1948

[10] 冯绪宁, 戴宗铎. 有限几何与不完全区组设计的构作 (V) 特征为 2 的有限域上的正交几何中的计数定理. 数学学报, **15**, 664~682. 1965

[11] 华罗庚, 万哲先. 典型群. 上海: 上海科技出版社, 1963

[12] Huo Y, Liu Y and Wan Z. Lattices generated by transitive sets of subspaces under finite classical groups I, *Communications in Algebra* **20**, 1123~1144. 1992a

[13] Huo Y, Liu Y and Wan Z. Lattices generated by transitive sets of subspaces under finite classical groups II, the orthogonal case of odd characteristic, *Communications in Algebra* **20**, 2685~2727. 1992b

[14] Huo Y, Liu Y and Wan Z. Lattices generated by transitive sets of subspaces under finite classical groups III, the orthogonal case of even characteristic, *Communications in Algebra* **21**, 2351~2393. 1993a

[15] Huo Y, and Wan Z. Lattices generated by subspaces of same dimension and rank in orthogonal geometry over finite fields of odd characteristic, *Communications in Algebra* **21**, 4219~4252. 1993b

[16] Huo Y, and Wan Z. Lattices generated by subspaces of same dimension and rank in orthogonal geometry over finite fields of even characteristic, *Communications in Algebra* **22**, 2015~2037. 1994

[17] Huo Y and Wan Z. Lattices generated by transitive sets of subspaces under finite pseudo-symplectic groups, *Communications in Algebra* **23**, 3753~3777. 1995a

[18] Huo Y and Wan Z. Lattices generated by subspaces of the same dimension and rank in finite pseudo-symplectic space, *Communications in Algebra* **23**, 3779~3798. 1995b

[19] Y Huo and Z Wan. On the geometricity of lattices generated by orbits of subspaces under finite classical groups, J. of Algebra **243**, 339~359. 2001

[20] Jcobson N. Basic Algebra I. W. H. Freeman and Company. San Francisco. 1974

[21] Liu Y and Wan Z. Pseudo-symplectic geometries over finite fields of characteristic two, *Advances in Finite Geometries and Designs*, ed. by J. W. P. Hirschfeld et al., Oxford University Press, 265~288. 1991

[22] Orlik P and Solomon L. Arrangement in unitary and orthogonal geometry over finite fields, *J. Comb. Theory, ser.* A, **38**, 217~229. 1985

[23] 万哲先. 有限几何与不完全区组设计的构作 (I) 有限辛几何中的若干计数定理. 数学学报, **15**, 354~361. 1965

[24] Wan Z. On the symplectic invariants of a subspace of vector space, *Acta Mathematica Scientia*, **11**, 251~253. 1991a

[25] Wan Z. Finite Geometries and block designs, *Sankhya: The Indian Journal of Statistics*, Special Volume **54**, Series A, 531~543. 1991b

[26] Wan Z. On the unitary invariants of a subspace of vector space over a finite field, *Chinese Science Bulletin*, **37**, 705~707. 1992

[27] Wan Z. On the orthogonal invariants of a subspace of vector space over a finite field of odd characteristic, *Linear Algebra and Applicatians*, **184**, 123~133. 1993a

[28] Wan Z. On the orthogonal invariants of a subspace of vector space over a finite field of even characteristic, *Linear Algebra and Applicatians*, **184**, 135~143. 1993b

[29] Wan Z. *Geometry of Classical Groups over Finite Fields*, Studentlitteratur, Lund, Sweden/Chartwell-Bratt, Bromley, United Kingdow, 1993

[30] 万哲先. 二项式系数和 Gauss 系数. 数学通报, **10**, 0~6, **11**, 7~13, 1994

[31] 万哲先. 偏序集上的 Möbius 反演公式. 数学通报, **9**, 37~43, **10**, 39~43. 1995

[32] 万哲先. 万哲先数学科普文选. 河北科学技术出版社. 1997

[33] 万哲先, 阳本傅. 有限几何与不完全区组设计的构作 (III) 有限域上的酉几何中的若干计数定理, 数学学报, **15**, 533~544. 1965

[34] 万哲先, 戴宗铎, 冯绪宁, 阳本傅. 有限几何与不完全区组设计的一些研究, 科学出版社. 1966

[35] Witt E. Theorie der quadratischen Formen in beliegen Körpern. *J. Reine Angew. Math.*, **176**, 31~44. 1937

名词索引

一画
一般线性群 27

二画
几何格 18

三画
上界 2
上确界 2
下界 2
下确界 2
下半模格 16
子格 15
子空间格 21
子空间 P 关于 $S_{2\nu+\delta,\Delta}$ 的秩 215
子空间 P 关于 $G_{2\nu+\delta}$ 的秩 248
子空间 P 关于 S_δ 的秩 286
子空间轨道生成的格 21
子空间轨道 $\mathcal{M}(m,n)$ 生成的格 27
子空间轨道 $\mathcal{M}(m,s;2\nu)$ 生成的格 32
子空间轨道 $\mathcal{M}(m,r;n)$ 生成的格 45
子空间轨道 $\mathcal{M}(m,2s+\gamma,s,\Gamma;2\nu+\delta)$
　生成的格 61
子空间轨道 $\mathcal{M}(m,2s+\gamma,s,\Gamma;2\nu+\delta,\Delta)$
　生成的格 108
子空间轨道 $\mathcal{M}(m,2s+\tau,s,\epsilon;2\nu+\delta)$
　生成的格 170
子偏序集 2

四画
区间 2
无限链 2

五画
正交群 $O_{2\nu+\delta,\Delta}(\mathbb{F}_q)$ 作用下的一条轨道 60
正交群 $O_{2\nu+\delta}(\mathbb{F}_q)$ 作用下的一条轨道 108
正则矩阵 106
半模格 16
加细 3
对称矩阵 S 称为定号的 59
对称矩阵 S 称为非定号的 59

六画
合同 106
同余 106
同构 15
同构映射 15
全序 1
全序集 1
全奇异子空间 107
全迷向子空间 60, 170
有限格 14
有限链 2
有限偏序集 3
伪辛群 169
伪辛群 $Ps_{2\nu+\delta}(\mathbb{F}_q)$ 作用下的一条轨道 170
轨道 $\mathcal{M}$ 生成的格 26
关于 K 的 (m,s) 型子空间 32
关于 $S_{2\nu+\delta,\Delta}$ 的 $(m,2s,s)$ 型子空间 60
关于 $S_{2\nu+\delta,\Delta}$ 的
　$(m,2s+1,s,1)$ 型子空间 60
关于 $S_{2\nu+\delta,\Delta}$ 的
　$(m,2s+1,s,z)$ 型子空间 60
关于 $S_{2\nu+\delta,\Delta}$ 的
　$(m,2s+2,s)$ 型子空间 60
关于 $S_{2\nu+\delta,\Delta}$ 的
　$(m,2s+\gamma,s,\Gamma)$ 型子空间 60
关于 $G_{2\nu+\delta}$ 的
　$(m,2s+\gamma,s,\Gamma)$ 型子空间 107
关于 S_δ 的
　$(m,2s+\tau,s,\epsilon)$ 型子空间 169

七画
序 1
局部有限偏序集 3
极小元 1
极大元 1
辛群 32
辛空间 32
辛群 $Sp_{2\nu}(\mathbb{F}_q)$ 作用下的一条轨道 32
酉群 44

酉空间 44
酉群 $U_n(\mathbb{F}_{q^2})$ 作用下的一条轨道 45

八画
非奇异向量 107
非奇异子空间 107
非迷向向量 60
非迷向子空间 60
定号部分 59, 107
奇异向量 108
终点 2

九画
迷向向量 60
指数 44, 59, 60, 107

十画
秩 12
秩函数 12
起点 2
原子 18
原子格 18
矩阵表示 21
格 14
格 $\mathcal{L}_O(\mathcal{A})$ 23
格 $\mathcal{L}_R(\mathcal{A})$ 23
格 $\mathcal{L}_O(\mathcal{M})$ 26
格 $\mathcal{L}_R(\mathcal{M})$ 26
格 $\mathcal{L}_O(m, n)$ 27
格 $\mathcal{L}_R(m, n)$ 27
格 $\mathcal{L}_O(m, s; 2\nu)$ 32
格 $\mathcal{L}_R(m, s; 2\nu)$ 32
格 $\mathcal{L}_O(m, r; n)$ 45
格 $\mathcal{L}_R(m, r; n)$ 45
格 $\mathcal{L}_O(m, 2s+\gamma, s, \Gamma; 2\nu+\delta, \Delta)$ 60
格 $\mathcal{L}_R(m, 2s+\gamma, s, \Gamma; 2\nu+\delta, \Delta)$ 60
格 $\mathcal{L}_O(m, 2s+\gamma, s, \Gamma; 2\nu+\delta)$ 108
格 $\mathcal{L}_R(m, 2s+\gamma, s, \Gamma; 2\nu+\delta)$ 108
格 $\mathcal{L}_O(m, 2s+\tau, s, \epsilon; 2\nu+\delta)$ 170
格 $\mathcal{L}_R(m, 2s+\tau, s, \epsilon; 2\nu+\delta)$ 170
格 $\mathcal{L}_O(m, 2s+\tau; 2\nu+\delta, \Delta)$ 215
格 $\mathcal{L}_R(m, 2s+\tau; 2\nu+\delta, \Delta)$ 215
格 $\mathcal{L}_O(m, 2s+\tau; 2\nu+\delta)$ 248
格 $\mathcal{L}_R(m, 2s+\tau; 2\nu+\delta)$ 248
格 $\mathcal{L}_O(m, 2s+\gamma; 2\nu+\delta)$ 286
格 $\mathcal{L}_R(m, 2s+\gamma; 2\nu+\delta)$ 286
格 $\mathcal{L}_R(m, n)$ 的几何性 30
格 $\mathcal{L}_R(m, n)$ 的几何性 30
格 $\mathcal{L}_O(m, s; 2\nu)$ 的几何性 41
格 $\mathcal{L}_R(m, s; 2\nu)$ 的几何性 41
格 $\mathcal{L}_O(m, r; n)$ 的几何性 55
格 $\mathcal{L}_R(m, r; n)$ 的几何性 55
格 $\mathcal{L}_O(m, 2s+\gamma, s, \Gamma; 2\nu+\delta, \Delta)$ 的几何性 98
格 $\mathcal{L}_R(m, 2s+\gamma, s, \Gamma; 2\nu+\delta, \Delta)$ 的几何性 98
格 $\mathcal{L}_O(m, 2s+\gamma, s, \Gamma; 2\nu+\delta)$ 的几何性 159
格 $\mathcal{L}_R(m, 2s+\gamma, s, \Gamma; 2\nu+\delta)$ 的几何性 159
格 $\mathcal{L}_O(m, 2s+\tau, s, \epsilon; 2\nu+\delta)$ 的几何性 206
格 $\mathcal{L}_R(m, 2s+\tau, s, \epsilon; 2\nu+\delta)$ 的几何性 211
格 $\mathcal{L}_O(m, 2s+\tau; 2\nu+\delta, \Delta)$ 的几何性 242
格 $\mathcal{L}_R(m, 2s+\tau; 2\nu+\delta, \Delta)$ 的几何性 242
格 $\mathcal{L}_O(m, 2s+\tau; 2\nu+\delta)$ 的几何性 279
格 $\mathcal{L}_R(m, 2s+\tau; 2\nu+\delta)$ 的几何性 279
格 $\mathcal{L}_O(m, 2s+\gamma; 2\nu+\delta)$ 的几何性 307
格 $\mathcal{L}_R(m, 2s+\gamma; 2\nu+\delta)$ 的几何性 310
格 $\mathcal{L}_R(m, n)$ 的特征多项式 29
格 $\mathcal{L}_R(m, s; 2\nu)$ 的特征多项式 39
格 $\mathcal{L}_R(m, r; n)$ 的特征多项式 54
格 $\mathcal{L}_R(m, 2s+\gamma, s, \Gamma; 2\nu+\delta, \Delta)$ 的特征多项式 97
格 $\mathcal{L}_R(m, 2s+\gamma, s, \Gamma; 2\nu+\delta)$ 的特征多项式 158
格 $\mathcal{L}_R(m, 2s+\tau, s, \epsilon; 2\nu+\delta)$ 的特征多项式 202
格 $\mathcal{L}_R(m, 2s+\tau; 2\nu+\delta, \Delta)$ 的特征多项式 441
格 $\mathcal{L}_R(m, 2s+\tau; 2\nu+\delta)$ 的特征多项式 278
格 $\mathcal{L}_R(m, 2s+\gamma; 2\nu+\delta)$ 的特征多项式 305
格同构映射 15
特征多项式 13

十一画
偏序 1
偏序集 1

十二画
最小元 2
最大元 2
链 1

十八画
覆盖

其他
$\mathcal{A}$ 生成的格 23
$\mathcal{A}$ 生成的集合 23
delta 函数 6
Gauss 系数 8
Gauss 多项式 11

名 词 索 引

Gauss 反演公式　11
$Gln(F_q)$ 作用下的轨道　27
Jardan-Dedkind 条件　3
JD 条件　3
Möbius 函数　4
Möbius 反演公式　6
(m, r) 型子空间　44
$\mathcal{M}(m, 2s + \tau; 2\nu + \delta, \Delta)$ 生成的格　215
$\mathcal{M}(m, 2s + \tau; 2\nu + \delta)$ 生成的格　248

$\mathcal{M}(m, 2s + \gamma; 2\nu + \delta)$ 生成的格　286
$\mathcal{M}(m, 2s + 1; 2\nu + 1)$ 生成的格　204
n 维行向量空间　7
q-Pascal 三角形　9
q- 二项式定理　9
x, y 链　2
x, y 极大链　2

《现代数学基础丛书》已出版书目

1. 数理逻辑基础(上册) 1981.1 胡世华 陆钟万 著
2. 数理逻辑基础(下册) 1982.8 胡世华 陆钟万 著
3. 紧黎曼曲面引论 1981.3 伍鸿熙 吕以辇 陈志华 著
4. 组合论(上册) 1981.10 柯召 魏万迪 著
5. 组合论(下册) 1987.12 魏万迪 著
6. 数理统计引论 1981.11 陈希孺 著
7. 多元统计分析引论 1982.6 张尧庭 方开泰 著
8. 有限群构造(上册) 1982.11 张远达 著
9. 有限群构造(下册) 1982.12 张远达 著
10. 测度论基础 1983.9 朱成熹 著
11. 分析概率论 1984.4 胡迪鹤 著
12. 微分方程定性理论 1985.5 张芷芬 丁同仁 黄文灶 董镇喜 著
13. 傅里叶积分算子理论及其应用 1985.9 仇庆久 陈恕行 是嘉鸿 刘景麟 蒋鲁敏 编
14. 辛几何引论 1986.3 J.柯歇尔 邹异明 著
15. 概率论基础和随机过程 1986.6 王寿仁 编著
16. 算子代数 1986.6 李炳仁 著
17. 线性偏微分算子引论(上册) 1986.8 齐民友 编著
18. 线性偏微分算子引论(下册) 1992.1 齐民友 徐超江 编著
19. 实用微分几何引论 1986.11 苏步青 华宣积 忻元龙 著
20. 微分动力系统原理 1987.2 张筑生 著
21. 线性代数群表示导论(上册) 1987.2 曹锡华 王建磐 著
22. 模型论基础 1987.8 王世强 著
23. 递归论 1987.11 莫绍揆 著
24. 拟共形映射及其在黎曼曲面论中的应用 1988.1 李忠 著
25. 代数体函数与常微分方程 1988.2 何育赞 萧修治 著
26. 同调代数 1988.2 周伯壎 著
27. 近代调和分析方法及其应用 1988.6 韩永生 著
28. 带有时滞的动力系统的稳定性 1989.10 秦元勋 刘永清 王联 郑祖庥 著
29. 代数拓扑与示性类 1989.11 [丹麦] I.马德森 著
30. 非线性发展方程 1989.12 李大潜 陈韵梅 著

31	仿微分算子引论	1990.2	陈恕行　仇庆久　李成章　编
32	公理集合论导引	1991.1	张锦文　著
33	解析数论基础	1991.2	潘承洞　潘承彪　著
34	二阶椭圆型方程与椭圆型方程组	1991.4	陈亚浙　吴兰成　著
35	黎曼曲面	1991.4	吕以辇　张学莲　著
36	复变函数逼近论	1992.3	沈燮昌　著
37	Banach 代数	1992.11	李炳仁　著
38	随机点过程及其应用	1992.12	邓永录　梁之舜　著
39	丢番图逼近引论	1993.4	朱尧辰　王连祥　著
40	线性整数规划的数学基础	1995.2	马仲蕃　著
41	单复变函数论中的几个论题	1995.8	庄圻泰　杨重骏　何育赞　闻国椿　著
42	复解析动力系统	1995.10	吕以辇　著
43	组合矩阵论（第二版）	2005.1	柳柏濂　著
44	Banach 空间中的非线性逼近理论	1997.5	徐士英　李　冲　杨文善　著
45	实分析导论	1998.2	丁传松　李秉彝　布　伦　著
46	对称性分岔理论基础	1998.3	唐　云　著
47	Gel'fond-Baker 方法在丢番图方程中的应用	1998.10	乐茂华　著
48	随机模型的密度演化方法	1999.6	史定华　著
49	非线性偏微分复方程	1999.6	闻国椿　著
50	复合算子理论	1999.8	徐宪民　著
51	离散鞅及其应用	1999.9	史及民　编著
52	惯性流形与近似惯性流形	2000.1	戴正德　郭柏灵　著
53	数学规划导论	2000.6	徐增堃　著
54	拓扑空间中的反例	2000.6	汪　林　杨富春　编著
55	序半群引论	2001.1	谢祥云　著
56	动力系统的定性与分支理论	2001.2	罗定军　张　祥　董梅芳　著
57	随机分析学基础（第二版）	2001.3	黄志远　著
58	非线性动力系统分析引论	2001.9	盛昭瀚　马军海　著
59	高斯过程的样本轨道性质	2001.11	林正炎　陆传荣　张立新　著
60	光滑映射的奇点理论	2002.1	李养成　著
61	动力系统的周期解与分支理论	2002.4	韩茂安　著
62	神经动力学模型方法和应用	2002.4	阮　炯　顾凡及　蔡志杰　编著
63	同调论——代数拓扑之一	2002.7	沈信耀　著
64	金兹堡-朗道方程	2002.8	郭柏灵　黄海洋　蒋慕蓉　著

65	排队论基础　2002.10　孙荣恒　李建平　著	
66	算子代数上线性映射引论　2002.12　侯晋川　崔建莲　著	
67	微分方法中的变分方法　2003.2　陆文端　著	
68	周期小波及其应用　2003.3　彭思龙　李登峰　谌秋辉　著	
69	集值分析　2003.8　李雷　吴从炘　著	
70	强偏差定理与分析方法　2003.8　刘文　著	
71	椭圆与抛物型方程引论　2003.9　伍卓群　尹景学　王春朋　著	
72	有限典型群子空间轨道生成的格(第二版)　2003.10　万哲先　霍元极　著	
73	调和分析及其在偏微分方程中的应用(第二版)　2004.3　苗长兴　著	
74	稳定性和单纯性理论　2004.6　史念东　著	
75	发展方程数值计算方法　2004.6　黄明游　编著	
76	传染病动力学的数学建模与研究　2004.8　马知恩　周义仓　王稳地　靳祯　著	
77	模李超代数　2004.9　张永正　刘文德　著	
78	巴拿赫空间中算子广义逆理论及其应用　2005.1　王玉文　著	
79	巴拿赫空间结构和算子理想　2005.3　钟怀杰　著	
80	脉冲微分系统引论　2005.3　傅希林　闫宝强　刘衍胜　著	
81	代数学中的Frobenius结构　2005.7　汪明义　著	
82	生存数据统计分析　2005.12　王启华　著	
83	数理逻辑引论与归结原理(第二版)　2006.3　王国俊　著	
84	数据包络分析　2006.3　魏权龄　著	
85	代数群引论　2006.9　黎景辉　陈志杰　赵春来　著	
86	矩阵结合方案　2006.9　王仰贤　霍元极　麻常利　著	
87	椭圆曲线公钥密码导引　2006.10　祝跃飞　张亚娟　著	
88	椭圆与超椭圆曲线公钥密码的理论与实现　2006.12　王学理　裴定一　著	
89	散乱数据拟合的模型、方法和理论　2007.1　吴宗敏　著	
90	非线性演化方程的稳定性与分歧　2007.4　马天　汪宁宏　著	
91	正规族理论及其应用　2007.4　顾永兴　庞学诚　方明亮　著	
92	组合网络理论　2007.5　徐俊明　著	
93	矩阵的半张量积:理论与应用　2007.5　程代展　齐洪胜　著	
94	鞅与Banach空间几何学　2007.5　刘培德　著	
95	非线性常微分方程边值问题　2007.6　葛渭高　著	
96	戴维-斯特瓦尔松方程　2007.5　戴正德　蒋慕蓉　李栋龙　著	
97	广义哈密顿系统理论及其应用　2007.7　李继彬　赵晓华　刘正荣　著	
98	Adams 谱序列和球面稳定同伦群　2007.7　林金坤　著	

99	矩阵理论及其应用	2007.8	陈公宁 编著
100	集值随机过程引论	2007.8	张文修 李寿梅 汪振鹏 高勇 著
101	偏微分方程的调和分析方法	2008.1	苗长兴 张波 著
102	拓扑动力系统概论	2008.1	叶向东 黄文 邵松 著
103	线性微分方程的非线性扰动(第二版)	2008.3	徐登洲 马如云 著
104	数组合地图论(第二版)	2008.3	刘彦佩 著
105	半群的 S-系理论(第二版)	2008.3	刘仲奎 乔虎生 著
106	巴拿赫空间引论(第二版)	2008.4	定光桂 著
107	拓扑空间论(第二版)	2008.4	高国士 著
108	非经典数理逻辑与近似推理(第二版)	2008.5	王国俊 著
109	非参数蒙特卡罗检验及其应用	2008.8	朱力行 许王莉 著
110	Camassa-Holm 方程	2008.8	郭柏灵 田立新 杨灵娥 殷朝阳 著
111	环与代数(第二版)	2009.1	刘绍学 郭晋云 朱彬 韩阳 著
112	泛函微分方程的相空间理论及应用	2009.4	王克 范猛 著
113	概率论基础(第二版)	2009.8	严士健 王隽骧 刘秀芳 著
114	自相似集的结构	2010.1	周作领 瞿成勤 朱智伟 著
115	现代统计研究基础	2010.3	王启华 史宁中 耿直 主编
116	图的可嵌入性理论(第二版)	2010.3	刘彦佩 著
117	非线性波动方程的现代方法(第二版)	2010.4	苗长兴 著
118	算子代数与非交换 L_p 空间引论	2010.5	许全华 吐尔德别克 陈泽乾 著
119	非线性椭圆型方程	2010.7	王明新 著
120	流形拓扑学	2010.8	马天 著
121	局部域上的调和分析与分形分析及其应用	2011.4	苏维宜 著
122	Zakharov 方程及其孤立波解	2011.6	郭柏灵 甘在会 张景军 著
123	反应扩散方程引论(第二版)	2011.9	叶其孝 李正元 王明新 吴雅萍 著
124	代数模型论引论	2011.10	史念东 著
125	拓扑动力系统——从拓扑方法到遍历理论方法	2011.12	周作领 尹建东 许绍元 著
126	Littlewood-Paley 理论及其在流体动力学方程中的应用	2012.3	苗长兴 吴家宏 章志飞 著
127	有约束条件的统计推断及其应用	2012.3	王金德 著
128	混沌、Mel'nikov 方法及新发展	2012.6	李继彬 陈凤娟 著
129	现代统计模型	2012.6	薛留根 著
130	金融数学引论	2012.7	严加安 著
131	零过多数据的统计分析及其应用	2013.1	解锋昌 韦博成 林金官 著

132 分形分析引论 2013.6 胡家信 著
133 索伯列夫空间导论 2013.8 陈国旺 编著
134 广义估计方程估计方程 2013.8 周勇 著
135 统计质量控制图理论与方法 2013.8 王兆军 邹长亮 李忠华 著
136 有限群初步 2014.1 徐明曜 著
137 拓扑群引论(第二版) 2014.3 黎景辉 冯绪宁 著
138 现代非参数统计 2015.1 薛留根 著